21世纪纺织品新进展丛书

智能纺织品
开发与应用

姜 怀 主编

化学工业出版社
·北京·

本书是作者多年在高教、科研和企业工作实践的基础上写成的。书中系统介绍了纺织品智能化的思路、途径和方法；在对智能材料（形状记忆合金 SMA、形状记忆聚合物 SMP、环境敏感凝胶 ESG、变色材料 CCM、相变材料 PCM）和智能结构（感知器、控制器、驱动器）进行讨论的基础上，结合实例探讨了智能纺织品设计与应用，并对智能型纺织品未来发展进行了展望。本书系统介绍了有关基本概念、基本规律和基本理论，注重理论与应用的联系，反映了纺织品的新发展和新成就，将会对贯彻落实《纺织工业"十二五"科技进步纲要》有所裨益。

　　本书特别适合于纺织部门领导、科研人员、工程技术人员阅读，可用作高等院校专业教材参考书，也可供关心纺织行业发展的有关领导、企业家和社会人士参阅。

图书在版编目（CIP）数据

智能纺织品开发与应用/姜怀主编. —北京：化学工业出版社，2012.9（2018.10 重印）
（21 世纪纺织品新进展丛书）
ISBN 978-7-122-15102-5

Ⅰ. 智⋯　Ⅱ. 姜⋯　Ⅲ. ①智能材料-纺织品-产品开发②智能材料-纺织品-应用　Ⅳ. TS1

中国版本图书馆 CIP 数据核字（2012）第 192335 号

责任编辑：张　彦　　　　　　　　　文字编辑：刘砚哲
责任校对：徐贞珍　　　　　　　　　装帧设计：张　辉

出版发行：化学工业出版社（北京市东城区青年湖南街 13 号　邮政编码 100011）
印　　装：北京科印技术咨询服务有限公司数码印刷分部
787mm×1092mm　1/16　印张 28¾　字数 738 千字　2018 年 10 月北京第 1 版第 2 次印刷

购书咨询：010-64518888　　售后服务：010-64518899
网　　址：http://www.cip.com.cn
凡购买本书，如有缺损质量问题，本社销售中心负责调换。

定　　价：88.00 元　　　　　　　　　　　　　　　　版权所有　违者必究

序

当今是知识经济时代，高新技术日新月异迅速发展，人民生活水平不断提高。人们对纺织品的需求不再局限于保暖舒适等原有的基本特性。根据纺织品的不同用途，人们还希望它具有卫生、保健、医疗、环保、防护等特殊功能。

纺织品的高性能化、多功能化和智能化是纺织技术进步的方向，也是提高产品档次和附加值的有效途径之一。近年来，新技术和新材料的不断涌现，纺织企业普遍关注高附加值的功能性、智能性纺织品的开发，精细化工企业加大了对各种功能整理剂的研发力度，不同学科的科研机构及公司也对复合功能的纺织品进行了开发，因此功能性和智能性纺织品日益增多，并迅速发展成为一个重要的高新技术产业。目前，功能性纺织品和智能性纺织品已广泛用于服装、家纺和产业三大领域，在国防建设和尖端科学等领域中也发挥着重要作用。

我国对于功能纤维、智能纤维及其织物的研究起步较晚，相应的科技研究和生产及应用与发达国家（如日本、美国）尚有较大差距。还应该看到，今天出现的多种多样的、不同品种的功能纤维、智能纤维及其织物是不同学科和技术有效相互交叉渗透的结晶，只有知识集约化及不同技术的整合，才能促进高附加值的多种多样功能纤维、智能纤维及其织物的发展，及时满足不同的应用需求；而且，加速功能纤维、智能纤维及其织物的发展，有利于推动科技研发体制的创新，从而获取最大的社会效益、经济效益和生态效益。

有鉴于此，上海市纺织工程学会、东华大学、上海工程技术大学、上海纺织控股（集团）公司和上海市纺织科学研究院在上海市科协的大力支持下，决定组织有关专家、教授共同来撰写《21世纪纺织品新进展》丛书。《功能纺织品开发与应用》和《智能纺织品开发与应用》是本丛书的起步之作。我们以编著这一丛书的实际行动，来表达学会广大会员坚持走中国特色自主创新道路，落实纺织工业"十二五"发展纲要、加快小康社会建设进程，不断开创中国特色社会主义事业新局面的决心和坚强毅力！

人类进入21世纪，科学技术得到突飞猛进的发展，人们的自身保护意识越来越强，对纺织品的安全、防护性要求是越来越高，纺织品开发出现向生态纺织品和高性能多功能化、智能化方向发展的趋势。如服装用纺织品要求舒适、卫生、环保，并具有透湿排汗、隔热保暖、防水防风、适应运动等功能；军用领域需要阻燃、防弹、迷彩、救生、防滑、潜水、水冷、隔热、高空飞行、宇航、电磁波隐蔽或吸收等高技术纺织品。此外，科技的发展使人们涉及各种恶劣环境的可能性增加，对安全的要求也随之大大提高，为此要求为在具有潜在的或严重危险的领域中工作的人员提供特殊的保护。随着人们生活水平的提高，要求织物具有特殊功能的领域也越来越广泛。

纺织品的性能、功能和智能，将在人与自然和谐发展中，在促进人们健康长寿、提高工作效率和生活质量中进一步完善。人们的需求，是评价纺织产品的最高标准，以人为本是纺织研究、产品开发的指导思想。

随着世界人口的增长、地球资源的日益减少，要求符合可持续发展要求的新资源越来越迫切，减少环境污染、废旧资源的再利用显得非常突出。资源、环境、健康将成为今后首届一指的重要研究内容。

在讨论功能纤维、智能纤维及其纺织品时，须分析其特定功能、智能与材料的特定结构或复合方式之间的联系，它们既遵循材料的一般特性和变化规律又具有各自的特点。无论哪种功能材料，其能量传递过程或者能量转换形式所涉及的微观过程都与固体物理和固体化学相联系。赋予材料以一次功能或二次功能特性的科学方法，称之为功能设计。材料科学与工程认为应由成分、合成/流程、结构、性能与效能五要素组成。在功能纺织材料研究的基础上，要进一步研究和开发智能纺织材料。但功能设计和智能设计是一个复杂的过程，因此，功能和智能设计的实现是一个长期过程，但最终应达到提出一个需要目标就可以设计出成分、制造流程并得到合乎要求的功能纤维和功能纺织品。

本丛书是原创性的纺织科技专著，具有创新性，充分反映了功能、智能纤维及其织物设计、生产、使用中的热点问题和前瞻性问题，具有一定的创意和启迪性；编写过程中注重知识体系的科学性、系统性、实用性，对功能纺织品和智能纺织品的设计、开发、生产、应用方面的高新技术推广及应用有积极的推广作用。专著的出版，具有一定的理论意义和实用价值，理论观点和工艺应用体现了现代学科发展前沿的水准，对国民经济建设具有一定的作用。

本丛书写作中需注意吸收近年来国内外的研究成果，结合作者从事教学、科研、生产实践中所积累的知识和经验，以目前研究、生产较为成熟的功能纤维及功能整理织物品为实例，系统阐述其研究发展概况、基本原理、生产工艺和性能评价等理论知识和技术问题。

企盼本丛书的出版将有助于高新纺织品在我国进一步的深化和拓展。

原上海市科学技术学会副主席、教授级高工

上海市纺织工程学会理事长、教授级高工

上海纺织控股（集团）公司总裁、教授级高工

东华大学副校长、教授、博导

原上海工程技术大学校长、教授、博导

上海纺织控股（集团）公司技术总监
上海市纺织科学研究院院长、教授级高工

2012 年 10 月

前　言

　　智能材料与智能结构系统是最近发展最快的领域之一。近年来，智能材料的研究成为材料科学与工程领域的热点之一。智能材料是材料科学发展的必然结果，是信息技术融入材料科学的产物，它的问世标志着第五代新材料的诞生，也预示着 21 世纪将发生划时代的材料革命。

　　新世纪纺织科技的最新发展，使得纺织技术工作者能够在功能纺织材料的基础上，进一步研发出智能纺织材料。智能纺织材料是由多种材料组元通过有机紧密复合或严格地组装构成的材料系统，或者说是敏感材料、驱动材料和控制材料（系统）的有机结合。设计智能纺织品材料的途径有两方面：一方面是材料的多功能复合，另一方面是材料的仿生设计，基于这些原因，智能纺织材料（系统）全部具有或部分具有智能功能和生命特征。目前，研制成功并已商品化的该类材料有两类：一类是记忆材料、功能凝胶、相变材料、变色材料、磁致伸缩材料等，可作智能纺织品中的驱动材料，由于这些材料可以根据温度、电场、磁场、pH 值等的变化，来改变自身的形状、尺寸、结构、内耗、可逆储放热、可逆变色、位置、刚性、阻尼、频率等，因而对环境具有自适应能力；另一类是光导纤维、压电高分子、压电陶瓷、应变合金及其他特种敏感器材，可用作智能纺织品中的传感网络材料。智能材料的发展，为智能纺织品的开发奠定了基础，促进了智能纺织品的发展，为传统纺织品向现代纺织品发展开创了新的途径。智能纺织品已成为智能材料的重要分支，是纺织工业的未来。

　　我国是纺织大国，纺织工业已成为国民经济最重要的支柱产业之一，并在全世界占有重要地位。但我国还不是纺织强国，所生产的纺织品主要集中在劳动密集型、低附加值的服用类产品。近几年来，我国各级政府越来越重视纺织新材料产业的发展，国家科学技术中长期发展纲要、国家"十二五"规划、纺织工业协会"十二五"科技发展纲要、上海市"推进高新技术产业化"规划，多次明确提出了大力、快速发展我国纺织新材料产业的重要意义，并对发展我国纺织品的方向、目标、措施等提出了具体要求。上海纺织科技人员决心与时俱进，继往开来，以更大的事业心和责任感，积极投入纺织工业科技进步的宏伟事业中去，创先争优，勇做弄潮儿！

　　有鉴于此，上海市纺织工程学会、上海纺织控股集团公司、东华大学、上海工程技术大学、上海市纺织科学研究院在上海市科学技术协会的支持下，组织有关教授专家撰写《智能纺织品开发与应用》一书。本书注意吸收近年来国内外研究成果，结合作者教学、科研、生产实践中所积累的知识和经验，以目前研究、生产较为成熟的智能纤维和纺织品为实例，系统阐述其研究发展概况、基本原理、产品设计、生产工艺和性能，最后对智能纺织品的发展现状和未来作出回顾和前瞻。

　　本书共分十章，包括智能纺织品的主要方面。每一类智能纺织品以一种新材料或新技术为基础，进行相应介绍与论述。其中，第一章由姜怀、胡守忠执笔；第二章由姜怀、刘晓霞执笔；第三章由姜怀、胡守忠、周详执笔；第四章由姜怀、孙熊、李艳梅执笔；第五章由姜怀、孙熊执笔；第六章由丁颖执笔；第七、第八章由刘晓霞执笔；第九章由冯宪执笔；第十章由刘丽芳执笔；全书最后由姜怀、孙熊统稿。

智能纺织品的开发与应用，是一个全新领域，也是各项新技术在纺织品设计、生产和应用的集中体现。同时，智能材料是一门多门类、多学科交叉的科学，与仿生学、生命科学、生物技术、物理学、化学、材料学、电子学、控制论、人工智能、信息技术、计算机技术、材料合成及化工诸多的前沿科学与高新技术密切相关。由于作者水平有限和时间仓促，书中难免会有不足之处，敬请广大读者不吝指正。

姜怀

2012 年 9 月 25 日

目 录

第一章 纺织品智能化的思路、途径和方法

21世纪纺织科技的最新发展，人们得以制取"机敏"、"聪明"、"灵巧"、"智能"纤维，用来生产智能纺织品，或者以常规织物为"平台"，在其中加入各种各样的新成分来生产智能纺织品。智能纺织品是指那些具有能对环境条件（或因素）的刺激有感知，并能做出适当反应，同时保留纺织材料、纺织品风格和技术性能的纺织品。

智能纺织品与传统纺织品相比，前者具有思考甚至有恢复初始状态的功能，因而具有多种功能的特征，诸如形状记忆、防水透湿、蓄热调温、变色（光、热电、温致变色）、阻水（抗浸）隔热、拒水防污自洁、消臭吸臭、电子信息智能等。智能纺织品在力、热、光、声、电、磁、化学和辐射等外界因素的刺激下，能通过材料自身的形状、颜色、电性能、能量储藏等的变化，对外界刺激做出响应，还能进行自调以主动适应外界环境条件，从而提高了纺织品对环境的敏感性和适应性，提升了纺织品的技术含量和附加值，大大拓展了纺织品的应用领域，日益适应了国民经济建设发展、人民生活水平不断提高的需求。

智能纺织品的发展已成为智能材料研究与应用的重要分支，是纺织工业的未来。

第一节　材料智能化源于仿生构思

一、生物体的特征

自然界中存在着无生命的物质（如矿物等）和有生命的生物。生物的特征在于它是有生命的，能繁殖，能吸收外界各种形式的能量和物质并加以利用。例如，动物靠摄取食物生存，通过糖分解和呼吸等生物反应和输送作用来维持生命；植物是利用光合作用，从太阳光获得能量，从土壤和水中吸取所需的养分。所以维持生物体生命和生存活动的自保护、自修复、自调节、自适应、自繁殖等都需要从外界吸取能量或（和）进行物质交换。

生物体是由自然主宰的，经过亿万年的演变和进化来适应环境的变化，以维持自身的生存。生物进化总是由简单到复杂，由低级到高级，越来越有序，能自发地形成有序的稳定结构。一个生物体作为一个整体来接受连续的能量流或（和）物质流，然后转换为各种废物排泄到环境中去。生命的机体就是一个保持动态稳定系统，从而能够抗拒环境对机体的瓦解性侵蚀。生命系统是一个开放系统，系统和环境进行着物质和能量的交换，从而引进负熵❶，尽管

---

❶ 熵（entropy）是热力学和现代信息论的一个基本概念，美国数学家Shannon通过热力学中古典熵的研究并加以抽象，在1948年提出了熵的新定义，即熵是对不确性的测度。一般的系统概率状态为随机变量 $X = X_1(P_1)$，$X_2(P_2)$，…$X_N(P_N)$，定义系统熵 S 为：$S(X) = -\sum_{i=1}^{n} P(X_i)\ln P(X_i)$（单位为尼特）。同样可得 $S(X) = -\sum_{i=1}^{n} P(X_i)\lg P(X_i)$（单位为比特）。这就是著名的Shannon公式。

系统内产生正熵，但总的熵在减小，达到一定程度时系统就有可能从原来的无序状态产生一种新的稳定有序的结构。诺贝尔获得者 Prigogine 称之为耗散结构（dissipative structure）❶。生物体能对外界刺激或内部状态的变化，进行感知与响应。比如，含羞草的叶子受到触碰而闭合；单细胞的变形虫遇到不同物体而伸缩假足；蜥蜴的皮肤颜色随所处周围环境的不同而改变，达到隐身的目的；乌贼遇敌时释放墨汁而乘机逃逸；猫眼的瞳孔随光线的强弱而缩放，以适应不同情况下视觉的需要；高等动物因体内各种变化而发生肌肉运动或腺体分泌，从而维持内环境的稳定。

生物体对环境的响应源于细胞。细胞本身具有传感、处理和执行功能。细胞为生物的基本单位。组成生物材料的分子与构成无生命物质的分子没有本质上的差别，但生物材料却具有比无生命物质复杂得多的自组装分级结构和优异性能。这都与细胞在繁殖、分化、更新、重建中调节作用密切相关。细胞不仅构成生物体的组织结构，而且生物体内还有许多功能细胞，它们一起构成了动物的视觉、听觉、嗅觉、味觉和触觉等不同感官的传感器。

二、生物材料的多级结构

为适应各种功能需要和环境变化，天然生物材料形成错综复杂的内部结构和整体多样性。其复杂性是传统材料（如金属、陶瓷等）无法比拟的，但是仔细研究发现：天然生物材料错综复杂的结构却是由为数不多的几种基本化合物即水、核苷酸（4 种）、氨基酸（20 种）、多糖和生物矿物（4 种）等构成的。生物材料结构的复杂性主要表现在这几种基本化合物的组装方式上。尽管各种天然生物材料有特定的组装方式，但它们的组成也有特定的规律，它们都有空间上的分级结构，都是复合材料。

生物体用基本相同的结构蛋白质大分子（纤维蛋白、胶原及多糖）能造成形貌和功能完全不同的系统，并共同遵循下面三条定律。

（1）大分子结合含有几个不同大小层次的组织

① 通常这些大分子结合成纤维状，这些纤维状本身又是由更小的亚纤维组成。纤维常排列成多层结构，以体现出整个复杂系统所需要的特定功能。

② 在生物复杂系统中观察到的大小层次至少有 4 级结构，即分子水平、纳米级、微观层次、宏观水平。这种结构是一个有序分级结构的生物复杂系统中所需要的最起码的结构单元。

（2）多层次结构被具有特殊相互作用的界面连接在一起

界面上的相互作用本质上是在特定活化位点上或具有晶体特性的外延排列下的分子间超分子相互作用。

（3）组装成有取向的纤维和层次状物分级复杂系统

① 此类系统的组装能满足对复杂环境具有高度的适应能力；

② 通常，对环境适应能力越高，整个系统及使用的复杂程度也越高。

三、材料的仿生启迪

生物材料均具有自组装构筑的微结构。正是这些微结构赋予生物材料某种功能。因此，面对生物材料微结构特性的研究，可为工程复合材料的研制提供思路。今举例说明如下。

---

❶ Prigogine 1970 年在国际理论物理和生物学会上提出耗散理论；耗散结构是指从环境输入能量或（和）物质，使系统转变为新型的有序形态，即这种形态是依靠不断地耗散能量或（和）物质来维持。

（1）蚕丝　其成分几乎是纯蛋白质，但蚕的品种不同蛋白质的种类也有所不同。图 1-1 表明家蚕丝的分级结构，家蚕丝是由两根丝素（丝心蛋白）和包覆它们的多层丝胶构成。一根丝素是由 900～1400 根纤维（$\phi 0.2 \sim \phi 0.4 \mu m$）构成，而一根纤维又是由 800～900 根微纤维（$\phi 10nm$）构成，微纤维之间有空隙。蚕丝由结晶区与非结晶区相间构成。蚕丝蛋白质的结构使蚕丝具有优异的力学性能；沿纤维轴向有较高的强度又有较大的伸长率。这是因为这个方向上的主要化学键是强相互作用的共价键，结构上又存在非晶区。家蚕丝的拉伸强度达 10GPa（可与高强度合成纤维媲美），伸长率可达 35％，断裂功比钢和 Kevlar 纤维都大。Kevlar 纤维是一种人工制造的芳香族聚酰胺，被认为是仿蚕丝的改性合成纤维，用于复合纤维、电缆和纺织品。

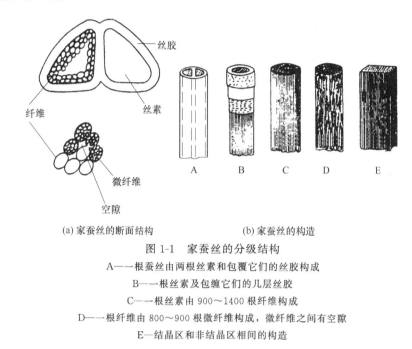

（a）家蚕丝的断面结构　　　　　　　（b）家蚕丝的构造

图 1-1　家蚕丝的分级结构

A——一根蚕丝由两根丝素和包覆它们的丝胶构成

B——一根丝素及包缠它们的几层丝胶

C——一根丝素由 900～1400 根纤维构成

D——一根纤维由 800～900 根微纤维构成，微纤维之间有空隙

E——结晶区和非结晶区相间的构造

（2）贝壳　其中较为常见的是珍珠层结构、棱柱结构与交叉叠片结构，它们可在一种贝壳中单独或共同出现。珍珠层由一些小平板状结构单元平行累积而成。这些小平板面平行于贝壳面，就像建筑墙壁的砖块一样相互堆砌镶嵌成层排列而成。它具有优良的综合力学性能。最近，我国学者研究了珍珠层的韧化机理，认识到珍珠层的高韧性与软硬交替的层状结构的霰石-有机基质界面密切相关。根据对珍珠层结构与其性能关系的学习结果，设计了 Al_2O_3/芳纶纤维增强环氧树脂叠层仿珍珠层复合材料。材料三点弯曲实验结果表明，这种仿珍珠层结构的断裂功比对应的陶瓷提高了两个数量级。

（3）骨　它是以胶原为主要成分的有机物和羟基磷炭石 $[Ca_{10}(PO_4)_6(OH)_2，HA]$ 无机物组成的典型的有机物/无机物纳米复合材料。羟基磷炭石的抗压强度比抗拉强度大约高 50％。骨的有机物与无机物质量的比约为 3：7，骨中微小的无机结晶（尺寸为 50nm）在蛋白质大分子（尺寸为 300nm）中平行排列。骨有骨骼自身稳定功能（控制骨骼的生长和保养）和矿物自身稳定功能（维持组织液和血浆中矿物离子浓度的稳定）。此外，骨骼和周围骨组织间存在很重要的相互作用。骨是智能生物材料的一个范例，它具有与环境相适应的微结构。骨骼材料能抵抗微型骨折及修复和重塑过程中产生的应力，保证骨骼的自身稳定功能。生物体受伤而愈合的过程启发人们去探寻复合处理内部损伤的愈合方法。实践已证明这一途径很有发展前景。美国学者开发了"自愈"纤维，这种玻璃丝和聚丙烯制造的多孔的空心纤维可以埋入所有的混凝土结构中，混凝土的过度挠曲会撕裂纤维，使它释放化学物质来填充裂纹；另一种纤维被包在加固混凝土的钢筋周围，它对造成钢筋腐蚀的酸度变化非常敏感，纤维的某些涂层溶解，释放出缓蚀剂可阻止钢筋进一步腐蚀。骨是一种复杂的功能材料，通过进一步研究，它能为从事智能材料研制的材料科学工作者提供思路，从仿生出发，可利用氢氧化钙悬浮液和含胶原的磷酸水溶液共沉淀制备磷灰石和胶原复合件，进而静压成型以制备复合材料，该材料的力学性能类似于人骨。

（4）味细胞　它能将外界的化学刺激变换为电信号。砂糖（甜味）、食盐（咸味）、盐酸（酸味）、奎宁（苦味）、谷氨酸钠（辣味）为呈五种基本味的典型物质。它们有相应的转换机理：酸味物质与脂质膜的亲水基因结合，咸味物质使脂质膜在水溶液中的电位发生变化；苦味物质被脂质膜的疏水部分侵入，使离子渗透性降低；甜味物质被脂质膜的羟基吸附使膜电阻增大。因此，可以模仿脂质膜对味的多种变换功能，即利用不周脂质膜对味物质的不同响应，在作为电极的聚丙烯酸酯板上贴8种脂质膜，并用8根银导线引出，便得到味觉传感器。用多通道电极（类似于人舌的味细胞）和参比电极便可测定双电极与各脂质膜间的电位。味物质与脂质膜作用后改变电位，所测数据由计算机（电脑的作用类似于人脑）储存，以进行必要的处理。这一味觉传感器系统对五味响应的标准误差约为1%，可用于酒类及咖啡等的分析。

（5）自然界还存在许多神奇的现象，有待我们去研究、去开发利用。例如有些细菌具有化学恒定性，它允许细胞朝着或远离环境产生的特殊化学信号方向运动。如某种细菌受到高浓度养分（如糖类和氨基酸）的吸引，而遭到高浓度有毒物质的排斥。

有些生物具有避光性，有些生物却具有超光性，从细菌到高等植物均具有这一特性。接触阳光后，植物变绿和皮肤变黑都取决于光化学过程。

某种水生细菌具有趋磁性，这种细菌有沿磁场线运动的趋势。受到地磁场变化影响，具有趋磁性的细菌能合成一条磁体链（由可运动的细胞轴组成的小粒子。单个磁化区的直径40～120nm晶粒那么大），磁体粒子具有热稳定性。如果把细菌置于环境磁场相反的集中单向磁场中，当磁场强度达到几特斯拉时，磁体会逆向，细菌则反向运动。

在鸽子等不同生物体内发现了这种由细菌合成磁性的晶体。这种异常晶型的晶体在细菌细胞内组成线性排列。鸽子就能利用这种能对地磁场感应的能力来识别飞行路线。

蝙蝠具有回声定位功能，它向环境释放20～140kHz的超声信号，以大约100m/s速度对食物进行探测、定位和确认。

上述例子说明，天然生物材料的基本组成单元很平常，而且能在常温、常压下通过自组装、分级成型等途径，一边承载一边组装而实现具有适应环境及功能需要的结构，表现出了优异的强韧性、功能性、适应性和损伤愈合能力。人体感知损伤，伤口处血细胞会聚集以加速愈合，血细胞知道去哪儿去做什么以形成血块，整个过程看上去是自发进行的，而且完成得非常好。这些生物现象激发了人们在仿生领域的想象力。对这些现象进行深入研究将会对智能材料的研究提供很大的帮助。

第二节　智能材料发展的新纪元

20世纪50年代，人们提出了智能结构，当时还把它称为自适应系统（adaptive system）。在智能结构发展过程中，人们越来越认识到智能结构的实现离不开智能材料的研究和开发。20世纪80年代中期，人们提出了智能材料的概念。智能材料要求材料体系集感知、驱动和信息处理于一体，形成类似生物材料那样的具有智能属性的材料，具备自调整（self-tuning）、自诊断（self-diagnosis）、自适应（self-adoptive）、自修复（self-repairing）、自恢复（self-recovery）等功能，这种功能的材料中被归为所谓"S特性"。

1988年9月，美国陆军研究办公室组织了首届智能材料、结构和数学的专题研讨会；1989年日本航空-电子技术审议会提出了从事具有对环境变化做出响应能力的智能材料的研究。从此，这样的会议在国际上几乎是每年一届。由已公布的资料来看，美国的研究较为实用，是应用需求驱动了研究与开发，日本偏重于从哲学上澄清概念，目的是创新拟人职能的材料系统，甚至企图与自然协调发展。

由于智能材料的研究与发展孕育着新一代的技术革命，因而受到了材料科学、微电子、医药学、生物工程学方面学者的关注。目前，智能材料已形成新材料领域的一门新分支学科，国际上一大批专家学者对其潜力充满了信心，正致力于发展这一学科。美国、日本、英国等发达国家的许多大学和研究所都成立了智能材料的研究机构，一大批教授、研究人员都在研究各自感兴趣的智能材料和智能结构。十多年来，智能材料和智能结构以强劲的势头冲向人们的视听，并已取得较大的进展。

我国对智能材料和智能结构的研究也十分重视。1991年国家自然基金会将智能/灵巧材料列入国家高技术研究发展计划纲要。将智能/灵巧材料及其应用直接作为国家高技术研究发展计划（863计划）新概念、新构思探索课题。目前，从事智能材料、智能结构研究的单位和个人正逐渐增多，研究成果日益体现。

高技术的要求促进了智能材料的研制。下列三个方面的发展为智能材料的诞生奠定了基础：

（1）材料科学与技术的发展　先进复合材料（层压板、三维与多维编织）的出现，使传感器、驱动器和微电子控制系统等的复合或集成成为可能，也能与结构融合并组装一体；

（2）对功能材料特性的综合探索的发展　对材料的机电耦合特性、热机耦合特性等的研究，微电子技术和计算机技术的飞速发展，为智能材料与系统所涉及的材料耦合特性的利用信息处理和控制创造了条件；

（3）军事需求与工业界的介入　促使智能材料与结构更具挑战性、竞争性和保密性，使智能材料成为一个高技术、多学科综合交叉的研究热点，并加速了它的实用化进程。

20世纪80年代中期，航空航天需求驱动了智能材料与结构的研究与发展。近年来迅速发展起来的生物医用材料及生物工程也涉及诸多材料的智能化，如自动服药系统及药物的可控释放，生物医用材料的活性及其与人体环境之间的相容性等。

智能材料的发展为智能纺织品的开发奠定了基础，促进了智能纺织品的发展。通过将智能材料应用于纺织品或使纺织品智能化，赋予纺织品以智能，为传统纺织品向现代纺织品发展开创了新的途径。

智能纺织品的开发与应用是一个全新领域，也是各种高新技术在纺织品应用的集中体现。同时涉及生物、材料、化学、化工、物理、电子、信息等多种学科。要进一步研究和开发出拥有自主知识产权的智能纺织品，为我国纺织工业的发展做出贡献，我们就需要对智能材料与结构的基础知识有一个比较系统、较为深入的认识和了解。

一、智能材料的内涵与定义

近年来，随着信息、材料及工程科技的发展，科学家和工程师从自然界和生物进化的学习和思考中受到启发。人们对比生物和智能系统（如图1-2和表1-1所示）可知它们的组成单元、功能结构的情况。

正如生物体是通过各种生物材料构成一样，智能系统是通过材料间的有机复合或集成来构成。科学实践证明，在非生物材料中注入"智能"特性是可以做到的。通过各种具有传感性能的材料可使各类信息（如力、声、热、光、电、磁、化学信息）互相转换和传递。如果能把感知、执行和信息处理每种功能材料有机地复合或集成于一体，就可能实现材料的智能化，如图1-3所示。表1-2列出了常见的感知材料和执行材料。

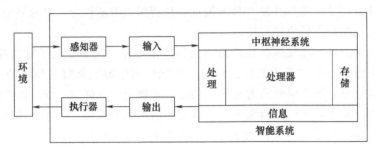

图 1-2　生物体与智能系统的对比

表 1-1　生物体与智能系统的组成单元与功能构成

组成单元	生物体	智能系统	功能
感知器	神经元	用感知材料制得	它能对外界或内部的刺激强度（如应力、应变、热、光、电、磁、化学和辐射等)具有感知能力
执行器	肌肉、分泌系统	用执行材料制得	它能在外界环境条件或内部状态发生变化时做出响应
信息处理	大脑	用信息材料通过信息技术制得	对有关信息进行处理与存储

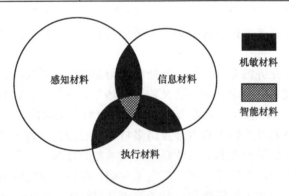

图 1-3　智能材料的基本组元材料

表 1-2　常见的感知材料和执行材料

名　称	感知	执行	名　称	感知	执行
声发射材料	√		电流变流		√
电感材料	√		电致伸缩材料		√
光导纤维	√		磁致伸缩材料	√	√
电阻变应材料	√		压电材料	√	√
X光感材料	√		形状记忆材料	√	√

表中，有些材料兼具感知和执行功能，如磁致伸缩材料、压电材料和形状记忆材料等，

这种材料通称为机敏材料（smart materials），它们能对环境变化做出适应性反应。图1-4为机敏材料的双重功能对环境变化做出的反应示意图。

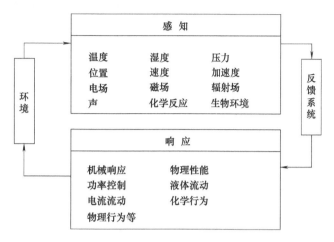

图1-4　机敏材料的感知功能和执行功能

通过对生物结构系统的研究和考察，机敏材料或智能材料有了可借鉴的设计和构建的思路、模型和方法。智能材料（intelligent materials）和机敏材料（smart materials）的特征如图1-5所示。智能材料本身具有传感、执行和信息处理所有这些功能。智能材料包括压电材料、电致伸缩材料、磁致伸缩材料、形状记忆材料（它们都具有在外场下可以移动的由结晶边界界定的畴结构，它们响应刺激产生的形状变化，使其可作执行元件）和智能凝胶（高分子凝胶为大分子构成的三维网络，其结构中含有能对外链段的构象与结构或基团的重排，可使凝胶体积发生突变转换，由此可调控其刺激响应性）等材料。机敏材料，其传感功能和执行功能置于复合材料之中，而需另由具有处理功能和记忆功能的外部信息装置来驱动。机敏材料自身不具备信息处理和反馈机制，不具备顺应环境适应性。一般认为，机敏材料是智能材料的"低级层次"，是智能材料发展的"初级阶段"。机敏材料再加上控制功能才能成为智能材料。

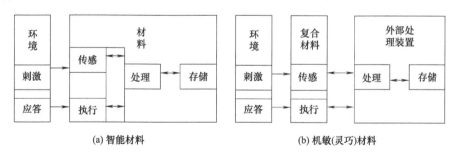

(a) 智能材料　　　　　　　　　　(b) 机敏(灵巧)材料

图1-5　智能材料和机敏材料的特征

从仿生学的观点出发，智能材料内部具有或部分具有图1-6所示的仿生物功能，这里指的是高级智能材料，目前虽然尚难做到，但却是未来定能实现的目标。

生物功能是指以下的一些功能：

（1）有反馈系统　能通过传感神经网络，对系统的输入和输出信息进行比较，并将结果提供给控制系统，从而获得理想的功能；

（2）有信息积累和识别功能　能积累信息，能识别和区分传感网络得到的各种信息，并进行分析和解释；

（3）有学习功能和预见性功能　能通过对过去经验的收集，对外部刺激做适当反应，并可预见未来并采取适当的行动；

（4）有响应性功能　能根据环境变化，适时地动态调节自身，并做出反应；

（5）有自修复功能　能通过自生长或原位复合等再生机制，来修补某些局部破坏；

（6）有自诊断功能　能对现在情况和过去情况作比较，从而对诸如故障及判断失误等问题进行自诊断和校正；

（7）有自动动稳平衡和自适应功能　能根据动态的外部环境条件，不断自动调整自身的内部结构，从而改变自己的行为，以一种优化的方式对环境变化作反应。

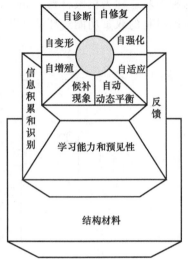

图 1-6　智能材料应具有
的仿生物功能

具有上述结构形式的材料系统，才有可能体现或部分体现下列的智能特性：

（1）具有感知功能　可探测并识别外界（或内部）的刺激强度，如应力、应变、热、光、电、磁、化学和辐射等；

（2）具有信息传输功能　以设定的优化方式，选择和控制响应；

（3）具有对环境变化做出响应及执行的功能　要求反应既灵敏又恰当，外部刺激条件消除后能迅速回复到原始状态。

下面列出一些学者对"智能材料"所下的定义，以供大家参阅。

①〔日〕高木俊宜定义："智能材料是指能够感知环境变化，并通过自我判断和结论而实现指令和执行的新材料"。

②〔美〕Rogers 认为智能材料系统（intelligent material systems，简称 IMS）的定义可归结为两种："在材料和结构中集成有执行器、传感器和控制器"；"在材料系统微结构中集成智能和生命特征，达到减小质量、降低能耗并产生自适应功能的目的。"

③〔中〕杨大智定义："智能材料是模仿生命系统，能感知环境变化，并能实时地改变自身的一种或多种性能参数，做出所期望的、能与变化后的环境相应的复合材料或材料的复合"。

④〔中〕师昌绪定义："模仿生命系统，能感知外界环境或内部状态所发生的变化，而且通过材料的一种或多种性质改变，做出所期望的某种响应的材料"。

⑤ 中国国家高技术新技术领域专家委员会，1998 年 3 月发布的《新材料领域战略研究报告》中的定义："智能材料指的是那些对使用环境敏感而且能对环境变化做出灵活反应的材料，更确切地说，智能材料是一类集传感、控制、驱动（执行）等功能于一体的材料系统与结构，它能适时地感知与响应外界环境的变化，实现自测、自诊断、自修复、自适应等多功能"。

上述定义虽各不相同，但有一点是一致的，即智能材料应具有如图 1-7 所示的结构，单一的人工材料无法同时具备这些功能，只有将材料制成的感知器、执行器和控制器等材料集成（material integration）或材料复合（material composition）在一起，通过在这些功能之间建立起动态的相互关系，使之相互作用、相互依存，才可能实现材料的智能化。

智能材料与普通材料在结构上的区别如图 1-8 所示。

由此可见，智能材料的基础是功能材料，功能材料通常分为两大类：一类称为敏感材料，它是能够对外界或内部的各种信息，如负载、应力、应变、振动、热、光、磁、电、声、化学和核辐射等信号强度和变化具有感知能力的材料，可以用来制成各种传感器（感知元件）；另一类为驱动材料，它是在外界环境或内部状态发生变化时能对之作出相应动作的材料，可以用来制成各种执行器（驱动器）或激励器。机敏材料是兼有敏感材料与驱动材料的特征，即同时具有感知和驱动性能的材料，但

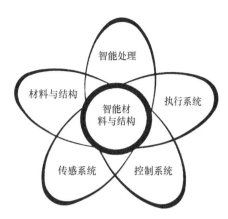

图 1-7　智能材料的构成

它对于来自外界和内部的各信息，不具有处理功能和反馈机制，不能顺应环境的变化及时调整自身的状态、结构和功能、而智能材料在这一点上正好能够弥补其不足，智能材料通常不是一种单一材料，而是一个材料系统，确切地说，是一个由多种材料组元通过有机紧密复合或严格地科学组装而构成的材料系统，可以说智能材料是机敏材料、驱动材料和控制材料（系统）的有机结合，就本质而言，智能材料就是一种智能机构。它是由传感器、执行器和控制器三部分组成，智能材料是机敏材料与控制系统相结合的产物，它是特殊的，或者说是具有智能的功能材料。机敏材料、智能材料和智能结构三者的对应结构如图 1-9 所示。

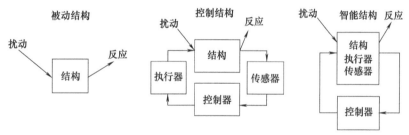

图 1-8　智能材料与普通材料在结构上的区别

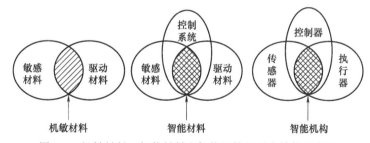

图 1-9　机敏材料、智能材料和智能机构的对应结构示意图

通过以上对智能材料定义和构成的讨论，可以归纳为以下几点。

① 智能材料的主体是材料，它的范围可以从生物材料到高分子材料，从无机材料到金属材料，从复合材料到大型工程结构。

② 智能材料大多是根据需要选择两种或多种不同的材料，按照一定的比例以某种特定的方式复合起来或是材料集成。这样，它已不再是传统的单一均质材料，而是一种复杂的材料体系。

③ 智能材料系统（IMS）和智能结构（intelligent structure）在结构的尺度上是有区别的，若把智能材料（IMS）植入工程结构中，就能使工程结构感知和处理信息，并执行处理结果，对环境的刺激做出自适应响应，使离线、静态、被动的监测变为在线、动态、实时、主动的监测与控制，实现增加结构安全、减轻质量、降低能耗、提高结构性能等目标。这种工程结构称为智能结构。

④ 智能材料不是仅仅简单地执行设计者预先设置的程序，而且应该对周围环境具有学习能力，能够总结经验，对外部刺激做出更为适当的反应。

⑤ 智能材料不仅具有环境自适应能力，同时能够为设计者和使用者提供动态感知和执行信息的能力。

由此可见，智能材料拉近了人造材料与人的距离，增加了人、机的"亲近感"。智能材料的研究应立足于剖析、模仿生物系统的自适应结构和老化过程的原理、模式、方式和方法，使未来工程结构具有自适应的生命功能。设计智能材料虽然要借助于生物体的启示，但智能材料与生物体又具有本质的不同，生物是由自然主宰的，经过亿万年的演化进化而来，能适应环境的变化以维持自身的生存。而智能材料是由人设计、创造的，要它按照人的意愿来完成人类设定的目标。后者要比前者落后很多。随着人们对生物机体的深入理解和科学技术水平的提高，两者之间的差距正在逐渐减小，从而将不断地推动材料的进化。

二、智能材料构建的组元材料

智能材料的组元材料可以划分为传感材料、信息材料、执行材料、自适应材料（仿生材料），以及两种支撑材料——能源材料（用作维持系统工作所需的动力）和结构材料（是支撑功能材料的基本材料或构件）。

材料同不同能量之间传递特性 P_{ij} 示于表 1-3 中，P_{ij} 按 i，j 划分，i 表示输入能量的不同形式，j 表示输出能量的不同形式。

表 1-3　材料间不同能量之间传递特性

输入 i ＼ 输出 j	力	声	热	光	电	磁	化
力	P_{11}	P_{12}	P_{13}	P_{14}	P_{15}	P_{16}	P_{17}
声	P_{21}	P_{22}	P_{23}	P_{24}	P_{25}	P_{26}	P_{27}
热	P_{31}	P_{32}	P_{33}	P_{34}	P_{35}	P_{36}	P_{37}
光	P_{41}	P_{42}	P_{43}	P_{44}	P_{45}	P_{46}	P_{47}
电	P_{51}	P_{52}	P_{53}	P_{54}	P_{55}	P_{56}	P_{57}
磁	P_{61}	P_{62}	P_{63}	P_{64}	P_{65}	P_{66}	P_{67}
化	P_{71}	P_{72}	P_{73}	P_{74}	P_{75}	P_{76}	P_{77}

① 当 $i=j$ 时，输入能量与输出能量形式相同，P_{ij} 是相同能量形式之间的传递特性，材料起到能量传输部件的作用，材料的这种功能称为一次功能，以一次功能为使用目的的材料，又称为载体材料。

② 当 $i \neq j$ 时，输入能量与输出能量形式不相同，P_{ij} 是不同能量形式之间的转换特性，材料起到能量转换部件的作用，材料这种功能称为二次功能（或高次功能），以二次功能为作用目的的材料，又称为转换材料（或传递功能材料）。

具体的各种材料可参见表 1-4。

表 1-4　具有感知功能和传递功能的材料

功　能	材　料	现象或机制
P_{71}（化→力）	智能高分子凝胶	化学信号刺激使高分子收缩或溶胀
P_{32}（热→声）	形状记忆合金薄膜	马氏体相变产生声发射信号
P_{14}（力→光）	光导纤维	力致光双折射及吸收变化
P_{24}（声→光）	声光晶体	超声波在介质中产生的弹性力使介质折射率变化
	声光玻璃	
P_{34}（热→光）	光导纤维	温度引起光的折射及吸收变化
P_{44}（光→光）	光导纤维	X 射线或 γ 射线引起发光
	光致发光材料	晶格间空位或离子、原子迁移发光
P_{47}（光→化学）	感光材料	在光的作用下发生化学反应
P_{54}（电→光）	光导纤维	光电效应，光致色差
	电光晶体	电场作用使晶体折射率发生变化
P_{64}（磁→光）	光导纤维	磁致发光效应
	磁光材料	偏振光通过磁场时发生偏转
P_{15}（力→电）	压电材料	压电效应
	应变电阻合金	应变改变电阻率
P_{25}（声→电）	声敏材料	声波振动产生压力，压力产生电信号
P_{35}（热→电）	热敏电阻	电阻率随温度变化
	热释电材料	加热使屏蔽电荷失去平衡，产生电位差
P_{45}（光→电）	光电材料	光电效应
	光敏电阻	入射光强弱改变电阻值
P_{65}（磁→电）	磁致电阻材料	电阻率随磁场变化
P_{75}（化→电）	气敏陶瓷材料	气体改变电阻率
	湿敏陶瓷材料	电阻率随环境湿度变化
P_{31}（热→力）	膨胀合金	热胀冷缩
	双金属片	热胀冷缩
	形状记忆合金	形状记忆
P_{41}（光→力）	光敏性凝胶	光刺激导致相转变体积溶胀
P_{51}（电→力）	电致伸缩材料	在电场作用下伸缩
	压电材料	在电场作用下产生力（逆压电效应）
	电致流变液	在电场作用下流体粒子极化
	电活性凝胶	在电场作用下离子迁移导致凝胶体积和形状变化
P_{61}（磁→力）	磁致伸缩材料	磁致伸缩
	磁致流变液	在磁场作用下液体粒子磁化

由于电学性能易于放大、传输和调节。因此通常寻求输出 $j=5$，即具有 P_{i5} 性能材料。通过这类材料将所输入的各种信息转换为电学信息而输出。例如，应变电阻合金的性能 P_{15}、磁致电阻材料的性能 P_{65} 和热敏电阻合金丝的性能 P_{35}，还有能用来探测环境中气体含量的"气敏陶瓷材料"的性能 P_{75}。

一般情况下，需要将力输入执行材料后，执行材料才能启动，因此，执行材料为 $j=1$ 的功能材料，具有 P_{i1} 性能的材料。表中属于这类材料的有：P_{31}（如膨胀合金、双金属片和形状记忆合金）；P_{51}［如电致伸缩材料、电流变液（ER）］；P_{61}（如磁致伸缩材料、磁流变液）等。常见的几种执行材料的特性见表 1-5 所示。执行材料的种类要比感知材料少得多，因此作为智能材料的组元来说，执行材料的研究和开发是一项重要课题。

表 1-5　智能材料中部分执行材料的特性

材料 特性	形状记忆合金 Nitinol	压电陶瓷 PZTG-119	压电薄膜 PVDF	电致伸缩材料 PMN	磁致伸缩材料 Terfenol-D
最大应变量/μm	20000	1000	700	1000	2000
弹性模量/GPa	28（马氏体） 90（奥氏体）	62	2	117	48
合成应变/μm	8500（奥氏体）	350	10	500	580
响应频率/Hz	0~5	1~20000	0.1~20000	1~20000	1~20000
可埋入性	好	好	好	好	好
稳定性	好	好	中	好	好
使用形式	薄带、线、膜	薄片	薄膜	薄带、线	薄带、线
技术成熟	良好	好	较好	好	较好

实际上，执行材料目前已不仅限于能在不同信息激励下输出力或位移，其输出功能已经拓展到数码显示存储、颜色改变、频率改变、开关启闭等等。这类材料在电子技术中已获得广泛应用。

光学纤维损耗低、信息传输容量大，抗干扰性强，它在不同场合下的感知功能见表1-6。常见的感知器陶瓷材料列于表1-7中。

表 1-6　光纤感知功能

i	P_{ij}	现　象
1	P_{14}	力致光双折射、光吸收变化
3	P_{34}	温度引起光的折射及吸收变化
4	P_{44}	X 射线、γ 辐射引起发光
5	P_{54}	电光效应，电致色差
6	P_{64}	磁致发光效应
7	P_{74}	成分变化引起光折射、光吸收变化荧光

表 1-7　感知器用陶瓷材料成分、效应和输出

项目	材料	效　应		输出
温度感知器	NiO,FeO,CaO,Al_2O_3,SiC （成型、薄膜） 半导体 $BaTiO$	载流子浓度随温度的变化	负温度系数	阻抗变化
			正温度系数	
	VO_2,V_2O_3	半导体、金属相变		
	Mn-Zn 系铁酸盐	弗里磁体、常磁转变		磁化变化
位置速度感知器	PZT（钛锆酸铅）	压力效应		反射波的波形变化
光感知器	$LiNbO_3$,$LiTaO_3$,PZT,$SrTiO_3$	热电效应		电动势

项目	材料	效　　应	输出
光感知器	$Y_2O_3S(Eu)$	荧光	可见光
	$ZnS(Cu,Al)$		
	CaF_2	热荧光	
气体感知器	Pt 催化剂/氧化铅/Pt 线	可燃性气体接触燃烧反应	阻抗变化
	SnO_2,ZnO,γ-Fe_2O_3,Fe_2O_3,$LaNiO_3$,$(La,Sr)CoO_3$	氧化物半导体气体脱吸附引起的电荷转移	
	TiO_2,CoO-MgO	氧化物半导体化学比的变化	
	ZrO-CaO,MgO,Y_2O_3-$La_2O_3$$ThO$-$Y_2O_3$	高温固体电解质氧浓电池	电动势
湿度感知器	$LiCl$,P_2O_5,ZnO-Li_2O	吸湿离子传导	阻抗变化
	TiO_2,$NiFe_2O_4$,TiO_2,ZnO,Ni 铁酸盐,Fe_3O_4 乳胶	氧化物半导体	
	Al_2O_3	吸湿引起电导率变化	电导率

三、智能材料的几种基本组元

由前述可知,智能材料的结构(IMSS)不是传统的单一均质材料,而是一个复杂的系统。只有将各种组元材料制成的传感系统、执行系统和控制系统等集成或组装在一起,通过在这些功能之间建立起动态的相互联系,使之相互作用、相互依存,才有可能实现材料智能化。

组成智能材料与结构的组元材料包括有传感材料、信息材料、自适应材料以及能源材料和结构材料。下面举例介绍一下智能材料的几种基本组元。

(1)形状记忆材料(shape memory material) 这种材料包括形状记忆合金、记忆陶瓷以及形状记忆聚合物(含形状记忆纤维、形状记忆聚合物凝胶)。它们在特定温度下发生热弹性(或应力诱发)马氏体相变或玻璃化转变,能记忆特定的形状,而且弹性模量、电阻、内耗等发生显著变化。

例如 NiTi 形状记忆合金的电阻率高,因此可用电能(通电)使其产生机械运动,与其他执行材料相比,它的输出应变较大,达 8% 左右,同时在约束条件下也可输出较大的恢复力。它是典型的执行器材料。由于其冷热循环周期长,响应速度慢,只能在低频状态使用。

(2)光导纤维 光导纤维(optical fiber)是利用两种介质面上光的全反射原理制成的光导元件。通过分析光的传输特性(光强、位相等),可获得光纤周围的力、温度、位移、压强,密度、磁场、成分和 X 射线等参数的变化,因而广泛用作传感元件或智能材料中的"神经元",具有反应灵敏、抗干扰能力强和耗能低等特点。

早在 1979 年,Claus 就曾在复合材料中嵌入光纤,用于测量低温下的应变。从那时起,光纤被广泛用作复合材料固化状态的评估、工程结构的在线监测、材料的非破坏性评定、内部损伤的探测和评估等。光纤波导管可埋于复合材料内,通过测定光的折射和对折射信号的处理,确定二维动态应变,其电吸附效应还可以用于感知磁场的变化。光的干涉效应可用于测量变形和振动。光纤和光传感器用于极端恶劣条件下的推进系统。

(3)磁致伸缩材料 磁致伸缩材料(magnetortrictive material)是将磁能转变为机械能

的材料。磁致伸缩材料受到磁场作用时，磁畴发生旋转，最终与磁场排列一致，导致材料产生变形。该材料响应快，但输出应变小。最近研制的 Terfenal-D 可输出 $1400\mu m$ 应变，故又称为超磁致伸缩材料。

磁致伸缩材料已应用于低频高功率声呐传感器，强力直线型电机，大转矩低速旋转电机和液压机执行器。目前正在研究采用磁致伸缩材料主动控制智能结构中的振动。

（4）电流变液　电流变液（electro rheological fluids，简称 ER 液体）是由高介电常数、低电导率的电介质颗粒分散于低介电常数的绝缘液体中形成的悬浮体系，它可以快速和可逆地对电场做出反应。它在电场作用下极化时呈链状排列，流变特性发生变化，可以由液体变得黏滞直至固化，其黏度、阻尼性和剪切强度都会发生变化。

电流变液的特点是：电流变液的黏度和屈服应力可由外加电场控制，随着外加电场强度增大而急剧上升；当电场强度达到一定值时，它从可自由流动的牛顿（Newton）液体转变为宾汉（Bingham）流体。这种转变过程中黏度的变化是连续的、无级的、在固态和液态之间进行的转变是可逆的，转变极为迅速，仅需几毫秒，并且转变所需过程电能很小。通过调节施加的电场频率将可以改变电流变液体的表观黏度和屈服应力等一系列液体特性。利用电流变液优良的机电耦合特性，可望解决机械中能量传递和实时控制方面的问题。目前已应用于电流变减振器、转子振动控制电流变元件、电流变液与压电材料复合式阻尼器、电流变液离合器、电流变液阀和电流变随机振动控制器等。

（5）磁流变液　磁流变液（magneto rheological suspensions，简称 MR 液体）主要由磁性微粒和基液组成。通常磁流变液所用的磁性材料都属于铁、钴、镍等多畴材料，基液可为油、水或其他复杂的混合液体。一般地说，良好的磁流变液需具有磁化和退磁效应、具有较大的磁饱和强度、损耗应该很小、磁场粒子的分布率始终保持均匀、具备较高的击穿磁场、具有相当宽的温度范围稳定性。磁流变液的主要缺点有：一是响应时间较慢，二是它的稳定性差。为了防止分相，常采用加入表面处理剂的方法。工程上已经设计、制造了许多种 MR 液体器件。其中阀式器件有液压控制伺服阀、阻尼器、振动吸收器和驱动器；剪切式器件有离合器和制动器、失（销）装置、散脱装置等；挤压式器件有小运动、大力式振动阻尼器和振动悬架等。

（6）压电材料　压电材料（piezoelectric materials）包括压电陶瓷〔如 $BaTiO_3$、$Pb(ZrTi)O_3$、$K(Na)NbO_3$、$PbNb_2O_3$ 等〕和压电高分子（polyvinyldene fluoride）。

压电材料通过电偶极子在电场中的自流排列而改变材料的尺寸，响应外加电压而产生应力或应变，电和力学性能之间呈线性关系，具有响应速度快、频率高和应变小等特点。此种材料受到压力刺激可以产生电信号，可用作传感器。压电材料可以是晶体和陶瓷，但它们都比较脆。

高分子压电材料可制成非常薄的膜，可附着在几乎任意形状的表面上，其机械强度和对应力变化的敏感性优于许多其他传感器。美国 Nevill 等研制了一种压电触觉传感器几乎能够 100％ 准确地辨识物体，如它能识别盲文字母及砂纸的粒度；比萨大学的研究者研制出类似于皮肤的传感器，能模仿人类皮肤对温度和应力的感知能力，还能探知边缘、角不同几何特征。Nakamura 等研制了一种超薄（$200\sim300\mu m$）膜传感器，辅之以数学分析和数字模拟，用于机器人，它还具有热电效应，能对温度变化作出响应。

压电材料有单轴极化膜（只对一个方向的应力作出响应）和双轴极化膜（可以感知两个方向的应力）。压电材料还能用作执行器，接受电信号后输出力或位移。压电高分子材料产生较少的热量，能储存能量，可用于精确定位，例如用作打印机的打印头。目前正在研究利用压电陶瓷控制结构的振动及探测结构的损伤等。

（7）智能高分子材料　智能高分子材料（intelligent high molecular materials）是指三维高分子网络与溶剂组成的体系。其网络的交联结构使它不溶解而保持一定的形状；因凝胶结构中含有亲溶剂性基团，使它可被溶剂溶胀而达一平衡体积。这类高分子凝胶溶胀的推动力与大分子链和溶剂分子间的相互作用、网络内大分子链的相互作用以及凝胶内和外介质间离子浓度差所产生的渗透压相关。据此，这类高分子凝胶可感知外界环境细微变化与刺激，如温度、pH 值或电场等刺激产生膨胀和收缩，对外做功。智能高分子材料的潜在用途见表1-8。

表 1-8　智能高分子材料的潜在用途

领　　域	用　　途
传感器	光、热、pH 值和离子选择传感器,免疫检测,生物传感器,断裂传感器
驱动器	人工肌肉,微机械
显示器	可由任意角度观察的热、盐或红外敏感显示器
光通信	温度和电场敏感光栅,用于光滤波器和光控制
药物载体	信号控制释放,定位释放
大小选择分离	稀浆脱水,大分子溶液增浓,膜渗透控制
生物催化	活细胞固定,可逆溶胶生物催化剂,反馈生物催化剂,传质强化
生物技术	亲和沉淀,两相体系分配、制备色谱、细胞脱吸
智能催化剂	温敏反应"开"和"关"催化系统
智能织物	热适应性织物和可逆收缩织物
智能调材料	室温下透明,强阳光下变混浊的调光材料,阳光部分散射材料
智能黏合剂	表面基团富集随环境变化的黏合剂

四、智能材料的主要类型

智能材料是近几年才出现的新型材料,它的研究呈开放性和发散性,涉及包括化学物理学、材料学、计算机等领域的很多学科,分类方法也极多。现略说明如下:

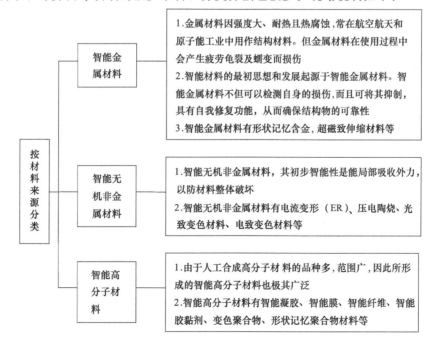

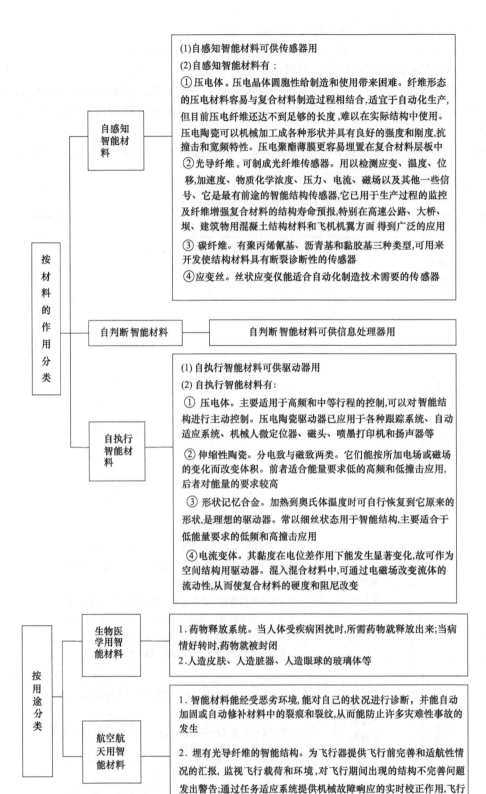

按材料的作用分类

自感知智能材料

(1)自感知智能材料可供传感器用

(2)自感知智能材料有:

① 压电体。压电晶体圆胞性给制造和使用带来困难。纤维形态的压电材料容易与复合材料制造过程相结合,适宜于自动化生产,但目前压电纤维还达不到足够的长度,难以在实际结构中使用。压电陶瓷可以机械加工成各种形状并具有良好的强度和刚度,抗撞击和宽频特性。压电聚酯薄膜更容易埋置在复合材料层板中

② 光导纤维。可制成纤维传感器。用以检测应变、温度、位移,加速度、物质化学浓度、压力、电流、磁场以及其他一些信号、它是最有前途的智能结构传感器,它已用于生产过程的监控及纤维增强复合材料的结构寿命预报,特别在高速公路、大桥、坝、建筑物用混凝土结构材料和飞机机翼方面得到广泛的应用

③ 碳纤维。有聚丙烯氰基、沥青基和黏胶基三种类型,可用来开发使结构材料具有断裂诊断性的传感器

④ 应变丝。丝状应变仪能适合自动化制造技术需要的传感器

自判断智能材料

自判断智能材料可供信息处理器用

自执行智能材料

(1) 自执行智能材料可供驱动器用

(2) 自执行智能材料有:

① 压电体。主要适用于高频和中等行程的控制,可以对智能结构进行主动控制。压电陶瓷驱动器已应用于各种跟踪系统、自动适应系统、机器人微定位器、磁头、喷墨打印机和扬声器等

② 伸缩性陶瓷。分电致与磁致两类。它们能按所加电场或磁场的变化而改变体积。前者适合能量要求低的高频和低撞击应用,后者对能量的要求较高

③ 形状记忆合金。加热到奥氏体温度时可自行恢复到它原来的形状,是理想的驱动器。常以细丝状态用于智能结构,主要适合于低能量要求的低频和高撞击应用

④ 电流变体。其黏度在电位差作用下能发生显著变化,故可作为空间结构用驱动器。混入混合材料中,可通过电磁场改变流体的流动性,从而使复合材料的硬度和阻尼改变

按用途分类

生物医学用智能材料

1.药物释放系统。当人体受疾病困扰时,所需药物就释放出来;当病情好转时,药物就被封闭

2.人造皮肤、人造脏器、人造眼球的玻璃体等

航空航天用智能材料

1.智能材料能经受恶劣环境,能对自己的状况进行诊断,并能自动加固或自动修补材料中的裂痕和裂纹,从而能防止许多灾难性事故的发生

2.埋有光导纤维的智能结构。为飞行器提供飞行前完善和适航性情况的汇报,监视飞行载荷和环境,对飞行期间出现的结构不完善问题发出警告;通过任务适应系统提供机械故障响应的实时校正作用,飞行后的修理和维护时间表。特别是,飞行员在飞行过程中可以由光导纤维感受到的信号变化来了解飞机结构或零件因服役或战斗所导致的各种损伤、破坏,从而能采取相应的措施

按用途分类

建筑领域用智能材料
1.利用智能复合材料的自诊断，自调节、自修复功能，可快速检测环境温度、湿度，取代温控线路和保护线路
2.利用热电效应和热记忆效应的聚合物薄膜,可智能化多功能自动报警和智能红外摄像,取代复杂的检测线路
3.利用智能纤维制作混凝土,可取代复杂的检测线路
4.利用智能金属结构材料可自动检测损伤和抵制裂缝扩展,具有自修复功能,确保结构物的可靠性
5．利用智能水净化装置,可感知并除去有害污染物。利用电致变色门窗可响应气候和人的活动,调节热流和采光,既可减轻空调负荷又可节约能源。利用智能卫生间,能分析尿样,做出早期诊断。利用自愈合涂膜,可自动将裂缝愈合，保证防水、防潮、防透工程

环境领域用智能材料
1.利用锂离子记忆材料对锂离子高的选择特性,可从海水、江水及地下水等稀溶液中回收锂离子,还可以用电化学方法回收锂
2.利用压电材料研制具有自行调整外形功能的直升机推进叶片,可降低不必要的噪声和振动

军事领域用智能材料
1.智能材料引入潜水艇,能改变形状,消除湍流,使传动噪声不易被测出而便于隐蔽
2.碳纤维复合材料引入飞行器和其他军用设备,能最大限度减小设备的振动,从而降低设备的功能失灵
3.一些智能材料已用于修复制服、帐篷、轮胎。开发智能军服,除充当通信设备外,还可按环境变化调整颜色,能监视着装士兵的身体状况，还可以进行激光瞄准
4.智能降落伞能够检测雪中和地面的危险性,及时改变飞行方向和速度,在跳降落伞士兵失去控制时能够自动打开,并以最佳的方式着陆

机器人用智能材料
1.形状记忆合金能够感知温度或位移变化，可将热能转换为机械能。如果控制加热或冷却,可获得重复性很好的驱动动作
2.用SMA制作的热机械动作元件具有独特的优点,如结构简单、体积小巧、成本低廉、控制方便等
3.近年来,随着形状记忆合金逐渐进入工业化生产应用阶段,SMA在机器人中的应用,如在元件控制、触觉传感器、机器人手足和筋骨动作部分的应用,十分引人注目

日常生活中用智能材料
1.随着高科技的发展，智能控制和智能生活方式已逐步进入日常生活。家电的控制及高级摄影设备等均有智能结构,它们均包含有智能材料的组元,从而大大提高了人们的生活质量
2.利用可相变的轻质纤维(其相变温度32～38℃),它可随人体和环境温度的变化发生相变。身着这种纤维服装时，活动量少时该服会起保暖作用,不停地活动时该服装会起降温作用。这种新型"智能"纤维材料,可为站在冰雪中的人们驱寒,为运动中人们散热
3.将压电激励的材料放置在吉他上面板的一角时,它能吸收一部分振动,与电子控制器联用就可以改变吉他木质部分振动方式,因而提高了吉他的音色
4.电致变色玻璃在电场控制下可以改变玻璃对不同波长的光的透过能力,从而构成智能窗
5.智能材料在医学领域中的应用,更能造福于人类,例如,利用这些材料可以制造人造骨或人造胰脏以及肝脏

展望未来的一二十年，许多智能材料创造的新产品将会走向商业化，智能材料的用途将越来越广泛，必将为未来的国民经济建设和人类生活带来新的活力。

第三节　智能纺织材料

随着社会的进步，科学技术的不断发展，人类生活水平的日益提高，人们对各类材料的要求也越来越高，希望材料能够依据所处环境的变化，其自身功能能处于最佳状态。

众所周知，生命体不仅具有思维活动和思维能力，还具有对外界刺激或内部状态变化的响应能力，此能力被称为智能（intelligent），是生命体特有的属性。自20世纪80年代迄今，人们在材料智能化和智能材料多功能方面正在做着不断开拓的创造性工作。智能材料就是模仿生命系统，同时具有感知、反馈和响应功能的材料，即不仅能够感知外界环境和内部状态的变化，而且能够通过材料自身的或外界的某种反馈机制，实时地将材料的一种或多种性质改变，做出所期望的某种响应的材料。

智能材料的发展，为智能纤维的智能纺织品的开发奠定了基础，促进了智能纤维和纺织品的发展。

智能纤维（intelligent fibers）是纤维科学与智能材料科学交叉的产物。一方面，它能够像其他智能材料一样感知环境的变化或刺激并做出反应，是一种长度、形状、颜色、温度和渗透速率等能够随着环境变化而发生敏锐变化的新型功能纤维（functional fibers）；另一方面它还具有普通纤维长径比大的特点，其机械性能因取向度较高等原因而远高于大部分智能分子材料（如智能凝胶），从而能加工成多种产品。因此，智能纤维所具有的奇妙功能与人类智慧相结合，在材料领域中具有重要的地位和独特的用途，将为未来的产业和人类生活注入新的活力，具有十分光明的未来。

智能纺织品（intelligent textiles）不仅具有一般机织、针织和无纺织布面料所具有的性能：因它通常系由感应、致动和控制单元组分组成，故还能通过自身的感知进行信息处理，发出指令，并执行完成动作，从而实现自身的检测、诊断、控制、校正、修复和适应等一种或多种实用功能。

一、智能纤维的设计思路和开发途径

东华大学材料科学与工程学院沈新元教授认为：由于纤维的智能化是一个崭新的研究领域，很难描述设计智能纤维的全部具体方法，不过智能纤维的总体设计思路一般涉及仿生学、分子设计、复合技术三个方面。

1. 智能纤维的研究，与其他智能材料一样，仿生学（bionics）是其出发点

生物体的最大特点是对环境的适应，从植物、动物到人类均如此。自然界中生物已有数亿至十亿年的历史，它们不断地进化，在智能方面已达到最佳状态。生物体的基础是细胞（cell），可视为具有传感、处理和执行三种功能的融合材料。

目前，大多数关于智能生物材料的研究工作是研究生物系统和生物分子的机理。它们成为了开发各种智能程度的新型材料的新思想、新方法的重要来源。人们对生物体的研究成为智能材料研究的方向和样板。人们可以利用仿生学原理，以细胞作为智能材料的蓝本，来开发智能生物材料，向生物的多重功能迫近，甚至超过生物体组织。在智能纤维的开发中，人们也自觉不自觉地采用与智能生物材料类似的原理，如下所述。

（1）模拟生物体神经，人们开发了光导纤维　光导纤维（optical fibers）基本上由两部分组成，即高度透明的芯材和与之匹配的鞘材，两者之间的折射率必须是芯材大于鞘材。这样，当光线通过纤维时能发生全反射，以实现光能在光学纤维中的传送。在计算机一些关键部位预置光纤传感器后，能随时给计算机采集并传递飞行机各部分的动态数据、损伤部位及损伤程度。经计算机计算分析后，如发现问题便立即做出相应指令，开启执行元件进行自修复或者提出预警。这些动作与人的神经系统的工作模式十分相似。

（2）模拟动物肌肉，人们开发了凝胶纤维　由于凝胶的结构与生物体的肌肉组织十分相似，因此采用凝胶纤维（gel fibers）在溶剂种类、温度、OH⁻浓度、pH值等变化或在电刺激下发生变形、膨胀、收缩的特性，建立直接将化学能转变为机械能的系统，而不需要经过中介去散发热量。例如，Umemoto等用聚丙烯酰胺（PAAm）浓溶液在丙酮（acetone）中纺成的纤维（$\phi172\mu m$，长 2cm）经环化处理后，在 $7.15N/cm^2$ 的负载下，由于溶液剂中的丙酮含量的不同而引起体积变化，响应时间分别为伸长为11s、收缩为5.3s。该纤维能制成溶剂敏感性人工肌肉。Mirara等制备的聚乙烯基甲醚（PVME）凝胶纤维，在38℃上下可逆收缩和伸长的响应时间为 1s 级，可产生约 0.3mN 的收缩力，相当于人类肌肉收缩力的 $1/10\sim1/3$，已制成热敏性人工肌肉。

2. 分子设计（molecular design）是开发智能纤维的主要途径

智能纤维可以依据其刺激响应机理，设计成只对一种因数的变化产生一种响应；也可以设计成对多种因素的变化只产生同一种响应，或者设计成对不同因素的变化产生不同的响应。

功能高分子材料分成：①材料分子构成元素的组成；②材料分子中的官能团结构；③聚合物的链段结构；④高分子的微观构象结构；⑤材料的超分子结构和聚集态；⑥材料的宏观结构。功能高分子材料的性能与其结构有着密切的关系。智能纤维的许多性能，例如折射率、密度、摩尔体积热容量、热导率、内聚能和溶解性等都与其结构紧密相关。由此可知，研究材料的性能与其结构有关系，即材料的构效关系就显得格外重要。

材料的构效关系 M 可由图 1-10，用以下六个参数来描绘：

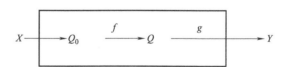

图 1-10　材料的构效关系 M 示意图

X—输入信息集；Q_0—内部的初始状态集；

f—状态转变系数；Q—内部状态因输入信息转变为下一时间内部状态集；

g—输出系数；Y—输出信息集；

M—构效系数。

$$M(X,\ Q_0,\ f,\ Q,\ g,\ Y)$$

其中，Q_0、Q 由材料结构决定，f 为现在的内部状态 Q_0 因输入信息 X 转变为下一时间内部状态 Q 的状态转变系数，g 为现在内部状态 Q_0 因输入信息 X 而转变为下一时期内状态 Q 后的输出系数。Q、f、g 的关系是材料结构、组成与功能的关系。设计功能材料时应考虑其内部状态 Q、状态转变数 f 及输出系数 g。功能高分子材料的性质与其化学组成、分子结构和宏观形态存在密切关系，即构效关系。比如，电子导电型聚合物的导电能力依赖大分子中的线性共轭结构；光敏高分子材料的光吸收和能量转移性质也都与功能用的结构和聚合物骨架存在对应关系；而高分子功能膜材料的性能不仅与材料微观组成与结构相关，而且与其超分子结构和宏观结构相关。只有了解了构效关系，才有可能为已有功能材料的改进和新型功能材料的研究提供设计方法。

智能材料来源于功能材料，但又与传统的功能材料不同。功能材料有两类：一类是在外界或内部的刺激强度，如应力、应变、光、电、磁、热、湿、化学、生物化学和辐射有感知的材料，称为"感知材料"，可以用来制作成各种传感器（感应器）；另一类是对外界环境或内部状态发生的变化作出响应（驱动）的材料，称为"驱动材料"，可以用来做成各种执行器（制动器）。但两者通常只能机械地进行输入/输出的响应，仅是一种被动性材料。自身不具备信息处理和反馈机制的材料叫做机敏材料（smart materials），就不具备顺应环境的自适应性。科学家把仿生命系统功能引入材料，使材料达到更高层次，从无生命变得有了"感觉"和"知觉"，并赋予了材料崭新的使命，使它可以主动地针对一定范围内花样繁多、各类各异的输入信息进行判断，并决定输出什么应对之，才能自动地适应环境的变化，不仅能够发现问题，而且还能自行解决问题。这种主动性新型材料，才是真正意义上的智能材料（intelligent materials）。当材料的功能提高至智能化时，需要控制该材料的状态转变系数 f 和输出系数 g。因此，进行智能纤维材料的分子设计时，必须掌握聚合物组成与功能性之间的关系。

目前，已有一些方法可根据聚合物的组织和结构，运用计算理论和半经验模型来预测智能纤维的响应功能；运用分组叠加计算，将聚合物重复单元分成亚单元（每一个亚单元对某一种聚合物性能的影响是已知的），将这些亚单元的作用简单叠加起来，就能极其精确地预测聚合物、智能纤维的许多性能（例如折射率、密度、摩尔体积热容量、热导率、内聚能和溶解性等）。

分子设计完成后，要获得预定功能的智能纤维，通常有两条途径。

（1）合成智能化的成纤聚合物，然后纺制成纤维

① 主要是要通过含有智能化基团的单体加聚反应或缩聚反应制取智能化的成纤聚合物。

② 该法的优缺点：智能化基团含量高（即聚合度比较高），在分子链上分布均匀；但含有智能化基团的单体的合成比较困难，其单体比较贵。

（2）对现有纤维进行高分子化学反应

① 将纤维素、蚕丝丝素、甲壳素等天然聚合物和聚乙烯醇、聚酰胺、聚丙烯腈等合成聚合物作为聚合物母体，进行高分子化反应。

② 该法的优缺点：聚合物骨架是现成的，可选择的聚合物母体较多，原料来源广，因此其价格相对较低；但在进行高分子化学反应时，不可能 100% 完成，尤其在进行高分子化学反应时，产物中含有未反应的官能团，智能化基团在高分子链上的分布也不均匀。尽管如此，目前大多数智能纤维还是通过该法制取的。

3. 复合技术是将现有的物质或材料制取智能纤维的重要技术

复合技术（composite techology）已广泛应用于智能纤维材料的研究和开发之中，因为该种技术具有材料来源丰富、工艺简单，价格低廉的优点。

许多物质和材料本身就具有智能。例如：①一些物质或材料的性能如颜色、形态、尺寸、力学性能等，可以随环境或使用条件的变化而改变，具有刺激响应、识别信息能力、自诊断、自学习和预见性能；②一些物质或材料的光性能、电性能和其他物理或化学性能，可以随外部条件的不同而变化，除了具有识别和区分信息、自诊断、自学习和抗刺激能力外，还可以开发成具有动态平衡及自维修功能的物质或材料；③一些材料的

结构和成分可随工作环境而变化，具有对环境的自适应和自调节功能。它们的情况如图 1-11 所示，对这些现有的物质或材料进行复合（包括共混、添加和杂化技术），均可以制取智能纤维。

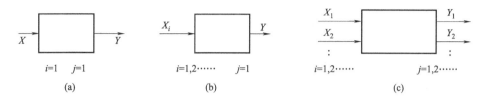

图 1-11　三类功能性物质或材料的输入与输出

Newnham 等对功能复合材料的设计进行总结，归纳出十条指导方针（请参阅曾汉民主编《功能纤维》一书 P.483～489）。它对通过复合技术开发智能纤维材料，也具有较大的指导意义。例如，朱美芳等分别将聚乙二醇与醋酸纤维素和聚对苯二甲酸乙二酯（PET）共混制成了蓄热调温纤维；美国三角公司在聚丙烯酯的湿法纺丝过程中加入 7%（质量分数）左右的蓄热微胶囊制出了蓄热调温纤维。

通常，一些混合规律还可以用来预测材料的性能和功能。例如，运用经典的层压理论，可以预测层压材料的弹性；结合混合规律分别考虑晶区和非晶区的性能，可以研究半晶聚合物的压电常数。

与分子设计相比，复合技术实施过程中还会发生化学反应或只会发生极小程度的化学反应，因此复合技术具有工艺简单的优点。光致变色纤维、热致变色纤维和蓄热调温纤维都是复合技术制造并且实现规模化生产的。

二、智能纺织纤维的制备技术

根据上述总体设计思路和途径，制备智能纤维材料的具体方法有很多，下面仅介绍几种主要的制备技术。

1. 由智能成纤聚合物直接纺丝

（1）通过分子设计，合成智能化的成纤聚合物，然后纺制成智能纤维。

（2）实例

① 采用界面缩聚法，将含金属钛（或锆）的有机金属化合物与对苯二甲酸进行共缩聚，制得相对分子质量为 $10^4 \sim 10^6$ 的聚合物，然后溶于适当的溶剂中，来纺制热致变色纤维。该纤维在常温下呈黄色，加热后随温度变化呈不同颜色，可做测温仪表用的热敏元件。

② 用合成含硫衍生物的聚合物，可仿制成光致变色纤维。该纤维在可见光作用下发生氧化还原反应，在光照和温度变化时，颜色由青色变为无色。

2. 将一些特殊功能的基团进行接枝或嵌段共聚

（1）将一些具有特殊效应或功能的基团接枝到纤维中聚合物的侧链上或聚合物的一端或两端上，以制备智能纤维。关于利用嵌段共聚，通过在聚合物之间形成氢链制备智能纤维，也已有报道。

（2）实例

① Karlsson 等采用臭氧活化纤维素，接枝丙烯酸（AAC）单体制备出 pH 响应水凝胶纤维。

② Vigo 等以锰盐等复合引发剂，将相对分子质量为 1000～4000 的聚乙烯醇直接接枝于棉、麻等的纤维素分子链上，制成湿致形状记忆纤维。

③ 将 NIPA 接枝于壳聚糖（CS）纤维上，制得兼具生物活性和热敏性的纤维。测得其长度在 35℃附近出现突变。通过加入第三单体并改变其含量和链长等，可以制得较低临界溶解温度（LCST）的不同热敏纤维。

3. 交联是制备自适性凝胶纤维的主要方法

（1）交联是制备自适应性凝胶纤维的主要方法。交联反应主要由官能度大于 2 的单体聚合过程发生，也可引发大分子链产生可反应自由基的官能团从而使大分子间形成新的化学链。

（2）实例

① 日本工业科技机构实验室将高浓度（质量分数 10%～15%）的 PVA 溶液与相对分子质量为 170000 的聚丙烯酸类树脂混合，在 −25～−45℃冷冻，然后融化，重复 10～20 次，直至 PVA 交联成为橡胶状固体。再将该固体加工成 $\phi1.2mm$ 的纤维，它能根据 pH 值的变化而迅速膨胀和收缩。

② Masahiro 等用丙烯酰胺及其衍生物（以聚异丙烯酰胺 PNIPAAm 为代表）做敏感组分与另外一种可交联组分组成混合溶液，采用湿法、干法纺丝技术制备纤维，用通过化学、辐照和热处理等方法形成交联网络。

③ Sun 等以 NaOH 溶液为凝固剂，采用湿法、干法纺丝技术制备出壳聚糖-聚乙二醇（CS-PEG）凝胶纤维，再通过在凝固浴中加入交联剂环氧氯丙烷和戊二醛形成交联网络。

④ 顾利霞、费建奇等采用氧化还原体系过硫酸铵/N,N'-甲基乙二胺（APS/TEMED）为引发剂，在 PVA 水溶液中原位聚合 AA 单体，分别采用硫酸铵、硫酸钠饱和水溶液做凝固剂纺制出 PVA/PAA 纤维。再采用热处理方法使 PAA 发生脱水酸酐化、PVA 与 PAA 间发生酯化反应，形成大分子之间的交联，制备出热诱导凝胶纤维；通过在凝固浴中加入交联剂戊二醛，制备出半互穿网络凝胶纤维。

4. 将智能化的聚合物、无机物或低分子有机物与成纤聚合物进行共混与添加

（1）将本身就具有智能化功能的聚合物、无机物或低分子有机物与成纤聚合物加以混合，然后以传统的单组分加工方法制备纤维，可以在尽可能不影响纤维原有性能的情况下，赋予其智能的功能。

（2）实例

① 东华大学采用淡黄绿色的 1,3,3-三甲基螺 ［吲哚啉-2,3'-(3H)-萘并（2,1-b）（1,4）噁嗪］为光致变色剂，与聚丙烯共混，制得了光致变色聚丙烯纤维。该纤维经紫外线照射后能够迅速由无色变为蓝色，光照停止又迅速恢复无色，并且具有良好的耐皂洗性能和一定的光照耐久性。

② 日本帝人公司用粒径 $5\mu m$ 的热致变色显色剂粉体加入聚酰胺熔体，制成了热致变色纤维。该纤维在 20℃显浅蓝色，在 35℃不显色。

③ 美国三角公司在 PAN 的湿法纺丝溶液中加入 7%（质量分数）左右的蓄热调温微胶囊。制得了蓄热调温纤维。

④ 美国 Clemson 大学和 Georgia 理工学院等探索了光纤中掺入变色染料，使纤维的颜色能够实现自动控制。东华大学材料学院正在将聚乙烯醇（PEG）和二醋酸纤维素（CDA）和聚对苯二甲酸乙二醇酯（PET）共混制备蓄热调温纤维的研究。

5. 采用复合或杂化制备智能纤维

（1）将两种聚合物流体分别经各自的流道，在喷丝孔入口处混合后一并挤出，由于液流很快固化而不会混合，从而形成界面清晰的复合纤维。杂化的基本思想是将原子、分子集团在纳米数量级上进行复合。

（2）实例

① 天津工业大学功能纤维研究所以石蜡烃与聚丙烯为原料，通过复合纺丝技术，研制出了蓄热调温纤维。

② 制备热反应纤维，成为一种对温度反应特别敏感的调温型防寒材料。它是将纳米粉体加入常规纤维制得的。该纤维可通过光束控制，在不同温度下进行"逆向补充能量平衡"：在高温环境下，控制纳米粉体，削弱原子与分子的运动，使织物更加紧密，提高对外热的屏蔽，以防止外界高温对人体皮肤的伤害；在低温情况下，纳米粉体同样可以控制原子和分子的运动产生对寒气的屏蔽，以防止外界低温对人体皮肤的伤害。

6. 对现有的天然的化学纤维进行化学反应以赋予纤维智能化功能

（1）通过分子设计，对现有的天然纤维、化学纤维进行高分子化学反应，来赋予其智能化功能。

（2）实例

① Omemolo 等将 60 根 PAN 纤维（单纤维直径 $225\mu m$）在 20℃的空气中定长进行氧化，导致聚合物链的重新组织并形成环状或梯形结构，由氰基与吡啶环交联形成平面网络，接着在沸腾的 1mol/L NaOH 水溶液中皂化 30min，使纤维中的大分子链带上离子基团，该纤维具 pH 值响应性。

② Katchalsky 等用盐溶液（例如 LiBr、KSCN 或尿素）处理羊毛纤维和胶原纤维，使它们交联结晶。处理后的羊毛在 LiBr 的丙酮/水溶液中急剧收缩。

7. 用智能化功能的物质对现有纤维进行后处理赋予该纤维以智能化功能

（1）采用本身就具有智能化功能的物质，对现有的纤维进行后处理，来赋予纤维以智能化功能。

（2）实例

① 将真丝浸渍在水解蛋白质溶液中，然后将其去水干燥、卷曲，再在水中浸渍，最后在高压且潮湿的环境中进行热定型，制得了形状记忆真丝。

② 将相变材料溶液填充于中空纤维，然后取出干燥，制得早期开发的蓄热调温纤维。

③ 日本小松精炼公司利用聚酯等合成纤维，涂上具有调温功能的特殊蛋白质微粒子，制成了蓄热调温纤维 Air-Techno。

④ 美国 MilliKen 研究公司通过气相沉积或溶液聚合的方法，将导电的聚吡咯涂在纤维表面，制成了作织物传感器的导电纤维。

⑤ 意大利 Pisa 大学将聚吡咯涂在聚氨酯纤维表面，制成的织物在受到外力拉伸后产生伸缩。当聚吡咯的导电性能产生变化时，通过记录、分析电信号的变化，可探测出手指运动情况。

⑥ 用二苯基硫代咔唑衍生物和钯等二价或三价金属化合物对纤维进行染色，得到的纤维受光照射时能从灰色变成青色。齐齐哈尔大学等用具有光致变色性的染料对聚酯和聚丙烯腈纤维进行染色，制得了光致变色纤维。

三、智能型纺织物的分类

功能物质（functional substance）、智能材料（intelligent materials）与智能纤维（intelligent fibers）的发展，激发了纺织品设计和生产者的兴趣，投入精力去积极研究开发智能纺织品（intelligent textiles）。

最早的智能纺织品之一，是不受可见光、红外线和雷达探测的，表面具有特定设计的印花图案的，带有迷彩效果的低发射率涂层的织物，用在战场上伪装车辆、设备和单兵装备，达到隐蔽我方、蒙蔽迷惑敌方的效果。战士必须适应战场的气候变化去完成一系列任务，理想的装备必须轻，具有防弹、防化学和生物试剂，防辐射、防火、气温低时能保温、气温高时能制冷等各种功能，战士依靠这样的装备驾驭每件事和任何事。现代化战争迅速向数字化战场发展，战士需使用能发现偏僻处或远处的敌情，提供战场信息的装备，能控制各种机器人、无人驾驶飞行器和传感器等，以便随时能确定敌、我、友的位置，通过互发信息做出决策。在军用纺织品中引入尽可能多的功能或智能，是军事的迫切需要。这也成为近年来智能纺织品迅速发展的重要原因。智能纺织品在国民经济建设、航天和民用领域正在迅速发展，具有巨大的应用前景。随着智能纺织材料性能日臻完善，应用日益广泛，将不断推动人类文明进入更高阶段。

智能纺织品按其用途，可分为衣料用、装饰用和产业用三大类；按照其智能属性，可分为物理型、化学型、分离型和生物性四大类；按照其对感知和响应状态的不同，可分为被动智能型、主动智能型和非常智能型三大类。今就后面两种分类，略作说明。

1. 按照智能属性分类

（1）物理型智能纺织品　纺织品的智能产生于其形态、热学、光学、电气、电子等物理性能参数的变化或转化。

① 形状记忆纺织品。防烫伤服装中，钛-镍合金纤维首先被加工成宝塔形或螺旋弹簧状，再进一步加工成平面形状，然后固定在服装夹层内。这种服装表面接触高温时，形状记忆合金丝的形状被触发，迅速由平面状变化成宝塔状，在两层织物内形成很大的空隙，使高温远离人体皮肤，以防烫伤发生。这种服装在消防救火中大有用武之地。

② 蓄热调温纺织品。传统的纤维的保温主要是通过绝热方法，避免皮肤温度降低过多，而绝热效果主要取决于织物的密度和厚度。蓄热调温纤维的保温，则是通过中空纤维中孔填充的相变材料或者纺丝时加入的微胶囊中所包裹的相变材料的吸放热来提供热调节，为人体提供舒适的微气候环境。含有相变材料的纺织品，在外界环境温度升高时，相变材料吸收热量，从固态变为液态，降低了体表温度；当外界环境温度降低时，相变材料放出热量，从液态变为固态，减少了人体向周围放出的热量，以保持人体的正常温度，使人体始终处于一种舒适的状态。

③ 电子信息记忆纺织品。最初，将电子系统嵌入纺织品中，服装保持原有风格，手感不改变，同时有足够的坚牢度以承受使用过程中的水洗、可染和磨损，该产品可应用于休闲娱乐、医疗保健、电子智能标签等领域。采用电子元件和纤维一体化、纳米技术与计算机、检测器、微米级机器的结合，压电的薄膜光纤等技术制作的各种智能纺织品，可用于信息服装、数字服装、保健服装、灭蚊服装、情感服装等。

（2）化学型智能纺织品　纺织品的智能产生于其有机化学、光化学反应的效应。

① 光敏变色纺织品。此纺织品是一种具有特殊组成或结构，在受到光或辐射的外界刺激后具有强可逆性自动改变颜色的纺织品。纤维中或织物内所含光敏高分子，类型不同其变色机理也不相同，一般分为七种类型。

② 温敏变色纺织品。此纺织品的纤维中或织物内含热敏变色材料，如含金属铁，在常

温下呈黄色，如热至 300～400℃ 变为灰黑色，继续加热至 600℃ 呈白色，而到 1000℃ 即为灰白色。有一些温敏变色材料是结晶物质，加热到一定温度，其晶型发生变化，从而导致颜色改变，冷却到室温后晶型复原，颜色也随之复原。另一些有温敏性能的有机物，由于温度变化会引起分子结构、pH 值、结晶水、电子数的变化或达到熔点后物质体系的颜色发生变化，将这些物质引入纤维和纺织品中制得温敏产品。针对不同的用途可以有不同的变色温度范围：滑雪服装的变色温度为 11～19℃，妇女服装的变色温度为 13～22℃，灯罩布的变色温度为 24～32℃ 等。

③ 消臭纺织品。化学除臭法的纺织品是采用除臭剂与恶臭分子发生化学反应，生成无臭物质以消臭。这种消臭反应机理包括：氧化、还原、分解、中和、加成、脱硫、缩合及离子交换反应等。化学除臭剂可分为无机化学除臭剂和有机化学除臭剂两大类。例如三价铁酞菁衍生物、金属络合物的配位体与硫醇或硫发生转换反应，将恶臭物质转化成无臭物质；环糊精可利用其空腔对氨、胺及硫化氢的包合作用而除臭；类黄酮类化合物、绿茶成分中的茶多酚类，可与恶臭物质进行中和及加成反应来消除臭味。

④ 有毒物质探测织物。在织物内织入一些光导纤维传感器，当光学微传感器接触到某种气体、电磁能、生物化学反应或其他有毒的介质时，被激发产生一种报警信号，提醒暴露在有毒气体中穿着者，可提高士兵在战场上的能力，也可以制成供消防人员、暴露在有毒气体场所及有毒物质工作者穿着的防护服装。

（3）分离型智能纺织品　纺织品的智能产生于其具有的分离性、吸附变换等的效应。例如：具有选择性分离功能的高分子材料的出现，可以解决传统的分离方法的不足，目前已应用于液相和气相分离的各个领域。吸附性纤维是具有分离功能的一类纤维，在纤维结构中含有众多的微细孔隙，是形成吸附的主要原因。如活性碳纤维能吸附环境中的有毒物质，能净化水质，还能吸附血浆中的一些有毒物质等。离子变换纤维是通过化学键结合离子而具有分离能力的一类功能纤维，可利用它回收核电站的放射性元素，从海洋中索取油，从废液中回收稀土元素等。又如超细长丝制成的织物也有一定的分离功能，可用于超净环境中过滤空气的滤材。

（4）生物型智能纺织品　涉及具有医学、保健、生物等智能的纺织品。高性能医用纺织品一般是采用高技术纤维材料制成的，具有以下四类功能：①保健类（杀菌、防臭服装、鞋帽等）；②治疗类（止血、消痒纺织品、舒解功能纺织品，抗病毒用纺织品）；③仿器官类（人造血管、人造气管、人造食道、人工肾）；④防护类（各类防辐射服装——防 X 射线轻型服装、防中子服装、防电磁辐射服装等），高性能医用纺织品都是根据特定的目的，运用纺织、医学和化学等学科交叉手段开发的。医用织物除了基本的作用（如防止患者在手术区的感染）外，在现代社会中还有其他的作用，如帮助人们抵御艾滋病、肝炎及其他病毒感染、保健等作用。医用纺织品要求具有无毒性、无过敏反应、不致癌、抗静电、最佳耐用性、生物相容性、防火、能够快速染色、无刺激性等特点。

2. 按照纺织品对外界刺激反应方式分类

（1）被动智能型纺织品

① 被动智能型纺织品 （passive intelligent textiles）只能感知外界环境的刺激，具有预警能力，却不能自动调控，属于智能纺织品的初级阶段。

② 示例

a. 装有 6 只硅材传感器的智能消防服，分别置于防护服的前胸、后背、袖子等位置的最外层，可独立发挥作用，侦探防护服所经受的温度，当温度达到危险数值时，便会发出警告，以保护消防员免受伤害。

b. 织物中嵌入光导纤维传感器的作战服，各光纤传感器上包覆有聚乙炔和聚苯胺等，当聚苯胺吸收到酸性或碱性有毒物质时，用其光谱吸收性能的变化而发出警告，以使战士免受伤害，从而提高战士的作战和生存的能力。

（2）主动智能型纺织品

① 主动智能型纺织品（active intelligent textiles）不仅能感知外界环境刺激，还能做出响应，既有感知作用又有执行作用，以与特定的环境相互协调。

② 实例

a. 热记忆材料制成的蓄热调温纺织品。采用聚乙二醇作为热记忆材料，使与棉、涤纶、锦纶等相结合，将热记忆结合在纤维相邻多元醇螺旋间的氢键的作用上。当环境温度升高时，系统因氢键解离趋于无序"线团松弛"，聚乙二醇吸热，延迟纤维升温；当环境温度降低时，系统因氢键恢复而变为有序"线团压缩"，聚二乙醇放热，延迟纤维降温，因此这种织物具有"智能调节作用"。如将聚乙二醇封入微胶囊中后，性能更好，用途将更广。

b. 亲水性防水透湿智能纺织品。亲水性无孔涂层在使用中，涂层一侧远离水滴，不与水滴直接接触，利用织物一侧接触水滴。涂层聚氨酯中的聚乙二醇分子链具有亲水作用，涂层接触水汽后膜表面被浸润。而水滴不接触涂层无法发生浸润。于是在涂层两侧造成水汽压差，使水汽从涂层的一侧通过布朗运动扩散到涂层的另一侧，而水滴不能透过涂层。研究表明，涂层在10～50℃温度范围内，织物透湿量随温度升高而迅速增大。该织物的透湿量随温度而变化，恰好与运动时人体的排汗规律相吻合，运动剧烈时体温升高排汗速度增大，此时织物的透湿量也增大，能让更多的水汽通过织物，而运动减缓时体温逐渐下降排汗速度减慢，织物的透湿量也减小，因此这种织物具有"智能"调节作用。

（3）非常智能型纺织品

① 非常智能型纺织品（very intelligent textiles）除了对外界环境刺激能感知和响应之外，还能自动调节以适应外界环境的条件与刺激，是最高水平的智能纺织品。

② 示例

采用纳米技术研制的下一代军用服装具有多种特殊效果。

a. 轻巧效果。覆盖整套作战服的防水层，其总质量只有0.45g，且透气性良好。

b. 智能化。内嵌在纳米防弹头盔内的超微计算机具有防护、通信、指挥、分析以及全天候火力瞄准等功能，军服材料中使用的纳米太阳能传导电池可与超微存储器相连，确保系统的能源供应。

c. 防护功能。纳米材料具有极高的强度和韧性，防弹性能好；军装中的纳米传感器可以感应空气中生化指标的变化，当有害气体或物质之浓度突然升高时，军装会立即关闭头盔和其他通气部分的透气口，并释放生化战剂的解毒剂，以产生防护效果。

d. 治疗功能。使用一种特殊材料，能够在接收到纳米传感器发出的信号后，按照不同的情况，改变材料的物理状态（如果士兵意外受伤，这种材料可以当作石膏使用；如果士兵需要休息，材料就可以变得松软一些）。嵌在军服中的纳米生化感应装置可以监视士兵的心率、血压、体内及体表等多项重要指标。可以辨识体表流血部位，并使该部位周边的军装膨胀收缩，起到止血带的作用。士兵的伤情数据也会向战地医生的个人电脑系统发送，军医可远程操控军服进行简单治疗。

e. 识别功能。军服用一种具有特殊红外线功能的特制纤维作为缝制的主材料，士兵在激战中能很容易地借此辨认出自己的战友，从而最大限度地避免误伤事件的发生。

f. 隐身功能。军服的特种纤维中加入大量利用纳米技术制造的微型发光粒子，从而可以感知周围环境的颜色，并做出相应的调整，使军装变成与周边环境一致的隐蔽色，从而具有一定的隐身功能。

由此可见，科学技术的进步，纺织与其他科学如材料科学、生物技术、机械、电子、信息、传感、人工智能等先进技术相结合，才能使非常智能型纺织品的开发成为可能。军事发展的迫切需要在军用纺织品中引入尽可能多的功能或智能；在航天领域中，急需研制一种质量轻、不臃肿的智能型宇航服，以监视宇航员的生理指标，随时了解宇航员的生理状态，而且该服装应具有自修复性。这也就成为智能纺织品近年来的迅速发展重要动因。在民用领域，智能纺织品也有着巨大广阔的应用前景。当前，民用智能纺织品已非单纯用于服装领域（防护服、运动服、休闲服等），还拓展到生物医学、技术工程、交通运输等领域，发挥着重要的作用。智能纺织品愈来愈为人们所关注，被认为是纺织工业的未来。

四、智能纺织品开发的思路与途径

智能纺织品是继功能纺织品之后出现的又一种类型的高科技纺织品。近年来，随着智能材料的不断创新，智能纤维、智能纺织品以及智能服装正以异于寻常的速度发展成为时尚产品。

智能纺织品正确的开发思路是引导智能纺织品开发的方向盘；一方面拓展早期开发的智能纺织品应用领域；另一方面从应用观点出发，摸清应用要求，合理设计，积极开发新的智能纺织品，这是智能纺织品开发的重要途径，其中材料的选择、结构的设计、生产技术的确定是智能纺织品开发的关键。

当今各种科学纵横交错、互相渗透，边缘学科、交叉学科层出不穷，只有单一学科的知识和封闭的知识结构无法适应当前科技发展的要求，也难以在智能纺织材料开发上有所创新。智能纺织品是以智能材料为基础的新型纺织品。先进的材料学、电子技术、纳米技术等高科技正推动着智能纺织品的开发与生产技术的发展。

1. 智能纺织品的仿生设计策略

仿生是一种模仿，模仿的对象是生物，包括生物的特征、结构和功能。由于生物是在自然界进化过程中，经历亿万年筛选和改进才进化到目前的状态，其各项功能已经高度发展，每种生物都有别的生物所不具有的特点和功能，由此仿生得到的创意也往往较为独特、奇妙。

仿生创意就是借助生物的启示，通过研究生物的某些特点来寻求解决实际生活中的困难。科学发展史上有不少事例是研究人员首先揭开生物的秘密，经过模仿，然后应用到产品的发明创造中来。例如，物理学家普利高津是耗散结构理论创始人，他的理论是由研究蚂蚁的集体活动得到的。英国泰晤士河水下隧道施工负责工程师布鲁尔，散步时发现一只昆虫在其外壳的保护下使劲向橡树皮里钻，就想到了采取"盾构"，在盾构保护下边掘进边开挖的新施工方法。我国古代的鲁班一天不小心被茅草边缘错错落落的毛刺割伤，受此启发，他想到了用铁片锯木的主意，于是就这样发明了锯子。前苏联卫国战争时期，昆虫学家施万维奇借鉴蝴蝶翅膀的花纹发明了"迷彩伪装术"，巧妙地骗过了德军的侦察机。其他还有很多，比如通过研究蚂蝗的吸盘原理发明了真空吸盘，通过模仿袋鼠的起跑原理而发明了蹲式起跑器等。

采用仿生法创新可以按照以下步骤进行：

（1）选准样本　弄清面临问题的症结，然后找出哪种动植物或其他生物对问题的解决办法，选择最有趣的一种方法进行细致深入的剖析；

（2）观念移植　设法将某个领域的理论、方法和策略，引用、移植或模仿到另一个领域；

（3）利用矛盾　就是利用事物的对立面，在生活中某些事情好像有悖常理和逻辑，却能找到创造性的方法，有时把习惯性或传统的方法与其对立面结合起来，就能创造出这两者对立面的统一体。

因此，利用人工材料模拟自然界生物体的结构和性能来设计纺织品，使纺织品获得由这些结构带来的"智能"，成为智能纺织品设计的重要构思，从物理/工程的观点来观察、了解自然现象，通过对生物体的特殊结构和组成的研究，可以启迪人们有效地设计和制备智能纺织品。今举例说明如下。

（1）对植物的结构和性能的模仿

① 模拟松果硬壳对湿度能做出响应的结构，开发了多孔结构的可呼吸织物。

② 根据树叶通过可控的微孔进行呼吸的原理，开发了有呼吸功能的织物。

③ 根据荷叶的自洁现象，开发了仿荷叶的自洁纺织品。

④ 根据松果能随温度变化开放或收拢的灵感，设计了一种能随温度变化自动开放或收拢的服装面料。该面料的里层是很薄的羊毛层或强吸水的材料制成的穗状物（碰到汗水就会开放，汗水一干，穗状物又会自动收缩），表层是防雨材料，将这种面料做成各种衣服，可以应付天气变化无常的情况。

（2）对天然动物纤维的结构和性能的模仿

① 羊毛纤维本身是一种形状记忆材料，可在羊毛纤维中设置一个特定形状，当它变湿时就会收缩至记忆形状，干了又会恢复到原来的形状。此面料不仅可做成大衣和帽子等各种服装，还可以制造生物不渗透或化学不渗透性服装。

② 通过对天然蚕丝结构和性能的研究，成功地开发了异形纤维和超细纤维，用以加工成织物，其性能达到甚至超过天然纤维的效果。

③ 蜘蛛丝的优异性能引起了科学家的浓厚兴趣，开始研究用人工方法生产蜘蛛丝，并取得了相当多的成果。美国国家陆军生物技术研究的科学家，通过将蜘蛛身上抽取的蜘蛛丝基因植入山羊体内，使山羊奶含有蜘蛛蛋白，再经过特殊的纺丝程序，把山羊奶中的蜘蛛蛋白纺成"人造基因"蜘蛛丝，其强度比钢大4～5倍，而且柔软无比，被誉为"生物钢"，可用于制造手术线、防弹衣、装甲防护材料而受到全球的关注。

（3）对动物和昆虫的结构和性能的模仿

① 从北极熊的耐寒得到启发，开发了按照人体的活动改变隔热性的纺织品。

② 受白色来亨鸡羽毛的多层次结构能防寒、隔热、防晒、防水和防外界侵害，又有吸湿导热功能的启迪，设计了多种防护功能的军用防化服，使原来8层的结构减少到3层结构，实现了军服的轻量化和舒适化。

③ 生活在亚马逊河流域的闪蛱蝶因其外壳和基部翅瓣中特有的周期性多层结构，使其周身散发钴蓝的色彩，具有金属般的光泽。受此启迪，日本帝人纤维公司开发了光显色纤维。光显纤维呈多层结构，借助光的干涉作用产生不同的色彩，可以是紫色、绿色和红色。光干涉色彩是纯粹的色调，有金属般的光泽和透明性。由于这种光显色特征，所以不必使用染料，可将该纤维列为环保型面料加以推广。

④ 人们发现夜间活动的昆虫，其角膜上整齐地平行排列着微细圆锥状的突起结构，它

能防止夜间微弱光线的反射损失，使光能穿透角膜球晶体。模仿这种结构可制成超微坑纤维（40～50亿个微坑/cm²）。该纤维的色泽除自身发光外，还取决于光的反射、穿透、吸收三要素。由于减少了光的反射率，提高黑色感，使色泽的深色感增强，鲜明度提高，使纤维具有深色光泽。

上述实例说明，天然生物体所具有的独特结构和性能，表明生物体能够适应环境的变化，并表明出非凡的"智能"。生物体的智能，给了人们仿生的想象力，进行纺织品的仿生设计，就可以实现纺织品对环境刺激产生响应的智能。从仿生学的观点出发，智能纺织品应具有或部分具有生物体智能：信息感知、反馈传递信息积累和识别、学习和预见响应、自维修、自诊断、自动动态平衡和自适应。自然存在许多神奇的现象，有待人们去探索研究，按仿生设计的思路去开发利用，那么智能纺织品的开发将是无限的。

2．智能纺织品开发的学科交叉、高科技融合策略

智能纺织品的发展使传统纺织品向高科技转化，要求更为先进的纺织加工技术。在科学飞速发展而又相互交叉渗透的今天，广泛吸收、引进其他科学领域、技术领域的科学理论与创新成果，也就成为智能纺织品开发的另一个重大策略和捷径。

智能纺织品就是要模仿生命系统，同时具有感知、控制和驱动三个基本要素的功能材料，功能纤维材料有两类，一类是感知材料，能对外界或内部的刺激强度如应力、应变、光、电、磁、热、湿，化学、生物化学和辐射等具有感知功能的材料，可以用来制成各种传感器，另一类是驱动材料，能对外界环境改变或内部状态变化时作出响应或者驱动的材料，可以用来做成各种执行器。兼备感知和驱动功能的材料称为"机敏材料"，但它自身不具备信息处理和反馈机制，不具备顺应环境的自适应性。通常要使一种单一的材料同时具备多种功能是很困难的，为此需要由多种材料复合来构成一个智能材料系统。

纺织品的智能化一般通过以下几种途径来实现。

（1）开发智能纤维

① 对现有的天然纤维和合成纤维进行物理或化学改性处理，以赋予"智能化"特征；

② 将具有功能性的材料或物质，引进聚合物中去，利用高分子学和物理原理，合成制得能对环境进行响应的新型纤维。

（2）混纺、交织和嵌入方法制造智能纺织品

① 将普通纤维与智能纤维混纺或交织，使织物获得智能；

② 将智能纤维嵌入由普通纤维制成的织物中，使织物取得智能。

（3）后整理加工使纺织品智能化

① 将功能型材料（或物质）均匀地加入涂料中，制成具有智能效用的涂层织物；

② 将普通织物与智能型薄膜经过加压复合制得智能型复合织物；

③ 通过染整加工，将智能型材料（或物质）引入普通织物中，实现智能化。

（4）应用特定的组织结构　根据特定的应用场合，通过特定的组织结构设计，使织物能够对特定的环境或刺激产生响应。

（5）用不同外加元件与纺织品相结合　根据特定的需要，将外加元件如普通元件、高技术元件（传感器、检测器、驱动器、报警器等）与普通织物或智能织物相结合，从而制得智能纺织品。

随着材料科学的发展，新材料不断涌现，为智能纺织品的开发提供了智能系统的组合。例如，相变材料的研究推动了蓄热调温纺织品的开发，阻燃材料的研究推动了阻燃纺织品的开发，形状记忆高分子材料的发展促进了智能型防水透湿织物的开发，水凝胶高聚物的发展

为智能型潜水服的开发奠定了基础。

多种技术的融合，使纺织品智能化的实现成为可能。例如，新材料和织造工艺的融合，微胶囊和薄膜技术的融合，传感器和微型、超微型计算机的融合，纳米技术与纺织品的融合，微电机信息技术与纺织品的融合等等。

早期的电子纺织品（服装）都是装有电子元件的纺织品，如"可穿戴的计算机"仅是可携带装置；纺织品则是电缆和特殊连接器的载体。纺织品和电子元件性能完全不相同，前者柔顺而坚实，耐穿又耐洗，后者则是小而刚性的结构，十分灵敏放在硬盒中加以保护，因此将两者结合在一起是非常困难的，而且并非是真正的具有电子功能的纺织品。随着材料学和微电子技术的发展，软开关技术使人机界面变得柔软，有触摸感和可穿戴性；能奏音乐的台布；能与移动电话联系的夹克；用裹有金属长丝的聚酯纤维织成的手感好、洗涤和折皱后不损其导电性的导电织物；直接缝入或织入织物面料中的高度集成芯片和超低能耗的传感器等等的出现，才使真正具有电子功能的电子纺织品的开发有了可能。第二代电子服装是将所有的电子装置都植入纺织物中，使电子服装具有传感、信息处理、执行、存储和通信五种功能，这就要求合适的材料和结构，这些材料必须能满足服装的基本功能（舒适、耐用、能经受常规纺织品的维护和保养处理）。电子纺织品研制中另一个重要问题是电能的供给，利用太阳能或穿着者自身热量发电可能是解决供能问题的较好途径。一种以太阳能为能源的新型化学纤维智能材料有待开发。

纳米技术与纺织品的融合，包括将纳米材料（无机或有机的纳米材料）加入到纺织品中去，设法制备出具有纳米结构的能赋予纺织品以特殊的功能和智能的产品。

① 运用纳米技术改变原子和分子的排列，使纤维具有化学防护特性，经过纳米技术处理的纤维能让清新空气通过，而将生化武器释放的毒气挡在身体之外，从而提高了战士在恶劣环境下的生存能力。

② 应用纳米技术，使纤维成为海绵体，可以吸收各种怪异气味，并把气味分子"锁住"，直到遇到肥皂水，才将怪气味释放。这种"捕捉"怪气味的纤维用来织造士兵的内衣和袜子等，可以大改善野战士兵的生活条件。

③ 最近出现一种含有镀银毫微粒子的高分子膜，应用到植物纤维上，能产生一系列极小的微粒凸起，具有自清洁功能，一旦与水接触，附着织物表面的尘土及其他污物，即能快捷、方便地被清除，从而大大简化了衣物清洁的过程。

④ 纳米技术开发出的超双疏界面物性材料，其基本原理是，在特定的表面上建造纳米尺寸几何形状互补的结构，由于在纳米尺寸低凹的表面可使吸附气体原子不稳定存在，在宏观表面相当于有一层稳定的气体薄膜，使油或水无法与材料表面直接接触，从而在材料的表面呈现出超双疏性。经过双疏界面材料技术处理过的棉、麻、丝、毛、绒、混纺、化纤等各种纺织面料会具有奇特的超疏水、超疏油性能（包括蔬菜瓜汁、墨水、酱油、植物油等等）但是不改变原有织物的各种性能（纤维强度、染料亲和性、耐洗涤性、透气性、皮肤亲和性、免烫性等等），同时还有杀菌、防霉、防辐射等辅助效果。人们将从此告别大量使用洗涤剂洗衣的时代，服装洗涤次数将大大减少，洗涤方式也只用水轻漂即可，这必将大大节约水资源和时间。

上述诸例说明，将高科技融入纺织品，使一些难以想象的"智能"有了实现的可能，同时也将使智能纺织品的设计取得一个飞跃，并可设计开发出更为智能的纺织品。

参 考 文 献

[1] 杨大智主编. 智能材料与智能系统 [M]. 天津：天津大学出版社，2000：1-51.

［2］ Gandhi M V. Thompson B S. Smart Marerial And Structure. London：Chapman& Hall，1992.

［3］ Rogers C A. Intelligent Materials，System，The Doum Of A New Material Age［J］. Jurnal Intelligant Material Systems，1992，4（1）：4-12.

［4］ 魏中国，杨大智. 智能材料及自适应结构［J］. 高技术通讯，1993，3（6）：37-39.

［5］ 肖纪美. 智能材料的来龙去脉［J］. 世界科技研究与发展，1996，9（3）：120-125.

［6］ 师昌绪主编. 材料大辞典［M］. 北京：化学工业出版社，1994.

［7］ 杨大智，魏中国. 智能材料——材料科学发展新趋势［J］. 物理，1997，26（1）：6-11.

［8］ Shahinpoor M. Intelligent Matelligent Materials And Structures Revist-ted［J］. SPIE，1996，2716：238-279.

［9］ 姚康德主编. 智能材料［M］，天津：天津大学出版社，1996.

［10］ Tanij，Takagit，Qiu J. Intelligent Material Systems：Application Of Functional Materials［J］. Appl Mech Rev，1998，51（8）：505-521.

［11］ 姚康德，成国祥主编. 智能材料［M］. 北京：化学工业出版社，2006：1-5，191-197.

［12］ 高洁，王香梅，李青山编著. 功能纤维与智能材料［M］. 北京：中国纺织工业出版社，2004：1-27.

［13］ 曾汉民主编. 功能纤维［M］. 北京：化学工业出版社，2005：454-536.

［14］ 朱平主编. 功能纤维及功能纺织品［M］. 北京：中国纺织工业出版社，2006：243-265.

［15］ 顾振亚，陈莉等编著. 智能纺织品设计与应用［M］. 北京：化学工业出版社，2006：1-5，191-197.

［16］ 霍瑞亭，杨文芳，田俊莹，顾振亚编著. 高性能防护纺织品［M］. 北京：中国纺织工业出版社，2008：292-305.

［17］ 王署中，王庆瑞，刘兆峰编著. 高科技纤维概论［M］. 上海：中国纺织大学出版社，1999：37-139.

［18］ 姜怀主编. 纺织材料学［M］. 上海：东华大学出版社，2009：394-409.

［19］ 姜怀主编，林兰天，孙熊副主编. 常用特殊服装功能构成、评价与展望：下册［M］. 上海：东华大学出版社，2007：144-364.

［20］ 高绪珊，吴大成等编著. 纳米纺织品及其应用［M］. 北京：化学工业出版社，2004：103-110.

［21］ 林鸿溢著，新的推动力——纳米技术最新进展［M］. 北京：中国青年出版社，2002.

［22］ 张立德编著，纳米材料［M］. 北京：化学工业出版社，2000：114-138.

［23］ 黄德欢著，纳米技术与应用［M］. 上海：中国纺织大学出版社，2001：117-154.

第二章
形状记忆合金、聚氨酯及其应用

　　形状记忆材料（shape memory material）是指具有某一原始形状的制品，经过形变并固定后，在特定的外界条件（如热、光、磁、电、机械功、化学等外加刺激）下能够自动回复到初始形状的一类材料。形状记忆材料（SMM）通常可分为形状记忆合金（shape memory alloy，SMA）、形状记忆陶瓷（shape memory ceramie，SMC）和形状记忆聚合物（shape memory polymer，SMP）三大类。形状记忆材料以其独特的性能，得到了人们极大的关注和发展。

　　形状记忆材料，历史上一直用于生物医学和工程应用，对于纺织业，则主要用于免烫整理、绝缘性、保暖性、透湿性、抗冲击性等功能方面，和具有形状记忆效果的各种花式纱线、面料、服装及装饰织物等美学方面。形状记忆材料应用于纺织，主要有三种不同的形式：①形状记忆纱线，即将形状记忆材料制成细丝（纤维），然后纺成纱线；②形状记忆织物，即将形状记忆纱线制成织物（机织物或针织物）；③形状记忆化学品，即将形状记忆聚合物制成乳液，对织物进行整理，涂层或层压，赋予织物以形状记忆功能，或将形状记忆聚合物制成树脂或黏合剂再与短纤维一起制成非织造织物，或将形状记忆聚合物材料与天然纤维/合成纤维材料共同构成复合材料。

　　形状记忆纤维的特点是具有形状记忆效应（shape memory effect，SME）的纤维。形状记忆纤维主要分为形状记忆合金纤维和形状记忆聚合物纤维。形状记忆合金首先被加工成 0.10～0.30mm 的细丝，然后，将合金丝在极高的温度下加工 4h 来获得形状记忆效果。常见的聚合物纤维如聚氨酯形状记忆纤维，可通过溶液湿纺或熔法纺丝来制备，用这两种方法所制备的形状记忆纤维，除具备一般纤维的优良特性如弹性、强度延伸性等力学性能外，还具有良好的形状记忆特性。

　　本书重点介绍作为纺织材料的形状记忆合金和形状记忆聚合物的构成，形状记忆效应的原理、表征及影响因素，在纺织方面的应用与发展。

第一节　形状记忆合金

　　金属中发现形状记忆效应可追溯到 1938 年。当时美国 Greningerh 和 Mooradian 在 Cu-Zn 合金中发展了马氏体的热弹性转变。随后，前苏联 Kurdjumov 对于这种行为进行了研究。1951 年美国 Chang 和 Read 在 Au47.5Cd（金的摩尔分数 47.5%）合金中发现了形状记忆效应。直到 1962 年，美国 Buehler 发现了 NiTi 合金中的形状记忆效应，才开始了"形状记忆"的实用阶段。

某些具有热弹性或应力诱发马氏体相变的材料对于马氏体相（Marsenite）状态，并进行一定限度变形后，在随后的加热并超过马氏体相消失温度时，材料能完全恢复到变形前的形状和体积，这种现象就称为形状记忆效应（SME）。具有这种效应的金属，通常是由两种以上的金属元素构成的合金，故称为形状记忆合金（SMA）。形状记忆合金可恢复的应变量达到 7%～8%，比一般金属材料要高得多，对一般金属材料来说，这样大的变形量早就发生永久变形了。

一、形状记忆效应的微观机理

形状记忆效应是由于合金中发生了热弹性或应力诱发马氏体相变。

在许多形状记忆合金系中存在两种不同结构状态，高温时称之为奥氏体相（Austensite），是一种体心立方晶体结构的 CsCl 相（又称 B_2），而低温时称之为马氏体相（Marsenite），是一种低对称性的单斜晶体结构。合金成分的改变可以使马氏体形成和消失的温度在 173～373K 范围内变化。对于 Ni-Ti 系来说，B_2 到马氏体相之间还存在一个很重要的 R 相，它具有菱形晶体结构。

这类相变具有热滞效应，如图 2-1 所示。图中四个相变特征温度分别为马氏体转变开始温度 M_s 和终了温度 M_f，奥氏体转变开始温度 A_s 和终了温度 A_f，相应的晶体结构变化在图中标出。热滞回线间的热滞大小一般为 20～40K。

形状记忆效应的微观机理如图 2-2 所示。当母相奥氏体冷却到低于 M_s 点温度时，即转变成马氏体。通过多晶和单晶合金 Cu-Zn 合金的实验发现，相变时，马氏体常绕母相的一个特定位相形成 4 种变体，合称一个"马氏体片群"。变体的惯习面以这样一特定位相相对称排列。图中（a）为母相奥氏体，（b）为冷却时的微孪晶马氏体，（c）为变形后的单一趋向马氏体，（d）为加热时，在 A_s 和 A_f 之间，马氏体可逆转变为奥氏体，形状恢复。

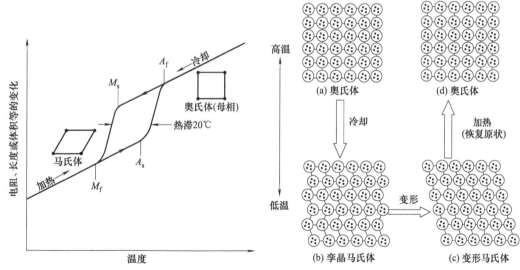

图 2-1 形状记忆合金在冷-热循环过程中呈现的热滞现象

图 2-2 形状记忆效应的微结构变化过程

每个马氏体（M）片群有 4 种不同相位。客观上看，由 4 种变形体组成的片群的总应变能趋近于零，这就是马氏体相变的自适应现象。在通常的形状记忆合金中，根据马氏体与母相的晶体学关系，共有 6 个片群，24 个马氏体变体。在外力作用下，形状记忆合金可以把马氏体相变自适应相互抵消的变形量提供出来。其中：①呈马氏体状态的试样，在单向外力作用下自适应排列的马氏体顺应力方向发生再取向，当大部分马氏体都取一个方向时造成马氏体的择优取向，整个试样呈现明显的变形；②呈母相状态的试样，在单向外力作用下能诱发马氏体相变，所生成的马氏体都顺应力方向做择优取向，整个试样必会呈现明显的形变。马氏体择优取向是通过孪生和界面移动来实现的。这种变形的择优生长称之为马氏体再取向过程。当加热时，在 A_s 和 A_f 之间，马氏体发生逆转变。由于马氏体晶体的对称性低，故在逆转变时马氏体中只形成几个母相的等效晶体位向，有时只形成一个母相的原来位向。当母相为长程有序时，形成单一母相原来位向的倾向更大，使马氏体完全回复了原来母相晶体，宏观变形必然就完全回复，其过程如图 2-3 所示。基于这种机理，形状记忆合金能够记忆各种赋予它的形状，在外界温度变化时，产生形状记忆功能。合金在马氏体状态时，比较软，屈服强度也比母相奥氏体要低得多，且含有孪晶。一旦给它施加压力，就容易变形，此时所产生的变形与一般金属的塑性变形

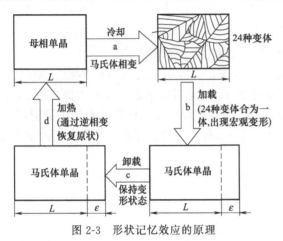

图 2-3 形状记忆效应的原理

不同，其原子结合并没有产生变化。若加热时在比较高温度下就会逆转变为稳定的母相，此时的原子活动被限定于特定方位内，因而也就恢复到原状。

二、具有使用价值的形状记忆合金

已发现的形状记忆合金种类很多，具有使用价值的形状记忆合金大致可归纳为 3 类：镍-钛形状记忆合金，铜基形状记忆合金和铁基形状记忆合金。

① 等原子比的镍-钛合金除具有形状记忆特性外，还具有非常好的力学性能和加工工艺性能，更重要的是它还具有优异的抗腐蚀性和生物相容性，因此在微电子机械、医疗再植、智能系统等领域具有重要的应用价值。

30 多年来，科学家们对 Ni-Ti 为基础的形状记忆合金的特性和应用作了广泛而深入的研究，并在 Ni-Ti 合金中混入其他金属元素制备出了许多具有不同性能的形状记忆合金，以满足不同的工程技术的需要。例如，Ni-Ti 合金中的钛被部分铜取代后制成的 Ni_{50}-Ti_{50}-x-Cu_x （$x=0\sim10$）三元合金，其形变滞后现象大大降低，形状记忆的敏感性大大提高，可以作为灵敏的传感器件。与此相反，当向 Ni-Ti 合金中引入铌，Ni_{43}-Ti_{49}-Nb_9 则使形状记忆合金的形变滞后变宽，而有利于形状记忆合金作为管接头的使用。当 Ni-Ti 合金中的镍部分被钯、铂、金（$0\sim50\%$）取代后，或钛被铪或锆（$0\sim20\%$）取代后，形状记忆的转变温度可大大提高，最高形变温度可达 893K，它们可应用在需要高温转变的场合。

② 铜基形状记忆合金中，Cu-Zn-Al 合金最容易制造且性能优良，其热导率较高且对周围温度的变化很敏感，很适合于制作热敏元件，动作灵敏度较高。但 Cu-Zn-Al 合金的电阻率比 Ni-Ti 合金要小，故不宜用于通电加热升温的场合中。

③ 铁基的形状记忆合金，基于价格方面的考虑也一直是人们研究开发的热点，其中 Fe-Mn-Si、Fe-Cr-Ni-Mn-Si-Co、Fi-Ni-Mn、Fe-Ni-C 合金也接近实用化阶段。铁基形状记忆合金除价格较低外，还具有形变恢复应力大、恢复温度低、热滞后小、形变恢复完善等特点。

最近人们还发现，Fe-Pt、Fe-Pd 合金的马氏体转变或马氏体变体的重排，可以通过磁场来引发，形变速度快，容易调控，便于在微电子机械和智能系统中使用。

三、形状记忆合金的形状记忆功能

形状记忆合金是智能结构中最先应用的一种驱动元件。根据不同的记忆功能，形状记忆合金可以分为以下几种。

1. 单程（或单向）形状记忆

单程形状记忆（one way shape memory，OWSM）只在加热到 A_f 以上，马氏体逆转变成奥氏体，发生形状回复的现象，显示出记忆原来形状的能力。如图 2-4（a）所示，在低于 M_f 时把压紧弹簧拉长，当将其加热到 A_f 以上时，弹簧就会收缩到原来的形状，当弹簧温度再次冷却到低于 M_f 时，压紧螺旋弹簧并不改变形状。它通常用于一次性抱合和连接的紧固件、连接件和密封垫。在低温时把需要连接的部件配合在一起，温度升高到 A_f 时就会记忆原来形状把它们牢牢地抱在一起。这种连接可靠、牢固，适用空间很小，常规情况下难以连接的地方，操作也很省时。

2. 双程（或双向）形状记忆

双程形状记忆（two way shape memory，TWSM）如图 2-4（b）所示。加热超过 A_f 时，压紧弹簧伸长；冷却到低于 M_f 时，它又自动收缩。再加热时，再次伸长。这个过程可以反复进行，弹簧显示出能分别记忆冷和热状态下原有形状的能力。双程形状记忆需要把记忆合金制作的元件在外加应力作用下，反复加热和冷却，对合金进行一定训练后才能得到。当合金恢复到它原来形状时，即可输出力而做功。通常可用这种合金制成各种驱动器。

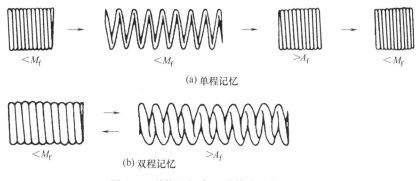

(a) 单程记忆

(b) 双程记忆

图 2-4　形状记忆合金弹簧演示的记忆

3. 全程形状记忆

富 Ni 的 Ni-Ti 合金经约束时效就会出现一种反常记忆效应，其本质与上述双程形状记忆效应类似，但是变形更明显更强烈，如图 2-5 中所示。合金首先在 1273K、1h 固溶处理，然后在奥氏体相将合金约束成图（a）中形状，当它冷却时就会成图（b）和（c）中的形状。继续冷却，形状又会向相反方向变形，如图（d）和（e）中的形状。如果对图（e）加热，又会经（e）→（d）→（c）→（b）→（a），恢复到（a）的原样。由于这种相反方向的变形均能恢复到原形，故称为全程形状记忆（all-round shape memery，ARSM）。具有全程形状记忆特性的形状记忆材料较少，目前只有含 Ni 量不小于 50.5%（原子）的合理且又经过时效处理的 Ni-Ti 合金，才具有这种效应，因为时效析出的是透镜状的 Ti_3Ni_4 相，它们会在奥氏体基体中产生不同方向的约束效应，在冷热循环过程中，试样内外层分别发生不同取向的可逆相变，才导致全程形状记忆效应的出现。

(a)固溶处理并加约束　(b)冷却形状　　　　　(c)冷却形状　　　(d)继续冷却时形状　(e)继续冷却时形状

图 2-5　全程形状记忆效应示意图

表 2-1 给出了形状记忆材料不同记忆功能的区别。

表 2-1　形状记忆效应的方向性

形状记忆效应	温度的变化				
	起始态	低温度形态	加热到一定温度	冷却	继续冷却
单程	U	—	U	U	U
双程	U	—	U	U	—
全程	U	—	U	—	U

注：—，U表示两种不同的形状。

四、形状记忆合金的形状记忆效应

形状记忆合金（SMA）是利用应力（σ）和温度（T）诱发相变的机理来实现形状记忆功能，即将已在高温下定形的形状记忆合金放置于低温或常温下使其产生塑性变形，当环境温度升高到临界温度（相变温度）时，合金变形消失并可恢复到定形时的原始形态。在此恢复过程中，合金能产生与温度呈函数关系的位移（L）和力（F），或者两者兼备。合金的这种升温后变形消失、形变复原的现象称为合金的记忆效应（SME），具有如表 2-2 所示的五种效应。

表 2-2　形状记忆合金的五种记忆效应

记 忆 效 应	说　明
（1）单程记忆效应 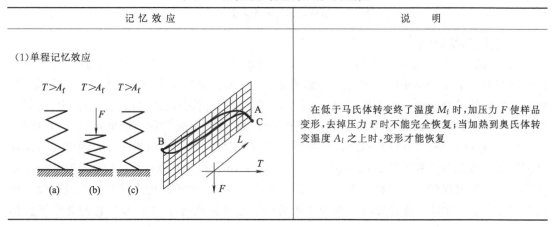	在低于马氏体转变终了温度 M_f 时，加压力 F 使样品变形，去掉压力 F 时不能完全恢复；当加热到奥氏体转变温度 A_f 之上时，变形才能恢复

　智能纺织品开发与应用

记 忆 效 应	说　　明
(2)双程记忆效应 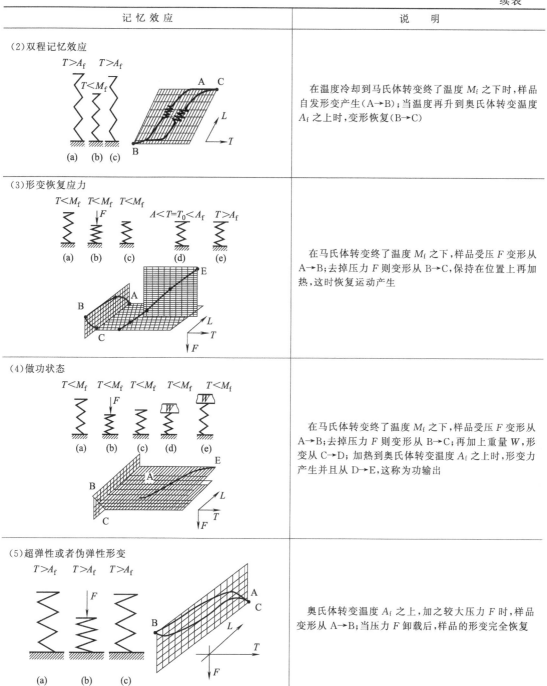	在温度冷却到马氏体转变终了温度 M_f 之下时,样品自发形变产生(A→B);当温度再升到奥氏体转变温度 A_f 之上时,变形恢复(B→C)
(3)形变恢复应力	在马氏体转变终了温度 M_f 之下,样品受压 F 变形从A→B;去掉压力 F 则变形从 B→C,保持在位置上再加热,这时恢复运动产生
(4)做功状态	在马氏体转变终了温度 M_f 之下,样品受压 F 变形从A→B;去掉压力 F 则变形从 B→C;再加上重量 W ,形变从 C→D;加热到奥氏体转变温度 A_f 之上时,形变力产生并且从 D→E,这称为功输出
(5)超弹性或者伪弹性形变	奥氏体转变温度 A_f 之上,加之较大压力 F 时,样品变形从 A→B;当压力 F 卸载后,样品的形变完全恢复

五、形状记忆合金的应用

　　形状记忆合金是集"感知"与"驱动"于一体的功能材料,若将其复合于其他材料中,便可构成在工业、科技、国防等领域中拥有巨大应用潜力的智能材料。形状记忆合金可感知复合材料结构构件中裂纹的产生与扩展,并可主动地控制构件的振动,抑制裂纹的延展与扩张,同时还可以自动改变结构的外形等。

国内外已有不少学者进行了将形状记忆合金、压电聚合物等功能材料制成传感器进行自愈合的研发，如北京航空航天大学将 Ti-Ni 合金带复合于易产生裂纹或损伤的金属构件内，并使之与微机监控系统结合，制成了具有探测和控制裂纹扩展功能的 Ti-Ni 合金智能复合构件，效果较好。

　　形状记忆合金的应用十分广泛，而且在某些领域已达到实用化的程度。具体代表性形状记忆合金的成分与性能如表 2-3 所示。

表 2-3　代表性形状记忆合金的成分与性能

合金种类	化学成分(原子百分数)/%	相变温度(马氏点)/K	熔点/℃	密度/(kg·m⁻³)	弹性模量/GPa	比电阻/(μΩ·m)	热导率/(W·m⁻¹·K⁻¹)	膨胀系数/(10⁻⁶ K⁻¹)	抗张强度/MPa	延伸率/%
TiNi	Ti49~51 Ni余	233~273	1240~1310	6400~6500	70~89	0.50~1.10	10~18	6.6~10.4	800~1100	40~50
CuAlNi	Al14~14.5 Ni3~4.5 Cu余	133~373	1000~1060	7100~7200	80~100	0.10~0.14	57~75	16~18	700~800	10~15
CuZnAl	Zn21.4~25.9 Al4.0~5.0 Cu余	93~373	950~1020	7800~8000	70~100	0.07~0.12	120	16~18	700~800	10~15
FeMnSi	F30Mn1 Fe余	约20	1320	7200		1.10~		15.0~16.5	700	25

$$\text{（上表中数学符号）}$$

　　形状记忆合金在机能材料与机构中，主要用作驱动器，它具有不少优点：①由于形状记忆合金集"感知"与"驱动"于一体，所以便于实现小型化；②元件动作不受温度以外环境条件的影响，故可用于某些特殊场合；③可产生较大的形变量和驱动力。

　　形状记忆合金的应用主要有以下几个方面。①机械器具，如油压管、水管及其他各种管件接头、机器人用的微型调节器、热敏阀门、机器人手脚、工业内窥镜、可变路标等。②汽车部件，如汽车发动机防热风扇离合器；汽车排气自动调节吸管、柴油机卡车散热器孔自动开关、汽车易损件如外壳和前后缓冲器等。③能源开关，如固态发动机、太阳能电池帆板、温室窗户自动调节弹簧、住宅暖房用送水管阀门、吸地下油的机器、喷气发动机内窥镜等。

第二节　形状记忆合金纤维

一、Ti-Ni 形状记忆纤维的性能

　　Ti-Ni 形状记忆合金具有优异的形状记忆和超弹性性能、良好的力学性能和耐蚀性、生物相容性及高阻尼特性。经适宜控制成分和加热处理，冷拉伸长率可高达 100%。该合金可以通过真空自耗熔炼-真空感应重熔方法制造，将它在大气中锻造、轧制、拉拔后可制成纤维。该纤维具有较大的形状记忆应变（6%~10%）和较高的恢复应力（200~760MPa），在适宜温度范围内经过热-机械处理后显示双程形状记忆效应，具有较高的记忆寿命，预应变 <0.5%，循环次数可达 10^7 以上。

　　瑞士 Microfil Industries 公司开发了一种 Ti-Ni 形状记忆纤维（镍含量为 50.63%），直径为 300μm，其基本性能见表 2-4。

表 2-4　Ti-Ni 形状记忆纤维的性能

项　目	参数	项　目	参数
纤维直径/mm	0.38	马氏体杨氏模量/psi	
奥氏体起始温度/℃	34.4	最大恢复形变/%	5.5
奥氏体终止温度/℃	48.9	马氏体应力影响系数/(psi/℉)	1487.2
马氏体起始温度/℃	29.4	奥氏体应力影响系数/(psi/℉)	1452.8
马氏体终止温度/℃	25.6	应力诱发马氏体起始极限应力/psi	12000
奥氏体杨氏模量/psi	3170600	应力诱发马氏体起始极限应力/psi	15000

注：1 psi=6894.76Pa；$t/℃=\dfrac{5}{9}\left[t/℉-32\right]$

二、形状记忆合金纤维的应用

形状记忆合金首先被加工成 0.10～0.30mm 的细丝，然后，金属丝需要在极高的温度加工 4h 以获得形状记忆效果。加工好的形状记忆合金丝，可以与不同纤维组合以及通过不同的工艺产生出各种纱线，主要是单丝纱和各种包缠纱。形状记忆合金丝生产包缠纱，纺纱时主要用作纱芯，因此不是为其外观而是为其形状记忆特性。形状记忆合金丝也可以纺成具有各种外观的花式线。如苏格兰 Herict-Watt 大学纺织学院 Chan 等人在花式包缠纺纱机上，将金属丝、纱线从一组牵伸罗拉喂入机器，使其绕芯纱加捻或包缠。通过改变计算机程序，控制罗拉中纱线的位置，可以生产出品种繁多的花式线。

纺纱过程中，设计捻度时需要考虑两个因素：①合金丝的覆盖；②纱线要适合于终端用途。纱线可纺成各种特数，并可与天然纤维、黏胶纤维、天丝、合成纤维及金银丝等混纺。在捻度较低时，合金丝被周期性地挤压，会挤到纱线外边而不是保持在纱芯，因此产生的纱线缺乏尺寸稳定性。为了覆盖好合金丝，难免纱芯被挤出，包缠纤维特数小，也有以形状记忆合金单纱为芯纱，外面包缠 4 根包缠纱和一根黏合纱合金丝，形成一种形状记合金包缠纱，采取 0.125mm 直径，表面抛光。这种表面处理，消除了外观上的瑕疵，又减少了纺纱、织造或针织过程的摩擦力，但这种纱线的手感刚硬而不柔软。

用形状记忆合金纱可设计出各种艺术效果，纺出的纱线有短纤维竹节纱、粗松螺旋花线、花圈线、螺旋花线、雪尼尔线。图 2-6 显示了这种艺术效果。精致与粗犷的变化，色彩的深浅变化，表面粗糙与光滑的配合以及捻度的变化，都可增强形状记忆效果。动感是形状记忆效果的基本特征，光反射与动感相结合，可促使具有视觉艺术效应的构想。某些花式纱的形状记忆特征，却隐藏于它的结构中，当纱线受激发而打开结构时，其特征才被显现出来。

图 2-6　形状记忆合金花式纱线

形状记忆合金花式纱线，在不同温度条件下可表现出不同的形状特征。如常温下形状记忆纱芯为直线，当温度上升到转换温度以上时，由于纱芯回复到原始形状而使纱线变成明显的螺旋状。这归因于形状记忆合金的马氏相态（Morsenite modality）。

形状记忆合金在服装工业中最早被用于文胸内起托垫保形作用。这种托垫在冷水中可任意洗涤，穿在身上时因体温可回复原状同时仍有很强的弹性。随着技术的不断进步，形状记忆合金在纺织上的应用越来越多。

在普通织机上织制形状记忆织物时，合金丝经纱的张力要保持均匀，经纱上下开口运动所受的张力不能过大或过小，否则会引起织造过程的经纱断头或开口不清。通过不同的织造工艺与形状记忆花型设计相结合，可增强机织物形状记忆效果。如经纱密度不同，其形状记忆效果的花纹和表现也不同；筘齿穿法不同，也可在布面上产生稀或密的织纹。

形状记忆织物在激发条件下，借助于组织结构的变化可获得三维结构。如试样在通常情况下为定形的平整二维结构，当受激发时试样可展现形状记忆效果，出现凸起、起皱和膨胀，如图 2-7（a）所示。双层组织的织物，两层可连接起来或分开，形成口袋或管状，通过两层织物之间纱线的表里交换，产生新奇的花纹，在形状记忆效果的作用下，可从平整织物转变成三维织物。一种以折皱的形式构成的三维管状双层组织试样，当形状记忆材料受高温感应激发时，这些折皱的管闭合，织物因而收缩，而当温度返回时织物回复定形的状态，如图 2-7（b）所示。

(a) 形状记忆三维结构织物　　　　　　(b) 形状记忆三维管状双层组织织物

图 2-7　形状记忆织物借激发条件可获得三维结构

意大利利用形状记忆 Ti-Ni 合金纤维和锦纶混织（比例为 5 根尼龙丝配一根 Ti-Ni 合金丝）制成智能化的衬衣。在周围温度升高时，该衬衣的袖子会立即自动卷起。这件衬衣还不怕起皱，即使揉成乱糟糟的一团，用电吹风吹一下，马上就能复原，甚至人的体温也可以自动把它"熨平"。

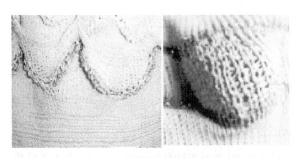

图 2-8　形状记忆动感针织物

采用最适当的方式将形状记忆合金丝局部加入针织结构中，赋予针织物形状记忆效果后，在同一块织物中可表现出两种不同的艺术特征。如图 2-8 所示，针织物不同位置采用的形状记忆材料受激发时响应速率不同。可使针织物有绕人体移动的视觉效果。从静态变成动态，产生"活"的织物。针织物还可以设计成具有双重颜色或质地，当形状记忆被激起时，引起结构打开，展现出里面一层的颜色或质地。而结构闭合时则显现表面一层的颜色或质地。形状记忆针织物三维效果可适用于服装设计，这种服装从静态向动态变

 智能纺织品开发与应用

化，且展现出多维形态的变化形式。服装即使放在橱窗里，没有模特穿着，也有动感效果。

Ti-Ni 合金纤维可以用于防烫伤服装中，首先将 Ti-Ni 合金纤维加工成宝塔式螺旋弹簧状，再进一步加工成平面状，然后固定在服装两层面料之内。该服装表面接触高温时，形状记忆纤维的形变被触发，形状记忆纤维迅速由平面状变化成宝塔状，在两层织物内形成很大的空腔，使人体皮肤远离高温，以防止发生烫伤。这类在夹层中加入形状记忆纤维从而产生空气缝隙的面料，由于赋予了极佳的热绝缘性，在极地环境可以得到更佳的保暖性；在酷热的环境下，当形状记忆合金弹簧被酷热触发时，两层面料分开，有利于尽可能维护皮肤温度，在造成皮肤 2 度灼伤前，增加了 40s 时间。结果表明，将形状记忆合金纤维应用于防火和隔热是可能的。

美国专利公开了一种形状记忆结构器官的整体织造方法。采用该方法可以形成直线形或波浪形的结构器官，用于修复损坏的人体管状器官，以治疗不健全的病人、损坏的血管结构以及其他人体管状器官。该项发明，将波浪形形状记忆合金丝织入织物中，使合金丝记住其波浪形状，经过形状记忆转换又可追回记忆的波浪形状。经过形状记忆转换引起合金丝器官变直，变直的合金丝经过形状记忆转换，又可返回到记忆的波浪形状。该发明的机织物，由经纱系列与纬纱系列基本正交地形成基础织物，交织点由一定数量、预先确定的纬纱和一定数量的预定确定的经纱分隔开，但每一个交织点至少有一根经纱线或一根纬纱。

三、由 Ti-Ni 形状记忆合金纤维形成的激发装置

由 Ti-Ni 形状记忆合金纤维形成的激发装置，其结构如图 2-9 所示。

形状记忆弹簧 5，是由 Ti-Ni 合金纤维首先加工成宝塔式螺旋弹簧状再进一步加工成平面状，合金丝直径为 1mm，其转换温度低于 45℃。形状记忆合金的设计、形状和激发温度，取决于所施加的力和激发时的反应速度。

该种弹簧能简单地装进任何一种双层织物服装中，弹簧的一端连接到内层的绝缘片 4，而另一端连接到外层织物的传导片 3 上。形状记忆合金的动作，需要热能来激发。热能也可通

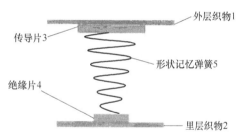

图 2-9　形状记忆绝缘织物激发装置

过弹簧内端传到靠近皮肤的内层面料，因此需要在内层面料上加一块绝缘片与弹簧内端连接；同时为了加强外面的热能向弹簧外端传递，因而需要在外层面料上加一块传导片与弹簧外端连接。

在未激发的状态，内外层织物接近保持最小的空气缝隙，因而热绝缘性也最小。弹簧被装进箱状袋囊中，折叠起来呈平面状。当热威胁发生时，弹簧迅速由平面状变化为宝塔状，在两层织物间形成很大的空腔，形成良好的绝缘空气缝隙。有资料认为，所需最大空气缝隙为 35mm。这些箱状袋囊只需要用在身体的有关部位。显然，所需的空气缝隙是箱状袋囊设计的决定因素。

这种织物可用于消防、封闭装置（如坦克）中的驾驶员以及暴露于酷热下的人群。它的另一个功能是反向应用于严寒下使热量不易散失，即随着温度下降，织物分开，增加不流动空气缝隙而增强热绝缘性。

通过服装的增减，或各种保暖纤维的采用，有助于调节人体温度从而保持人体的舒适。穿着不同热绝缘程度的服装，来适应温度变化，则是满足消费者温度变化需求的最根本方

法。这种设想可以利用铜基形状记忆合金的双向激发能力来实现。为了实现这一目的,合金激发器必须设计成温度升高时扁平、变冷时竖起来(防寒用)或相反,设计成温度正常时扁平、酷热时竖立起来(防火、防烫伤)。

铜基合金如 Cu-Zn-Al、Cu-Ni-Al、Cu-Al-Mn、Cu-Al-Be 等均具有形状记忆功能,其中最容易制造且性能优良的 Cu-Zn-Al 合金已获得实际应用。铜基合金与镍-钛合金特性相比,见表 2-5。

表 2-5　铜基合金与镍-钛合金对比

结构状态	铜基合金只有马氏体相变,比较单纯,而镍-钛合金则有马氏体相和 R 相变,比较复杂
记忆特性	转变温度主要取决于合金成分,铜基合金为 -100~100℃,而镍-钛合金则较窄。铜系合金的上限转变温度受其耐热性的限制,下限温度则随制造条件而定,但原则上只要改变成分就能扩大其转变温度范围
其他	铜基形状记忆合金和镍-钛形状记忆合金相比,前者价格低、制造工艺简单

用形状记忆合金面料调节人体-环境温度,尚处于研究早期。初步研究表明,采用双向铜基合金面料可以提高面料反应的敏捷性。

镍-钛记忆合金纤维形成的激发装置,可织进盛装液体的织物接触液体的一面。在激发时,它可使其表面的个别点在纵横两个方向同时协调运动,从而产生周期性的表面波。该种激发装置,可使卧床不起的病员,从床上到椅子上的移动或椅子到卫生间的移动,无需体力或外部作用。

形状记忆纤维制作的装饰布,利用其形状记忆效果,来增加外观的变化,达到美观和提供某种功能的目的。例如,用具有形状记忆结构的装饰布,当室内温度低于一定值时,装饰布就会自动关闭,以保持室内温度;当室内温度高于一定值时,装饰布就会自动打开,允许空气自由流通,使室内降温。利用具有形状记忆的装饰布做百叶窗,该装饰布对日晒非常敏感,白天百叶窗可以自动调节阳光的进入量,晚上百叶窗则会自动关闭,从而达到对室内舒适温度的控制,并避免强烈日光对人视力的影响。

第三节　形状记忆聚合物

一般的聚合物变形后不能完全复原,存在着残留的非弹性变形,但有一些聚合物也具有形状记忆效应。对已赋形的该聚合物,在一定的条件下(如加热、光照、或改变 pH 值等)实施变形,这种变形可以被保存下来;当对聚合物进行刺激(如加热、光照、或改变pH 值等)时,聚合物又可以恢复到它的原来的赋形状态,具有这种形状效应的聚合物,称之为形状记忆聚合物(SMP)。

根据实现记忆功能的条件不同,SMP 可以分为以下几种。

(1)热致型 SMP

① 它是一种在室温以上变形,并能在室温固定形变可长期存放,当再升温到某一特定响应温度时,制件能很快回复初始形状的聚合物;

② 它们广泛用于医疗卫生、体育运动、建筑、包装、汽车及科学实验等领域,如医用器械、泡沫塑料、光信息记录介质及报警器等。

(2)电致型 SMP

① 它是一种热致形状记忆功能材料与具有导电性能物质(如导电炭黑、金属粉末及导

电高分子等）混合的复合材料。该复合材料通过电流产生热量使体系温度升高，致使形状回复，所以它既具有导电性能，又具有良好的形状记忆功能；

② 主要用于电子通信及仪器仪表等领域，加电子集中束管，电磁屏蔽材料等。

（3）光致型 SMP

① 它是一种将某些特定的光致变色基团（PCG）引入高分子主链和侧链中，当受到紫外线照射时，PCG 发生光导构化反应，使分子链的状态发生显著变化，材料在宏观上表现为光致形变，光照停止时 PCG 发生可逆的光导异构化反应，分子链的状态回复，材料也回复原状；

② 该材料用做印刷材料、光记录材料、"光驱动分子阀"和药物缓释剂等。

（4）化学感应型 SMP

① 常用的化学感应方式有 pH 值变化，平衡量子置换、螯合反应，相转变反应和氧化还原反应等，利用材料周围介质性质的变化，来激发材料和形状回复；

② 这类物质有部分皂化的聚丙烯酰胺、聚乙烯醇和聚丙烯酸混合物薄膜等，该材料用于蛋白质或酶的分离膜、"化学发动机"等特殊领域。

热致型 SMP 在纺织领域显示了广阔的应用前景，因此本节重点介绍热致型形状记忆聚合物，它是一类受外界温度的刺激后其形状和性能能够做出预定反应的高分子材料。与其他高聚物类似，热致型 SMP 的特性与其所存在的力学状态密切相关。

一、高聚物的力学状态和热转变

高聚物在一定的静态负荷作用下，随环境温度的变化，表现出完全不同的力学状态。如果在一定范围内改变温度，记录高聚物形变随温度的变化，可得高聚物温度-形变曲线。测定高聚物温度-形变曲线，是研究高分子材料力学状态的重要手段。从曲线上可以确定高聚物的玻璃化转变温度（T_g）、黏流温度（T_f）和熔点（T_m）。

线型非晶态高聚物，在恒定负荷作用下，随测试温度的变化，呈现出三种不同的力学状态，即玻璃态 A，高弹态 B 加黏流态 C，两种不同的转变区，即玻璃化转换区和黏弹转化区。利用沿曲线作切线的作图法，可以求出高聚物从玻璃态进入高弹态的转变温度 T_g（玻璃化温度）以及从高弹态进入黏流态的转变温度 T_f（黏流温度），如图 2-10 所示。

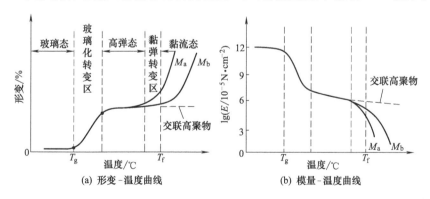

(a) 形变-温度曲线　　(b) 模量-温度曲线

图 2-10　线型非晶态高聚物的热机械性质曲线

1. 玻璃态

在玻璃态（glassy state）下，由于温度较低，分子运动的能量很小，不足以克服主链内旋转的位垒，不足以激发起链段的运动。链段处于冻结状态，只有那些较小的运动单元如侧基、支链和小链节能够运动。此时，高聚物所表现的力学性质和小分子的玻璃差不多。

当非晶态高聚物在较低温度下受外力时，由于链段运动被冻结，因此高聚物受力后的形变是很小，形变与受力大小成正比，当外力去除后形变能立即回复，这种力学性能称为胡克型弹性，或称普弹性。

2. 玻璃化转变区（glass-transition zone）

在此温度范围内，随着温度的提高，链段开始解冻，链段可以通过主链段中单链的内旋转不断改变构象，分子链段开始在外力作用下伸展或卷曲，模量迅速下降3～4个数量级，因而形变迅速增加。

3. 高弹态

在高弹态（high-elastic state）下，高聚物受到外力时，分子链可以通过单链的内旋转和链段的构象改变以适应外力的作用。例如受到外力拉伸时，分子链可从卷曲状态变到伸展状态，因而表现在宏观上可以发生很大的形变。一旦外力去除，分子链又要通过单链的内旋转和链段运动回复卷曲状态（因为卷曲状态的构象熵比伸展状态大），在宏观上表现为弹性回缩。由于这种变形是外力作用促使高聚物主链发生内旋转的过程，它所需的外力显然比高聚物在玻璃态时变形（改变化学键的键长和键角）所需的外力小得多，而形变量大得多，这种力学性质称之为高弹性。

4. 黏弹转变区（viscollastic transition zone）

在此温度范围内，随着温度的提高，链段的热运动的逐渐加剧，链段可沿作用力方向运动，不仅使分子链的形态改变，而且还导致大分子链段在长范围内发生相对位移，聚合物开始出现流动性，模量迅速下降2个数量级，形变迅速增加。

5. 黏流态（viscous flow state）

在此状态下，不仅链段运动的松弛时间缩短了，而且整个分子链移动的松弛时间也缩短，这时高聚物在外力作用下会发生黏性流动，它是整个分子链互相滑移的宏观表现。这种流动与低分子液体流动相似，是不可逆的变形。

非晶态高聚物力学三态的特性及其内分子运动机理，今归纳于表2-6中。

表2-6　非晶态高聚物的力学三态的特征及其内分子运动机理

力学状态	弹性模量/Pa	变形/%	分子运动能力	力学特征
玻璃态	$10^9 \sim 10^{10}$	<1	侧基及键长、键角围绕平衡位置的振动和转动	硬、脆
玻璃化转变区	$10^6 \sim 10^9$	—	链段短范围运动	韧
高弹态	$10^5 \sim 10^6$	100～1000	链段长范围运动（推迟）和短范围运动（迅速）	橡胶状弹性
黏弹转变区	$10^4 \sim 10^5$	—	链段长范围运动	软
黏流态	$<10^4$	—	链分子大区域相对位移	黏性流体

线型晶体高聚合物，由于其中通常都存在非晶区，在不同的温度条件下，非晶区也一样要发生上述两种转变。但结晶高聚物的宏观表现，会因结晶程度的不同而不同。轻度结晶的高聚物中，微晶体起着类似交联点的作用，故仍然存在明显的玻璃化转变；当温度升高时非晶部分从玻璃态变为高弹态，试样也会变得柔软如橡胶态。随着结晶度的增加，相当于交联度的增加，非晶态只能部分处在高弹态，故结晶高聚物的硬度将增加。当结晶度足够大时，微晶体彼此衔接形成贯穿整个材料的连续结晶相，使高聚物变得坚硬，宏观上将觉察不到它

有明显的玻璃化转变，其温度形变曲线在熔点以前不会明显地转折，如图 2-11 所示。结晶高聚物的晶区熔融后，是不是进入黏流态，要视该高聚物的相对分子质量而定。如果大分子质量不太大（如 M_a），非晶区的黏流温度 T_f 低于晶区的熔点 T_m，则晶区熔融后，整个试样便成为黏性的流体；如果相对分子质量足够大（如 M_b），非晶区的黏流温度 T_f 高于晶区的熔点 T_m，晶区熔融后成为高弹态，直到温度进一步升到 T_f 以上，才进入黏液态。

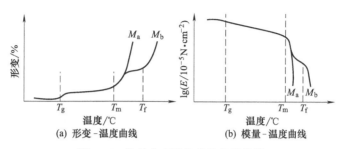

(a) 形变-温度曲线   (b) 模量-温度曲线

图 2-11 结晶态高聚物的热机械曲线

二、聚合物形状记忆效应机理与黏弹模型

1. 聚合物形状记忆效应机理

对已发现的形状记忆聚合物的结构进行分析，不难发现，这些聚合物都具有两相结构，即由记忆起始的形状的固定相（fixed phase）和随温度能可逆地固化和软化的可逆相（reverible phase）组成。

可逆相为物理交联结构，如 T_m 较低的结晶态（即熔融转变型）、T_g 较低的玻璃态（即玻璃化转变型），可逆相必须对温度敏感。而固定相可分为物理交联结构和化学交联结构，以物理交联结构为固定相的形状记忆高分子称为热塑性形状记忆高分子，而以化学交联结构为固定相的形状记忆高分子则称为热固性形状记忆高分子。

它们的形状记忆过程可用下面的简单结构模型来描述，见图 2-12。

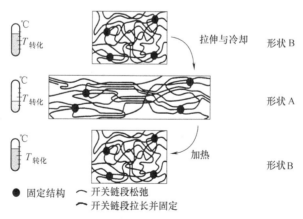

● 固定结构
～ 开关链段松弛
— 开关链段拉长并固定

图 2-12 聚合物形状记忆效应过程

形状记忆聚合物材料必须具有下列一些条件：①聚合物本身应具有结晶和无定形的两相结构，且两相结构的比例应适当；②在玻璃化温度或熔点以上的较宽温度范围内呈现高弹态，并具有一定的强度，以利于实施变形；③在较宽的环境温度条件下具有玻璃态，保证在储存状态下冻结应力不会释放。

许多在室温下具有玻璃态的热塑性弹性体，如热塑性聚酯弹性体、热塑性聚苯乙烯-丁二烯弹性体、热塑性聚氨酯弹性体等，具有交联结构的热塑性塑料，如交联 PE、交联 PVA、PVC 等经适当的工艺过程都可以形成记忆材料。

图 2-13 表示热固性形状记忆聚合物的成型加工过程。

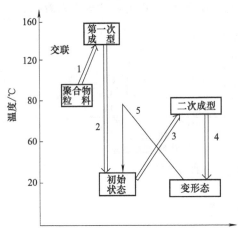

图 2-13　热固性 SMP 的成型加工过程
1—首先将聚合物加温到 T_m 以上和交联剂共混，接着在模具里进行交联反应并确定一次成型形状；2—冷却结晶后即得到初始状态；3—再次加热到 T_m 以上施加外力使之变形，取得二次成型形状；4—维持外力，冷却到室温得到变形态，以便去除外力后变形态在室温可长期存放；5—去再次加热到 T_m 以上时，被拉伸的分子链在熵弹性作用下发生自然卷曲从而发生形状回复，记忆一次形状

热塑性 SMP 实际上也是由 T_m 或 T_g 较高的固定相和 T_m 或 T_g 较低的可逆相构成。当温度高于可逆相变温度 T_{trans} 时，可逆相分子链段处于弹性态，分子链在拉伸下可产生变形；当温度低于 T_{trans} 时，可逆相处于冻结状态，去除外力后可逆相产生的变形固定下来。如果可逆相产生相变的温度为熔点温度 T_m，则可逆相在冷却的过程中结晶，由于聚合物分子链的结晶不可能完全，故可逆相的形变也不可能 100％ 地固定下来。可逆相在其转变温度以下形成分子缠绕的物理交联（结晶）结构，当温度升高到 T_{trans} 以上时，由于熵弹性的回复，可逆相又回复到初始形状（永久状态）。如果可逆相产生相变的温度为玻璃化转变温度 T_g，则可逆相在冷却的过程中也可能从弹性态到玻璃态的转变，同样聚合物分子链在玻璃态时也不能完全被冻结，分子链间的物理交联不可能使可逆相的形变 100％ 地固定下来。可逆相在其转变温度以下形成物理交联结构，当温度升高到 T_{trans} 以上时，由于熵弹性的回复，可逆相也可回复到初始形状。

热塑性形状记忆聚合物的永久形变是依靠具有最高相变温度的固定相来稳定，而热固性形状记忆聚合物网络的永久形变是依其价键来稳定。可逆相变温度 T_{trans} 不同的聚合物的形状记忆示意图 2-14 所示。

2. 聚合物形状效应的机械黏弹性模型

已如前述，形状记忆聚合物一般是由固定相和可逆相所组成的多相体系，固定相和可逆相的相变温度是不同的，其中可逆相的转变温度较低，固定相的转变温度较高或没有相变。聚合物的形状记忆效应可以看做应力的冻结和释放过程，或是应变的保持和恢复过程，可以用弹簧-黏壶模型的适当组合图（图 2-15）来说明聚合物的形状记忆效应和力学行为。

在可逆相的熔点或玻璃化温度以上、固定相的熔点或玻璃化温度以下这一高温区间的某一温度条件下即 $T_r < T_1 < T_f$，模型玻璃拉伸到某一固定形变 ε_0，并保持这一形变。模型的模量 $E(t, T)$ 和应力 $\sigma(t, T)$ 随时间 t 和温度 T 的变化可依据弹性松弛理论表示如下：

$$E(t,T) = E_f(T) \times \exp[-t/\tau_f(T)] + E_r(T) \times \exp[-t/\tau(T)]$$
$$\sigma(t,T) = \varepsilon_0 \times \{E_f(T) \times \exp[-t/\tau_f(T)] + E_r(T) \times \exp[-t/\tau_r(T)]\}$$

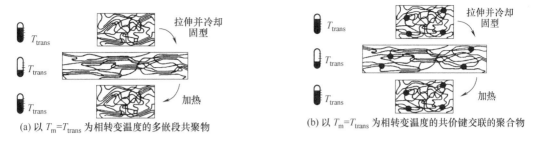

(a) 以 $T_m=T_{trans}$ 为相转变温度的多嵌段共聚物

(b) 以 $T_m=T_{trans}$ 为相转变温度的共价键交联的聚合物

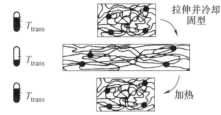

(c) 以 $T_g=T_{trans}$ 为相转变温度的聚合物网络，

当温度降至 T_{trans} 以下时暂时形变被固定，

当温度再次升高至 $T_m=T_{trans}$ 时,聚合物回复至永久形状

图 2-14　热致形状记忆聚合物的形状记忆机理示意图

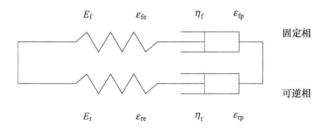

图 2-15　形状记忆聚合物的黏弹模型

E_f、ε_{fe}、η_f、ε_{fp}——固定相的弹性模量、黏度、弹性形变和黏性形变

E_r、ε_{re}、η_r、ε_{rp}——可逆相的弹性模量、黏度、弹性形变和黏性形变

其中，松弛时间　$\tau_f=\eta_f/E_f$，$\tau_r=\eta_r/E_r$。

在黏弹性模型中各个单元的应变为：

$$\varepsilon_{fe}(t,T)=\varepsilon_0\times\exp[-t/\tau_f(T)]$$

$$\varepsilon_{fp}(t,T)=\varepsilon_0\times\{1-\exp[-t/\tau_f(T)]\}$$

$$\varepsilon_{re}(t,T)=\varepsilon_0\times\exp[-t/\tau_r(T)]$$

$$\varepsilon_{rp}(t,T)=\varepsilon_0\times\{1-\exp[-t/\tau_r(T)]\}$$

在温度 T_1（如 60℃）时，可逆相的模量和黏度非常低，因此，若在 T_1 时形变的保持时间足够长（$t\to\infty$），拉伸模型趋于平衡态，$\varepsilon_{re}\to 0$，$\varepsilon_{rp}\approx\varepsilon_0$；而固定相的 ε_{fe} 和 ε_{fp} 对 ε_0 都有贡献。这些应变之间有如下的关系：$\varepsilon_0=\varepsilon_{fp}+\varepsilon_{fp}=\varepsilon_{rp}$。在此一阶段，力学响应包括固定相的 Maxwell 模型的弹簧和黏壶形变以及可逆相的 Maxwell 模型的黏壶形变，在这一固定应变下冷却到低温 T_2（<20℃），由于操作温度离固定相的特性温度很远，因此在操作温度范围内可以认为 $E_f \cdot \eta_f$ 不变。

在低温 T_2 和没有外力的情况下，黏性流体（黏壶）不会产生力学变化，固定相的

Maxwell 模型的黏壶应变、弹簧应变及可逆相的黏壶应变不会发生大的变化，即

$$\varepsilon_{fe}(t_\infty,T_1)=\varepsilon_0\times\exp[-t_\infty/\tau_f(T_1)]$$

$$\varepsilon_{fp}(t_\infty,T_1)=\varepsilon_0\times\{1-\exp[-t_\infty/\tau_f(T_1)]\}$$

$$\varepsilon_{rp}(t_\infty,T_1)=\varepsilon_0$$

在除去外力后，总的应力为 0，即：

$$\sigma_f+\sigma_r=0$$

式中　σ_f——固定相 Maxwell 模型的弹簧可恢复的弹性应力；

　　　σ_r——可逆相 Maxwell 模型变形黏壶的反抗应力。

按虎克定律和牛顿定律可得：

$$E_f\times\varepsilon_{fe}+\eta_r(T_2)\times\frac{d\varepsilon_{rp}}{dc}=0$$

于是可得可逆相形变随时间 t 的变化为

$$\frac{d\varepsilon_{rp}}{dt}=-\frac{E_f\varepsilon_{fe}}{\eta_r(T_2)}$$

上式右边的负号"—"表示形变 ε_{rp} 会随时间逐步减小。从上式可以看出：①可逆相的黏度愈大，形变随时间的变化越小。低温时，可逆相呈固态 $\eta_r(T_2)\to\infty$，形变随时间的变化速率趋于 0。因此，低温时硬化的可逆相可以有效地固定形变并抵抗固定相的弹性恢复。②固定相的模量和弹性形变越大，应变 ε_{rp} 随时间的变化的绝对值越大。③聚合物的黏度会随着温度的变化而发生变化，即温度越高，黏度越低，形变 ε_{rp} 随时间的变化越大。④聚合物的黏度，同其相对分子质量相关，即相对分子质量越大，黏度越大，因此，可逆相的相对分子质量越大，形变 ε_{rp} 随时间的变化率越小，将越有利于形变的固定。

另有学者认为，高聚物的形状记忆行为实质上是高分子的黏弹力学行为。高分子的形变 ε_T 实际上是普弹性形变 ε_1、高弹性形变 ε_2 和黏性流动形变 ε_3 的叠加，即 $\varepsilon_T=\varepsilon_1+\varepsilon_2+\varepsilon_3$，其中黏性流动形变 ε_3 是不可逆的塑性变形。对于交联高分子，由于交联抑制了分子间的相对滑移，塑性变形很小，$\varepsilon_3/\varepsilon_2\approx0$，所以交联高聚物总的形变为

$$\varepsilon_T=\varepsilon_1+\varepsilon_2+\varepsilon_3\approx\varepsilon_2=\varepsilon_\infty(1-e^{-t/\tau})$$

当考察时间足够长时，即 t 远大于 τ（τ 为弛豫时间），则有 $\varepsilon_T\approx\varepsilon_2=\varepsilon_\infty$。形状记忆高分子实际上是进行物理交联或化学交联的高分子，当 $T>T_g$ 或 $T>T_m$ 时处于高弹态，此时在外力作用下发生高弹形变，以 E_{ru} 表示高弹态度模量，近似可得：$\sigma\approx E_{ru}\varepsilon_\infty$。保持外力将制品冷却到室温，然后去除外力，制品将产生一定的回缩量 ε'，以 E_0 表示室温模量，由虎克定律可得：

$$\varepsilon'=\frac{\sigma}{E_0}=\frac{E_{ru}}{E_0}\varepsilon_\infty$$

则总形变中能固定的形变为：

$$\varepsilon_f=\varepsilon_T-\varepsilon'=\left(1-\frac{E_{ru}}{E_0}\right)\varepsilon_\infty$$

为了评价形状记忆聚合物的性能，常采用形变固定率 F_f 和形变恢复率 R_f 两个指标：

$$F_f=\frac{\varepsilon_f}{\varepsilon_\infty}=1-\frac{E_{ru}}{E_0}$$

$$R_f=\frac{\varepsilon_f-\varepsilon_3}{\varepsilon_f}=1-\frac{\varepsilon_3}{\varepsilon_f}$$

对于交联聚合物来说，分子链在外力作用下相对滑移不容易，但是塑性变形还是存在的。对于热塑性高分子材料，其物理交联不可能非常完善，因此塑性变形不可能为零，只是非常小，一般 $\varepsilon_3/\varepsilon_f<5\%$，$R_f$ 在 $95\%\sim100\%$。

对于非晶型高聚物，形变回复速度只与链段的弛豫因子有关，可表示为：

$$V_r = \frac{\mathrm{d}Rt}{\mathrm{d}t} = \frac{1}{\tau} = \frac{E}{\eta}$$

式中 η——高弹形变中链段相对迁移时内摩擦力大小的量度，高分子链内或链间相互作用力愈大，η 就越大；

  E——高分子链抵抗外力作用，自发趋于卷曲状态的回缩力。

对于结晶高聚物，V_r 还与晶区的熔融行为等因素有关，随着晶区的熔融分子链受到的限制逐渐减小，当晶区完全熔融后分子链完全自由，从而在熵弹性作用下发生形状回复，假设晶片厚薄均匀，熔融速度足够快，则形变回复速度同样可用上式表示。

三、形状记忆聚合物的分类与基本结构特征

1. 形状记忆聚合物的分类

目前，得到应用的形状记忆高分子材料已有聚降冰片烯、反式 1,4-聚异戊二烯、苯乙烯-丁二烯共聚物、交联聚乙烯、聚氨酯等，此外含氟高聚物、聚酯、形状记忆凝胶、乙烯-醋酸乙烯共聚物等高聚物也具有形状记忆功能。表 2-7 为几种典型形状记忆高聚物的结构特点和性能特点。

表 2-7 典型形状记忆高聚物的结构特点和性能特点

形状记忆高聚物	开发公司及开发年份	结构特点	优点	缺点
聚降冰片烯 (Polynorbornene, PNBE)	法国 CDF 公司和 Nippo Eeon 公司 1984 年开发	相对分子质量高达 300 万，分子链的缠结交联为固定相，以 T_g（35℃）为可逆相转变温度	形变回复力大，形变回复精确度高	加工困难，形状回复温度不能任意改变
反式 1,4-聚异戊二烯 (transpolyisopene, TPI)	可乐丽公司 1998 年开发	熔点为 67℃，结晶度为 40%，用硫黄和过氧化物交联，得到的化学交联结构为固定相，能进行熔化和结晶可逆变化的部分为可逆相	形变速度快，形变回复力大，形变回复精确度高	耐热性和耐候性差
苯乙烯-丁二烯共聚物 (styrene-butadiene -styrene, SB)	日本旭化成公司 1988 年开发	固定相为高熔点（120℃）的聚苯烯结晶部分，可逆相为低熔点（60℃）的聚丁二烯结晶部分	变形容易，变形量为原形状的 4 倍，形状回复速度快，回复时间短，且形状回复力随延伸形变量增加而上升；它的记忆回复温度为 60℃，通常条件下保存时可忽略自然回复变形，回复可达 200 次以上，具有优异的耐酸碱性、着色性好等特点	
交联聚乙烯 (polyetylene, PE)	美国 Dow Corning 公司 20 世纪 60 年代末开发硅烷分子交联技术	该树脂采用电子辐射交联或添加过氧化物的交联方法，使大分子链间形成交联网络作为一次定形的固定相，而以结晶的形成和熔化作为可逆相转变	交联区的聚乙烯在耐热性、力学性能和物理性能方面有明显改善，如热收缩管可给予 200% 以上的膨胀（延伸）；由于交联，分子间的键合力增大，阻碍了结晶，从而提高了聚乙烯的耐常温收缩性、耐应力龟裂性和透明性	形状记忆温度不能任意改变；形状记忆特性受交联程度的影响，而交联程度与交联剂用量、反应时间、反应温度等密切相关

形状记忆高聚物	开发公司及开发年份	结构特点	优点	缺点
聚氨酯（polyurethane，PU）	日本三菱重工业公司 1988 年开发	具有软、硬段交替排列的多嵌段结构，以具有 T_g 或 T_g 高于室温的软段连续相作为可逆相，部分结晶的硬段作为物理交联形成的物理交联相为固定相	分子链为链结构，具有热塑性，加工容易；其形变回复温度可在 $-30\sim+70℃$ 范围内调整；质轻价廉，着色容易，形变量大，最高可达 400%，耐候性和重复形变效果变较好	
乙烯-乙酸乙烯共聚物（ethylene voriyl acetale，EVA）	美国杜邦公司 1960 年首先开发	由非极性、结晶性的乙烯单体和强极性、非结晶性的醋酸乙烯单体聚合而成	其形状回复温度（即聚乙烯晶体的熔点）可通过共聚单体的含量加以调节	形状记忆特性与聚乙酸乙烯的交联程度密切相关
聚酯（polyethene terighthalate，PET）		半结晶聚合物以无定形部分的 T_g 作为可逆相转变温度，结晶部分作为物理关联点形成的物理交联为固定相	分子链为直链结构，具有热塑性，加工容易；其形变回复温度可以设计人体温度附近，生物降解性能好，具有生物相容性，适宜于生物医疗方面的应用	耐热性不够，经交联后，耐热性可以提高

2. 形状记忆聚合物的基本结构特征

形状记忆聚合物是一种具有特殊结构的高分子，其独特的形状记忆性能来源于其特有的结构。香港理工大学胡金莲、范浩军研究指出，形状记忆聚合物是一种聚合物网状结构，网络中包含两种功能结构，一种是开关结构，负责触发形状记忆效果；另一种是固定结构，负责记忆聚合物原始形状；其简化的结构形式如图 2-16 所示。形状记忆聚合物网络结构的开关结构可以是结晶或非结晶的分链或链段，其开关温度（T_s）或称形状的回复温度，是其玻璃化转变温度（T_g）或其熔融转变温度（T_m）。固定结构可以是作为化学交联的化学键，也可以是作为物理交联的结晶或非晶的微区结构或是分子链缠结。微区结构作为物理交联时其热转变温度必须 $T_{perm}>T_s$。

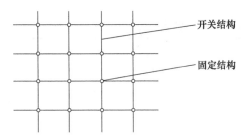

图 2-16 形状记忆聚合物网络结构

形状记忆过程的微观机理是：

① 先将聚合物加热到某温度 $T_s<T<T_{perm}$，此时作为开关结构的分子链段的微布朗运动被激活，容易在外力作用下运动，表现为聚合物本身容易发生形变。而此时固定相结构相对稳定，固定结构限制开头结构分子链或链段发生相对滑移，即此时聚合物仍能够比较好地保持原来的网络结构，两种结构间的联系没有发生变化，变化的仅仅是位置关系。

② 再将聚合物冷却至 T_s 以下，则开关结构的分子链段的布朗运动被冻结，在形变过程中产生的应力也因此被保存下来，聚合物的外在表现为在撤去外力后其形状仍保持着。

③ 最后，将聚合物重新加热到 T_s 以上，开关结构分子链段的微布朗运动解冻，从而储存在聚合物中的应力被释放出来，在应力的驱使下聚合物网络回复到其形变前的状态，即表现为聚合物的形状回复。

并由此推定，形状记忆聚合物的性能就取决于开关结构和固定结构类型、含量、分布与相互作用。依据开关结构的不同类型、固定结构的不同类型对形状记忆聚合物在结构上进行如下的分类（图 2-17）：

图 2-17 形状记忆聚合物结构上的分类

按开关结构类型分类

玻璃化转变型：以玻璃化转变温度为开关温度的形状记忆聚合物，其开关结构为非晶的分子链或链段

熔融转变型：以熔融转变温度为开关温度的形状记忆聚合物，其开关结构为结晶的分子链或链段。

按固定相结构类型分类

以物理交联为固定相

1.典型的、以微区结构为物理交联的是嵌段共聚形状记忆聚合物。目前已经出现有嵌段共聚聚氨酯、PET-PEO曲段共聚物、苯乙烯-丁二烯嵌段共聚物等
这种嵌段共聚物不仅具有形状记忆性能，且具有良好的加工性能，可以通过挤出和注射等传统的加工方法成型。导致嵌段共聚具有形状记忆性能的原因在于这种聚合物通常存在异相结构，其分子链由相对柔顺的软段和刚性的硬链段组成，其线型嵌段如图(a)；其接枝嵌段如图(b)所示

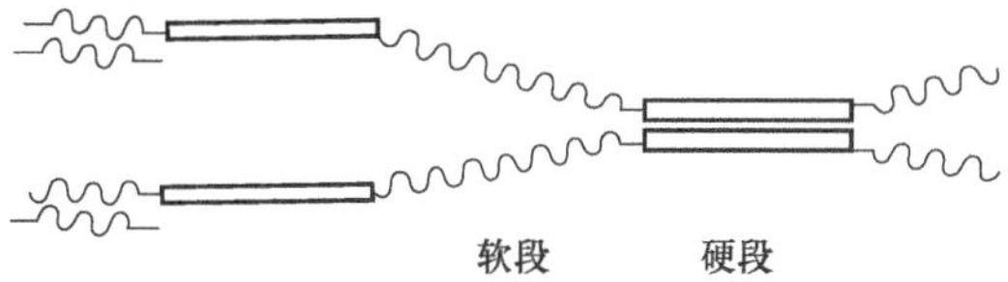

(a)　　　　　软段　　　硬段

A

B

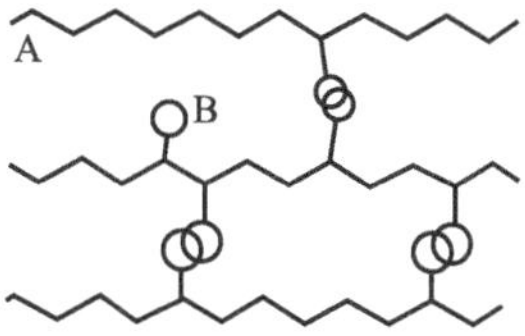

(b)
A—聚乙烯；　　B—聚己内酰胺

由于软段和硬段的结构、柔顺性和极性的不同，所以两种链段趋向于相分离，即柔顺在软段彼此接近并堆积形成软段相，而硬段也易于靠扰而聚积成硬段相。在嵌段共聚的形状记忆聚合物中，软段相作为开关结构（回复相）而硬段富集相作为固定结构（固定相），回复相的热转变温度小于固定相的热转变温度回复相既可以是无定形相也可以是结晶相。
2.另一种物理交联型形状记忆聚合物，是以分子链缠结为固定的形状记忆聚合物，如图(c)所示

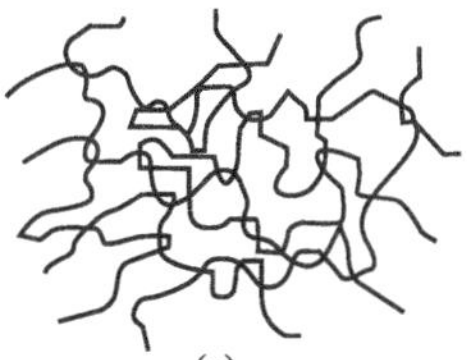

(c)

在聚合物的形变过程中，分子链缠结可以阻止分子链相互移动，起到固定结构的作用。聚降冰片烯为这种形状记忆聚合物的代表

以化学交联为固定相

1.化学交联形状记忆聚合物中，作为固定结构的化学交联键将分子链连接起来，并形成交联网络结构，如图所示：

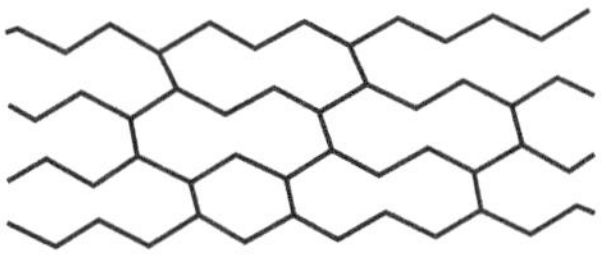

2.其典型是热收缩聚乙烯、热收缩聚氯烯等。交联网络网键的熔点或玻璃化转变温度为其开关温度
3.化学交联型形状记忆聚合物的网络类型、网链长短、交联密度等结构因素，决定其热性能、机械性能和形状记忆性能

四、形状记忆聚合物与形状记忆合金的主要区别

与形状记忆合金（SMA）相比，形状记忆聚合物（SMP）具有质量轻、成本低、形状记忆温度易于调节、易着色、形变量大，赋形容易等特点。SMP 和 SMA 主要区别，见表 2-8。

表 2-8　SMP 和 SMA 的主要区别

项目	SMA	SMP
形状记忆的机理不同	其形状记忆特性源于其马氏体相态转变。当形状合金材料从高温到冷却时，其相态由立方对称的奥氏体相变成对称性较低的马氏体相。当材料处于马氏体相态时，可任意赋予形变，然后再将温度提高至相态转变温度以上，合金材料回复至高对称性的奥氏体相态	热塑性聚合物形状记忆的实质，来源于聚合物的两相结。当温度高于可逆相变 T_{trans} 时，可逆相分子链段处于弹性状态，分子链在拉伸下产生形变。当温低于 T_{trans} 时，可逆相在其转变温度以下形成分子缠绕的物理交联（结晶）结构，处于冻结状态去除外力后，其产生的形变被固定下来。当温度升高至 T_{trans} 以上时，由于熵弹性的回复到初始状态
形状记忆的诱发机理不同	通常是通过温度来诱发，使其产生相变回复	诱发其形变回复功能，除了热能外，还有光能、电能等物理因素，以及酸碱相转变反应和螯合反应等化学元素因素
形变量不同	Ni-Ti 形状记忆合金的形变量只有 8% 左右	一般多嵌段聚合物可拉伸至 1000%，其暂时和永久形间的形变量可达 400%
形变过程中的应力大小不同	Ni-Ti 合金在形状记忆转变过程中产生应力为 200～400MPa	形状记忆聚合物产生的应力一般在 1～3MPa，其应力的大小主要取决于硬段的含量
形变回复温度不同	一般来说，其形变回复温度均较高，如 Ni-Ti 合金的相转变温度高于 400℃	形状记忆聚合物的相转变温度相对低得多，如形状记忆聚氨酯的形变回复温度可以调节，在 −10～60℃ 之间；聚降冰片烯的相转变温度为 35℃ 左右；TPI 的相转变温度约为 67℃
形状记忆的精确性不同	形状记忆合金的形状回复温度的精确性均表现出较高的精确性	嵌段结构聚合物的形状记忆行为，实质上是高分子的黏弹力学行为，分子链的结晶不可能完全，大分子链在形变的过程中，分子间因滑动、解缠而发生弛豫过程，尽管有熵弹性回复，可逆相很难 100% 地回复至初始形状，特别是经过多次拉伸以后
形状记忆的方向性不同	形状记忆合金具有双向性，形状记忆的形变回复只需通过温度控制，暂时形变和永久形变可通过相变温度自发得以控制	形状记忆聚合物在加热时从某种形态回复至原始状态，在冷却时却不能回复到加热前的状态，欲回复至加热前的形状，需借助外力以赋形，因为其记忆功能是单向的，没有双向性记忆和全方位记忆等性能

五、形状记忆聚合物的应用举例

（1）聚乙烯热收缩材料　用于电线电缆连接的热收缩材料（主要具有形状记忆效应的辐射交联聚乙烯及其共混物制成）；用于石油化工管道的防腐保护（常用材料如辐射交联聚乙烯或聚乙烯和 EVA 的共混物所制成的形状记忆材料）；电缆封帽（交联聚乙烯类或聚氯乙烯类）；热收缩聚乙烯护套管等。

（2）形状记忆氟塑料　用于管道内衬与翻边；防腐、防沾、自润滑辊套筒、电线电缆的接续和电子元器件保护等。

（3）聚氯乙烯热收缩材料　用作包装薄膜、阻燃热收缩母线排套管与电缆封帽等。

（4）聚己内酯形状材料　具有热收缩温度低、可回复形变量大的特点，可用以制作具有

形状记忆性的外用矫形外科固定材料。这种材料与传统的石膏绷带相比，具有塑型快、拆卸方便、透气舒适、干净卫生等特点，可望在矫形外用领域得到广泛的应用。用聚己内酯形状记忆聚合物制作的医用夹板的综合性能优于石膏和木质材料。且热塑夹板具有形状记忆特性，可以反复塑型。此外，也可应用于颈部矫形和癌症病人放射治疗时的定位固定材料。

（5）交联己烯-乙酸乙烯共聚物热收缩材料　EVA热收缩膜具有加热后发生纵横向收缩的特性，收缩率可达30%～50%，主要用于热收缩包装。包装后的产品密封性和防潮性好，可作电器、金属零件以及食品的包装。尤其近于异型商品的包装，除小包装外，还可以用于饮料集合软包装与各种物件的大型托盘包装。

第四节　形状记忆聚氨酯

形状记忆性聚氨酯，首例由日本三菱重工业公司开发成功。它以软段（非结晶部分）作可逆相，硬段（结晶部分）作固定相，通过调节软段和硬段比例，制得不同温度下响应的聚氨酯形状记忆性材料，现已制得玻璃化转变温度 T_g 在25～55℃范围内的几种形状记忆性聚氨酯。该产品室温模量与高弹模量比值可达到200。与通常的形状记忆高分子材料相比，具有极高的湿热稳定性、减震性能，综合性能优异。

Robert Langer 和 Andrcas Lendlein 等开发了系列可生物降解的、适合作药物缓解和牙科、骨科矫形材料的形状记忆聚氨酯。韩国 B. K. Kim 等分别用无定形的软段相和结晶的软段相作为可转变相制备了几种热致形状记忆聚氨酯，和具备优良湿气渗透性的形状记忆聚氨酯。我国谭树松等在聚氨酯体系中引入结晶性软体段（聚己内酯）得到了具有热致形状记忆效应的多嵌段聚氨酯；南京大学表面和界面化学工程技术研究中心成功研制形状记忆温度为37℃的体温形状记忆聚氨酯；香港理工大学胡金莲等采用多种聚合方法获得了不同性能、适宜于制作多种智能织物的形状记忆性聚氨酯。

一、形状记忆聚氨酯原料

形状记忆聚氨酯对其原料组分的基本技术要求：①硬软段含量适当，能起到交联点的作用；②对于结晶型形状记忆聚氨酯，软链段应有一定的结晶度，所用聚醚或聚酯的分子链应尽量规整，相对分子质量一般至少在2000以上；③对于 T_g 系列形状记忆聚氨酯，软链段应有一定的刚性，具有较高的玻璃化转变；④转变分子量应达到一定规模。

目前合成形状记忆聚氨酯的主要原料见表2-9。

表 2-9　形状记忆聚氨酯目前的主要原料

原料	常用材料	部分化学结构
异氰酸酯	①4,4'-二苯基甲烷二异氰酸酯（MDI） ②甲苯二异氰酸酯（TDI） ③1,4'-苯二异氰酸酯（BDI） ④异佛尔酮-二异氰酸酯（IPDI） ⑤4,4'-二环己基甲烷二异氰酸酯（H₁₂MDI） ⑥1,6-六甲基二异氰酸酯（HDI） ⑦1,5-苯二异氰酸酯（NDI） ⑧3,3'-二甲基-4,4'-二异氰酸酯（TOTI）	

原料	常用材料	部分化学结构
异氰酸酯	①4,4'-二苯基甲烷二异氰酸酯(MDI) ②甲苯二异氰酸酯(TDI) ③1,4'-苯二异氰酸酯(BDI) ④异佛尔酮-二异氰酸酯(IPDI) ⑤4,4'-二环己基甲烷二异氰酸酯(H₁₂MDI) ⑥1,6-六甲基二异氰酸酯(HDI) ⑦1,5-苯二异氰酸酯(NDI) ⑧3,3'-二甲基-4,4'-二异氰酸酯(TOTI)	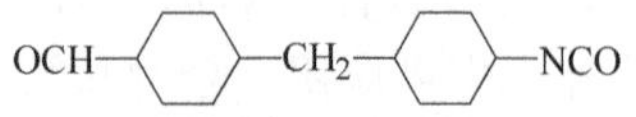 OCH—⬡—CH₂—⬡—NCO OCN—(CH₂)₆—NCO H₁₂MDI HDI 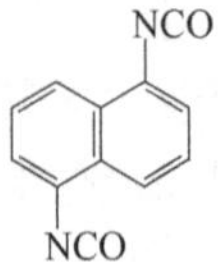 NDI 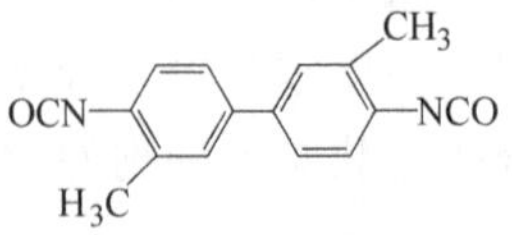 TOTI
聚合多元醇	①结晶型端羟基聚酯,聚醚,主要有聚己内酯二醇(PCL)、聚己二酸丁二醇酯(PBA)、聚己二酸己二醇酯(PHA)、聚四氢呋喃(PTMG)、聚乙二醇(PEG)等 ②非结晶型端羟基聚酯,聚醚	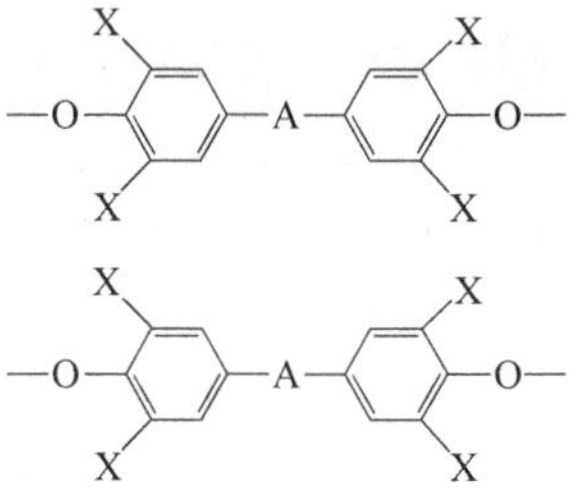 A=R₁—C—R₂,O=S=O,C=O,—O—,R₁,R₂=H,Cl,F,C₁₃烷基 X=H,Cl,Br,CH₃
扩链剂	①乙二醇 ②1,4-丁二醇 ③己二醇 ④乙二胺 ⑤1,6-己二胺 ⑥对苯二酚 ⑦二羟甲基丙酸	 HOCH₂CH₂OH HO(CH₂)₄OH HO-(CH₂)₆-OH H₂NCH₂CH₂NH₂ H₂NC(CH₂)₆NH₂ HO—⬡—OH HOOCCH₂CN(CH₂OH)₂
交联剂	①丙三醇 ②三羟甲基丙烷等	CH₂—CH—CH₂ | | | OH OH OH CH₃CH₂C(CH₂OH)₃
催化剂	如辛酸亚锡、三乙烯二胺等	
其他添加剂	如染料、填充剂、抗氧剂、紫外光吸收剂、阻燃剂等	

表中有关注解:

① 以 MDI 为原料制备形状记忆聚氨酯的研究最为普遍,该类聚氨酯具有强度高,形状恢复速度快、形状记忆性好的优点。PCL/HMDI/BDO 体系聚氨酯表现出较好的结晶性能。用 IPDI、HDI 制得的形状记忆聚氨酯具有不黄变的特点,较适合于有特殊性能要求的领域。

② 结晶型端羟基聚酯、聚醚所制备的聚氨酯,通过控制软段的熔点和结晶来获得形状记忆功能。PBA、PHA 等己二酸类聚酯的熔点为 50~60 ℃,这种结晶对聚氨酯的相分离和形状记忆十分有利,但聚氨酯分子中结晶度会有所降低。PCL 相对于己二酸类聚酯具有更好的实用性。PCL/TDI/BDO 形状记忆聚氨酯体系,当软段序列的平均相对分子质量达到3000 以上时软段才可以很好地结晶,并且其硬段含量也必须高于一定值才能形成较为完善

的物理交联点。符合这些条件的试样能显示出很好的形状记忆特征。非结晶型端羟基聚酯聚醚的引入，既增加了作为可逆相的多元醇大分子的刚性，使其在 T_g 以下具有较高的弹性模量；又由于—O—等柔性键的存在，使其在温度高于 T_g 时具有良好的柔顺性，容易变形，易于二次成型。在软化点以上，结晶熔化，又具有较好的形变能力，从而保证了较好的记忆功能。

③ 在形状记忆聚氨酯的制备过程中，因为反应中主要应用了反应活性比较高的 MDI、BDI 等，一般不需要使用催化剂，在使用反应活性低的聚醚时才需要添加少量催化剂，一般用量以 0.1%～1% 为宜。

④ 目前普通的形状记忆聚氨酯研究已经到了一个比较成熟的阶段。许多研究都在制备过程中引入一些新型材料如引入碳纳米管、玻璃纤维等，借以对形状记忆材料改性，也有引入必要的添加剂，以制备多功能的形状记忆聚合物。

二、形状记忆聚氨酯合成方法

1. 本体熔融聚合法

不使用溶剂，而将反应体维持在一个比较高的温度范围内进行聚合反应，此时不仅原料单体处于熔融状态，生成的聚合物也处于熔融状态。熔融聚合物反应的速度较快，且不用溶剂，不需后处理。熔融聚合物又分为两种工艺：

(1) 一步法　将大分子二醇、扩链剂和二异氰酸酯同时混合，常规聚合；

(2) 二步法　先将大分子二醇与二异氰酸酯预先反应生成端异氰酸酯基的预聚体，再与扩链剂反应生成聚氨酯。

本体熔融聚合法由于节约成本，低污染，一般用于工业生产。目前，国外也实现工业化生产的形状记忆聚氨酯（SMPU）成型加工工艺与普通聚氨酯类似，既可采用浇注法直接制成制品，也可以采用双螺杆挤出机，先制得粒料，然后再通过注射、挤出、涂覆等工艺成型。

日本三洋旭化成工业公司开发了一类液态聚氨酯 SMP，分为热固性和热塑性两大类，除加工成片材及薄膜外，还可通过注射成型加工成各种形状，将变形后的制品加热到 40～90℃，又可回复到原来的形状。

2. 溶液聚合法

在溶剂中进行聚合反应，单体和生成物都能溶解于所用溶剂之中。溶液聚合物反应具有反应缓慢、平稳、均衡、副反应少，反应容易控制等特点，且所制得的产品结构较规整，其力学性能、加工性能和溶解性能均较好。其不利之处，在于它对溶剂要求严格，溶剂的处理和回收需增加成本，同时溶剂具有一定的毒性，挥发后可能造成环境污染等。

这种变型的形状记忆聚氨酯主要有以下几类。

(1) PCL/TDI/BDO 聚氨酯体系　以 PCL、TDI 和扩链剂 BDO 为原料，采用二步法溶液聚合制备出多嵌段聚氨酯样品。

(2) PEA/MDI/BDO 聚氨酯体系　以 PEA、MDI 与扩链剂 BDO 为原料制备而成。T_g 受软段分子的影响和 PEA/MDI/BDO 配比的影响，温度范围为 10～50℃。

(3) PTMG/MDI/BDO 聚氨酯体系　以 PTMG、MDI 和扩链剂 BDO 为原料制备，MDI-BDO 是硬段，PTMG 为软段。硬段量升高，可增加软段和硬段区的相容性，且 MDI 和 BDO 用量越多，T_g 越高。软段 PIMG 影响记忆效果，采用高分子量 PIMG，在低温范围内可获得一部分形变回复，而采用低分子量 PIMG，则可获得完全回复。

（4）PCL/MDI/BDO 聚氨酯体系　试样分析表明，提高软段含量可使玻璃态模量增加，橡胶模量下降；而提高软段的长度可使玻璃态和橡胶态模量同时增加，在室温和高温下提高硬度增加回复力。

（5）以 MDI、双酚 A 环氧丙烷加成物和 BDO 为原料，甲苯为溶剂，由两步溶液聚合法制备一种新型的聚氨酯形状记忆材料，其形状记忆转变温度范围在 75～90℃之间，试样在 100℃的形状记忆回复时间不超过 10s（于明昕等）。

3. 乳液法

水性聚氨酯与普通水性聚氨酯的制备方法相同，把离子基团引入到形状记忆聚氨酯大分子基团中，该离子基团起着内乳化剂的作用，使聚氨酯在适当的条件下如用高速搅拌或外力加乳化剂就能形成稳定的形状记忆聚氨酯。

① 将 95gPCL（相对分子质量 4000，已干燥），21g MDI 酸酯、5.5g DMPA 和 100mL DMP 溶剂，依次投入装有回流冷凝管、温度计、搅拌机的四口圆底烧瓶，通入氮气保护，搅拌恒温 80℃反应 2～3h，制得 PU 预聚体。升温至 90℃加入 4g 苯甲醇，反应用红外光谱，检测至异氰酸根特征吸收峰（2270cm^{-1}）消失。降低反应物温度到 50℃，加入少量丙酮或不需加溶剂。加入 4g 的三乙胺中和，并加水搅拌转相，获得用含量为 15％的形状记忆水性聚氨酯。

② 为了降低形状记忆聚氨酯乳化难度并有效改进形状记忆聚氨酯和整理织物的形状记忆性能，以聚丙二醇等为原料，加 150g 的聚丙二醇（相对分子质量 3000，已干燥）和 22.5g 的 MDI 到 500mL、带机械搅拌、连接氮气通口的四口玻璃烧瓶中。通入干燥的氮气，在搅拌器的作用下，保持 80～90℃保持反应 3h。然后依次加入 1.34g MDPA 和 1.8g 的 BDO 作为扩链剂在保持 80～90℃之间的条件下，继续反应 2h，然后加入 1.74g 丁酮肟继续反应 2h，在反应过程中可加入少量的 DMF。接着降低反应物的温度到 50℃，加入 1.01g 的三乙胺中和反应物的羟基。最后在搅拌器的高速搅拌（1000r/min）下加入去离子水 100mL，获得含固量为 40％的 T_g 型水性形状记忆聚氨酯。该实例中，二异氰酸酯：含羟基低聚物：扩链剂：中和剂：封端剂：交联剂 ＝ 90：50：30：10：20。制得的形状记忆薄膜转变温度为 10℃。形状记忆性能测试：该薄膜经 20℃拉伸一倍，然后降温度至 0℃定形，在 10℃的水浴中完全回复到初始形状。

4. 形状记忆聚氨酯的改性合成

随着合成技术的发展，在合成过程中添加其他材料，诸如苯氧树脂、玻璃纤维、碳纳米管等，期望提高材料综合性能，并获得了良好的结果。

为了合成出一定温度条件下具有形状记忆功能的聚氨酯材料，可以在结构分析的基础上，进行分子设计。可以设定，分子结构比较规整，软、硬段比例适当的聚氨酯应具有所希望的记忆特性。

典型的形状记忆聚氨酯的分子结构如下：

$$\{C\!-\!HN\!-\!\!\langle\!\!\rangle\!\!-\!NH\!-\!C\!-\!O\!-\!(CH_2)_4\!-\!O\!-\!C\!-\!HN\!-\!\!\langle\!\!\rangle\!\!-\!NH\!-\!C\!-\!(O\!-\!R)_m\!O\}_n$$

$$\{C\!-\!HN\!-\!\!\langle\!\!\rangle\!\!-\!CH_2\!-\!\!\langle\!\!\rangle\!\!-\!NH\!-\!C\!-\!O\!-\!(CH_2)_4\!-\!(O\!-\!R)_m\!O\}_n$$

典型合成反应为：

$$OCN-\langle\ \rangle-CH_2-\langle\ \rangle-NCO + HO\text{-}(CH_2CH_2CH_2CH_2O)_n\text{-}H \longrightarrow$$

MDI　　　　　　　　　　　　　　　PTMG

$$\text{-}(C\text{-}NH\text{-}\langle\ \rangle\text{-}CH_2\text{-}\langle\ \rangle\text{-}NH\text{-}C\text{-}O\text{-}(CH_2CH_2CH_2CH_2O)_n\text{-})_m$$

预聚物

$$\xrightarrow{\quad HOCH_2CH_2CH_2OH \quad}$$

$$\text{-}(C\text{-}NH\text{-}\langle\ \rangle\text{-}CH_2\text{-}\langle\ \rangle\text{-}NH\text{-}C\text{-}O\text{-}(CH_2CH_2CH_2CH_2O)_n\text{-})_x$$

$$\text{-}(C\text{-}NH\text{-}\langle\ \rangle\text{-}CH_2\text{-}\langle\ \rangle\text{-}NH\text{-}C\text{-}O\text{-}(CH_2CH_2CH_2CH_2O)_n\text{-})_y$$

聚氨酯

朱光明针对具有形状记忆特性的聚氨酯进行：①异氰酸酯单体的选择；②聚醚、聚酯的选择；③异氰酸酯/聚醚、聚酯/扩链剂比例的确定；④聚合方法的研究；⑤催化剂的选择；⑥温度的影响；⑦防老化措施方面的合成试验，请读者阅读朱光明编著《形状记忆聚合物合成及其应用》（P.207～P.212）。

三、形状记忆聚氨酯的化学结构

形状记忆聚氨酯结构上由软链段和硬链段组成，或由可逆相和固定相组成。从理论上分析，凡是弹性模量在温度转化点附近发生急剧变化的聚氨酯均可设计为形状记忆聚氨酯，不同类型形状记忆聚氨酯的转变温度设计，可具体划分见表2-10。

表 2-10　不同类型形状记忆聚氨酯转变温度设计

序号	硬链段转变温度		软链段转变温度		固定相最高转变温度	潜在的形状记忆转变温度		
1	T_{mh}	T_{gh}			T_{mh}	T_{gh},	T_{ms},	T_{gs}
2	T_{mh}	T_{gh}	T_{ms}	T_{gs}	T_{mh}	T_{gmix},	T_{ms}	
3	T_{mh}	T_{gh}	T_{ms}	T_{gs}	T_{mh}	T_{gh},	T_{gs}	
4	T_{mh}	T_{gh}		T_{gs}	T_{mh}	T_{gmix}		
5		T_{gh}		T_{gs}	T_{gh}	T_{ms},	T_{gs}	
6		T_{gh}	T_{ms}	T_{gs}	T_{gh}	T_{ms},	T_{gmix}	
7		T_{gh}	T_{ms}	T_{gs}	T_{gh}	T_{gs}		

注：T_{mh}—硬链段结晶温度；T_{gh}—硬链段玻璃化转变温度；

T_{ms}—软链段结晶温度；T_{gs}—软链段玻璃化转变温度；

T_{gmix}—硬链段与软链段混合玻璃化转变温度

从目前已有文献分析，只有两大类：一类为形状记忆聚氨酯的软链段玻璃化转变温度作为转变温度；另一类为形状记忆聚合物的软段结晶熔融温度作为转化温度的形状记忆聚氨得到较为系统的研究。关于整个研究进程见图2-18所示（引自胡金莲等编著《形状记忆纺织材料》一书P.54，Fig2-1）。

设计合成出具有形状记忆特性的高分子材料，在分子结构上主要有三点要求：①保证软段区和硬段区的相分离是非常充分的；②硬段的含量适当起到助理交联点的作用，使得聚合物在高弹态间有一定的强度并能承受一定的形变而不滑移或断裂；③软段的玻璃化温度或熔点较高，在室温能够冻结拉伸形变。从结构和组成上来说，形状记忆聚氨酯和作为热塑性弹性体使用的聚氨酯是非常相似的，但后者在室温前后的温度区间内要表现出高弹态，而前者却要求最好在室温下处于玻璃态，以便冻结变形的应力。

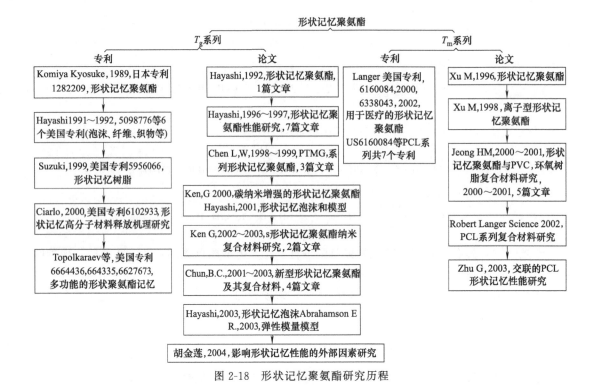

图 2-18　形状记忆聚氨酯研究历程

1. 软段的化学组成

具有形状记忆特性的聚氨酯的软段部分主要是由相对分子质量在 2000 以上的长链多元醇组成，长的软段主要控制形变的保持特性及拉伸温度和热收缩的温度对材料的模量、强度等也有影响，常用的重要软段有两类即端羟基聚酯和端羟基聚醚，参见表 2-11。

表 2-11　常用的重要软段的组成与特性

类别	说　明
端羟基聚酯	典型的端羟基聚酯是由己二酸和过量的二元醇(如乙二醇、1,4-丁二醇、1,6-己二醇或这些二元醇的混合物)反应得到的、反应在 200℃ 的低温下进行，所得聚酯的酸值应小于 2。所得聚酯的相对分子质量呈多分散性，并且遵循 Flory 概率分布，不过最终性能则决定于它的平均相对分子质量
	由己二酸和直链二元醇合成的聚酯——熔点为 60℃ 的结晶状，这种结晶对聚氨酯的相分离和形状记忆十分有利，但在聚氨酯分子中的结晶度会有所降低。在合成形状记忆聚氨酯时，为了确保相分离和提高记忆特性，应尽量避免使用混合二元醇的酯或混合聚酯
	用双官能团化合物 1,6-己二醇作引发剂，引发己内酯开环聚合可得到羟基封端的 PCL，其性能和聚己二酸酯形似，属于半结晶性聚合物，结晶的熔点在 58℃ 左右，链结构比较规整，是合成形状记忆聚氨酯的重要嵌段组分之一
	通常，二元醇或二元醇中含有芳环或脂肪环时，能提高聚酯的玻璃化转变温度或结晶熔点，用于形状记忆聚氨酯中时能相应地提高聚氨酯的形状记忆温度或热收缩温度
端羟基聚醚	用于形状记忆聚氨酯合成的聚醚，主要是直链 PEG、PTMG。聚醚的熔点一般比较低，生物相容性好，因此可用于合成较低形变温度的形状记忆聚氨酯，可用于合成医用的形状记忆聚氨酯

大多数聚醚和聚酯二元醇的熔点在室温以上，为了得到在室温以上温度具有形状记忆效应的聚氨酯，通常希望软段应有一定程度的结晶度，这就是要求所有的聚酯或聚醚的分子链应尽量的规整，相对分子质量也必须达到一定的数值。

我国徐懋、李丰奎等人，曾经研究过 MDI/PCL/BDO 系列形状记忆聚氨酯分子中，PCL 软段的相对分子质量和结晶度之间的关系，得到如图 2-19 所示的结果。表明，软段在相对分子质量较低时不结晶，在特定的临界相对分子质量范围内软段结晶度迅速增加，软段的相对分子质量越大，其结晶度越高，而后随软段相对分子质量增加而变得平缓，最终趋于恒定值。另外，软段的结晶度还受到聚氨酯分子中硬段含量的影响，硬段的含量越大，对软段的结晶越不利。对 MDI/PCL/BDO 体系来说，PCL 的临界相对分子质量在 2000～3000 之间。在此相对分子质量之下得不到室温区间内的记忆特性，在此相对分子质量之上，可获得较好形状记忆特性的聚氨酯。

我国朱光明也曾研究过 MDI/PEA/BDO 体系的软段相对分子质量和聚氨酯形状记忆性能的关系，发现 PBA 的相对分子质量必须在 3000 以上，硬段含量在 10%～30%（质量比）时具有较好的形状记忆特性。

相对分子质量较低的软段，在室温时可能很难结晶，但在长期低温条件下也可以结晶。这可用来合成低温条件下应用的形状记忆聚氨酯。

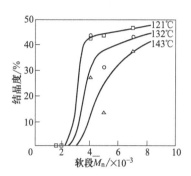

图 2-19　聚氨酯中 PCL 的结晶度和软段相对分子质量的关系

2. 硬段的化学组成

硬段的化学组成是由烷基多异氰酸酯和扩链剂及聚酯的羟基所形成的氨基甲酸酯所组成的，硬段在整个聚氨酯分子中起着物理交联点和增强填料的作用。

常见的多异氰酸酯有 TDI、MDI、TOTI、NDI，脂肪族的 HDI、H_{12}-MDI、反式 1,4-环己烷二异氰酸酯OCN— —NCO 等，这些二异氰酸酯单体提供逐步反应的活性基团，也是聚氨酯大分子强度的主要贡献者。在合成形状记忆聚氨酯在时常选用结构比较规整的二异氰酸酯。

硬段的组成和含量决定着形状记忆聚氨酯的热变形温度和收缩速率的快慢。作为形状记忆材料使用的聚氨酯，希望其软段的结晶熔点或玻璃化转变温度和硬段的熔点差别应足够大，可以保证聚氨酯在其高弹态实施拉伸、扩张等二次加工时，仍具有较高的强度和韧性。Lee B. S., Chun B. C. 等对组成为 MDI/PIMG/BDO（PTMG 的 $M_W = 1800\text{g/mol}$）的形状记忆聚氨酯的研究得出，聚氨酯的硬段含量对其弹性模量的影响 [见图 2-20（a）]和不同硬

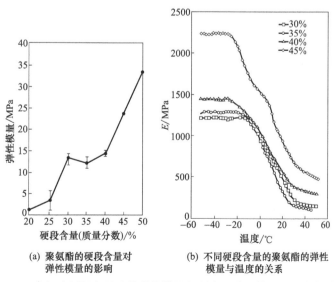

(a) 聚氨酯的硬段含量对
弹性模量的影响

(b) 不同硬段含量的聚氨酯的弹性
模量与温度的关系

图 2-20　聚氨酯硬段含量对其弹性模量的影响及弹性模量与温度的关系

段含量的聚氨酯的弹性模量与温度的关系［见图2-20（b）］。

含有芳香环的硬段结构，它的硬段强度和模量都比较大，熔点也较高，和软段的熔点相距较远，有利于聚氨酯的二次加工，是最常见的组成。而由脂肪族的二异氰酸酯所组成的硬段结构，熔点比较低，不适于形状记忆聚氨酯的加工工艺要求，故一般很少用。

四、聚氨酯分子间的氢键

聚氨酯的聚集态（state of aggregation）结构是在探索聚氨酯大分子究竟是以怎样的规律聚集在一起的。下面先讨论PU分子间的氢键和氢键作用。

形状记忆聚氨酯（SMPU）分子之间有大量氢键的存在，硬段浓度为25%～47%时氢键浓度为2.0～3.8mol/L，并将大分子紧密联系起来。因而形状记忆聚氨酯具有良好的韧性和伸长率、较高的高弹态模量和拉伸强度。

聚酯（PU）的分子结构有氨酯或氨酯-脲硬段，以及聚醚和聚酯软段。两种硬段都存在能提供质子的亚氨基（—NH—），硬段的质子受体是氨酯羰基（—NH—COO—）和脲羟基（—NH—CO—NH—），软段的质子受体是聚醚的醚氧基（—O—）和聚酯基（—COO—）。因此，可能存在以下四种氢基：

硬段硬段间：

$$N{-}H{-}O{=}C\begin{matrix}O{-}\\\\NH{-}\end{matrix}\qquad\qquad N{-}H{\cdots}O{=}C\begin{matrix}NH{-}\\\\NH{-}\end{matrix}$$

硬段软段间：

$$N{-}H{\cdots}O\begin{matrix}C{-}\\\\C{-}\end{matrix}\qquad\qquad N{-}H{\cdots}O{=}C\begin{matrix}C{-}\\\\C{-}\end{matrix}$$

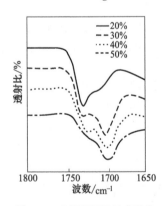

图2-21 MDI/PTMA/BDO 嵌段聚氨酯的FT-IR谱

氢键的存在、氢键对聚合物聚集结构的影响，可以通过形状记忆聚氨酯的傅里叶变换红外光谱图（FT-IR spectrogram）来反映。MDI/PTMA/BDO（PTHG 的 $M_w=1800$g/mol）形状记忆聚氨酯的 FT-IR 光谱图，见 2-21 所示。随着硬段含量的增加，氢键密度增加，聚合物分子链之间氢键的相互作用使羰基在 1700cm^{-1} 附近的吸收峰变大，相应在 1730cm^{-1} 附近的吸收峰不断减小。羰基吸收峰的变化，就间接证实了氢键的存在和对聚合物聚集结构的影响。

1. 氢键度

氢键度（hydrogen bond degree）是指键合官能基（—NH—）浓度与该基团总浓度之比。在红外分析中，氢键度由游离—NH—基与键合—NH—基的面积求得。

① 在聚醚为软段的聚氨酯中，键合—NH—基包括与C=O基键合（硬段-硬段间氢键）和与—O—基键合（硬段-软段间氢键）两种可能性，所以（—NH—基的氢键度）－（C=O基氢键度）＝（—O—基的氢键度）。

② 在聚酯为软段的聚氨酯中，由于软、硬段的C=O基吸收峰重叠，—NH—基的氢键度不能分解成硬段-硬段间和硬段-软段间的氢键度，但由于硬段溶于软段相形成氢键而使软

段玻璃化温度升高，因此可采用软段玻璃化温度的升高来计算硬段-软段间的氢键度，一般讲，聚醚型聚氨酯的氢键度低于聚酯型。例如，以 PIMO 与 PBA 为软段的聚氨酯进行比较，其硬段-软段间的氢键度，前者为 4%～20%，后者为 10%～36%。

③ 硬段结构常见的二氰酸酯（DI）是 2，4-TDI、2，6-TDI 和 MDI，它们的—NH—氢键度为 82%～91%，但采用 2，4-TDI 时在硬段-软段间的氢键度显著提高，见表 2-12。这是由于它的两个异氰酸酯基对甲基的非对称性位置导致重复单元的首尾结构异化，使大量硬段溶于软段相中，从而提高硬段-软段间的氢键度，降低了硬段-硬段间的氢键度的缘故。2,6-TDI 和 MDI 则不同，它们的结构对称，硬段易于聚集而改善两相分离，溶于软段相的硬段相对地减少，从而提高了硬段-硬段间的氢键度。

表 2-12　二异氰酸酯结构对聚氨酯氢键度的影响

二异氰酸酯	硬段含量	氢键度/%		
		键合—NH—	硬段-硬段间	硬段-软段间
2,4-TDI	49	91	48 ↓	43 ↑
2,6-TDI	49	91	78 ↓	13
MDI	47	82	66	16

下面讲讲软段的相对分子质量、硬段的含量对聚氨酯氢键度的影响。

（1）软段的相对分子质量对聚氨酯氢键度的影响　由表 2-13 可见，增加软段相对分子质量，键合—NH—基的氢键度下降，原因是提高软段的相对分子质量，改善了微相分离，两相分离得好，软段相溶解的硬段量大为减少，可提高其纯度。硬段-软段间的氢键度下降（PTMO-2000 只有 5%），键合—NH—基主要集中在硬段相，因而硬段-硬段间的氢键度提高（PTMO-2000 达 73%）。总的来看，硬段-软段间的氢键度降低多，而硬段-硬段间的氢键度增加得少，故—NH—基的氢键度下降了。

表 2-13　软段的相对分子质量对聚氨酯氢键度的影响

软段相对分子质量	硬段含量/%	氢键度/%		
		键合—NH—基	硬段-硬段间	硬段-软段间
PTMO-1000	46.3	82	66	16
PTMO-2000	50.0	78	73	5
PBA-1000	47.6	84	—	—
PBA-2000	54.0	79	—	—
PBA-3000	54.0	75	—	—

注：硬段为 MOI-BDO。

（2）硬段含量对聚氨酯弹性体氢键度的影响　由表 2-14 可见，增加硬段含量对硬段-硬段间的氢键度没有明显影响，而键合—NH—基和硬段-软段间的氢键度略有下降。原因是聚氨酯的硬段含量高时两相分离得较完全，硬段相较为有序，硬段-软段间的氢键度很少变化。增加硬段含量实际上是增加硬段相对分子质量，长硬段增加短硬段减少，而溶于软段相的多为短硬段，所以溶于软段相的硬段亦减少，结果就降低了硬段-软段间的氢键度，—NH—基的氢键度亦相应地随之下降。该情况在聚酯型聚氨酯中尤为明显，如 2,6-TDI/BDO/PBA-1000 的样品，硬段含量由 31% 增至 60%，硬段-软段间的氢键度即由 31% 降至 11%。

2. 氢键的键能

氢键的键能（hydrogen bonding energy）在聚氨酯分子间的相互作用中占有特殊地位。聚氨酯的硬段模型化合物 DI 与 BDO 的氢键解离热焓（enthal）ΔH 一般为 19.3～35.3kJ/mol，其大小由硬段的规整性所决定。在形状记忆聚氨酯中，氢键解离热焓大小由两相分离程度决定，两相分离越好，ΔH 越高，原因是硬段-软段间的氢键较弱，两相分离不好时，这一部分氢键增加，从而降低了 ΔH 值；另一方面，两相分离不好时在硬段相中可能混进软段，使其不完善，同样会降低 ΔH 值。因此，可将 ΔH 值作为衡量硬段相完善程度的定量指标。

表 2-14　硬段含量对聚氨酯氢键度的影响

硬段含量/%	氢键度/%		
	键合—NH—基	硬段-硬段间	硬段-软段间
42	95	78	17
49	91	75	13
55	92	80	12
60	86	77	9

注：软段为 PIMO-1000，硬段为 2,6-TDI/BDO。

聚氨酯的 ΔH 包括两部分：硬段-硬段间的 ΔH 和硬段-软段间的 ΔH。前者较强且是主要的一部分，硬段相存在远程有序或微晶时它接近硬段模型化合物的 ΔH 值；后者较弱且是次要的一部分。

ΔH 与硬段含量的关系：由表 2-15（a）所示，由 PTMO-1000 合成的聚氨酯，当硬段含量为 25.2%→41.5% 时，ΔH 值为 21.8→23.9kJ/mol（—NH—），变化很小，原因是溶于软段相的硬段量以及硬段-软段间的氢键度变化不大之故；但当硬段含量由 41.5%→46.3% 时，ΔH 值为 23.9→32.8kJ/mol（—NH—），已接近硬段模型化合物 ΔH 值，表明硬段相排列较为规整而完善。以 PBA-1000 合成的聚氨酯为例，随硬段含量的增加，ΔH 值也增加，原因是相分离随硬段长度的增加而得到改善之故；而溶于软段相的硬段在减少，硬段-软段间的氢键度逐渐降低。表 2-15（b）表示三种硬段模型化合物的 ΔH 值的变化，2,4-TDI/BDO 与 2,6-TDI/BDO 和 MDI/BDO 相比较，前者的 ΔH 要低得多，这是由于 2,4-TDI 中的甲基非对称结构，无力形成有序的结晶，从而形成较弱的氢键之故，而在 2,6-TDI/BDO 和 MDI/BDO 中，结构对称规整，可形成强且均匀分布的氢键，而这种氢键存在于有有序结晶区。

表 2-15（a）　硬段含量对 PU 氢键 ΔH 的影响（硬段为 MDI/BDO）

PTMO-1000		PBA-1000	
硬段含量/%	$\Delta H/[\text{kJ/mol}(—NH—)]$	硬段含量/%	$\Delta H/[\text{kJ/mol}(—NH—)]$
46.3	32.8	47.6	25.2
41.5	22.9	41.0	23.9
36.6	21.4	37.0	20.2
30.9	22.3	30.6	14.3
25.2	21.8	26.3	11.3

表 2-15（b）　硬段模型化合物的 ΔH

硬段模型	解离开始温度/℃	$\Delta H/[\text{kJ/mol}(—NH—)]$
2,4-TDI/BDO	100	19.3
2,6-TDI/BDO	200	35.3
MDI/BDO	220	31.5

3. 氢键在 PU 中的作用

通过氢键与非氢键聚氨酯的比较，可以了解氢键对其力学行为的作用，见表 2-16。

表 2-16 氢键在聚氨酯中的作用

项目	氢键聚氨酯	非氢键聚氨酯	说　明
高弹态模量	MDI/BDO/PTMO 的高弹态台区模量低于非氢键 PU,硬段相的结晶在较高温下熔融	PZ/BDO/PTMO-1000 的高弹态台区模量比较高,硬段相结晶在低温度下熔融	①氢键与非氢键 PU 橡胶态台区模量比较,(硬段含量 46%～51%) 1-FZ/BDO/PTMO-1000; 2-MDI/BDO/PTMO – 1000 ②PU 的模量并非氢键贡献。提供 PU 模量的是它们的软段相和硬段相的聚集态结构。氢键在 PU 中的作用在于使其高弹态模量能够经受住高温
取向	受阻于链间氢键和强烈的区域间相互作用而显示较低的取向度,其硬段取向度一般没经负值	应变低于 100% 时,其硬段取向显示负值,它是部分结晶区取向的体现。这种片晶区作为整体取向成拉伸方向时,硬段排列成垂直了拉伸方向,因此,它具有很高的取向度	氢键与非氢键 PU 应变时都能取向,但有区别。两者相比,非氢键 PU 有较多的结晶,应变大于 100% 时,取向度比氢键 PU 高得多,原因是其硬段相由于没有氢键而容易排列成拉伸方向
残留取向度 f_R	MDI/BDO/PTMO 中,硬段取向只有轻微恢复,软段取向几乎完全松弛,所以硬段相的 f_R 很高,软段相的 f_R 较低	PZ/BDO/PTMO-1000 在高应变下,取向硬段很少松弛,几乎全部成为残留取向,而在低应变下,硬段不存在负 f_R 值。原因是硬段相部分结晶区的取向是可逆的,而残留取向主要是非结晶硬段的正取向所贡献	①测试曲线 1—PZ/BDO/PTMO-1000 试样 2—MDT/BDO/PTMO-1000 试样 **试样** ■为硬度段相的,▲为软段相的;试样 1 和 2 的硬段含量为 45%～51%。 ②曲线对比分析 ＊两种类型 PU 的两相残留取向度 f_R 随着预应变(%)的增加而增加,而且硬段相的残留取向度 f_R 较高,软段相的残留取向度 f_R 较低(即----·■ 1 高于---·▲ 1,■ 2 高于 ▲ 2) ＊非氢键 PU 的残留取向度 f_R 高于氢键 PU 的残留取向度 f_R(即----·■ 1 高于——·■ 2,----·▲ 1 高于 ▲ 2)。 　其原因除了两者取向度不同之外,可能与氢键在应变时没有断裂有关。 ＊对 PU 施加应力而产生变形,其硬段相和软段相各有取向,除去应力后两相都存在残留取向。但氢键 PU 和非氢键 PU 取向不尽相同。氢键 PU 中硬段取向只有轻微恢复,软段取向的 f_R 却很低(■ 2)。在 PU 中,氢键的作用在于降低可残留取向,从而可使永久变形、力学滞后和应力软化有所下降。

项目	氢键聚氨酯	非氢键聚氨酯	说明
软段相玻璃化温度	MDI/BDO/PTMO-1000 含 16% 氢键,软段玻璃化温度为 -43℃,原因是其硬段-软段间形成氢键;硬段不同程度地混入软段相中,限制了软段的活动性之故	PZ/BDO/PTMO-1000 不含氢键,软段玻璃化温度为 -61℃,原因是其两相分离较完全,软段相纯度较高之故	氢键的作用在于降低了软段相的纯度,会影响两相的分离。氢键 PU 中硬段-软段间含有氢键,明显地提高了软段的玻璃化温度,且随氢键度的增加而增加

氢键和非氢键 PU 软段转变温度和硬段相吸热峰的比较

硬段相吸热峰	结构类型	氢键度/%		软段相玻璃化温度/℃	硬段相吸热峰/%			说明
		硬段-硬段间	硬段-软段间		Ⅰ	Ⅱ	Ⅲ	实际上,Ⅰ、Ⅱ、Ⅲ峰都是区域形态的紊乱,Ⅰ是近程有序硬段的紊乱,Ⅱ峰是远程有序硬段的紊乱,Ⅲ峰是次晶硬段的熔融
	2,4-TDI/BDO/PTMO	48	43	4	60	160	—	
	MDI/BDO/PTMO	66	16	-43	73	170	100	
	PZ/BDO/PTMO	—	—	-61	70	150	—	

五、聚氨酯的结晶

形状记忆聚氨酯和热塑性聚氨酯弹性体一样是软段和硬段组成的。软段和硬段在各自的相中可能是无规或有序排列,所以它们的形态存在非晶态和晶态。PU 最多可能形成四相结构,这是因为软段相和硬段相各自有可能存在晶态和非晶态。一般情况,PU 是两相或三相结构。在软段相和硬段相所形成的晶区中,结晶是指由晶态和非晶态的基本单元形成一种称为球晶的超分子结构。

制得的嵌段结构的聚合酯,其分子的软段部分（聚酯或聚醚链段）和硬段部分（氨基甲酸酯链段）的聚集状态、热行为等是不一样的。其中由线性聚酯或聚醚构成的软段部分的玻璃化温度较低,并具有一定的结晶度,且熔点不高。而作为硬段的氨基甲酸酯链段聚集体,因其链段间存在着氢键,而具有较高的 T_g。由于聚氨酯分子结构的这种异同性,导致分子间的相分离。这种两相结构赋予了聚氨酯分子具有形状记忆功能,其形状记忆效应的基本过程见图 2-22 所示。

聚氨酯分子中由聚酯或聚醚构成的软段部分为可逆相,在高温拉伸时,卷曲的分子链在外力作用下可以伸展并发生取向,在外力保持的条件下冷却,软段结晶或玻璃化,从而起到冻结应力的作用。当再次加热到软段的结晶熔点或玻璃化温度以上时,应力释放,在聚氨酯弹性力的作用下,形变恢复。氨基甲酸酯链段聚集成的硬段微区起物理交联点的作用,赋予聚氨酯高温时的模量和强度,使我们可以在其软段熔点以上,硬段熔点温度以下这一温度区间内对其实施变形,而不会造成拉断或永久形变（塑性形变）。通过调节聚氨酯分子中软、硬段组分的种类含量等,可获得具有不同临界记忆温度（T_g 可根据需要在 $-70 \sim -30$℃ 范围内变化）的聚氨酯类形状记忆材料,若将 T_g 设定在室温范围,则可得到室温形状记忆聚氨酯。这种室温形状记忆聚氨酯材料可作为医用夹板、创伤敷料等来使用。

1. PU 软段的结晶

PU 弹性体,软段相可能存在 α 型和 β 型两种结晶形式。例如,示差扫描量热计（DSC）检查 MDI/BDO/PEA-7000 的 PU,拉伸 1100%,并在拉紧状态下于 52℃ 退火 60h,α 型球晶的熔融温度为 58℃,β 型球晶为 49℃（纯 PBA 分别为 65℃ 和 56℃）。聚氨酯软段的结晶对于形状记忆聚氨酯的形变保持、形变恢复温度和速度,室温的储存性能等也有非常密切的

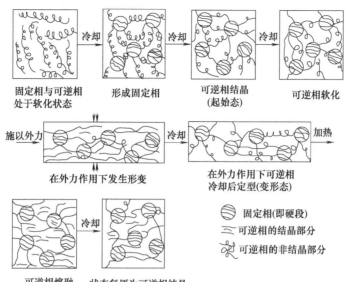

固定相与可逆相   形成固定相   可逆相结晶   可逆相软化
处于软化状态   (起始态)

施以外力 →   在外力作用下可逆相   加热 →
                    冷却后定型(变形态)

在外力作用下发生形变

固定相(即硬段)
可逆相的结晶部分
可逆相的非结晶部分

可逆相熔融   状态复原为可逆相结晶

图 2-22　聚氨酯形状记忆效应的基本过程

关系。同时，软段的结晶状况受硬段含量影响很大。例如，不同配比的 MDI/BDO/PCL5000 SMPU 的软段结晶状况如表 2-17 所示。

表 2-17　硬段含量对软段结晶的影响

MDI/PCL/BDO	硬段含量(质量分数)/%	Δh/(J/g)	结晶度/%	T_m/℃
PCL-5000	100	78.83	58.2	53.49
2/1/1	8.05	58.48	43.2	50.3
3/1/2	12.31	42.34	31.2	48.0
4/1/3	16.19	17.85	13.2	44.9

注：以 100% 结晶的 PCL 熔融焓变 135.43J/g 为基准计算而得。

2. PU 硬段的结晶

（1）PU 硬段结晶形式

① Ⅰ型球晶特征——无双折射，无取向，无明显的结晶区域，片晶尺寸小于 10nm，相当于次晶；—NH—氨键长而无序，不能堆砌成有规律的晶格；熔融温度 207℃。球晶形成条件：注膜温度 60℃，静止状态。

② Ⅱ型球晶特征——负双折射，择优取向，球晶中心放射出片晶束，带片状晶束断面宽 12nm，长 50～70nm；—NH—氢键短且分布窄，能量低，紧密堆砌，高度有序，缩短的单体重复，长度（1.70±0.16）nm；熔融温度 224～226℃。球晶成型条件：注膜温度高于 140℃，静止状态。

③ Ⅲ型球晶特征——伸展的单体重复，长度为 1.92nm，有取向；球晶形状条件：拉伸 500% 于 160℃退火 6h，可以看到变形的球晶。

（2）硬段结晶的作用

① 硬段结晶对软段玻璃化温度 T_{gs} 的影响。PU 结构是 MDI/BDO/PCL，软段 PCL 的 M_n=530 和 830，硬段含量为 0、23% 和 43%。零硬段的 PU 没有扩链剂 BDO，只有 MDI/PCL，量比为 3/2，实际上是预聚体。硬段结晶度对软段 T_{gs} 的影响见表 2-18。

由表可见，软段 T_{gs} 在加入硬段后明显提高了，PCL-530 提高 9℃，PCL-830 提高了 4℃，然而硬段结晶度在 44% 和 50% 以及 39% 和 40% 时，它们的 T_{gs} 均无变化，其原因是

PU 含硬段以后，软段纯度下降了，导致 T_{gs} 提高，但 T_{gs} 不随硬段结晶而变化，表明硬段结晶度对 T_{gs} 基本没有作用。

表 2-18　硬段结晶度对软段 T_{gs} 的影响

硬段含量/%	PCL-530		PCL-830	
	结晶度/%	T_{gs}/℃	结晶度/%	T_{gs}/℃
0	—	−5	—	−27
23	44	4	39	−23
43	50	4	40	−23

② 硬段结晶对硬段相熔温度的影响。结晶 PU 的结构是 MDI/BDO/PCL-2000，非结晶 PU 是氢化 MDI/BDO/PCL-2000（一步法合成，模压样品）。两者硬段含量相同，前者结晶度 2.3%～24.2%，熔融温度 211～228℃，后者不结晶只有 147～157℃ 有序熔融吸热。硬段结晶度对硬段相熔融温度的影响，见表 2-19。

表 2-19　硬段结晶度对硬段相熔融温度的影响

结晶 PU			非结晶 PU		
硬段含量/%	结晶度/%	熔融温度/℃	硬段含量/%	结晶度/%	熔融温度/℃
32	2.3	211	33	—	—
45	11.7	215	46	—	147
57	24.2	228	58	—	157

由表可知，硬段结晶，可提高熔融温度 68～71℃。H_{12}-MDI/BDO 硬段存在三种异构体，形成无规硬段结构限制结晶，而 MDI/BDO 硬段结构规整易于结晶，且随硬段含量增加，结晶度和熔融温度均增加，原因是长硬段相分离的，更易结果。

③ 硬段结晶对 PU 力学性能的影响。以结晶 PU 结构度 MDI/BDO/PCL-830，非结晶 PU H_{12}-MDI/BDO/PCL-830 为例，硬段结晶对 PU 力学性能的影响见表 2-20。

表 2-20　硬段结晶对 PU 力学性能的影响

试样	力学性能				
	硬段含量/%	结晶度/%	杨氏模量/MPa	拉伸强度/MPa	断裂伸长率/%
结晶 PU	53	9.7	46	42.8	520
	61	18.3	170	42.2	280
	66	27.0	470	43.9	220
非结晶 PU	54	—	81.4	52.4	330
	62	—	403	53.1	200
	67	—	793	49.5	150

由表可见，二者硬段含量接近，非结晶 PU 的杨氏模量、拉伸强度都高于结晶 PU，而断裂伸长率则较低。其原因是：非结晶 PU 的硬段形成小而且多的硬段区，该区表面积较结晶大，可有效限制软段基料的变形，并阻止裂纹的增长。

④ 硬段相的结果对形状记忆特性的影响。硬段相的结晶对形状记忆特性的影响，主要影响其收缩速度和收缩应力，硬段相的结晶度愈大，形状记忆聚氨酯的收缩速度越快，收缩应力也越大。硬段含量增加时，结晶度增加，相应的形状回复温度也有所提高。

六、聚氨酯的聚集态结构

聚氨酯分子主链上含有多种基团，归纳起来，可以分两种：软段和硬段。通常二者相容，各自聚集在一起形成软段相（可逆相）和硬段相（固定相）。这两种相结构是影响材料物理、力学性能的直接因素，也是聚氨酯表现形状性能的结构基础。因此，讨论聚氨酯的结构-性能关系，必须了解它的聚集态结构。

形状记忆聚氨酯一般呈二相结构，有时亦可能是单相、三相甚至四相结构。软段相和硬段相各向又可能是晶态和非晶态结构。SMPU 软段和硬段相都可能结晶，条件是软段相对分子质量在 2000 以上，硬段相对分子质量为 1300，硬段含量应在 40％以上，示差扫描量热计（DSC）和广角 X 射线衍射（WAXD）是判断结晶态和非晶态的重要手段。图 2-23 是晶态 SMPU 的实例。

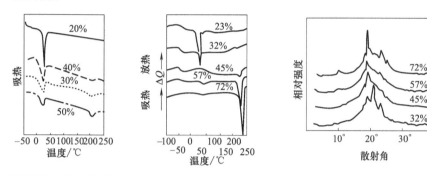

(a) MDI/PTMO/BDO的DSC曲线　　(b) MDI/BDO/PCL的DSC曲线　　(c) MDI/BDO/PCL的WAXD曲线

图 2-23　晶态 SMPU 的实例（图中数字为硬段含量）

由图（a）可见，在硬段含量为 20％时，只有软段相在 25℃左右的熔融峰，随着硬段含量的增加，软段相的结晶熔融峰不断缩小，而硬段熔融峰变大，说明随着硬段含量的增加，硬段结晶度升高。由图（b）可见，硬段含量为 23％和 32％时，软段存在明显的熔融吸热峰，熔点约 50～60℃硬段含量超 40％时，软段结晶消失，这是由于高硬段含量抑制了软段的结晶。当硬段含量低于 40％无结晶，高于 40％才明显出现硬段的熔融吸热峰，熔点 215～234℃（硬段结晶度在 11.7％～44.5％），硬段段浓度越高，熔点越高。由图（c）可见，硬段含量 32％的三个衍射峰布拉格间距是 0.375nm，0.415nm 和 0.460nm，这是 PCL-2000 的结晶；硬段含量为 72％的 7 个衍射峰的间距 d 见表 2-21 所示，表明 DMI/BDO 硬段结晶的情况。

表 2-21　从 WAXD 计算 DMI/BDO 硬段之间距

峰位置/(°)	10.2	18.0	18.9	19.6	21.3	23.4	25.2
d/nm	0.867	0.493	0.470	0.453	0.417	0.380	0.353

大多数 SMPU 的软段相和硬段相是非晶态，软段 M_n＜1000，软段相不会结晶；M_n＝2000 时，只有在较低硬段含量时才结晶。

形状记忆聚氨酯可看做是柔性链段和刚性链交替连接而成的（AB）$_n$ 型嵌段共聚，如图 2-24 所示。在 SMPU 的聚集态结构中，分子中由二苯甲烷二异氰酸酯和扩链剂构成的刚性链段部分，由于其内聚能较大，彼此缔合在一起，形成许多被称为硬段微区的小单元，这些小单元的玻璃化转化温度远高于室温，在常温下它们呈玻璃态、次晶或微晶等状态，因此把它们称为 SMPU 的固定相。在 SMPU 分子链中，由聚醚或聚酯构成的柔性链段也聚集在一起，构成 SMPU 的基体，由于其玻璃化温度较低，分子链呈卷曲状，在其玻璃化温度以上可被拉伸，应力释放后又可恢复，因此称为可逆相。在 SMPU 的聚集态结构中，固定相不溶于可逆相中，在固定相的熔点或玻璃化温度以下，起着弹性交联点的作用。这种现象称为微相分离，PU 能否发生相分离和相分离的程度，与分子中软段和硬段的性质、含量、热历史等因素有关。

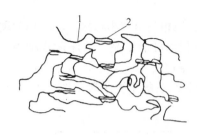

图 2-24　柔性链段和刚性链段组成的共聚物模型
1—柔性链段；2—刚性链段

通常情况下，由 TDI、HDI 和二元醇扩链生成的刚性链段在 PU 的聚集态中难以形成硬段聚集微区，不发生相分离。由 MDI 和 1,4-丁二醇扩链反应构成的刚性链段，由于苯环数目增加，刚性链段比较长，所以容易形成硬段微区，促使 PU 发生微相分离。一般来说，构成 PU 的刚性链段的刚性越大，越容易发生微相分离。在 PU 中，刚性链段的含量越高，越易发生微相分离，而软性链段的柔性链越长，越有利于相分离。柔性软段的结晶对相分离也有促进作用。

此外，在 PU 的聚集态结构中，微相分离的程度还和 PU 的热历史有关，快速淬火处理可强制性地使很大部分高分子链段形成定形状态，提高 PU 中无定形链的含量，以降低微相分离程度，而缓慢退火则可使一部分无定形链重新进行取向排列，有序地逐渐固定下来，有利于微相分离结构的生成。

PU 的两相分离形态和混合程度，对它的性能影响很大，软段相对提供给 PU 低温性能、伸长率和弹性，硬段赋予 PU 模量、强度和耐热性能。随着微相分离程度的提高，PU 弹性体的玻璃化温度降低，当微相分离程度的提高，PU 弹性体的玻璃化温度则接近高分量的柔性软段的玻璃化温度。PU 中微相分离的程度愈高，其高温强度和高温模量越高。不发生微相分离的 PU 在 70℃的拉伸强度为 1.0～1.5MPa，而发生微相分离的 PU 在 70℃时的拉伸强度可达 10.0～15MPa，不发生微相分离的 PU 的软化点较低，其加工温度约 70℃左右，而发生微相分离的 PU 的软化点较高，其加工温度在 150℃以上。

七、形状记忆聚氨酯特性与应用

1. SMPU 的特性

SMPU 的热收缩性能主要受软段玻璃化温度或结晶融化温度以及硬段和软段比例的影响，因此，选用不同的软段以及软硬段比可以合成出具有不同温度（-30～70℃）的聚氨酯。以 MDI/PBAG/TMP，4:1:2 构成的 SMPU 为例，其热缩的特性，随着 PBAG 相对分子质量的增加，SMPU 的热收缩响应温度减低；硬段与软段的比例不同，对 SMPU 的形变回复温度的影响也很大。其情况见表 2-22。

表 2-22　对于 SMPU 软段分量、不同硬段含量热收缩响应温度的响应

条　件		形状回复温度 T_r/℃	回复率 V_r/(%/min)
PBAG 的 M_w(4:1:2)	1000	56.7	11.46
	2000	13.4	11.12
	2800	-6.8	11.54
MDI/PBAG/TMP 摩尔比(PBAG 的相对分子质量为 2800)	4:1:2	-6.8	11.54
	6:1:10/3	12.6	10.78
	8:1:14/3	35.1	10.68
	10:1:6	47.6	10.42
	12:1:23/3	56.6	9.90

由表 2-22 的下部数据可知，随着硬段含量的增加，SMPU 的形状记忆回复温度升高，

原因是硬段含量的增加后，混进软段中的硬段也会增加，致使软段相的玻璃化温度升高，从而促使聚氨酯的热收缩响应温度提高。

SMPU 的形变回复速度 V_r 通常是非常快的，但和加热温度有很大关系。不同温度时，组成为 MDI/PTMO/BDO，摩尔比为 12∶1∶11 的 SMPU 的形变回复比率（%）与温度（℃）的关系如图 2-25 所示，其中图（a）测试温度比玻璃化温度低的情况，图（b）测试温度比玻璃温度高的情况。由图可见，温度愈高，形变回复速率越快。

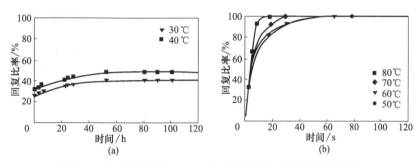

图 2-25　不同组成的 SMPU 的形变回复比率与温度的关系

SMPU 的热收缩收缩速度 V_r 和聚合物本身的结构也有关系。图 2-26 表示，MDI/PBAG/TMP，摩尔比分别为 4∶1∶2（2）、6∶1∶10/3（3）、8∶1∶24/3（4）、10∶1∶6（5）、12∶1∶23/3（6），PBAG 的相对分子质量分别为 2000（B）和 2800（C）的 SMPU，其形变回复比率随温度的变化曲线。

由图可知，随温度的增加，形变回复比率增加，在某一温度附近，形变回复速率 V_r 快速增加，这一温度就称为热收缩温度，它相当于 SMPU 的软段结晶化融化或玻璃化转变温度。热收缩速度受结构的影响较小，随硬段含量的增加，形变回复比率-温度曲线的斜率有所减缓，参考表 2-22，形变的回复速率有所下降。

SMPU 的形变回复比率是衡量形状记忆聚合物性能好坏的指标。中科院化学所李凤奎等研究 PCL/TDI/BDO（羟基封端的聚己内酯的相对分子质量为 5000，扩链剂为 1,4-丁二醇，采用二步法溶液聚合形成嵌段 SMPU），不同硬段含量对聚氨酯形状回复比率的影响，结果见表 2-23，随着硬段含量的增加，形变回复率升高。

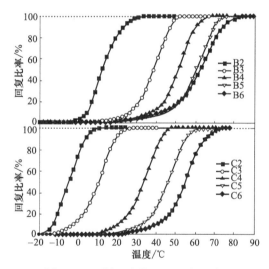

图 2-26　不同组成的 SMPU 的温度-形变回复比率曲线

表 2-23　硬段含量对 PU 形状回复率的影响

PCL/TDI/BDO(摩尔比)	硬段含量(质量分数)/%	高分子溶液特性黏数[η]/(dl/g)	形变回复比率/%
1∶2∶1	8.05	1.00	83
1∶3∶2	12.31	1.06	93
1∶4∶3	16.10	0.95	95

Lee 等对 MDI/PTMG/BDO 体系（PTMG 的相对分子质量为 1800）的研究，也得到相

似的结果。其原因是，在 PU 中硬段起着物理交联点的作用，硬段含量必须达到一定比例，才能够形成比较完善的物理交联网络结构，来保证 PU 具有较高弹性回复率。

软段相对分子质量也对 PU 形状回复比率有影响，图 2-27 表示组成为 MDI/PTMD/BDO，摩尔比为 12∶1∶11，PTMO 的相对分子质量分别为 250（A）、650（B）、100（C）

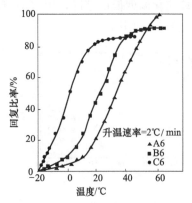

图 2-27　不同软段相对分子质量的 SMPU
的形变回复比率随温度的变化

SMPU 的形变回复比率随温度的变化曲线。由图可见，随软段相对分子质量的增加，形变回复率逐渐降低。原因是，软段相对分子质量越大，相分离程度越高，软段相内溶解的短硬段的含量越低，使得 PU 更容易发塑性形变所致。

DMPU 的拉伸倍率对形变回复比率也有关系，图 2-28 表示，在不同拉伸倍率 1.84、2.65 和 3.74 下 PCL（$M_n=5000$）/TDI/BDO，摩尔比 1∶3∶2 的聚氨酯试样的回复曲线，随着软段的熔融，大部分形变在十几秒时间内即可回复；当拉伸比率为 1.84、2.65 时，形变基本上完全回复；当拉伸比率为 3.74 时，形变的回复率则明显低于 100%，这表明在较大拉伸倍率下，PU 聚集态结构中的部分物理交联点有可能遭到破坏，引起塑性形变，致使可回复的形变有所降低。

不同组成的 SMPU［PCL-5000/TDI/BDO，摩尔比分别为 1∶2∶1（□）、1∶3∶2（O）和 1∶4∶3（△）］试样，当拉伸比率为 200% 时的多次拉伸-回复试验，其结果见图 2-29 所示。可以看到，多次拉伸时可以提高形变回复率，原因是拉伸时可以破坏一些在此形变量下不稳定的物理交联点，使物理交联网络更趋完善。其中，硬段含量较高的试样，经过 2～3 次拉伸后，形变回复率可达 100%；硬段含量较低的试样，经初拉伸后形变回复率虽有提高，但回复率难以达 100%，而是维持在 92% 左右，其原因是硬段含量较低，始终难以形成完善、稳定的物理交联网络来适应 200% 的拉伸形变。

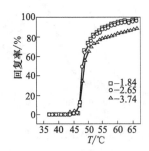

图 2-28　不同拉伸比对 PU
形变回复比率的影响

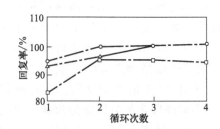

图 2-29　PU 经多次拉伸-
回复循环的形变回复情况

2. SMPU 的应用

聚氨酯形状记忆性材料具有温度记忆可选择性范围广、质量轻、耐候性好，原料来源和加工容易，形变量大和重复变形效果好等特点，是发展较快的形状记忆性高分子材料之一。形状记忆聚氨酯可通过挤压、注射、涂层、铸模等成型工艺，能满足多种应用前景，有良好的透湿气性、热膨胀性、抗震性能及光学折射性，并与温度有关，使它在许多领域，特别是纺织领域得到了广泛的开发与应用。形状记忆聚氨酯材料为热敏性智能材料，其智能特性和应用领域之间的关系，在胡金莲等编著的《形状记忆纺织材料》一书中做出很好的归纳，见表 2-24 所示。

表 2-24　形状记忆聚氨酯的性能及应用

性　　能		应　　用
弹性模量	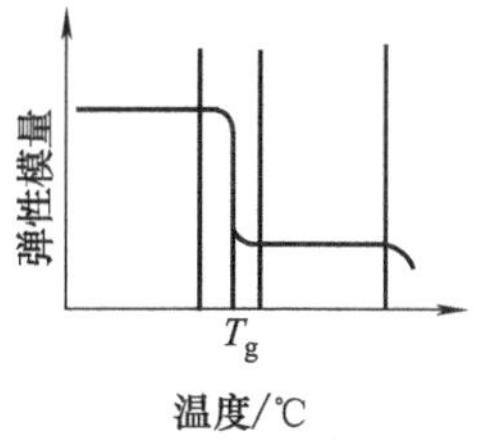 弹性模量-温度/℃，T_g	汽车发动机活塞、医用导管
形变固定	σ—应力　ε—应变	残疾人用品，如汤匙、刀叉、牙刷、剪刀等的把柄，异径管接头、玩具、人造头发、铆钉等
形变回复		热收缩膜，医用骨科外用固形、矫形材料，玩具、模型材料
力学损耗	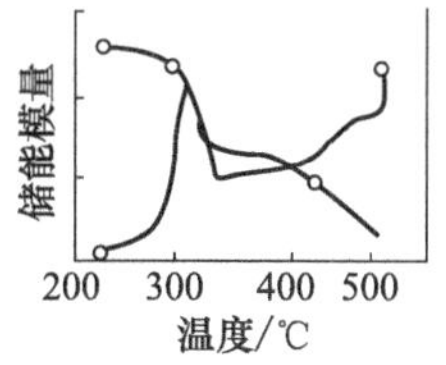 储能模量-温度/℃	阻尼材料、隔音材料、包装用泡沫、内衣、鞋垫、人造血管、化妆品基料
	应变能储存性	建筑密封材料，填充材料
透气性	透气性-温度/℃	作战服、帐篷、运动服、皮革、卫生巾、湿度控制膜、人造皮肤、包装材料、尿布、医药缓释材料
体积膨胀性能	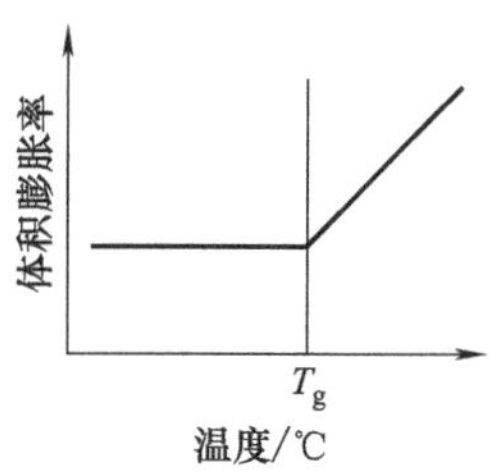 体积膨胀率-温度/℃，T_g	温度传感器

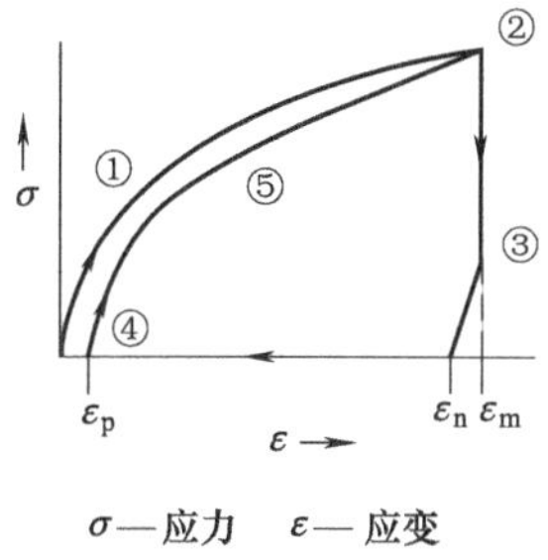

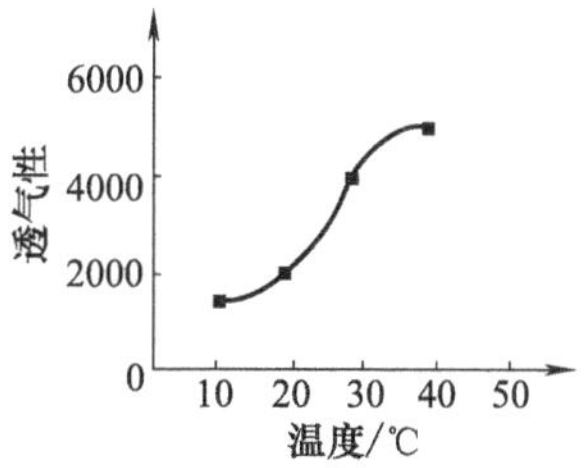

第二章　形状记忆合金、聚氨酯及其应用　　71

性　　能	应　　用
光折射性能 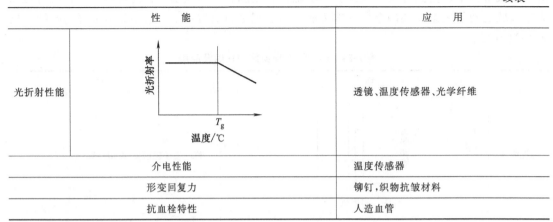	透镜、温度传感器、光学纤维
介电性能	温度传感器
形变回复力	铆钉,织物抗皱材料
抗血栓特性	人造血管

形状记忆聚氨酯可以制成乳液、膜材、板材、泡沫、管材等多种形式的材料。形状记忆聚氨酯材料的应用如表 2-25 所示。

表 2-25　形状记忆聚氨酯材料及其应用

材　　料	应　　用	特　　性
形状记忆聚氨酯乳液	棉、麻、丝等织物的整理	抗皱、免烫、保温、定形等,对环境友好
形状记忆聚氨酯膜材	药物密封、包覆材料、膜分离材料 织物层压膜,皮革涂层 运动服、军用作战服、登山服、帐篷	药物缓释,气体分离,保温、防水、透湿
形状记忆聚氨酯纤维	领口、腹带、服饰衬里、内衣 轻便易拆的绷带、手术缝合线	形状、大小随意调节,加热后形变回复,应力小,变形大 加热软化后扎于患处,冷却后固型,拆时加热,即可回复原状,可生物降解
形状记忆聚氨酯板材	生物医学材料(矫形材料)	质轻,生物相容性好,透气、抗菌、赋形、固形、形状回复通过温度控制,多次使用
形状记忆聚氨酯粒料	模塑,变形玩具,残疾人用品	随意赋形、固形
形状记忆聚氨酯泡沫	垫肩	形变通过温度回复
形状记忆聚氨酯黏合剂	特殊黏结剂	黏结力和黏结牢度通过温度调节,易于清洗
形状记忆聚氨酯管材	异径、异形管的接头材料,铆钉	形状因温度随意调节,管径受热收缩
形状记忆聚氨酯粉末	建筑用填充材料和密封材料,形状记忆聚氨酯涂料	涂料划痕、擦伤可通过温度消除
形状记忆模型	便携式用品	将体积大、不便携带的样品二次成型为易于携带的样品,使用前加热使其回复原状

形状记忆聚氨酯优良性能可望在以下领域获得应用。

(1)在生物医学方面的应用　热敏形状记忆聚氨酯在外科手术上显示了广泛的应用前景。例如,将生物降解型的植入材料通过一狭口植入人体内,放置于合适的位置,通过体温加热使它们获得应有的形状(即按其功能而设计的形状);当完成生理功能后,该植入材料在体内慢慢降解或被排放,这类材料无须进行第二次手术将其取出,因而极大地减少了病人的痛苦。形状记忆材料还可以用作血管封闭材料、止血钳、医用组织缝合线。医用组织缝合线用于伤口缝合时，先将缝合线拉伸到200%，然后定形。手术完毕，随着体温的升高，手术线的形状记忆得以回复，伤口逐渐被扎紧而愈合。形状记忆聚氨酯赋形、固形、形状回复方便，其形状记忆触发温度易于调节，因此在牙科等矫形材料方面获得了广泛的应用。如牙科矫形器、骨科矫形器、绷带、乳罩、腹带等，可先做成所希望的形状，然后二次成型为易于使用的形状，在使用时再加热使其恢复原形，从而达到预期的效果。

（2）在工业制造方面的应用　用来制造在高温下弹性模量小，在低温下弹性模量大的制品，如农用车小型发动机上与阻气阀连在一起的启动杆，当环境温度低时，启动杆为刚性，可操作它来关闭阻气阀；如环境温度高于 T_g 时，则启动杆被软化，使力量达不到阻气阀，阻气阀仍处于打开状态；这样，发动机在各种气温条件下都容易启动。形状记忆聚氨酯用于异径管的连接和铆钉，如图2-30所示。先将其加热软化成管状，并趁热向内插入直径比该管子内径大的棒状物以扩大口径，冷却后抽出棒状物，得到的制品为热收缩管。使用时，将直径不同的金属管插入热收缩管中，用热水或热风加热后，套管即收缩紧固，此法广泛用于仪器内线路集合，线路终端的绝缘保护，通信电缆的接头防水以及钢管线路接合处的防护等工程。

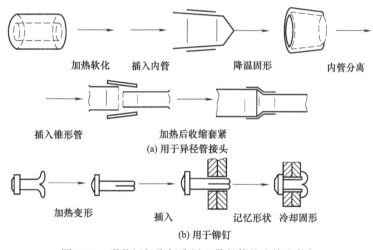

图2-30　形状记忆聚氨酯用于异径管的连接和铆钉

（3）用作填充材料和密封材料　各种可以从狭窄的入口插入到内部再膨大使用的填充材料、密封材料等，也可用于制造内腔模型，如身体部分模型、铸件内腔模型等内腔大、出口小的部件的模型。可见制成易于使用的形状，然后通过二次加工制成所需形状，用于砂模的制作。当砂模制作好后，加热使其恢复原形，可十分方便地取出，极大地方便了内腔复杂砂模制作。

（4）作用过程中易变形的制品　如领带、腰带、衣服衬里、垫肩、坐垫等在使用过程中变形后，经加热处理，便可恢复原形，继续作用。在使用中易受损伤的产品，用形状记忆聚氨酯来制作，也具有优越性，如汽车保险杠、运动保护器械等，在损伤后，经加热即可以恢复原状。此外，将体积大、不便携带的产品二次成型为易于携带的产品，作用前加热使其回复原状，根据这一原理可以制备多种形状记忆聚合物模型和残疾人士用品。

（5）形状记忆涂料和形状记忆泡沫材料　用形状记忆聚氨酯树脂配制的涂料，不但具有普通涂料的功能，还能在受到划伤、碰伤后，经加热处理可自动除去痕迹，保护外观不受影响。另外，用形状记忆树脂可制成高雅的立体涂料，可赋予涂饰面立体感，用于高档家具、乐器、皮革以及各种警示性标志和仪表等。形状记忆聚氨酯制作的泡沫材料，可以通过二次成型制成便于运输的体积较小的形状。

形状记忆聚合物的潜在应用，已展现在生活的每一个层面，从汽车配件的自我修复到厨房用具；从开关到传感器；从智能包装材料到残疾人用品，均显示了广阔的应用前景。目前，对形状记忆聚合物的研究才刚刚开始，在众多的聚合物中，只开发和研究了少量几个。分子设计是该材料最重要的一步，在未来的研究中，开发光敏、磁敏、电敏或化学感应型的形状记忆材料，以及二维形状记忆材料将占有很重要的地位，其应用前景也将进一步拓宽。

第五节　形状记忆纤维

形状记忆纤维（shape memory fiber，SMF）是指纤维在第一次成型时，能记忆外界赋予的初始形状，定形后的纤维可以任意发生形变，并在较低的温度下将此形变固定下来（二次成型）或者是在外力的强迫下将此变形固定下来。当给予变形的纤维加热或水洗等外部刺激条件时形状记忆纤维可回复原始形状，也就是说最终的产品具有对纤维最初形状记忆的功能。

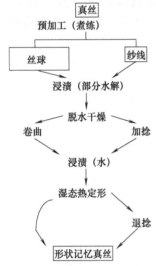

图 2-31　形状记忆真丝的加工

形状记忆真丝是应用最早的形状记忆纤维之一，其制造工艺如图 2-31 所示。首先将真丝浸入水解后的角蛋白和骨胶原中，然后将其去水干燥、卷曲、再次浸水，最后在高压潮湿的环境 [110℃，高压即 $(2.03 \times 10^5) \sim (3.04 \times 10^5)$ Pa] 中热定形 10min。成品加热至 60℃进行湿处理湿热处理，纤维变得卷曲和皱褶。由于丝的捻回被记忆固定下来，即使丝被退捻到无捻曲状态，再通过熨烫仍然可以使之恢复卷曲。

已报道的热形状记忆热聚合物基纤维，还包括通过亚甲基二异氰酸酯、1,4-丁二醇和聚四甲基乙二醇共聚制备的形状记忆聚氨酯纤维和通过高能辐照、使聚己内酯和丙烯酸酯单体交联而制备的形状记忆聚酯纤维等。此外，通过光能、电能、声能、湿度等物理因素以及 pH 值、螯合反应等化学因素和相变反应等刺激也可使纤维产生形状记忆效应。相应的纤维称为电致形状记忆纤维、光致形状记忆纤维、湿致形状记忆纤维和 pH 值响应致形状记忆纤维等。

一、形状记忆聚合物纤维分类

形状记忆聚合物纤维依据加工方法不同，可以划分为如下三大类。

（1）后整理加工制得

① 聚合物通过后期整理的方法，赋予天然的或人造的纤维以形状记忆的功能，同时又解决了普通纤维易起皱、缩水、定形不稳定等问题。

② 这种整理技术，大致经历了防缩（1945～1955 年）、洗可穿（1955～1965 年）和耐久压烫（PP）（1964 年至今）整理几个发展阶段，这种纤维是人们最早提出的形状记忆纤维。

（2）直接制造或合成制得

① 利用 20 世纪 60 年代新兴的形状记忆材料直接制造或合成形状记忆纤维。该纤维除

具第一类记忆纤维功能以外，同时还可以设计成按外界条件的变化产生形变的各式图案花样，在实用的基础上增添产品的趣味性。

② 这种纤维可以制造成特殊功能的服装，还可以设计成美观的花式纱线、织造不同的织物，以简化纤维的后整理工序。

（3）纤维改性或复合制得

① 利用各种改性方法，例如接枝、包埋等，将具有形状记忆效应的高分子材料接枝到纤维上，使纤维拥有形状记忆的效应；或者将具有形状记忆效应的纤维包埋到不同的材料中，赋予新纤维以形状记忆效应。

② 其实这种纤维可以归类于复合材料，已经应用于电子、航天工业等。

形状记忆纤维，由于其本身概念范围的不断拓展，与高新科技相结合，早已通过服装、家纺、产业纺织品三条路径，在信息产业、建筑工程、宇航业等不同领域中显露头角，发挥着重要作用。

二、形状记忆聚合物纤维的生产

形状记忆聚合物纤维的生产可以采用湿法纺丝工艺和熔法纺丝工艺来制备。

1. 湿法纺丝工艺

传统的氨纶（urethune elastic fibre）不具备形状记忆特性，先前的形状记忆聚氨酯（SMPU）不具有良好的纺丝性。香港理工大学开发的嵌段结构的形状记忆聚氨酯，其中固定相有很好的耐热性，可逆相具有 $-10 \sim 60 ℃$ 形变回复温度（T_s），固定相有高于 $150℃$ 的玻璃化转变转变温度（T_{gh}）或结晶熔融温度（T_{mh}），当环境温度高于 T_s 时，可逆相在外力作用下产生高弹形变，而此时由于固定相的相态转变温度较高，仍处于玻璃态或结晶态，起着支撑的作用，在形变回复过程中提供所需的弹性回复力。当环境温度再降至 T_s 以下时，由于处于玻璃态的可逆相的强力比此时固定相的弹性回复力要高，形变在外力卸载后仍被"冻结"而固定下来。当环境温度上升到 T_s 以上时，可逆相处于柔性状态，抵制固定相弹性回复力的因素被消除，聚合物由于固定相的弹性回复而回复到初始状态。因此嵌段结构的聚氨酯具有良好的形状记忆特性。香港理工大学利用传统的湿法纺丝工艺及设备，将该嵌段结构的聚氨酯制备出形状记忆纤维。

该纤维的性能如下：纤维线密度在 300dtex 左右，断裂强度 1.0~1.5cN/dtex（而莱卡为 0.618~0.714cN/dtex，维纶为 0.485~0.574cN/dtex），断裂伸长率 150%~300%，其形变固定率和形变回复度均在 95% 以上，具有良好的形状记忆特性。

该纤维的用途如下：纤维既可单织也可和其他天然合成纤维混织制备多种具有形状记忆功能的纺织品，在纺织服饰、生物医学、玩具、包装、国防军工等领域显示了广阔的应用前景，具有显著的社会效益和经济效益。

2. 熔法纺丝工艺

目前，生产普通氨纶的主要纺丝方式是熔融纺丝。形状记忆聚合物的耐热性比较差，采用熔体纺丝方法，过高的熔融温度会在工艺上带来困难。不少科研部门和企业，对此不断地进行了探索与研究。

香港理工大学采用熔纺制备了形状记忆纤维。这种形状记忆纤维是以聚合物软链段的熔点为形状记忆转变温度，具有极宽的温度调节范围，这种纤维在形状记忆转变温度上具有良好的形状回复功能。在高于形状记忆温度之上能回复其原始形状并同时保持其弹性。该纤维在高于形状记忆转变温度时能改变形状，并在纤维冷却到低于形状记忆转变温度时使其定型，然后纤维能加热到高于形状记忆转变温度时回复其原始形状。形状记忆纤维的形状记忆转变温度约在 10～100℃ 范围内。

熔法纺丝与其他纺丝方法相比较，具有工艺路线短、设备简单、纺速高、成本较低等优点。对于聚合过程，可以采用溶液聚合两种方法制备封端的形状记忆聚氨酯，然后在纺丝过程中，封端的异氰酸根可以解封，发生以脲基甲酸酯基、缩二脲为主的交联，以提高纤维的耐热性和改善纤维的普通弹性回复性能。采用以聚己内酯二醇或与其他低聚物二醇的混合物作为初始材料，得到的聚氨酯具有更好的规整性和更高的软链段结晶，因此也表现出更好的形状记忆性能，而在反应中引入聚醚等其他低聚物多元醇，可以调节和改善形状记忆纤维的弹性和强力。

采用该方法制备的形状记忆纤维在弹性、强力以及形状记忆性能等方面表现出很好的实用性能，容易单独纺（纯纺）或与其他合成纤维、天然纤维混纺，在纺织服装、生物医用材料等领域有着广泛应用。

三、其他形状记忆纤维

近年来，一些专利和出版物集中在聚合物基形状记忆纤维上。除了热刺激方法使纤维产生形状记忆效应外，通过光能、电能、声能、温度等物理因素以及 pH 值、螯合反应等化学因素和相应反应等刺激也可使纤维产生形状记忆效应。今举例略作说明。

1. 湿致形状记忆纤维

Vigo 等以锰盐等复合引发剂将相对分子质量为 1000～4000 的 PEG 直接接枝于棉、麻等纤维素分子链上，或者以树脂整理等处理方法，将交联 PEG 吸附于聚丙烯、聚酯等纤维表面，成功地制得了湿致形状记忆纤维。这种纤维湿态时会收缩，收缩率可达 35%，干态时恢复到原始尺寸。下面说明湿致形状记忆纤维的结构和性能的关系。

用 PEG（聚乙二醇醚二醇）、交联剂（2D 树脂）配成整理液对纤维进行后整理，PEG-2D 树脂的反应物与纤维发生交联反应，在纤维表面形成了网状结构的交联聚乙二醇薄膜，即纤维-聚合物网状结构。这一结构在干态和湿态的情形可表示于图 2-32 中。

在干态时，PEG 的两端有 PEG-2D 树脂的交联产物，与 PEG 反应的 2D 树脂再与纤维发生交联，PEG 中大量的醚键与纤维中的羟基形成氢键，使 PEG 与纤维紧密联系起来，成为此微结构的主要骨架，见图 2-32（a）。

在湿态时，水分子中的两个—H 分别与 PEG 中的醚键与纤维中的羟基形成氢键，所以纤维被拉折，见图 2-32（b）所示。

当纤维再次烘干时，水分子中的—H 和 PEG 中的醚键之间的氢键消失，PEG 分子链重新舒展，纤维也随之再次伸直。所以，在纤维上形成这种微结构，能感知外界湿度的变化，并能以适当的方式产生响应；当外加刺激消除后，该结构又能恢复到最初状态，即具有"记忆初始状态-固定形变-恢复起始状态"的湿致形状记忆效应。

2. 自适应性凝胶纤维

为了大大提高智能凝胶的力学性能和应用价值，已有研究者对此进行探索。近年来，出现了通过改进传统纺丝技术，赋予纤维体型结构，制备出自适性凝胶纤维。目前，在对溶剂组分、对 pH 值、对电场、对温度对光敏感的凝胶纤维方面已经取得了较大的进展。

3. 光致形状记忆纤维

高分子光致变色体的结构变化将引起高分子链段的结构变化，从而导致高分子整体尺寸

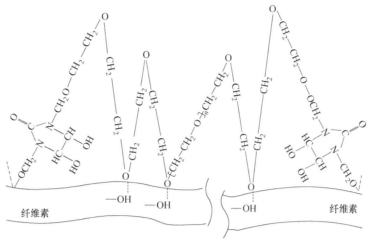

(a) 干态纤维-聚合物网状结构

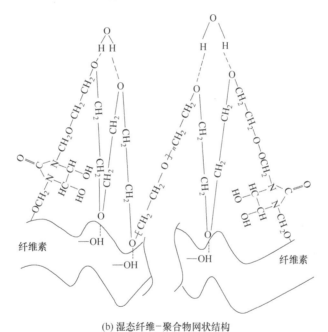

(b) 湿态纤维-聚合物网状结构

图 2-32　干态和湿态的纤维-聚合物网状结构

的变化，因此产生可逆的光致收缩-膨胀效应，即光致的形状记忆效应。

如含偶氮染料的醋酸纤维素，在日光下，样品会收缩，色调也明显改变，而在储存在暗处时，又回复原先长度和色调，这种现象可重复多次。又如用烯酸乙酯为单体，以不同量的双光致变色体的二甲基丙烯酸酯做交联剂可合成为含螺苯并吡喃的交联高分子。这是一种橡胶类高分子，这种交联高分子在恒定的温度和应力下，光照时其长度收缩，且是辐照时间的函数；在黑暗环境中，长度又回复，只是回复速率低于收缩速率，变化是可逆的，可重复几个循环。

四、形状记忆纤维的应用

形状记忆聚合物纤维既可以纯纺也可以和其他天然纤维或合成纤维混纺、交织，制备多种形状记忆功能的纺织品，在医学固形材料、医用组织缝合线，运动护套，人造头发纤维等领域显示出了广阔的应用前景。形状记忆复合材料在医疗材料，工程和航天方面的开发和应用比较多。

形状记忆聚氨酯纤维的用途非常广泛，其主要产品类型包括裸丝和包芯纱，以形状记忆纤维为芯纱，外包棉、涤棉、黏胶长丝或毛纱，或以形状记忆纤维为芯纱，外缠各种纱线制成的包缠纱，这种纱又有单包覆和双包覆、紧包覆和松包覆之分。根据服装的要求，形状记忆纤维可以制成不同的产品，如泳衣、紧身衣等。可以采用针织方法制成针织品、袜口或其他衣物的袖口、领口。在医疗材料方面可制作绷带，用于病人的护带或护罩，以帮助病员在比较舒适的情况下康复。用纯纺的或混纺的形状记忆纤维作为纬纱织成机织物用以制作衬衫的领口、袖口、衬里和垫肩。该织物的转变点与形状记忆纤维玻璃化转变温度相一致。常温下织物手感偏硬，但在穿着时并不会给人不愉快的感觉。洗涤后织物可能有轻微的变形，在高于玻璃化转变温度的热空气下，织物可以恢复原始状态，离开热空气的范围，周围温度低于玻璃化转变温度时织物就可以保持这种状态。将织物制作衣物穿在身上，变形的织物会在 $20s\sim1min$ 之内回复到原始状态。

美国 ILD Dover 公司以质地较坚硬的碳纤维等作为骨架，再在纤维的表面包覆具有形状记忆性能的树脂（如聚氨酯等）制成一种形状记忆复合材料，用作为轻型太空可膨胀结构材料。该材料可以加工成各种形状结构，如地磁变线等。这种形状记忆复合材料先在极高温度 T_h 下预定形或规定的几何结构，再在以后的加热过程中当加热温度高于复合材料的玻璃化转变温度 T_g 时，形状记忆复合材料的结构能够自然回复到这个形状。复合材料在 T_g 和 T_h 之间被加热时可软化并可被压缩，被压缩结构在太空中使用之前在高于 T_g 的温度下加热可被激活，并且依靠自身的膨胀而回复到初始状态。其回复初始形状时的记忆应力相对于自身膨胀的应力是较弱的，因此各种形状记忆功能具有精微形状回复的控制能力，这在很多应用中是非常有用的。

形状记忆丝绸目前广泛用于外套、衬衣和舞蹈紧身衣。它所用的整理剂是水解后的纤维性角朊和骨胶原，丝的形状定型为卷曲和皱折状。当丝被改变形状后，消失的卷曲和折皱在热湿的状态下能够回复。Vigo 等研制的湿致形状记忆纤维制成的棉布衬衫不用熨烫，制成的羊毛衫不变形，多次洗涤也不会褪色。这种湿致形状记忆纤维还可以做游泳衣的面料、潜水员专用服装面料及土工布和压力绷带等。该土工布可以用来缠绕输水管道（当管道有裂缝时，浸湿的织物便会收缩，从而使损坏的部位缠紧而不渗漏）。用这种纤维制成的压力绷带在血液中收缩，伤口上所产生的压力会止血，绷带干燥时压力又会消除。

将凝胶制成纤维状，可大大提高智能凝胶的力学性能和应用价值。例如，pH 值响应型凝胶纤维，交错地加入酸和碱，可发生可逆的收缩和膨胀，将化学能转化为机械能。由于交联的 PVA 凝胶纤维和氧化-皂化的 PAN 凝胶纤维的膨胀长度变化约为 80%，而收缩响应时间不到 2s，因此有望作为人工肌肉。自适应性凝胶纤维材料的应用仅限于高技术领域，其最大的潜在用途是做化学机械体系，主要用于做人工肌肉、天线、开关装置，温度自动调节器。pH 值敏感电极以及各种传感器。对电场敏感的凝胶纤维材料，可使构造的化学机械电设备最终产生以"软"物质为基础的"生物机械"。由这些软凝胶组成的机器人，可更安全、更小心、更温柔地行动。特别重要的是，由自适应性凝胶纤维材料组成的化学机械体系有可能为那些能量供应受限制的水下或太空作业提供机械力。

第六节 形状记忆织物及特性

一、形状记忆织物聚合物织物

应用形状记忆材料，采用织造、涂层、整理、复合等方法得到的织物，具有了这些材料所具备的形状记忆功能，即当织物定形后，织物记住了定形时的形状，在低于激发温度的环境下，织物可任意变形或折皱，当织物处于激发温度环境时，织物自动回复到定形时的形状，这种织物称为形状记忆织物。

1. 形状记忆非织造织物

现已开发的形状记忆聚合物织物除了机织物、针织物以外，还有非织造织物，主要是通过在织物/非纺织物上层压聚氨酯膜或涂饰聚氨酯涂层来赋予。如日本专利公开了由形状记忆树脂、形状记忆黏合剂和非织造物通过层压制备形状记忆织物的方法。美国专利亦公开了一种形状记忆织物的制备方法，这种织物是由天然纤维/合成纤维和一层具有形状记忆的聚合物粉末组成，二者之间通过黏结剂黏结，聚合物粉末和黏合剂也可先用合适的溶剂溶解，然后通过辊压至织物的纤维之间或表面形成一层薄而平滑的薄膜，这种织物具有合适的形状记忆触发温度，用于服装衬布（袖口，领口等）、包带，具有良好的抗皱和耐磨等性能，在使用过程中产生的皱痕可以通过升高温度使其恢复原来的形状。从目前研究的情况看，毫无疑问，形状记忆聚氨酯在许多领域应用前景十分广阔。但也发现，用形状记忆材料通过后整理的办法，工艺复杂，很难解决形状记忆织物界面粘接不良、形状记忆温度不够精确、形变恢复力弱等缺陷。解决这些问题的最好方法是纤维本身具有形状记忆特性。

2. 形状记忆织造织物

采用形状记忆聚氨酯纤维织造的织物有纯纺织物、纯纺纱与普通天然纤维或其他合成纤维纱的交织物（如纬纱为形状记忆聚氨酯纱，经纱为普通棉纤维纱）以及形状记忆纤维与普通天然纤维或其他合成纤维的混纺纱织成的织物。

采用形状记忆纤维织造出的机织物和针织物具有独特的形状记忆效果。机织物有呢绒布、牛仔布［见图 2-33（a）］等，均以形状记忆纤维作纬纱，其他纤维作经纱。由纯形状记忆纤维编织的环状针织物，小尺寸的可套在手腕上，而且人体体温可使织物变得柔软舒适并收缩至紧贴皮肤［见图 2-33（b）］。利用这些织物独特的形状记忆效果可开发更多用途的纺织品。

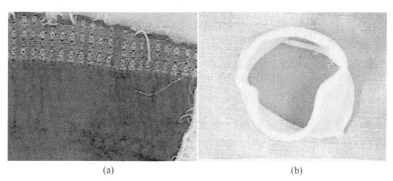

(a)   (b)

图 2-33 形状记忆聚合物织物

3. 形状记忆整理织物

织物的许多功能是通过整理获得的，如抗菌、免烫抗皱、阻燃、抗起毛起球、防水、防静电等。纺织面料的功能特性除了一部分依靠特种纤维材料获得以外，大部分是通过后整理而取得的。由于传统的整理剂始终含有或多或少的甲醛，对人体的健康造成一定的威胁，因此人们不断地改进整理技术、开发新的产品。

香港理工大学形状记忆研究中心开发的水基形状记忆聚氨酯乳液及水基防水、透湿性膜材料，用于织物层压或整理，其织物具有防水、保暖、透湿等功能，赋予了织物保暖、透湿性、穿着的舒适性，和可以通过体温自动调节的智能性。用形状记忆聚合物乳液整理的织物当受到外力的作用而发生变化时，形状记忆高分子也随着一起变化；但是当外界的温度升高到可以使高分子的可逆相产生移动时，高分子力图回复到初始的形状而拉动织物也回复到原始的状态。用整理液对棉织物进行整理后，织物具有了形状记忆功能，即织物不仅具有优良的弹性而且在相应温度下可回复原始形状。当整理后织物原始形状定形为平整时，穿着、洗涤或长期储存中产生的折皱、起拱或其他变形将随环境温度升高到变形回复温度以上而消除，如图 2-34、图 2-35 所示。当织物原始形状定形的折痕在穿着、洗涤中变平整后，折痕将随环境温度升高到变形回复温度以上而回复，如图 2-36 所示。

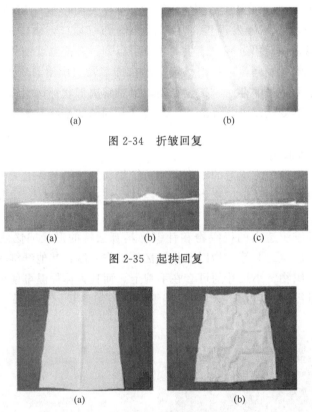

(a)　　　　　　　　　(b)

图 2-34　折皱回复

(a)　　　(b)　　　(c)

图 2-35　起拱回复

(a)　　　　　　　　　(b)

图 2-36　折痕保持

形状记忆中心开发的形状记忆乳液的形变回复温度为 60℃，整理后织物手感柔软，当在穿着、水洗或储存过程中产生折痕和变形时，只要放入 60℃左右的温水中或常规水洗后在 60℃左右烘干，折痕和变形会自动消失，回复（记忆）到定形的形状。形状记忆织物可用作衬衣、内衣、外套、领带、手套、家用装饰等用途，尤其可满足：

① 衬衣的领口、袖口的较高的形状保持要求；

② 上衣肘部和裤子膝盖部位起拱后形状回复要求；

③ 内衣的贴身、弹性与舒适性要求；

④ 牛仔布的定形与弹性要求；

⑤ 裤腰或腹带使用变形伸长后经过形变回复，又可回复原来的长度；

⑥ 针织物的形状稳定要求。

针织的形状记忆服装克服了针织物保型性差的缺点，当服装使用生产变形后，只要将环境温度增加到变形回复温度以上就可回复到定形时的形状。

二、形状记忆聚合物整理织物

织物的许多功能是通过整理获得的，如抗菌、免烫抗皱、阻燃、抗起毛起球、防水、防静电等。纺织面料的功能特性除了一部分依靠特种纤维材料获得以外，大部分是通过后整理而取得的。

1. 形状记忆聚氨酯整理工艺

形状记忆整理使织物具有形状记忆效应，具体表现为良好的折皱回复性。目前使织物具有良好折皱回复性的最常用的是免烫整理，其试剂有二羟甲基二羟基乙烯树脂（DMD-HEU），二羟甲基乙烯脲树脂（DMEU），三聚氰胺甲醛缩合物，多元羧酸及相关化合物。这些试剂大部分通过改变其黏弹性与纤维起反应。用这些传统试剂整理的织物比未整理织物表现出更好的折皱回复性能，因此被称为"免烫织物"。然而，反复洗涤后，织物上还是有折皱而必须熨烫才能得到原始的平整状态。采用高分子增重成膜聚合物，如聚丙烯酸酯、聚氨酯类、聚醚类、有机硅类和弹性体类可改善棉织物的折皱回复性。Rawls 等认为，这些免烫织物的最重要的性能是高弹性回复、低应力松弛和良好的聚合物与纤维黏合。还有甲壳素型不含甲醛的织物防皱整理剂，它既保留了甲壳素天然高聚物的优点，又保证了整理剂与整理工艺无毒无害。但甲壳质类的整理剂存在手感差的缺点。

近年来，形状记忆聚氨酯（SMP）乳液已有报导。胡和其课题组成功开发的形状记忆聚氨酯乳液应用于棉织物的整理以获得形状记忆效果。这种乳液可应用于机织纤维素纤维织物如棉、苎麻和亚麻，也可用于羊毛织物，可使织物有效地获得高的折皱回复、折痕保持和起拱回复性。与传统免烫整理织物比较，经形状记忆聚氨酯整理的工艺简单，整理的织物不需要高温熨烫，就能具有良好的折皱回复性能和折皱保持性能，而且强力损失小，其他服用性能也保持较好。这类独特的材料，仅仅需要外部刺激就可从固定的暂时形状回复其原始的、永久的形状，展现了形状记忆效应。由其整理的织物被称为形状记忆织物。

在纺织品的加工过程中，采用层压、涂层、泡沫整理和其他后整理的方法将聚氨酯施加于织物上，并通过一定的方法使聚氨酯在织物的表面成膜或与纤维中的活性基团发生交联反应，就可以获得具有形状记忆功能的纺织品。

（1）形状记忆聚合物整理与免烫整理的区别　由于形状记忆聚合物整理是一项新兴技术，且现阶段的研究成果主要用于织物的抗皱整理，所以易与传统免烫整理相混淆。实质上，形状记忆聚合物整理技术和免烫整理技术有明显的区别。

① 聚合物结构不同。形状记忆聚合物存在两相结构，固定相和可逆相。经形状记忆聚合物乳液整理后的织物产生折皱后，由于具有记忆效应，会随外界环境温度的变化而变化，当外界温度升高到能够使可逆相产生移动时，高分子力图回复到初始的形状而拉动织物又回复到原始的状态，即当温度处于其发生形变温度的范围之内时，织物会受到激发而回复其原

来的平整形状。而用于免烫整理的聚合物不存在两相结构。免烫整理的原理是一种传统的交联理论，作为整理剂的树脂一般至少含有两个活性基团，在一定条件下，可以和两个纤维素纤维分子长链中的羟基相接合，从而把纤维中相邻的大分子链相互连接起来，因而减少了两个分子链间的相对滑动，使织物保持整理时的形状。

② 织物整理的原理不同。经过形状记忆聚合物整理的织物与免烫整理的织物在回复的原理上是完全不同的。弹性是典型的免烫织物的固有特性，因为它们一般被认为是当引起折皱的外力解除以后产生的回复，而织物的形状记忆效应需要额外的能量（热）来使织物从折皱状态回复到其原始形状。

免烫整理织物具有良好的弹性，它在引起变形的外力释放以后能够产生回复。因而，免烫整理改善了织物的弹性，称为弹性整理。免烫整理没有温度激发，当其环境温度改变时不能回复到原始形状。免烫整理的织物，它的内部结构在整理剂的作用下发生改变，由于整理剂是通过在纤维分子形成氢键或沉积在纤维分子之间以限制大分子链之间的滑动，防止折皱产生，所以它受到整理剂抗皱效果的影响。无论外界温度如何变化，它在整理剂的作用下会在一定的范围内最大限度地保持整理时的定形形状，在产生折皱后必须通过高温压烫才能恢复原状，如图 2-37 所示。

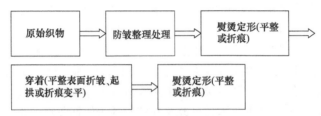

图 2-37　传统防皱整理原理

而形状记忆织物根据所采用的整理试剂不同在常温环境下可以具有比免烫整理织物低的、相同的或高的弹性，可以回复其原始形状（如无折皱的平整形状）。采用不同的形状记忆聚合物，形状记忆织物可在一定的条件下回复原始形状。这种整理也被称为热弹性整理或形状记忆整理，因为整理织物在较高的温度能回复其原始形状（弹性），而引起形状记忆效应。同时，形状记忆织物在较高激发的温度下可能比低温激发下具有更好的弹性。因此，织物在室温下的外部应力释放后，当具有一定剩余折皱时，在较高温度的洗涤或干燥中可进一步回复其原始形状。所以，当织物进行适当的形状记忆整理后，可双倍地保证折皱回复效果。

香港形状记忆中心开发的形状记忆乳液的形变回复温度为 60℃，当在穿着、水洗或储存过程中产生折痕和变形时，放入 60℃左右的温水中或常规水洗后用 60℃左右的温度烘干，折痕和变形就会自动消失，回复（记忆）定形的形状，如图 2-38 所示。

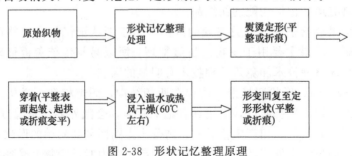

图 2-38　形状记忆整理原理

③ 织物的应用范围不同。形状记忆聚合物整理产品具有更广泛的用途。目前，人们所研究的形状记忆聚合物整理技术不单用于织物的抗皱方向上，作为一种智能材料，它具有较为广阔的应用范围，如针织物的起拱回复要求。针织上衣肘部和裤子膝盖部位在穿着过程中易于起拱，而且不易回复，这成为针织物的一个缺点。经形状记忆整理后的针织物起拱后，只要将织物放入一定温度的温水中，就可回复平整形状。

（2）形状记忆聚氨酯整理织物的工艺

生产具有形状记忆功能的棉、麻和丝等织物的整理工艺有多种，这里所采用的工艺过程为"整理工作液准备-浸轧-烘干-焙烘-后处理"。浸轧工作液的组成以及烘干、焙烘的条件等因素对整理后织物的形状记忆功能都会产生不同的影响，现分别叙述如下。

① 整理工作液准备。整理工作液的组成不同，不仅会影响整理后织物的形状记忆效果，同时，对织物的手感、强力和其他服用性能都会产生不同程度的影响。一般情况下，整理工作液的组成为：

形状记忆聚氨酯	70～120g/L
渗透剂	2g/L
催化剂	1～2g/L

上述配方中催化剂的种类随形状记忆聚氨酯合成过程中所采用的"封端剂"种类不同而变化。同时，还要考虑到催化剂对后续反应的影响以及对织物性能的影响。

② 浸轧。浸轧过程一方面有利于形状记忆聚氨酯乳液在织物中的渗透，另一方面有利于形状记忆聚氨酯在织物表面及内部的分布均匀。通过控制轧液率，确定形状记忆聚氨酯在织物上的施加量。一般情况下，轧液率控制在70%左右。

③ 烘干。烘干过程要采用非接触式烘干方式，即热风烘干或红外线烘干。在烘干过程中，织物上的水分随着温度的提高逐渐减少，一方面，形状记忆聚氨酯发生聚集成膜；另一方面，由于织物表面的温度往往高于其内部温度，随着水分子从里到外的迁移，形状记忆聚氨酯也有从织物内部向织物表面迁移的趋势，产生"泳移"现象，形成表面"树脂"。表面树脂的形成，不仅影响织物的手感，同时造成织物形状记忆功能的下降。通常采用的烘干条件为：温度80～90℃，时间3～5min。

④ 焙烘。焙烘的温度和时间是由形状记忆聚氨酯在合成过程中所采用的"封端剂"的种类和催化剂的种类共同决定的，同时，还要考虑织物的品种。一般来讲，焙烘温度要高于形状记忆聚氨酯中异氰酸基的"解封"温度。渗透到纤维内部的形状记忆聚氨酯在"解封"后，异氰酸基才有可能与纤维中活性基团反应。焙烘温度越高，反应速度越快；焙烘时间越长，反应进行得越彻底。但是，无论棉织物还是麻织物，特别是丝织物，焙烘温度越高，时间越长，织物泛黄越严重。因此，一般情况下，焙烘的条件为：温度150～170℃，时间3～5min。

⑤ 后处理。经过"浸轧-烘干-焙烘"整理后，绝大部分形状记忆聚氨酯成膜或与纤维上的活性基团发生交联反应。织物上还有少量未反应的形状记忆聚氨酯和部分溶剂存在，通过水洗，将溶剂等从织物上去除，有利于改善织物的手感，提高织物的服用性能。

2. 整理液和整理工艺对织物形状记忆特性的影响

织物经形状记忆整理后需要有满意的断裂强力、良好的撕裂强力、没有黄色问题、良好的形状记忆效应、良好的手感和良好的润湿能力。某些问题已经通过调整化学试剂和整理工艺解决或提高如发黄问题、手感和润湿能力。

对两种棉织物进行了形状记忆整理，织物规格见表2-26。

表 2-26　整理织物规格

织物编码	织物组织	规　格
C1	斜纹	29tex×29tex×425 根/10cm×228 根/10cm
C2	平纹	14.5tex×27.8tex×524 根/10cm×394 根/10cm

（1）整理液浓度　采用两种不同配方的整理液分别对两种织物在不同浓度下进行整理，方案见表 2-27。

表 2-27　不同浓度的整理

试剂编号	浓度/(g/L)				
P1	20	40	60	80	100
P2	30	45	60		

（2）整理工艺流程　工艺流程变化：

浸轧→烘干→轧烫→焙烘→水洗

浸轧→烘干→焙烘→轧烫→水洗

结果表明，整理液浓度对整理织物的断裂强力和撕裂强力有较明显的影响，浓度在 60g/L 左右比较合理，可达到较满意的织物强度保持率。此外，同样条件下两种组织的织物的断裂强力保持率相差不大，而撕裂强力保持率有很大差异，斜纹织物的撕裂强度保持率明显大于平纹织物，见表 2-28、表 2-29。P1 与 P2 试剂的配方组成不同，整理效果有较大差异，前者整理织物的强力保持率高，但折皱回复性较差，而后者整理织物的折皱回复较好，但强力保持率低于前者。

表 2-28　试剂 P1 整理的织物的强力保持率

浓度/(g/L)	断裂强力保持率/%		撕裂强力保持率/%	
	C1 织物	C2 织物	C1 织物	C2 织物
20	98.1	97.1	186.0	108.0
40	99.95	102.2	183.5	113.5
60	100.8	105.7	194.0	113.5
80	103.2	106.7	205.0	113.0
100	100.3	93.5	202.5	125.0

表 2-29　试剂 P2 整理的织物的强力保持率

浓度/(g/L)	C1 织物经向断裂强力保持率/%	C2 织物经向断裂强力保持率/%
30	78.31	75.51
45	86.02	72.79
60	88.25	87.55

三、整理织物的形状记忆效应

经过形状记忆整理的织物具有了形状记忆效果，表现出较高的折皱回复角、平整级别和折痕级别。

1. 织物的形状记忆效应评价方法

应用形状记忆材料，采用织造、涂层、整理、复合等方法得到的织物，具有了形状记忆功能，即当织物定形后，记忆住了定形时的形状，在低于激发温度的环境下，织物可任意变形或折皱；当织物处于激发温度环境时，织物自动回复到定形时的形状，这种织物称为形状记忆织物。织物在激发温度下回复其原始形状的程度被称为形状记忆效应。

为了表达形状记忆织物效应的特征，可采用织物恢复平整外观和折痕保持能力的主观评价方法和测试折皱回复角的客观评价方法。现有几种织物折皱表面测量方法。折皱主观等级评定采用 AATCC 测试方法 124—2001 "经反复家庭洗涤的织物表面"；折痕保持主观等级评定采用 AATCC 测试方法 88C—2001 "经反复家庭洗涤的织物折痕保持"；折皱客观评定采用 AATCC 测试方法 66—1998 "机织物折皱回复：回复角"。

(1) 折皱回复角的评价　折皱回复角是最普遍采用的评价织物的折皱回复性能的方法，折皱回复角越大，则折皱回复性能越好。AATCC 实验方法 66—1998 "机织物折皱回复—回复角"。这一测试方法用于确定机织物折皱回复性。它可用于由任何纤维或混纺纤维构成的织物。在实验中，将试样折叠并用一定压力紧压一定时间，然后将试样在实验仪器上悬挂一段时间，再测试回复角。

在标准条件下测试的折皱回复角没有温度的激发，反映的是织物的弹性；而织物在热介质中受激发时产生的折皱回复角才能反映形状记忆效果。

(2) 表面平整性的评价　AATCC 测试方法 124—2001 "经反复家庭洗涤的织物表面"，这一实验方法用于评价平整的织物试样经反复家庭洗涤后的表面平整性。任何可洗织物包括任何结构的织物如机织物、针织物和非织造织物都可用这种方法评价。

(3) 折痕保持性的评价　AATCC 测试方法 88C—2001 "经反复家庭洗涤的织物折痕保持"。这一实验方法用于评价织物试样经反复家庭洗涤后的折痕保持性。任何可洗织物和任何结构的织物都可用这种方法评价折痕保持性。

测试平整级别和折痕级别的织物在整理后，按标准在折皱的条件下反复洗涤，然后在 60℃ 的温度下干燥。因织物整理剂的激发温度为 60℃，故干燥时，织物受温度激发回复到记忆平整和折痕形状。织物每次洗涤后干燥时，都会受温度激发而回复记忆的形状，此时织物的平整级别和折痕级别反映了织物的形状记忆效果。

2. 织物的形状记忆效应

(1) 折皱回复性　研究表明，形状记忆效应受织物结构的影响。用相同的整理剂、相同的方法整理的两种不同组织的棉织物的回复性能明显不同。整理后，斜纹织物的折皱回复角比平纹织物的提高更大，斜纹织物的折皱回复角提高了 69%～106%（表 2-30），平纹织物提高了 48%～57%（表 2-31）。

表 2-30　C1 织物折皱回复角

试样编号	折皱回复角/(°)			
	未整理织物	整理织物	洗涤 30 次	洗后保持率(%)
1	136	230	240	104.30
2	136	261	234	89.65
3	136	253	234	92.49
4	136	271	256	94.46
5	136	264	234	88.64
6	136	280	281	100.36
8	136	274	264	96.35
9	136	246	253	102.85

表 2-31　C2 织物的折皱回复角

试样编号	折皱回复角/(°)			
	未整理织物	整理织物	洗涤 30 次	洗后保持率/%
2	171	261	232	88.88
3	171	263	227	86.31
5	171	254	231	90.94
6	171	268	274	102.23
7	171	253	240	94.86
8	171	263	258	98.09

　　形状记忆织物表现出优良的可洗涤性，多次反复洗涤后织物仍然保持较高的平整和折痕级别，有的甚至经 30 次洗涤后级别更高，反映了良好的形状记忆效应。经过 30 次洗涤之后，织物的折皱回复角仍然保持在较高的水平。

　　洗涤后的折皱回复角主要表示整理织物的弹性的保持程度，而不是形状记忆效应。因为，尽管用于测试折皱回复角的织物在洗涤和干燥的过程中经过了 60℃ 温度的激发，但试样在整个测试折皱回复角的过程中是处于标准条件下，织物折皱后的回复过程没受到温度激发。洗涤后织物的折皱回复角保持较高，即保持较高的弹性回复性。

　　形状记忆聚氨酯整理相对于 DMDHEU 或其他传统整理，对织物的折皱回复性起着重要的作用。形状记忆整理采用的聚氨酯并不一定能渗透到纤维素分子中，因为其相对分子质量太大。而聚氨酯分子可能接枝到棉纤维上或之间，因此，降低了经纱和纬纱上的剩余应力，并较大程度地增强了其弹性。另一方面，DMDHEU 在纤维素链之间形成的交联导致了纤维中的剩余应力。这种现象降低了纤维弹性并限制了分子链的完全回复。X 射线光电子能谱（XPS）测试也表明，聚氨酯可能接枝到形状记忆整理棉织物的表面，傅立叶变换红外光谱图［衰减全反射（ART）］的研究进一步说明聚氨酯与棉纤维上羟基反应产生了接枝作用。电镜分析也表明，聚氨酯在棉的表面层的均匀分布。

　　（2）折痕保持　反复洗涤之后，整理织物表现出良好的折痕保持性。大部分试样每次洗涤后的折痕级别变化幅度较小。这说明形状记忆聚合物在增加织物的折痕保持性方面起着主要作用，且织物的这一性能经反复洗涤后仍能保持。

　　与折痕级别相同，两种组织的平整级别洗涤后都表现较好。对织物的折皱回复角、折痕保持级别和平整级别的分析表明，形状记忆聚合物不仅赋予织物形状记忆特征，而且在很大程度上增加了其弹性。洗涤可能去除了少量附在织物表面的聚合物，使织物的弹性降低，导致大部分洗涤试样较未洗涤试样的折皱回复角降低。然而，整理试样较未整理试样的折皱回复角大幅度增加的现象清楚地表明，形状记忆聚合物可能导致纤维的分子链之间产生交联而引起弹性增加。形状记忆织物反复洗涤后的折痕保持和表面平整级别并没有随着洗涤中去除表面附着的聚合物而降低，而是保持较高的级别，甚至越洗越高。这一现象可能是因为织物中的整理剂具有温度响应的形状记忆能力，使折痕保持或平整级别的织物在洗涤前或洗涤中破坏了折痕或平整状态，洗涤烘干后过程中试样受到了温度的激发而回复到其原始形状的折痕或平整形状。这说明整理效果具有持久性，保持时间长，同时，也支持形状记忆乳液可能与棉纤维之间形成某种牢固的化学连接的结论。

　　（3）折皱回复角与平整级别之间的关系　形状记忆聚氨酯整理能显著提高折皱回复角，故整理的棉织物的弹性提高。形状记忆织物的折皱回复角与平整级别之间存在较强的正相关关系。相关系数在 0.77 附近。这说明，折皱回复角与平整级别有相同的变化趋势，折皱回复角越大，织物越平整，同时，二者的表达内容存在差异。平整级别表示整理织物被折皱后，在洗涤和干燥后的平整度。洗涤中的水和干燥的温度影响织物的平整性。而折皱回复角表示织物折叠受压，然后释放压力之后回复的程度。尽管两个参数都表示织物的折皱回复程度，但含义有明显不同。级别是一种与视觉效果相关联的主观评价方法。另一方面，折皱回复角的测试是一种客观评价方法，从这点上两者是不同的。根本的不同在于回复机理不同。测试折皱回复角时，织物被折皱后在温度（20±2）℃和湿度 65%±2% 的标准条件下回复的，没有激发条件。因此，折皱回复角只表示织物的弹性。然而，用于测试平整级别的织物是在 25℃ 水中洗涤，60℃ 的条件下干燥的，因此，织物可在烘燥时受温度激发而从折皱的形状回复到原始的平整形状，织物具有了形状记忆性能。

尽管形状记忆对织物的折皱回复角与平整级别和折痕级别的影响不完全相同，但它们都反映了织物的折皱回复性，它们之间存在着一定的关系。随着折皱回复角的增加，织物的回复能力也提高，因而有助于表面变得平整。实验证实了形状记忆织物具有上述性能。两种织物 C1 和 C2 都表现出平整级别随着织物折皱回复角增加而增加的趋势，这表明，织物如果采用适当的形状记忆聚合物处理，会比较容易回复其定形的形状。

四、热对形状记忆织物的影响

将形状记忆聚氨酯整理的定形为平整的棉织物折皱后分别放入热水和热空气介质中，在不同的温度条件下，经过一定的时间后测试其折皱回复角。

1. 热对形状记忆聚合物的影响

形状记忆聚氨酯是一种热敏型的聚合物，它具有两相结构，即有记忆起始形态的固定相和随温度变化能发生可逆形变的可逆相所共同组成。其中形状记忆聚合物的可逆相为物理交联结构，可逆相一般由较低软化温度 T_m 的结晶态或较低玻璃化温度 T_g 的玻璃态物质构成，当然这些可能构成可逆相的物质的一个重要的前提条件就是：必须对温度较为敏感。而在固定相中，一般的组成物质都具有较高的软化温度 T_m 或玻璃化温度 T_g。

形状记忆聚合物在外力下发生形变的整个过程一般可以分为三个阶段：形状固定、形状保持和形状回复。将聚合物重新加热到转变温度以上，形状记忆聚合物中转换结构的分子链段的微布朗运动被解冻，从而使储存在聚合物中的应力被激发释放出来，在应力的驱使下形状记忆聚合物又回复到其形变前的状态，此时聚合物的外在表现为聚合物的形变回复。

在整个过程中，温度始终起到决定性的作用，它决定了形状记忆聚合物所处的状态，因此温度在形状记忆聚合物的工作过程中是一个重要的影响因素。

如图 2-39 所示。

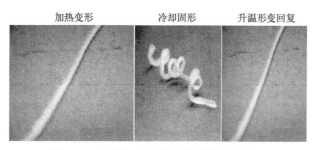

加热变形　　　　　冷却固形　　　　升温形变回复

图 2-39　形状记忆高分子的形状记忆过程

2. 热对织物的影响

纺织纤维在热作用下，其力学性能和形状都会发生转变。较低温度时，纤维的性状比较稳定，具有较高的强度和较小的延伸度，初始模量较大。随着温度的升高，纤维强度下降，延伸性增加，模量降低。

将纤维集合体看成一个均匀介质，可以采用傅立叶导热定律来讨论其导热性，公式如下：

$$Q = \frac{\lambda dT}{dx} \times t \times s$$

式中，Q 为热量，单位为焦耳（J）；dT/dx 为温度梯度；t 为时间；s 为传导截面积，m^2；λ 为热导率，$W/(m \cdot ℃)$。

一般认为，温度升高后，纤维分子的热运动频率会随之升高，纤维分子链段的局部振动增加，键长增加，热量的传递能量增加，结果表现为纤维材料的热导率随温度升高而增大。棉纤维在 100℃ 时的 λ 为 0.069，在 30℃ 时的 λ 为 0.063，在 0℃ 时的 λ 为 0.058。织物的折皱回复角会随着温度的升高有一定程度的增加。

（1）热对折皱回复角的影响　形状记忆织物在热介质中的折皱回复角明显大于未整理织物。这一差别主要体现在形状记忆织物被温度激发之后，在 50℃ 以后形状记忆织物回复角显著增大。在整个的折皱回复角的变化过程中，未经整理的试样的折皱回复角随着温度的升高并没有显著的变化，如图 2-40 和图 2-41，其曲线图的走向也比较平稳。

从 50℃ 以后，整理与未整理织物的折皱回复角差异显著增大，且随温度的增加而增加。热水中在 80℃ 时差值达到最大为 70°。热空气中，在 70℃ 时，差值达到最大为 98°。织物自受到温度激发以后，随着温度的增加，折皱回复角的差值继续增加，表明热对织物的形状记忆效应的影响在延续。在相同的温度条件下，尽管热空气中的折皱回复角的绝对值较热水中小，但整理与未整理织物的折皱回复角的差值更大，形状记忆效应的体现更明显。

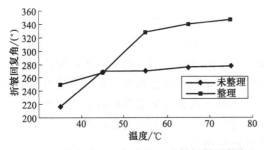

图 2-40　热水中整理与未整理试样折皱回复角

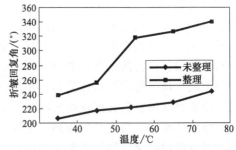

图 2-41　热空气中整理与未整理试样折皱回复角

（2）热介质对折皱回复角的影响　空气和水中的热导率有较大的差别，水的热导率比空气大得多。在 20℃ 时，静止干空气的 λ 为 0.026W/(m · K)，而纯水的 λ 为 0.697W/(m · K)。因此，纺织材料在这两种介质中的导热性有较大差别。无论是形状记忆整理的织物还是没有经过形状记忆整理的织物，在温度和时间相同的条件下，形状记忆整理织物在热水介质中的折皱回复速度大于其在热空气介质中的回复速度。同样的温度和时间下，达到同样的回复角度，在热水中需要的时间比热空气中短得多。

形状记忆织物对于温度有较为敏感的反应，在热水介质和热空气介质中，织物的折皱回复角会随着温度的上升而增大。在热水介质和热空气介质中，织物的折皱回复角会随着温度的上升而增大，尤其在激发温度 60℃ 附近增幅最大。说明形状记忆织物在热介质中，温度激发下能产生形状记忆效应，体现了形状记忆织物对温度的响应和形状记忆的特征。

因为该织物在形状记忆整理时定形为平整织物，可能在受到外力的作用而发生变化时，形状记忆高分子也随之一起变化。当外界的温度升高到可以使高分子的可逆相产生移动时，因织物经过形状记忆整理后，棉纤维与高分子产生作用，并形成交联，高分子力图回复到初始的形状而产生回复形变，因此形状记忆高分子促使织物回复到起始状态，即平整状态。形状记忆织物的这种受温度激发而回复原始定形形状的能力，即形状记忆效应，这是未整理织物和常规整理织物所不具备的能力。

热水和热空气介质都可以作为形状记忆整理织物的激发介质。采用形状记忆整理面料做成的服装，在实际应用中若要回复定形形状，热水回复较热风回复快。

参 考 文 献

[1] 胡金莲等编著. 形状记忆纺织材料 [M]. 北京：中国纺织工业出版社，2006.

[2] 朱光明编著. 形状记忆聚合物及其应用 [M]. 北京：化学工业出版社，2002.

[3] Byung Kyu Kim，Sang Yup Lee. Polymer，1996，37 (26).

[4] A Lendlien，S Kelch. Chem Int Ed，2002 (41).

[5] 王诗任等. 热致形状记忆高分子的研究进展 [J]. 高分子材料科学与工程，2000，16 (1).

[6] J R Lin，I W Chen. Shape-mermorigedCrosslinked ester-type polyurethane and its mechanical visoelastic madel. J APPL polym sci，1999 (73).

[7] Andreas L Steffen K. Shape-memory polymers. Angew Chem Int，Ed.，2002.

[8] Lin J R，Chen L W. Study on Shape-memory Behavior of polyether-Bassed Polyurethanes. Ⅱ，Influence of Soft segment Molecular Weight. J Appl Sci，1998 (69).

[9] Lin J R，Chen L W，Shape-memory Crosslinked Ester-Type polyurethane and Its Mechanical viscoelastic Model. J APPL polym Sci，1999 (73).

[10] Li F K，Chen Y，Zhu W，et al. Shape Memory Effect of polyethg-lene Lnylon 6 Graft copolymers. Polymer，1998，39 (26).

[11] Lee YM，Shim J V. Polymer，1999，38 (5).

[12] 吴嘉民，姜智国，江德春等. 形状记忆聚氨酯 CJJ. 化工新型材料，2002，30 (11).

[13] 曾跃民，严灏景，胡金莲. 形状记忆聚氨酯的性能及其 [J]. 印染，2001 (1).

[14] 丁希凡. 形状记忆材料在纺织服装中的应用 [J]. 四川纺织科技，2004 (1).

[15] 谭树松. 形状记忆合金研究的最新进展与应用 [J]. 功能材料，1991，22 (3).

[16] Jacksm C M，Wagner H J Wasilewski R J. 55-Nitinol-The Alloy With a Momory：Its physical Metallurgy，Properties，and Applications，A Report NASA Washington，1972.

[17] Wei Z G，Sandstrom R. Review for Shape-memory materials and hybrid composites for smart systems. Journal of Materials science，1998 23.

[18] 朱光明，梁国正. 具有形状记忆功能的高分子材料 [J]. 化工新型材料，2002 (1).

[19] 王社良，沈亚鹏. 形状记忆合金的力学特性及其工程应用 [J]. 工业建筑，1998，28 (3).

[20] 张福强. 形状记忆高分子材料 [J]. 高分子通报，1993 (1).

[21] 杜仕国. 形状记忆高分子材料的研究进展 [J]. 功能材料，1995，26 (2).

[22] Blackwell Lee c，o. J Polym sci polym phys Ed，1983，21；1984，22.

[23] R M Briber，E L Thomas. J Macromol sci phys，1983，B22；Polym Sci Polym phys Ed，1985，23.

[24] Tobubi H，Mashimoto T，Huyshi S，Yamada E. Thermomechanical constitutive modeling in shape memory polymer of polyurethane series. Journal of Intelliyent Material Systems and structures，1997，8 (8).

[25] Tey S. J. Huang W. M.，Sokolowski W. M. Influence of long-turn storage in cold hibernation on

strain Tecovery and recovery stress of polyurethane shape memory polymer Ffoam. Smart Materials and strnctures. 2001, 10 (2).

[26] Hayarhi S. , Fujimnra H. Shape Memory polymer poam. Uspatent 504951. 1991.

[27] Kobahashi K, Hayashi S. Woven Fabric Macla of shape Memory polymer. EP Patent 0364869. 1990.

[28] Gallk. Mikulas M. Munshi N. a. Beavers F, Tupper M. Carbom fiber reinforced Shape mwmory polymer comporites . Journal of Intelligent Materials Systems and structures . 2000. 11 (11).

[29] 曾汉民主编. 功能纤维 [M], 北京：化学工业出版社，2005，3.

[30] Vigo T. L. J. Text, Inst . , 1999, 1.

[31] 高清，王杏梅，李青山编著. 功能纤维与智能材料 [M]，北京：中国纺织工业出版社，2004，4.

[32] 周小红，练军. 智能纺织品的研究现状及应用 [J]，上海纺织科技，2002，30 (5).

[33] 杨大智主编. 智能材料与智能系统 [M]，天津市：天津大学出版社，2000，12.

[34] 顾振亚，陈莉等编著. 智能纺织品设计与应用 [M]，北京：化学工业出版社，2006，1.

[35] 朱平主编. 功能纤维及功能纺织品 [M]，北京：中国纺织工业出版社，2006，8.

[36] 姚康德，成国祥主编. 智能材料 [M]，北京：化学工业出版社，2002，1.

[37] Japanese Patent Laid-open No252353，1986.

[38] Kobayashi；Kazuyuki；Hayashi；Shunichi. Shape memory fibrous sheet and method of imparting shape memory property to fibrous sheet product，USA 5098776，March 24，1992.

[39] Sundaram Krishnan，Stoneham Mass. Water-proof breathable fabric laminates and methods for producing same. USA Pat. 5，283，112. Feb. 1，1994.

[40] Abrahamson，Erik R；Lake，Mark S. Shape memory mechanics of an elastic memory composition resin. J. Intellgent material systems and structure. Oct. 2003，Vol 14 (10)：623-632.

[41] Jinlian Hu，YuenKei Li，Siuping Chung and Lai-kuen Chan. Subjective Evaluation of Shape Memory Fabrics，Proceeding of the International Conference on "High Performance Textiles ＆ Apparels" hptex 2004，July 2004，Kumaraguru College of Technology，Coimbatore，India：597-604.

[42] Rippon J A (1985)，Effect of Synthappret BAP on the wrinkle recovery of uncrosslinked and crosslinked cotton，Textile Research Journal，55，4，239-247.

[43] Elwood J Gonzales and Stanley P Rowland (1981)，Performance properties of cottons at two levels of durable-press and conditioned wrinkle-recovery angles，Textile Research Journal，51，2，64-70.

[44] Harper R J Jr. , Blanchard E J and Reid J D (1967)，Acrylates improve all-cotton DP，Textile Industries，131，5，172-234.

[45] Blanchard E J，Harper R J Jr. , Gautreaux G. A and Reid J D (1967)，Urethanes Improve All-Cotton DP，Textile Industries，131，1，116-143.

[46] Blanchard E J，Harper R J Jr. , Gautreaux G. A，and Reid J D (1968)，Improving Abrasion Resistance of Durable-Press Cotton by Single-step Polyurethane TreaTment，American Dyestuff Reporter，57，610.

[47] Bruno J S，Harper R J Jr. , and Reid J D (1968)，Imine terminated Polymers Improve Cotton Durable Press Products，Textile Bulletin，94，7，33-38.

[48] Bullock J B，and Welch C M (1965)，Cross-linked silicone films as wash-wear，water-repellant finishes for cotton，Textile Research Journal，35，459-471.

[49] Rawls H R，Klein E and Eyer C (1970)，Evidence relating the elastomeric behavior of a polymer to its ability to improve cotton-fabric wrinkle recovery，Textile Research Journal，40，199-201.

[50] Rawls H R，Klein E and Vail S L (1971)，The relationship between polymer elastic properties and the ability to impart improved wrinkle recovery to cotton fabric，Journal of Applied Polymer Science，15，2，341-349.

[51] 周向东. 甲壳素型防皱整理剂的研制与应用 [J]. 染整助剂，2001，18 (5)：15-16.

[52] 白生军，代敏，李兴明. 形状记忆高分子材料的研究及应用 [J]，2006 (5)：55-57.

[53] Fan Haojun and Hu Jinlian (2004)，Intelligent thermal-sensitive shape memory polymers and their application，The Forum of High Technology，High Performance and High Accessional Value Chemical Fiber in 21st century；Chemical fiber committee of China Textile Engineering Associate，Chengdu，China，May .

[54] Yuenkei Li，Siuping Chung，Laikuen Chan and Jinlian Hu (2004)，Characterizing the shape memory effect of fabrics，Textile Asia，June，32-37.

[55] Jinlian Hu，Siuping Chung，Hung Zhu，Yuenkei Li and Laikuen Chan (2004)，The Effect of finishing methods on shape memory fabrics，*Proceedings of the International Conference on* "High Performance Textiles & Apparels"，Kumaraguru College of Technology，Coimbatore，India，7-9 July，605-611.

[56] 胡金莲，刘晓霞. 形状记忆聚合物在纺织业应用的研究进展 [J]. 纺织学报，2006，27 (1)：115-116.

[57] 刘晓霞. 聚氨酯整理形状记忆棉织物特性的研究 [D]. 东华大学，2008.

[58] Jinlian Hu，YuenKei Li，Siuping Chung and Lai-kuen Chan. Subjective Evaluation of Shape Memory Fabrics，Proceeding of the International Conference on "High Performance Textiles & Apparels" hptex 2004，July 2004，Kumaraguru College of Technology，Coimbatore，India：597-604.

[59] Liem H，Yeung L Y and Hu J L，A prerequisite for the effective transfer of the shape-memory effect to cotton fibres. Smart Materials and Structures，2007，16：748-753.

[60] Liu Yeqiu，Hu Jinlian，Zhu Yong，Yang Zhuohong (2005)，Surface modification of cotton by grafting of polyurethane，Carbohydrate Polymers，61，3，August，276-280.

[61] Yong Zhu，Jin-lian Hu，Kwok-wing Yeuing，et al. Shape Memory Effect of PU Ionomers Withionic Groups on Hard-segments [J]. Chinese Journal of Polymer Science. 2006；24 (2)：173-186.

[62] AndreasL，SteffenK. Shape-MemoryPolymers [J]. Angew. Chem. Int. Ed.，2002，2035-3057.

[63] 于伟东. 纺织材料学 [M]. 北京：中国纺织出版社，2006，145-146.

[64] 刘晓霞，胡子逢，胡金莲，等. 形状记忆整理织物的折皱回复角与温度的关系 [J]. 纺织学报，2008，29 (9)，91-93，97.

第三章
环境敏感高分子凝胶及其应用

第一节 引　言

一、环境敏感高分子凝胶的内涵与定义

高分子凝胶（polymer gels）是由高分子和溶剂组成的一种高分子三维网络，具有亲溶剂性但不溶解于溶剂的特点。凝胶网络能够吸收大量溶剂而溶胀，溶胀后凝胶网络充满溶剂使体积变大，由于液剂和高分子网络的亲和性，溶剂被高分子网络所封闭而失去流动性。因此，高分子凝胶兼具固体和液体的某些特性，它既有一定形状又可产生很大的变形。

这类凝胶能够感知外界环境（如温度、压力、电场、光强、化学物质、pH 值、离子强度等）的微小变化，其物理性质和化学性质也随之发生相应的变化，即出现了体积相变（volume phase transition，VPT）。一旦刺激消失，凝胶网络又能自行回复到最初的体积形状，表现出一定的形状记忆功能。由于这类凝胶具有生物材料"软"而"湿"的特点，并以体积形状的转变来响应和记录环境刺激，而且具有一定的可逆性，所以这类凝胶是一种"软、湿"形状记忆凝胶（soft and wet shape memory gels，soft/wet SMG）；由于其形状记忆属于双向记忆，因此属于一种智能凝胶（intelligent gels）。

这类凝胶在外界环境因子的刺激下，会产生可逆的变形和体积变化，故又可称之为环境敏感高分子凝胶（environmental sensitive PG）。智能高分子凝胶的自适应性源于其体积相变（VPT），响应（response）和刺激（stimulate）是由同一类型的因素引起的，因此其响应和刺激的关系是"自适应的"（adaptive）。

高分子凝胶是大分子网络通过物理或化学交联构筑成的三维网络，其中含有大量溶胀剂（分散介质）。溶胀剂为水时称为水凝胶（hydrogel）；为有机溶胀剂时称为有机凝胶（organogel）。高分子凝胶网状结构类型有四种类型，如图 3-1（a）、（b）、（c）、（d）所示。

凝胶是由胶体颗粒包括高分子相互连接而成的网状骨架，以及充满其间的分散介质所构成。其中分散相与分散介质都是连续相，是一个贯穿型网络。它具有一定的几何形状，具有弹性、屈服应力等固体的特性。生活中常见的豆腐、肉冻，生命组织中的细胞壁、血管壁，实验和生产中使用的硅胶、渗透膜等都是凝胶。

高分子水凝胶由网状结构（物理或化学交联结构）的高聚物（分散相）和水（分散介质）组成。网状结构的高聚物不能被水溶解，但能吸收大量水分子而溶胀。

20 世纪 70 年代后发现一类敏感水凝胶，它们在水中的溶胀随温度、pH 值、压力或溶剂组成的变化而发生急剧的变化。图 3-2 系此类凝胶对环境刺激的响应示意图。

图 3-3 表示一种温度敏感型异丙基丙烯酰胺（NIPA）水凝胶的溶胀比 V/V_0 随温度

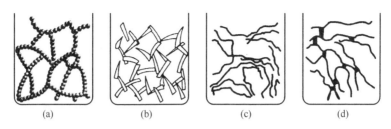

图 3-1　凝胶结构的四种类型

（a）球形粒子相互链状联结。例如 SiO_2 等形成的凝胶。

（b）棒状或片状粒子相互支撑构成骨架。如 V_2O_5 等凝胶。

（c）柔性线型高分子构成骨架，一部分长链有序地排列成微晶区。如明胶。

（d）线型高分子靠化学键形成交联的网状结构。如硫化橡胶。

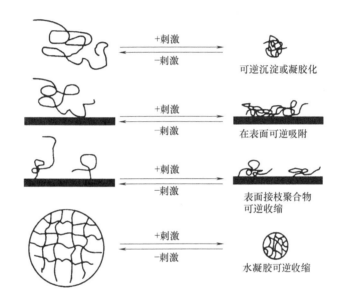

图 3-2　环境敏感高分子凝胶对外界刺激所作出响应

$t(℃)$ 变化的情况，V_0 是某参考体积。由图可见，在 35℃ 左右，凝胶体积出现急剧改变。

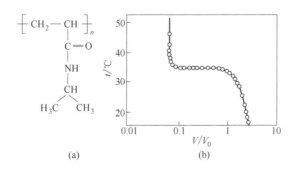

图 3-3　NIPA 结构式（a）和 NIPA

水凝胶溶胀比随温度的变化（b）

第三章　环境敏感高分子凝胶及其应用　　93

二、环境敏感高分子凝胶研究开发的简况

人们对凝胶的敏感性的研究始于 20 世纪 50 年代，Flory PJ 等最早对凝胶的溶胀行为进行了探索，Scarpa 等人于 1967 年首次观察到聚 N-异丙基丙烯酰胺 ［Poly（N-isopropylac-rylamide），PNIAAm］水溶液具有低相变温度的特异敏感现象，Dusek K. 和 Patterson D. J. 于 1968 年预言了凝胶的体积相变，1978 年美国麻省理工学院的 Tanaka T. 教授证实了聚丙烯酰胺凝胶可在特定比例的水-丙酮溶液中发生体积突变，并在 1980 年测定聚丙烯酰胺凝胶的溶胀比时发现了其 pH 值敏感性。

从此，对这类凝胶的体积相转变及与之相关的临界现象的研究日趋活跃，并由此开创了一个全新的研究领域。SMG 的体积相转化使其有了与外界进行能量和信息交换的功能，所以具有发展成为新型功能材料的巨大潜力。

20 世纪 90 年代，人们模仿生物组织所具有的传感、处理和执行功能，将功能高分子材料进一步发展成为智能高分子材料。

各先进国家的政府、产业界、学术界对此类刺激响应功能引入到工业材料中，使智能材料在节省能源的同时还能与环境相协调。表 3-1 列出研究与开发的智能高分子材料，其中有些材料正成为高科技商品。它们的应用特性（如响应速率、响应力度及可靠性）还有待进一步改善。

表 3-1　智能高分子材料的潜在用途

领　　域	用　　途
传感器	光、热、pH 和离子选择传感器，免疫检测，生物传感器，断裂传感器
驱动器	人工肌肉，微机械
显示器	可由任意角度观察的热、盐或红外敏感显示器
光通信	温度和电场敏感光栅，用于光滤波器和光控制
药物载体	信号控制释放，定位释放
大小选择分离	稀浆脱水，大分子溶液增浓，膜渗透控制
生物催化	活细胞固定，可逆溶胶生物催化剂，反馈控制生物催化剂，传质强化
生物技术	亲和沉淀，两相体系分配，制备色谱，细胞脱吸
智能催化剂	温敏反应"开"和"关"催化系统
智能织物	热适应性织物和可逆收缩织物
智能调光材料	室温下透明、强阳光下变浑浊的调光材料，阳光部分散射材料
智能黏合剂	表面基团富集随环境变化的黏合剂

（引自 杨大智《智能材料与智能系统》P352，表 9-1）

现在，智能高分子材料正在飞速发展中。有学者预计，21 世纪它将向模糊高分子材料（fuggy materials）发展。所谓模糊材料，指的是刺激响应性不限于一一对应，材料自身能进行判断，并依次发挥调节功能，就像动物大脑那样能记忆和判断。开发模糊高分子材料的最终目的是开发分子计算机。

刺激响应性聚合物中研究最多的是智能凝胶（intelligent gels，IGs）。目前响应性凝胶技术正在商品化过程中，如田中丰一等组建的 Gel/Med 公司正从事智能凝胶药物试剂的研究。

本章介绍高分子凝胶及其体积相转变、刺激响应性的最新研究进展，一些自适应性凝胶纤维和凝胶的潜在应用领域，以及高分子材料智能化的发展前景。文中重点介绍环境敏感凝

胶在纺织中的应用，简单介绍智能水凝胶在生物医学中的应用，以供启迪和借鉴。

第二节　高分子凝胶的体积相变与溶胀行为

　　高分子凝胶是由交联的高分子网络和填充其间的溶剂所组成的一个特殊体系，如图 3-4 所示。其中，交联网络结构提供凝胶所含的固体成分，它能固定介质的位置。

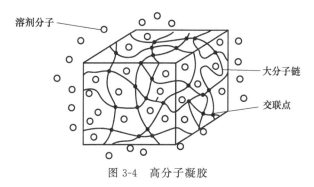

图 3-4　高分子凝胶

一、作用在凝胶交联网络分子链上的四种结合力

　　凝胶网络和液体介质的相互作用决定了凝胶的各种性质。作用在交联网络分子链上有以下四种结合力。

　　（1）范德华力

　　① 范德华力是永远存在于分子间或分子内非键合原子间的一种相互吸引的作用力，是分子诱导偶极之间的相互作用，如图 3-5 所示。其作用范围为 0.3～0.5nm，作用能为 2～8kJ/mol，此化学键能约小 1～2 个数量级。

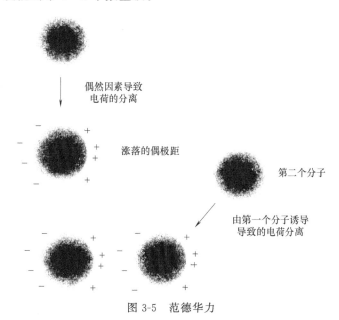

图 3-5　范德华力

　　② 范德华力的特点是没有方向性和饱和性，这是高聚物的分子中范德华力可以非常大的原因。高分子链很长，结构单元很多，分子之间相互邻近的范围很大，使其相互吸引的范

德华力很大，甚至超过了化学键的键能。

（2）氢键

① 氢原子可以同时与两个电负性很大而原子半径较小的原子（如 O、N⋯）相结合，这种结合称为氢键。氢键的键能为 12～40kJ/mol。

② 高聚物一般都不溶于水而溶于有机溶剂中，所以高聚物中的氢键对它们在有机溶剂中的溶解性没有什么影响。但存在于高聚物如聚酰胺（尼龙）中的氢键对它们的熔点（m.p.）影响很大。如尼龙-6 中只有 75% 的酰胺基形成氢键，熔点就达 210～215℃，尼龙-66 中 100% 酰胺基都形成氢键，其熔点高达255～264℃。

尼龙-66 中的氢键（虚线）：

范德华力型高聚物和具有氢键的高聚物熔点的比较见表 3-2。

表 3-2　范德华力型与氢键型高聚物熔点

范德华力		氢键	
高聚物	熔点/℃	高聚物	熔点/℃
聚乙烯	143	尼龙-6	215
聚丙烯	176	尼龙-66	264
聚甲醛	181	聚氨酯	180～190

（3）离子键

① 由正负离子间静电相互作用所形成的键称之为离子键。有两类高聚物具有离子键：一类是聚电解质，另一类是离子交换树脂。

② 聚电解质含有由离子键形成的取代基，即它可以离解成聚离子和带有相反电荷的对应离子，再以离子相互作用结合。例如，聚合酸——聚丙烯酸，可以形成聚阴离子和 H^+，聚合碱——聚乙烯胺，可以接受质子而变成聚阳离子，再与 OH^- 相结合：

$$\left[CH_2-CH\right]_n \qquad \left[CH_2-CH\right]_n$$
$$\quad\quad COO^-H^+ \qquad\quad\quad NH_3^+OH^-$$

　　　聚丙烯酸　　　　　　聚乙烯胺

③ 聚电解质和柔软性高分子链因为带有正（负）离子，本来卷曲的长链会有一定程度的舒展。如果能使聚电解高分子链全部排列有序，制成它们的条状薄膜，并置于溶液中，那么，改变溶液的 pH 就会改变高分子链的卷曲（或舒展）程度，从而导致聚电解质薄膜收缩（或伸展）。

（4）疏水相互作用力

① 亲水基即亲水性原子团，是容易溶于水或容易被水所润湿的原子团。亲油基即亲油性原子团，它与油有亲和性，和油一样具有憎水性能，也称为疏水基，具有拒水作用。

疏水基常见的有碳氢键、聚氧丙烯、碳氟链、硅氧烷链、硼酸单甘油酯。

亲水基常见的有阴离子基团（如羧酸盐型 $RCOO^- \cdot Na^+$，磺酸盐型 $RSO_3 \cdot Na^+$、硫酸酯盐 $ROSO_3 \cdot Na^+$、磷酸酯盐 $ROPO_3 \cdot Na^+$）、阳离子基团（如胺盐型 $[RNH_3]\,Cl$、季铵盐型 $\left[R{-}N^+{-}CH_3\right]X^-$（其中 CH_3 上下）、吡啶盐型 $\left[R{-}N^+\bigcirc{-}\right]Cl$、多乙烯多胺型 $RNH\!\!-\!\!CH_2{-}CH_2NH\!\!-\!\!_n H_m Cl\ (m\leqslant n+1)$、胺氧化物 $R{-}N{-}O$（其中 CH_3 上下）等）。

② 表 3-3 列出各种基团的 H 值（亲水基团的基数）和 L 值（亲油基团的基数）

表 3-3　H 值和 L 值

亲水基	H	亲油基	L
$-OSO_3Na$	38.7	$-CH-$	0.475
$-COOK$	21.7	$-CH_2-$	0.475
$-COONa$	19.1	$-CH_3$	0.475
$-SO_3Na$	11	$=CH-$	0.475
酯（失水山梨醇环）	6.8	$-CF_2-$	0.870
$-COO(R)$	2.4	$-CF_3$	0.870
$-COOH$	2.1	苯环	1.662
$-OH$	1.9	$-CH_2CH_2CH_2O-$	0.15
$-O-$	1.3	$-CH-CH_2-O-$（CH_3）	0.15
$-OH$(失水山梨醇环)	0.5		
(CH_2CH_2O)	0.33	$-CH_2-CH-O-$（CH_3）	0.15

注：1. Griffin 在 1949 年最先提出 HLB（hydrophill and lipop-phill balance）概念，并规定最不亲水的石蜡 $HLB=0$，最亲水的十二烷基硫酸钠 $HLB=40$，其他各种表面活性剂的 HLB 值均处于 $0\sim40$ 范围。

2. Davies 在 1957 年提出 HLB 值的基数法估算方法的计算方式：$HLB=7+\sum H-\sum L$。

以自适应智能凝胶为例，作用在凝胶交联网络分子链上的四种结合力，如图 3-6 所示，由于这四种力相吸和相斥的平衡，使网络内的液体介质不易流失，从而保证了凝胶的外形。

二、导致凝胶智能行为的外部刺激

高分子凝胶能如生物体一样，对外部刺激做出相应的激烈变化（响应）。文献经常应用的导致聚合物智能行为的外部刺激可以区分为三大类。

（1）外部的物理刺激因素　可以是温度的变化，电磁光谱射线的照射（如无线电波、微波、紫外线），电场，外加应力或应变以及溶剂浓度的变化。

（2）外部的化学刺激因素　可以是 pH 值的变化，加入或去除电解质、盐类和生化制剂。

（3）外部的生理刺激因素　例如各种细菌、真菌、藻类和病毒。它们也能在特定的条件下对特定的材料发生有效的刺激。

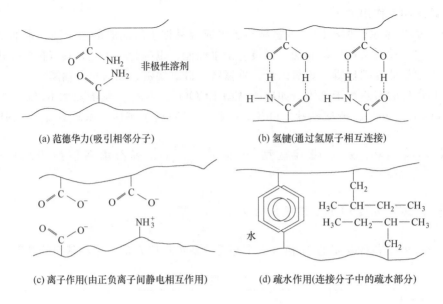

(a) 范德华力(吸引相邻分子) (b) 氢键(通过氢原子相互连接)

(c) 离子作用(由正负离子间静电相互作用) (d) 疏水作用(连接分子中的疏水部分)

图 3-6 控制凝胶行为四种结合力（资料来源：Dagani）

在这些物理、化学或生物的外部刺激下，能够引起材料属性的相应的变化。这些属性包括相态、形状、光学功能、力学性能、电场、表面能、反应速率、渗透速率和识别功能。其中很大一部的外部刺激及由其引起的性能变化，与下面要讨论的智能纤维材料有关。

三、凝胶的溶胀与脱水收缩作用

线型大分子溶液在改变温度、浓缩溶液、加入少量电解质，甚至在静置过程中，大分子间会形成网络结构，所形成的凝胶称为弹性凝胶（elactic gels）。弹性凝胶的一个重要性质是在吸收液体后，其体积显著增大，即溶胀作用。凝胶的溶胀分两个阶段进行。

第一阶段是，溶剂分子迅速进入凝胶中并与大分子作用形成溶剂化层。第一阶段的特征是：①液体的蒸气压很低，由于溶剂分子被大分子溶化，结合紧密，凝胶的体积增加量低于所吸收液体的体积，称之为体积收缩。②伴随溶胀过程释放出溶胀热，凝胶的微分溶胀热的最大值与大分子的溶解热十分近似。溶剂使大分子溶剂化的过程，时间很短。

第二阶段是溶剂分子渗透到凝胶中的过程。这一阶段的特点是几乎没有热效应，体系的体积增加量与吸收液体的体积一致。溶剂的渗透时间和渗透量与组成体系的物质本性和外部条件有关。

常用下列指标来表示凝胶的性能。

(1) 溶胀比（度） 溶胀比（度）定义为单位质量（体积）的凝胶在溶胀过程中进入凝胶中的介质的质量（体积），即

$$q_v = \frac{m}{m_1}(溶胀比), q = \frac{v}{v_1}(溶胀度)$$

式中，m 和 v 分别是溶胀中进入凝胶的介质质量和体积；m_1 和 v_1 分别是溶胀凝胶的质量和体积。

(2) 溶胀速率 dQ/dt

① 溶胀速率定义为单位时间内凝胶的溶胀量 $\dfrac{dQ}{dt}$

② 溶胀速率$\frac{\mathrm{d}Q}{\mathrm{d}t}$正比于$Q_{max}$与$Q$的差值：

$$\frac{\mathrm{d}Q}{\mathrm{d}t}=k_s(Q_{max}-Q)$$

式中，k_s为溶胀速率参数；Q_{max}为平衡状态时的吸收溶体的最大量；Q为即时的溶胀度。

由此可见，随着溶胀的进行，Q逐渐增大，差值（$Q_{max}-Q$）减小，溶胀速率$\frac{\mathrm{d}Q}{\mathrm{d}t}$也在降低。

（3）溶胀或收缩的特征时间

① 从凝胶中水的存在来看，其溶胀过程包含两个过程：

物理吸水过程，即自由水沿网络内毛细管通道逐层渗入到凝胶内部，网络产生松弛，水的运动性增加，此过程在溶胀初期占优势；

化学吸水过程，即结合水随网络松弛也不断增加，此过程与凝胶网络的涨落速率有关。

这两个吸水过程同时发生，涨落速率大小，与凝胶物理结构和化学结构有关。

② 凝胶的溶胀或收缩过程为扩散过程，其溶胀或收缩的速率与凝胶尺寸有关。根据聚合物网络在介质中协同扩散的概念，Tanaka T.推导出凝胶溶胀与收缩的特征时间t：

$$t=R^2/D$$

式中，R为凝胶尺寸；D为协同扩散系数，随聚合物浓度与交联密度不同，一般取$D=10^{-7}\sim10^{-8}\,\mathrm{cm^2/s}$。

③ 由于D的数值变化不会太大，相对固定，因此为加快响应速率，降低凝胶尺寸（R）是唯一有效途径。

（4）凝胶的弹性模量E

① 由于凝胶是机械强度较差的"软""湿"体，经典力学仪器一般无法测定它的弹性模量的变化。

② 水凝胶的弹性模量取决于凝胶的温度、交联度和溶胀度。当温度和交联度保持恒定时，Parpura V，Fernandez JM，求得其弹性模量E与溶胀度的关系式：

$$E=A(V/V_0)^{-5/3}=Aq^{-5/3}$$

式中，q为溶胀度；A为弹性系数。

（5）凝胶机械强度h

① 一般凝胶机械强度较差，无法测定，但凝胶与某些聚合物共混或组成互穿网络后有较好的强度，张艳群、哈鸿飞采用图 3-7 装置进行了测定。

② 测定方法：将凝胶切成直径 18mm、高 12mm 的试片，放在测定仪平台上，通过凝胶上加载一定重量砝码，使其压缩。每个凝胶被压缩的相对量 h 可以得该凝胶强度的大小：

图 3-7　凝胶机械强度测定装置

$$h=(l_0-l)/l_0$$

式中，l_0为凝胶原始高度；l为凝胶压缩后的高度。

（6）凝胶功W

① 中国科技大学阎主峰等设计出测量盐敏性凝胶的做功情况的实验装置（见图 3-8）。

该装置有一定的普适性，也可以用来测算其他敏感性凝胶的做功情况。

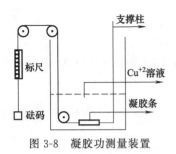

图 3-8 凝胶功测量装置

② 凝胶功可按下式计算：$W = mgh$

式中，W 为功；m 为砝码质量；h 为砝码升降的高度；g 为重力加速度。

(7) 离浆速率 $\mathrm{d}V/\mathrm{d}t$

① 与凝胶的溶胀相反的过程是介质从凝胶中逐渐分离出来的过程，称为脱水收缩作用，或称离浆作用。脱水收缩时随着介质的逸出，弹性凝胶中的微晶压逐渐增大，使三维网络结构更加紧凑和稳定，是自由能减少的过程。它的一个特点是脱水收缩之后凝胶的体积大为缩小，但是形状却基本维持不变。离浆速率 $\dfrac{\mathrm{d}V}{\mathrm{d}t}$ 可以定义为单位时间析出的液体量：

$$\frac{\mathrm{d}V}{\mathrm{d}t} = k_0 (V_{max} - V)$$

式中，V 为即时析出的液体体积；V_{max} 为最大析出液体体积；k_0 为离浆速率常数。离浆速率也符合一级反应动力学公式，这已为实验所证实。实验还表明，离浆速率常数 k_0 与许多因素有关：a. 温度升高，促进离浆，但是升温要适度，否则凝胶有可能变成溶液；b. 加入电解质会加速离浆；c. 凝胶浓度增加，离浆速率增大；d. 对凝胶施压可促进离浆过程。

② 根据分散质点和形成凝胶结构时质点间联结的特点，凝胶可以分为两类。

a. 弹性凝胶（elastic gel）。由柔性的线型大分子物质（如明胶、琼脂等）形成的凝胶，其干胶在水中加热溶解后，在冷却过程中便胶凝（gelatimation）成凝胶。此凝胶经脱水干燥又成干胶（xerogel），并可如此重复下去，这一过程完全是可逆的，故可称为可逆凝胶（reversible gel）。

b. 非弹性凝胶（non-elastic gel）。由刚性质点（如 SiO_2、TiO_2、V_2O_5、Fe_2O_3 等）凝胶（sol gel）所形成的凝胶。亦称为刚性凝胶（rigid gel）。这类凝胶脱水干燥后再置水中加热一般不形成原来的凝胶，更不能形成产生此凝胶的溶胶，因此这类凝胶又称为不可逆凝胶（irreversible gel）。

③ 凝胶的溶胀与离浆过程互为逆过程，理论上脱水收缩过程所析出的液体量等于溶胀过程所吸收的液体量，但是无论弹性凝胶还是刚性凝胶（rigid gel）的离浆与其溶胀都不是完全的可逆的过程。弹性凝胶的不完全可逆性则归因于凝胶物质的不均匀性，相对分子质量不一致以及易于发生某些副反应等。

环境敏感水凝胶按照材料来源一般分为：a. 天然高分子凝胶（包括多糖、蛋白质和多肽等）；b. 合成高分子凝胶（常见的有聚甲基丙烯酸-2-羟基丙烯酰胺（PNIPAAm）、聚丙烯酸（PAA）、聚丙烯酰胺（PAAm），聚乙二醇-聚丙二醇-聚乙二醇（PEO-PPO-PEO）等。凝胶的体积随外界环境因素（溶剂组成、离子强度、pH 值、温度、光和电场等）变化，产生不连续变化的现象称为凝胶的体积相变。凝胶的相转变可以是由溶胀相转为收缩相，或由收缩相转为溶胀相。转变开始是连续的，但在一定条件下能产生体积变化达数十倍到数千倍的不连续转变即所谓突变。这种转变类似于物质的液气相变。下面以水解聚丙烯酰胺凝胶在水-丙酮溶液中的体积相转变（图 3-9）为例来说明凝胶的体积相转变现象。由图可见，随着丙酮浓度（即水-丙酮混合液中丙酮体积分数）的增大，凝胶逐渐收缩，当丙酮浓度增加某一数值时，凝胶的体积收缩发生突变，呈不连续变化，即发生了由溶胀相到收缩相转变。凝胶由连续变化到不连续变化的转折点称为临界点。这种相转变行为发生变化的原因是，加入丙酮后，水与酰胺基团之间形成的氢键解离[参阅图3-6（b）所示]，削弱了网络和水之间的亲和力，因而凝胶收缩，这里的体积相转变是由于溶剂组成不同而引起的。

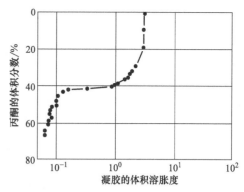

图 3-9　水解聚丙烯酰胺凝胶在水-丙酮溶液中的体积相转变

高分子凝胶之所以能随环境的变化而发生相转变，是因为体系内存在几种相互作用力：范德华力、氢键、静电作用和疏水作用力。正是由于这些力相互作用的结果，才使凝胶呈溶胀或收缩，因而产生体积相转变。T. Tanaka 等用相图描述了这四种作用力引起高分子凝胶发生体积相变的实例，其结果如图3-10所示。举例说明见表3-4。

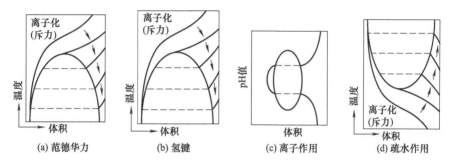

图 3-10　凝胶体积受四种作用力的影响而溶胀和收缩的相图

下面对图 3-10 举例分析说明，并归纳列于表 3-4 中。

表 3-4　对图 3-10 的举例说明

凝胶体积相变示意图	举例说明
图 3-10(a)	①表示范德华力引起的凝胶体积相变 ②聚丙烯酰胺(PAAm)在水-丙酮混合溶液中,不同丙酮浓度下随温度变化发生的溶胀和收缩,就属于这种类型 ③范德华力一般包括三个部分： a. 静电力(极性分子永久偶极矩之间的相互作用力) b. 诱导力(极性分子的永久偶极矩与其他分子的诱导偶极矩之间的相互作用力) c. 色散力(分子瞬间偶极矩之间的相互作用力) 在大的溶质分子间近距离的相互作用的色散力,在非极性有机溶剂体系的凝胶中起着重要作用
图 3-10(b)	①表示氢键引起的凝胶体积相变 ②聚丙烯酸(PAA)/聚丙烯酰胺(PAAm)互穿网络(IPN)凝胶在纯水中每根高分子链常在不同的电离基团下随温度变化发生的溶胀和收缩,就属于这种类型 ③含氧、氮等电负性大的原子的凝胶网络,容易形成氢键,它在凝胶相变中作用很大。当形成氢键时,大分子将以特定方式排列而收缩,温度升高时氢键容易破坏,因此凝胶往往在较高温度下溶胀

凝胶体积相变示意图	举 例 说 明
图 3-10(c)	①表示凝胶在离子吸力作用下发生的体积相变 ②丙烯酰胺-丙烯酸钠/甲基丙烯酰胺丙基三甲基氯化铵凝胶，是一种同时含有阳、阴离子的两性离子聚合物，它在纯水中随 pH 值变化发生的溶胀和收缩，就属于这种类型 ③离子相互作用力源于大分子链上荷电基团的正、负离子相互吸引；例如弱酸性丙烯酸（AAc）和强碱性的季铵盐合成的两性凝胶 a. 当介质接近中性时凝胶收缩，在酸性或碱性介质中凝胶溶胀 b. 在碱性或酸性介质中，电离基团只能单方解离，凝胶网络上的正-正、负-负电荷相斥，凝胶溶胀
图 3-10(d)	①表示疏水作用引起的凝胶体积相变 ②聚甲基丙烯酸-2-羟基丙烯酰胺（PNIPAAm）凝胶在纯水中，不同疏水基下随温度变化发生的溶胀和收缩，就属于这种类型 ③凝胶的不连续体积相变是溶胀和收缩力相互竞争的结果。斥力为主时凝胶溶胀，引力占主导地位时凝胶收缩。在 PNIPAAm-水体系中，，在低温时，一部分水分子与 PN1PAAm 分子链中的酰胺基形成氢键，另一部分分子在疏水的异丙基周围形成有序的水合水层，使大分子链亲水，呈伸展状态。当温度升高到某值时，水分子与酰胺基团的氢键部分被破坏，且疏水表面的有序水合水"崩溃"，疏水基团外露，由于范德华力的吸引，大分子链段由伸展结构变为塌陷的结构，最终从溶液中沉出，此变化温度为低临界溶解温度（lower critical solution temperature，LCST）。在此相变过程中，水合水熵值的增加抵消了 PNIPAAm 链段熵值的减少

四、凝胶内部与周围溶液之间的渗透压

凝胶之所以溶胀或收缩，是由于凝胶内部溶液与周围溶液之间存在着渗透压。凝胶的渗透压是三部分渗透压 π 所构成：

$$\pi = \pi_1 + \pi_2 + \pi_3 \qquad (3\text{-}1)$$

式中，π_1 为高分子与溶剂混合的渗透压；

π_2 为电解质凝胶中可迁移离子引起的渗透压；

π_3 为溶胀导致高分子网络变形所伴随的渗透压。

π_1 可以由经典的 Flory-Huggins 格子模型计算，当分子量无限大时，

$$\pi_1 = RTV_0 \left[\ln(1-\Phi) + \Phi + X\Phi^2 \right] \qquad (3\text{-}2)$$

式中，R 和 T 分别为气体常数和热力学温度；Φ 是高分子网络的体积占有率，它是溶胀度 Q 的倒数；X 是 Flory 相互作用参数，V_0 是溶剂的摩尔体积。

高分子电解质凝胶中存在可迁移的反离子，为满足电中性的条件，它们不能自由扩散到凝胶外部溶液中去，凝胶就像一个反离子不能通过的半透膜，在其两侧产生渗透压。

如果忽略固定于高分子网络上的电离基团之间以及它们和反离子间的相互作用，当可迁移离子在凝胶内部和外部溶液中的浓度中分别为 C 和 C'（mol/cm^3）时：

$$\pi_2 = -RTV_0(C-C') \qquad (3\text{-}3)$$

如果溶液中添加盐时，C 和 C' 的关系按 Donnam 平衡条件计算；不添加盐时，$C'=0$。当电离基为一价，反离子也是一价时：

$$\pi_2 = -RTf\nu\Phi \qquad (3\text{-}4)$$

如果凝胶溶胀时高分子网络受到拉伸，构象熵减小，由理想橡胶仿射网络的弹性理论可得 π_3：

$$\pi_3 = -RT\nu\Phi_0 \left[(\Phi/\Phi_0)^{1/3} - 1/2(\Phi/\Phi_0) \right] \qquad (3\text{-}5)$$

式中 f——每根高分子链上带有电离基团数量；

ν——不含溶液的干凝胶中单位体积的高分子链数量；

Φ_0——参考状态的体积占有率。

将式（3-2）～式（3-5）代入式（3-1），可求得凝胶的渗透压 π：

$$\pi = -(RT/V_0)[\ln(1-\Phi)+\Phi+X\Phi^2]-RT\nu\Phi[(\Phi/\Phi_0)^{1/3}-1/2(\Phi/\Phi_0)]+RTf\nu\Phi$$

$$(3-6)$$

上式也称为凝胶的状态方程。它表达了渗透压 π-高分子网络的体积占有率 Φ-热力学温度 T 的关系。

通过上述理论分析可知以下结论。

① 凝胶的溶胀主要取决于以下三种因素，a. 凝胶内外离子浓度差；b. 高分子链与溶剂的相互作用；c. 高分子的橡胶弹性。当这三者间达到平衡时，凝胶溶胀，呈平衡状态。

② 当溶剂达到平衡时，$\pi=0$，体积不再变化，由式（3-6）可解得 Flory 相互作用参数 X：

$$X = -\left[\frac{\ln(1-\Phi)}{\Phi^2}+\frac{1}{\Phi}\right]-\frac{V_0\nu\Phi_0}{\Phi^2}\left(\frac{\Phi}{\Phi_0}\right)^{\frac{1}{3}}-\frac{1}{2}\left(\frac{\Phi}{\Phi_0}\right)+\frac{fV_0\nu}{\Phi}$$

$$(3-7)$$

③ 令 $\tau=1-2x$，则可以就获得归一化温度（normalizatime temperature）τ：

$$\tau = 1+\frac{2}{\Phi}+\frac{2\ln(1-\Phi)}{\Phi^2}-\frac{V_0\nu\Phi_0}{\Phi^2}\left[(2f+1)\left(\frac{\Phi}{\Phi_0}\right)-2\left(\frac{\Phi}{\Phi_0}\right)^{\frac{1}{3}}\right]$$

$$(3-8)$$

这里，τ 反映了溶剂对高分子的特性：当 $\tau>0$ 时，溶剂是良溶剂；当 $\tau<0$ 时溶剂为不良溶剂。

④ 上述凝胶状态方程的求导，没有考虑大分子链的缠结、自由链的分支、链的非高斯性及链的多分散性的影响；也忽略了离子型凝胶电荷-电荷间的相互作用及反离子浓度的影响，因此该理论公式是不完善的，然而该理论公式却给人们如何去理解凝胶的相变行为，奠定了一定的基础。

Tanaka 等学者利用式（3-8）计算出有关数据并给出如图 3-11 所示的凝胶的体积相变曲线。

由图可得以下结论。

① 当高分子链上不带电荷（$f=0$）或者只带少量电荷（如 $f=0.659$）时，凝胶的体积随着归一化温度 τ 的变化做连续的变化；当高分子链上带有的电荷数（如 $f=$ 1，2，3，4，5，6，7，8）较大时，凝胶的体积则随 τ 的变化做不连续的变化，而发生体积相转变（出现体积突变段，如图中水平线所示）。如果给凝胶加上一个特定的刺激（温度）并使这种刺激（温度）由"低-高-低"的反复变化，凝胶体积就会相应地出现"溶胀-收缩-溶胀"的反复记忆的响应。

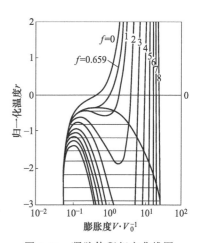

图 3-11   凝胶体积相变曲线图

② 它是在凝胶的渗透压 $\pi=\pi_1+\pi_2+\pi_3=0$ 的前提下，绘制出来的 τ-V/V_0 的等压曲线。凝胶网络和液体介质的相互作用，液体介质进入凝胶网络后，其体积增大，发生凝胶体溶胀；液体介质析出凝胶网络后，其体积减小，发生凝胶体脱水收缩；当液体介质进入和离开凝胶网络的渗透压达到平衡时 $\pi=\pi_{\text{in}}-\pi_{\text{out}}=0$，于是凝胶的溶胀作用和脱液收缩作用才达到平衡。由此可知：图中的每根溶胀-收缩曲线都是 $\pi_{\text{in}}=$

π_{out} 的等压曲线。在同一温度下，当 $\pi_{in} > \pi_{out}$ 即 π 为正值时，凝胶吸收液体介质，进行溶胀达到渗透压 $\pi = 0$；当 $\pi_{in} < \pi_{out}$ 即 π 为负值时，凝胶析出液体介质，进行脱液收缩达到渗透压 $\pi = 0$。

③ 形状记忆凝胶（SMG）的非连续的体积变化过程，实际上是由一种溶胀平衡向另一种溶胀平衡的过渡过程。凝胶体系中存在两种相反过程的平衡过程：一方面，溶剂力图渗入网络内使体积溶胀，导致凝胶网络伸展；另一方面，交联点之间分子链的伸展，会降低分子链的构象熵（conformation entropy），使分子网络有了弹性收缩力，使网络具有收缩的趋势。当这两种作用相等时，凝胶体系就达到了溶胀平衡。凝胶体相变化是讨论各种 SMG 的基础。一般研究认为，正是由于有了体积相转变（突变），才使凝胶对环境的微小变化有着明显的响应，产生了形状记忆功能。

④ 实验证实：不同温度下，微观的小尺寸凝胶，体积变化是连续的，而一般宏观大尺寸凝胶是非连续的体积突变的。其原因是：在高分子凝胶中，存在分子链分布很宽的亚链，由不同长度的亚链组成不同的亚网络，再由不同的亚网络构成凝胶体。由不同长度亚链组成的亚网络具有不同的交点间分子量，当温度发生变化时将在不同温度下发生相转变，其中由长亚链组成的亚网络最先发生相转变。大尺寸凝胶具有较高的剪切模量；而微观小尺寸凝胶的剪切模量则较小。因此，在温度变化时，凝胶中不同亚链收缩产生应力积累到一定程度时，如果凝胶剪切模量不能维持凝胶的宏观尺寸时，凝胶体积就会突然坍塌。由此可知，微观尺寸凝胶的剪切模量小，无法抗拒初始亚链收缩应力，所以发生的是连续的体积变化，而大尺寸凝胶的剪切模量大，能够抗拒初始亚链收缩应力，不能立即使凝胶宏观尺寸变化，所以发生的是非连续的体积突变。

五、高分子凝胶溶胀动力学分析

高分子凝胶产生形状记忆效应（shape memory effect）的基础是体积相变。而体积相转变的推动力是渗透压。凝胶网络内外渗透压不平衡时凝胶就会溶胀和收缩、凝胶溶胀时，首先是溶剂小分子向凝胶网络空间扩散，接着是溶剂化作用引起高分子链段的松弛，最后使高分子链向空间伸展（即协同扩散），而使之溶胀。人们提出了许多理论模型来解释其溶胀行为。

Kabra B. G. 用 Fick 扩散方程来描述高聚物凝胶网络的溶胀过程。得到的公式，对溶胀过程中吸收溶剂量少、网络间链段松弛很快的一类凝胶来说，可以较正确地描述它的溶胀过程，但对于溶胀过程中吸收溶剂较大、溶胀比可达几十倍甚至千倍的形状记忆凝胶（SMG）来说，会出现理论与实际的较大偏差。这是由于 Fick 定律中是将凝胶膜厚度（L）和扩散系数（D_p）作为常数的，而 SMG 的（L）和（D_p）在溶胀过程中是变化的并非常值。

目前许多凝胶溶胀模型均基于 Flory-Huggins 理论建立起来。这些模型的共同思路是，依据比较经典的 Flory-Huggins 理论，依次推导出凝胶网络的渗透压 π、凝胶溶胀达到平衡时的 Flory 相互作用参数 X 和归一化温度 τ 的数学表达式，最后绘出高分子凝胶的溶胀等压图。即以凝胶交联点间链段上电荷数 f 为参数的，以 τ-q 曲线表达的凝胶的理论体积相变图或称高分子凝胶的理论等压图。由于推导中忽略了一些因素，理论上尚欠完善，但对人们了解凝胶的相变行为有一定的启迪。

对于聚电解质凝胶体系，Donnan 平衡理论可以较为准确地解释其溶胀行为。聚电解质（polyelectrolyte）是指在高分子链上带有离子化基团的高聚物。高分子链上带正电荷的属阳离子型聚电解质（如聚 4-乙烯吡啶正丁基溴季铵盐），高分子链上带负电荷的属阴离子型聚电解质（如聚丙烯酸钠）；高分子链上同时具有阴离子和阳离子的，称为两性型电解质（如丙烯酸-乙烯吡啶共聚物）：

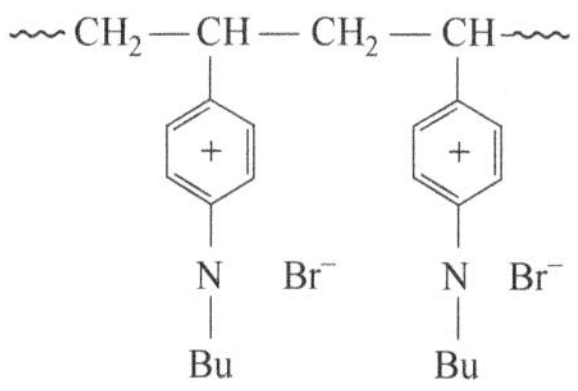

聚4-乙烯吡啶正丁基溴季铵盐(Bu代表丁基)

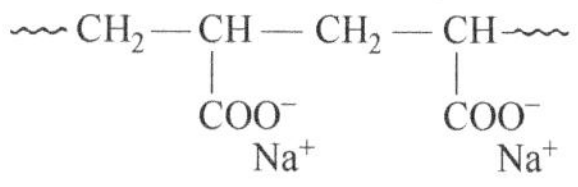

聚丙烯酸钠

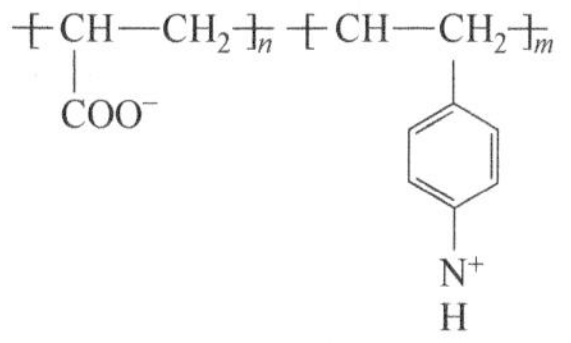

丙烯酸-乙烯吡啶共聚物

一些常见的聚电解质列表 3-5 中。

表 3-5　一些常见的聚电解质

聚电解质名称	结　　构	聚电解质名称	结　　构
聚丙烯酸	$+CH_2—CH+_n$ COOH	聚甲基丙烯酸	CH_3 $+CH_2—C+_n$ COOH
聚磷酸	O $+O—P+_n$ OH	丙烯酸与顺丁烯二酸共聚物	$+CH_2—CH—CH—CH+_n$ COOH COOH COOH
聚乙烯磺酸	$[CH_2—CH+_n$ SO_3H	甲基乙烯醚与顺丁烯二酸共聚物	$+CH_2—CH—CH—CH+_n$ O　　COOH COOH CH_3
聚氨基乙烯	$+CH_2—CH+_n$ NH_2	苯乙烯-顺丁烯二酸共聚物	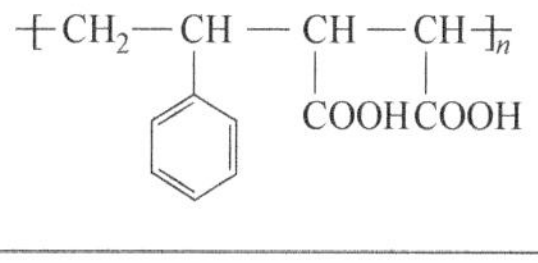 $+CH_2—CH—CH—CH+_n$ 苯环　COOH COOH
聚乙烯亚胺	$+CH_2—CH_2—N+_n$ H	聚乙烯苯磺酸	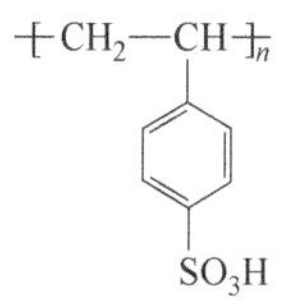 $+CH_2—CH+_n$ 苯环 SO_3H
聚 4-乙烯吡啶	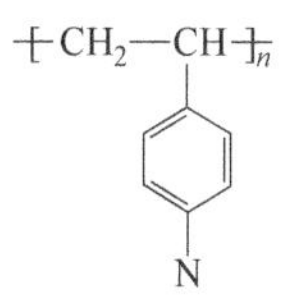 $+CH_2—CH+_n$ 吡啶环 N	聚 4-乙烯-N-十二烷基吡啶	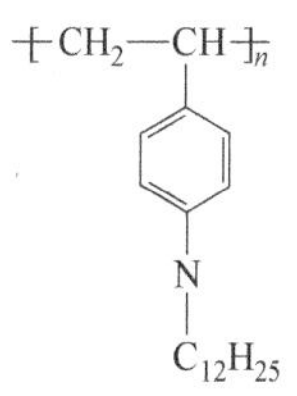 $+CH_2—CH+_n$ 吡啶环 N C_{12}H_{25}

依据电离子基团在分子链上位置，聚电解质可分为主链型（如聚乙烯基亚胺以及许多蛋白质）和侧链悬挂型（如大部分聚电解质那样的，高分子侧链上带有可电离基团）。依电离基团的强弱，聚电解质又分为强聚电解质（在整个 pH 范围都能电离，为磺酸基、季铵基和重氮基等）和弱聚电解质（只能在部分 pH 范围内发生电离，如羧基和氨基等）。

聚电解质中占主导地位的是静电相互作用，它是高聚物中分子链间最强的相互作用。高分子链上的荷电基团间的斥力导致高分子链伸展，而高分子链的热运动又使其不可能安全伸直成棒状，而介于无规线团与伸直棒之间的构象。由于受高分子链的限制，聚电解质的电离基团不可能均匀分散在溶液中。分子链上相同电荷间的强烈排斥将导致聚电解体系自由能大大升高，具体表现在聚电解质溶液黏度的异常上，离子化聚电解质溶液的黏度比通常高聚物溶液的黏度要高，显示特有的浓度依赖性。一般高聚物溶液，随着浓度增加，其黏度呈线性升高。而聚电解质溶液，在较高浓度时，高分子链周围存在大量反离子（counter ion），离子化作用并不会引起链构象的明显变化，高分子链相互靠近，构象不太舒展，溶液的比浓黏度变化非常小。随着浓度降低，离子化产生的反离子会脱离高分子链区向纯溶剂区扩散，缺少了反离子的高分子链的有效电荷就会增加，静电斥力作用加上，链的构象比中性高分子链更加舒展，尺寸较大，浓度越小，则分子链所带净电荷数愈多，分子链越舒展，比浓黏度越高。

聚电解质凝胶体系，由于凝胶网络上大分子离子不能独立运动，在离子化过程中出现凝胶内离子浓度 $C_内$ 和凝胶外离子浓度 $C_外$ 符合以下条件时就可达到 Donnan 平衡：

$$C_内 = C_外 \, K_D^Z$$

式中，K_D 为 Donnan 分配系数；Z_i 为离子电荷。对聚丙烯酸（PAAC）凝胶而言，其 $K_D \geqslant 1$，因此该凝胶内外浓度差引起的渗透压也越大。

聚电解质凝胶在溶剂、盐浓度和电场等外界条件微小变化的刺激下，平衡溶胀体积发生突变——体积相变。聚电解质凝胶体积相变有科学和应用两个方面的意义。从科学角度看，体积变化时高分子链构象变化反映了体系相互作用的变化，从而可以找出它们之间的关系；从应用角度看，体积相变时聚电解质凝胶对环境微小变化做出明显响应，这种敏感性和能量转换能量，表明它们具有新型功能或智能材料的应用前景。

例如，所有带磺酸基的 DS 凝胶（如 2-丙烯酰胺基-2-甲基丙磺酸，与 N，N-二甲基丙烯酰胺的共聚物），当混合溶剂中丙酮体积达 80% 时（变化范围很小）都会发生体积相变。

① 只要介质的介电系数变化足够大，即使在有机溶剂中也会发生体积相变。图 3-12 是

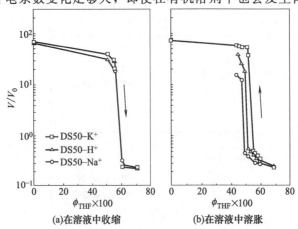

(a)在溶液中收缩 (b)在溶液中溶胀

图 3-12　不同反离子的磺酸基凝胶在混合溶剂中的体积相变

某磺酸基凝胶（DS）在不同二甲基亚砜（DMSO)/四氢呋喃（THF）中体积相变的试验数据。

② 导致磺酸基凝胶体积相变的主要因素仍然是静电相互作用。当加入低极性溶剂（如丙酮）使介质的介电常数低于某一值，磺酸基无法电离而形成束缚离子对，束缚离子对之间的偶极吸引导致了高分子链之间的"交联"，产生网络收缩，在宏观上表现为体积相变，如图3-13所示。

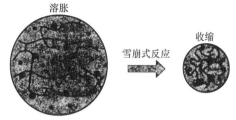

图 3-13 强聚电解质溶液在有机溶剂中的体积相变

六、交联高聚物溶胀平衡热力学分析

交联高聚物在溶剂中只能溶胀而不能溶解。交联高聚物的溶胀过程是两种相反倾向趋于平衡的过程：一方面，溶剂渗入高聚物内，使之体积膨胀，引起交联网络在三维方向上的伸展；另一方面，交联点间分子链的伸展又导致分子链构象熵的降低，从而在交联网络中产生弹性回缩力，力图使交联网络收缩。当这两种倾向相互抵消时，就达到了溶胀平衡。此时，高聚物-溶剂体系中存在两个相：一相是溶胀交联网络，可以看成是溶剂分子在高聚物中的溶液；另一相是纯溶剂。两相之间存在明显的界面。

一般研究者认为，凝胶溶胀过程可以用 Helmhotz 自由能理论来表述：

$$F_{gel} = F_{mix} + F_{elas} + F_{don} + F_{rep}$$

式中，F_{gel} 为凝胶 Helmhotz 自由能；F_{mix} 为高分子链与溶剂的混合自由能；F_{elas} 为交联网络的弹性自由能（即网络形变引起的弹性恢复力对凝胶自由能的贡献）；F_{don} 为离子对自由能的贡献；F_{rep} 为固定在网络上的离子间的静电作用对凝胶自由能的贡献。

众所周知，环境变化可以改变溶胀平衡自由能，从而改变渗透压，导致平衡溶胀比 $S_R = (m - m_0)/m_0 = \Delta m/m_0$（其中 m 为凝胶在溶剂中溶胀平衡时的质量，m_0 为干凝胶的质量，$\Delta m = m - m_0$ 为溶胀平衡时凝胶净吸收的溶剂的质量）的改变。从大分子经典理论可知，静电斥力不仅与网络上粒子数相关，还与介质离子强度相关（介质中离子强度越小，相应的离子氛半径越大，静电斥力也越大，从而通过影响自由能来影响溶胀平衡）。弹性自由能 F_{elas} 在凝胶溶胀时起着约束作用，混合自由能 F_{min}，尤其是 F_{don} 和 F_{rep} 两项，随着周围介质 pH 值及离子强度的变化对溶胀性能也产生着影响。

对于高分子链上不带有可离子化基团的高聚物来说，溶胀过程中溶胀体内自由能的变化仅包括两部分，即 $F_{gel} = F_{mix} + F_{elas}$。根据高分子溶液理论，可以求得高聚物与溶剂的混合自由能 F_{mix} 为：

$$F_{mix} = RT(n_1 \ln \varphi_1 + n_2 \ln \varphi_2 + \chi_1 n_1 \varphi_2) \tag{3-9}$$

式中，R 为摩尔气体常数；T 为热力学温度 K；n_1 为溶胀样品内吸入溶剂的摩尔数；φ_2 为交联高聚物在平衡溶胀中所占的统计分数；χ_1 为两相之间的相互作用系数；n_2 为纯溶剂的摩尔数；φ_1 为溶液中溶剂的体积分数。

根据平衡高弹形变统计理论，单位体积各向同性交联高聚物因溶胀而引起三维交联网络发生高弹形变的自由能变化 F_{elas} 为

$$F_{elas} = \frac{\rho_2 RT}{2\overline{M}_c}(\lambda_1{}^2 + \lambda_2{}^2 + \lambda_3{}^2 - 3) \tag{3-10}$$

式中，ρ_2 为交联样品溶胀前的密度；$\overline{M}_c$ 为交联点之间的平均相对分子质量，λ_1、λ_2、λ_3 为单位立方体交联高聚物样品在溶剂中达到的平衡溶胀时各边的伸长比。对于同向同性交联高聚物样品来说，$\lambda_1 = \lambda_2 = \lambda_3 = \lambda$，式（3-10）可以写成

$$F_{elas} = \frac{\rho_2 RT}{2\overline{M}_c}(3\lambda^2 - 3) = \frac{3\rho_2 RT}{2\overline{M}_c}\left[(\frac{1}{\varphi_2})^{\frac{2}{3}} - 1\right] \tag{3-11}$$

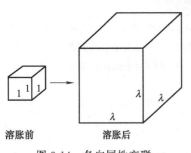

图 3-14 各向同性交联
高聚物溶胀示意图

图 3-14 为各向同性交联高聚物溶胀示意图。设该样品在溶剂中达到平衡溶胀比为 $q_\infty = \dfrac{V_\infty}{V_0}$（$V_0$ 为干胶体积，V_∞ 为溶胀后凝胶的体积），则有下列关系：

$$\begin{cases} q_\infty = \dfrac{1}{\varphi_2} = \lambda^3 = 1 + n_1 V_{m.1} \\ \lambda = q_\infty^{\frac{1}{3}} = (\dfrac{1}{\varphi_3})^{\frac{1}{3}} \end{cases} \tag{3-12}$$

式中，φ_2 为交联高聚物在平衡溶胀样品中所占的体积分数，$\varphi_2 = V_0/V_\infty$；$V_{m.1}$ 为溶剂的摩尔体积。

相应地，在交联聚合物溶胀过程中，溶剂化学位的变化也由两部分组成，即

$$\begin{cases} \mu_{1,溶胀} = \mu_{1,M} + \mu_{1,elas} \\ 而\ \mu_{1,M} = RT\left[-\dfrac{1}{\chi}\varphi_2 + (\chi_1 - \dfrac{1}{2})\varphi_2^2\right] \xrightarrow{\ 当\ \chi \to \infty\ } RT(\chi_1 - \dfrac{1}{2})\varphi_2^2 \\ \mu_{1,elas} = \dfrac{\rho_2 RT}{\overline{M}_c}V_{m,1}\varphi_2^{\frac{1}{3}} \end{cases} \tag{3-13}$$

溶胀平衡时，$F_{gel} = 0$，$\mu_{1,溶胀} = 0$，因此综合以上各式，并取 $\rho_2 = 1/q_\infty$，可以得到溶胀平衡方程：

$$q_\infty^{\frac{5}{3}} = \frac{\overline{M}_c}{\rho^2 V_{m,1}}(\frac{1}{2} - \chi_1) \tag{3-14}$$

由溶胀平衡方程式可知：

① 如果已知高聚物与溶剂的相互作用参数 χ_1，就可以通过测定 q_∞，从溶胀平衡方程（3-14）算出交联高聚物交联点之间的平均相对分子质量 $\overline{M}_c$。对于同种高聚物，样品的交联度越高，则 q_∞ 越小，$\overline{M}_c$ 越小。

② 实验上，可通过测定交联高聚物溶胀前的质量 m_2 和密度 ρ_2，溶胀平衡时样品中吸入的溶剂质量 m_1 和密度 ρ_1 数据后，通过下式来计算凝胶在溶剂中达到平衡的溶胀比：

$$q_\infty = \frac{\dfrac{m_1}{\rho_1} + \dfrac{m_2}{\rho_2}}{\dfrac{m_2}{\rho_2}} \tag{3-15}$$

第三节　自适应性凝胶

一、形状记忆凝胶（SMG）的制备

形状记忆凝胶的制备，主要是对交联结构的控制。交联网络的生成可采用物理方法和化学方法。

（1）物理方法　物理方法是由水溶性聚合物直接交联所得，可分为共价型交联和非共价

型交联。

① 共价型物理交联。一般在无交联剂存在下，通过紫外线、放射线、等离子体等射线引发交联。采用较多的是辐射交联，常用辐射源有钴-60（^{60}Co）和铯-137（^{137}Cs）及电子束加速器等。辐射的剂量和时间是影响聚合物性能的重要因素。辐射交联因聚合温度低、操作简单、交联度可通过辐射来控制且不污染产品等优点而受重视。

② 非共价型交联。它与聚合物链结构有关，聚合链可通过（氢键、疏水缔结、静电作用等）不同作用形式形成结合而交联。

（2）化学方法 一般采用在交联剂存在的条件下，由烯类单体引发聚合而成，可以采用本体聚合、溶液聚合、悬浮聚合以及乳液聚合。由于溶液聚合法方便易行，常常用于有机溶剂中自由基引发和水介质中氧化还原引发聚合。自由基聚合可以调控官能团密度，也可以根据需要将不同敏感性的官能团引入聚合物骨架中。

常用的交联剂有 N、N'-亚甲基双丙烯酰胺(BIS)、一缩乙二醇二丙烯酸酯（DAE）、三羟甲基丙烷三丙烯酸酯（TAE）、衣康酸双烯二酯等；引发剂一般为氧化还原体系，氧化剂主要是过硫酸铵（APS）、过氧化氢（H_2O_2），还原剂为亚铁盐、焦硫酸钠和四甲基乙二胺（TEMED）等，也可用偶氮二异丁腈（AIBN）等引发。

聚合时温度、单体浓度、引发剂类型和用量等反应条件对凝胶性能有很大影响。

SMG 可以是均聚物，也可以共聚物。由于共聚可以赋予凝胶更多更好的性能，因此共聚产物比较多，具有互穿聚合物网络（interpenetrating polymer networks，IPN）结构的凝胶就是目前合成较多的共聚 SMG。为了提高 SMG 的某些性能（如机械强度、响应性等），有时也采用接枝法来改性 SMG。

二、水凝胶及其典型产品

高分子凝胶按分散介质的不同，可以分为高分子水凝胶（用水作为分散介质）和高分子有机凝胶（以有机溶剂作为分散介质）。目前研究最多的是高分子水凝胶。

高分子水凝胶（hydrogels）是属于亲水性交联聚合物，其亲水性来源于结构中有亲水基团（如—OH、—COOH、—CONH$_2$、—SO$_3$H），其不溶性和形状稳定性则来源于聚合物分子链的三维网状结构。

1. 水凝胶的分类

水凝胶可以分为天然的和合成的两大类：天然的有琼脂糖、明胶等；合成的更多，如聚甲基丙烯酸酯、聚 N-乙烯基吡咯烷酮、聚 N-异丙基丙烯酰胺、聚环氧乙烷等。

适用于制备水凝胶的单体很多，大致可分为中性、酸性和碱性三种，表 3-6 归纳了一些常用的单体和交联剂。

表 3-6　用于合成水凝胶的几种单体

单体名称	结构式	备注
中性 甲基丙烯酸羟烷基酯	CH$_3$ CH$_2$=C—CO$_2$R	R 可以分别为 CH$_2$CH$_2$OH，CH$_2$CH(CH$_3$)OH，CH$_2$CH—CH$_2$OH 等 OH
丙烯酰胺衍生物	R O CH$_2$=C—C—N—R' R''	R：H，CH$_3$ R'，R''：H，CH$_3$，C$_2$H$_5$，CH$_2$CHOHCH$_3$
N-乙烯基吡咯烷酮	O CH$_2$=CH—N	

单体名称	结 构 式	备 注
2,4-戊二烯-1-醇憎水性丙烯酸酯衍生物	$CH_2=CH\ CH=CH\ CH_2OH$ $CH_2=\overset{R}{\underset{|}{C}}-CO_2R'$	$R:H,CH_3$ $R':CH_3,CH_2CH_3,C_4H_9$ 等
酸性或阴离子型		
丙烯酸及其衍生物	$CH_2=\overset{R}{\underset{|}{C}}-CO_2H$	$R:H,CH_3$
巴豆酸	$CH_3-CH=CH-CO_2H$	
苯乙烯磺酸钠	$CH_2=CH-\bigcirc-SO_3Na$	
碱性或阳离子型		
甲基丙烯酸氨乙酯及衍生物	$CH_2=\overset{R}{\underset{|}{C}}-\overset{O}{\overset{\|}{C}}-OC_2H_4N\overset{R'}{\underset{R''}{}}$	$R:H,CH_3$ $R'R'':H,CH_3,C_4H_9$ 等
4-乙烯基吡啶	$CH_2=CN\bigcirc N$	
交联剂		
二-甲基丙烯酸乙二醇酯及衍生物	$CH_2=\overset{CH_3}{\underset{\|}{C}}\qquad\overset{CH_3}{\underset{\|}{C}}=CH_2$ $\overset{\|}{C}=O\qquad O=\overset{\|}{C}$ $O\qquad\quad O$ $-(CHCHO)_n-$	$n=1$ 时称为 Ethylene glycol dime-thacrylate $n=2$ 时称为 Diethylene glycol dime-thacrylate $n>2$ 时称为 polyethylene glycol dime-thacrylate 商品有 2G,其他还有 9G,12G,14G 等
N,N-亚甲基双丙烯酰胺	$CH_2=CH\qquad HC=CH_2$ $\overset{\|}{C}=O\qquad\overset{\|}{C}=O$ $NH\qquad\ NH$ $\qquad CH_2$	俗称甲叉

水凝胶可分为化学凝胶和物理凝胶两大类：物理凝胶的"交联"使用线性分子间的物理缠绕、静电引力或氢键维持的，它是可逆的，在一定的环境下可被破坏；化学凝胶，它在水中的平衡溶胀度取决于聚合物与水分子的作用参数和交联密度，属永久凝胶。

2. 水凝胶的特征

水凝胶具有下列一些特征：①水凝胶结构的多孔性可以使它在使用前就把残留物（引发剂及其分解产物、杂质）均从水凝胶网状结构中排出，使凝胶十分纯净。②水凝胶可溶脂吸收大于它自身几倍、几十倍或更多的水。这部分水大体可以分为两类：一类为键合水（bound water）它们是靠短程作用包围着聚合物中的亲水和憎水基团；另一部为自由水（free water）是靠渗透力进入凝胶，渗入到凝胶中水的量和特征决定着凝胶对其他溶质的吸附与扩散能力，而这些特征主要取决于凝胶形成时的聚合与交联的反应过程。③水凝胶在使用时呈溶胀状态，柔软而且具有橡胶弹性。④水凝胶表面与周围水溶液之间有很低的表面张力。⑤可以根据使用需要制成多孔海绵状、无孔凝胶、光学透明膜，管材、纤纸状物、粉末、微球或纳米粒子，也可以将水凝胶接枝在力学性好、较好的基材上。

3. 三种形式的水凝胶

下面就三种形式的水凝胶作进一步的探讨。

（1）环境敏感性水凝胶（environmental sensitive hydrogels） 这类水凝胶具有环境敏感性（enviromental sensitivity），即在某一临界条件（如温度、光、电场、pH、溶剂组成等）下，随环境条件的微小变化，水凝胶会发生突跃性体积相转变现象，而且这种变化是可逆的。

如温度敏感性水凝胶（thermally sensitive hydrogels）在水中其体积随体系温度的变化是非连续的，在某一临界温度，即低临界溶解温度（LCST），温度的微小变化可导致水凝胶体积发生突跃性变化，比值可达数倍，甚至数十倍，如图 3-15 所示。少数温度敏感性水凝胶中聚-异丙烯酰胺（PNIPAAM）是最常见的一个。在 20 世纪 90 年代一段时间，每年发表的有关 PNIPAAM 文章、专利有几百篇之多。

这些水凝胶里有温度敏感性的与否，取决于以下情况。

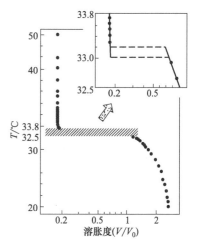

图 3-15　PNIPAAM 水凝胶在水中溶胀度与温度变化的关系

① 丙烯酰胺的结构 $CH_2=CH-\overset{\overset{R'}{|}}{C}-\overset{\overset{O}{\|}}{NH_2}$ 中与氮

相连的氢被异丙基、正丙基、二乙基、吡啶基等取代时其聚合物有温敏性，而被更小的取代基（如甲基）或更大的取代基（如正丁基）取代时则不表现温敏性。

② 其他一些聚合物水凝胶，还有聚环氧乙烷（PEO）、甲基丙烯酸 N，N'-二甲基氨基乙酯（DMAEMA）等。

这些凝胶具有温度敏感性的原因尚无定论，人们提出不同的理论和推断只有解释一些实验现象，尚难以全面揭示温度敏感性机理。

① 人们普遍接受的看法——凝胶的溶胀过程是水分子向凝胶内部扩散并与凝胶分子结构侧链上亲水基因形成氢键（hydrogen bond），当温度升高到某一程度时，氢键振动能增加到破坏氢键的束缚则凝胶收缩，水凝胶溶胀比（swelling ratio）明显减少。

② 更定量的研究有 Flory 提出的平均场理论、Tanaka 等提出半径经验参数 s 作为温度敏感性的判断等。

温敏性水凝胶是能响应温度变化而发生溶胀或收缩的凝胶，可区别为两类。

① 高温收缩型温敏水凝胶。如聚异丙烯酰胺（PIPAm）是典型的高温收缩凝胶，低温时凝胶在水中溶胀，大分子链水合而伸展，当升到一定温度时凝胶发生急剧的脱水合作用。由于侧链疏水基因的相互吸引，大分子链聚集而收缩。

② 低温收缩型水凝胶。聚丙烯酸（PAAC）和聚 N，N'-二甲基丙烯酰胺（PDMAAm）网络互穿形成的聚合物网络水凝胶，在低温时凝胶网络内形成氢键，体积收缩；高温时氢键解离凝胶溶胀。网络中 PAAC 是氢键提供体，POMAAM 是氢键受体。这种配合物在 60℃以下水溶液中很稳定，但高于 60℃时配合物解离。

改变溶剂组成也可以引起某些水凝胶体积的突变。Tanaka 等最早发现 PNIPAAm 凝胶随丙酮-水体系中组成不同而引起相变（见图 3-9）。具 pH 敏感性水凝胶一般具有水解或质子化的酸、碱基因，如羧酸或氨酸，这些基团的解离受介质 pH 值的影响而发生体积突变，这类水凝胶通常也具有电场响应性。

（2）共聚水凝胶（co-polymer hydrogels） 它是由两种或两种以上单体共聚生成的共聚凝胶，它在结构上可以是无规共聚、交替共聚，也可以制成接枝或嵌段共聚物。共聚水凝胶中单体组成及序列分散能够不同程度地改善共聚水凝胶的性能。共聚水凝胶可以增加品种，扩充其应用范围，如环境敏感性的均聚水凝胶数量有限，如果与其他单体形成共聚水凝胶，则既增加了品种，也可以调节低溶胀临界温度（LCST）值以适合各种应用。

如将具有环境敏感性的聚 N-异丙基丙烯酰胺（PNIPAAm）与丙烯酸（AAc）、丙烯酰胺（AAm）和 4-乙烯基吡啶（4-VP）等单体辐射共聚，分别形成共聚水凝胶 PNIPAAm/X。结果表明，这些共聚水凝胶皆具有温度敏感性和适宜的物理性能，但其 LCST 值却有变化。将这些共聚凝胶对稀水溶液中金属离子 UO_2^{2+}（U 是 Uranium，铀）进行浓集，结果见表 3-7。

表 3-7 PNIAAm/X 的 LCST 值，及对 UO_2^{2+} 的浓集系数

X	LCST/℃	UO_2^{2+} 的浓集系数/%
无	35.5	5.43
AAc	38.0	78.4
AAm	46.0	2.53
N-VP	40.2	2.31
4-VP	28.0	1.68

由上表可见，只有共聚凝胶 PNIPAAm/AAc 对 UO_2^{2+} 离子具有效的分离作用，一次浓集系数可达 78.4%。其原因是在 PNIPAAm/AAc 中有羧基（—COOH），UO_2^{2+} 可和它形成稳定的六环螯合物而被键合在水凝胶网络中，它的结构式如下所示：

$$\begin{array}{c}
-CH_2-\!\!-CH_2-\!\!-CH_2-\!\!-CH_2- \\
C\qquad\qquad O\qquad C \\
O\quad O\quad O\quad O \\
(CH_3)_2HCHN\quad U\quad O \\
O\quad O\quad O\quad O\qquad NHCH(CH_3)_2 \\
C\qquad\qquad O\qquad C \\
-CH_2-CH_2-\!\!-CH_2-\!\!-CH_2-
\end{array}$$

（3）共混物水凝胶（blend hydrogels） 共混物水凝胶与共聚水凝胶不同之处，前者是指两种或两种以上聚合物经混合制成宏观均匀的多组分聚合物。广义的共混包括物理共混、化学共混和物理/化学共混。物理共混就是通常意义上的混合，化学共混属于化学改性研究的范畴，物理/化学共混则是在物理共混的过程中发生某些化学反应，一般也在共混改性领域中加以研究。将不同性能的聚合物共混，可以大幅度地提高聚合物的性能，以满足特殊要求。

互穿网络聚合物（IPN）是指两种或两种以上交联聚合物互相贯穿、缠结形成聚合物共混体系，其中至少有一种聚合物是在另一种聚合物存在下进行合成或交联的。它是高分子合金（polymer alloys）中一个新的品种。IPN 结构示意图如图 3-16 所示。其特点是通过化学交联施加强迫"互容"作用，使聚合物链互相缠结而形成互相贯穿聚合物网络。互穿网络可以抑制体系相分离，其性质与两网络的性质、相容性、合成方法、交联反应有关。

制备 IPN 主要有三种方法：分步法、同步法和乳液法。

① 分步法。先将单体（1）聚合成具有一定交联度的聚合物（1）；然后将它置于单体

（2）中充分溶胀，并加入单体（2）的引发剂、交联剂等，在适当的工艺条件下使单体（2）聚合形成交联聚合物网络（2）。由于单体（2）均匀分布于聚合物网络（1），聚合物网络（2）形成的同时，必然会与聚合物（1）有一定程度互穿。尽管两种聚合物分子链间无化学键形成，但它们是一种永久的物理缠结。

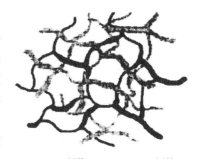

网络Ⅰ ━━━━━ 网络Ⅱ ∿∿∿∿∿

图 3-16 IPN 结构示意图

② 同步法。它是将单体（1）和单体（2）同时加入反应容器中，在两种单体的催化剂、引发剂、交联剂的存在下，进行高速搅拌并加热升温，使两种单体按各自的聚合机理进行聚合，形成交联互穿网络。

③ 乳液法。它是先将聚合物（1）在乳液中形成"种子"胶粒，然后将单体（2）及其引发剂、交联剂等加入其中，而无需加入乳化剂，使单体（2）在聚合物（1）所构成的种子胶粒的表面进行聚合和交联。因此，乳液法制成的互穿网络聚合物，其网络交联和互穿仅限于胶粒范围，受热后仍具有较好的流动性。朱国全、胡姚莹采用乳液聚合合成的聚丙烯酸丁酯（PBA）/聚甲基丙烯酸甲酯（PMMA）乳胶型互穿网络聚合物（LIPN），其乳胶粒子分布均匀，属于核/壳结构，其乳胶膜具有较好的强度和柔韧性。

常见的互穿网络聚合物有以下三类。

① 完全 IPN。两种聚合物均是交联网络，如图 3-16 所示。

② 半 IPN。一种聚合物是交联网络，另一种为线性聚合物。如图 3-17 所示，它是采用 N，N'-亚甲基双丙烯酰胺（BIS）与 N-乙烯基吡咯烷酮（NVP）共聚合成交联网络状结构且能溶于水溶液中成型的交联 PVP 聚合物（PVPP），加入线形的聚乙烯醇（PVA），与其形成互穿交联结构 PVPP/PVA。

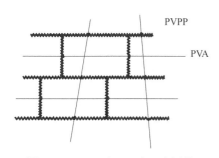

图 3-17 PVPP/PVA 半互穿网络

③ 乳液 IPN。由两种线性弹性乳胶混合凝胶混合凝聚、交联制得。

采用辐射法制备下面三种半 IPN 凝胶：将线性聚环氧乙烷（PEO）与甲基丙烯酸 N，N'-二甲基氨基乙酯（DMAEMA）单体溶于水中，加入一定量的交联剂，在 γ 辐射作用下单体 DMAEMA 聚合并交联成网状结构，而 PEO 依然是线性分子，于是形成了 PEO/POMAEMA 半互穿网络凝胶，制备三种原始配料比的样品，它们的 PEO 与 DMAEMA 的质量比分别为 20∶80、10∶90 和 5∶95（分别简称 1、2、3 号样品）。这三种半互穿网络凝胶的差示扫描量热法（DSC）谱、红外光谱和在水中的溶胀性能的比较，分别用图 3-18～图 3-20 来描述。

由图 3-18 可知，样品在 60℃ 附近都有熔融吸热峰，与纯线型 PEO 十分相近，说明在半 IPN 凝胶中 PEO 仍为线型结构，熔融温度 T_m 和补偿的热量 ΔH_f 值随着 POMAEMA 的含量的增加（由 80%→90%→95%）而降低（由曲线 3→曲线 2→曲线 1），其原因是 PEO 线性分子在半 IPN 中受到 PDMAEMA 交联结构的限度而使 PEO 分子结晶性逐渐降低所致。

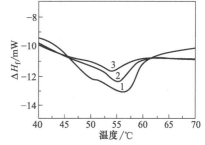

图 3-18 三种半 IPN 样品的 DSC 谱

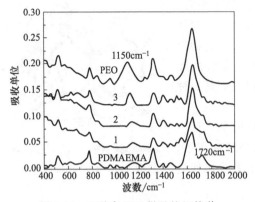

图 3-19　三种半 IPN 样品的红外谱

由图 3-19 可知，纯 PEO 在波数 1150cm⁻¹ 处有明显的 C—O—C 伸缩振动峰，纯 PDMAEMA 在波数 1720cm⁻¹ 左右有一个酯键非对称收缩振动的肩峰。在三种半 IPN 样品红外光谱中，随着 PEO 含量的增加（由 5%→10%→20%），波数 1720cm⁻¹ 处肩峰逐渐减弱；随着 DMPAEMA/PEO 的配比 4∶1、9∶1、19∶1 的增加，波数 1150cm⁻¹ 的峰则明显增加。元素测定也证明了这一点。

半 PNS 在水中的溶胀性能：纯 PDMAEMA 凝胶饱和溶胀度只有 20 倍，含 3% PEO 的 PEO/PDMAEMA 共混凝胶的平衡溶胀度（EDS）可达 300 倍，但随着 PEO 含量的继续增加，其 EDS 值便开始下降并趋于平缓，这就是说，半 IPN 中少量 PEO 的存在会使共混凝胶的平衡溶胀度迅速增加。

纯 PDMAEMA 凝胶具有明显的稳定敏感性（其 LCST 约为 40℃）和 pH 敏感性（pH＝3）。半 IPN 样品中样品 3（含 PEO 5%）亦具有明显的温度敏感性，只是 LCST 下移到 27℃而 pH 敏感性未变（pH＝3）。将合成的半 IPN 凝胶切成长条形放在如图 3-20（a）所示电压响应实验装置的两个铂电极之间，然后将整个装置浸入蒸馏水或缓冲溶液中。在铂电极上通一定强度电压，凝胶则收缩呈梯形，部分水分被排挤出，凝胶质量随电压增加而下降如图 3-20（b）所示。由实验可知，所合成的三种半互穿网络样品皆具有电场响应性，同样以样品 3（即 DMAEMA 的质量比＝95∶5＝19∶1）为最明显。

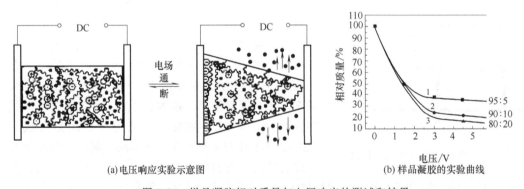

(a)电压响应实验示意图　　(b)样品凝胶的实验曲线

图 3-20　样品凝胶相对质量与电压响应的测试和结果

下面进一步讨论共混体系的相图。对不同的聚合物，它们的温度组成曲线的形状是不同的，其情况今归纳于表 3-8 中：

两种典型相图（a）和（b），温度对相容性有着完全相反的影响，这主要是由于温度对聚合相互作用参数（χ_{AB}）存在不同影响所造成的结果。多数低分子量液体混合物是 UCST 即升高体系的温度有利于互溶。有些共混体系如聚异丁烯/聚二甲基硅氧烷（PIB/PDMS）、PS/PI、NR/SBR 等是 UCST，但较多的共混体系是 LCST，如 PMMA/SAN、PCL/SAN、PS/PVME 等。随着相对分子质量的增大，共混物的 UCST 移向高温，而 LCST 移向低温。

表 3-8 不同聚合物对共混体系的相图

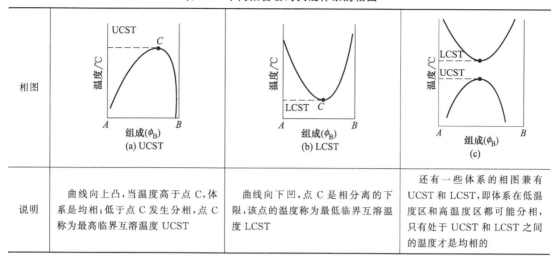

相图	(a) UCST	(b) LCST	(c)
说明	曲线向上凸,当温度高于点 C,体系是均相;低于点 C 发生分相,点 C 称为最高临界互溶温度 UCST	曲线向下凹,点 C 是相分离的下限,该点的温度称为最低临界互溶温度 LCST	还有一些体系的相图兼有 UCST 和 LCST,即体系在低温度区和高温度区都可能分相,只有处于 UCST 和 LCST 之间的温度才是均相的

测定共混物体系的相图可以采用以下方法。

① 光散射法。主要是通过测定散射光强随温度的变化来确定相的转变点。此法要求聚合物组分间应有较大的折射率差,同时分相时产生的粒子应足够大。

② 浊点法。稳定的均相体系是透明的,非均相共混物除非各组分聚合物的折射率相同,一般都是混浊的。通过改变温度、压力、组成可使体系由透明向混浊转变,浊点就是相的转点,即相分离的起始点。改变共混物的组成比,重复实验,便可得一系列不同组成的浊点,连接这些点就得浊点曲线。

图 3-21 (a) 是测得的聚酰亚胺/聚苯乙烯 (PI/PS) 体系的浊点曲线,是 UCST 的;图 3-21 (b) 是测得的聚碳酸酯/聚 (ε-己内酯) 即 (PC/PCL) 体系的浊点曲线,是 LCST 的。

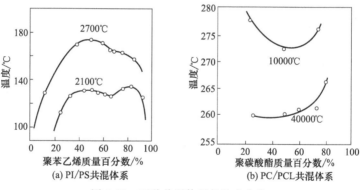

图 3-21 两种共混体系的浊点曲线

聚 N-异丙基丙烯酰胺 (PNIPAAm) 水溶液的温度降至低临界溶解温度 (LCST) 32℃时会变混浊。LCST 现象的产生与该聚合物在水溶液中的氢键和疏水相互作用的温度依赖性有密切关系。引入其他单体或聚合物,可改变 PNIPAAm 共聚物或共混物的 LCST。如 NIPAAm 和更亲水的单体如丙烯酰胺 (AAm) 或丙烯酸 (AAc) 共聚,则 LCST 随亲水单元含量的增加而升高。将此类 LCST 聚合物借交联单体 (如 N,N'-亚甲基双丙烯酰胺) 交联,可制备温度响应性凝胶。

(4) 智能型水凝胶　随着科学技术和工程技术的不断发展,如何实现高分子水凝胶的智能化，已经有了初步发展。人们知道，生物机体的许多部分，如人体的肌肉、血管、眼球等器官，都是由水凝胶构成，其含水量通常是其自身质量的 50% 以上。水凝胶因其含水而难以赋予足够的力学性能，但其具有优良的理化和生物学性质，例如在医学领域具有可控制药物释放，并具有生物黏附、生物相容和可生物降解等性特，可广泛用于控释、脉冲释放、触发式释放等新型给药系统的研制。

智能水凝胶是一种能显著地溶胀于水中但在水中并不溶解的亲水性聚合物，它集自检测（传感）、自判断和自响应于一体。由于其组成的聚合物主链或侧链上含有离子解离性、极性或疏水性基因，能够随外界环境（溶剂组分、温度、pH 值、电场、磁场、光等）的变化而产生可逆的体积变化，通过控制高分子凝胶网络的微观结构形态来影响其溶胀或伸缩性能，从而使凝胶对外界刺激做出响应，表现出智能的特性。具体例子见后述。

智能型高分子凝胶，根据可响应的外界刺激来源分为不同响应的水凝胶。由于智能型水凝胶的独特响应性，在化学转换器、记忆元件开关、传感器、人造肌肉、化学存储器、分子分离体系、活性酶的固定、组织工程、药物载体等方面，具有很好的应用前景。

三、高分子凝胶的刺激响应性

生物组织主要以纵横交错的生物大分子（如蛋白质、多糖和脱氧核糖核酸）网络和液体构成的凝胶状态存在。这种奇妙的凝胶状态赋予生物组织运动功能，并维持其结构的有序性，确保生物体的信息、物质及能量的传递与交换。当生物组织受到温度、化学物质等刺激时形状和物性发生变化，进而呈现相应的功能。它对刺激的响应是分子水平的，即分子的形态、高次结构和组装体结构均发生变化。例如蛋白质和脱氧核糖核酸（DNA）在主链上带有功能基团，其间存在氢键、疏水和静电相互作用，从而对大分子构象有很大影响，如多肽酰胺基间的氢键能使大分子形成规整的 α-螺旋结构和 β-折叠结构。构象规整的 α-螺旋结构限制了大分子的活动，并赋予其高刚性。改变溶剂的组成、离子强度和温度等环境条件，规整的大分子构象受到影响而转变为无规则线团，多肽的刚性发生了变化。

现在人们已认识到生物体中许多组织具有类似水凝胶的结构，如人体器官内壁黏液层、眼的玻璃体和角膜、细胞外基质等均为凝胶状细胞。这为从仿生构思来研制智能性生物材料指明了方向。将生物的某些功能引入材料，使材料功能化和智能化，是 21 世纪开拓、应用生物医用材料、提高纺织纤维和纺织物优异服用性能面临的挑战之一。

刺激响应性高分子凝胶是结构、物理性质、化学性质可以随外界环境改变而变化的凝胶。当这种凝胶受到环境刺激时就会随之响应，这种响应体现了凝胶的智能性。充满液体的大分子网络构成的凝胶，既具有液体的运动性和流动性，又如固体那样能保持一定形态。凝胶最重要的特征，在于它是可以与外界进行能量、物质和信息交换的开发体系。凝胶因外界环境刺激而进行的响应是动态的，凝胶发生的形状、大小和性质变化的过程是非线性的，因此凝胶大分子网络在响应时需要它的链段协同运动，这样就会出现阈值。

正如前述，高分子凝胶的刺激响应性，包括：①物理刺激（如热、光、电场、磁场、力学、电子线和 X 射线）响应性；②化学刺激（如 pH、各种化学物质和生物质）响应性。这类高分子材料的设计和制备涉及仿生和复合研究，需要考虑结构和功能的相关性。目前仍在探索新的分子设计和合成方法。

（一）物理刺激响应性
1. 温敏性凝胶
温敏性凝胶（temperature sensitive gels）是能响应温度变化而发生溶胀或收缩的凝胶。

温敏性凝胶分为高温收缩型凝胶和低温收缩型凝胶两类。

聚（NIPAAm）是典型的高温收缩型凝胶，低温时凝胶水中溶胀，大分子链水合而伸展，当升至一定温度时凝胶发生急剧的脱水合作用。由于侧链疏水基团的相互吸引，大分子链聚集而收缩。

聚丙烯酸（PAAc）和聚 N,N-二甲基丙烯酰胺（PDMAEMA）网络互穿形成的聚合物网络水凝胶（IPN gel），是典型的低温收缩型凝胶。在低温时凝胶网络内形成氢键，体积收缩；高温时氢键解离，凝胶溶胀。

聚（NIPAAm-co-AAc）弱荷电凝胶圆柱形试样，在准静态加热时的线性溶胀比用 d/d_0（d 和 d_0 分别为试样的观察和制备时的直径）表示。此共聚物凝胶直到 43℃ 才由伸展状态转变至收缩状态。这是由于在准静态加热时，凝胶有足够时间调整至与温度变化相适应的新平衡状态；在 34℃ 以上凝胶形成荷电 AAc 链段的亲水区，这是一种微相分离状态，从而导致凝胶保持大的 d/d_0 值，直至疏水相互作用占主导地位。溶胀过程中的温度突变不利于凝胶形成亲水微区。研究表明，此凝胶的相转变温度随共聚单位 AAc 浓度增大而上升，且体积相变不连续（d/d_0 有突变），如图 3-22 所示。

由于凝胶的溶胀或收缩过程为扩散控制，凝胶溶胀或收缩的速率与凝胶的尺寸密切相关。田中丰一等根据聚合物网络在介质中协同扩散的概念，推导出凝胶溶胀或收缩的特征时间：

$$t = \frac{R^2}{D}$$

式中，R 为凝胶的尺寸；D 为协同扩散系数。随聚合物浓度与交联密度不同，D 值为 $10^{-7} \sim 10^{-6} \mathrm{cm^2/s}$。由于 D 的数值很难增大 2 个数量级，为加快响应速率，降低凝胶尺寸是唯一有效的途径。

除了聚丙异丙烯酰胺外，聚乙烯基甲基醚（PVME）、聚氧化乙烯（PEO）、羧

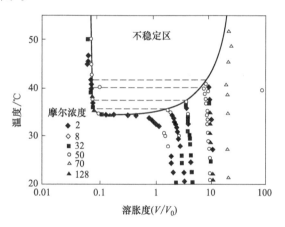

图 3-22　聚（NINPAAm-co-AAc）
共聚物凝胶的溶胀-收缩曲线

丙基纤维素、聚乙烯醇（PVA）、乙基羟乙基纤维素和聚 2-乙基噁唑啉等均为热收缩性聚合物。环境温度升至 LCST 时聚合物由溶液析出，产生相分离。这种相转变的推动力是亲水和疏水作用的平衡。上述聚合物 PNIPAAm 和 PVME 的相转变可逆。该研究具有理论价值，应用前景也很明确。

将异丙基酰胺和侧链有赖氨酸残基的丙烯酰胺（AAm）单体共聚，可以合成新型热响应性聚合物，其传感部由 NIPAAm 和两性电解质赖氨酸残基构成。它的相转变行为可随温度和 pH 值变化。例如 pH 为 6 时在 53℃ 附近发生相转变，而在 pH 值为 2 或 10 的酸或碱性溶液中，赖氨酸解离，不产生相转变。当有铜离子介入时，含赖氨酸残基的聚合物可与其他分子氨基酸形成三元配位体，其相变温度因氨基酸种类而异。疏水性的 L-氨基酸比 D-氨基酸的相转变温度约高 0.6℃。利用这种微小的温度变化，可分离氨基酸的光学异构体。此类材料可望在氨基酸种类识别、伸缩响应高分子凝胶材料和化学阀等领域得到应用。

日本学者确认，某些聚合物水凝胶具有形状记忆效应。以丙烯酸（AAc）和丙烯十八酯及 N,N'-亚甲基双丙烯酰胺共聚制备的水凝胶，其力学性能随温度的变化极大，25℃ 时

的弹性模量为1MPa，温度升至50℃时则降至1kPa。这种变化与聚合物链上丙烯酸十八酯烷基链间相互作用有关。此有序-无序转变可逆，在低于50℃条件下，长烷基链结晶，高于此温度时处于非晶态，凝胶因此由坚硬变为柔软，并产生形状记忆效应。如条件让凝胶试样在水中溶胀后加热至50℃时可缩成线团状，冷却至室温凝胶刚性增大并仍保持线团状，再加热至50℃时，凝胶变软恢复至原来的状态。需指出，凝胶所记忆的是最初成型时的形状。当凝胶加热至转变温度（50℃）以上时呈柔软状态，易变形，伸展成新形状；在变形状态下冷却后变硬，甚至在卸载后仍保持新形状。这种过程与凝胶分子和侧链的结晶聚集有关。当变形凝胶再加热至转变温度以上时，试样在数秒钟内恢复到原来的大小与形状。

单一组分凝胶存在两种不同的相态：溶胀相和存在于液体中的收缩相。凝胶响应外界温度变化产生体积相转变时，表面微区和粗糙度也发生可逆变化。观察PNIPAAm水凝胶海绵状微区结构，凝胶表面结构和粗糙度不仅取决于制备温度（低于或高于聚合物的相转变温度），而且与凝胶的状态（溶胀或收缩相）有关。表面粗糙度随温度的变化对应于宏观上的体积相转变。微区变化对温度可逆这一事实表明，这是本体相交所引起的平衡相粗糙度的变化。

为加快收缩速率可设计特殊类型的凝胶，包括：①引入亲水链或孔隙的凝胶，具有脱水通道；②制备具有悬挂链的凝胶，外界刺激时因悬挂链一端可以自由运动，而易于收缩；③用γ射线辐照PVME水凝胶，使微相分离和交联同时进行，而制成海绵状多孔结构的凝胶，由于它的结构细化，可加快伸缩响应速率。

聚合物水凝胶的敏感性受许多因素的影响，其中重要的影响因素是单体的结构与组成、交联剂、溶剂、聚合工艺条件等。

以聚丙烯酰胺系列的温敏凝胶为例，其溶胀-收缩行为主要受酰胺基的亲水-疏水性能的影响。因此，酰胺基团N原子上取代基的大小和数量对该系列凝胶的温敏特性影响很大。

① 取代基的影响。Bac YH，Okano T，Kim SW，研究了不同取代基对聚丙烯酰胺系列凝胶的温敏特性的影响。他们合成了五种不同取代基的聚丙烯酰胺，其结构和名称见表3-9，这五种不同取代基的聚丙烯酰胺的溶胀度与温度的关系见图3-23。交联聚N，N-烷基丙烯酰胺/水相互作用参数χ与温度的关系见图3-24所示。

表3-9 不同N，N烷基取代丙烯酰胺聚合物

$\begin{array}{c} {\small \left[\!\!\left[CH_2\!-\!CH \right]\!\!\right]_n} \\ {\scriptstyle |} \\ {\scriptstyle C=O} \\ {\scriptstyle |} \\ {\scriptstyle NH} \\ {\scriptstyle |} \\ {\scriptstyle R_2\!-\!CH\!-\!R_1} \end{array}$	缩写	R_1	R_2
聚丙烯酰胺	PAA, PAAm	—H	—H
聚N,N-二甲基丙烯酰胺	PDMAAm	—CH₃	—CH₃
聚N-乙基丙烯酰胺	PEAAm	—H	—C₂H₅
聚N-异丙基丙烯酰胺	PNIPAAm	—H	—CH(CH₃)₂
聚N,N-二乙基丙烯酰胺	PDEAAm	—C₂H₅	—C₂H₅
聚丙烯酰四氢吡咯胺	PAP	$\overset{|}{N}$	$\overset{|}{N}$

由图 3-23 可知：除聚丙烯酰胺随温度的升高其溶胀度略有增加外，其余聚合物的溶胀度均随温度的升高而减小，其下降的速率（曲线的斜率）依次为：P（DEAAm）＞P（IPAAm）＞P（APy）＞P（DMAAm）＞P（AAm）

这几种聚合物的溶胀度与温度的关系：

$$1/\phi_p = 1 + m_s\rho_p/m_p\rho_s$$

式中，ϕ_p 为聚合物的网络的体积分数；m_p 为干聚合物的质量；m_s 为溶剂的质量；ρ_p 为干聚合物的密度；ρ_s 为溶剂的密度。

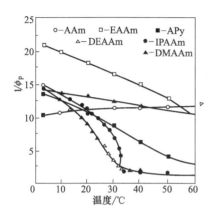

图 3-23　五种不同取代基的聚丙烯酰胺
的溶胀度与温度的关系

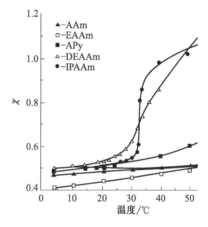

图 3-24　交联聚（N，N-烷基丙烯酰胺）
与水相互作用参数 χ-T 的关系

由图 3-24 可知：在 3～10℃ 范围内，聚合物-水的相互作用参数（χ）一直保持在 0.5 左右，而与取代基无关，可以认为在此温度范围内，水凝胶的溶胀行为主要由分子间的氢键控制；超过 10℃，各聚合物-水的相互作用参数（χ）均有较大的增加，随着取代基体积的增大，它们的疏水作用逐渐增强，这表明，聚丙烯酰胺系列聚合物在水中的溶胀行为主要由氢键和疏水作用共同控制；单体 N 原子上烷基取代基的体积越大，取代基的数目愈多，则所得到的聚合物凝胶的相转变温度 LUST 越低。

② 共聚单体的影响。温敏聚（N，N-烷基丙烯酰胺）类凝胶的体积相转变是由聚合物网络中的疏水-亲水结构共同决定的。如用疏水或亲水性的单体与 N，N-烷基丙烯酰胺共聚，将引起聚合物网络温敏特性的变化。例如，由（DMAAm）与（IPAAm）共聚所得的聚合物，其 LUST 随 DMAAm 含量增加（由 0→22.3%→53.5%）而升高（由→33.3℃→36.8℃→51.6℃）。LUST 升高的原因是 DMAAm 的两个氢原子全部甲基化，不能形成氢键，而异丙基具有较大位阻也使酰胺基无法形成氢键；另一方面，甲基体积小于异丙基，使均聚物 PDMAAm 疏水性比 PNIPA 小得多；这两种作用皆会降低共聚物大分子间亲和力，所以使 LUST 有所提高。

Mueller K F 研究了 DMAAm 与丙烯酸（AAc）C_1～C_4 烷基酯共聚物水凝胶的溶胀行为，结果表现，随着丙烯酸酯含量的增加，水凝胶的相转变逐渐减小；同时，随着烷基体积的增大，相变温度也不断减小。

Schild HG，Tivell DA 为增强 PNIPAAm 的疏水性，用 HDAAm 与 NIPAAm 共聚形成阳离子水凝胶，发现在 HDAAM 含量达 17% 时，共聚物相变温度降低 2.5℃。Hoffman AS 等将亲水性单体 AAm 与 NIPAAm 共聚，随 AAm 含量的提高，其 LUST 提高。

小　结

① 随温度变化而发生体积相转变的凝胶是目前研究较多的对象。这种凝胶具有一定比例的亲水和疏水基团，温度的变化会影响这些基团的疏水作用以及大分子链之间的氢键作用等，从而使凝胶发生体积相转变。我们将这个温度称为相变温度，体积发生变化的临界转化温度称为低临界溶解温度（LUST）。

② 温敏性凝胶对于温度的响应有两种类型：a. 高温收缩型，水凝胶-随温度的升高水溶性降低，即温度高于 LUST 时呈收缩状态，温度低于 LUST 时呈溶胀状态，最常见的是 PNIPAAm 及其衍生物水凝胶；b. 低温收缩型水凝胶，随温度的升高水溶性增加，即温度低于 LUST 时呈收缩状态，温度高于 LUST 时呈溶胀状态，最常见的是 PAA、PAAm 和 P（AAm-*co*-BMA）等水凝胶。

③ 目前应用最多的是热缩型温敏水凝胶，从近来的研究情况看，大致可分为以下两类：a. 非离子型高温收缩水凝胶（最常见的是 PNIPAAm 水凝胶）；b. 离子型高温收缩水凝胶（可分为三类：阴离子型、阳离子型和两性热缩温敏水凝胶）。

2. 光敏性凝胶

光敏性凝胶（photosensitive gels）是由光辐射（光刺激）而发生体积变化的凝胶。光辐射后发生两种情况：一种是紫外线辐射性，凝胶网络中的光敏感基团发生异构化或者是光解离，因基团构象和偶极矩变化而使凝胶溶胀；另一种是凝胶吸收了光子，使得热敏大分子网络局部温度升高，达到体积相转变温度时，凝胶响应光辐照发生不连续的转变。

光敏材料的响应机理可以分为如下三类。

① 第一类。将遇光能够分解的感光性化合物添加到高分子凝胶中，在光的刺激作用下，凝胶内部将产生大量离子，引起凝胶内部渗透压的突变，溶剂由外向内扩散，促使凝胶发生体积相转变，产生光敏效应。

② 第二类。在温敏性凝胶中加入感光性化合物，当凝胶吸收一定能量的光子之后，感光化合物将光能转化为热能，使得凝胶内部局部温度升高，当温度升高到凝胶的体积相转变温度时，凝胶就会溶胀或伸缩，发生相转变。

③ 第三类。在高分子主链或侧链引入感光基团，这些感光基团吸收了一定能量的光子后，就会引起某些电子从基态向激发态的跃迁。此时，处于高能激发态的分子会通过分子内部或分子间的能量转移而发生异构化作用，引起分子构型的变化。不仅分子尺寸发生大的变化同时也改变了大分子链间的距离，从而导致凝胶相转变的条件。

Manada A. 依据第一类机理将光敏分子（光敏变色分子）引入聚合物分子链上，可通过发色基团改变聚合物的某些性质。例如以少量的无色三苯基甲烷氢氧化物与丙烯酰胺（或 *N*，*N*-亚甲基双丙烯酰胺）共聚，可得到光刺激响应聚合物凝胶。紫外线辐射时，凝胶网络中的光敏感基团发生光异构化或光解离，因基团构象和偶极矩变化而使凝胶溶胀。光敏分子三苯基甲烷衍生物发生光辐照变成异构体——解离的三苯基衍生物。解离的异构体可以因热或光化作用再回到基态。这种反应称为光异构化。紫外线敏感分子的光敏效应如下：

Suzuki A. 依据第二类机理凝胶吸收光子，使热敏大分子网络局部升温，达到体积相转变温度时，凝胶响应光辐照，发生不连续的相转变，将能吸收光的分子（如叶绿酸）与温度响应性 PIPAm 以共价键结合形成凝胶。当叶绿酸吸收光时温度上升，诱发 PIPAm 出现相转变。这类光响应凝胶能反复进行溶胀-收缩，应用于光能转变为机械能的执行元件和流量控制阀等方面。

Desponds A. 等依据第三类机理，通过链转移共聚合成了 NIPAAm 和丙烯酰氧基琥珀酰亚胺共聚物，并在丙烯酰氧琥珀酰亚胺的侧基上键合生色团 3-氨基丙氧基偶氮苯，通过此方法赋予共聚物以光敏性。当侧链偶氮基以稳定的反式结构存在时，产物具有的临界溶解温度为 16℃，用紫外光 330nm 照射时偶氮基转变成更亲水的顺式结构，共临界溶解温度升至 18℃，再用可见光（＞440nm）照射时，该基团又恢复反式结构。光敏性 NIPAAm 和丙烯酰氧基琥珀亚酰胺共聚合成如下：

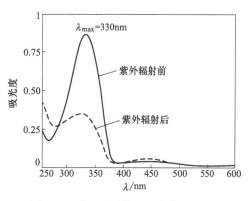

有人将可光异构化的偶氮苯引入到聚（2-甲苯-2-噁唑啉）中，通过甲基三甲氧基硅烷酸催化溶胶-凝胶反应制备有机-无机杂混材料。由于偶氮苯发色基团光化学顺式-反式结构可逆异构化，而赋予杂混材料对紫外光辐照的响应性。该杂混材料薄膜紫外辐照前后吸收光谱的变化如图 3-25 所示。

含无色三苯基甲烷氰基的聚异丙基丙烯酰胺凝胶的溶胀体积变化与温度关系是：无紫外线辐照时，该凝胶在 30℃ 出现连续的体积变化；用紫外线辐照后，氰基发生光解离。温度升至 32.6℃ 时体积发生突变，在此温度以上凝胶体积变化不明显。温度升至 35℃ 后再降温时，在 31.5℃ 对发生不连续溶胀，体积增加 10 倍左右。如果在 32℃ 条件下对凝胶进行交替紫外线辐照与去辐照，凝胶发生不连续的溶胀-收

图 3-25　聚（2-甲苯-2-噁唑啉）/SiO₂ 杂混材料的紫外吸收光谱

缩，其作用类似于开关。这个例子反映了光敏基团与热敏凝胶的复合效应。

Chen L. 等以 *N*-对氨基偶氮苯基丙烯酰胺和丙烯酸为共聚单体，合成了一种同时具有 pH 值和光双重敏感性的高分子，其双敏感性随共聚物中共聚组分比例的不同而异。

pH 值和光敏双重敏感性共聚物如下：

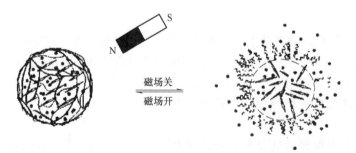

3. 磁场响应凝胶

凝胶响应磁场而溶胀和收缩的研究工作始于美国 MIT 研究组。他们将铁磁体"种植"在凝胶内，当施加磁场时铁磁体发热，使周围凝胶温度升高而诱发溶胀或收缩。去除磁场后凝胶冷却，恢复到原来的尺寸。他们又进一步将毫米到微米级凝胶珠分散在磁流体（magneto rheological fluids）中，此时凝胶珠所占溶液体积分数甚小，溶液黏度主要取决于周围的磁流体。当这些微珠溶胀时，它们所占的溶液体积分数增大，使整个溶液黏度增大。此类流体借磁场激发可用于遥控离合器、振动阻尼器及模塑系统。

包埋有磁性微粒子的高吸水性凝胶称为磁场响应凝胶（magnetic field response gels），可用作光开关和图像显示板等。国外学者将铁磁性"种子"材料预埋在凝胶中，采用以下方法：①将微细镍针状结晶置于预先形成的凝胶中；②以聚乙烯醇涂着于微米级镍薄片上，与单体溶液混合后再聚合成凝胶。当凝胶置于磁场时铁磁材料被加热而使凝胶的局部升温，导致凝胶膨胀或收缩，撤去磁场，凝胶冷却，恢复至原来大小。上述两种方法可用于植入型药物释放体系，电源和线圈构成的手表大小的装置产生磁场，使凝胶收缩而释放一定剂量的药物。这类方法还能制造人工肌肉型驱动器。磁球在磁场"开关"下释药机理图如图 3-26 所示。

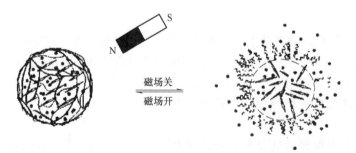

图 3-26 磁球在磁场"开关"下释药机理

Liu TY、Hu SH 将聚乙二醇水凝胶和 Fe_3O_4 磁性粒子混合后循环冷却，融化制成智能磁性水凝胶。在外部有直流电场存在时，药物就聚集在水凝胶周围，当磁场突然"关闭"时，水凝胶周围的药物就会迅速扩散。直流电强度较大的药物释放率小，因此，通过控制外磁场的开关和开关持续时间可以间接控制药物的释放速度和释放量。

Liang YY、Zhang LM 以聚多糖为基质与马来酰亚胺化的羧甲基壳聚糖和 NIPAAm 聚合制成具有 pH 及温度敏感的磁性水凝胶，其刺激性是通过马来酰亚胺化的羧甲基壳聚糖和 NIPAAm 的聚合实现的。它们的交联的水凝胶合成如下所示：

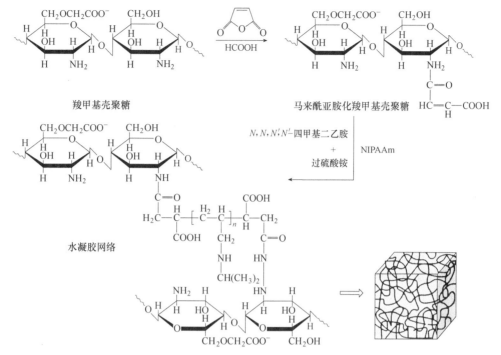

羧甲基壳聚糖 → 马来酰亚胺化羧甲基壳聚糖

水凝胶网络

Lia TY、Hu SH 等在此基础上又加入了 Fe_3O_4 纳米粒子（粒子尺寸、形态及含量可以通过改变马来酰亚胺化的羧甲基壳聚糖含量来调节），结果显示该凝胶对于蛋白质有很好的效果。填充磁性纳米粒的方法及水凝胶的颜色的变化过程，如图 3-27 所示。

Nitin S, Satarker J 成功制备了具有温度敏感性的 PNIPAAm 磁性纳米凝胶，高频率磁场（300kHz）可以触发药物的释放，Fe_3O_4 纳米粒子（20～30nm）被包在 PNIPAAm 基质中，其中 PNIPAAm 是一种具有低 LCST 值（30～35℃）的水凝胶。当该凝胶置于磁场环境中，Fe_3O_4 纳米粒子产生的热量会导致聚合基质温度的升高，如果温度超过 LCST 时凝胶就会降解，因此，高频磁场可作为凝胶远距离溶胀的驱动力，从而用来释放药物。温度敏感磁性水凝胶药物释放机制如图 3-28 所示。

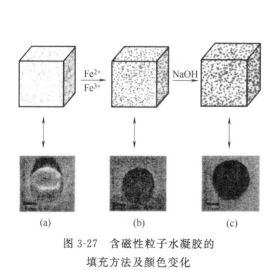

图 3-27 含磁性粒子水凝胶的
填充方法及颜色变化

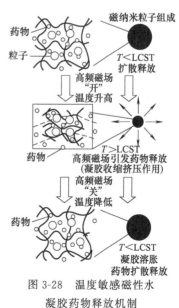

图 3-28 温度敏感磁性水
凝胶药物释放机制

4. 电场响应凝胶 （electric field response gels）

田中丰一研究组在 1982 年首次推导了凝胶对电场的响应。聚电解质凝胶在电场刺激下，凝胶产生溶胀和收缩，并将电能转化为机械能。据此科学家将凝胶视作人工肌肉的候选材料，希望能在机器人驱动元件或假肢方面得到应用，但目前仍有许多基础性的科学和工程问题需要解决。

相继有人研制了能抓住或提起物体的可收缩性凝胶装置。虽然此类凝胶的响应速率已得到改善，但仍不够快，距人工肌肉的商品化还有很大的差距。

最近美国学者制备出能在 100ms 内响应电脉冲的凝胶，这一时间相当于人类肌肉得到脑神经的电信号后收缩所需的时间。他们把交联聚氧化乙烯粒子悬浮在硅油中，并用这类电流变液 （electro rheological fluids，ER） 浸渍聚二甲基硅氧烷弹性体制成凝胶。通过预埋在凝胶中的两个柔性电极施加 1Hz 交流电场，试样在小于 100ms 的时间内产生变形。上述过程的机理尚不清楚。

由此可知，电场敏感水凝胶一般是由聚电解质构成，将这种水凝胶置于电解质溶液中在电场刺激下就会发生体积或形状变化，实现由电能到机械能的转化，因此可以将其作为能量转换装置应用于机器人、传感器、可控药物释放和人工肌肉等领域。

绝大多数电场敏感水凝胶的聚合物网络中含有化学键结合的离子化基团，因此这种凝胶往往是由带有离子基团的合成高分子或天然高分子通过化学或物理交联制备得到的。然而由单一的聚合物就得到的水凝胶其力学性能往往较差，因此通常会采用共聚或共混的方法来制备具有一定力学强度的电场敏感性水凝胶。

① 单体交联结合。即在交联剂存在的情况下，单体经自由基均聚或共聚而制得高分子水凝胶的方法。单体主要有丙烯酸系列、丙烯酰胺系列和醋酸乙烯酯等，聚合反应可以借助引发剂或辐射引发完成，最主要的交联剂是双乙烯基交联剂。高分子水凝胶所具有的低交联网络结构，对其凝胶溶胀能力和凝胶弹性模量两个最关键的性能起决定性作用。

② 共混法。即先将两种或两种以上的聚合物溶液进行溶液共混，再将其浇铸成膜或进行纺丝来制备电场敏感性水凝胶。

③ 形成聚合物互穿网络。由两种或两种以上聚合物通过网络互穿缠结而形成一类独特的聚合物共混物或聚合物合金。互穿网络 （IPN） 特有的强迫作用能使两种性能差异很大或具有不同功能的聚合物形成稳定的结合，从而实现组分之间的性能互补。同时，IPN 的特殊细胞状结构、界面互穿、双相连续等结构形态特征，又使得它们在性能或功能上产生特殊的协同作用。

Homma M，Seida Y，Nakano Y 制备出聚 2-丙烯酰胺-2-甲基丙烯磺酸 （PAMPS） 和聚乙烯醇 （PVA） 形成的互穿网络水凝胶膜，并实现了水凝胶膜在静电场中的快速弯曲响应。Kim S J，Lee K J，Kim S I 用紫外光照射的方法制备了聚丙烯醇-聚丙烯互穿网络水凝胶，并研究了水凝胶在不同含量的 NaCl 水溶液中的弯曲行为。

5. 压敏性水凝胶

压敏性水凝胶 （pressure sensitive gels） 是指在一定程度上对外界环境的压力变化刺激因素能引起相体积变化的一类智能型水凝胶。

Marehetri M 最早研究了水凝胶的压力依赖性，是通过理论计算提出的，结果表明凝胶在低压下出现坍塌，在高压下出现膨胀。该理论后来被 Lee K K，Cussler E L 通过实验方法所证实：PNIPAAm 水凝胶的体积随压力变化而变化，凝胶体积随压力的变化是由于压力对该体系自由能有贡献所致。

聚 N-正丙基丙烯酰胺（PNNPA）、聚 N，N'-二乙基丙烯酰胺（PNDEA）和 PNIPAAm 三种凝胶具有压敏效应。钟兴、王宇新、王世昌测定了不同压力下上述温敏凝胶的平衡溶胀度随温度变化，随着压力的增加，溶胀度略有增加，在绝对压力 0.1～10MPa 的范围内，只是在常压相转变温度附近的一个较窄的区域内，三种凝胶才表现明显的压敏性。其原因是，首先是由于它们的温敏性，另外还因其相转变温度随压力增加而有所升高，于是当温度不变时，常压下处于收缩状态的凝胶因压力的增加而使其所处温度低于相转变温度的凝胶，将发生大幅度的溶胀。PNIPAAm 的压敏性是在其最低临界转变温度（约 35～37℃）时体现的。将酶固定在 PNIPAAm 水凝胶上后，在外加压力变化下，使凝胶体积发生变化，从而使溶液流动，带来新的底物，促进酶解反应的进行。但此方法只限于压力变化频率不太快时才能使底物交换顺利进行。PNNPA 也同样具有类似的压敏性。由于 PNNPA 的亲水性骨架结构比 PNPPAAm 弱，PNNPA 中的氢键更容易被破坏，致使 PNNPA 具有更低的最低临界转变温度和更小的溶胀度。

某些水凝胶属于胶黏剂，它是经皮肤给药的药物传递系统（TDI）的重要组成部分，使得水凝胶在药剂学上有着重要的作用。另一类以乙烯基吡咯烷酮作为单体的交联 PVP 基压敏水凝胶，能够在吸收大量水分的情况下不发生相分离并保持黏性。该水凝胶清洁、有黏性并能从皮肤上干净地剥离。

由于压敏性水凝胶对外界压力变化感应，具有独特的优势，预期将会在生物学和药剂学上有很大的应用前景。

（二）化学刺激响应性

1. pH 敏感型凝胶

pH 响应凝胶（pH sensitive gels）是体积能随介质 pH 值变化的凝胶。这类凝胶大分子网络中具有离子解离基团，其网络结构和电荷密度随介质 pH 变化。

在 pH 敏感型水凝胶的大分子网络结构中，一般含有大量可水解或质子化的酸性或碱性基团，如羧基或碱基。在适宜 pH 和离子强度的介质中，某些基团可离子化并在聚合物网络上产生固定电荷，产生的静电斥力及水凝内、外离子的浓度梯度，导致水凝胶溶胀。pH 响应水凝胶溶胀特性如图 3-29 所示。

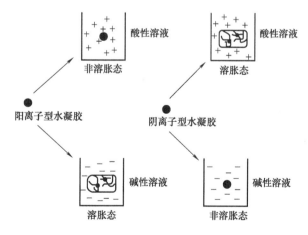

图 3-29　pH 响应水凝胶溶胀特性示意图

根据 pH 敏感基团的不同，pH 响应凝胶可区分为以下三种。

① 阴离子型水凝胶。其敏感基团一般是—COO^-、—OPO_3^{2-}，常用甲基丙烯酸

（MMA）、丙烯酸（AAc）及其衍生物作单体，并加入疏水性单体甲基丙烯酸甲酯/乙酯/丁酯（MMA/EMA/BMA）共聚，来改善其溶胀性能和机械强度。

② 阳离子型水凝胶。其敏感基团一般是—NH_3^+、—NRH_2^+、—NR_2H^+、—NR_3^+ 等，如 N，N-二甲基-氨乙基甲基丙烯酸酯，乙烯基吡啶等，其敏感性来自于以上基团的质子化。基团含量越多，凝胶水合作用越强，体积相转变随 pH 值的变化越显著；

③ 两性水凝胶。大分子链上同时含有酸、碱基团，其敏感性来自高分子网络上两种基团的离子化，如由壳聚糖和聚丙烯酸制成的电解质半 IPN 水凝胶。阴离子水凝胶只在高 pH 值发生体积相变化，阳离子水凝胶只在低 pH 值发生体积相变化，两性水凝胶在高 pH 值和低 pH 值范围内都有较大的溶胀比，而在中间 pH 值范围内溶胀比较小，但仍有一定溶胀比。

大多数对 pH 值敏感的聚合物凝胶的大分子骨架上都含有悬挂的可离子化的基团，诸如酸性的羧酸基团（—COOH）、磺酸基团（—SO_2）、碱性的伯胺（—NH_3）、仲胺、叔胺等。凝胶在不同的 pH 环境中，随介质 pH 变化的聚合物网络中所含羧基或氨基的解离子化程度发生变化，导致了聚合物网络结构单元的离子键和氢键状态改变，系统出现溶胀-凝胶变化。从而使凝胶网络宏观表现出可逆的溶胀-收缩不连续变化。

pH 敏感型高分子的化学结构及相应的离子化结构如下所示：

pH 响应性阴离子聚合物   pH 响应性阳离子聚合物

对 pH 敏感性高分子 SMG 的研究，最早可追溯到 1949 年 Katchalsby 第一次成功制得聚甲基丙烯酸（PAA）凝胶，并发现这种水凝胶在高 pH 值时可吸收自身质量上百倍的水，而在 pH 值下降时则逐渐脱水收缩。1978 年 Tanaka T 测定陈化后聚丙烯酰胺在不同 pH 值下溶胀比的实验，才真正开始了对 pH 敏感性 SMG 的研究。之后，在这方面的研究逐渐活跃起来。华东理工大学的陆大年、陈士安、鲍景旦系统地研究了丙烯酸水凝胶的 pH 敏感性，Hoffman A S，Chen G H 通过接枝共聚法制得温度和 pH 双重敏感性水凝胶，天津大学姚康德等合成了聚［（环氧乙烷-共聚-环氧丙烷）星形嵌段-丙烯酰胺］/交联聚丙烯酸互穿网络凝胶 P［（EG-CO-PG)-Sb-AM]/Cr-PAA 并对其进行了研究。

研究最早也是最典型的 pH 敏感性 SMG 是聚丙烯酸（AAC）凝胶。在 pH＜4 的酸性溶剂中，随 pH 值的增大，介质的酸性和离子强度减小，Donnan 扩散系数增大，凝胶外渗透压随之增加，使凝胶随 pH 值增大稍有溶胀。当 pH＞4 时，羧基离解度变大，静电斥力迅速增强，凝胶的溶胀比急剧增大，另一方面溶胀使网络形变加大，弹性作用逐渐明显，溶胀比最终趋于一定值。当 pH＞7 时，介质离子强度增大，凝胶外仍有一定渗透压。pH＝9 时，溶胀比达到最大值，此时弹性作用和网络因渗透压而产生的扩张力达到平衡，此时离解度已趋于极限，pH＞9 时静电斥力下降，凝胶外渗透压趋于零，凝胶逐渐收缩。不同的交联剂含量、单体浓度及交联剂类型对聚丙烯酸凝胶的溶胀性有很大的影响。陆大年、陈士安、鲍景旦通过实验得到下列实验结果。图 3-30（a）表示 25℃时使用不同交联剂（DEA）的聚丙烯酸水溶液的 pH 溶胀等温线；图 3-30（b）表示 25℃不同单体浓度时所得聚丙烯酸水凝胶（交联剂 DEA）的 pH 溶胀等温线。

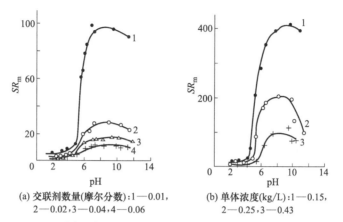

(a) 交联剂数量(摩尔分数)：1—0.01，
2—0.02，3—0.04，4—0.06

(b) 单体浓度(kg/L)：1—0.15，
2—0.25，3—0.43

图 3-30　25℃时聚丙烯酸水凝胶的 pH 溶胀等温线（SR_m 为平衡溶胀比）

姚康德等对甲壳素（Chitin）和壳聚糖（Chitosan，CS）为基础的智能水凝胶进行了研究，认为这种凝胶具有 pH 响应性。甲壳素是天然多糖聚合物（普遍存在于虾、蟹等低等动物的外壳中），甲壳素脱去部分乙酰基后则为壳聚糖。甲壳素和壳聚糖具有良好的生物相容性并可降解，是一种具有极大潜在应用价值的生物医学材料。他们利用戊醛使壳聚糖（CS）上的氨基交联，再和聚氧化丙烯聚醚（POE）制成半互穿聚合物网络：

$$CS-NH_2 \cdots \rightleftharpoons_{OH^-}^{H^+} CS-NH_3^+ +$$

由于该聚合物网络中氢键的形成和解离，使网中大分子链间形成配合物或解离，从而使此凝胶网络的溶胀行为对 pH 敏感。在碱性 pH 值下，凝胶溶胀显著降低，这是由于网络间形成氢键，使大分子链缔合。在酸性 pH 下，壳聚糖结构单元上的氨基（—NH₂）质子化，氢键被破坏，导致凝胶溶胀度增大。该凝胶在 pH=3.19 时溶胀比最大，pH=13 时趋于最小。图 3-31 是 CS-PAA 半 IPN 膜的溶胀度随 pH 的变化曲线。

由图 3-28 可知，该样品在强酸条件（pH<2）下强烈溶胀，随 pH 值上升，溶胀迅速下降，在一个很宽的 pH 值区域（3<pH<8）内，溶胀比较小；当 pH>8 时，溶胀比上升，在 pH=11 附近溶胀比又现极值；pH>11 时，由于渗透压的关系，溶胀比又逐渐下降。

英国里兹大学研究组 Aggell A，Beel M，Boden N 等模仿生物自组装系统，以天然蛋白质序列为基础制备出寡肽，使其在适宜溶剂中聚集成长为半柔性 β-折叠带，并由其缠绕形成凝胶。它们的黏弹性可由化学（pH 值）或物理（剪切）刺激控制。通过选择适宜的肽一级结构可将许多性质引入此类凝胶。他们着重研究了 24 个氨基

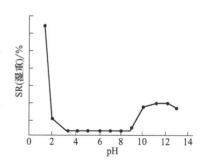

图 3-31　CS-PAA 半 IPN 膜的
溶胀度随 pH 的变化曲线
（T=30℃，膜厚度 50μm）

酸残基肽（K₂₄）：（NH₂-Lys-Leu-Glu-Ala-Leu-Tyr-Ile-Gly-Phe-Phe-Gly-Phe-Phe-Thr-Leu-Gly-Ile-Met-Leu-Ser-Tyr-Ile-Arg-COOH），初级结构与 15K 蛋白的跨膜结构域有关。后者易在蜡质双层中形成，可作为能为在两性溶剂中形成 β-折叠带的目标物。

研究确认，约 3mg/mL 的 K₂₄ 在甲醇或 α-氯乙醇中能生成透明的黏弹性凝胶，达到溶剂沸点时仍能保持稳定。该肽分子在甲醇中以反平行 β-折叠构象为主（即宽为 8nm、长超过 0.1μm 的带状结构）。其流变性表明此类凝胶对小应变振荡剪切有响应，且随 pH 敏感性增大 β-折叠结构变成 α-螺旋和无规线团结构，如图 3-32 所示。

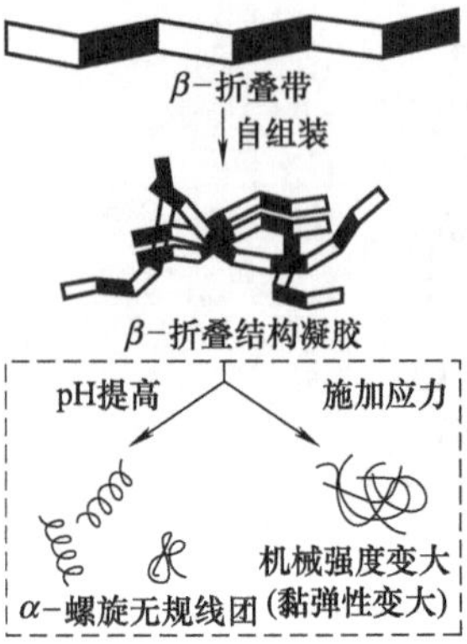

图 3-32　β-折叠带肽凝胶特性的变化

此类肽凝胶的敏感性与结构中的高级协同的分子间氢键改组有关，而溶剂的氢键供体强度的差异亦会影响凝胶到溶胀的转变。此类肽凝胶具有良好的生物相容性和生物降解性，可用作生物材料，但 β-折叠途径的分子机理及其响应性尚待进一步探讨。

以往一些刺激响应性凝胶的研究仅限于一种刺激，但有时需要对几种刺激的独立响应。Hoffman AS 等将温敏的聚异丙烯酰胺（PNIPAAm）作为侧链接枝于 pH 敏感的聚丙烯酸（PAAc）主链上，形成互穿 PAAc/PNIPAAm 聚合物网络水凝胶，而具有温度和 pH 双重敏感性。

① 温度敏感性

a. 在酸性条件下，随温度升高，溶胀比上升，这是因为在酸性条件（pH＝1.4）下，温度较低时 PAAc 网络的高分子链中羧基（—COOH）之间存在氢键作用，整个网络中 PAAc 链互相缠绕，呈收缩状态；而随着温度上升，这种氢键作用被削弱，缠绕的 PAAc 高分子链逐渐解开分散到水溶液中，导致整个网络的溶胀率仍随之上升；另一方面，温度上升也会使高分子链疏水作用增强，产生收缩；促使整个水凝胶的溶胀比下降；在上述两种作用的作用下，结果是：IPN 水凝胶表现为"热胀"的温敏性。

b. 在弱碱性（pH＝7.4）时，在 PNIPAAm 的 LUST（32℃）以下，由于 PAAc 充分伸展而与水充分接触，接近自由高分子链的伸展状态，IPN 水凝胶表现"溶胀"性，当温度上升至 PNIPAAm 的 LUST 时，PNIPAAm 产生典型的相分离现象，即高分子链突然收缩（此时 PAAc 高分子链间相互作用较弱，不足以抵制 PNIPAAm 高分子链的收缩），因此溶胀比急剧下降，表现出"热缩"性。当温度继续上升时，PAAc 高分子链间的距离减小，其中羧酸根之间的静电斥力增大，最后与 PNIPAAm 高分子链的收缩作用平衡，使凝胶的溶胀比也趋于平衡。PAAc/PNIPAAm 互穿网络聚合物的溶胀比随温度变化的曲线如图 3-33 所示。

② pH 敏感性。互穿 PAAc/PNIPAAm 聚合物网络水凝胶吸光度的温度依赖性示于图 3-34 中，可见在所研究的 pH 条件下浊点不同，而且低 pH 时的转变更为明显。该凝胶的浊点与 pH 有关，可分为四个区域，其中区域 B 和 C 代表共聚物相分离的条件，而在区域 A 与 D 代表共聚物仍保持溶液状态。垂直方向箭头表示 pH 恒定时区域 A 与 B 之间微小温度变化（ΔT）可诱发可逆的相分离。垂直虚线对应的 pH 值是 PAAc 的 pK_a。等温条件下溶液 pH 降低时，PAAc 侧链的电离度降低，伸展主链线团开始收缩，但仍停留在 D 区。另一方面 PNIPAAm 接枝链沿 PAAc 主链的未解离序列间存在分子间氢键。pH 继续降低到 D 的边界时，接枝 PNIPAAm 链的疏水性高于临界水平，从而发现沉淀。此时的温度要比聚丙烯酸胺均聚物浊点温度低得多。

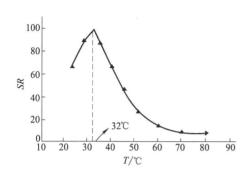

图 3-33 互穿 PAAc/PNIPAAm 聚合物网络
的溶胀比随温度的变化（pH＝7.4，
质量比为 0.1）

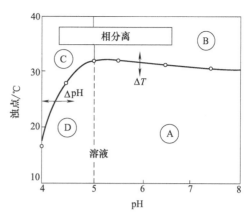

图 3-34 聚（丙烯酸-接枝-异丙基丙烯酰胺）
（NIPAAm 质量分数 50％）
的浊点与 pH 值的关系曲线

2. 化学物质响应性凝胶

化学物质响应性凝胶（chemical substance sensitive gels）是溶胀行为和形状会随溶剂成分或某些特定化学物质的变化而改变的一些凝胶。

PNIPAAm 凝胶分别在甲醇、乙醇、丙醇、叔丁醇水溶液中溶胀，其溶胀比与醇的含量有关。杨亚江的实验：加入醇量较少时凝胶体积非连续收缩，但随着醇的继续加入，凝胶并未维持收缩现象，反而不断溶胀，溶胀度最大可至 14 倍，而在纯水中溶胀度最大可至 10 倍。其原因是，由于少量醇的加入，破坏了疏水表面的水化层，导致凝胶非连续收缩；而醇浓度继续增加，溶剂化能力克服了网络的弹性回缩力（因为醇有比水更强的溶剂化能力），反而使凝胶溶胀。

PAAm 凝胶在水中溶胀，在丙酮中收缩。Umeoto S，Okui N 证实：聚丙烯酰胺凝胶纤维在水中伸长，溶胀平衡时间为 11s，在丙酮中收缩，收缩平衡时间为 5.3s。当溶剂中丙酮含量达 40％以上时，凝胶纤维体积的变化量将随溶剂浓度的增加而减少。

Tong Z，Liu X 用带磺酸基团的可电离体 2-丙烯酰胺基-2-甲基丙磺酸（AMPS）与（DMAA）共聚，交联剂为 BIS，合成了磺酸型的聚合物凝胶（DS），并研究了该凝胶在水/丙酮溶剂中的体积相转变行为，如图 3-35 所示。

图 3-35 中，不同曲线代表 DS 中的 AMPS 的摩尔分数不同，自上而下分别为 0.09，0.182，0.267，0.432，0.608。尽管凝胶试样中的 AMPS 的摩尔分数不同，凝胶的溶胀比不一样，但引发体积相转变的丙酮的体积分数都在 80％左右，变化范围很窄。这是溶剂的偶极力影响了聚合物的静电相互作用所致。因为电离基团的电离能力与介质的介电常数 ε 成反比，当加入丙酮使介质的介电常数低于一定程度时（丙酮 25℃时 $\varepsilon=20.7$），磺酸基无法电离而形成束缚离子时，束缚离子对之间的偶极吸引会导致分子链网络收缩，于是表现出体积相变。

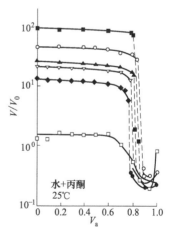

图 3-35 磺酸基凝胶 DS 在水/
丙酮混合溶剂中的溶胀比随
丙酮体积分数 V_a 的变化

药物释放凝胶体系可依据病灶引起的化学物质（或物理信号）的变化进行自反馈，通过凝胶的溶胀与收缩控制药物释放的通、断。今以对血糖浓度响应的胰岛素释放体系为例来说明。胰岛素释放体系的响应性是借助多价羟基与硼酸基的可逆键合，对葡萄糖敏感的传感部分是含苯基硼酸的乙烯基吡咯烷酮共聚物。其中，硼酸与聚乙烯醇（PVA）的顺式二醇键合，形成结构紧密的高分子配合物（a）。当葡萄糖分子渗入时，苯基硼酸和PVA间的配合物（a）被葡萄糖取代，大分子间的键解离，溶胀度增大（b）：

P(NVA-co-PBA-co-DMAPAA)　　聚乙烯醇　　　高分子配合物

(a)

(b)

因此，这种高分子配合物可作为胰岛素的载体负载胰岛素，形成半透明膜包覆在药物控制释放系统。系统中聚合物配合物形成平衡解离是随葡萄糖浓度而变化，它能传感葡萄糖浓度信息，从而执行药物的释放功能。聚合物胰岛素释放药物如图 3-36 所示。

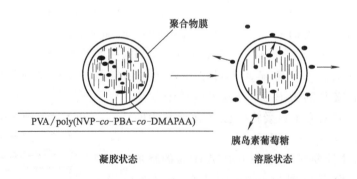

图 3-36　聚合物胰岛素载体释放药物示意图

Migata T，Pen N，Kurauchi T 合成了一种对抗原敏感的凝胶，可用来识别特定的抗原，在生物医药领域有较大应用价值。抗原为能刺激动物体产生抗体（它是一种球蛋白，是动物体内注射抗原时产生的物质）并能够专一地与抗体结合。他们将山羊抗兔抗体（GAG Ig G）连接到琥珀酰亚胺丙烯乙酸（NSA）上，将兔抗原连接到 NSA 上，分别形成改性抗体和改性抗原；改性抗体与丙烯酰胺（AAM）在氧化还原引发剂过硫酸铵（APS）和四甲基乙二胺（TEMED）作用下形成高分子；然后加入改性抗原 APS、TEMED 和交联剂甲基双丙烯酰胺（MBAA），形成互穿网络聚合物；这样抗体和抗原就处于同一网络的分子链上。具体反应机理如下：

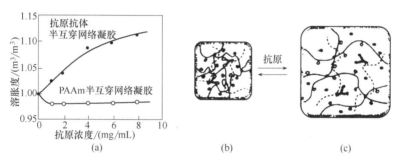

将兔抗原逐渐加入抗体/抗原互穿网络聚合物，凝胶体积溶胀，单纯的 PAAm 凝胶不具有抗原敏感性，体积则始终保持不变，图 3-37 （a）表示抗原对抗原/抗体互穿网络聚合物溶胀的影响；图 3-37 （b）表示抗原/抗体凝胶溶胀机理；图 3-37 （c）是图 （b）溶胀后的状态。

图 3-37 抗原/抗体互穿网络凝胶机理与抗原对其溶胀的影响

他们研究中发现以下结论。① （GAG Ig G）与自由抗原的结合能力比其他结合到聚合物上的抗原的结合力大 3 倍。所以加入的自由抗原更容易与抗体结合，竞争的结果是结合到聚合物上的抗原与抗体的结合键打开，网络间作用力降低，水分子就容易渗入，因此凝胶体积溶胀。②更有趣的是：抗原/抗体网络凝胶只对兔抗原体具有响应性，加入山羊抗原后凝胶体积并没有发生变化。原因是，山羊抗原不能识别山羊抗体，它的加入不能解离兔抗原-山羊抗体间的结合键。③可以设想通过在聚合物链上结合不同的抗原和抗体，可以设计出具有专一抗原的敏感性的水凝胶。用这种水凝胶包裹药物，可以借助特定的抗原的敏感性来控制药物的释放。

3. 分子识别敏感性凝胶 （molecular distinguish sensitive gels）

蛋白质可记忆和复制独特的构象，以难以置信的特异性识别外界分子，并以极高的效率催化化学反应。因此，模仿生物体系的分子识别功能，并将此类功能引入高分子凝胶乃是一个诱人的研究方向，但这涉及将特异识别功别位点导入高度交联多孔聚合物的分子印迹技术（molecular imprinting technique）

Whicomle M J，Rodingues M E，Villar P 等针对羟基化合物开发了分子印迹法，将识别位点引入高度交联的聚合物中。其核心技术是使 4-乙烯基苯基碳酸酯作为共价键合模板单体，通过碱性水解有效脱除 CO_2，在聚合物识别位点和模板羟基间形成共价结合。它具有酚酞残基，能以单一解离常数和胆甾醇结合。他们选择刚性结构的胆甾醇作为模板，有效地制备出胆甾醇人工受体，其结合能力可通过聚合物链酚基的酰胺化干扰氢键而进行调控。胆甾醇印迹聚合物如下所示：

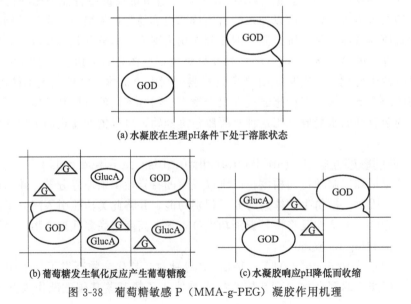

其中（a）以胆甾醇（4-乙烯基）苯基碳酸酯制备胆甾醇印迹聚合物，（b）是酰化修饰位点。

Hassan CM 把甲基丙烯酸和聚乙二醇甲基丙烯酸酯在活化葡萄糖氧化酶存在下共聚合成了葡萄糖敏感聚（甲基丙烯酸-接枝-乙二醇），即 P（MMA-g-PEG）凝胶。此时葡萄糖氧化酸（GOD）被固定在 pH 敏感水凝胶中，如图 3-38 所示。

(a)水凝胶在生理pH条件下处于溶胀状态

(b)葡萄糖发生氧化反应产生葡萄糖酸　　　　(c)水凝胶响应pH降低而收缩

图 3-38　葡萄糖敏感 P（MMA-g-PEG）凝胶作用机理

葡萄糖（G）浓度高时，GOD 催化葡萄糖的氧化反应，产生葡萄糖酸（Gluc A），使介质 pH 降低，导致凝胶突然收缩，将凝胶内所负载的胰岛素"挤出"。因该体的溶胀/收缩行为，胰岛素能以脉冲方式释放。在正常葡萄糖浓度下，溶胀的水凝胶将释放基本剂量的胰岛素，葡萄糖浓度高时，凝胶的收缩使释放量增大。

第四节　环境敏感凝胶在纺织中的应用

科学技术的发展，需要材料能适应日益复杂的环境，促使科学家构思和发明具有回复和自修复功能的新型材料、系统和结构，希望材料的性能能适应环境变化。

近年来，形状记忆材料取得较快的发展。美国的 Newn Ram 教授提出了灵巧（smart）材料的概念，并将灵巧材料分为三类：①被动灵巧材料，即仅能响应外界变化的材料；②主动灵巧材料，即能识别变化而且能够响应环境变化的材料；③很灵巧材料，即有感知、执行功能并能响应环境变化，从而能改变性能系数的材料。很灵巧材料符合 1989 年日本科学家提出的智能材料（对环境具有可感知、可响应，并具有功能发现能力的新材料）的概念。

形状记忆材料是一种被动灵巧材料，能通过热、光、磁、电、机械以及化学等外界刺激，触发材料响应，改变材料的技术参数，诸如形状、位置、应变、硬变、频率、摩擦等动态或静态特征。形状记忆材料主要包括形状记忆合金（SMA）和形状记忆聚合物（SMP）。与形状记忆合金相比，形状记忆聚合物具有质量轻、成本低、形状记忆温度容易调节、易着色、形变量大、赋型容易等特点，而且激发其形变回复功能除了热能外，还有光能、电能等物理因素以及酸、碱相转变（phase transition）和螯合反应（checation reaction）等化学因素。因此，自 20 世纪 80 年代以来，世界各国均开始研究形状记忆聚合物，近年取得了较快的发展。

目前，得到应用的形状高分子材料已有聚降冰片烯、反式 1，4-聚异戊二烯、苯乙烯-丁二烯聚合物、交联聚乙烯、聚氨酯等。此外含氟高聚物、聚酯、形状记忆凝胶、乙烯-醋酸乙烯共聚合等高聚合也具有形状记忆功能。

形状记忆凝胶（SMG），其结构特点是由交联聚合物网络与溶剂组成，体积会随着外界环境的变化而变化，如溶胀和收缩。其优点是：亲溶剂性，但不溶解于溶剂，其形状记忆行为具有一定的可逆性，在生物医疗、药物释放以及物料分离等方面具有潜在应用前景。环境敏感凝胶（environmental sensitive gels，ESG）在纺织中也有重要的应用。

一、环境敏感性凝胶在纺织中应用的方式

1. 合成环境敏感性成纤聚合物及纺丝

例如 Umemoto 等用聚丙烯酰胺（PAAm）浓溶液在丙酮中纺成纤维（直径为 $172\mu m$，长为 2cm），经环化处理后，在 $7.25N/cm^2$ 的负载下，由于溶剂中丙酮量的不同而引起体积变化。响应时间分别为伸长 11s、收缩 5.3s。该纤维能制成溶剂敏感人工肌肉。他们还用聚丙烯腈（PAN）纤维（直径 $222\mu m$）制成凝胶纤维，制成 pH 响应性人工肌肉，收缩率为 $70\% \sim 80\%$，在 1mol/L 的 HCl 和 1mol/L 的 NaOH 溶液中，可逆收缩和伸长的响应时间为 2s，伸长和收缩产生的强力都是 982kPa（$10kgf/cm^2$）。

2. 接枝有特殊效应或功能基因到成纤聚合物上

例如 Karlsson O 等采用臭氧活化纤维素，接枝丙烯酸（AA）单体制备了 pH 响应水凝胶纤维。Vigo 等以锰盐等复合引发剂，将相对分子质量为 1000～4000 的 PEG 直接接枝于

棉、麻等纤维素分子链上，制得了湿致形状记忆纤维。

又如将 NP1 接枝于壳聚糖（Cs）纤维上，制得兼具生物活性和热敏性的纤维，测得其长度在 33℃附近出现纤维长度突变。

3. 制备自适应性凝胶纤维

例如顾利霞、费建奇等采用氧化还原体系过硫酸铵/N，N'-四甲基乙二胺（APS/TEMED）为引发剂，在 PVA 水溶液中原位聚合 AA 单体，分别采用硫酸铵、硫酸钠饱和水溶液作凝固剂纺制了 PVA/PAA 纤维。采用热处理法，使 PAA 发生脱水酸酐化及 PVA/PAA 之间发生酯化反应，形成大分子之间的交联，制备了热诱导凝胶纤维。通过在凝固浴中加入交联剂戊二醛，制备了半互穿网络（SIPN）凝胶纤维。

又如日本 Masahiro 等专门设计出一系列热敏凝胶纤维的制备方法，如采用丙烯酰胺（AA，AAm）及其衍生物做敏感组分，与另一种可交联组合混合溶液，采用干纺、湿纺纺丝技术制备纤维，通过化学、辐射和热处理等方法形成交联网络。

4. 制成凝胶薄膜

例如，将聚乙烯醇的凝胶薄膜放入含有 $Cu_3(PO_4)_2$ 水溶液中，聚乙烯醇膜会发生很大程度的伸缩，收缩力甚至可以将膜下连着的重物提起。将收缩膜再放入还原性介质或乙二胺四乙酸（EDTA）盐的溶液中时，又很快膨胀。利用 Cu^{2+} 的氧化还原反应可以控制聚乙烯醇膜的膨胀-收缩，以实现化学能与机械能的直接转换，可用于制作"人工肌肉"，其伸长率和收缩率可达 30%。

二、自适应性凝胶纤维

近 20 年来，世界上的凝胶研究者根据凝胶的体积相变原理和对环境刺激响应的特征，已研制出各种在某个条件微小变化时能产生较大膨胀和收缩的新型凝胶。但凝胶内含有大量的溶剂（水或溶液），其力学性能很差，限制了应用。鉴于纤维材料结构具有较高的取向度和结晶度，机械性能得以大大提高，同时纤维材料还与许多生物组织（如动物的肌肉组织）在形成上存在相似之处，因此，将凝胶制成纤维状，可大大提高敏感性凝胶的力学性能和应用价值。

已有研究学者对此进行了探索，主要是对现有天然纤维和合成纤维进行物理或化学改性赋予具有环境刺激的响应性。近年来出现了通过改进传统纺丝技术，产生纤维型结构，制备出自适应性凝胶纤维的报道。目前，在以下几类自适应性凝胶纤维方面已经取得了较大的进展。

1. 对温度敏感的凝胶纤维

环境敏感高分子凝胶接枝或吸附在另一聚合物纤维表面，受到环境刺激时，表面的高分子凝胶发生可逆的溶胀 ⇌ 收缩或水合 ⇌ 脱水变化，使纤维的热适应性、润湿性或通透性产生显著变化。

在纤维中加入聚乙二醇（PEG）来制备蓄热调温纤维。PEG 是一种相变材料，具有很高的潜热，它能吸热和放热，这两种作用分别发生在材料的结晶温度和熔融温度附近。当PEG 与官能团的交联剂发生交联反应（如图 3-39 所示），并失去溶解性后，具有相变行为。如果将它加入到纤维或纺织物中，则纤维或纺织物就具有蓄热调温的功能。

例如 Vigo TL 将聚乙二醇（PEG）直接接枝于棉、麻等纤维分子链上，或者将 PEG 通过树脂整理等方法吸附于聚丙烯纤维（polyethylene fiber）、聚酯纤维（polyester fiber）表面，不但具有温致形状记忆效应，而且具有相变热效应。

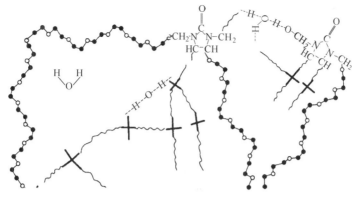

图 3-39　PEG 和四官能团交联剂反应形成的网络

又如美国学者 Dagani R 将聚乙二醇和各种纤维（如棉、聚酯或聚酰胺/聚氨酯）共混物结合，构成热适应织物，使其具有热适应性与可逆收缩性。

① 热适应性。赋予材料热记忆特性，温度升高时纤维吸热，温度降低纤维放热。此热记忆特性源于结合在纤维上的相邻多元醇螺旋结构间的氢键互相作用，如图 3-40 所示。当环境温度升高时，氢键解离，系统趋于无序，线团松弛过程吸热；当环境温度下降时，氢键结合，系统趋于有序，线团被压缩，过程放出同量的热量。这种纤维材料可呈现完全可逆的相变，因此具有调节温度的功能。不同相对分子质量的 PEG 对应于某一环境温度可发生相变。在这一温度时，蓄热调温纤维具有最大限度的吸热能力，具有降温作用。在同样实验条件下，与未改性纤维相比，30min 后，纤维的表面温度降低 11.1～15.5℃。利用这些纤维的热记忆效应，可设计恒温服装、保温系统。它潜在的应用范围很广，其中包括体温调节与烧伤治疗的生物医学制品，农作物防冻系统、自动舱和伪装系统等领域。

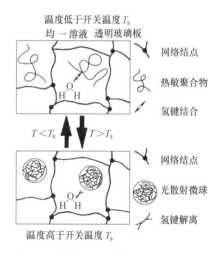

图 3-40　热敏性凝胶体系的可逆"开关"

② 可逆收缩性。湿时收缩，干时恢复至原始尺寸。湿态缩率可达 35%。水以外的溶剂也能产生这种响应。由于涉及溶剂和多元醇-纤维基材的相互作用，所以这种尺寸记忆效应更为复杂。

由于改性纤维比凝胶韧性好，可用于生物医学用压力与压缩装置，如压力绷带，它在浸血时收缩，在伤口上所产生的压力有止血作用，绷带干燥时压力消除。可望用于传感/执行系统、微型马达、灌溉控制和工业用压力与压缩装置。

等离子轰击聚合物表面产生自由基，表面交联是由聚合物自由基之间的重新组合引起的。表面除发生交联结果外，还可能形成不饱和键。K. S. Chan，J. C. Tsai 等在氩（Ar）气氛中以等离子对聚丙烯非织造布进行预处理，再通过 1000W 高压汞灯照射，将异丙基丙烯酰胺在引发剂过硫酸铵、促进剂 N，N，N'，N'-四甲基乙二胺和交联剂 N，N'-亚甲基双丙烯酰胺的作用下接枝到聚丙烯表面。非织造布经预处理，能改善 PNIAAm 水凝胶与基质的结合，提高接枝密度，赋予其更好的润湿性。经冷冻干燥的水凝胶层具有多孔结构。未接枝（A）和接枝在聚丙烯表面（B）的 PNIPAAm 凝胶溶胀度与温度的关系如图 3-41 所示。

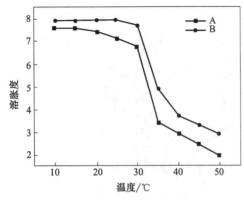

图 3-41 未接枝（A）和接枝在聚丙烯表面（B）的 PNIPAAm 凝胶溶胀度与温度关系

由图可知，接枝（B）和未接枝（A）在 PP 表面的聚异丙烯酰胺凝胶显示出相似的温度特征，即随着温度的升高，吸水率降低，溶胀度减少。此 PNIPAAm 接枝 PP 非织造布有望用于温度调控的透气性织物。

表面接枝聚合是通过某种特殊技术，使聚合物表面产生活性种，用该表面大分子活性种引发丙烯酸（AAc）和异丙烯酰胺（NIPAAm）等单体在聚合物表面接枝，如图 3-42 所示。通过表面接枝，聚合物表面生长出一层新的具有特殊性能的接枝聚合物层，从而达到显著的表面改性效果，而基质聚合物的本体性能不受影响。引入活性点的方法有光化学法、射线辐照法、紫外线法、等离子法、化学接枝法等。

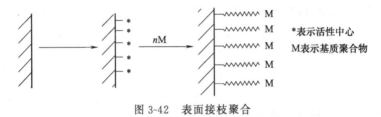

*表示活性中心
M表示基质聚合物

图 3-42 表面接枝聚合

例如 Kubota H，Kuwatara S 以纤维状羧甲基纤维素（CMC）在 N，N'-亚甲基双丙基酰胺（MBA）水溶液中先进行光交联得 CR-CMC；然后 CMC 或 CR-CMC 以 H_2O_2 和硫酸水溶液处理制备得 CMC 或 CR-CMC 过氧化物；再将 NIPAAm 和 AAc 共聚单体于 30℃进行光接枝。此过程可分为两步实施，即先接 AA、再接枝 NIPAAm。这里，均需要将过氧化物经光分解形成自由基，再引发接枝反应。有一步法和两步法两种途径。

① 一步法。AAc 和 NIPAAm 光接枝是在交联剂 MBA 的存在下进行的：

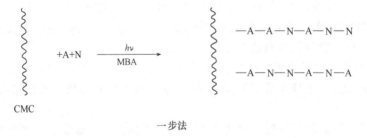

一步法

② 两步法。AAc 在 MBAAm 存在下先接枝在 CMC 基质上，NIPAAm 再光接枝于 AA-g-CMC 上：

两步法

智能纺织品开发与应用

比较一步法和两步法试样吸水率与温度的关系，如图 3-43 所示。在相同温度条件下，试样的吸水率数值二步法均显著高于一步法，且两步法接枝物的吸水性显示出明显的温度敏感性，约在 30℃时随温度升高吸水率明显减少，而一步法接枝物的吸水率在选定的温度范围内基本保持不变。由此可见，由两步法制备的接枝羧甲基纤维素，有望用作温敏性吸水剂。

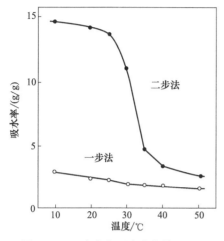

图 3-43　一步法和两步法接枝 CMC
的吸水率与温度的关系

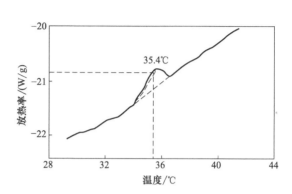

图 3-44　用 ^{60}Co 辐照法接枝
PNIPAAm 的棉纤维湿态 DSC 曲线

有学者采用钴-60（^{60}Co）作为人工放射性核素（^{60}Co 源是在核反应堆中用强中子流辐照稳定同位素 ^{59}Co，通过核反应生成 ^{60}Co），当放射性核素 ^{60}Co 不断衰变就给出 γ 射线，按辐照法将聚异丙基丙酰胺（PNIPAAm）有效地接枝在棉纤维表面。图 3-44 是该接枝 PNIPAAm 的棉纤维湿态 DSC 曲线，证实接枝表面的 PNIPAAm 仍保持温度敏感性，其相转变在 35℃附近，接近体温，因而可望成为开发温度响应型智能织物。

目前对温度敏感性形状记忆凝胶的研究，主要集中于合成 PNIPAAm 的共聚物，主要通过改变组分以改变亲水和疏水比例，引进其他敏感基因来探索热敏机理，改变最低临界溶液温度（LCST）以研究结构性能，扩大其应用范围。

例如 Hirasa O 用 γ 射线辐照含热诱导相分离微区的轻度交联的聚乙烯基甲基醚（PVMA），制备了对温度敏感的凝胶纤维。交联的聚乙烯基甲基醚能在 38℃（相变温度）时迅速地产生可逆性溶胀和收缩，为提高此热响应性凝胶的伸缩速率，还可以将其制成多孔性凝胶，而使其成为 PVME 多孔凝胶纤维，溶胀时直径达到 $4×10^{-4}$m。图 3-45 为 PVME 多孔凝胶纤维的收缩应力和溶胀度的温度依赖关系。他们发现该纤维在 38℃上下波动时呈现可逆的收缩和伸长，由 20℃的 40μm 收缩到 40℃的 20μm。

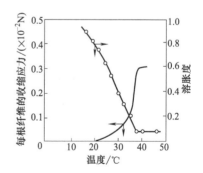

图 3-45　PVME 多孔凝胶纤维的收
缩应力和溶胀度的温度依赖性

温度敏感高分子凝胶是一种软湿材料（soft & wet materials）。凝胶的环境变化响应性是对淡水而言，若在盐水中凝胶响应性会有所改变。调控水凝胶的组成可使其在含不同离子的海水中应用，关键是此时仍要保持凝胶的体积相变的可逆性。温度敏感高分子凝胶在纺织领域具有良好的应用前景。美国 Micle 公司（Medford

MA）将水凝胶做成湿态衣服织物的热保层，此热敏性水凝胶由亲水、疏水共聚制备，且它的响应速率与环境的温度变化速率相匹配，当着装者剧烈运动，体温超过凝胶的 LCST 以上，衣服内层凝胶收缩，孔隙扩张，让更多的身上汗液渗透出衣服外，热损失增大，使体温下降。当体温降至 LCST 以下时，内层凝胶溶胀，孔隙缩小，汗液排出降低，热损失减小，起到保暖作用。因此，这种具有水凝胶热保护层的湿态衣服被誉为"灵巧皮肤"（smart skin）。它可用于消闲（运动服、冲浪服）也可用做军用潜水服，具有广阔的发展前景。

2．对光敏感的凝胶纤维

在光的作用下能可逆地发生颜色变化的化合物叫做光致变色化合物或光致变色体。对于有机化合物来说，光致变色现象中，大多数与分子结构的变化联系在一起，如互变异构、顺反异构、开环反应，有时甚至有化学反应如氧化还原反应。如果将能产生结构变化的有机小分子（光致变色有机化合物）连接到凝胶纤维（聚合物）链上，就可以得到光致变色凝胶纤维。这种光致变色的凝胶纤维，在颜色变化的同时，往往伴随着体积的收缩与膨胀，属于双程形状记忆聚合物。这种体系也可以是混合物，如含偶氮染料的凝胶纤维。在日光下，样品产生可逆的光致收缩-膨胀效应，色调也明显改变，而储存在暗处时，又回复原先的长度和色调，这种现象可重复多次。

含光能致变色的交联高分子也呈现光敏形状记忆现象。例如，以甲基丙烯酸-2-羟乙酯为单体，质量分数 11％的二甲基丙烯酸乙酸乙二醇双酯为交联剂制备了交联结构的高分子，并加入少量磺酸化的双偶氮染料，染料与单体比为 1∶400，该种交联高分子在水中会溶胀，形成凝胶，光照时发生下面的构象变化：

$$\xrightarrow[\Delta t]{h_v}$$

这种构象变化引起了染料-高分子相互作用的变化，导致凝胶收缩 1.2％，在黑暗环境中凝胶回复其原先尺寸，回复速率是温度的函数，与染料在 400nm 处光密度增加平行变化。

3．对电场敏感的凝胶纤维

在电场力作用下，也能观察到纤维的伸缩响应行为。电场的变化使溶剂的离子浓度也随之改变，同时相应地改变了含有电解质凝胶溶液的 pH 值，从而使纤维产生体积变化。如果凝胶是电中性的，则观察不到这种变化。

对这类材料的研究很多，例如 PVA-PAA、PMAA、PAA-*co*-PAAm、PMAA-PNIPAAm-PAA 和 CS-PEG 等。在讨论上述各种凝胶纤维在电场中的形变行为之前，先来介绍 PVA-*co*-PAA 复合凝胶在电场中的形变行为。Singa T，Kurauchi T 研究由聚乙烯醇（PVA）和聚丙烯酸钠（PAA）组成的复合凝胶在电场中的形变行为。根据 Flory 理论，聚电解质凝胶的形变行为是由凝胶条两边的渗透压（osmotic pressure）控制的，即：

$$\Delta \pi = 2RTC_P(V_2/V_1)ht(1-ht)$$

式中，R 为气体常数；T 为绝对温度；C_P 为离子浓度；V_2 为凝胶体积；V_1 为介质溶液体积；h 为反离子的迁移速率；t 为施加电场的时间。而平衡渗透压等于平衡时凝胶的应力，所以有：

$$\Delta\pi\equiv\sigma=6D\theta E/L^2$$

式中，D 为凝胶厚度；θ 为电场作用下的偏转角；E 为杨氏模量；L 为试样长度。

由上式还可以计算出形变的大小：

$$\varepsilon=\sigma/E=6D\theta/L^2$$

这就是说，聚离子浓度、反离子的迁移速率及凝胶的体积比，皆对渗透压变化产生影响，从而对凝胶的应变速率和应变量产生影响。图 3-46 中（a）是 PVA-PAA 凝胶的弯曲应变响应时间随电场强度的变化，由图（a）可见：对浓度和温度一定的聚电解质凝胶，在直流电场作用下，凝胶迅速向阴极方向弯曲，而且电场强度越大，响应速度越快，弯曲应变越大。图 3-46 中（b）为凝胶在不同浓度的电解质溶液中的弯曲行为，随着电解质浓度的增加，离子的迁移速率增大，凝胶的弯曲速率相应增大，而响应时间则相应减小。

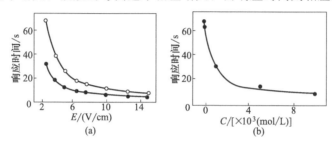

图 3-46　PVA-PAA 凝胶的弯曲曲线应变响应时间
与电场强度及电解质浓度的关系
(a) 中 PVA/PAA＝80/20 (○)、50/50 (●)，(b) 中 PVA/PAA＝50/50

Kuhn W，Hargitay B，Kwtchalsky A 等制备交联 CS-PEG 凝胶纤维既有典型的 pH 响应性，又在直流电场作用下显示出刺激响应行为。

Shahinpoor M 研制的凝胶纤维首先在电场作用下发生弯曲，最终又受 pH 值梯度的控制。在 30V 电压下，该凝胶纤维的弯曲很慢（25s），且偏向阳极的幅度很小（约 4mm）。但如果在 0.5mol/L 的 NaCl 溶液中，凝胶纤维形变显著，在 5s 内即可向阳极弯曲达 10mm。若采用线性聚电解质（聚苯乙烯磺酸钠，NaPSS），凝胶纤维的形变又不一样。在 0.5mol/L 的 NaPSS 中，凝胶纤维在最初的 5s 内向阳极弯曲 10mm，但 25s 后又向阴极弯曲 7mm，最后，当 pH 值梯变形成施加在凝胶上时，凝胶纤维又向阳极弯曲。

东华大学顾利霞、费建奇等制备了热诱导 PVA-PAA 凝胶纤维，在直流电场作用下，测出热诱导 PVA-PAA 凝胶纤维在不同电压下的弯曲程度与实践的关系曲线如图 3-47 所示。由图可知，试样随时间变化逐渐向负极弯曲，当时间在 0～2min 期间试样弯曲程度增加较快，之后逐渐趋于平缓而稳定。在不同电压的试样弯曲程度均随着电压的升高而增大。

此外，对磁场敏感的凝胶纤维也在研究和开发之中。

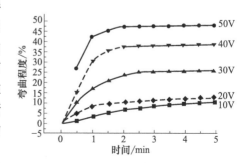

图 3-47　热诱导 PVA-PAA 凝胶纤维的
弯曲程度与电压及时间的关系

4. 对 pH 值敏感的凝胶纤维

主要为聚电解质凝胶：聚丙烯酸（PAA）系，聚乙烯醇（PVA）及其衍生物、氧化聚丙烯腈（PANOX）等制备的凝胶纤维，均具有对 pH 变化的敏感性。对 pH 响应性凝胶纤维纤维的研究，已在少数国家取得较大进展。

早在 1950 年，Katchalsky A 等就以纤维或膜的形成制成了一种 PAA 凝胶纤维，它能水中伸长。交替地加入酸和碱，该纤维可发生可逆的收缩和伸长，将化学能转化为机械能。20 世纪 90 年代，日本和美国在 pH 响应性凝胶纤维的研究方面取得了重大的进展。交联 PVA 凝胶纤维和氧化-皂化的 PAN 凝胶纤维都是著名的例子。

以 Umemoto S，Okui N，Sakai T 制备的 PAN 凝胶纤维为例，该纤维为羧基和吡啶环共存的两性凝胶纤维，能在 1mol/L 的 HCl 和 1mol/L 的 NaOH 溶液中收缩和伸长。Karlsson O J 通过接枝共聚制备的凝胶纤维，不仅在臭氧活化纤维的表面接上了 PAA，而且在纤维内部也形成了三维网络，因此纤维的 pH 响应性和力学性能均较好。

东华大学沈新元以自制的超高分子量聚丙烯腈（UHMW-PAN）为原料，通过凝胶纺丝制得一种内有贯通整个纤维的空腔壁上有无数微孔的纤维（即多孔中空纤维）；以该纤维为原丝，通过氧化制备多孔中空氧化纤维；再通过皂化制备多孔中空凝胶纤维。与实心凝胶纤维需浸在大量刺激介质中相比，多孔中空凝胶纤维对刺激介质的控制，可以通过纤维中间的空隙进行，或者将纤维组成组件后从纤维内部和外部交替输入和抽出不同的刺激介质，方法就方便多了。

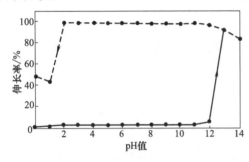

图 3-48 UHMW-PAN 多孔中空凝胶
纤维的伸长率-pH 值变化
注：实线为 pH 值增加时的过程，
虚线为 pH 值下降时的过程。

图 3-48 是 UHMW-PAN 多孔中空凝胶纤维（氧化：220℃，0.5h；碱处理：0.5mol/L NaOH 溶液，20min）的 pH 响应程度曲线。由图可知，该纤维在一系列 pH 值下的平衡伸长率（％），在 pH 值增加过程中，在 pH 值从 0 增加至 12 之前范围，试样仅有极小的伸长，当 pH＝12 时，伸长略有增加，当 pH＝13 时，试样陡然伸长。相反，在 pH 值下降过程中，当 pH 值从 14 降至 11 时试样略有伸长，当 pH 值由 11 降至 2 时试样长度几乎不变，当 pH 值低于 2 时膨胀的试样突然急剧收缩，当 pH 值接近 1 时试样伸长略有回升。

表 3-10　两条途径控制 UHMW-PAN 基多孔中空氧化纤维的效果

途径①，氧化时间 0.5h		途径②，氧化温度 220℃	
氧化温度/℃	芳构化指数（AI）	氧化时间/h	芳构化指数（AI）
200	0.292	0.5	0.346
210	0.306	1.0	0.454
220	0.346	2.0	0.619
230	0.745	3.0	0.563
240	0.645	4.0	0.465

注：AI 表示芳构化指数（aromatic index）。

由图可知，沈新元制备的 UHMW-PAN 多孔中空凝胶纤维是一种两性凝胶纤维，其对

pH 值的伸缩响应行为出现滞后现象，而该现象在只含阳离子或阴离子的凝胶中并不出现。实验表明，人们可以通过两条途径来控制多孔中空纤维的力学性能和 pH 响应性：①控制氧化温度和时间来改变 UHMW-PAN 基多孔中空氧化纤维的环化程度；②控制碱溶液浓度和皂化时间。两条途径的效果见表 3-10。

东华大学顾利霞、费建奇等制备热诱导 PVA-PAA 凝胶纤化，并测得其平衡膨胀变随溶液 pH 值变化的曲线如图 3-49 所示。

由图可知，路线 1 表示溶液 pH 值升高过程中该凝胶纤维的平衡膨胀度的变化的情况：在 pH 值小于 9.0 的区间纤维的平衡膨胀度基本保持不变，当 pH 值超过 9.0 时纤维的平衡膨胀度将突然增加。之后则趋缓，并在 pH 值为 12.0 时达到最大值。路线 2 表示溶液 pH 值降低过程中该凝胶纤维的平衡膨胀度的变化情况：在 pH 值为 13.5 到 12.0 区间，纤维的膨胀沿原路线逐渐增加并超过原来的最大平衡膨胀度，随着 pH 值的进一步降低时纤维的膨胀度缓慢增加，大约 pH 值为 9.0 之后膨胀度才基本保持不

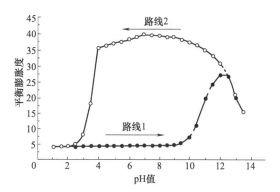

图 3-49　热诱导 PVA-PAA 凝胶纤维
的平衡膨胀度与 pH 值的关系

变，当 pH 值为 3.5 左右时纤维突然收缩，膨胀度急剧下降，当 pH 值小于 2.5 时，纤维的膨胀度曲线才和原路线基本吻合在一起。这样，在 pH 值为 2.5～12.5 区间凝胶纤维的膨胀/收缩行为出现明显的"滞后"现象，在图形上形成一个大的滞后环。于是，该 PVA-PAA 凝胶纤维的膨胀/收缩行为曲线可以划分为 3 个不同区间：1 区间（pH=1.0～2.5）、2 区间（pH=2.5～12.5）和 3 区间（pH=18.5～13.5）。

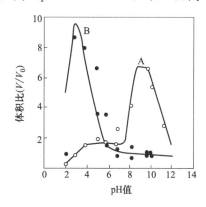

图 3-50　阴离子系（A）曲线和
阳离子系（B）电解质
凝胶的体积比变化对 pH 值的依赖性

凝胶纤维分子链中含有阳离子基团又含阴离子基团的即为两极聚电解质的凝胶，它对 pH 值的依赖性比较复杂，已如前述的 UHMW-PAN 多孔中空凝胶纤维和 PVA-PAA 凝胶纤维的平衡膨胀度-pH 值关系曲线出现了滞后现象。阴离子系电解质凝胶（A）的体积比（V/V_0）变化对 pH 值的依赖性（即图 3-50 中曲线 A）：pH=3 时，凝胶开始伸长，到 pH=7 时，伸长显著，pH 值在 9 以上的，凝胶内外离子溶液浓度相等，凝胶收缩。阳离子系电解质凝胶（B）的体积比（V/V_0）变化对 pH 值的依赖性（即图 3-50 中曲线 B）：pH 值在 2～3 凝胶伸长，在 pH=3 附近，阳离子聚凝胶的离解度发生很大变化，凝胶迅速收缩，pH=6 后凝胶收缩才逐渐趋缓。由图可知，阴离子系电解质凝胶的 A 曲线和阳离子系电解质凝胶的 B 曲线伸缩响应行为都不存在"滞后现象"。

5. 对溶剂组分敏感的凝胶纤维

有些凝胶纤维的溶胀行为会随溶剂成分或某些特定化学物质的变化而改变的一类纤维。这类凝胶纤维是利用高分子链与溶剂的相关作用力的变化及非聚电解质凝胶对溶剂组分的改变而产生响应的。它们可由聚乙烯醇（PVA）、聚烯丙胺（PALA）等加工而成。

例如日本 Umemodo S，okui N，Sakai T 等制备的 PAAm 凝胶纤维在水中伸长，在丙酮中收缩。在丙酮水溶液中，该凝胶纤维的体积比（V/V_0）和平衡收缩应力（N/cm^2）随丙酮在丙酮/水体系中浓度的变化而变化，如图 3-51 所示。

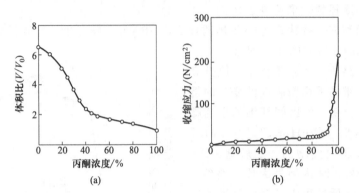

图 3-51　PAAm 凝胶纤维在丙酮/水体系中的体积比和平衡收缩应力与丙酮浓度的相关

由图可知：①凝胶纤维的体积比（V/V_0）在丙酮/水体系中呈收缩状态，丙酮浓度在 0～40％区间纤维收缩较快，达到 40％以上原纤维收缩减缓；②在保持凝胶纤维夹持长度为定值的条件下，纤维的平衡收缩应力，是逐渐增大的，丙酮浓度在 0～90％区间，纤维的平衡应力缓步增加，达到 90％以上时纤维的平衡应力即陡然增加。

日本 Umemodo S 等实验证明 PAAm 凝胶纤维在水中伸长，溶胀平衡时间为 11s，在丙酮中收缩，收缩平衡为 5.3s，当溶剂中丙酮达 40％以上时，凝胶纤维体积变化量则随溶剂浓度的增加而减少。

三、在消臭或芳香纤维中的应用

1. 微胶囊技术

微胶囊技术（microcapsule technology）是一种用成膜材料包覆囊芯材料，使其形成微小粒子的技术，得到的微小粒子叫微胶囊。一般粒子大小在微米或毫米范围（一般在 1～500μm 范围），包在囊芯的可以是固体，也可以是液体或气体。微胶囊外部由成膜材料形成的包覆膜，称为壁材。壁材通常由天然的或合成的高分子材料形成，也可以是无机物。

微胶囊技术的优势，在于形成微胶囊时，囊芯材料被包覆而与外界环境隔离，囊芯材料的性质被无影响地保存着，仅在需要的时候，才释放该物质。通过对物质进行微胶囊化，可以实现许多目的。

（1）改善物质的物理性能

① 液态转变成固态。当液态物质微胶囊化后，得到拟固体态的细粉状产物。虽然在使用上它具有固体特征，但其内部相仍然是液体，因而可良好地保持液相的反应性。通过微胶化可以使液态反应物质变得"易于使用"，并且可在特定条件下使微胶破裂，让液态芯材流出，进行化学反应。

② 改变密度或体积。经过微胶囊化后，可以使物质的体积增大，密度减小。于是密度大的固体经微胶囊化后可以转变成能漂浮在水面的产品。

③ 良好的分离状态。制成微胶囊后，有利于它参与各种反应。例如在涂层工艺中，微胶囊化的优点是在等量浓度下其黏度较低，当微胶囊与乳液相结合时，其表观黏度比等量固体浓度的乳液的表观黏度大大降低；能以粉末状态使用，非常细的粉末可降低絮凝问题。

（2）保证物质的可控释放　微胶囊中活性成分的释放形式可根据需要设计成：

① 微胶囊所含的芯材立即释放出来；

② 微胶囊所含的芯材延时定时释放；

③ 微胶囊所含的芯材适当长效释放。

（3）提供稳定性保护芯材免受环境影响

① 抗氧化性。例如高蛋白脂肪饲料微胶囊化后可降低储存过程中的氧化，延长向水环境的释放速度，用于大规模养鱼时可大大提高鱼的喂养效率和生长速度。

② 保护具有吸水性的芯物质。选择适当的壁材可以提高制片剂的性能。

③ pH 值的影响。经过微胶囊后，可避免由于 pH 值的变化而发生的无色染料颜色的变化。

④ 降低挥发性。经微胶囊化后，可抑制易于挥发的物质挥发，可储存较久。

（4）减少毒副作用，降低对人体健康的影响

① 微胶囊化的一个重要目的在于药物的靶向化，阿司匹林药物包裹后可以通过控制向消化系统的释放速度来减轻肠胃的疼痛，明显降低胃出血量。

② 微胶囊化后可以掩饰某些化合物的令人不愉快的味道和气味。

③ 微胶囊化后可以使不相容物质分离，隔离开各成分，阻止两种活性成分之间的化学反应。两种能发生反应的活性成分，若其中之一被微胶囊化，再与另一种成分混合时，它们是不会发生反应的。但当微胶囊被损坏时两种活性成分相互接触，反应才立即发生。

由此可知，通过对物质进行微胶囊化可以实现许多目的：可以改善被包裹物质的物理性质（颜色、外观、表观密度、溶解性）；提高物质的稳定性，使物质免受环境影响，改善被包裹物质的反应活性、耐久性（延长挥发物质的储存时间）、压敏性和光敏性；减少有毒物质对环境造成不利影响；使药物具有靶向功能；屏蔽气味和味道，降低物质毒性；根据需要持续释放物质进入环境；将不相容的化合物隔离等。上述功能使得微胶囊化成为许多工业领域中的一种有效的商品化方法。

近年来，人们对芳香植物精油的医疗效果日益关注。随着人们对香味研究的深入，逐步发现香味有着舒缓紧张情绪、解除压力和催人兴奋等作用，并掌握了一些芳香药物的药理功效和情感作用（见表 3-11）。

表 3-11　芳香药物的药理功效与情感作用

药理功效情感作用		芳 香 药 物
药理功效	镇静	杜松、香草、薰衣草、牛膝草、薄荷、洋葱、牛至、迷迭香、鼠尾草、松节油、大蒜、春黄菊
	镇咳祛痰	迷迭香、牛至、百里香、大茴香、牛膝草、洋葱、海水草
	杀菌	大蒜、春黄菊、薰衣草
	止泻	杜松、香草、姜、薰衣草、薄荷、肉豆蔻、洋葱、橘子、迷迭香、檀香、鼠尾草、百里香、大蒜、春黄菊、肉桂、柠檬
	防治感冒	薰衣草、牛膝草、薄荷、洋葱、迷迭香、鼠尾草、百里香、大蒜、春黄菊、肉桂、水杉、柠檬、桉树
	促进食欲	小茴香、姜、牛至、大蒜、春黄菊、葛缕子、鼠尾草、百里香、龙蒿
	催眠	罗勒、春黄菊、薰衣草、牛膝草、橘子、灯花油、茉莉

药理功效 情感作用		芳 香 药 物
情感作用	不安	安息香、香柠檬、春黄菊、玫瑰、肉豆蔻、丁香、茉莉
	悲叹	海索草、牛膝草、玫瑰
	刺激	樟脑、滇荆芥油、橙花
	愤怒	春黄菊、滇荆、芥油、玫瑰、依兰
	优柔	罗勒、柏木、薄荷、广藿香
	过敏	春黄菊、茉莉、滇荆、芥油
	多疑	薰衣草
	紧张	樟脑、柏木、香叶、茉莉、滇荆、芥油、薰衣草、牛膝草、橙花
	忧郁	檀香、依兰、香柠檬、春黄菊、香叶、茉莉、薰衣草、橙花、薄荷、广藿香、玫瑰、荆香油
	偏狂	春黄菊、鼠尾草、牛膝草、滇荆、芥油、薰衣草、橙花、茉莉
	急躁	罗勒、鼠尾草、茉莉、杜松子
	冷淡	春黄菊、樟脑、柏木油、薰衣草、牛膝草、茉莉、杜松子、广藿香、迷迭香

于是，纺织品生产研究人员开发了各种具有芳香功能的纤维和纺织品。研究发现的重点课题是对香精的可控释放延长香味在衣服上的存留时间。芳香药剂大多是易于挥发的物质，在微胶囊化过程中，其重点难点是如何确保有效成分被充分包覆、避免不环保物质的产生、保证芳香微胶囊不会影响纤维和织物的服用性能等。

2. 香精香料微胶囊的结构与制备

香精香料微胶囊由芯材和壁材两部分构成。

芯材的主题是香精香料活性组分，可以是液相、固相、气相，其组成可以是单一物质或混合物；芯材中还可以加入附加剂，用来控制香精香料分子的缓慢释放；主体与附加剂可以混合胶囊化，也可以分步囊化，这要依据具体情况而定。

科学研究证明，许多芳香剂具有镇静、治疗和保健作用，从薰衣草、甘草、薄荷、杜松、春黄菊、茉莉等织物中提取的香精，可以起到抑菌驱虫、掩盖异味、医疗保健等作用。芳香医疗的疗效首先是调整神经系统功能，影响人脑意识；其次是香气进入血液循环，借助药理作用促进细胞的新陈代谢。目前，从芳香医疗的经验可知，薄荷、柠檬、茉莉、玫瑰等香气可形成激励型脑波；佛手香、薰衣草、肉桂等香气会使脑电波平缓；檀香、葵花油等香气可催人入睡；樟脑、桉树等香气可治疗偏头疼；麝香草、月桂叶等香气和艾苗、迷迭香等香气能分别刺激和抑制食欲；麝香、土香根等香气和桉叶香、鼠尾草等香气可以分别兴奋和抑制性欲；等等。有研究表明，芳香有杀菌、消臭和使人舒服的作用。比如森林浴气味是一种杀菌素，能杀灭空气中的白喉、百日咳等病菌；等等。

壁材可依芯材而定，一般要求是材料性能稳定、无毒、无副作用、无刺激性、具有配伍性、不影响香精香料的作用，并且有符合要求的黏度、渗透性，有一定强度和可塑性等。壁材多为天然、半合成、合成的高分子材料。

明胶（gelatin）是一种把动物（牛、马、猪）的胶原结缔组织和皮经过一系列的化学处理后得到的蛋白质。明胶的大分子链具有聚电解质的性质，有极好的成膜性。明胶是微胶囊技术中经常用作壁材的一种亲水性高分子胶体。它可以单独使用，也可以和其他材料一起形成囊壁。玫瑰香精微胶囊就是明胶和阿拉伯树胶一起组成的壁材。

阿拉伯树胶（arabic gum）是生长在热带（中非、北非、阿拉伯以及印度尼西亚等）的荆球花（acacia）属植物。阿拉伯树胶的主要成分为阿拉伯胶酸（arabic acid）及其与钙、镁、钾等所形成的盐类。阿拉伯树胶的水溶液中，加入稀的无机酸，能使它加水分解，变成阿拉伯树胶糖（arabinoce）、水解乳糖（galaclose）及水解乳糖醛酸（galacturonic acid）等。阿拉伯树胶不溶于大多数有机溶剂，其水溶液澄清，有极高的黏性和较低的表面张力，是良好的乳化剂。具有保护胶质的性能，亦不结晶。通常采用明胶-阿拉伯树胶体系的复合凝聚方法来制备封闭型香精微胶囊，其囊壁上不含微孔，只有当人们穿着或与外界接触摩擦时使囊壁破裂才释放出香味。

封闭型香味微胶囊也可利用尿素-甲醛（urea-formaldehyde）或蜜胺-甲醛（melamine formaldehyde）预缩体（pre-condensate）用原位聚合法在香体物质液滴周围形成封闭良好脲醛树脂（urea formaldehyde resin）或蜜胺甲醛树脂（melamine formaldehyde resin）壁膜。其方法如下。

① 把浓度为 36％甲醛溶液 488.5g 与尿素 240g 混合，加入三乙醇胺调节 pH＝8，并加热至 70℃，保温下反应 1h 得到黏稠的液体，然后用 1000mL 水稀释，形成稳定的尿素-甲醛预聚体溶液。

② 把水溶性主体物质加到上述尿素-甲醛预聚体溶液中，并充分搅拌分散成极细微的粒状，加入盐酸调节 pH 值在 1～5 范围，在酸催化作用下缩聚形成坚固不易渗透的微胶囊。

③ 当缩聚反应进行 1h 后，适当升温至 60～90℃，有利于微胶囊壁形成完整，但温度不能超过香精和预聚体溶液的沸点。一般反应时间控制在 1～3h。用尿素-甲醛预聚体进行聚合形成的微胶囊有惊人的韧性和抗渗透性，并具有良好的密封性。缺点是甲醛的气味难以全部净除，故很少用于微胶囊香精的制作。

β-环糊精（β-cyclic dextrin，β-CD）分子形状呈锥形，锥体外存在大量的羟基（—OH）而亲水，腔内存在大量的疏水基（—OR）呈疏水亲脂作用及空间体积匹配效应，疏水的空腔能够与疏水化合物通过非共价键的相互作用形成稳定的主客体包合物。其结构如图 3-52 所示。香料、维生素等分子大小合适的分子都可以与环糊精形成包合物。形成包合物的反应一般只能在水存在之时进行。当环糊精溶于水时，环糊精的环形中心空洞也被水分子占据，当加入非极性外来分子（香精）时，由于疏水性的空洞更容易与非极性的外来分子结合，这些水分子很快被香精分子置换，香精分子吸附到环糊精空腔中，形成比较稳定的主客体包合物，然后喷雾干燥，所得固体颗粒就是多个环糊精包覆形成的微胶囊集合体。这种微胶囊包合物与纺织品之间的亲和力很弱，需要使用涂层或印花的方法利用黏合剂把环糊精-香精包合物处理到纺织品上。

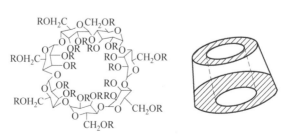

图 3-52 β-环糊精的分子结构

3．芳香纤维的赋香方法

用后整理技术开发芳香织物，虽然芳香持久性也在提高，但只能短时间使用特别是经过几次洗涤后香气极易消失。因此，人们在积极探索把芳香物质加到纤维上和加到纤维内的方法。20 世纪 80 年代以来，这方面的开发研究在日本进行得很多，不少纺织化纤企业开发出独具特色的芳香纤维。这种纤维芳香持久，确保其纺织性能和耐洗涤性，从而成为开发芳香纺织品的一种最新形式。其赋香方法有以下三种。

（1）共混纺丝法

① 将香料或芳香微胶囊均匀地混入纺丝液中进行混纺丝，纤维基材常选用聚酯、聚酰胺等，共混时要添加分散剂使芳香剂均匀分布，有时还要添加增黏剂（如 TiO_2、SiO_2 等）提高芳香物质与基材的相容性。开发这种芳香纤维不需要改动传统的纺丝设备。

② 共混纺丝法对香料的沸点有较高的要求，使香料种类选用受到限制。因为纺丝温度越高，香料容易因高温挥发或分解。一旦香料原有的各种组分间的平衡受到破坏，将会发生纤维的香味变异，这是生产和消费者都不希望发生的。

③ 解决方法。使用耐热型壁材制备芳香微胶囊纺入纤维之中，可有效克服此一缺陷。

（2）复合纺丝法

① 生产普通复合纤维。一般均选用熔点低且耐水溶解的聚合物（均聚或共聚物）作芯层，香料加在芯层中。香料与芯层高聚物结合牢度高，且基本不能透过纤维表层，而是沿纤维纵向从横截面逸出达到持久的芳香效果。

② 生产中空型复合纤维。它的芯层为中空结构，使香气不仅从纤维横截面逸出，并从中间孔部逸出，增加了香气的浓度。

③ 采用复合纺丝法的优点。使芯层组分和皮层组分从两根不同的螺旋杆挤出，这样芯层和皮层就可以采用不同的纺丝温度，使香料在纺丝过程中处于较低的温度环境中，减少香料的挥发和分解，而皮层聚合物仍然有足够的温度保证它良好的活动性。从而会使芳香纤维具有留香时间明显延长、芳香释放浓度提高、香料可选用范围加宽、香味纺丝前后变化小等优点。

（3）纤维素的接枝改性法

① 纤维素接枝共聚是纤维素改性的一个重要领域，已有不少研究及实用效果，其共聚物通常既保持了纤维素本身固有的优良特性，又具有合成聚合物支链赋予的新的特性。1981年 A. Hebeish 和 JT. Gurhrice 对纤维接枝共聚改性的机理与工艺做了较全面的报道。

② 纤维素接枝共聚首先要在大分子骨架上产生活性中心。现在的方法主要集中于自由基引发，而离子引发聚合的报道很少。由于纤维素不溶于通常溶剂，所以大多数接枝共聚反应是在多相条件下进行的。

③ 不同纤维素与单体接枝共聚所需要的引发剂不同，主要有过硫盐酸引发体系、$KMnO_4/H_2SO_4$ 引发体系、Fe^{2+}/H_2O_2 引发体系、Ce^{4+} 引发体系等，由于不同引发剂产生自由基的方法不同，其接枝机理也有差异。

M. H. Lee. K. J. yoon. S. W. KO 三位学者以甲酸作为催化剂，将 N-羟甲基丙烯酰胺与 β-环糊精反应生成含有可聚合双键的丙烯酰胺甲氧基环糊精（CD-NMA），并通过包络反应将香兰素包封在微胶囊芯部。再通过铈盐（Ce^{4+}）引发接枝到棉纤维。在接枝共聚反应过程中常伴有均聚反应。鉴于纤维素接枝共聚物与均聚物在溶解性质上截然不同，通常用溶剂抽提法除去均聚物。评价接枝共聚反应的三个基本指标是：

$$单位转化率=\frac{抽取前产物质量-原料纤维素质量}{加入单位质量}\times100\%$$

$$接枝率=\frac{抽提后产物质量-原料纤维素质量}{原料纤维素质量}\times100\%$$

$$接枝效率=\frac{抽提后产物质量-原料纤维素质量}{抽提前产物质量-原料纤维质量}\times100\%$$

在棉纤维 0.5g、CD-NMA10g、铈盐 0.012mol、1%HNO₃ 50mL、反应时间 60min 的接枝条件下，研究反应温度对棉纤维接枝共聚的接枝率的影响（如图 3-53 所示）。由图可见，当反应温度在 40℃时，其接枝率最高。我们可通过调节反应时间、引发剂浓度来获得满意的接枝率。

对前两种芳香棉纤维进行香味检测结果见表 3-12 所示。

前 1～7 天指香兰素在室温下放置 1～7 天，后 1ᵃ～7ᵃ 指香兰素在室温放置 7 天后再于 80℃ 放置 1～7 天。

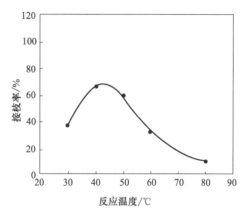

图 3-53 反应温度对接枝率的影响

表 3-12 前两种芳香棉纤维香味测试结果

保香时间[①]/天	1	2	3	4	5	6	7	1ᵃ	2ᵃ	3ᵃ	4ᵃ	5ᵃ	6ᵃ	7ᵃ
未接枝芳香纤维	O	O	X	X	X	X	X	X	X	X	X	X	X	X
接枝芳香棉纤维（香精包络在 CD-NMA 微胶囊内）	O	O	O	O	O	O	O	O	O	O	O	O	O	O

注：O 表示可检测到香味，X 表示不能检测到香味。

香味测试结果表明，未改性纤维在室温下放置 2 天，香味即消失，而接有香精（CD-NMA）微胶囊的芳香棉纤维在室温放置 7 天再于 80℃储存 7 天，仍可检测到香味。但由于（CD-NMA）接枝芳香棉纤维对环境没有敏感性，对香兰素的释放仅仅是被动的释放。

2002 年，YY. Liu 和 X. D. Fan 两位学者将具有包络功能的 β-CD 与具有温敏性的聚异丙基丙烯酰胺（NIPAAM）结合起来制得一种新型的对温度和 pH 敏感的（NIPAAM-CD）水凝胶。首先用顺丁烯二酸酐对 β-CD 改性，生成丁二烯单酯化 β-CD 单体（MAI-β-CD）；再通过氧化还原自由基引发（MAI-β-CD）与聚异丙基丙烯酰胺（PI-PAAN）聚合，生成（NIPAAM-CD）水凝胶，其结合过程如下：

采用五种共聚物组成比［NIPAAm：(MAI-β-CD)］：Ⅰ（99.3：0.7）；Ⅱ（98.6：1.4）；Ⅲ（98.2：1.8）；Ⅳ（97.6：2.4）；Ⅴ（96.2：3.8），测定（NIPAAM-CD）水凝胶的溶胀度（g/g）与 pH 值的关系曲线和与温度（℃）的关系曲线，分别如图 3-54 中（a）和（b）所示。随着 pH 值的增大，溶胀度增加。在给定 pH＝3.0 值时，溶胀度随着温度上升而降低。在 NIPPAM 相变温度附近，溶胀度将急剧下降。

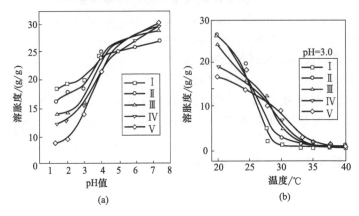

图 3-54　NIPAAm-CD 水凝胶的溶胀度与 pH 值和温度的关系曲线

具有温敏和 pH 值双响应特征的水凝胶，如将其接枝到纤维或织物表面，可赋予纺织品对环境的敏感性，通过调控温度或/和 pH 值，就可以改变凝胶网络的亲水、疏水性，进而控制包络在微胶囊内的香精、药物、维生素分子的释放，在智能纺织品研究开上具有十分诱人的前景。

4. 影响微胶囊释放芯材速率的因素

自从美国 NCR 公司利用微胶囊制成第一代无碳复写纸问世以来，微胶囊技术在化工、机械、照相、计算机、农药、医药、化肥、食品、石油以及纺织等行业得到了广泛的应用。20世纪 50 年代中期至 70 年代初期，微胶囊化技术在世界范围内有了重大突破，但微胶囊的研究多着重于制囊工艺与微囊应用方面，对微囊性能及芯材释放速率之间的关系的研究则较少。

芯材释放速率与制囊工艺和微囊性能之间有着密切的关系，要使微胶囊化技术更好地应用于生产，就必须对芯材释放速率与制囊工艺、微囊性能之间的关系作深入的研究。东华大学何瑾馨、邹黎明教授以分散染料为芯材，以明胶和阿拉伯胶为壁材，通过相分离法制备出一系列不同工艺条件下的微胶囊，分别测出微胶囊的膜厚、表观扩散系数和芯材释放速率，并分析出微胶囊膜厚对芯材释放速率的影响规律。今简要介绍如下。

（1）实验测定

① 微胶囊膜厚的测定。抽样在显微镜下通过二次聚焦直接观察微胶囊样品，每个试样统计 600 个数据，每个数据均在同放大倍率下进行。测得微胶囊的内径 d_i 和外径 D_i，计算膜厚 $\Delta X_i = \frac{1}{2}(D_i - d_i)$ 和膜厚均值 $\Delta \overline{X} = \frac{1}{N}\Sigma N_i \Delta X_i$。

② 微胶囊释放速率的测定。采取 0.25g 洗净相分离法制得微胶囊，使之分散于 250mL 0.2g/L JFC 溶液（30℃±1℃）中。随即计时，隔一定时间后取出约 4mL 溶液离心分离，取上层液，用分光光度计测定吸光度。测完后取出的溶液倒回原体系。

根据实验数据，进行线性回归，得到直线及其斜率 k，再根据下式得出释放速率随时间的变化曲线；

  智能纺织品开发与应用

$$V = \frac{\mathrm{d}A_t}{\mathrm{d}t} = k(A_\mathrm{f} - A_\mathrm{o})\mathrm{e}^{-kt}$$

式中；V 为释放速率；A_o、A_t、A_f 分别为芯材初始浓度 C_o、t 时刻浓度 C_t、最后平衡浓度 C_f 相对应的吸光度；k 为回归直线的斜率（释放速率常数）；t 为时间。

③ 微胶囊表观扩散系数的测定。测出微胶囊颗粒平均直径 $\overline{D}$ 与平均膜厚 $\Delta\overline{X}$，按下式计算微胶囊膜的表观扩散系数：

$$D_\mathrm{x} = \frac{1}{6} k \overline{D} \cdot \Delta\overline{X}$$

（2）实验结果与讨论

① 不同甲醛用量时微胶囊释放速率的变化

a. 不同甲醛用量时微胶囊的厚度、表观扩散系数和释放速率常数（$\Delta\overline{X}D_\mathrm{x}$、$k$）见表 3-13。

表 3-13　不同甲醛用量时微胶囊的厚度表观扩散系数和释放速率常数

甲醛体积分数/%	$\Delta\overline{X}/\mu\mathrm{m}$	$D_\mathrm{x}/(10^{-14}\,\mathrm{m}^2/\mathrm{s})$	$k/(10^{-5}\,\mathrm{s}^{-1})$
0.00	23.6	1.66	3.30
0.75	27.2	1.03	1.68
1.50	25.8	1.07	1.92
2.50	25.4	1.20	2.38

不加甲醛时，膜厚最薄，表观扩散系数最大，释放速率最大；随着甲醛量增加，膜厚增大，表观扩散系数减少，释放速率变小；甲醛量进一步增加，膜厚反而减小，表观扩散系数又增加，释放速度常数随之变大。

b. 不同甲醛用量时微胶囊芯材的释放速率曲线（图 3-55）

微胶囊释放速率随时间延长而减小。当 $t=0$ 时，释放速率最大；当 $t=\infty$ 时，释放速率为零。比较不同甲醛用量的微胶囊释放速率曲线发现，不加甲醛制得的微胶囊释放速率最大，随着甲醛加入，微胶囊释放速率变小；再增加甲醛用量，微胶囊释放速率反而增大，但比无甲醛时小。

甲醛用量变化时，微胶囊膜厚对芯材的释放速率起着极其重要的作用。膜厚增大，芯材从囊膜扩散到外界距离长，释放率减小；反之，膜厚减小，释放速率增大；表观扩散系数增加时，芯材易从囊膜扩散，释放速率增大；反之，表观扩散系数减小，释放速率减小。于是，甲醛用量不同时，释放出现上图中的变化，主要在于膜厚 ΔX 与表观扩散系数 D_x 的协同作用。

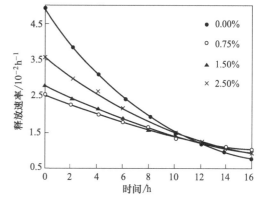

图 3-55　不同甲醛用量时微胶囊芯材的释放速率曲线

② 不同复凝聚次数时微胶囊释放速率的变化

a. 复凝聚次数不同时微胶囊的厚度、表观扩散系数、释放速率常数（表 3-14）

表 3-14　复凝聚次数不同时微胶囊参数

复凝聚次数	$\Delta\overline{X}/\mu\mathrm{m}$	$D_\mathrm{x}/(10^{-14}\,\mathrm{m}^2/\mathrm{s})$	$k/(10^{-5}\,\mathrm{s}^{-1})$
1	22.0	1.60	4.12
2	25.4	1.27	3.03

随着复凝聚次数的增加，微胶囊的膜厚增加，表观扩散系数减小，释放速率常数减小。

b. 复凝次数不同微胶囊芯材的释放速率曲线（图 3-56）

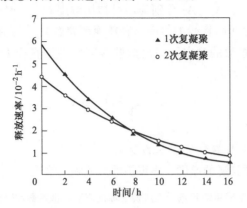

图 3-56　复凝次数不同时微胶囊芯材的释放速率曲线

保持其他工艺条件不变，改变复凝聚次数，所制备的微胶囊芯材释放速率曲线，一次复凝法制备与两次复凝聚制法制备有所不同。主要在于膜厚与表观扩散系数的协同作用有所不同所致。

③ 不同芯材用量时微胶囊释放速率的变化

a. 芯材用量不同时微胶囊的膜厚，表观扩散系数和释放速率常数（表 3-15）

表 3-15　芯材用量不同时微胶囊参数

芯材用量/mL	$\Delta \overline{X}/\mu m$	$D_x/(10^{-14}\,\mathrm{m^2/s})$	$k/10^{-5}\,\mathrm{s^{-1}}$
2	31.6	0.99	1.63
4	26.5	1.06	2.00
6	25.4	1.20	2.38
8	23.5	1.51	2.90

随着芯材用量的增加，微胶囊的膜厚减小，表观扩散系数增大，芯材释放速率常数增大。

b. 芯材用量不同时微胶囊释放速率曲线的变化（图 3-57）

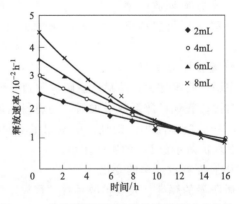

图 3-57　芯材用量不同时微胶囊释放速率曲线

保持其他工艺条件不变，改变芯材用量所制备的微胶囊芯材释放速率曲线也起变化。随着芯材用量的增加，微胶囊释放速率增大，主要在于膜厚与表观扩散系数的协同作用的结果。

  智能纺织品开发与应用

④ 不同搅拌速度时微胶囊释放速率曲线

a. 搅拌速度不同时微胶囊的膜厚、表观扩散系数、释放速率常数（表3-16）

表 3-16　不同搅拌速率时微胶囊参数

搅拌速率/(r/min)	$\Delta \overline{X}/\mu m$	$D_x/(10^{-14}m^2/s^1)$	$k/(10^{-5}s^{-1})$
720	34.0	2.69	2.10
1200	25.5	1.21	2.38

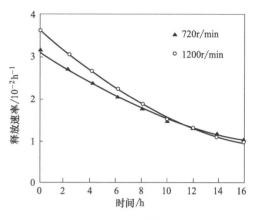

搅拌速度增加，膜厚大幅度减小，表观扩散系数显著降低，芯材释放速率常数也有所增加。

b. 搅拌速率不同时微胶囊的释放速率曲线（图3-58）

在其他工艺不变的条件下，改变搅拌速度，所指的微胶囊的释放曲线也有所不同。搅拌速度增大，膜厚大幅度减小，有利于提高释放速度。但表观扩散系数却显著减低会引起释放度率的减小，两者相抵，随着搅拌速度的增加，微胶囊的释放速率还是出现小幅增大。

图 3-58　不同搅拌速率下微胶囊释放速率曲线

⑤ 不同乳化时间下微胶囊的释放速率曲线

a. 不同乳化时间下微胶囊的膜厚、表观扩散系数、释放速率常数（表3-17）

表 3-17　不同乳化时间下微胶囊参数

乳化时间/s	$\Delta \overline{X}/\mu m$	$D_x/(10^{-14}m^2/s)$	$k/(10^{-5}s^{-1})$
20	26.1	1.26	2.32
60	25.4	1.20	2.38
120	23.5	1.17	2.55

b. 不同乳化时间下微胶囊的释放速率曲线（图3-59）

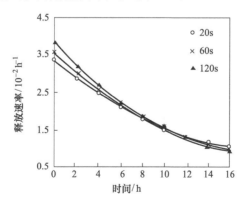

图 3-59　不同乳化时间下微胶囊的释放速率曲线

保持其他工艺不变，改变乳化时间，所制得的微胶囊的释放速度曲线也有所不同。随着乳化时间的增加，微胶囊的释放速率增大；乳化时间增加，微胶囊的膜厚减小，表观扩散系数较小，两者协调作用的结果，芯材的释放速率还会随着乳化时间的增大而有所提高。

四、在营养素可控释放织物中的应用

1. 可用于可控释放的温敏水凝胶

温敏水凝胶的温敏响应性依赖于温度的变化。当环境温度发生微小变化时，凝胶体积会发生数倍或者数十倍的变化，甚至会发生体积相转变。这种凝胶具有一定比例的亲水和疏水基团，温度变化会影响这些基团的疏水作用以及大分子链之间的氢键作用，从而使凝胶发生体积相转变。我们称这个温度为相变温度。体积发生变化的临界转化温度称为低临界溶解温度（LCST）。

温敏性凝胶依对于温度变化的响应不同可分为两种类型。

（1）高温收缩型水凝胶

① 它随温度的升高水溶性降低，即温度高于 LCST 时呈收缩状态，温度低于 LCST 时呈膨胀状态。

②最常见的是聚 N-异丙基丙烯酰胺（PNIPAAM）及其衍生物。

（2）低温收缩型水凝胶

① 它随温度的升高水溶性增加，即温度低于 LCST 时呈收缩状态，温度高于 LCST 时呈膨胀状态。

② 最常见的是聚丙烯酸（PAA）、聚丙烯酰胺（PAAM）和丙烯酰胺-甲基丙烯酸丁酯共聚物〔P（AAM-co-BMA）〕。

常见的温敏型水凝胶结构式如下：

PNIAAM	PAAM	P(AAM—co—BMA)

目前应用最多的是热缩型水凝胶。从近年来研究情况来看，大致可以分为非离子型和离子型高温收缩水凝胶两类。

（1）非离子型高温收缩水凝胶

① 最常用的是 PNIPAAM 水凝胶。由于其大分子链上同时具有亲水性的酰胺基和疏水性的聚丙基而具有良好的温敏性能，PNIPAAM 水凝胶通常在 30℃发生体积相转变，即其 LCST＝32℃。当 T＞LCST 时溶胀的凝胶会失水收缩；当 T＜LCST 时，凝胶会再度吸水膨胀。这是因为水分子和 PNIPAAm 基团的强氢键相互作用，升温会破坏氢键而有助于疏水，当温度达到 LCST 时；聚合物链会从溶解的无规线团状态转变为不溶的疏水球状。

② 为了拓宽 PNIPAAm 水凝胶在医药中的应用范围，常将 PNIPAAm 和其他聚合物混合，以达到更好的组合作用，例子见下。

例子①聚（乙二醇-b-丙交酯-co-乙交酯-b-乙二醇）

$$CH_3O(CH_2—CH_2—O—O)_x(C—CH—O)_m(C—CH_2—O)_n—_xCH_3$$

例子②聚氧化乙烯（PEO）和聚氧化丙烯（PPO）组成的嵌段共聚物是一种温度可递性水凝胶，其聚物链不是通过共价键而是范德华力或者氢键交联，随温度的变化不发生体积相转变，而是产生溶胶-凝胶相变：在温度较高时形成凝胶，温度较低时形成溶胶。其中商品 Pluronics 和 Tetronics 是最常用的可逆性热敏水凝胶，一些产品已被 FDA 批准用作食物添加剂、药物辅料等，其最大优点在于生物可解性。

（2）离子型高温收缩水凝胶

① 阴离子型热缩温敏水凝胶。目前研究较多的是将含阴离子的单体与 NIPAAm 共聚合成水凝胶。一般的阴离子单体含量增加，溶胀比增加，热收缩温度提高。因此可以通过阴离子单体的加量来调节溶胀比和热收缩敏感温度，如：在 NIPAAm-MBA 体系中引入丙烯酸钠、甲基丙烯酸钠等离子单体时，凝胶的溶胀比明显增加。MBA（即 N，N'-亚甲基双丙烯酰胺）含量少的体系，则具有热缩和热胀的双重性。

② 阳离子型热缩温敏水凝胶。目前研究相对较少。例如，用甲基丙烯酸（2-二乙胺基）乙酯制备的、用甲基丙烯酸（三甲胺基）丙酯氯化物制备的以及含乙烯基的吡啶盐的阳离子温敏水凝胶，实验结果表明，与阴离子型热缩温敏凝胶相似，少量阳离子的加入就能增大水凝胶的溶胀比，并可以从加入的阳离子的量来调节温度敏感度。

③ 两性热缩温敏水凝胶。由乙烯基苯磺碳酸钠、NIPAAm 以及甲基丙烯酰基三甲苯氯化铵共聚制得的水凝胶结构式如下：

因其共聚单体由含阴阳离子单体组成，故叫两（亲）性水凝胶。该两性水凝胶，其敏感温度随组成的变化在等物质的量比时最低，约为 35℃。而只要阳离子或者阴离子的物质的量比增加均会使敏感温度上升。

除上述温敏智能高分子凝胶外，此外还有甲基纤维素：

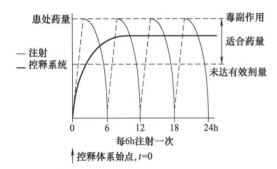

R：CH₃或H

温度敏感性智能高分子凝胶的独特之处在于它是热力学开放系统，它具有临界相变温度，当环境温度发生微小变化时，凝胶发生体积相转变（体积发生溶胀和收缩）或者产生溶胶-凝胶相变。此种特性决定了包埋在其中的营养素或药物可根据需要可控释放。

2．药物缓释体系

药物缓释体系（drug delivery systems，DDS）是由药物和储藏及可控药物释放的生物医用材料共同组成的一个体系，它是新一代的给药方式，按控释方式不同可以区分以下两类。

图 3-60　所需药物剂量与给药方式区别
细线—注射次数　　　　粗线—脉冲 DDS

（1）短期控释（temparal contralled）

① 它可以持续（零级释放）或响应环境（如温度、pH 值、电场、溶剂组分等）变化，以脉冲方式释放药物。

② 优点—保证用药期间提供有效的药物剂量，避免药物过量的毒副作用，减少多次给药的麻烦和给病人带来的痛苦。

③ 所需药物剂量与给药方式的区别（图 3-60）

（2）定位控释 distubutio controlled

① 将药物释放体系植入病患处，按预定程序释放药物。

② 优点—使体系定位植于病患处，避免由于要保证病患处的必要剂量而使整体剂量过高。

③ 等药量定位 DDS 与全身供药量的区别（图 3-61）

在这一新给药技术中，高分子材料作为药物的载体，对它的性能、结构、形状等提出很多新的要求，仅从以下两点就可以看出聚合物多方面的性能对发挥这一技术的重要性。

（1）药物释放机理

① 多数药物分子需溶解在病人体液中并自由扩散到病患处才可以发挥治疗作用。

② 载体聚合物就是调整、控制药物溶解、扩散速度的主体。

③ 以短期控释为例，可以了解载体在体液中溶解、药物扩散性的影响（图 3-62）

（2）药物缓释体系的实施方式

DDS 可以口服，也可经皮肤吸收，可以通过皮下植入和外部植入几种方式来缓释治疗。

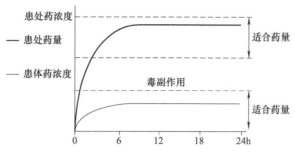

图 3-61　等药量定位 DDS 与全身供药量的区别
细线—全身供药量　　　　　粗线—定位 DDS

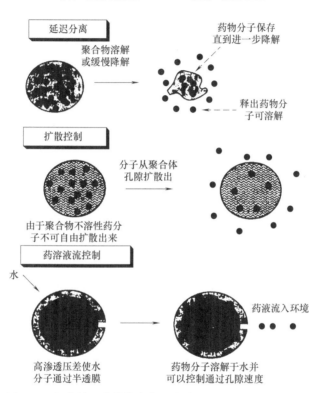

图 3-62　短期控释中载体在体液中溶解、药物扩散性的影响

① 若口服或植入人体内实施时，最好采用生物降解型聚合物，如多糖、多肽、聚酰胺、聚酯等；

② 若贴近人体实施时，可用非生物降解型合成聚合物，如乙烯-乙酸乙烯共聚物、聚硅氧烷弹性体等；

③ 若用生物传感器；则需环境敏感性凝胶或共聚、共混凝胶，如 PNIPAAm、PEO 等。

3. 可缓释营养素的织物

能释放维生素、中药和治疗药物的织物在医疗、保健和化妆品等领域具有广阔的应用前景。

M. Ishida，H. Sakai 等以活性阳离子聚合合成了窄分布的 2-乙氧基乙烯基醚（EOVF200）和羟乙基乙烯基醚（HOVE400）共聚物（EOVF200-HOVE400），其中 HOVE400 为亲水链段，EOVF200 在低临界溶解温度提供亲疏水平衡。

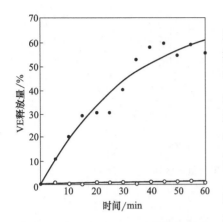

图 3-63　在 10℃ 和 30℃ 时维生素 E 从
EOVE200-HOVE400 中的释放曲线

当质量分数为 25% 时，该溶液的转变温度为 20.5℃。温度为 30℃ 时溶液凝胶，在 10℃ 时凝胶变为溶液，此过程可逆。将维生素 E（VE）混于该溶液之中，利用温度诱导的溶液凝胶可逆转变，可实现对维生素 E 的可控释放，如图 3-63 所示，图中纵轴刻度表示 VE 释放量（%），横轴刻度表示释放时间（min），（·）曲线和（○）曲线分别表示在 10℃ 和 30℃ 时，维生素 E 从 EOVE200-HOVE400 中的释放曲线。

由图可见，在 30℃ 时因溶液凝胶化，维生素 E 的释放受到抑止，而在 10℃ 时凝胶又变为溶胶，包埋在其中维生素 E 分子可随时间的延长而逐渐释放。

由上述试验可知，当 EOVE200-HOVE400 体系的质量分数为 20% 时该溶液的转变温度为 20.5℃，30℃ 时溶液变为凝胶。10℃ 时凝胶变为溶胶，这离体温较远。因此，需要进一步改进聚合比例和分子量，或者利用前面列举的温敏性聚合物，才有利于生物利用。

欲要考虑用于保健服装（此类服装对疾病可起到预防和治疗作用；在衣料中加入不同经过处理过的中草药、植物香料和茶叶，可达到抗菌、防臭、吸汗和治病的作用；营养织物可在人体运动过程中释放出所含的 A、C、E 族维生素，达到营养皮肤、改善微循环、减少静脉曲张的作用；添加"震荡复合陶瓷"的纤维制成的医疗织物，能产生 α 波，起到调节体温、环节紧张情绪、减轻疲劳的作用；此外还有磁疗服、防辐射衬衫、远红外保健服、可控 pH 值的保健服，各自都有各自特殊功能，发挥着不同的保健作用）、用于负载维生素的面膜（它是一类既有护肤又有洁面作用的化妆品。美容面膜通常是把胶体物质加水制黏稠糊状或膏状的基剂，再添加各种美容素或营养素。面膜一般在空气中能快速干燥；它能够软化角质层、防止水分蒸发、加速营养物质的药物的渗透吸收，清除皮肤表面的污垢，达到增强皮肤弹性、防止产生皱纹，使皮肤润泽、光亮的目的。洁肤面膜是涂敷在面部皮肤上一层薄薄的、干后形成薄膜的物质，用作清洁面部皮肤的清洁用品；其主要成分有硅酸铝镁胶体、精致硬脂酸、聚乙烯醇、米淀粉、高岭土等；把这类面膜涂抹在脸上，停留大约半个小时，面膜中的吸附剂将脸上的污垢吸附上面膜上，清洗后皮肤清洁、润滑）、用于包埋治疗药物的外科敷料（具有多种用途，包括防止感冒、吸收排出的血水和过量液体，有利于愈合、方便上药等；主要产品有纱布、敷料块和绷带等；该产品多采用湿法、水刺非织造材料，具有柔软、吸液、保护伤口免受进一步伤害、使用方便、无毒无菌、不易掉絮毛等优点）的特点和要求，需将温敏性聚合物凝胶接枝到非织造材料表面或将温敏型聚合物微凝胶键合到非织造材料表面，然后将药剂分子或营养素装载到凝胶内，借温度的变化控制所需药剂的释放。图 3-64 表示纤维表面温敏聚合层的可逆形状变化诱导的释放行为。对于阳离子型热缩水凝胶来说，随着温度的变化会产生溶解度高→低的可逆变化，溶胶→凝胶的可逆变化。在高于 LCST 温度时，溶解度：高→低，SPP 截面积：大→小，相变：溶胶→凝胶，抑制了维生素 E 的释放；在低于 LCST 温度时，溶解度高→低，SPP 截面积大→小，相变溶胶→凝胶，包埋其中的维生素 E 分子则随着时间的延长逐渐释放。

4. 双重刺激响应体系是智能释放体系的一个重要分支

双重刺激响应体系是智能释放体系的一个重要分支，它能感觉周围环境的变化，并对外部物理和化学变化（如环境温度、压力、pH、声波、电场、光电磁信号、气体和溶剂变化

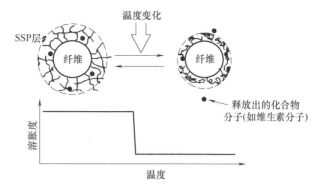

温度变化

SSP层

纤维

纤维

释放出的化合物
分子(如维生素分子)

溶胀度

温度

图 3-64　纤维表面温敏聚合层（SSP）的可逆形状变化诱导的释放行为

等）的信号做出响应。双重刺激响应材料在生物传感器、组织工程、人造肌肉以及开关阀、生物医学领域有着广泛的应用前景，尤其在智能给药系统和智能防护服装中备受关注。

设 B_i（$i=1.2$）为双重刺激相应体系（门）的输入信息（输入事件），A 为双重刺激的体系（门）的输出信息（输出事件），根据输入和输出信息的关系，可将双重刺激敏感材料区别为两种类型：

（a）逻辑"或门"型—两种刺激条件（B_1、B_2）中至少有一种发生，输出条件 A 就会发生。其逻辑关系称为二种刺激"并"，逻辑代数表达式和逻辑门符号为

$$A = B_1 \bigcup B_2 \qquad （B_1 \text{ 型或 } B_2 \text{ 型}）$$

B_1
B_2
+
A
（或门）

（b）逻辑"与门"型—两种刺激条件（B_1、B_2）同时发生时，输出事件 A 才会发生。其逻辑关系称为二种刺激"交"，逻辑代数表达式和逻辑门符号为

$$A = B_1 \bigcap B_2 \qquad （B_1 \text{ 型和 } B_2 \text{ 型}）$$

B_1
B_2
A
（与门）

双重刺激释放模型如图 3-65 所示。

由此可以想到，对于逻辑"或门"型双刺激的响应敏感材料，我们可以将前面 所述及的刺激敏感材料结合起来就可以制备 B_1 型或 B_2 型的体系，这相当于使复合材料具备两种感应系统而已。对于逻辑"与门"型双刺激响应敏感材料，建立 B_1 型和 B_2 型体系则比较复杂。

单一刺激

药物释放关闭

单一刺激

药物释放

双重刺激

药物释放

(a)B_1型或B_2型

(b)B_1型和B_2型

图 3-65　双重刺激释放模型

互穿网络聚合物（Interpenetrating polymer networks，IPN）是两种或两种以上的共聚物，分子链相互贯穿，并至少一种聚合物分子链以化学键的方式交联而形成网络结构。在这种结构的基础上，可以研究逻辑与门双刺激敏感材料体系的制备。有学者使用含多肽端基的聚乙二醇（PEG）与葡萄糖制备复合水凝胶，实验发现只有同时含有水解多肽的酶和分解葡聚糖的酶时，IPN 结构的复合才能分解；只含一种酶时，分解则不能进行，其原因可分析如下：IPN 结构水凝胶双重刺激降解示意图如图 3-66 所示。分解过程是酶与被分解组交联形成的，当只存一种酶时，一种组分分解完成后，未能分解的部分暴露出来，分解过程无法继续进行。只有两种酶同时存在时，分解才

能完成。同时，可以推断要使（B_1 型和 B_2 型）体系成功，还必须是 IPN 结构的网孔小于酶分子大小，从而保证酶分解仅在表面进行，否则酶进入凝胶内部水解，IPN 结构就会块状降解，就无法实现（B_1 型和 B_2 型）机制。

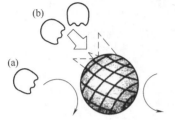

　　（a）受到单种刺激时不能完整降解，无法实现（B_1 型和 B_2 型）机制

　　（b）受到双重刺激时，由表层向内层逐层降解，实现完整降解，可以实现（B_1 型和 B_2 型）机制

图 3-66　IPN 结构水凝胶双重刺激降解示意图

　　近年来，基于相同的制备方法，将几种响应材料复合，形成多种响应材料，如 pH/湿度响应材料、湿度/磁场响应材料、光/温度响应材料、光/磁场响应材料等，在智能给药系统中展示了潜在的应用前景，值得纺织科技工作者学习借鉴，来开发新型的智能纺织品。

第五节　甲壳素及其衍生物的制备性质与应用

　　天然高分子聚多糖（polysaccharides）如纤维素、淀粉、甲壳素、海藻酸钠、卡拉胶等，具有良好的生物相容性、环境友好性以及丰富的来源、低廉的价格、可自然降解等许多优点，已得到广泛的应用。本书仅就甲壳素进行研究和讨论。

　　甲壳素（chitin）广泛存在于甲壳类动物、软体动物特别是节肢动物，如虾、蟹和昆虫的外壳以及菌类和藻类的细胞中。甲壳类动物资源十分丰富，仅海洋生物就有 2 万多种，其中最主要的品种有 100 多种。各种虾类和蟹类是最重要的甲壳类水产，目前世界上甲壳和贝壳类水产品的年产量各 300 万吨左右。甲壳和贝壳类水产的味道鲜美，其中不少还是海味佳品，但其不可食部分——甲壳和贝壳却是提取甲壳素的原料。开展甲壳和贝壳的综合利用，不仅可变废为宝，而且减少了环境污染，同时还发展了乡镇企业，是一举多得的事情。

　　甲壳素是从生物中提取出来的一种天然高分子的含氮多糖聚合物。科学家经过研究后发现，甲壳素具有可生物降解、无毒性、生物相容性良好等优点，它将成为一种用途广泛的新材料。例如：在农业上用作育种剂；在环保上用作吸附剂、重金属的捕集剂、污水处理的凝集剂；在造纸工业中脱乙酰甲壳素用作纸浆的胶黏剂提高纸的湿强度、电器绝缘纸中加入甲壳素衍生物来提高绝缘性能；在农药上甲壳素和脱乙酰甲壳素用作病原菌抑制剂、植物细胞耐菌赋活剂；在医药方面甲壳素可用作止血剂、抗凝血剂、缓释剂、免疫剂以及人工血球的核糖体增强剂等，甲壳素医用制品有手术缝合线、人造皮肤、抗肿瘤剂、免疫促进剂、药用胶囊、人造泪、合成生化试剂等；在化妆品领域甲壳素和脱乙酰甲壳素，可用于固发剂、头发调理剂、洗发香波的生产配方中；在化工工业中脱乙酰甲壳素用作选择性氢化催化剂、用来生产涂料、印染助剂；在纺织工业中甲壳素和脱乙酰甲壳素可分别用作离子交换色谱、螯合色谱、配位色谱和色谱材料及纺织品的透湿涂层剂和抗菌剂，及中空纤维膜和平板膜。可以预计，随着高科技的不断创新，甲壳素将在许多部门和领域具有得天独厚的开发优势。

一、甲壳素/壳聚糖的辐射制备

　　通常，甲壳素/壳聚糖由虾、蟹等加工后的甲壳废弃物经强酸、强碱处理后制备而得。碱液法为最常用的方法，其工艺流程为：

虾、蟹壳→用稀碱液更替浸泡→水洗→酸泡至无气泡产生→漂白→浓碱煮沸 3～4h→干燥→成品。

鉴于制备甲壳素的原料为虾、蟹等加工后的废弃物，含有大量的致病细菌，而且常用方法的脱蛋白的时间长达 8h，因此常用制备方法不利于环保，而且经济效益也很低。

众所周知，电离辐射技术（γ 射线及电子束）是材料改性（接枝、聚合、交联及降解）的一种重要手段。当前，国外许多研究机构已经将材料辐射改性的重点由合成高分子转向天然高分子。

天然高分子聚多糖（纤维素、淀粉、甲壳质、海藻酸钠、卡拉胶等）发生电离辐射以后的变化简单地可用图 3-67 表示。一般来说，在固态或稀水溶液状态下辐照都发生降解，但它们的衍生物（如羟甲基纤维素、羟甲基淀粉、羟甲基甲壳素/羟甲基壳聚糖）在 10%～60% 左右的黏稠溶液状态（胶冻或糊状）下发生交联形成纯天然的水凝胶。

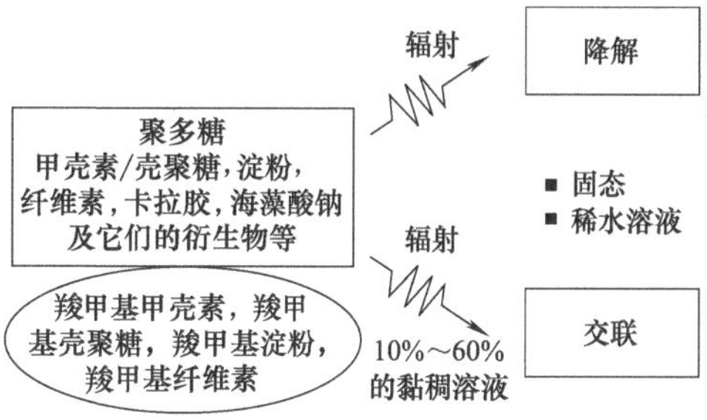

图 3-67　天然高分子聚多糖的辐射效应

1. 聚多糖辐射制备的原理

迄今，大多数学者认为高分子的辐射交联和降解是自由基反应机理。为此，我们采用自由基反应机理来描述聚多糖及其衍生物的降解和交联。在电离辐射下主要发生如下反应：

直接作用

$R-H \rightarrow R \cdot (C_1 \sim C_2) + H \cdot$

$R-H + H \cdot \rightarrow R \cdot (C_1 \sim C_2) + H_2$

$R \cdot (C_1, C_4) \rightarrow F_1 \cdot + F_2$

水引发

$H_2O \rightarrow \cdot OH + H \cdot + e_{aq}^-$

$OH \cdot + R-H \rightarrow R \cdot (C_1 \sim C_6) + H_2O$

$H \cdot + R-H \rightarrow R \cdot (C_1 \sim C_6) + H_2$

$R \cdot (C_1, C_4) \rightarrow F_1 \cdot + F_2$

$R \cdot (C_1, C_4) + R \cdot (C_1, C_4) \rightarrow R-R$

式中，$R-H$ 为聚多糖分子 $R \cdot (C_1 \sim C_6)$ 辐射后可在聚多糖分子链的任何位置上产生自由基；$H \cdot$ 为氢原子自由基；$R \cdot (C_1, C_4)$ 为辐照后在 C_1 位或 C_4 位置上产生自由基；$F_1 \cdot$ 为聚多糖分子可以裂解生成一个较小并相对稳定自由基；F_2 为聚多糖分子裂解生成的一个较小的不饱和分子；$\cdot OH$ 为氢氧原子团自由基；e_{aq}^- 为化合化电子（aquational electron）。

在固态下聚多糖辐射的主要反应是由直接作用引起的，辐照后可在聚多糖分子链的任何位置上产生自由基，但位于 C_1 位或 C_4 碳原子的自由基能导致主链裂解，从而引起聚多糖的降解，形成小分子碎片。

在有水分存在下，比如聚多糖或它们的衍生物的水溶液来辐照时，不仅有上述直接作用发生，而且水辐解产生的活性粒子可进一步与聚多糖分子反应，形成大分子自由基。这些大分子自由基在水的存在下处于更为伸展的状态，它们可以经重排、歧化反应或与水辐解产生的氢自由基或羟基自由基反应后形成稳定的短链分子，宏观上表现为降解。它们也可能与其他的大分子自由基反应，形成网络结构，表现为交联。事实上，在多糖或它们衍生物水溶液的辐照体系中，交联与降解反应同时存在，总的结果是成交联、还是降解为主，取决于聚合物的种类、相对分子质量、取代基团、溶液的浓度及辐照条件等因素。

在固态或稀水溶液状态下辐射形成的聚多糖大分子自由基复合的概率很小，辐照后聚多糖发生降解，但是它们的衍生物在黏稠溶液状态（胶冻或糊状）下辐射形成的大分子自由基复合的概率很大，辐照后发生交联形成网络结构。某些辐射降解产物，比如低分子量的甲壳素/壳聚糖能够诱导不同的生物活性，促进植物生长、抑制重金属对植物的影响及抗微生物活性等，及被用在农作物增长的促进剂、食物保鲜等方面。辐射交联的天然高分子基水凝胶具有良好的生物相容性、对环境的响应性及丰富的来源、低廉的价格，因而是一种理想的智能型材料。可见，不论是辐射降解的低分子的聚甲壳质/壳聚糖，还是交联形成的凝胶材料都具有重要的用途。

2. 辐射制备的优点

电离辐射是一种有效的杀菌方法，这样含有大量致病细菌的甲壳废弃物经辐射处理后，可杀灭致病菌，有利于环保。同时，研究发现，预先经过一定剂量辐射的甲壳废弃物，再经由前述碱溶液制备甲壳质时，脱蛋白的时间可由原来的 8h 缩短为 1～2h，如图3-68 所示。

在进行甲壳质的脱乙酰化反应制备壳聚糖时，同样发现，甲壳质经辐照后，脱乙酰化反应所需的时间及脱乙酰度（DDA）相应提高，见表3-18。

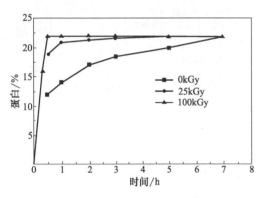

图 3-68　预辐照对蟹壳脱蛋白的影响

表 3-18　预辐照对甲壳质脱乙酰化反应的影响

吸收剂量/kGy	不同辐照下壳聚糖的脱乙酰度（DDA）/%		
	1h	2h	3h
0	50	60	73
50	73	87	97

注：1. 高能光子（X 射线或 γ 射线）与物质相互作用时绝大部分能量是通过产生次级电子而被吸收。次级电子产生可以通过如下三种方式：（a）光电效应（γ 光子与物质原子或分子相互作用时，一个光子被完全吸收并逐出一个电子，被称为光电子。这一过程，满足爱因斯坦方程 $E = h\nu - I_B$，而 E 为光电子获得的能量（eV）；$h\nu$ 为入射光子能量（eV）；I_B 为电子结合能（eV）；（b）康普顿效应（光子与物质原子或分子相互作用时，入射光子的能量只部分传递给被逐出电子，被称为康普顿电子，而入射光子转化为一个能量较低且方向不同的散射光子。方向的改变使作用前后动能和能量守恒关系得到满足）；（c）电子对的产生（前两种效应是光子与物质原子核外电子的相互作用，电子对产生则是光子与物质原子核互相作用，导致入射光子完全消失和一对正负电子的产生。正负电子的静止质量能均为 0.511MeV，因此产生电子对的入射光子最小能量为 1.02MV。γ 光子在物质内穿行时光强呈指数衰减）。

2. 辐射在介质中引起的物理、化学和生物变化，与介质所吸收的辐射能量和单位时间内吸收的辐射能有关。吸收剂量 D = 单位质量介质吸收的辐射能 = $\mathrm{d}E/\mathrm{d}m$，其中 $\mathrm{d}m$ 和 $\mathrm{d}E$ 分别为小体积中介质的质量和吸收的能量；剂量率 $\dot{D}$ = 单位时间内吸收剂量 = $\mathrm{d}D/\mathrm{d}t$。吸收剂量 D 和剂量率 $\dot{D}$ 的国际标准单位为 Gy（戈瑞）和 Gy/s（戈瑞/秒）。习惯上常用单位为 rad（拉德）和 rad/s（拉德/秒），1Gy=100rad。

二、甲壳素和壳聚糖的结构

甲壳素（chitin）又称甲壳质，是除纤维素（cellulose）外最丰富的天然聚合物，每年通过生物合成的甲壳素可达 100 亿吨之多，如果从海洋生物中提取甲壳素，年产量可达 10 亿吨，因此是一种取之不尽、用之不竭的有机再生天然资源。

甲壳素是由 2-乙酰胺基-2-脱氧-D-葡萄糖通过 β-(1，4) 糖苷连接起来的直链多糖，是自然界中唯一的一种带正电荷的天然多糖高聚物，其化学名称为聚-(1，4)-2-乙酰胺基-2-脱氧-β-D-葡萄糖，或简称多聚乙酰胺基葡萄糖。

壳聚糖（chitosan，CS）是甲壳素在浓碱溶液中脱去乙酰基的衍生物形式，即聚-(1，4)-2-氨基-2-脱氧-β-D-葡萄糖，或简称多聚氨基葡萄糖。

甲壳素和壳聚糖与纤维素具有相似的结构：

(a) 纤维素

(b) 甲壳素

(c) 脱乙酰甲壳素

由此可以将甲壳素看作是纤维素（cellulose）大分子中 C_2 位以上的羟基（—OH）被乙酰胺基（—NHCOCH$_3$）取代后的产物。而将壳聚糖看作是纤维素大分子中 C_2 位上的羟基（—OH）被氨基（—NH$_2$）取代后的产物。

甲壳质由于分子间存在—O—H………O—型及—N—H………O—型的强氢键作用，使大分子间存在着有序结构。甲壳质在自然界中是以多晶态出现的，其结晶形态有三种，即 α、β、γ 晶型。其中 α-甲壳素存在于虾、蟹、昆虫等甲壳纲生物及真菌中，其结晶结构最稳定，在自然界中的藏量也最丰富；β-甲壳素存在于鱿鱼骨、海洋硅藻中，在其 β-结晶中含有结晶水，结构稳定性较差；γ-甲壳质很少见，可在甲虫的茧中发现。α-甲壳质结晶中分子链呈平行排列，形成堆砌紧密的结晶形态，相邻分子链的方向是逆向的；β-甲壳质中分子链呈平行排列，邻接分子链方向是平行取向的，但分子堆砌密度低于 α-甲壳质，并且在 β-结晶中存在着结晶水，故其稳定性较差，可以通过溶胀或溶解再沉淀转化为 α-甲壳质。在甲壳质中，纤维素 C_2 位上的羟基被相对惰性的乙酰胺基所取代，因此化学性质非常稳定，应用也受限制。

壳聚糖可以看做是纤维素 C_2 位上的羟基（—OH）被活性基团（—NH$_2$）所取代，也可以看做是甲壳质经脱乙酰化处理后的产物，壳聚糖中由于乙酰胺基的脱除存在大量自由氨基，因此壳聚糖性质较为活泼，具有良好的生物相容性、可生物降解性，其分子内含有—OH和—NH$_2$活性基团，易与多种有机物发生反应，故其应用领域要比甲壳质大得多。

应该指出，实际上 100％乙酰化的甲壳质和 100％脱乙酰化的壳聚糖是不存在的。一般用甲壳质分子中脱乙酰基的链节数与总链节数的比例来表示它的脱乙酰度（degree of deacetylation，DDA）。壳聚糖的脱乙酰度一般在 70％以上。

三、甲壳素和壳聚糖的性质

1. 甲壳素和壳聚糖的物理性质

（1）一般性质

① 纯甲壳质和纯壳聚糖均是一种白色或灰色半透明片状或粉末固体，无色、无味、无

毒性。纯壳聚糖略带珍珠光泽。

② 生物体中甲壳质和经提取后甲壳质的相对分子质量分别为 $(1×10^6)\sim(2×10^6)$、$(3×10^5)\sim(7×10^5)$。由甲壳质制取壳聚糖的相对分子质量约为 $(2×10^5)\sim(5×10^5)$。

③ 制造过程中一般用黏度数值来表示它们相对分子质量的大小。视其用途不同，有三种不同黏度：高黏度产品为 $0.7\sim1Pa·s$、中黏度产品为 $0.25\sim0.65Pa·s$、低黏度产品 $<0.25Pa·s$。制造纤维产品必须采用高黏度的甲壳质或壳聚糖。

（2）溶解性能

① 甲壳质分子中存在—O—H……O—型及—N—H……O—型强氢键作用，分子间作用力极强，又具有稳定的环状结构，物理化学性质非常稳定。因此，几乎不溶于常用的一般有机溶剂、水、烯酸、稀或浓碱，只溶于浓盐酸、硫酸、78%～97%磷酸、无水甲酸等。

② 壳聚糖分子中仍有立构规整性和较强的氢键，壳聚糖在多数有机溶剂、水、碱中仍难以溶解。但由于其分子中存在大量氨基，在稀酸中当 H^+ 活度足够等于—NH_2 的浓度时，使—NH_2 质子化成—NH_3^+，破坏原有的氢键和晶格，使—OH 与水分子水合，分子膨胀并溶解，致使壳聚糖的溶解性能大大提高，可溶于各种稀的无机或有机酸溶液，如甲酸、乙酸、水杨酸、酒石酸、乳酸、琥珀酸、乙二酸、苹果酸、抗坏血酸、环烷酸、苯甲酸等有机酸和弱酸的溶液中，也溶于一些无机酸如硝酸、盐酸、高氯酸、磷酸中，但要经长时间搅拌和加热。一般来说，相对分子质量越小，脱乙酰度越大，溶解度就越大。

（3）吸湿、透气、渗透性能。成丝成膜性

① 甲壳质和壳聚糖具有良好的成丝、成膜性，可在合适的溶剂中将它们溶解制成一定浓度、一定黏度的溶液进行涂布、成丝、成膜，易于加工成需要的形式。

② 甲壳质和壳聚糖有极强的吸湿性。甲壳质的稀释率可达 400%～500%，是纤维素的 2 倍多；壳聚糖的吸湿率更高，仅次于甘油，高于聚乙二醇、山梨醇，可用于化妆品。

③ 由甲壳质和壳聚糖制成的膜或丝具有透气性、透湿性、渗透性，有一定的拉伸强度和防静电作用。壳聚糖制成的膜或中空纤维可用于超滤膜、药物缓释膜、化合物分离膜等。

④ 如果选择最佳的纺丝工艺，可得到较高强度和伸长率的甲壳质纤维和壳聚糖纤维，可制成纱线、机织物、针织物、编织物及无纺布等形式，制成纺织品，使其用途向更深广的领域拓展。将甲壳质、壳聚糖和纤维素等其他材料混合制成纤维，可以改变干强度、湿润强度、结节强度，改变纤维的染色性、弹性、热水缩率及抗静电性能。

2. 甲壳素和壳聚糖的化学性能

（1）甲壳素和壳聚糖大分子，在碱性条件下 C_6 位上的羟基可以发生如下反应。

① 羟乙基化。甲壳素和壳聚糖与环氧乙烷进行反应可得羟乙基化的衍生物

② 羟甲基化。甲壳素和壳聚糖与氯乙酸反应，可得到羟甲基化的衍生物

③ 磺酸化。甲壳素和壳聚糖与纤维素一样，用碱性处理后与二硫化碳反应，可成磺酸化的衍生物

$$chit—OH + CS_2 + NaOH \longrightarrow chit—O—\underset{\underset{SNa}{|}}{\overset{\overset{S}{\|}}{C}} + H_2O$$

④ 氰乙基化。壳聚糖和丙烯腈可发生加成反应，生成氰乙基化的衍生物

上述反应在甲壳素和壳聚糖中引入了大的侧基，破坏了它的结晶结构，可以提高其溶解性能，可溶于水，羟甲基化衍生物在溶液中显示出聚电解质的性能。

（2）甲壳素和壳聚糖在酸性条件下可发生以下反应。

① 水解反应。甲壳素和壳聚糖在盐酸溶液中加热到 $100℃$，便能充分水解生成氨基葡萄糖盐酸盐

② 酰化反应。甲壳素和壳聚糖与酰氯或酸酐反应，可在羟基或氨基上进行酰化反应，导入不同相对分子质量的脂肪族或芳香族酰基。

③ 酯化反应。甲壳素和壳聚糖可以与浓硫酸、发烟硫酸、三氧化硫/吡啶、二氧化硫/吡啶、氯磺酸等反应，反应产物在结构上与肝素相似，具有抗凝血作用。以氯磺酸为硫酸酯化剂，与甲壳质反应中只在羟基部位进行磺化生成硫酸酯键，而与壳聚糖反应中除在羟基外还会与氨基反应生成磺氨键。

④ 螯合金属盐。壳聚糖游离氨基的邻位为羟基，有螯合二价金属离子的作用，其中 Cu（Ⅱ）螯合作用最强，其次为 Ni（Ⅱ）、Zn（Ⅱ）、Co（Ⅱ）、Fe（Ⅱ）、Mn（Ⅱ）等。螯合

作用是可逆的，但不同 pH 下有不同的结构。因金属离子的不同，壳聚糖螯合重金属后会呈现不同颜色。

⑤ 其他反应。甲壳素可与浓硝酸、发烟硝酸发生反应，生成硝化甲壳质；壳聚糖可与甲醛、戊二醛反应，生成交联壳聚糖（一种阴离子交联树脂）。

3．甲壳素和壳聚糖的生物学性质

（1）可降解性和生物相容性

毒性极低，无刺激性，是一种非常安全的机体用材料。

① 甲壳素及其衍生物可以生物降解。它们可以被甲壳素酶、脱乙酰甲壳素酶、溶菌酶、蜗牛酶等水解。酶解的最终产物是氨基葡萄糖，是生物体内大量存在的一种成分，因此无毒。

② 甲壳质及其衍生物在生物体内可以被降解，不会产生蓄积作用，产物也不与体液反应，对组织无排异反应，因此具有良好的生物可溶性，是良好的生物材料，可制成各种医药产品。

③ 甲壳质、壳聚糖的毒性极低。口服、皮下给药、腹腔注射的急性毒性试验、口服长期毒性试验，均显示非常小的毒性，也未发现有诱变性、皮肤刺激性、眼黏膜刺激性、皮肤过敏、光毒性、光敏性。

④ 甲壳质类在自然界也会分解，如在土壤中分解很快，把壳聚糖加入耕地中，CO_2 产生显著增加，因此它们不会像合成高分子材料那样对环境造成污染。

（2）甲壳素和壳聚糖的抗菌性

① 壳聚糖具有广谱抗菌性，对绿脓杆菌、黄色葡萄糖球菌、酿脓链球菌有显著的抑菌作用，对一般人体表皮存在的皮肤细菌如表皮葡萄糖球菌、肠细菌如大肠杆菌、人体真菌如白色念珠菌，也有显著的抑菌作用。

② 加壳聚糖检查培养基上阻止大肠杆菌（*Escherichia coli*）繁殖浓度的壳聚糖最小浓度为 0.02%。

③ 具有抑菌、消炎、止血、镇痛、促进伤口愈合等功能。这一特性为甲壳质及其衍生物在医药卫生领域获得广泛应用奠定了基础。

（3）壳聚糖可用于酶固定化

① 壳聚糖分子中的自由氨基对各种蛋白质的亲和力非常强，可以用来作为酶、抗原、抗体等生物活性物质的固定化载体，也可以用于固定微生物、植物细胞。它们可以使酶、细胞保持高度的活力，并可以反复使用。

② 将壳聚糖进行化学改性（如交联）后再作固定载体，可以大大增加适用范围。

③ 壳聚糖作为酶固定化载体，可以较高地保持酶活力。

四、壳聚糖的辐射降解及降解产品的重要性能

壳聚糖（chitosan，CS）是甲壳素（chitin）经脱乙酰化处理后的产物，是由 N-乙酰氨基葡萄糖通过 β-1→4-糖苷键连接起来的不分枝的链状高分子化合物，其理化性质主要取决于脱乙酰度（DDA）和聚合度。

由甲壳素脱乙酰后得到的壳聚糖的相对分子质量通常在几十万，它能溶于包括乙酸、稀盐酸、氯乙酸等多种稀酸溶液中，但不能溶于水。若在适当的条件下，对其进行降解反应，才能得到相对分子质量小于 1 万的、能够直接溶于水的水性壳聚糖（或称为寡糖）。

1. 辐射降解制备低分子量壳聚糖

由降解反应得到低聚水溶性壳聚糖的制备方法，属化学处理的可分为酶降解法、氧化降解法和酸降解法，属物理处理的有微波法、超声波法和辐射法等。近几年来有关壳聚糖辐射降解的研究报道也很多，按照壳聚糖辐射时的状态分为固态辐射和溶液辐射降解两个方面。研究表明，固态辐照，可以降解高分子，获得低分子的壳聚糖，但在水溶液中辐照，由于水的存在，使降解加速，在较低剂量下即可得到低分子量的壳聚糖。

日本学者对固态下用 100kGy 剂量辐照壳聚糖进行研究，发现辐照后的壳聚糖具有较宽的分子质量分布，如表 3-19 所示，还发现壳聚糖的表面电荷及在碱性溶液中的溶解度是随着受辐射剂量不同而变化，如图 3-69 所示。在低剂量（0～100kGy）下，辐照后的壳聚糖表面电荷的变化很小，而在 pH=10 的碱性溶液中的溶解度却有明显的增加；之后随着剂量的增大，辐射后壳聚糖表面电荷呈线性地缓缓下降，而在 pH=10 的碱性溶解度却呈线性地比较快增大。

表 3-19　辐照 100kGy 后壳聚糖分子量的分布情况

相对分子质量(10^4)	730	10～30	3～10	1～3	<1
比率/%	46	8	8	9	20

2. 低分子量壳聚糖的抗菌性能

关于壳聚糖的抗菌活性的研究，早在 1979 年 G. G. Allan 就提出它具有广谱抗菌性。Allan 等发现壳聚糖对绿脓杆菌（*pacruginosa*）、金黄色葡萄球菌（*stephylococcus aureus*）、酿脓链球菌有显著的抑菌作用，对一般人体表皮存在的皮肤细菌如表皮葡萄球菌，肠细菌如大肠杆菌（*Escherichia coli*），人体真菌如白色念珠菌也有显著的抑菌作用。其中，壳聚糖对大肠杆菌、枯草杆菌和金黄色葡萄球菌的最小抑制浓度（MIC）为 0.025%～0.05%，对

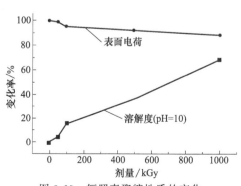

图 3-69　辐照壳聚糖性质的变化

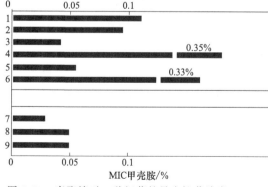

图 3-70　壳聚糖对 9 种细菌的最小抑菌浓度（MIC）

人体表皮细菌的最小抑制浓度为 0.1% 或 1% 的壳聚糖乙酸溶液处理就能全部被抑制。

图 3-70 显示出壳聚糖（即脱乙酰甲壳素）对 9 种细菌的最小抑制浓度（MIC）的比较。图中纵轴的编号：1-酪蛋白 Si、2-酪蛋白酶 Smr、3-酪蛋白 46、4-保加利亚乳酸杆菌、5-大肠杆菌（E.coli）、6-枯草杆菌、7-金黄色葡萄球菌、8-尖镰菌、9-腐皮镰菌；横轴上刻度为甲壳胺的最小抑菌浓度。

要进一步研究壳聚糖的抗菌活性，需要了解微生物生长繁殖的基本概念，了解微生物的培养方法，知悉微生物的生长曲线，各个时期的特点和微生物生长繁殖测定方法。

微生物在适宜的环境条件下，不断吸收营养物质，按照自己的代谢方式进行新陈代谢活动，正常情况下，同化作用大于异化作用，微生物的细胞还不断迅速增长。当个体生长到一定阶段，就会以某种方式增加个体的数量，这就是繁殖。微生物的生长与繁殖是交替进行的。从生长到繁殖这个由量变到质变的过程叫发育。微生物两次繁殖之间的间隔时间，称为该生物的世代时间。对于细菌这样的单细胞生物，其世代时间就是两次细胞分裂之间的时间。每一种微生物的世代时间由它的遗传性决定，同时又受到培养条件（如营养组成、pH 值、温度和通气等）的影响。不同种的微生物，其生长繁殖速度不同，其世代时间也不一样，即使同一种微生物在不同的生长环境条件下，其世代时间也是会变化的（如大肠杆菌在 37℃ 的肉汤培养基中培养时，其世代时间为 15min，而在相同温度的牛乳培养中，世代时间则为 12.5min）。在实际工作中，由于绝大多数微生物的个体非常小，个体质量和体积的变化不易观察，所以常常以微生物的群体作为研究对象，以微生物细胞的数量或微生物群体细胞质量的增加作为生长的指标。

为了研究微生物的生长，首先要对微生物进行培养。根据培养过程中微生物对氧气的需求与否，可区分为好氧培养和厌氧培养两种；根据所用培养基的不同，可区分为固体培养和液体培养。鉴于微生物个体太小，难于研究单个微生物，人们多通过培养研究其群体生长。

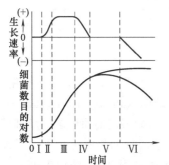

I—停滞期(适应期)；II—加速期；III—对数期；
IV—减速期；V—静止期；VI—衰亡期

图 3-71 细菌的生长曲线

常用的培养方法有分批培养和连续培养两种。以细菌纯种培养为例，将少量细菌接种到一定新鲜的、定量的液体培养基中进行分批培养，定时取样（例如，每隔 2h 取样一次）计数。以细菌个数或细菌数的对数或细菌的干重为纵坐标，以培养时间为横坐标，连接坐标系上各点成一条曲线，即细菌的生长曲线（见图 3-71）。一般讲，细菌质量的变化比个数的变化更能在本质上反映其生长过程，因为质量包括细菌个数的增加和每个菌体细胞物质的增加。各种细菌的生长速率不一；每一种细菌都有各自的生长曲线，但曲线的形状基本相同。

细菌的生长曲线可细分 6 个时期（I→VI）。由于加速期（II）和减速期（IV）历时都很短，可把加速期并入停滞期（I＋II），把减速期并入静止期（IV＋V）。因此，细菌的生长繁殖可粗分为 4 个时期。

（1）停滞期

① 在停滞期的初期，少量细菌刚接入一定量的新鲜液体培养基中，一部分细菌适应环境而生存，而另一部分则死亡，细菌总数下降。（对应于图中 I）

② 在停滞期的末期，存活细菌的细胞物质增加，体积增大，细胞代谢活跃，细胞中大量合成细胞分裂所需的酶类、核酸、ATP 及其他成分，为细胞分裂做准备。（对应于图中 II）

（2）对数期

① 停滞期结束，细菌细胞的生理修复或调整完成后，细胞开始进入快速分裂阶段。细菌的生长速度达到最大，细菌数以几何级数增加，在生长曲线上成直线关系，故称对数期或指数期（对应于图中Ⅲ）

② 对数期内的细菌细胞数目以下列方式增加：$1 \to 2 \to 4 \to 8 \to \ldots$. 即 $2^0 \to 2^1 \to 2^2 \to 2^3 \to \ldots \ldots \to 2^n$，其中 n 为代数（细菌分裂的次数或增殖的世代数（简称代数））。如果已知：t_1 时细菌数为 x_1，t_2 时细菌数为 x_2，由于一个细菌繁殖 n 代后产生 2^n 个后代，则，$n = 3.31(\lg x_2 - \lg x_1)$，则细菌的世代时间 G 可按下式计算：

$$G = \frac{(t_2 - t_1)}{n} = \frac{(t_2 - t_1)}{3.31(\lg x_2 - \lg x_1)}$$

③ 对数期的细菌，得到丰富的营养，代谢活力最强，细菌生长速度最快，世代时间最短，对不良环境的抗性也比较强。此时细菌群体中细胞的化学成分及形态、生理特性比较一致。

（3）静止期

① 由于对数期的细菌迅速生长繁殖，消耗了大量的营养物质，同时代谢产物的大量积累对细菌本身产生毒害作用，另外，pH、溶解氧、氧化还原电位等条件也变得不利，结果造成细菌的生长速率逐渐下降，甚至为零，进入静止期又称稳定期（对应于图中Ⅴ和Ⅵ）

② 在静止期，细菌总数达到最大，新生数与死亡数与致相等，保持动态平衡，此时的细菌细胞从生理上的年青转变为衰老。

（4）衰亡期

① 衰亡期细菌的死亡率增加，活菌数减少，最终细菌数将以对数速率急剧下降（图中的Ⅵ）。衰亡期的细菌常呈多形态，出现畸形或衰退型。

② 细菌衰亡的原因：一是静止期细菌代谢过程中产生的有害物质大量积累，抑制了细菌的生长繁殖；二是静止期末培养基中营养物质被它耗尽，细菌无法得到外源营养而需消耗自身的储存物质进行呼吸，而自身溶解。

微生物生长、繁殖、死亡的测定，由于微生物的个体很小，需要一些特定的方法手段。

（1）微生物生长的测定

① 直接法

a. 测体积。把微生物的培养液经自然沉降或离心后，对其体积进行测定

b. 称体重。将培养液通过离心或过滤并洗涤后，在 $100 \sim 105 ℃$ 烘干至恒重，亦可用红外或真空干燥，然后称量。一般所得干重为湿重的 $10\% \sim 20\%$

② 间接法

a. 比浊法。微生物在生长过程中，由于原生质含量的增加，会引起培养液浑浊度的增加，对于某一特定微生物不同含量的原生质对应着不同的浑浊度。经过标定或分光光度仪测定就可以求出微生物的生长量。

b. 生理指标法。与生长量对应的指标很多，如微生物体内的 C、N、P、DNA（脱氧核糖酸）、RNA（核糖核酸）、ATP、ADP（二磷酸腺苷）和 N-乙酰细胞酸等的含量，以及产酸、产气、产 CO_2、耗氧 、黏度和产热等，它们都可用于生长量的测定。

（2）微生物繁殖的测定

① 微生物总数的测定。测定所得微生物总数包括活菌和死菌。

a. 比例计算法。将已知颗粒浓度的液体与一待测细胞浓度的菌液按一定比例混合，在

显微镜下数出各自的数目，然后求出未知菌液中的细胞浓度。

b. 血球计数板法。使用特制的血球计数板，在显微镜下测定容积中的微生物个体数。

② 活菌数的测定

a. 液体稀释法。对未知菌样做连续的 10 倍系列稀释，根据预估数，从最适宜的三个连续 10 倍稀释液中各取 5mL 试样，接种到 3 组共 15 支装有培养液的试管中（每管加 1mL），培养后，记录每个稀释度出现生长的试管数。通过查 MPN 表，再根据稀释倍数求出原样中的活菌数。

b. 平板菌落计数法。将稀释到一定倍数的菌落与合适的固体培养基在凝固前均匀混合，或在已凝固的平板上涂布，计数培养后在平板上出现的菌落数，求得原液中的微生物活菌数。

（3）微生物死亡的测定

① 微生物的死亡，意味着微生物不可恢复地失去生长与分裂繁殖的能力，对于一个不受机械性破坏的微生物，死亡一词仅仅就测定细菌活力所用的条件而言。

② 在实际工作中，确定细菌细胞已经死亡，通常采用的方法是将细菌细胞培养在固体培养基上，假如在任何培养基上都不产生菌落，就可以认为细菌已经死亡。

③ 细菌受到不良因子作用后所处的生活条件，会影响到细菌的死亡率。

例如：将细菌细胞用紫外线照射后立即种在固体培养基上，可发现 99% 的细菌已经被杀死；将被紫外线照射的细胞，先在适当的缓冲液中培养 30min，然后接种在平板上，则仅有 10% 被杀死。

下面继续讨论辐射降解的壳聚糖的抗真菌活性和抗细菌活性。

壳聚糖具有抗真菌的活性，壳聚糖辐照降解以后显示出更高的抗真菌活性。真菌（fungus）是一类种类繁多、分布广泛的真核生物。不同类型的真菌在形态和大小上差异很大，少数为单细胞，多数为分枝或不分枝的腺状体。真菌在自然界中构成了一个非常庞大的群类，在土壤、水、空气和腐败的有机物上都有存在，遍布全球。真菌与人类的生活具有非常紧密的关系。真菌在酿造、食品及医药方面给人类带来了巨大的利益，但同时，也可引起人和动植物疾病等直接或间接地给人类带来很大的危险。为此，人们要设法抑制会给人类直接或间接带来危险的真菌族群。经研究显示，壳聚糖在固态下辐照 75kGy，然后溶于乙酸，用 1mol/L 的氢氧化钠调节 pH 值到 6.0，然后用 Millipore MILLEXGS（孔径 0.22μm）膜过滤并稀释到培养基中配成 50～2800μg/mL 的浓度待用。将孢子（spore）分散在培养基中在 25℃培养。辐照壳聚糖抗真菌作用是通过记录在控制盘内真菌达到最大数量所需时间或者用真菌停止生长所需的最低浓度来表征，后者结果见表 3-20。

表 3-20　壳聚糖辐照前后对真菌生长的影响

真菌名称	真菌停止生长所需的最低浓度/(μg /mL)	
	未辐射壳聚糖	辐照壳聚糖(75kGy)
Phytophthora cactarum	280	250
Fusarium oxysporum	1150	800
Aspergillus awamori	400	250
Exobasidium vexans	1000	550
Septoria chrysanthemum	700	350
Gibberella fujikuroi	400	250
Septobasidium teae	1450	1000
Colletorichum sp	1500	1050

由上表可知，就表中所列八种真菌来说，让真菌停止生长所需的最低浓度（μg/mL），辐照壳聚糖（75kGy）均比未辐照壳聚糖明显降低，降低比例（即辐照壳聚糖 MIC∶未辐照壳聚糖 MIC 值）依次为 0.893、0.696、0.625、0.55、0.5、0.625、0.69、0.7。

日本、越南等国学者曾进行过辐射降解的壳聚糖对大肠杆菌、金黄色葡萄球菌、绿脓杆菌等细菌抗菌活性的研究。这里仅以大肠杆菌为例作介绍。将大肠杆菌在含有 3mg/L 壳聚糖的营养肉汤中 37℃培养 78h。采取分批培养方法。大肠杆菌在生长过程中，由于原生质含量的增加，会引起培养液混浊度的增加。定时用分光光度计测定其浑浊度（用光照密度表示，%）。对特定的大肠杆菌来说，不同的浑浊度对应着不同的原生质，经过测定，即可求出大肠杆菌的生长量，并记录下大肠杆菌的生长曲线，如图 3-72 所示。其中 1～8—含有壳聚糖，9—无壳聚糖；1—未辐照；2～8—有辐照（辐照剂量分别为 50kGy、100kGy、500kGy、1000kGy、1500kGy、2000kGy、2500kGy）。纵轴表示细菌数量（所对应的分光光度计测出的光照密度）的对数值，横轴表示时间（h）。

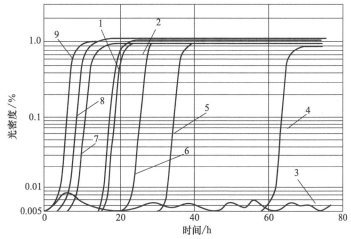

图 3-72　在不同条件下大肠杆菌的生长曲线

曲线 3 在对数值 0.01 以下区域内波动，未出现正常的对数期，其他曲线均出现了正常的对数期，曲线 8、7、1、2、6、5、4 与 9 相比，均有较长的停滞期，对数期的出现被逐步推迟。由此可知，100kGy 剂量固态下辐照壳聚糖能有效地提高壳聚糖的抗菌活力，大肠杆菌的生长能被完全抑制。固态下辐照的剂量过小或过大皆非所宜。研究还发现，抑制不同菌种所需辐射降解的壳聚的 MIC 值是不同的。壳聚糖的脱乙酰度（DDA）对它的抗菌活力有影响，脱乙酰度高（DDA＝99%）的壳聚糖在低剂量（75kGy）下有明显的抗菌活性，而脱乙酰度低（DDA＝80%）的壳聚糖，在高剂量（500kGy）下才表现出明显的抗菌活动。

壳聚糖（脱乙酰甲壳素）对植物病原菌也有抑制作用，如 DDA＝1% 的壳聚糖对尖镰菌和腐皮镰菌有完全抑制作用。不同含量的壳聚糖对尖镰菌生长的影响见表 3-21；不同脱乙酰度的壳聚糖对尖镰菌生长的影响见表 3-22。

表 3-21　不同含量的壳聚糖对尖镰菌生长的影响

壳聚糖含量/%	尖镰菌生长情况/%		
	3 日后	4 日后	6 日后
对照区	100	100	100
0.025	84	87	92
0.050	17	25	54
0.100	0	0	0

注：测试条件 25℃，脱乙酰度 99%。

表 3-22　壳聚糖 DDA 对尖镰菌最小抑菌浓度的影响

壳聚糖的脱乙酰度/%	最小抑菌浓度/%
99	0.07
90	0.07
79	0.09
66	0.11

pH 响应性壳聚糖及其季铵衍生物具有抗菌与抗真菌活性，对于不同细菌和真菌的最低抑制生长浓度（MIC）（mg/L）见表 3-23。

表 3-23　壳聚糖对细菌和真菌的最低抑制生长浓度

细菌	MIC/(mg/L)	真菌	MIC/(mg/L)
大肠杆菌	20	葡萄孢真菌	10
微球菌	20	Drechstera Sorokiama	10
金黄色葡萄杆菌	20	稻格霉菌	10
根瘤农杆菌	100	尖孢镰刀菌	100
微单胞杆菌	500	立枯病菌	1000
黄单胞菌	500	发癣菌	2500
克雷伯杆菌	700	稻瘟菌	5000
芽孢杆菌	1000		

壳聚糖抗菌具有广谱性，灭菌速率较高，而它对哺乳细胞毒性较低。壳聚糖抗菌性源于其聚阳离子能干扰细菌细胞膜表面的大分子的荷负电荷残基，改变细菌细胞的通透性，另一方面，低分子量壳聚糖会在大肠杆菌的细胞内积累，干扰细菌的脱氧核糖核酸（DNA）转录及蛋白质合成，从而起到灭菌作用。

壳聚糖的抗菌性与它的相对分子质量有关，相对分子质量从 5000 到 9.16×10^4 的抗菌性增大，而相对分子质量由 9.16×10^4 增至 1.08×10^6 的抗菌性降低，而且壳聚糖的抗菌活力随其脱乙酰度（DDA）的增大而提高。

利用甲壳素及其衍生物的抗菌作用，在纺织上可以制备抗菌纤维和抗菌纺织品，在农业上可以制成杀菌剂、杀虫剂，食品工业上可以制成食品防腐剂、保鲜膜；在医药领域可以制作创伤保护膜、止血海绵等。

3. 壳聚糖衍生物是药物缓释的理想载体

天然高分子材料具有良好的生物相容性、无毒免疫原性、可生物降解等优良性能，是药物缓释的理想载体。近年来在利用天然高分子聚电解质。如海藻酸、壳聚糖及其衍生物来制备 pH 敏感性水凝胶，开发口服缓释剂方面研究展现出良好的应用前景，已受到广泛的关注。

例如，以海藻酸和壳聚糖为原料，制备出 Ca^{2+} 交联的海藻酸/壳聚糖水凝胶，通过调节到适宜比例，可以提高包封率，极好地保护了蛋白药物的活性，实现了更好的肠部定位释药作用。鉴于壳聚糖只能溶于酸性溶液中，不溶于中性和碱性溶液中的特点，将限制它的应用范围，近年来对其水溶性衍生物 CM-chitosan（羟甲基壳聚糖）作为缓、控释凝胶辅料进行了广泛的研究。

羟甲基壳聚糖是在高浓度的氢氧化钠溶液中使壳聚糖与氯乙酸进行羟甲基化反应制备出的，它是同时具有氨基（—NH₂）和羟基（—COOH）的两性高分子电解质。随着对 CM-chitosan 的脱乙酰度或取代度的控制，CM-chitosan 水凝胶的带电性可以是两性型阳离子型或阴离子型，从而控制 CM-ckitosam 凝胶的 pH 的敏感性，来制备出适合于不同要求的药物传递系统。

Lin Y H、Liang HF、Chung CK 等（Biomaterials 2005，26：2105-2113）用 CM-chitosan 替代 chitosan，与海藻酸形成钙交联的 pH 敏感的水凝胶，其反应过程和钙交联的 CM-chitosan/algin 水凝胶的作用机理。钙交联的羟甲基壳聚糖/海藻酸凝胶在 pH1.2 和 7.4 中的结构分别如图 3-73 中（a）和（b）所示。

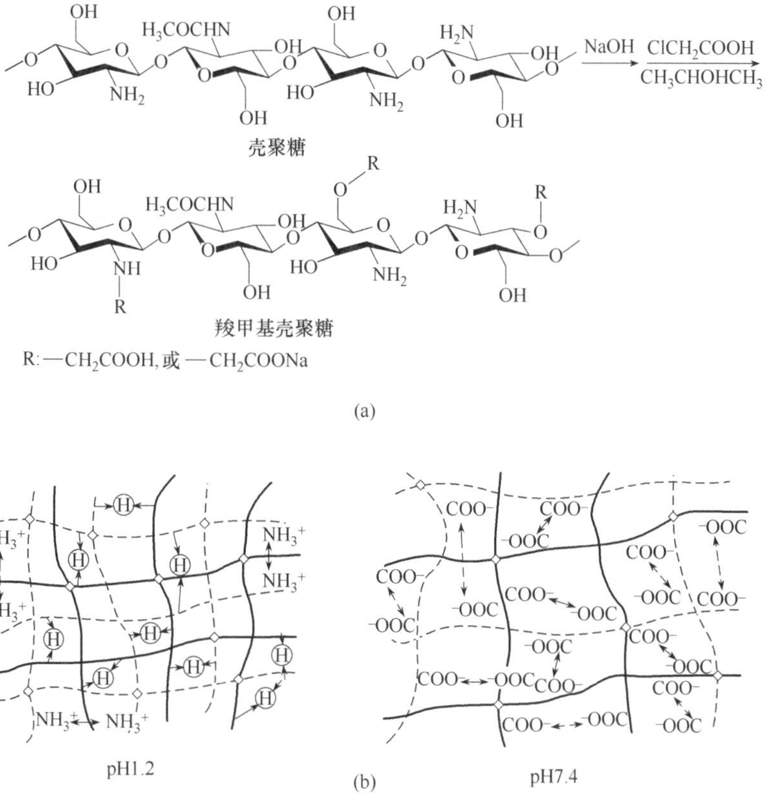

壳聚糖

羧甲基壳聚糖

R: —CH₂COOH, 或 —CH₂COONa

(a)

pH1.2   (b)   pH7.4

图 3-73 羟甲基壳聚糖的合成反应式（a）和钙交联的
CM-chitosan/algin 凝胶结构（在 pH1.2 和 7.4 中）

他们以牛血清蛋白质作为模型药物进行了体外释药的研究。在 pH1.2 环境里，水凝胶中羟甲基壳聚糖中剩余的 —NH₂ 变成 —NH³⁺。虽然少量的 —NH³⁺ 之间正负电荷相反会导致凝胶部分溶胀，但是水凝胶中存在大量的 —COOH 相互吸引致使水凝胶在总体上不溶胀，促进蛋白质药物可在肠道内释放。Tavakol M 在 Ca²⁺ 交联的 algin /CM-chitosan 水凝胶表面进行 chitosan 涂层，发现可以降低药物的释放速度，并且具有明显的 pH 敏感性。

五、壳聚糖基水凝胶的辐射制备性能与用途

1. 羧甲基甲壳素和羧甲基壳聚糖

甲壳素/壳聚糖是辐射降解型高分子，它们的聚合度较高，难溶于水，无法用辐射方法直接制得纯甲壳素/壳聚糖的交联聚合物。将甲壳素或壳聚糖羧甲基化后，才能得到水溶性羧甲基甲壳素（CM-chitin）或羧甲基壳聚糖（CM-chitosan）。它们的结构如图 3-74 所示（CM 是羧甲基 carboxyl methyl 的缩写）。

由图可见，羧甲基甲壳质和羧甲基壳聚糖的结构中，含有三个官能团，即氨基（—NH₂）、羧基（—COOH）及乙酰胺基（—NHCOCH₃），基中含有 40% 以上乙酰胺基的

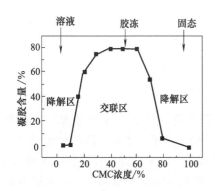

图 3-74 CM-chitin/CM-chitosan 和 CMC 的结构

为 CM-chitin，脱乙酰度在 70% 以上的是 CM-chitosan。

（1）CM-chitin、CM-chitosan 和 CMC 三者形成凝胶状态的差别

CM-chitin 或 CM-chitosan 的辐射效应与羧甲基纤维素（carbxymethyl cellulose，CMC）类似，即在固态和稀水溶液状态下辐射降解，而在胶冻状态（pacte state）下辐射交联形成水凝胶。

CMC 是一种水溶性聚合物，当 CMC 的浓度较高时，特别是在 30% 以上的胶冻状态下需要较长的时间（约一周）才能达到完全均匀状态。CMC 在固态或稀水溶液状态下辐射发生降解，然而在一定浓度的胶冻状态下辐照（100kGy，CMC 相对分子质量 5.35×10^5，取代度 2.2）时 CMC 可交联形成水凝胶，其情况如图 3-75 所示。

从图中可见，当 CMC 水溶液的浓度低于 10% 或高于 80% 时，辐照以后 CMC 主要表现为降解，这可以通过测量辐照以后溶液的黏度看出，此时没有凝胶出现，即没有交联发生。当溶液中 CMC 的浓度处于 10%～80% 的区域时，交联反应的概率超过了降解，于是形成了凝胶。凝胶的出现取决于 CMC 的相对分子质量、取代度以及辐照条件，高分子量、高取代度有利于 CMC 的交联。

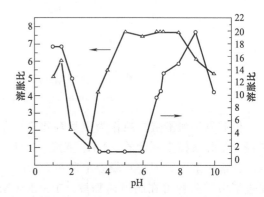

图 3-75　CMC 的辐射效应

图 3-76　CM-chitin 水凝胶、CM-chitosan 水凝胶的溶胀比与 pH 值的关系

对 CM-chitin 或 CM-chitosan 辐射交联而言，影响因素比 CMC 更多，除相对分子质量、取代度以及辐照条件外，脱乙酰化程度也是一个重要的影响因素。在其他因素相近的情况下，氨基含量高的 CM-chitosan 更难交联。CM-chitin 或 CM-chitosan 水凝胶含有氨基和羟基为两性聚电解质，辐射交联的 CM-chitin 和 CM-chitosan 水凝胶具有明显的 pH 敏感性，如图 3-76 所示。图中曲线 △ 为 CM-chitin 水凝胶溶胀行为随 pH 的变化（30%CM-chitin 水溶液，75kGy），曲线 ○ 为 CM-chitosan 水凝胶溶胀行为随 pH 的变化（30%CM-chitosan 水溶液，75kGy）。

以 CM-chitosan 水凝胶为例，当 pH<3.5 时，其分子链上的氨基质子化（—NH³⁺），

分子链处于舒展状态,有较好的溶胀性能;同样在 pH>6 时,其分子链上的羧基去质子化(—COO⁻),分子链也处于舒展状态,有很好的溶胀能力;而当 pH 值为 3.6~6 时,其分子链收缩,导致其水凝胶收缩。由于 CM-chitin 与 CM-chitosan 的氨基含量不同,它们的水凝胶的 pH 敏感行为也有很大区别。

(2) CMC、CM-chitin、CM-chitosan 的性能及用途

① 辐射交联的 CMC 水凝胶。辐射交联的 CMC 水凝胶是一种环境友好的材料,能被纤维素酶所降解。纤维素酶是催化水解纤维素、生成葡萄糖的酶的总称,是由多组分酶组成的酶素,在催化反应中各组分酶协同完成整个反应过程。将 50% 的 CMC 水溶液在真空条件下经五种不同剂量辐射形成的交联水凝胶,然后,在 pH=5.0 的 HAc-NaOH 缓冲溶液中在纤维素酶作用下进行生物降解,测出样品质量变化率随作用时间的变化规律,结果如图 3-77 所示。

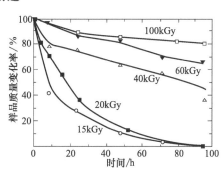

图 3-77　CMC 水凝胶纤维素酶作用下的生物降解

由图可见,降解实验用的 CMC 水凝胶由不同剂量 γ 辐照制得,在低剂量下形成的凝胶交联密度低,降解得快些。经 15kGy 和 20kGy 辐照形成凝胶,在纤维素酶的作用下分别沿曲线。和曲线▪95h 后完全降解。而吸收剂量大于 40kGy 形成的凝胶,96h 的分解则不超过 60%(即剩约 40%)。因此,在低剂量下辐照的样品具有极佳的溶胀性能,又易于降解,是一种非常重要理想材料。纯 CMC 辐射交联的水凝胶,可用作为辅助治疗褥疮的水凝胶垫(如图 3-78 所示),能分散人体压力,维持人体温度达 8h 以上,从而有利于伤口的加速愈合。

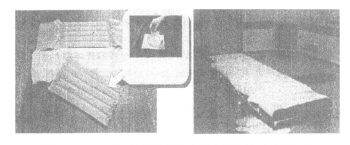

图 3-78　CMC 辐射交联水凝胶制的褥疮辅助治疗用垫

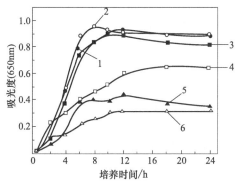

图 3-79　PVA/CM-chitosan 共混水凝胶对大肠杆菌的抗菌活性

② CM-chitin/CM-chitosan 水凝胶。它们含有氨基、羧基官能团,可以用来浓集金属离子。CM-chitin 水凝胶和 CM-chitosan 水凝胶对 Cu^{2+} 的吸附量分别为 101.2mg/g 和 171.6mg/g,而壳聚糖和戊二醛交联的壳聚糖对 Cu^{2+} 的吸附量则分别为 80.7mg/g 和 59.7mg/g,前两种明显高于后两种壳聚糖,显示出 CM-chitin 和 CM-chitosan 水凝胶有很强的吸附能力,而且吸附 Cu^{2+} 的水凝胶在低 pH 值下很容易再生,从而可以重复使用。

CM-chitosan 水凝胶的另一个重要特性是具

有抗菌性。它对大肠杆菌有明显的抑制作用。前述壳聚糖的抗菌活性研究中发现仅低分子量的壳聚糖才具有抗菌活性，而 CM-chitosan 似乎不受分子量的限制，交联成网络的 CM-chitosan 仍然具有抗菌活性。因此 CM-chitosan 水凝胶是一种非常重要的医用材料。为了降低其成本、改善其性能，因此合成出 PVA/CM-chitosan 共混的水凝胶。研究表明，PVA/CM-chitosan 水凝胶具有很好的共混均匀性、优越的力学性能及理想的溶胀行为。在该共混凝胶中，当 CM-chitosan 的含量达到 3％以上时开始发现抗菌活性。PVA/CM-chitosan 共混水凝胶对大肠杆菌的抗菌活性，如图 3-79 所示，试样为 10％PVA，CM-chitosan 含量，3～6 各自为 1％、3％、5％和 8％。1 为对照组，2 为 PVA 水凝胶（10％PVA），3～6 为 PVA/CM-chitosan 共混水凝胶。共混水凝胶中 CM-chitosan 的含量高时，大肠杆菌的生长曲线越低，表示大肠杆菌越不易生长，共混水凝胶的抑菌性能越好。

2. 壳聚糖基的水凝胶

制备壳聚糖基水凝胶，需先将壳聚糖溶解在酸性溶液中，然后与合作水溶性高分子共混。据报道，这样制得的壳聚糖基水凝胶，壳聚糖与水溶性高分子共混的均匀性较差，而且需引入酸，其共混水凝胶性能不如以 CM-chitosan 为基材的水凝胶。

采用电离辐射技术制备壳聚糖（chitin）/聚 *N*-乙烯吡咯烷酮（PVP）、壳聚糖（chitosan）/聚乙烯醇（PVA）及壳聚糖（chitosan）/甲基丙烯酸羟乙酯（HEMA）共混水凝胶已有报道。

采用电离辐射技术制备的 chitosan/PVA 共混水凝胶可制成透明且高强度的水凝胶膜，用于人体烧伤伤口及缝合线伤口的治愈。研究表明，该包覆膜能很好地敷在伤口部位，减少伤口部位水的损失，减轻病人的伤痛，防止致病菌的感染，能刺激正常的成纤细胞及毛细管的生长。对于二度及三度烧伤，采用辐射制备的 chitosan/PVA 水凝胶敷膜后时间为 7 天、17 天，而采用常规方法的一般治愈时间则分别为 8～13 天、18～30 天。

六、甲壳素及其衍生物在纺织产品、医疗卫生领域中的应用

人类已跨入 21 世纪，服装的流行也将随着社会经济发展，科学技术进步，气候环境变化，人们生活水准的提高，而引起重大的变化。未来服装发展的趋势是：①服装及其生产将更加符合生态环境要求；②服装将具有更有效的舒适性能；③服装将向多功能、智能化方向发展；④服装将不断增强安全、卫生、保健功能；⑤服装将进一步提高科技含量；⑥服装将更加适应人们文化生活的需求。随着社会的发展，人们对自身健康及其周围环境的关系，越来越加以关注。特别是在社会经济文化高速发展的今天，绿色消费、绿色产品成为新的时尚、新的主题。随着科学技术的进步，人类对自然尤其是人类生存环境的认识日益加深，人们采用现代科学技术手段开发创造一系列在特殊环境中产生不同功能的防护性纤维及其制品，来保护人类的安全与健康。现代高科技的发展，诸如材料科学、人机工程学、环境医学、生物科技、纳米科技、信息科技等等方面的发展，已不断地赋予服装穿着性能以新的内涵，并支撑着服装向高功能、多功能、智能化方向发展。

纺织品在一定的温湿度条件下是微生物附着、繁殖和传播的良好介质，尤其是羊毛制品和蚕丝制品，它们属蛋白质纤维，其脱落物和人体汗液混合后，为细菌和霉菌的生长繁殖提供了丰富的养料，使制品极易产生虫蛀或霉变，严重影响制品的使用价值，甚至传播疫病。如果对纺织进行抗菌防蛀处理，赋予制品以灭菌功能，则可消灭细菌和霉变造成的危害。

已经研究证实：甲壳素具有可生物降解、无毒性、生物相容性良好等优点。甲壳素和脱乙酰甲壳素有抗菌活性。脱乙酰甲壳素对大肠杆菌、枯草杆菌和黄金色葡萄球菌的最小抑菌

浓度为 0.025%～0.05%，对植物病原菌也有抑制作用。CM-chitin 和 CM-chitosan 含有氨基和羧基，为两性聚电解质，辐射交联形成的 CM-chitin 和 CM-chitosan 水凝胶具有明显的 pH 值敏感性，CM-chitosan 的另一个重要特性是具有抗菌活性，对大肠杆菌有明显的抑制作用。甲壳素及其衍生物易于制成膜、拉成丝，把它们溶解中进行涂布、喷绘很容易加工成所需要的形式。脱乙酰甲壳质制成的膜或丝具有透气性、透湿性、渗透性，有一定的拉伸强度和防静电作用。脱乙酰甲壳素制成的柔软性无色透明膜有良好的黏附性。甲壳素及其衍生物的膜或中空纤维具有良好的渗透性。甲壳素、脱乙酰甲壳素分子中有羟基、氨基可以与离子起络合作用，是良好的阳离子絮凝剂。CM-chitin/CM-chitosan 水凝胶可以用来浓集金属离子。甲壳素和脱乙酰甲壳素的硫酸酯衍生物的结构和肝素类类似，具有抗凝血性能。因此，甲壳素及其衍生物在纺织、医学上有着良好的应用前景。

目前，甲壳素及其衍生物在纺织工业中的应用有三种途径。

1. 甲壳素类纤维的制备

早在 20 世纪的 20～30 年代，有研究者用冷盐酸等物质作为溶剂制作甲壳素纤维。到 30 年代后期，由于合成纤维相继问世，研究者认为该项研究失去了生产实用价值而自然终止。70 年代，当人们认识到甲壳素类纤维无毒、抗菌、有良好的生物相容性和可接收性以及抗炎不致敏、促进伤口愈合等优异的生物特性之后，研究和开发甲壳素纤维才又成为科学开发的热点之一。

(1) 甲壳素纤维

在 0℃用混合溶剂（由三氯乙酸和三氯乙烯组成，混合比为 60∶40）溶解粉状甲壳素（4.5 份，相对分子质量约为 100 万），溶解后得到透明的高黏度的甲壳素纺织原液；用不锈钢滤网（1480 目）于 0.5GPa 的压力、0℃的条件下过滤纺织原液；接着在 0℃减压下脱泡，脱泡后将纺织原液移入桶内，在 0℃和 0.5GPa 的压力下通过齿轮泵送液（此时纺织原液的温度仍为 0℃），将其导入直径 5mm 的管内，在进入喷嘴前的 10cm 长的套管内用 22℃热水循环将纺丝时原液的温度可提高到 20.5℃；喷丝头（具有 50 个直径为 0.06mm 的喷丝系统）喷丝；喷出的丝条在丙酮中凝固；绕丝后用碱中和、水洗、干燥，即制得甲壳素纤维（其线密度为 77dtex，干强度为 2.8cN/dtex，伸长度为 20%）。

① 纤维性能

a. 甲壳素纤维的线密度 0.17～0.44dtex；干强 0.97～2.20cN/dtex，湿强 0.35～0.97cN/dtex；干伸长 4%～8%，湿伸长 3%～8%，打结强度 0.44～1.44cN/dtex。

b. 甲壳素纤维的主要成分甲壳素，具有强化人体免疫功能、抑制老化、预防疾病、促进伤口愈合和调节人体生理机能等五大功能。

c. 甲壳素纤维对危害人体的大肠杆菌、金黄色葡萄球菌、白色念珠菌等有很强的抑制功能，抑菌率可达到 99%。

d. 甲壳素纤维具有可降解性，它埋在地下 5cm 处，经 3 个月可被微生物分解，降解后对土壤有益，且不会造成污染。

e. 甲壳素纤维可以使甲壳素的功能充分发挥出来，具有甲壳素独特的理化性能及生物特性，如吸湿性、吸附性、组织亲和性、无免疫抗原性、促愈性、抑菌性能等。

② 应用领域及用途

随着绿色纺织品的兴起，甲壳素纺织品已成为研究热点。随着人们卫生保健意识的不断增强，对具有抗菌、防臭保健功能的甲壳素纺织品的需求量越来越大。例如：

甲壳素纤维有很强的抑菌功能，能有效地保持人体肌肤干净、干燥、无味和保持弹性，对皮肤有护理功能，因将甲壳素纤维与其他纤维混纺制成内衣、袜品，具有抗菌、防臭性，大受消费者青睐。

甲壳素纤维不产生静电，适合于制作幼婴儿童及其他抗静电服装。

甲壳素纤维与人体有很好的生物相容性，常穿用甲壳素纤维制成的服装，可有效地保护人体免受来自自然界的微辐射、重金属离子等对皮肤的侵害。

甲壳素纤维可视用途不同，与其他纤维素材料混纺，赋予纤维素纤维材料以相应的功能，例如抑菌除臭功能，或者保护人体免受细菌侵害和感染功能。

已经有一些皮肤感染症状的人，通过穿着甲壳素纤维衣服，以改善疾患，达到穿衣服治疗某些疾病的功效。

甲壳素纤维与棉纤维混纺可制作除臭的抗菌巾、袜子、保健内衣、运动服等。

甲壳素纺织品可以作为全新的天然海洋工程材料的生物保健针织品，用于海洋生物工程的开拓，这是纺织工程与海洋工程相结合的领域。

甲壳素纤维具有如下特性：①在生物体内通过酶的作用可以分解；②对生物体的亲和性体现在细胞水平上；③对受损伤的生物体能诱生特殊细胞，加快创伤治愈，特别是促进愈合强力的增长；④对于血清蛋白质等血液成分具有很大的吸附能；⑤对于血清中的中分子量物质具有高透过性；⑥产生抗原的可能性很小。因此甲壳素纤维具有独特的理化性能及生物特性，它已超越传统医用材料的性能，成为一种新的功能纤维。

甲壳素纤维主要用途是医用辅料，用于治疗各种创伤如烧伤、烫伤、冻伤及其他外伤。甲壳素医用辅料不仅具有对创面起覆盖保护作用，而且具有积极接受生物反应、促进伤口愈合的效应。

甲壳素纤维医用辅料的形式，第一种是用甲壳素短纤维（5～15mm 长度）加工成非织造布，其间可用少量聚乙烯醇固型，以适合的大小灭菌备用；第二种是制成甲壳素黏稠液直接在乙醇溶液中制成薄膜，而后烘燥成片状材料，在其上密施小孔，经消毒备用；第三种是在医用辅料中适当添加促进伤口愈合的其他纤维，如骨胶原纤维、海藻酸盐纤维，目的是有利于网的成型，所用纤维以抗菌、不易污染为选择标准；第四种是利用微真菌菌丝方法制作甲壳素医用辅料。

用甲壳素纤维做成的医用纺织品，如止血棉、绷带和纱布，具有抑菌除臭、消炎止痒、保湿防燥、护理肌肤等功效，使用方便实用，废弃后自然降解，不会污染环境。

甲壳素纤维与棉纤维混纺制成的服装，质地柔软，穿着舒适、透气吸湿性强，特别适用于妇女、儿童、老人和过敏体质和疱疹性皮肤患者穿着。

（2）脱乙酰甲壳素纤维

在搅拌下将脱乙酰甲壳素（30～40 目粒状）溶解在混合液（5％乙醇溶液和 1％尿素混合）中，经过滤、消泡后得到纺织原液（含量为 3.5％、黏度为 15.2Pa·s）；经喷丝板（直径 0.14mm，180 孔）经纺织原液挤出到室温凝固浴（不同浓度的氢氧化钠和乙醇混合液）中形成纤维；形成的纤维用温水处理，按 1.25 倍的喷丝头拉伸率卷绕，在张力状态下 80℃干燥 0.5h。

① 性质及作用

a. 脱乙酰甲壳素纤维线密度 0.17～0.44tex，干强 0.97～2.73cN/dtex，湿强 0.35～1.23cN/dtex；干伸 8％～4％，湿伸 6％～10％；打结强度 0.44～1.32cN/dtex。

b. 脱乙酰甲壳素纤维是自然界中唯一带正电的阳离子天然纤维，具有相当的生物活性和生物相容性，一般认为具有如下的作用：

· 杀菌作用——对于人体有害的大肠杆菌及金黄色葡萄糖球菌等因为氰酸或脂质等而带阴离子，而脱乙酰甲壳素因为含有乙酰基和氨基而带阳离子，因而该纤维能够最大限度地抑制有害细菌的繁殖，这种作用随其 DDA 增加而增加。

· 利德扎依姆酶的皮肤生成作用——脱乙酰甲壳素纤维与皮肤接触，杀死杂菌的利德扎依姆酶能在皮肤上增生平均 1.5～2 倍。

· 抗菌作用——DDA＝99％的脱乙酰甲壳素，在 0.15％的低含量下，对霉菌孢子也不出现增殖，脱乙酰甲壳素的纯度和浓度越高，效果越大。

· 保湿性——脱乙酰甲壳素的氨基与羟基具有很好的亲水性，单位化学基团的电荷、极性基密度大，因此保湿力很高。

· 电气性质——脱乙酰甲壳素纤维呈现与其他天然高分子物质赛璐珞或人造纤维相似的固有阻抗价，可以有效地防止静电。

· 染色性能——脱乙酰甲壳素纤维对反应染料有最好的亲和力，其次是直接染料。

② 应用领域和应用

a. 纺织品领域。幼儿用尿布及衣类，男女高级内衣，衬衣，女性卫生巾，防脚气袜子，鞋子；卧具类；特殊防污染衣类及纺织制品。

b. 医学领域。主要做人体可接收缝合线、烧伤及创伤治疗用纱布及敷料，具有防止癌细胞转移，降低血压与胆固醇，增强人体免疫力，防止老化、成人病、肥胖症、血脂症等的保健作用。医院病号服和医生手术服。

c. 工业领域。高功能性纺织加工产品，具有抗菌、防臭、透湿、防水、防止结露等特性，例如包装纸、软片、播音器振动膜、高性能扬声器等。

d. 环保领域。具有抗菌性的吸油布；净水器及空气过滤器；特殊防污染布等。

2. 壳聚糖与其他高聚糖纺丝或成膜

将甲壳素或壳聚糖粉碎成 $5\mu m$ 以下的微粒均匀分散在黏胶、腈纶、维纶等纺织原液中，通过物理共混纺丝法，使纤维中含有一定成分的甲壳素或壳聚糖。1995 年日本富士纺织公司将甲壳素加入黏胶液中生产出抗菌黏胶纤维。1999 年日本 Omèkenshi 公司开发出含甲壳素的涤纶复合织物，具有抗菌防臭性能，作为高级面料投入市场。日本各大婴儿服公司，采用质地素材是高湿模量黏胶纤维添加了具有保湿、抗菌成分的甲壳素，它与人体亲和性较好，对人体无刺激，可抑制微生物的繁殖，临床结果证实这种纺织品对预防过敏性皮类有效。

合成 PVA/CM-chitosan 的水凝胶，具有很好共混均匀性，优越的力学性能及理想的溶胀行为。在该共混凝胶中 CM-chitosan 含量达到 3％以上时开始展现抗菌活性。越南国家烧伤研究所采用电离辐射制备的壳聚糖/聚乙烯醇共混水凝胶敷膜已用于临床试验，证实可以防止伤口的感染，促进伤口的愈合。

辐射降解得海藻酸钠（sodium alginate）用作植物生长促进剂的大田试验已经完成。10％的海藻酸钠-壳聚糖（20/80）乙酸混合液在 200kGy 下辐照降解，然后稀释到 $200\mu g/g$ 喷洒到黄瓜植株，它的素质和主要性状明显好于未喷洒的植株，可提高作物对病菌抵抗能力，不产生白粉病，可减少农药和化肥的使用量，促进生态平衡，保护环境，并使植株长势良好，提前开花 3～4 天，提高产量 15％～20％。

3. 用于纺织物的甲壳素功能后整理

用脱乙酰甲壳素制成涂料 chitosante，它是以寒带深海的蟹壳为原料，经过生化处理而制成的天然机能活化剂，将它应用于纺织品的后处理，可使纺织品获得抗菌、防霉、除臭、吸湿、柔软、抗静电、丰满、抗皱等特性，无环境污染和对人体的副作用。

chitosante 有极佳的广谱抗菌性，原理是它的分子中的正电子与微生物磷酸脂体的唾液酸结合，以限制微生物生理的生命活力，而它的寡糖（即低分子量壳聚糖）穿入微生物的细胞，抑制 DNA（脱氧核糖核酸）转为 RNA（核糖核酸），从而阻止细胞分裂，以抑制病原的滋生，而不影响天然生态平衡。经权威部门测定，chitosants 对革兰阳性和阴性细菌的抑制率均可达 99％以上。利用脱乙酰甲壳素的广谱抗菌性，将各类羽绒、羊毛、棉化学纤维等织物进行处理，可得到脱乙酰甲壳素纤维同样的效果。

chitosante 是极佳的保湿剂，经过特殊分子修饰，其回潮率可达 15％以上，可大大改善化学纤维，如聚酯、聚酰胺等织物的吸水性，达到吸湿快干的效果。因它具备了强烈的电荷密度，结合吸湿性和离子性，可有效散导纤维表面的电荷，消除静电积累现象，将聚酯及尼龙在织物表面的电压由 1500V 降到 1000V 以下。

chitosante 是成膜性极佳的高分子材料，其膜应力应变曲线呈现出高弹性、不易变形、硬挺的特性，可以改善织物手感，获得丰厚、蓬松、抗皱的功能。通过吸附、渗透、固着、链接等作用，与纤维永久性结合，耐水洗性极佳。经测试，强力水洗 50 次后，织物仍能保持优良的抑菌能力。

因此，chitosante 适用于多种纤维织物（包括棉、毛、丝、麻等天然纤维，聚酯、聚酰胺、氨纶等合成纤维，黏胶、Modal、Tencel、醋酸纤维等人造纤维）的后处理，也可以用于纯棉织物的免烫整理和纺织浆料的防霉处理。而且使用工艺简单，不需更换、添置设备和改变原有的整理工艺。最近市场出现的 chitosante 对织物的改善，为甲壳素在纺织中的使用，拓展了新的领域。

参 考 文 献

[1] osada Y, Okuzaki H, Hori H. Nature, 1992, 355：242.

[2] Annaka M, Tanaka T. Nature, 1992, 355：6359.

[3] Peppas N A, Langer R. Science. 1994, 263：5154.

[4] Hu Z, Zhang X, Li Y. Science, 1995, 269：525.

[5] Zhang X, Hu Z, Li Y. J Chem Phys, 1996, 105：3794.

[6] 胡金莲等编著. 形状记忆纺织材料 [M]. 北京：中国纺织出版社, 2006.

[7] Flory PJ. Principle of polymer Chemistry. New York：Cornel University Press, 1953.

[8] 杨大智主编. 智能材料与智能系统 [M]. 北京：中国纺织出版社, 2000.

[9] 何平笙编著. 新编高聚物的结构与性能 [M]. 天津：天津大学出版社, 2009.

[10] 颜肖慈, 罗明道编著. 界面化学 [M]. 北京：化学工业出版社, 2005.

[11] 曾汉民主编. 功能纤维 [M]. 北京：化学工业出版社, 2005.

[12] 朱光明编著. 形状记忆聚合物及其应用 [M]. 北京：化学工业出版社, 2002.

[13] 张玉亭, 吕彤编著. 胶体与界面化学 [M]. 北京：中国纺织出版社, 2008.

[14] T. Tanaka, D. J. Fillmore. Kinetics of Swelling of Swelling of Gels. Journal of Chemical Physics, 1979 (70)：1214-1218.

[15] Parpura V, Fernandez J M, Biophys J. 1996, 71 (5)：2356-2359.

[16] 张艳群, 哈鸿飞. 高分子学报, 2001, (4)：485-488.

[17] 阎立群, 赵秉熙, 陈文明等. 中国科学技术大学学报, 1997, 27 (3)：337-341.

[18] Dusek K, Patterson D. J Polym Science, PartA-2, 1968, 6：1209-1216.

[19] Tanaka T. physical Review letter, 1978, 40 (12)：820-469.

[20] Tanaka T. scientific American, 1981, 244：110-123.

[21] Tanaka T. Nishio Z, Sun S T, et al. Science. 1982, 218: 467-469.

[22] Katayama S, Hiroleawa Y, Tanaka T. Macromolecules, 1984, 17: 2641-2643.

[23] Kabra B G. Ploymer, 1992, 33 (3): 990-995.

[24] 陆大年，陈士安，鲍景旦. 华东理工大学学报，1994，20 (6): 818-823.

[25] 过梅丽、赵得禄主编. 高分子物理 [M]. 北京：北京航空航天出版社，2005.

[26] 梁伯润主编. 高分子物理学 [M]. 北京：中国纺织出版社，2003.

[27] 翟茂林，伊敏，哈鸿飞等编. 高分子材料辐射加工技术及进展 [M]. 北京：化学工业出版社，2004.

[28] J. M. Rosiak, F. Yoshi. Hydrogels and their medical Applications. Nucl Instr and Meth Physics Research B, 1999, 151: 56-64.

[29] J. M. Rosiak, P Ulanski. Synthesis of Hydrogels by Irradiation of Polymeers in Aqueous Solution. Radiat Physchem, 1999, 55: 139-151.

[30] M. T. Pazzak, Darwis, Z. Sukirno. Irradiation of Polyvinyl Alcohol and Polyvinyl Pyrrilidone Blended Hydrogels for Wound Dressing. Radiat. Phys. Chem, 2001, 62: 107-113.

[31] M. miyajima, M. Yoshida, H. Sato et al. Release Controlo of 9-β-D-Arabinofuranosyladenine from Thermo-responsive Gels. Radiat. Phys. Chem, 1995. 46 (2): 199-201.

[32] Yong Qin, Kinam. Park Environment-Sensitive Hydrogels for Druy Delicery. Advanced DrugDelivery Reviews, 2001, 53: 321-339.

[33] K. Sutani, Kaetsu, K. Uchida. The Synthesis and the Electron-responsiveness of Hydrogels Entrapping Natural Polyelectrolyte. Radiat. Phys. Chem, 2001, 61: 49-54.

[34] 顾书英，任杰编著. 聚合物基复合材料 [M]. 北京：化学工业出版社，2007.

[35] Bae Y H, Okano T, Kim S W. J. Polym. Sci. Part B, 1990, 28: 923-936.

[36] 曾钫，刘新星，童真. 高分子材料科学与工程，1997，13 (5): 100-103.

[37] Mueller K F. Polymer, 1992, 33: 3470-3476.

[38] Schild H G, Tirrell D A. Polym. Preep, 1989, 30 (2): 342-347.

[39] Manada A, Tanaka T. Macromol. , 1990, 23: 1517-1528.

[40] Sumaru K, Ohi K, Takagi T, et al. Langmuir, 2006, 22: 4353-4356.

[41] Suzuki A, Tanaja T. Nature, 1990, 346: 345-347.

[42] Desponds A, Freitag R. Langmuir, 2003, 19: 6261.

[43] Desponds A, Freitag R. Biotechnology and Bioengineering, 2005, 91: 583-591.

[44] Chen L, Li S G, Zhao YP. J. Appl. Polym. Sci. , 2005, 969: 2163-2175.

[45] Liang Y Y, Zhang I M, Jiang W, et al. Chem. Phys. Chem, 2007, 8: 2367-2372.

[46] Liu T Y, Hu S H, Liu T Y, et al. Langmuir, 2006, 22: 5974-5978.

[47] Nitin S, Satarkar J, Zach H J. Control. Release. , 2008, 130: 246-251.

[48] Homma M, Seida Y, Nakano Y. J. Appl. Polym. Sci. , 2000, 75: 111-118.

[49] 钟兴，王新宇. 王世昌. 高分子学报，1994，1: 113-116.

[50] Flory P J. Principle of Polymer Chemistry. New York: Cornel University Press, 1953.

[51] 张艳群，哈鸿飞. 高分子学报，2001，(4): 485-488.

[52] Monkman G J. Meehatronics, 2000, 10: 489-498.

[53] Aggell A, Bell M, Boden N, et al. Responsive gels formed by the spontaneous selfasssembly of peptides into polymeric β-sheet tapes. Nature, 1995, 373: 49-52.

[54] Chen G H, Hoffman A S. Graft copolymers that exhibit temperature-induced phase transitions over a wide range of pH. Nature, 1995, 373: 49-52.

[55] Tong Z, Liu X. Macromolecules, 1994, 27: 844.

[56] T Miyata, N Asami, T Uragami. Nature, 1999, 399: 766.

[57] Whitoombe M J, Rodrogues M E, Villar P, et al. A new method for introduction of recognition site functionally into polymers prepared by molecular imprinting: synthesis and characterization of polymeric receptor for cholesterol. J, Am. Chem. Soc., 1995, 117: 7105-7111.

[58] Hassan C M, Doyle III F J, Peppas N A, et al. Dynamic behavior of glucose-responsive poly (methacrylate acid-co-ethylene glycol) hydrogels. Macromoleculs, 1997, 30: 6173.

[59] Umemoto S, Okui N, Sakai T. Zairyo Kagau, 1989, 26 (1): 42.

[60] 马如璋, 蒋民华. 徐祖雄主编. 功能材料学概论 [M]. 北京: 冶金工业出版社, 1999.

[61] Karlsson O J, Gatenholm P. Polymer, 1999, 40: 379.

[62] Vigo T L. J. Text. Inst., 1999, 1.

[63] Dagani R. Polymeric 'Smart' materials respond to changes in their environment. Chem. Eng. News, 1995, 73 (38): 30-33.

[64] K. S. Chen, J. C. Tsai, C. W. Chou, M. R. Yang. J. M. Yang. Effects of additives on the photo-induced grafting polymerization of N-isopropylacrylamide gel onto PET film and PP nonwoven fabric surface. Materials Science and Engineering: C, 2002 (20): 203-208.

[65] S. Kuwabara, H. Kubota. Water-Absorbing Characteristics of Acrylic Acid-Grafted Carboxymethyl Cellulose Synthesized by Photografting. Journal of Applied Polymer Science, 1996 (60): 1965-1970.

[66] 沈新元, 王珏. pH 值伸缩响应型中空凝胶纤维的研制 [C] //99 高分子学术论文报告会论文集 (中册). 上海: 1999, d4.

[67] 马如璋, 蒋民华, 徐祖雄主编. 功能材料学概论 [M]. 北京: 冶金工业出版社, 1999.

[68] ShigameT, Kurauchi T. J Appl Polym Sci, 1990, 39: 2305-2320.

[69] 白渝平, 陈莹, 杨荣杰等. 高分子材料科学与工程. 2002, 18 (2): 74-77.

[70] Saahinpoor M. Smart. Stru., 1994, 3: 367.

[71] 沈新元. UHMW-PAN 基 pH 响应多孔中空凝胶纤维的制备及结构性能研究, 上海: 东华大学, 2001.

[72] Umemoto S, Itoh Y, Okui N et al. Reports on Progress in Polymer Phys, Japan, 1988, 31: 295.

[73] 商成杰编著. 功能纺织品 [M], 北京: 中国纺织出版社, 2006.

[74] M. H. Lee, K. J. Yoon, S. W. KO. Grafting onto Cotton Fiber with. Acrylamidomethylated β-Cyclodextrin and Its Application. Journal of Applied Polymer Science, 2000 (78): 1986-1991.

[75] Y. Y. Liu, X. D. Fan. Synthesis and characterization of pH- and temperature-sensitive hydrogel of N-isopropylacrylamide/cyclodextrin based copolymer. Polymer, 2002 (43): 4997-5003.

[76] 何瑾馨, 邹黎明. 微胶囊膜厚对芯材释放速率的影响 [J], 东华大学学报, 25 (1): 1-4.

[77] USP, 2648690, 1953.

[78] Asaji Kondo. Microcapsule processingf and technology. Japan: Marcel Dekker, 1979.

[79] Shao Yun, Fang Kunjun, Zou Liming, et al. Study on the permeability of microcapsules. Journal of China Textile University (Eng Ed), 1993, 10 (2): 55-62.

[80] Zou Liming, He Jinxin, Determination of membrane thickness of microcapsule. Journal of China Textile University (Eng Ed), 1997, 14 (4): 31-36.

[81] B. Jeong, S. W. Kim, Y. H. Bae. Thermosensitive sol-gel reversible hydrogels. Advanced Drug Delivery Reviews, 2002 (54): 37-51.

[82] Y. Qiu, K. Park. Enverinment-sensitive hydrogels for drug delivery. Advanced Drug Delivery Reviews, 2001 (53): 321-339.

[83] Beltran S, Hooper H, Blanch W. J. Chem. Phys., 1990, 92: 2061-2064.

[84] Hua Y, grainger D W, J, Appl. Polym. Sci., 1993, 49: 1553-1563.

[85] J. M Rosiak, F. Yoshii, Hgdvogels and their medical Application Nucl Inster and Meth Physice Resecuch B, 1999, 151: 56-64.

[86] J. M Rosiak，P. Ulanske. Syntheece of Hgdiogels tg Ipradication of Polymers in Aqueous solution. Radiat、Phys、Chem、1999，55：139-151.

[87] M. T. Paggak，D. Darwis，I Sukirno ，Irradiation of Pclyving Alcohol and polyvinyl Pgrrolidone Blended Hgdiogds for wound Dressing 、Radiat、Phys、Chem，2001，62：107-113.

[88] M. Migayima，M. Yoshida，M. Sato et al. Relcas wntiol of 9-β-D-Aratinofuranosy Tadenine from Theimo-responsive Gels. Radiat. Phys、Chem. 1995，46 (2)：199-201.

[89] K. Sutani，I. Kaeteu，K. Uchida，The Sgntheeic and Election-responeivebsuvebess of Hgdiogels Entiapping Netural Polyelectiolyce. Radiat. Phys、Chem. 2001，61：49-54.

[90] K. E Uhrich，S. M. Canniggro，K. M. Shakeshett. Drug Delivry Systems，1993，11：109-135.

[91] M. Ishida，H. Sakai，S. Suguhara，S. Aoshima，S. Yokoyama，M. Abe. Controlled Release of Vitamin E from Thermo-Responsive Polymeric Physico-Gel. Chemical and Pharmaceutical Bulletin ，2003 (51)：1348-1349.

[92] 朱美芳，许文菊编著. 绿色纤维和生态纺织新技术 [M]. 北京：化学工业出版社，2005.

[93] 许树文，吴清基，梁金茹，陈玉芳编著. 甲壳素·纺织品 [M]. 上海：东华大学出版社，2002.

[94] 李群，赵昔慧著. 天然产物在绿色纺织品生产中的应用 [M]. 北京：化学工业出版社，2008.

[95] 李兆龙，陶薇薇编. 甲壳和贝壳的综合利用 [M]. 北京：海洋出版社，1991.

[96] 严瑞瑄主编. 水溶性高分子 [M]. 北京：化学工业出版社，1998.

[97] 蒋挺大. 壳聚糖 [M]. 北京：中国环境科学出版社，1996.

[98] 谢雅明. 可溶性甲壳质的制备和用途 [J]. 化学世界，1986 (2)：118-121.

[99] 万鹏，潘婉莲. 甲壳素及其衍生物的应用开发 [J]. 上海化工，2000 (5)：32-38.

[100] 王小芳等. 甲壳质类纤维的制备 [J]. 人造纤维，1999 (4)：25-28.

[101] 沈钟，赵振国，王果庭编著. 胶体与表面化学 [M]. 北京：化学工业出版社，2011：135-192.

第四章
相变材料及其应用

冬季服装应以保暖、防风、吸湿、透气为原则，其卫生学要求是：

（1）服装对人体体温具有良好的防寒保暖效能，以减少体热外散；

（2）服装对冷空气具有良好的防风效能，以减少冷空气入侵；

（3）服装对太阳辐射热具有高吸收率、低反射率的效能，以利于抗寒令人倍感温暖；

（4）服装能适应人们室内外运动的需要，内层衣服要具有较好的吸湿透气性能，以利于皮肤水分蒸发，外层衣服要具有较好透气性和吸湿性，以利防风保暖，减轻在室外停留时冷应激程度，延迟进入室内不舒适的温室反应。

保暖材料是影响冬季服装防寒性能的决定因素。随着现代科学技术的发展，为人们保暖御寒提供了新的思路，可供人们选用的保暖材料与日俱增。

第一节　保暖材料分类

按保暖原理分类，保暖材料可分为消极型和积极型。

一、消极型保暖材料

如已沿用很久的天然棉絮、羽绒、驼绒、化纤絮片（包括中空纤维、三维卷曲纤维、超细纤维）等，它们都是热导率很小的不良导体，具有隔热作用，可用作防寒保暖材料。见表4-1。

表 4-1　几种物质的热导率（20℃）

材料	热导率/[W/(m·℃)]	材料	热导率/[W/(m·℃)]
空气	0.027	水	0.697
氯纶纤维	0.042	棉纤维	0.071～0.073
醋酯纤维	0.05	涤纶纤维	0.084
腈纶纤维	0.051	丙纶纤维	0.221～0.032
羊毛	0.052～0.055	锦纶纤维	0.244～0.337
黏胶纤维	0.055～0.071		

空气仍然是目前被认为热导率最低的物质，防寒保暖材料中如果能固定较多的静止空气，将能提高保暖絮料的防寒保暖效果。水的热导率比较大，防寒保暖织物一旦被水浸湿后，其保暖功能就会显著降低。

由此可知，消极的保暖材料的防寒保暖机理是，保暖材料锁定了相当数量的静止空气在皮肤与冷源或热源之间形成了一层静止空气的隔热层，降低了皮肤与外界的热量交换，从而产生隔热作用。因此，提高消极的保暖材料的保暖性，主要取决于其内静止空气量的多少，对于一定服装款式和内胆体积的冬季服装而言，必然存在一个最佳的保暖絮料充填量（或充绒量），此时一定量的保暖絮料的束缚的静止空气达到最大，目前研究开发的中空纤维、三维卷曲纤维等，均是通过增加锁定静止空气的量而具有较高的保暖性能的，见表 4-2。

表 4-2　超细纤维、三维卷曲纤维和中空纤维三种保暖材料的特点

保暖材料	保暖效果、典型产品及其性能
超细纤维 超细纤维非织造布 Thinsulate 纤维聚集体结构	线密度在 0.15dtex 以下的超细纤维与常规纤维相比，比表面积大，可以吸附更多的静止空气因而保暖效果较好。 ※Thinsulate 保暖材料——3M 公司 20 世纪 60 年代开发，由涤纶短纤维(55%～35%)与丙纶纤维(45%～65%)混合而成(纤维直径约为 $15\mu m$)，其保暖值是羽绒的 1.5 倍，是普遍涤纶的 2 倍，吸湿率不足其重量的 1%，可以保持在潮湿状态下也具有良好的保暖性能。 ※Thinsulate 中加入加温膨化的聚合物微球的保暖材料是由美国 Me-Gregor 等人所研发，该材料具有良好的防压缩功能，和防水透湿纺织品结合用做面层，可制作高性能保暖材料 ※超细聚酯纤维非织造布 Primaloft——由 ALbang 公司研发，产品具有高热阻和高压缩回弹性(非织布厚 2.54cm，80% 的纤维直径小于 $12\mu m$，20% 的纤维直径大于 $12\mu m$，超细纤维可以吸附更多的静止空气，粗纤维具有良好的压缩弹性，实现了两者优势的互补)
中空纤维	在纤维内部的"空腹"内含有不产生对流的滞留空气，形成良好的隔热层，目前商业化的中空纤维有单孔、4 孔、7 孔和 9 孔纤维，孔数越多，纤维中空度越高，含静止空气量也越多，材料保暖性更好，质地更轻便 ※高中空度聚酯长丝 Aero-capsude-dry——日本帝人公司研发，中空度为 35%～40%，比同种厚度实心聚酯长丝涤织物的保暖性高 60%～70%，在保暖相同的情况下，中空纤维织物比实心纤维织物轻 60%～70% 中空纤维最新的发展动向：制成各种不同截面形状的纤维以及不同形状空隙的中空纤维
三维卷曲纤维	20 世纪 90 年代后期开发的一些保暖产品，将中空纤维技术和三维卷曲纤维技术相结合，采用双组分复合纺丝法或不对称冷却法制成三维卷曲纤维 ※三维卷曲聚酯纤维 Twinair——日本东洋公司所研发，高中空度(20%～30%)，具有立体卷曲的特点，弹性回变性，不怕压缩，高膨松，显著提高了织物的保暖性。 已经商业化的三维卷曲纤维包括涤纶、丙纶和腈纶等

总后勤部军需装备研究所曾经利用热熔黏结法试制一种涤纶混合絮片（由 2～3 种不同纤度的涤纶与低熔点丙纶混合加工而成，不同纤维的用量比例和纤度搭配比较科学），因此混合絮料膨松性和压缩回弹性好，其保暖性优于棉花，鉴于传统防寒服装的表面层是普通的纺织品，其防风能力不够，使保暖层的空气发生流动，致使保暖效果下降，因此改用防水透湿涤层织物作防寒服装的表层，使之具有极强的防风性能，以充分保证保暖层中的空气处于静止状态，明显提高了防寒保温的效果。

二、积极型保暖材料

如近年来采用的金属棉（又称太空棉），阳光蓄热保暖材料，相变调温材料等经过复合再加工的产品，它们不仅可以阻止或减少人体向寒冷环境的散热量，还能吸收外界热量（如太阳能、生物能、化学能及电能等），存储并向人体传递热量来产生热效应，它们产生的热效应，今归纳于表4-3中。

表4-3　对金属棉、阳光蓄热和相变调温材料的探索

保暖材料	保暖效果、典型产品及其性能
金属棉	①用一般的保暖材料所制成的服装,仅能减少传导对流等引起的人体散热,解决不了人体辐射散热。无风时人体辐射散热约占散热量的30%～50% ②金属棉是一种金属镀膜复合絮片。金属棉与涤纶絮片复合在一起,能起到隔热保暖的作用,还可以借助金属膜的反射作用,将人体皮肤温度以远红外线形式向外辐射的热量反射人体。金属膜表面越平滑光亮,其防辐射能力越强。金属棉在两层棉絮之间,金属面朝向热体时的反射作用大于金属面背向热体时的反射作用。用丹麦引进的暖体假人对试样服装的热阻值进行测定,对上述分析,尚缺乏实验根据 ③宇航棉的保暖性能,是指金属棉阻止体热通过传导、对流、辐射向外散失,以保持人体体温的性能。由于金属棉金属表面的光洁度、涤纶絮片的蓬松度、含气率及厚度等因素均会影响金属棉的保暖性能,因此测得的保暖率是一个综合结果。冬季人们穿着金属棉服装感到保暖性能好,系因其挡风、防渗透作用所致,在常温领域内使用金属棉服装是没有意义的。应将金属棉服装的研发与应用,引向特殊功能服装方面去
光热转换蓄热纤维 表示Ⅳ族过渡金属碳化物的反射率(光学研磨面的反射率) ZrC织物和普通织物润湿时的光蓄热特性	①秋冬季的太阳红外辐射比较温和,如何积极利用红外辐射能量驱寒保暖已成为现代积极保暖材料研究的热点。积极的保暖性远红外纤维产品,其原理是利用混于纤维结构内部的特殊陶瓷颗粒,与普通纤维制品相比,能有效地吸收太阳辐射中的可见光与远红外线,并可反射人体热辐射,从而使这类纤维制品在同样辐射条件下具有较高的温升效应 ②Ⅳ族过渡金属碳化物,对光的反射率与光波具有左图所示的关系: 图中:1—碳化锆(ZrC)新型陶瓷,2—碳化钛(TiC)新型陶瓷,3—碳化铪(HfC)新型陶瓷。这类碳化物被光照射时可以吸收光波中的0.6eV以上高能量(相当于波长2μm以下的光波)并转化为热能,而对低能量(长2μm以上)光波吸收较少,太阳光谱中0.25～0.3μm波长的光能量占全部光能量的95% 碳化锆(ZrC)织物和普通织物含水率(%)和服装内温度(℃)随光照时间(min)的变化曲线,见左图所示: 图中,1,3—ZrC织物,2,4—普通织物,在阳光下进行穿着实验,结果是用ZnC掺到聚合物内纺出的蓄热保暖纤维制成的服装,服装内温度比普通服装高出2～8℃,并表明即使在湿态下也有良好的光蓄热性能 ③姚穆、徐卫林测试分析结果表明:入射到纤维集合体的红外辐射能,氧化锆丙纶絮片:吸收率为19.35%,反射率为65.6%,穿透率为12.1%;碳化铅涤纶絮片:吸收率为32.7%,反射率为62.4%,穿透率为15.2%。因此对积极保暖材料来说,应该减少其反射的量,使主要的能量使用于服装的升温 此外,远红外棉复合絮片,其中纤维反射特定波长的远红外线,与人体的吸收波长相匹配能深入人体产生温热作用,并可通过改善人体微循环而达到保健美容健身的功效

保暖材料	保暖效果、典型产品及其性能
 太阳光下涂层织物的蓄热性能曲线	④几种典型产品简介 ※Dynatlive吸热蓄热保温纤维——日本小松精炼株式会社研发,产品中纤维表面以及纤维之间附着超微小中空服装胶囊和特殊的红外接收剂,胶囊中的空气可以抑制热的传导,存在纤维间的胶囊群可以抑制对流传热,因而获得保暖性;其中红外线吸收剂具有积极地吸收光太阳光与人体的红外线的功效。因用Dgna-live加工过的表面层温度比未加工的里层提高了3~7℃ ※阳光蓄热保温纤维Solar-α——尤尼吉卡公司研发,将碳化锆微粉添加在锦纶复合纤维芯部而成,用该纤维织造的织物,在阳光照射下温度较普通纤维高8℃,如果没有阳光照射,其内部温度会很快下降 ※近红外线吸收纤维Thermocatch——日本三菱人造丝公司开发,将氧化锡与氧化锑的复合物微粉添加在腈纶纺织原液中而制得,这种织物即使在阴天也能够显著地提高内部温度2~10℃ ※用涂层手段将功能材料施加到纺织品上,制成阳光蓄热保温纺织品,太阳光下蓄热涂层织物较空白织物相比,见左图所示: 经太阳辐射10min后,涂层织物与空白织物最大蓄热量相差达0.26kJ/m²
相变蓄热调温纺织品	它利用具有热活性的材料在相变过程中吸热、放热的物理现象,营造一个相对稳定的微气候环境,主要目的是改善纺织品的舒适性。该技术将相变蓄热材料与纤维或纺织品相结合,制成一种双向调温功能的新型智能纺织材料,有人认为蓄热调温纺织品的研发是继美国Gore-Tex织物研发后最重要的舒适性纺织技术 例如,Acordics公司利用相变材料的结晶→熔融过程伴随着放热→吸热的特点,研发出Outlast纤维,其技术关键是采用一种微胶囊的相变材料,该材料能以"潜热"的形式吸收、存储大量热能,在环境温度低于设定温度时放出热量,而在高于设定温度时吸热,使服装内的小气候保持相对稳定的温度

各种新技术的发展,使保暖材料向复合型多功能的方向发展,其目的是在调整产品结构,吸取不同材料的特点,以达到多功能的目的。

第二节 蓄热调温纺织品研发的历程和现状

综上所述可知,传统纺织品的保温作用主要是通过阻止人体与外界环境之间的热传导、热对流和热辐射而实现的,人们可依据环境温度高低变化,采取适当增减衣服,以保持人体处于舒适的温度范围。但传统纺织品的保温效果存在明显的缺失,容易受到纤维压缩弹性和环境潮湿空气[水25℃时的热导率为0.697W/(℃·m)]的很大影响。

为了提高纺织品的保暖功能,人们采取多种措施,开发了超细纤维、中空纤维和三维卷曲纤维等,提高纺织品中静止空气的含量[静止空气具有最小的热导率0.027W/(m·℃)(20℃时)],以加强隔热效果,为了进一步提高纺织品的保温功能,人们还开发了能够吸收和放射远红外线的纤维和纺织品,吸收太阳辐射中的可见光与远红外线、反射人体热辐射可以产生温升效应;放射远红外线可与人体的吸收相配,深入人体产出温热作用,以改善人体微循环,达到保健效果。和传统纺织品相似,这些纺织品只具有单向调温作用,当环境温度较低时具有保暖作用,当环境温度较高时就不能使人体处于舒适的温度范围。

随着科学技术进步,人民生活水平的提高,人们利用相变材料(phase change materials，简称 PCM）开发的具有智能调温效果的纺织品应运而生。蓄热调温纺织品使用相变温度适合人体需要的温度范围的相变物质，添加在纤维内部或黏附在纺织品表面，利用相变材料根据环境温度的不同吸热或释热效应，能够在人体和服装之间形成良好的小气候，来保证人体处于舒适的温度范围。

一、智能调温纺织品的研发的历程

智能调温纺织品（Temperature adaptable fabric，简称 TAF）的研发，最早由美国国家宇航局在 20 世纪 70 年代末至 80 年代初开发，其目的是为了保护宇航员和珍贵的设备，使其免受太空温度急剧变化的影响。20 世纪 70 年代初，Hansen 提出将 CO_2 气体溶解在溶剂中，然后填充到中空纤维内部再将端口封闭制备蓄热调温纤维。但由于在常温下液体的固化比较困难，而且在加工过程中气体难免会从纤维中逸出，使织物调温效果变差。故仅适用于气温较低的情况。

1985 年，Vigo 和 Frost 等人，将含有结晶水的硫酸钠、氯化钠或氯化锶等水合盐填充到中空纤维中，利用含结晶水的水合盐在熔融或结晶过程中吸热或放热的效应，研制出蓄热调温纤维。但这种纤维经过一定次数的升温和降温循环后，水合盐会失去部分结晶水而使调温效果变差。后来改用可在常温条件下结晶的聚乙二醇（PEG）填充到中空纤维中制备调温纤维，经 150 次升温和降温循环后仍具有吸热和放热功能。但此法制备调温纤维时所用中空纤维直径较大，其工业化应用受到了限制。

1987 年 Brgant Yvonue G 和 Colvin David P 等将相变材料密封在微胶囊中，制备出具有吸热和放热功能的相变材料微胶囊，再将这种微胶囊添加到纺丝液中，纺出具有智能调温功能的纤维，并在 1988 年申请了专利。

1989 年，Triangle 公司通过整理加工方法，将相变材料微胶囊施加到织物上，制成了智能调温纺织品。

20 世纪 90 年代初，日本纤维生产公司采用熔融复合纺丝方法，以脂肪族聚酯或聚乙二醇为芯组分，以普通聚合物为皮层组分，制备出具有吸热和放热功能的皮芯型（sheath-core）复合纤维，还以脂肪聚酯或聚乙二醇为岛组分，以普通聚合物为海组分，制备出具有吸热或放热功能的海岛型（islands in a sea）复合纤维。

1996 年 Sayler 将相变材料与硅粉等混合，采用纺丝法制备出具有调温功能的纤维，1997 年 Outlast 公司就得了 Triangle 公司的专利使用权，将相变材料微胶囊填加到聚丙烯腈溶液中，经湿法纺丝制备出具有温度调节功能的腈纶纤维（其中，相变材料微胶囊含量约为8%），并将该产品用于毛毯、滑雪靴、夹克及保暖内衣。后来，Acordist 公司经 Outlast 公司的专利许可，实现具有调温功能的 Outlast 纤维的工业化生产。Outlast 公司的调温纺织品，一部分采用涂层方法，另一部分采用纺丝方法，并形成系列产品，包括纤维、织物和膜，并将它们制成了各种具有调温功能的产品，投放市场，已被世界上许多运动品牌公司所采用。1999 年 Frisky 公司开始生产具有冷却效果的背心，可提供在极热环境下工作的工人和士兵穿着，可保持长达 4h 的冷却作用。

我国自 20 世纪 90 年代初开始蓄热调温纺织品的研究工作。天津工业大学张兴祥等以石蜡烃、聚醚、脂肪族聚酯、聚酯醚聚合物作为纤维的芯或岛组的主要成分，以成纤聚合物作为皮或海组分，采用熔融复合纺丝方法，制备出调温功能纤维。2003 年保定雄亚纺织集团与美国安伯士国际集团合作，开发产生出相变调温洛科绒 2950 号绒线，并在国内首次生产出"冬暖夏凉"的相变调温服装。

我国的研究人员曾以聚乙二醇（重均分子量大于 1540），聚酯醚（聚乙二醇质量含量不低于 50%）为原料，直接熔融纺丝制取蓄热调温纤维。该纤维在 35～53℃范围内具有吸热功能，在 5～35℃范围内具有放热功能。但由于高聚醚含量的聚酯醚的合成工艺较复杂，聚酯醚的热稳定性较差，限制了该技术路线的推广实施。此后研究人员以聚乙二醇（PEG）为相变材料添加适当的增稠剂（thichener）为芯成分，以聚丙烯（PP）为皮成分，直接熔融纺缘研制出具有蓄热调温功能的纤维。最近，香港理工大学正在研究一种具备冬暖夏凉特性的智能服装，当着装人体温度高过 28℃时，衣服就会开始吸热，直至皮肤表面温度降低到 28℃；反之当着装人体温度低于 28℃时，衣服就会开始放热，直至皮肤表面温度升高至 28℃。最近欧洲一些高技术公司与纺织企业合作，采用超细涤纶生产出含有相变材料的新型仿革织物，夏季可使车厢内的温度至少降低 2～4℃，在欧美市场上非常热销。

二、智能调温纺织品发展的现状

自 20 世纪 90 年代以来，美国、德国、日本、瑞典、韩国、新加坡、葡萄牙、中国等都在利用相变材料制备调温纤维和纺织品方向进行了大量的研究，申请了许多专利。

1. 蓄热调温制备方面的进展

（1）用相变物质直接整理法　将相对分子质量为 500～8000 的聚乙二醇（PEG）和 N, N'-甲基丙烯酸二甲氨基乙酯（DMAEMA）等交联剂及催化剂一起混合后制成均匀水溶液，将棉、涤棉和羊毛织物在溶液中浸渍、轧榨、烘干皂洗后得到增重 50% 左右的织物，该织物在 0～50℃温度范围具有明显吸热和放热效果。

（2）用含相变材料的微胶囊整理法　将含有相变物质的微胶囊整理到织物表面，该相变微胶囊可随外界环境温度的变化，相应地吸热或放热，使该织物制成的服装能够使人体处于一种舒适状态中。

2. 蓄热调温纤维制备方面的进展

（1）中空纤维内填充法

① 将 CO_2 之类的气体先溶解到各种溶剂中，将其填充到纤维的中空部分，然后将中空两端密封。利用纤维中空部分的气-液（固）相变来达到蓄热调温。

② 将带有结晶水的无机盐类填充到中空纤维的中空部分，利用相变盐在室温下发生熔融和结晶产生可逆的储热和释热，达到调温效果。

③ 将聚乙二醇（PEG）封入中空纤维中空中，利用 PEG 的熔融和结晶，从而达到调温功能。

（2）直接纺丝法

① 将低相变物质添加在成纤聚合物纺丝液中进行纺丝，制备蓄热调温纤维。该类纤维在环境温度升降过程中，利用相变物质熔融吸热、结晶放热来进行调温。

② 利用熔点在 5～70℃、溶解热在 30J/g 以上的塑性晶体为芯材，以普通成纤聚物为鞘层，制备出具有吸热和放热功能的皮芯型复合纤维。

③ 以脂肪族聚酯或 PEG 为岛组分，以普通聚合物为海组分制备出具有吸热和放热功能的海岛型复合纤维。

④ 将内含相变材料的微胶囊（直径 1.0～10.0μm）与可成纤的聚合物溶液一起纺丝，制得具有可逆吸热和放热功能的纤维。

3. 蓄热调温纺织品性能方面的进展

现在世界各国开发的新型保温、调温纤维材料有两大类：单向调节温度的纤维材料，单纯具有升温保暖作用或降温凉爽作用，双向调节温度的纤维则具有随环境温度高低自动吸收或放出热量的功能。

利用相变材料的相变潜热，调控服装与人体之间温度，减少外界温度变化对人体的影响，使皮肤在环境温度剧烈变化的过程中始终处于舒适的温度范围内。当相变材料的相变过程完成后，相变材料就保持1相或2相状态，在此期间，相变潜热 LH＝0。由此可见，利用相变材料开发的调温纺织品特别适合于在环境温度反复升高和降低的场合下，或者在短暂接触冷和热环境的情况下使用。

实验证实，由含有相变材料（直接混纺丝法或微胶囊共混纺丝法）制成的织物，具有良好的保温调温作用。在寒冬行走测试中，穿着由消极保温材料制成的服装的测试者，在经过54min后的"微气候"温度降低到26℃左右（该温度恰恰是一个人感觉到发冷的温度）；而穿着含相变物质微胶囊材料制成的服装的测试者，经过127min后体温才降到26℃，体温降低延迟了73min。体温降低延迟时间当然与相变物质微胶囊数量的多少有关。相变物质微胶囊数量越多，人体与外界环境达到动态温度平衡的时间就越长，从而有利于增大维持人体温度接近"舒适的微气候"可延长保障人体各机能正常的机会。但是若要长时间暴露在寒冷的环境下，为了保持人体的热舒适性，适当提高纤维或织物中相变物质的含量，采用足够厚度的绝缘体系仍然是必要的。

纺织品中相变材料的含量低，会使纺织品的调温性能降低。但是纺织品中变相材料的含量过高时，会降低调温纤维的拉伸性能，会影响用整理加工法制备的调温织物的手感，并可能降低其耐磨性能、耐洗性能和耐干洗性能。这些问题有待进一步研究解决。

4. 蓄热调温纤维材料用途方面的发展

目前，智能调温纺织品有散纤维、机织物、针织物及无纺布等产品，其中调温纤维可以单独纺织成纺织品，也可与其他纤维混纺或交织而得到相应的纺织品。智能调温纺织品可以用于服装、床上用品、鞋帽、国防、航天航空、医疗用品、家用装饰品等领域，如利用智能调温纺织品制成的衣服，可用做运动服、休闲服装、工作服、军服、宇航服等；利用智能调温纺织品制成的热毯、治疗毯等，可用作医疗用品；利用智能调温纺织品制作的窗帘、贴墙布、沙发垫等装饰用品，可调节室内温度；将调温纤维作为棉絮，可用于防寒服、被褥等产品。

美国 Outlast 公司是生产智能调温纺织品的主要公司之一。在20世纪末，Outlast 公司采用 Triangle 公司的技术，将 $1\sim10\mu m$ 的相变材料微胶囊添加在纤维中，生产出具有调温功能的聚丙烯腈纤维。目前，Outlast 公司采用纺丝和涂层的方法生产智能调温纺织品，其产品已用于衣服、背心、帽子、手套、雨衣、室外运动服、夹克及夹克衬里、靴子、高尔夫鞋、跑步鞋、袜子、滑雪服和滑冰服、被褥、床褥、床垫、床垫衬垫、枕头、围巾、汽车座套等。

Acodis 公司在获得 Outlast 公司工业化生产调温纤维的许可证后，开发生产出了 Outlast 纤维。根据调温纺织品的应用环境及在人体上应用部位的不同，Outlast 纤维采用三种不同的相变材料及其混合物，其中41级的相变温度范围为18～29℃，适用于寒冷天气及人体四肢的保暖防护；42级的相变温度范围为27～38℃，属于基本型，可用于四季穿着的服装。43级的相变温度范围为32～43℃，适用于炎热天气及人体大活动量时穿着的服装；现在，Acodis 公司已确立其在生产智能调温纤维领域的领先地位，其质量标准已被市场所接受。

丹麦的 Ouilts 公司生产的 Tempra KON 被子和枕头，采用 Outlast 纤维与羽毛一起作为填充物，这种产品具有温度和湿度调节功能，可为人们提供一种良好的睡眠环境。

Frisby公司将相变材料微胶囊添加在泡沫、织物和无纺布中，产品可制成手套、靴子、运动鞋、流行服装、表演服、医用带及家用装饰品等。

美国Willard Willian F制备的含智能调温纤维的多功能针织物由三层组成：耐磨纤维、调温纤维、具有芯吸效应的纤维。这种针织物的底层织物采用具有芯吸效应的纤维，上层织物采用耐磨型纤维，上下两层织物用含有相变材料的纤维连接在一起，制成多功能针织物。用这种针织物制作服装时，将底层织物作为服装的内层，上层织物作为服装的外层，使服装不仅具有调温功能，而且具有导湿功能，从而为穿着者提供干爽、舒适的微气候。

智能调温纺织品具有广阔的应用领域，而且随着智能调温纺织品技术的不断发展，其应用领域必将进一步扩大。

第三节　相变材料

一、物质的相变和相变潜热

大多数物质一般具有固态（solid state）、液态（liquid state）和气态（gaseous state）三种相态。根据环境的温度的不同，物质的相态可相互转换，即可以发生固态-液态、液态-气态、气态-液态的相态转变（phase change）。在相变过程中，物质从环境中吸收热量或向环境中放出热量，而物质的温度近似保持不变。利用相变材料的这一特性，可以进行热能存储和温度调控。

物质从一个相转变为同一温度另一个相的过程中所吸收或放出的热量称之为相变潜热（latent heat）。物质单位质量的相变潜热称为比潜热（简称潜热），一摩尔物质的相变潜热称为摩尔潜热。不同相变及其潜热具有不同的专门名称，见表4-4所示。

表4-4　物质相转变过程和对应潜热名称

物质的相转变		过程名称	相变潜热名称
液气相变	液相-气相（吸热）	汽化（vaporigation）	汽化潜热（汽化热）
	气相-液相（放热）	凝结（coagulation）	凝结潜热
固液相变	固相-液相（吸热）	熔解（fusion 或 melting）	熔解潜热（熔解热）
	液相-固相（放热）	凝固（solidification）	凝固潜热
固气相变	固相-气相（吸热）	升华（sublimation）	升华潜热（升华热）
	气相-固相（放热）	凝华	凝华潜热

设同一物质在同样温度下分别处于1、2两相时，其单位质量物质的内能（internal energy）分别为U_1、U_2，其比容（specific valume）分别为V_1、V_2，相变在等压下进行，其压强为p；根据热力学第一定律，由1相转变为2相时单位质量物质吸收或放出的热量，即比潜热（specific latent heat）为：

$$\lambda = (U_2 - U_1) + p(V_2 - V_1) \tag{4-1}$$

由此可见，潜热λ分为两部分，一部分为$(U_2 - U_1)$，它作用于增加物质的内能，称为内潜热；另一部分为$p(V_2 - V_1)$，它是在相变过程中对外做功，称为外潜热。在等压条件下，这类相变的潜热就等于相变过程中焓（enthal）$H = U + p\nu$的增加，于是改写式（4-1）得：

$$\lambda = (U_2 + pV_2) - (U_1 + pV_1) = h_2 - h_1 \tag{4-2}$$

相变可以可逆进行，因而又有：

$$\lambda = T\Delta S = T(S_2 - S_1) \tag{4-3}$$

这里，T 是相变时系统的温度；S_1、S_2 是该物质1、2两相时的熵（enteropy）。

二、相变材料适宜工业化应用需具备的特点

相变材料能随环境温度的变化而发生相变，但并非能发生相变的物质就适宜于工业化应用。供工业化应用的相变材料是相变储热材料，须具备以下的特点。

① 相变温度适当。相变材料的相变温度须视应用领域和应用场合具体的应用要求，来选择具有相变温度的相变材料。

② 储热能力强。要求相变材料的相变潜热（相变焓）大，而且比潜热（储热密度）也大。

③ 传热能力高。相变材料在相变过程中吸热快放热快，能迅速与外界环境达到动态温度平衡。

④ 相变过程理想。相变材料密度大、相变过程的体积变化小，结晶速度快，过冷程度低，相变过程的可逆性好。

⑤ 化学性质稳定，无毒，无刺激，无腐蚀性，不易燃。

⑥ 来源广，价格低。

在实际应用过程中，能够满足上述全部要求的相变材料很少，迄今为止约有500多种相变相材料已被人们认识。

相变储热材料是一种具有特定功能的物质，它能在特定的温度（相变温度）下发生物相变化，并且伴随着相变过程吸收或放出大量的热量。人们利用相变储热材料的这一特性来储存或放出热量，从而调节或控制工作源或材料周围环境温度，以实现其特定的应用功能。

相变储能具有储热密度高、储热放热近似等温、过程容易控制的特点。潜热储热是有效利用能源和节能的重要途径。提高储热系统的相对速率、热效率、储热密度和长期稳定性是目前面临的重要课题。

在温度调节领域，相对储热材料在建筑方面可用于制作自动调温建筑材料（如防护墙板，天花板等建材）；在农业方面可用于制作抗霜冻材料（用于保护植物和种子）；在宇航方面可用于自动恒温宇航服、宇航仪器外壳、大功率电子元件的吸热池等，也可以用于人造卫星和宇宙飞船精密仪器的温度调控；在军事方面可用于做红外线的伪装材料；在纺织工业方面可用于制备智能调温纺织品（用于服装、被褥、鞋类、手套等）来提高纺织品的温度舒适性；在信息工程方面可用做多次记录和删除的记录材料（用于可复录和删除的CD碟和电脑硬盘等）。

应该看到，当前国内外相关储热材料的研究尚不成熟，距在各个领域中的大量应用尚有一定距离。但相变储热材料的优越性正吸引着人们对其进行更深入的研究。在这一技术领域，近期值得研究的一些问题有：

① 针对不同的室内外环境条件和不同的使用目的，形成具有适合的相变温度和相变焓，并在长期使用过程中物理化学性能稳定的相变材料；

② 进一步筛选符合环保的低价的有机相变材料，对其深入研究，进一步提升相变储热建筑材料、纺织材料的生态效益；

③ 研究改善相变材料的导热性能，提高其相变效率的方法；

④ 研究普通材料中渗入相变物质后，相变物质与普通材料的相容性以及混合材料的储热、传热特性；

⑤ 研究相变储热纺材（其他如相变储热建筑材料）的耐久性及其经济性问题。

三、相变材料的分类

随着人们对相变储热材料认识和研究的不断深入，它们的应用领域和场合也在不断扩大。由于用途不同，相变储热材料性能也有着很大差别，在添加相变物质（phase change substance，简称 PCS，或用相变材料 PCM 简称来称呼）时须科学地选择。

相变材料可以依据下列原则来进行分类。

1. 按材料的化学类别分类

(1) 无机相变材料——主要有单纯盐、水合无机盐、高温熔化盐、混合盐类、碱金属及合金等。

(2) 有机相变材料——主要有石蜡类、高级脂肪烃类、醇类、脂肪酸类及其酚类小分子相变材料，以及有机聚合物包括聚合多元醇、聚酯、聚环氧乙烷、聚酰胺、聚烯烃等。

(3) 复合相变材料——包括无机物和有机物相变材料混合物，相变材料与非相变材料的混合物。

2. 按相变过程的形态来分类

(1) 固-液相变的相变材料——包括无机相变材料和直链烷类相变材料。它们在相变进程中存在固态和液态之间转变，若不将相变材料进行密封或密封不好，其产品在使用中出现液体而导致相变材料的泄露。因此，制备时应妥善解决好相变材料的密封技术问题。

(2) 固-气相变的相变材料——相变过程中出现气态材料，体积变化很大，在纺织品上使用很困难。

(3) 液-气相变的相变材料——相变过程中出现液态和气态，材料体积变化大，加上液态气态容易泄露，在纺织品使用困难较大。虽然固-气相变、液-气相变的相变潜热较大，但均很少使用。

(4) 固-固相变的相变材料——包括有机多元醇类，高分子类和特殊类型的相变材料。固-固相变简称固态相变，是固态物质在温度、压力、电场、磁场等内部和外部因素改变时所导致的晶体结构、相的化学成分、有序度等组织结构的改变。固态相变中，一种相变可同时包括一种或两种以上的变化。固态相变材料的相变体积小、无毒、无腐蚀性、热效率高，可加工成各种形状而无泄漏问题。

3. 按相变温度范围来分类

(1) 低温型相变材料——相变温度范围在 15～90℃。

(2) 中温型相变材料——相变温度范围在 90～550℃。

(3) 高温型相变材料——相变温度范围在 550℃以上。

中低温型相变材料主要是一些无机水合物、有机物、高分子材料，使用于工农业，民用等；中高温型变相材料主要是一些无机盐类、氧化物、金属合金等，适用于一些特殊高温环境，如宇航、人造卫星、飞船和国防制品等。

4. 按吸热放热时材料功能要求来分类

(1) 相变储热材料——指能在一定条件下发生相态变化，能吸收或放出相变潜热的材料。

(2) 热记忆材料——指能在一定条件下，发生相邻分子螺旋间氢键作用或恢复，系统趋于无序"线团松弛"或变为有序"线团紧缩"，出现过程吸热或放热记忆功能的材料。聚乙二醇是其代表，在调温纤维和纺织品中应用较多。

（3）塑性晶体材料——它属于典型的固-固相变材料，没有液相参与相变的固态相变。是在温度、压力、电场、磁场、光照、激发等外界条件变化的情况下，所导致的成分分布、结构、显微或微观组织等的变化的材料。固体材料中原子的运动主要靠扩散完成。这种材料具有相变热大、体积变化小、热效率高等特点，其微胶囊化将是今后有发展前景的调温材料。

四、无机相变材料的特点和主要品种性能

1. 无机水合盐

常用的无机水合盐（inorganic hydroted salt）主要是碱金属和碱土金属的碳酸盐、硫酸盐、硝酸盐、卤化盐和醋酸盐等类的水合物，其熔点为几摄氏度到一百多摄氏度，其熔解热和体积储热密度较大。属于无机的固-液相变材料，是中低温型相变储热材料中的重要一类。部分无机结晶水合盐的热力学性能见表4-5。

表 4-5 部分无机结晶水合盐的热力学性能

无机结晶水合盐	熔点/℃	沸点/℃	溶解热/(J/g)	比热容(固/液)/[J/(g·K)]	热导率(固/液)/[W/(cm·℃)]	相对分子质量
$Na_2SO_4 \cdot 10H_2O$	32.4	—	230.8	—		
$Na_2S_2O_3 \cdot 5H_2O$	48.5~55.2	—	201	1.75/2.41		248
$Na_2CO_3 \cdot 10H_2O$	33	132	247	1.46		286
$Na_2HPO_4 \cdot 12H_2O$	35.1	—	205	1.52/1.95	0.514/0.476	358
$CaCl_2 \cdot 2H_2O$	29	—	180	—		
$CaBr_2 \cdot 4H_2O$	110	—	—			
$MgCl_2 \cdot 6H_2O$	116.7	163	168.6	1.57/2.61	0.704/0.570	203
$KF \cdot 4H_2O$	18.5	108	231	1.45/2.39		130

无机水合盐可用通式表示为 $A_xB_y \cdot zH_2O$。当温度 T 升高时水合盐会脱水或部分脱水而成为不含结晶水的盐或含结晶水低的水合盐；当温度 T 降低时，所形成的水溶液中盐或低水合盐又重新与水结合，形成结晶水合盐，在这些过程中伴随着吸热或放热。它们的过程如下化学方程式所示：

$$A_xB_y \cdot zH_2O \underset{T<T_m、放热}{\overset{T>T_m、吸热}{\rightleftharpoons}} A_xB_y + zH_2O（完全脱水）$$

$$A_xB_y \cdot zH_2O \underset{T<T_m、放热}{\overset{T>T_m、吸热}{\rightleftharpoons}} A_xB_y \cdot kH_2O + (z-k)H_2O（部分脱水）$$

式中，T_m 为水合盐的熔点（meting point，简称 m.p.），℃；z 为水合盐中结晶水分数；k 为水合盐部分脱水的分数。

无机水合盐具有溶解热大，蓄热密度大，热导率高、相变时体积变化小，一般呈中性、价格低等优点，因此使用范围广。但这类材料在使用中应重点研究解决的问题是：

① 相变过程中，水合盐结晶数目减少，而导致的相交可逆性变差，相变潜热降低；

② 在液-固相变过程中，液态物质冷却至凝固温度（freezing point）时仍不结晶，必须冷却到凝固点以下一定温度时才开始结晶，而导致的凝固过冷现象；

③ 在多次反复的相变过程中，部分盐与结晶水分离，水溶液中的无水盐出现沉淀分层现象，而导致的"相分离现象"。

为了防止水合盐水分减少而引起相变潜热的降低、相变可逆性变差，在制备时需将水合盐密封起来。水合盐的过冷现象是由于物质在结晶时的成核能力差所致。其过冷程度则与材料性能、冷却速率、杂质的种类和含量有关。为防止过冷现象，应选用过冷倾向小的变相材料，或加入适当适量的成核剂。例如对于 $LiNO_3 \cdot 3H_2O$（过冷度达 30℃）可加入 $Zn(OH)NO_3$ 防止过冷，对于 $Na_2CO_3 \cdot 10H_2O$ 加入硼砂防止过冷。相分离是由于水合盐的部分结晶水在相变过程中不能反复地可逆地转化为结晶水所致。为了避免由于相分离现象导致相变材料储热能力的大大降低和使用周期的缩短，常在无机水合盐材料中加入防相分离剂。防相分离剂主要有黏稠剂（如羧甲基纤维素 CMC、甲基纤维素 MC 等）和晶体结构改变剂等。为了调节相变温度以适应不同的使用要求，可以通过将不同的水合盐混合形成共融物。例如：$CaCl_2-MgCl_2 \cdot 12H_2O$，$Mg(NO_3)_2 \cdot 6H_2O-Al(CNO_3)_3 \cdot 9H_2O$ 等。水合硫酸钠 $Na_2SO_4 \cdot 10H_2O$ 与水合碳酸钠 $Na_2CO_3 \cdot 10H_2O$ 按不同的物质量之比混合，相变温度可在 24～32℃ 范围内调节。

部分水合盐用防过冷剂和防相分离剂见表 4-6。

表 4-6　部分水合盐用防过冷剂和防相分离剂

结晶水合盐	防过冷剂	防相分离剂
$Na_2SO_4 \cdot 10H_2O$	硼砂	十二烷基苯磺酸钠,高吸水树脂
$CaCl_2 \cdot 6H_2O$	$BaS,CaHPO_4,CaSO_4,Ca(OH)_2$	
$CH_3COONa \cdot 3H_2O$	$CiTiF_6,Na_2P_2O_7 \cdot 10H_2O,$ $Zn(OAc)_2,Pb(OAc)_2$	明胶,树胶
$Na_2HPO_4 \cdot 12H_2O$	硼砂,$CaCO_3,CaSO_4$	

注：水合盐冰醋酸钠（$CH_3COONa \cdot 3H_2O$）的熔点为 58.2℃，溶解热为 250.8J/g。

2. 无机熔融盐（inorganic melt salt）

无机熔融盐有 $NaNO_3$，KNO_3，KOH 和 $Na_2CO_3-BaCO_3/MgO$ 等，也可用做固-液相变材料，部分无机熔融盐的热力学性能见表 4-7。

表 4-7　部分无机熔融盐的热力学性能

无机熔融盐	熔点/℃	熔解热/(J/g)	热导率/[W/(m·℃)]
$NaNO_3$	307	172	0.5
KNO_3	333	262	0.5
KOH	380	149.7	0.5
$Na_2CO_3-BaCO_3/MgO$	500～850	415.4	5

无机熔融盐相变材料有固定的熔点，熔解热大，相变体积变化小，但其熔点很高，宜作高温型相变材料之用。

五、有机相变材料的特点和主要品种性能

1. 低分子类有机类相变材料

这类相变材料常用的有石蜡类高级脂肪烃类，脂肪酸或其酯或盐类，醇类，芳香烃类，芳香酮类，酰胺类，氟里昂类和多羟基碳酸类等。

在自然界众多的有机物中，烃是指只含碳和氢两种元素的有机化合物，烃是最简单的有机化合物，烃可根据分子中碳原子连接的方式不同，划分为脂肪烃、脂环烃和芳香烃三类。

脂肪烃（fatty hydro carbon）是分子中碳原子相连成链状的烃（故又叫链烃），分子中的碳，除以碳碳单键相连外，碳的其他键都被氢原子所饱和的烃叫做烷烃（也叫做饱和烃），烷烃的通式为 C_nH_{2n+2}，如有机物中含碳碳双键或碳碳三键的链烃叫不饱和烃，前者叫做烯烃，其通式为 C_nH_{2n}。

烷烃（alkane hydro carbon）在常温常压下，$C_1 \sim C_4$ 的直烷烃是气体，$C_5 \sim C_{16}$ 的直烷烃是液体，C_{17} 以上的直烷烃是固体。直烷烃的沸点（boiling point，简称 b. p.）随相对分子质量的增加而有规律地升高。低级烷烃的沸点相差较大，随着碳原子数目的增加，沸点升高的幅度逐渐变小，但规律性不显著。直链烷烃的熔点，基本上也随相对分子质量的增加而逐渐升高，但偶数碳原子的烷烃熔点增高的幅度比奇数碳原子的要大一些。烷烃的是非极性分子，又不具备形成氢键的结构条件，所以不溶于水，而溶于非极性或弱极性的有机溶剂。烷烃是所有有机化合物中密度最小的一类化合物。无论是液体还是固体，烷烃的密度均小于1，随着相对分子质量的增大，烷烃的密度也逐渐增大。一些直链烷烃的物理常数见表 4-8 所示，直链烷烃的沸点和熔点随碳原子数（个）的变化曲线如图 4-1 所示。

表 4-8　一些直链烷烃的物理常数

名称	结构简式	熔点/℃	沸点/℃	相对密度(d^{20})	状态
甲烷	CH_4	−182.7	−161.7	0.424	气态
乙烷	CH_3CH_3	−183.6	−88.6	0.456	
丙烷	$CH_3CH_2CH_3$	−187.1	−42.1	0.501	
丁烷	$CH_3(CH_2)_2CH_3$	−138.5	−0.5	0.579	
戊烷	$CH_3(CH_2)_3CH_3$	−130.0	36.1	0.626	液态
己烷	$CH_3(CH_2)_4CH_3$	−92.3	68.1	0.659	
庚烷	$CH_3(CH_2)_5CH_3$	−90.6	98.4	0.684	
辛烷	$CH_3(CH_2)_6CH_3$	−5608	125.7	0.703	
壬烷	$CH_3(CH_2)_7CH_3$	−53.7	150.8	0.718	
癸烷	$CH_3(CH_2)_8CH_3$	−29.7	174.0	0.730	
十一烷	$CH_3(CH_2)_9CH_3$	−25.7	195.8	0.740	
十二烷	$CH_3(CH_2)_{10}CH_3$	−9.6	216.3	0.749	
十三烷	$CH_3(CH_2)_{11}CH_3$	−5.5	235.4	0.756	
十四烷	$CH_3(CH_2)_{12}CH_3$	5.9	263.7	0.763	
十五烷	$CH_3(CH_2)_{13}CH_3$	10.0	270.6	0.769	
十六烷	$CH_3(CH_2)_{14}CH_3$	18.2	287	0.773	
十七烷	$CH_3(CH_2)_{15}CH_3$	22	301.8	0.778	固态
十八烷	$CH_3(CH_2)_{16}CH_3$	28.2	316.1	0.777	
十九烷	$CH_3(CH_2)_{17}CH_3$	32.1	329	0.777	
二十烷	$CH_3(CH_2)_{18}CH_3$	36.8	343	0.786	

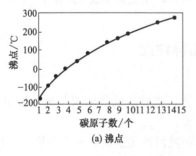

图 4-1　直链烷烃的沸点曲线和熔点曲线

在调温纺织品的研究中应用的直链烷烃以 12～21 个碳原子的最适宜。部分直链烷烃的热物性见表 4-9。

表 4-9　部分直链烷烃的热物性

分子式	相对分子质量	熔点/℃	熔化热/(J/g)
$C_{16}H_{34}$	226	16.7(18.2)	236.81
$C_{17}H_{36}$	240	21.4(22.0)	171.54
$C_{18}H_{38}$	254	28.2(28.2)	242.67
$C_{19}H_{40}$	268	32.6(32.1)	—
$C_{20}H_{42}$	282	36.6(36.8)	246.86
$C_{21}H_{44}$	296	40.2(40.5)	200.83
$C_{22}H_{46}$	310	44.0(44.4)	251.04
$C_{23}H_{48}$	324	47.1(47.6)	234.30
$C_{24}H_{50}$	338	50.6(50.9)	248.95
$C_{25}H_{52}$	352	53.5(53.7)	—
$C_{26}H_{54}$	366	56.3(56.4)	255.22
$C_{27}H_{56}$	380	58.8(59.0)	234.72

注：表中熔点括号内的数据，取自顾振亚等编著的《智能纺织品设计与应用》表 3-3。

由表 4-9 可知，不同的直链烷烃具有不同的熔点和熔化热，这是相变材料的两个重要指标。有较大的相变潜热，无过冷现象，比较稳定，但热导率偏低，储热密度较小，价格比水合盐高。直链烷烃类相变材料着火点（kindling point）低，易燃烧，须在制备相变储热材料时加入阻燃剂来提高阻燃性。直链烷烃的热导率偏低，通常采用添加金属粉末、石墨粉的方法来强化其导热。

芳香烃（aromatic hydrocarbon）一般是指分子中含苯环结构的碳氢化合物，而不含苯环的芳香烃称为非苯芳烃。根据含苯环的数目，可把芳烃分为单环芳烃（即含一个苯环的芳烃）和多环芳烃（其中多苯代脂肪烃的苯环之间相隔一个或一个以上的碳原子）。一些单环芳烃的物理常数见表 4-10。

表 4-10　一些单环芳香烃的物理性质

名称	熔点/℃	沸点/℃	密度/(g/cm³)
苯	5.5	80.1	0.8765
甲苯	−9.5	110.6	0.8669
邻二甲苯	−15	144.4	0.8670
间二甲苯	−47.9	139.1	0.8642
对二甲苯	13.5	38.4	0.8611
苯乙烯	−36.6	145.2	0.9060
正丙苯	−99.5	159.2	0.8620
异丙苯	−96	152.4	0.8618
连三甲苯	−25.4	176	0.8944
偏三甲苯	−43.8	169	0.8758
均三甲苯	−44.7	165	0.8652

单环芳烃一般是有特殊气味的无色液体。高浓度的苯蒸气作用于中枢神经，能引起急性中毒，长时期接触低浓度的苯蒸气能损害造血器官。因都是非极性或极性很小的化合物，所以不溶于水，易溶于石油醚，四氯化碳，乙醚和丙酮等有机溶剂。它们易燃，火焰带有较浓的黑烟，其密度比相应的开链烃、环烷烃、环烯烃大。因此不宜用于相变储热纺织品中。

卤代烃（halohydrocarbon）是指烃分子中一个或多个氢原子被卤素来取代含的生成物。

一般以 RX 表示，—X 是它的官能团。常见的卤代烃是指氯化烃、溴代烃、碘代烃（即 X＝Cl，Br，I）。卤代烃一般用 R—CH₂—X 表示。室温下，含 1～2 个碳原子的一氟代烷，含 1～2 个碳原子的氯代烷和溴甲烷为气体，其他的一卤代烷为液体。含 15 个碳原子以上的高级卤代烷为固体。一卤代烷的沸点比相应的烷烃高，但随着碳原子的增加，沸点逐渐与烷烃接近，相同的烷基的一卤代烷中，沸点高低顺序为 RI＞RBr＞RCl。在同一级中卤代烷中的各种异构中，直链异构体的沸点最高，直链越多，沸点越低。相同烃基的卤代烷的密度大于相应的烷烃。一氯代烷相对密度＜1，一溴代烷和一碘代烷相对密度＞1。在同系物中卤代烷的相对密度随烃基相对分子质量增加而降低。所有卤代烷由于不能和水形成氢基都不溶于水，而溶于醇、醚、烃等有机溶剂中。卤代烷的蒸气有毒，含偶数碳原子的氟代烷有剧毒，故后者不能作为纺织品的相变物质。一些卤代烃的物理性质见表 4-11。

表 4-11　一些卤代烃的物理性质

烃基卤烷名称	氯化物		溴化物		碘化物	
	沸点/℃	密度(20℃)/(g/mL)	沸点/℃	密度(20℃)/(g/mL)	沸点/℃	密度(20℃)/(g/mL)
甲基	−24.2	0.916	3.5	1.676	42.4	2.279
乙基	12.3	0.898	38.4	1.460	72.3	1.936
正丙基	46.6	0.891	71.0	1.354	102.5	1.749
异丙基	35.7	0.862	59.4	1.314	89.5	1.703
正丁基	78.5	0.886	101.6	1.276	130.5	1.615
仲丁基	68.3	0.873	91.2	1.259	120	1.592
异丁基	68.9	0.875	91.5	1.264	120.4	1.605
叔丁基	52.0	0.842	72.3	1.221	100	1.545
二卤甲烷	40.0	1.335	97	2.492	181	3.325
1,2-二卤乙烷	83.5	1.256	131	2.180	分解	2.13
三卤甲烷	61.2	1.492	149.5	2.890	升华	4.008
四卤甲烷	76.8	1.594	189.5	3.27	升华	4.50

石蜡（paraffin wax）主要是由直链烷烃混合而成，可用通式 C_nH_{2n+2} 表示。它是一种混合物，大概自 $C_{16}H_{34}$ 到 $C_{36}H_{74}$。常温下是固体。纯粹的石蜡为白色，无臭无味，如含杂质则为黄色。不溶于水，极易溶解于汽油及苯中。熔点愈高，则溶解度愈小。石蜡相对密度不一，乃因石蜡中包含空气或在不同条件下而呈不同的结晶。一般熔点愈高，相对密度也愈大，通常为 0.880～0.915，亦有高至 0.94 以上的。石蜡因系饱和烃类，故化学性质极为稳定，不易与碱类、无机酸类及卤族元素起作用。石蜡的熔点：我国东北产品分为 52～57℃、56～60℃ 和 63℃ 三级。俄罗斯精制的石蜡分别为不低于 54℃、52℃ 和 50℃ 三级。这种相变材料具有很多优点：相变潜热高，几乎没有过冷现象，熔化时蒸气压力低，不易发生化学反应，且化学稳定性较好、自成核、没有相分离和腐蚀性问题，价格也较低。主要缺点是热导率低和密度小等。

脂肪酸（fatty acid）常指饱和一元羧酸，是无色物质。低级的脂肪酸是有刺激性臭味的液体，直链 C_4～C_9 的羧酸是具有腐蚀性气味的油状液体，C_{10} 以上的直链羧酸是无味的蜡状固体。二元羧酸和芳香酸都是结晶体。羧酸的沸点比相对分子质量相同的醇高，这是羧酸分子间通过氢键形成分子缔合的环状二聚体［见下式（4-4）］的结果。羧酸的沸点随着相对分子质量的增加而升高，且直连的一元饱和羧酸比带支链的沸点高，但熔点却随着碳链的增长而呈锯齿形上升，即含偶数的碳原子的羟酸熔点比相邻两个含奇数碳原子的羧酸熔点高。这可能是因为偶数碳原子的羧酸对称性较高，晶体排列紧密的原因。因为羧酸中的氢基能与水形成氢键，所以 $C_1\sim C_4$ 的饱和一元酸都能与水混溶。从戊酸起水溶性逐渐降低，C_{10} 以上的羧酸不溶于水。芳香醇大多水溶性较弱。一元羧酸能溶于乙醇、乙醚等有机溶剂。一些常见的物理常数见表 4-12。

$$R-\underset{\underset{O-H\cdots O}{\overset{O\cdots H-O}{|}}}{C}\underset{}{}C-R \tag{4-4}$$

表 4-12　一些常见的物理常数

系统名称	俗名	熔点/℃	沸点/℃	溶解度(20℃)/(g/100g 水)	pK_a
甲酸	蚁酸	8.4	100.7	∞	3.77
乙酸	醋酸	16.6	118.0	∞	4.76
丙酸	初油液	−21.0	141.0	∞	4.88
正丁酸	酪酸	−5.0	164.0	∞	4.82
己酸	羊油酸	−3.0	205	1.0	4.85
十二酸	月桂酸	44.0	131(0.133kPa)	不溶	—
十四酸	豆蔻酸	54.0	250.5(13.3kPa)	不溶	—
十六酸	棕榈酸	63.0	—	不溶	—
十八酸	硬脂酸	71.5~72.0	269.0(13.3kPa)	不溶	6.37
乙二酸	草酸	189.5	287.0(13.3kPa)	10.0	$pK_1=1.23$ $pK_2=4.19$
丙二酸	胡萝卜酸	135.6	—	140.0	$pK_1=2.83$ $pK_2=5.69$
丁二酸	琥珀酸	188.0	—	6.8	$pK_1=4.16$ $pK_2=5.61$
顺丁烯二酸	马来酸	130.5	—	78.8	$pK_1=1.83$ $pK_2=6.07$
反丁烯二酸	富马酸	286~287	—	0.7(热水)	$pK_1=3.03$ $pK_2=4.44$
己二酸	肥酸	153.0	330.5(分解)	—	$pK_1=4.43$ $pK_2=5.41$
苯甲酸	安息香酸	122.4	250.0	0.34	4.19
邻苯二甲	酞酸	231.0	249.0	0.70	$pK_1=2.89$ $pK_2=5.51$
对苯二甲酸	对酞酸	300.0(升华)	—	0.002	$pK_1=3.51$ $pK_2=4.82$
3-苯丙烯酸(反式)	肉桂酸	133.0	300.0	溶于热水	4.43

注：羧酸都具有酸性，但不同的羧酸强弱并不相同。酸性的强弱可用电离常数 K_a 来表示：$RCOOH+H_2O \rightleftharpoons RCOO^- + H_3O^+$，$K_a=\dfrac{[H_3^+O][RCOO^-]}{[RCOOH]}$，令 $pK_a=-\lg K_a$，则 K_a 大则 pK_a 小，pK_a 越小的物质酸性越强。

　　脂肪酸和脂肪酸酯类相变材料的性能特点和石蜡相似，具有较大的相变热，而且相变温度与分子链的长度有关。其中十四酸、十六酸、硬脂酸等，它们的熔点均在 50~70℃ 之间。

醇（alcohols）的官能团是—OH，醇是可以看做是烃分子中的氢原子被羟基取代后生成物。醇分子可以根据羟基所含的烃基不同分为脂肪醇、脂环醇和芳香醇。根据分子中所含的羟基的数目分为一元醇、二元醇和多元醇。在常温下，1～4 个碳原子的直链饱和一元醇是无色有酒香味的液体，5～11 个碳原子的直链饱和一元醇为带有不愉快气体的油状液体；12 个碳原子以上的醇为无色无味的蜡状固体。直链饱和一元醇沸点随相对分子质量的增加而上升，相对分子质量较低的醇沸点比相对分子质量相近的烷烃高得多。这是由于醇分子中的 O—H 键高度极化使得醇分子间形成氢键。当液态醇汽化时不仅要破坏醇分子间的范德华力而且还需额外的能量破坏氢键之故。多元醇（poly hydric alcohol）由于羟基数目的增多，分子间的氢键作用更强，其沸点更高，如乙二醇 $HOCH_2CH_2OH$ 的沸点（197.5℃）与正辛醇的沸点（195℃）相当。1～3 个碳的醇能与水相混，从丁醇开始随相对分子质量增加溶解度降低，10 个碳原子以上的醇则不溶于水。多元醇分子中含多个羟基，与水分子形成氢键的能力增强，因此可以与水混溶，甚至具有吸湿性。低级醇可与氯化钙、氯化镁等形成结晶水的化合物，如 $MgCl_2 \cdot 6CH_3OH$，$CaCl_2 \cdot 4C_2H_5OH$，$CaCl_2 \cdot 4CH_3OH$ 等，这种混合物叫结晶醇。一些常见醇的物理常数见表 4-13。

表 4-13 一些常见醇的物理常数

名称	结构简式	熔点 /℃	沸点 /℃	相对密度 (d_4^{20})	溶解度 /(g/100gH$_2$O)
甲醇	CH_3OH	−97	64.7	0.792	∞
乙醇	CH_3CH_2OH	−115	78.3	0.798	∞
正丙醇	$CH_3CH_2CH_2OH$	−126	97.2	0.804	∞
异丙醇	$CH_3CH(OH)CH_3$	−88	82.5	0.789	∞
正丁醇	$CH_3(CH_2)_2CH_2OH$	−90	117.8	0.810	7.9
异丁醇	$(CH_3)_2CHCH_2OH$	−108	108	0.802	10.0
仲丁醇	$CH_3CH_2CH(OH)CH_3$	−114	99.5	0.807	12.5
叔丁醇	$(CH_3)_3COH$	25.5	82.5	0.789	∞
正戊醇	$CH_3(CH_2)_3CH_2OH$	−78.5	138	0.817	2.3
正己醇	$CH_3(CH_2)_4CH_2OH$	−52	156.5	0.819	0.6

有机多元醇类固-固相变材料。其分子中羟基（—OH）数目越多，相变温度越高，相变潜热越大。主要有三羟基甲基乙烷、季戊四醇、新戊二醇、2，2-二甲基-1，3-丙二醇、2-羟基-2-甲基-1，3-丙二醇等多元醇。部分的结构如下：

$$HOCH_2-\underset{\underset{CH_2OH}{|}}{\overset{\overset{CH_2OH}{|}}{C}}-CH_2OH \qquad CH_2-\underset{\underset{CH_3OH}{|}}{\overset{\overset{CH_3}{|}}{C}}-CH_2$$

（季戊四醇）　　　（2，2-二甲基-1，3-丙二醇）

这类相变材料的相转变，本质上是不同晶型之间的转变，即低温态时的体心四方晶型与高温态时的面心立方晶型之间的晶型转换，其相变潜热（转化热）主要是不同晶型之间的氢键的形成或破坏而放出或吸收的能量。因此这类相变材料的相变潜热与分子中所含的羟基（—OH）数目有关，分子中羟基数越多，分子间形成的氢键数目越多，其相变温度及熔点越高，相变潜热越大。表 4-14 为部分常见的多元醇相变材料的相变特性。

有机多元醇类相变材料具有相变时的体积变化小、过冷热小、热效率高、使用寿命长等优点，适宜用于做芯鞘型调温纤维。但主要缺点是热稳定性比较差，当温度较高时会发生升华现象，导致相变材料损失，使储热或调温功能减弱或丧失。

表 4-14　部分常见的多元醇相变材料的相变特性

多　元　醇	固-固相变温度/℃	固-固相变潜热/(J/g)	熔点/℃
季戊四醇	184	250～280	255～259
三羟甲基乙烷	86	161	202
2,2-二甲基-1,3-丙二醇	44	125	123～127
2-氨基-2-羟甲基-1,3-丙二醇	138	284	172
2-氨基-2-甲基-1,3-丙二醇	89	240	108～110
2-硝基-2-羟甲基-1,3-丙二醇	81	148	160
2-硝基-2-甲基-1,3-丙二醇	80	190	—
2,2-二羟甲基丙酸	153	287	189
2,2-二甲基丙酸	8	86	33～35

2. 高分子类有机相变材料

聚合物相变材料以聚乙二醇（poly ethylene glycol，简称 PEG）在调温纤维和纺织品研究中应用最广，其结构通式为 $HO(CH_2CHO)_nH$。由于聚合度程度 n 的不同，可形成一系列平均相对分子质量从 200～20000 不等的聚合物。PEG 的物理形态可以从白色黏稠液体（相对分子质量 200～700）到蜡状半透明固体（相对分子质量约 1000～20000），直到坚硬的蜡状固体（相对分子质量大于 2000）。PEG 与热水相溶，并可溶于多种溶剂。PEG 有很好的稳定性和润滑性，低毒且无刺激性，相对分子质量可调，因此用途广泛。

PEG 的聚合度 n 与相对分子质量分布的关系如图 4-2 所示。曲线形状较窄陡，意味着相对分子质量分布窄，分散性小，分子的大小比较平均。由于聚合程度不同，可形成一系列平均相对分子质量从 200～2000 不等的聚合物。随 PEG 相对分子质量的增加，其储热性能稍有增加，相对分子质量在 50000 以上的 PEG，其储热能力为 167.36J/g。

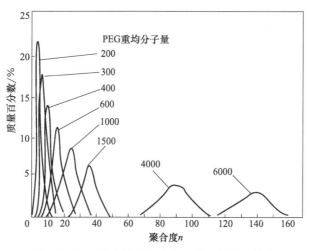

图 4-2　PEG 聚合度与相对分子质量分布的关系

PEG 的相变温度随聚合度的增加而提高。据测当相对分子质量为 400、600、1500 和 6000 时对应的相变温度分别为 4～8℃，20～25℃、44～48℃、56～63℃。在 20℃ 下，当平均相对分子质量高于 600 时，室温下以固态形式存在，在发生固-液、固-固相变时伴随吸热或放热，其潜热较大，无毒，无刺激，使用时不会发生过冷和相分离现象，化学性质稳定。通常选择不同相对分子质量的 PEG 和适当混合比例，可以制成相变温度为 30～35℃ 的相变材料，接近于人体的舒适温度。以 PEG 作为相变材料，用不方式添加到纺织材料上，可使织物具有双向调温的特殊功能。

有机高分子相变材料还有聚酯（polyester），聚环氧乙烷（poly ethylene oxide），聚酰胺（polyamide，简称 PA）、聚烯烃等聚合固-固相变材料。聚合相变材料与有机小分子相变材料（如石蜡）相比，分子结构大、黏度高且在加工和使用过程中不易泄漏。

六、复合相变材料

复合相变材料，包括无机类相变材料混合物、有机相变材料混合物，以及相变材料与相变材料的混合物。

无机盐相变材料混合物，如将不同的水和盐混合，形成共融物，来调节相变温度，以不同的使用要求，已如本节四.1部分所述。

有机相变材料混合物，鉴于直链烷烃的熔点随碳原子数的增加而提高，不同的直链烷烃具有不同的熔点，因此可以采用不同链长的直链烷烃进行混合，来调节相变材料的相变温度。

聚合物共混可使共混组分在性能上实现互补，开发出综合性能优越的材料。在高分子聚合物领域，情况与冶金领域相似。人们发现在聚合物领域也应该走与冶金领域发展合金（alloys）类似的道路，也应开发物聚合物合金（polymer alloys）。聚合物合金是指两种或两种以上聚合物用物理或化学的方法制得的多组分聚合物，它与聚合物共混物（polymer bends）的含义不尽相同。聚合物合金的相态结构可以区分为海岛结构、两相连续结构、两相交错层状结构和含有结晶组分的相态结构。目前，采用钙钛矿（perovskite）层状结构来制备固-固相变材料。该矿石类的通式为：

$$(n\text{-}C_xH_{2x}+1NH_3)_2MY_4$$

其中，M 为二价金属，如 Mn、Ca、Co、Zn 等；Y 为卤素；x 为碳原子数，其值为 8～18；n 为烷基氨基团的直链烷烃的组分。其相变潜热较高，相变温度在 0～120℃之间。该有机金属复合物具有类似三明治的层状结构，层与层之间交替为薄的无机物层和厚的有机物层。有机物层由含有 n-烷基胺基团的直链烷烃组成，这种直链烷烃分子链的一端通过离子键与无机物层结合。这种钙钛矿层状复合体的相变，是一种有序态-无序态的固-固相转变。但其相转变（phase transition）只发生在有机层，无机层不发生变化。在低温条件下有机层处于有序态，即一种平面曲折排列的结晶结构，在高温条件下有机层则变为无序态，这种相转变具有良好的可逆性（即使经过 1000 次热循环后仍完全可逆）。该类物质的相变温度、相变潜热与有机层的烷基直链的长度、无机层的金属元素及类型有关。这类有机金属层复合体在温度不太高时很稳定，在温度高于 220℃的空气中会发生缓慢分解。另外，这类有机金属复合物是一种易碎的粉末。因此实际使用中可将其作为填料与苯乙烯 ![苯乙烯结构式]（熔点 −30.6℃，沸点 145.2℃，密度 d_4^{20} 为 0.906）等高分子材料混合，制成具有热储存和温控功能的复合材料，具有较大的热导率（比一般高分子材高一个数量级）。perovskite 复合体相变材料的最大缺点是价格高。

聚乙二醇（PEG）、聚环氧乙烷（polyethylene oxide）含有两个端羟基。具有反应活性（reactive activity），因此可将相变材料 PEG 或聚环氧乙烷接枝到成纤聚合物上得到高分子固-固相变材料，它们在 PEG 或聚氧乙烷的熔点以上不会出现熔融现象。如将相变材料 PEG 接枝在聚氨酯（polyurethane，简称 PU）上，所得聚合物具有 PEG 的结晶熔融温度和储热性能，而且在 PEG 的沸点温度以上不会出现熔融流动现象。

另外，通过对高分子固-液相变材料如结晶型聚烯烃（polyolefin，简称 PO）通过辐射交联（radiation crosslinking）的方法使之交联，使 PO 分子不能自由地运动，从而表现出固-固相变性质而成的高分子固-固相变材料。但制备时，大分子间的交联程度（crossing density，指交联反应中主链单体单元数在该聚合物总主链单元元素中所占的分数）不能太高，否则会形成热固性高分子，而失去相变材料性能。

近十几年来，国内外发表了大量论文和专利，新的相变材料不断涌现，充分表明各国学者对相变材料的研发活动非常活跃。在相变材料使用中遇到许多问题，如：无机水合盐的过冷现象、相分离现象、相变材料的化学稳定性、固态时热阻力大、可逆性差和耐久性问题，经过探讨，须一一解决。在实际使用中，可以根据使用领域不同场合的要求，进行合理选择和设计，采用多种组分包括相变物质、相变温度调节剂、防过冷剂、防相分离剂、相变促进剂的组合式相变材料或相变复合材料。

第四节　相变储热和调温机理

人们在许多用途方面都要依靠材料，所以了解材料的性能、行为及其局限性就很重要。某些材料被选作特定的用途因为它们具有所要的特性。例如铜普遍用于输电是因为它有高的电导率。除了特定性能之外，价格、功能、加工难易和力学强度一般都是重要的。此外，其自然资源是否容易获得以及将其转变为有用材料的难易程度，也是需要考虑的重要因素。

实际材料的特性与很多因素有关。在很大的程度上，材料的性能和行为直接联系于结构——包括键合、原子排列、相、缺陷和裂纹等。而结构又在很大程度上取决于材料的化学成分及其加工过程。

人们可以通过试验测定具体材料的物理机械性能、化学耐久性及其他性能，但最好在基本原理和实践经验的综合基础上去发展对于材料行为的理解。由于能量、物质结构和结构变化是最本质的问题，在研究开发相变储热、相变调温纤维和纺织品过程中，着重讨论本质性的问题。

一、涉及相变机理的基础知识

1. 物质的状态

"相"这个术语用来表示物质结构均匀的一个部分。同一种物质有不同的相：①一种物质的气态只能一个相，即使多种气体混合也只能形成一个均匀的单相；②一种物质的液态也只有一个相，但液态氦例外（液态 ^{4}He 有氦 Ⅰ 和氦 Ⅱ 两个相，其中氦 Ⅱ 相具有超流动性。液态 ^{3}He 有一个正常相和两个超流相，有外磁场时还有第三个超流相），两种不同的液体若能混合则一般形成一个均匀相（如水和酒精），若不能混合（如水和油），就会出现分界面，形成两相；③物质的固态情况较复杂，结晶态可以有多种结构，它们分别属于不同的相（例如铁有四种不同的结晶态，分别称为 α 铁，γ 铁，δ 铁，ε 铁），非晶态通常也只有一个相［水的固态结构现公认只有 10 种，其中 9 种是晶态、一种是非晶态，通常所说的冰（即冰Ⅰ）是非晶态，其他 H_2O 的固相（晶态）都出现于高压下］。

一个处于热力学平衡状态的物质，当系统同时存在几个相时，各相之间有宏观看来明确的分隔面把它们隔离开来。例如一个密闭容器中放着水、水中有冰。水面上有水蒸气。这个系统由三个相（液固气）组成，该系统中虽有三个相但只有一个组元（H_2O），我们称它为单元复相系（一元三相系统）。又例如水和酒精的混合物有两种化学组分但整个系统是均匀的，只有一个相（液），我们称它为二元单相系（或二元单相系统）。以此类推，合金被看做是多元系，若合金由三种金属元素构成，则称它是三元系。

2. 物质的能量

一切物理现象都是通过能量与物质的相互作用而显示的。正是这种相互作用的特性导致了人们观察到的某种物质所特有的性能和行为，因此，物质的性能取决于物质的内部结构和外界所施加的条件（例如温度和压力）。此外，物质的行为，还与其宏观形状有关。

就气体而言，当有足够高的温度和足够低的压力相配合时，只需用温度、压力和相对分子质量这几个参数几乎就可以表示它的全部性能，这是因为高速运动的气体分子彼此相距很远，它们在总体积中只占很小一部分，因而实际上彼此之间没有相互作用，所以，压力、体积、绝对温度和物质的量可以用一个特别简单的状态方程将其联系起来，这个状态方程称为理想气体定律：

$$pV=nRT \tag{4-5}$$

式中，R 为普适气体常数；n 为物质的量，$n=N/N_0$（N 为分子数，$N_0=6.022\times10^{23}$ 为阿伏加德罗常数）。式（4-5）表示，等体积的理想气体在相同的压力和温度下必然具有相等的物质的量。这个显著的普遍性不依赖于分子的化学组成，而是由于分子没有明显相互作用的结果。

在混合气体中，由于某一组分所产生的压力称为该组分的分压，这个分压力正比于该组分气体粒子在与单位面积固体（或液体）相对碰撞时所引起的单位时间内平均动量的变化。当几种理想气体混合在一起时，第 i 组分的压力为

$$p_i=n_iRT/V \tag{4-6}$$

式中，n_i 为第 i 组分的物质的量。分压就是去掉其他组分后所剩下的单一组分在给定体积和温度下所产生的压力。理想混合气体的总压力 p 必然是各个分压之和，即 $p=\sum_1^n p_i$。因为总物质的量是各个组分物质的量之和，即 $n=\sum_i^n n_i$，所以这样的理想气体也服从式（4-5）。

对于单原子气体，全部原子的平均动能称为内能 E。根据气体动力学理论，1mol 单原子理想气体的内能按式（4-7）确定，而每个原子的内能按式（4-8）来确定。

$$E=(3/2)RT \tag{4-7}$$
$$E=(3/2)kT \tag{4-8}$$

式中，k 为波耳兹曼常数，$K=R/N_0=1.381\times10^{-23}J/K$。至于分子气体的内能则还要包括与分子转动联系的平均动能，在高温时还应包括与分子内部振动相联系的平均动能。

式（4-7）、式（4-8）两式的意义在于从微观的角度将温度与气体分子的平均动能联系起来，但温度是一个宏观现象，并不是每一个气体分子都具有相同的动能。更确切地说，在一定温度下，它们有一个速度分布，因而伴有一个动能分布，并且当温度改变时这些分布也随之发生变化。例如，将热量传入单原子气体，就会使原子的平均动能增加。任何物质在等容下，温度每升高 1K 所需的热量称为等容热容量 C_V，这一参数等于体积不变时内能-温度曲线的斜率。因此，每摩尔理想气体单原子气体的等容热容量 $C_V=2/3R$。如果热量输入时，物质的压力保持不变，那么物质的焓将增加，其数量正好等于传入的热量，焓定义为

$$H=E+pV \tag{4-9}$$

这就是说，在等压下焓的增量既包括内能的增量，又包括了热膨胀的效应。物质在等压下每升高 1K 所需的热量称为等压热容量 C_p。它相应于在等压下焓-温度曲线的斜率。因

此，每摩尔单原子理想气体的等压热容量 $C_p = 5/2R$。这可以从下面联立方程组来导得：

$$\left.\begin{array}{l} pV = nRT \\ E = 3/2RT \\ H = E + PV \end{array}\right\} \quad H = RT + p \cdot \frac{nRT}{p} = \left(\frac{3}{2} + 1\right)nRT$$

这里，$n = 1\text{mol}$，$T = 1\text{K}$，$H = C_p$，$\therefore C_p = 5/2R$。

当气体的压缩程度或冷却程度相当大时，理想气体定律式（4-5）就不再适用，内能也不能由式（4-7）给出。这是因为气体质点由于碰撞而彼此间发生了相互作用。因此上述的热力学参数（即内能、焓和热容量）将成为温度 T，压力 p 和体积 V 这些变量的更加复杂的函数。

这一点对于原子（或分子）紧密接触的、彼此间强烈作用的液体或者固体也是正确的。对于任何物质，这些参数都可以在等容或等压的约束条件下，通过热效应而直接测得，这些参数与物质的某些重要特性有联系，并且还提供了有关物质本性的有用资料。

3. 物质的相变

实际上，所有的纯元素都能以结晶固态、液态和蒸气状态存在，这取决于外加的温度和压力的条件。测定物质在等压下熔化或汽化所需要的热量，可以获得该物质的有用资料。

纯物质在等压下的典型加热曲线如图 4-3 所示。通常，与热量传入单相物质时，温度就升高，在等压下焓的增量等于传入体系的总热量。对于给定的相，焓随温度的变化与等压热容量 C_p 的关系为：

$$H_2 = H_1 + \int_{T_1}^{T_2} C_p \mathrm{d}T \quad (4\text{-}10)$$

式中，H_1 和 H_2 分别为温度 T_2 和温度 T_1 时的焓。图中直线 A、C 和 E 分别表示晶体、液体和蒸气在加热时的温度变化，直线 B 和 D 分别表示在熔化和汽化时的热平台。C_p 为直线 A、直线 C 或直线 E 的斜率的倒数，它取决于所研究的相。

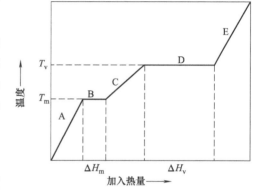

图 4-3　纯物质在等压下的典型加热曲线

当纯物质发生固→液相变（B平台），液→气相变（D平台）时，传入热量不会引起温度的变化。在熔化温度（即熔点）T_m 时，必须给物质额外地传入一定的热量（ΔH_m），才能使其全部熔化，ΔH_m 这个量称为熔化焓。同样，在汽化温度（即沸点）T_v 时，必须给物质额外地传入一定的热量（ΔH_v）才能使其全部转变为蒸气，这个量称为汽化焓。图中所示，汽化焓总是大于相应熔化焓。这表明，固态转变为液态时由于发生内部结构变化而需要的能量少于液态转变为蒸气时所需要的热量。

与上述过程相反，将蒸气冷却为液体，然后再冷却为晶体，各个相的焓都随温度的降低而减少。在凝结（coagulation）和结晶（crystalligation）时所释放的能量分别为 $-\Delta H_v$ 和 $-\Delta H_m$，换言之，通过凝结和结晶，体系的能量持续降低。

但并非任何材料在凝固（solidification）时都释放一定份额的热。不易结晶物质的冷却曲线如图 4-4 所示。它表明了速率的影响：①冷却很慢时的曲线，A、B 和 C 分别表示液体、完全结晶过程和固体；②冷却较快时的曲线，A、D 和 E 分别表示液体、过冷液体和玻璃；③中等冷却速率的曲线，A、F、G 和 H 分别表示液体、部分结晶过程、微晶在过冷

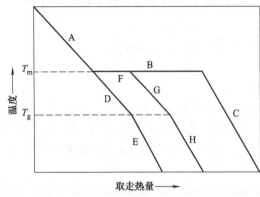

图 4-4 不易结晶物质的冷却曲线

液体基体中以及微晶在玻璃基体中。

具有玻璃化转变的元素如 Se，具有玻璃化转变的化合物如 SiO_2，以及许多有机聚合物就是这样的例子。当它们由液体冷却时，冷却曲线的液态部分持续下降到这些材料成为固体的温度而并不间断。这表明液态结构已经被冻结下来。液态的结构是否能保留在固态之中，这与其化学成分和冷却速率有关。当冷却速率很慢时，将有足够的时间以进行晶态长程有序所需要的原子（或分子）的重新排列，此时可观察到有一定的热量释放。在中等冷却速率时，可以得到非晶体和晶体的两相聚合体。而在快速冷却时，则可以得到完全的非晶体。某些物质的摩尔熔化焓和摩尔汽化焓见表 4-15。

表 4-15　某些物质的摩尔熔化焓和摩尔汽化焓（供参考）

物质	$\Delta H_m/(kJ/mol)$	$\Delta H_v/(kJ/mol)$	晶体类型
Ar	1.2	6.5	原子晶体
H_2O	6.0	40.7	分子晶体
C_6H_6（苯）	10.0	30.8	分子晶体
Li	3.0	148	金属晶体
Fe	15.2	350	金属晶体
NaCl	28.7	171	离子晶体
Ge	34.0	334	共价晶体

4. 稳定性——熵和自由能

材料也和力学体系一样，其能量越低，则体系越稳定，这是普遍正确的。因此，任何体系都有降低其能量的趋势，以达到更加稳定的构型。高温时，较为无序而能量却较高的相是稳定的，而低温时，较为有序而能量较低的相是稳定的。对于给定的相变或化学反应，在这两种自然趋势中，占优势的一种趋势将决定反应发生的方向。为了充分讨论这个问题，必须对能量的概念加以引申。

熵（entropy）以 S 表示之，是单相材料体系内部原子（或分子）排列的无序度（即混乱程度的度量）。为了定量地表示熵，我们假设纯的完整晶体在绝对温度 0K 时的熵为零（即取 $S=0$），这相当于完整有序的状态。随着温度的升高，体系的无序度随之增加，即熵也相应增加（即 $S>0$）。熵是体系的一个确定的参数，而且像焓一样随温度升高而增加。熵 S 和绝对温度 T 的乘积 TS 称为熵因子（entropic factor），它与能量的单位相同。体系的焓 H 与其熵因子 TS 的差称为吉布斯（Gibbs）自由能 G：

$$G = H - TS \tag{4-11}$$

对于等温等压下的相变或化学反应所引起的吉布斯自由能变化为：

$$\Delta G = \Delta H - T\Delta S \tag{4-12}$$

如果相变或反应要自发进行，吉布斯自由能必须净减，也就是说，ΔG 必须是负的。

下面以水和冰的 G 值随温度的变化的情况来阐明。H_2O 在晶态下（冰）和液态下（水）的自由能曲线（表示为温度的函数）如图 4-5 所示。该图表示了水和冰的 G 值随温

度的变化的情况。在大气压下低于平衡熔点的 0℃
时，冰的自由能比水低，所以冰是稳定相；高于 0℃
时水的自由能比冰低，所以水是稳定相。在任何温度
时，冰和水的自由能差 ΔG 由曲线之间的垂直距离表
示。在平衡熔点 0℃ 时，冰和水的自由能相等，所以
两者都是稳定的。

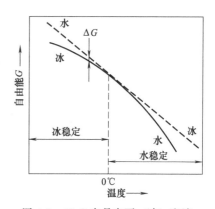

图 4-5　H_2O 在晶态下（冰）和液
态下（水）的自由能曲线

　　尽管冰转变为水时焓的变化是正值，但在 0℃ 这一
温度下，由于熵因子的增加，无序度的增加而引起的
相变，冰在 0℃ 以上会自发熔化，而冷却的水在 0℃ 以
下则自发凝固。前一种情况，相变是焓和熵升高，而
后一种情况是使焓和熵降低。平衡熔点 T_m 为 $\Delta G = 0$
的温度。这时，两相平衡共存。熔化时，焓变 ΔH_m 仅
仅与熵变 ΔS_m 有关，即：

$$\Delta H_m = T_m \Delta S_m \tag{4-13}$$

　　设冰的吉布斯自由能 $G_1 = H_1 - TS_1$，固态时水分子排列整齐，因此内能 H_1 小，熵值
S_1 也小；水的吉布斯自由能 $G_2 = H_2 - TS_2$，液态时水分子排列较杂乱，因此内能 H_2 较
大，熵值 S_2 也较大。熵 (S) 还可以按热力学定律定义为：它在可逆过程中的变化等于系
统所吸收的热量 dQ 与热源的绝对温度 T 之比，在不可逆过程中这个比值小于熵的变化，其
数学表达式为：

$$dS \geqslant dQ/T \tag{4-14}$$

因此，在熔点 T_m 时冰$\rightleftharpoons$水的可逆过程中放出或吸收的相变潜热 Q 可按下列积分式确定：

$$Q = \int_{S_1}^{S_2} T_m dS$$
$$= T_m(S_2 - S_1) \tag{4-15}$$

冰$\rightarrow$水的相变此时系统所放出的热取负值，反之，冰$\leftarrow$水的相变，此时系统吸热取正值。

5. 转变速率

　　任何相变和化学变化都需要一定的时间来进行，而且它们的速率与下列一些因素有关。

　　(1) 转变速率与物质的形态有关——物质状态决定着物质原子或分子的迁移率以及原子
的运动或分子的运动的自由程度，在适当的条件下，涉及气体的相变比涉及液体的相变进行
得快些，涉及液体的相变比涉及固体的相变进行得快些。

　　(2) 转变速率还受自由能降低以外的其他因素所左右——某些相变只涉及少量几何上的
或键合上的重新排列，它们可以较快进行，而另一些相变涉及相当复杂的原子团必须经扩散
或运动才能构成晶态的排列，则需要很长的时间，通常，提高温度能加快原子或分子的扩散
速率。

　　(3) 任何使体系从初始状态转变到自由能降低的终结状态的过程，都必须越过一个能
垒——对材料体系中某一给定的过程，其进行的速率取决于有多少分数的原子或分子具有足
够的能量以克服与该过程相关的能垒，这还部分地决定于能垒的高度（通常的激活能），以
及诸如温度等其他因素。

　　稳定性和转变速率这两方面的研究，对于任何物质都很重要，并在实际相变材料的制
备、改进与利用方面起着重要的作用。

二、液-气相变材料的调温机理

液-气相变材料由液相转为气相的过程称为汽化，由气相转变为液相的过程称为凝结。凝结（coagulation）、汽化（vaporization）的过程称为相变，液体汽化的潜热称为汽化热，汽化热就是液体转为气体时熵的增加。

1. 热容、定容热容、定压热容和比热容

物质温度升高1K所吸收的热量称为物质的热容（heast capasity）记作C，用公式表示：

$$C = \lim_{\Delta T \to 0} \frac{\Delta Q}{\Delta T} = \frac{dQ}{dT} \tag{4-16}$$

这里ΔQ是物质温度升高ΔT时所吸收的热量。一摩尔物质的热容称为摩尔比热容，记作C_m；单位质量物质的热容称为该物质的比热容，简称比热（specific heat），记作c，因此同一物质的摩尔热容和比热容的关系式$C_m = M_c$（这里，M为摩尔质量）。由于升高相同温度时，不同过程同一系统所吸收的热量不同，不同的过程有不同的摩尔热容。

（1）在等容（又称定容）的过程中，气体系统不对外做功，外界也不对系统做功，系统所吸收的热量就等于系统内能的增加，即$(dQ)_{V.m} = dU_m$，因而

$$C_{V.m} = (dQ)_{V.m}/dT = dU_m/dT$$

根据热力学第一定律，一摩尔气体微小过程的热力学第一定律可表示为

$$dU_m = (dQ)_m - p dV_m = (dQ)_{V.m}$$

因为定容过程中$dV_m = 0$

因此可知，气体系统的平衡状态要用两个状态参量来描述，摩尔内能U_m可表示为T和V的函数，因此对一般的气体，摩尔定容热容可表示为

$$C_{V.m} = \left(\frac{\partial U_m}{\partial T}\right)_{V_m} \tag{4-17}$$

若不是采用摩尔定容热容，则一般气体的摩尔定容比热容可表示为

$$c_V = \left(\frac{\partial U}{\partial T}\right) \tag{4-18}$$

（2）在等压过程中，外界对气体系统做功$W = -p(V_2 - V_1)$，这时热力学第一定律可表示为

$$U_2 - U_1 = Q_p - p(V_2 - V_1)$$

期中Q_p为等压过程中吸收的热量，因此

$$Q_p = (U_2 + pV_2) - (U_1 + pV_1) = H_2 - H_1 \tag{4-19}$$

熵 enthalpy H是热力学中为便于研究等压过程而引入的一个状态函数，如果系统只有体积膨胀功的话，系统在等压过程中吸收的热量等于系统熵的增加，即

$$H = \Delta U + p \Delta V \tag{4-20}$$

此式表明，物质的相变潜热是由系统的内能U和体积膨胀功$p \Delta V$两部分所组成，而$\Delta U = U_2 - U_1$，$\Delta V = V_2 - V_1$。

而等压摩尔热容和一般气体的定压热容分别为：

$$C_{p.m} = \left(\frac{\partial H_m}{\partial T}\right)_p$$

$$c_p = \frac{(\partial Q)_p}{\partial T} = \left(\frac{\partial H}{\partial T}\right)_p$$

其中H_m为一摩尔气体的熵。

2. 液-气相变物质吸收或放出的热量

物质在温度升高或降低时会吸收或放出热量,以下有两种情况。

(1) 在无相变及结构不变条件下物质吸收和放出的热量

$$Q = cm(T_2 - T_1) \tag{4-21}$$

式中,Q 为物质吸收或放出的热量,J;m 为物质的质量,g;c 为物质的比热容,J/(g・K);T_1、T_2 分别为物质在低温度、高温度时的绝对温度,K。当物质处于液态下比热容 $c = c_{(液态)}$,处于气体时则比较接近比热容 $c = c_{(气态)}$。

由于物质的比热容 c 一般很小,因此在无相变的条件下,物质的储热能力较小。若储存具有实用价值的储热或用于调温时,则必须采用大量的储热介质,这样做在实际应用中受到很大的限制。

(2) 在等压和液-气相变条件下,物质吸收或放出的热量

$$Q = c_{p(液态)} m (T_{汽化} - T_1) + H_{汽化} + c_{p(气态)} m (T_2 - T_{汽化}) \tag{4-22}$$

式中,$c_{p(液态)}$ 为物质液态时的比热容,J/(K・g);$c_{p(气态)}$ 为物质气态时比热容;$T_{汽化}$ 为物质的汽化点,K;$H_{汽化}$ 为物质的汽化潜热,J;T_1、T_2 分别为物质的低温、高温时的温度,K。

我们可以在图 4-6 所示的液-气相变材料的温度的变化曲线来进行描述。

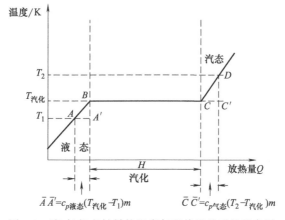

图 4-6 液-气相变材料的温度与吸热量关系的示意图

物质的相变潜热一般比其比热容大 1 到 2 个数量级。例如,在标准大气压条件下,水的比热容为 4.18J/(g・K),而水的汽化热为 225J/g,水的凝固热为 334.7J/g,物质的汽化热($H_{汽化}$)等于汽化潜热 $l_{汽化}$ (J/g) 与物质质量 m (g) 的乘积,即

$$H_{汽化} = m l_{汽化} \tag{4-23}$$

在标准大气压下水的汽化潜热 $l_{汽化} = 2.26$MJ/g。

3. 单元两相"液-气"系统的分析

依据状态方程 $F(p, T, V) = 0$,纯物质的平衡状态点在以 p-V-T 为坐标的三维坐标系中组成一个曲面,该曲面可由实验来获得,如图 4-7 所示。在不同的参数范围内,物质呈现为不同的聚集状态,即不同的相。在图中标明气、液、固的区域内,分别呈现为单一的气相、液相和固相,这三个区域为单相区。在各单相区之间存在着相区转变区域。在相变过程中,一种相的物质逐渐减少,另一种相的物质逐渐增多,所以相变区是两相物质同时存在,并且处于平衡的区域。例如"液-气"的区域是液相与气相间的转变区,在这个区域内液相与气相平衡共存,"固-气"的区域是固相与气相共存区;"固-液"是固相与液相平衡共存区。

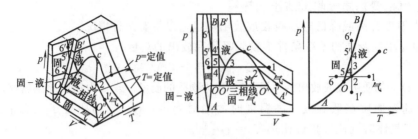

| (a)由实验得出的三维坐标系中的热力学面 | (b)纯物质的$P-V$相图 | (c)纯物质的$p-T$相图 |

图 4-7　纯物质的相图

在各单相区与两相区的分界线上，物质仍然呈现为单相。但是，这是即将发生相转变，并且能够与转变成的两相平衡共存的单相状态，称为饱和状态。在气相区与两相区分界线 $A'-O'-C$ 上是饱和蒸气状态，这条线叫做饱和蒸气线；在液相区与两相区的分界线 $B'-O'-C$ 上是饱和液体状态，这条线叫做饱和液体线；在固相区与两相区的分界线 $A-O-B$ 上是饱和固体状态，这条线叫饱和固体线。

相转变过程即是穿过两相区，物质由一相饱和状态转变为另一相饱和状态的过程。穿过液-气两相区，饱和液体转变成饱和蒸气叫做汽化，它的反向过程，即饱和蒸气转变成饱和液体叫做凝结。穿过固-液两相区，饱和固体转变成蒸气叫做升华，而它的反向过程叫做凝华或固化。

下面，我们以图 4-7（c）为例，说明是定压汽化过程 3-2 相变的具体情况和特点。处于 3 态的饱和液体一旦吸收热量，就有一部分汽化成 2 状态的饱和蒸气，而成为由饱和液体 3 与蒸汽 2 组成的两相平衡共存的混合物。3-2 连线的中间点描述了这种混合物的压力 p、温度 T 和平均比热容。在其整个相变过程中，物质系统都是处于这种两相混合物状态，只是随着热量的不断加入，液体的含量逐渐减少，蒸气的含量逐渐增加，系统的状态由 3 点逐渐移向 2 点，直到液体全部汽化为饱和蒸气，完成汽化过程。既然饱和液体 3 与饱和蒸气 2 能够平衡共存，它们不仅具有相同的压力，必定还有相同的温度，并且在定压汽化过程中也总是保持这个温度，这就是说，定压汽化过程同时也是定温过程。定压凝结过程 0-3 的相变过程，与汽化过程 3-2 的相变过程的情况完全类似。

依据上述这个特征，可作如下的归纳和引申。

（1）物质处于各种饱和状态或两相平衡共存状态时，一定的压力对应着确定的温度，这个温度值称为高压力下的饱和温度 T_S，或者说，一定温度对应着确定的压力值，这个压力值称为该温度下的饱和压力 p_S。饱和温度和饱和压力的函数表达为

$$T_S = f(p) \qquad p_S = f(T)$$

（2）1g（或 1kg）物质在定压（即定温）相变吸收的热量称为相变潜热：

$$l = h_2 - h_1 = T_S(s_2 - s_1)$$

式中，h_1，s_1 为相变前饱和状态的比焓和比熵；h_2，s_2 为相变后饱和状态的比焓和比熵。

（3）两相区的定压线也是定温线，在 p-V-T 三维坐标系中它们是平行于比容轴曲线（V 轴）的直线（如图中 3-2 线，O'-O''等）。两相区就是由一系列这样的直线构成的所谓规则曲面，它们垂直于 p-T 平面。

图 4-7（a）中的定压线 1-2-3-4-5-5 和定温线 1'-2-3-4'-5'-6 表示了固相到气相间的定压和定温转变过程。

图 4-7（b）热力学面在 p-V 平面上的投影，称 p-V 相图。p-V 相图被相应的饱和线和三相线分成三个单相区（固相，气相，液相）和三个两相共存区（液-气，固-气，固-液）。围绕液-气两相区的饱和蒸气线 O''-C 有一个重要的性质——它们随压力而趋于接近。在某一压力下它们就相交于一点 C，这个点称为临界点。在临界点上饱和蒸气状态与饱和液体状态已无差别。临界点的压力、温度和比容分别称为临界压力 p_c，临界温度 T_c 和临界比容 V_c。各种物质都有其确定的临界参数值，它们是表征物质特性的重要参数。一些常见物质的临界参数值见表 4-16。

表 4-16　一些物质的临界参数值（供参考）

物质	T_c /K	p_c /bar	$V_{m,c}$ /(m³/kmol)	$Z_c = \dfrac{p_c V_{m,c}}{R_m T_c}$
氩 Ar	150.72	48.625	0.075	0.291
氦 He	5.19	2.289	0.058	0.308
一氧化碳 CO	132.91	34.986	0.093	0.294
二氧化碳 CO_2	304.20	73.865	0.094	0.275
二氧化硫 SO_2	430.7	78.830	0.122	0.269
水 H_2O	647.27	221.057	0.056	0.269
氨 NH_3	405.5	112.774	0.072	0.243
氟里昂-12　CCl_2F_2	384.7	40.124	0.218	0.273
甲烷 CH_4	190.7	46.406	0.099	0.290
乙炔 C_2H_2	309.5	62.416	0.113	0.274
乙烷 C_2H_6	305.48	48.838	0.148	0.285
乙烯 C_2H_4	283.06	51.169	0.124	0.270
丙烷 C_3H_6	370.01	42.657	0.200	0.277
丁烷 C_4H_{10}	425.17	37.966	0.255	0.274
空气	132.41	37.743	0.092	
氧 O_2	154.78	50.804	0.074	0.292
氢 H_2	33.24	12.966	0.065	0.304
氮 N_2	126.2	33.984	0.090	0.291

注：表中 $V_{m,c}$ 为临界摩尔体积（m³/kmol），Z_c 为临界压缩因子。

在临界压力 p_c 以上，液、气两个单相区之间不存在两相共存的相转变区，两相间无明确的分界。在定压下（$p>p_c$），液、气两相的转变是在连续渐变中完成的，变化过程中物质总是呈现为均匀的单相。习惯上，人们常把定温线（T_c）作为临界点以上液、气两相区分界，三个两相区的分界 O-O'-O'' 上的状态，是饱和固体 O，饱和液体 O' 与饱和蒸汽 O'' 的混合物状态。此时物质处于固、液、气三相平衡共存，这条线称为三相线。

图 4-7（c）是热力学面向 p-T 平面投影得到的 p-T 相图。热力学面上三个单相区，在该平面上投影成三个对应的单相区（固态，液态，气态），三个两相区（液-气，固-气，液共存区）则投影为三条饱和曲线 OA，OB 和 OC，分别称为升华线、熔解线和汽化线。它们正是饱和压力与温度的关系曲线。三条饱和曲线的交点称为三相点（triple point，简称 tp），它清晰地表明物质在处于三相平衡共存时对应着唯一确定的温度 T_{tp} 和压力 p_{tp} 一些物质的三相点温度和压力见表 4-17。

表 4-17　一些物质的三相点温度和压力

物质	温度/K	压力/Pa	物质	温度/K	压力/Pa
氢 H_2	13.84	7039	二氧化硫 SO_2	197.69	167
氖 Ne	24.57	43196	二氧化碳 CO_2	216.55	517970
氧 O_2	54.35	152	水 H_2O	27.316	611.2
氮 N_2	63.15	12543	甲烷 CH_4	90.67	11692
一氧化碳 CO	68.17	15351	乙烯 C_2H_4	104.00	120

图 4-7（a）和（b）中 T=定值的曲线均称为纯物质气体的等温线。过临界点 C 的等温线叫做临界等温线，临界等温线的右上侧为气，临界等温线和饱和蒸气线 O'-C 之间为气，饱和液体线 $O'C$ 上方和临界等温线 $C'B'$ 左侧间为液。AOB 线右侧为固。物质的临界比容是 V_c 液态的最大比容，物质的临界压力 p_c 是其饱和蒸气压的最高限度，而临界温度 T_c 则是物质可以通过等温加压使其液化的最高值。若温度高于某种气体的临界温度，不论压强加得有多高，都不能使其液化。如氧、氮的临界温度都低于室温，室温下不可能使它们液化。平台 O'-O'' 愈长，气液两相比容差别愈大，或一般说气液两相差别愈大，在临界点处水平段缩为一点，气液两相差别消失。沿临界等温线变化时，在临界态附近液面模糊，这是因为表面张力现象是由于气液两相分子数密度不同，表面层中分子所受合力不为零而引起的，表面张力大约和气液两相密度差的四次方成正比，随着温度的升高，气液两相的差别缩小，在临界点温度时气液两相差别消失，因而表面张力系数应随着温度的升高而减少，在 T_c 处表面张力应为零。

4. 小结

液-气相变材料调理温度机理是当其液化点处于环境温度的变化范围之内时，随环境温度的升高或降低，达到相变温度时，相变物质会发生液态-气态之间的可逆相变，并吸收或放出汽化潜热 $H_{液化}$，来达到蓄热调温的效应。尽管其相变潜热较大，但实际应用在纺织品上有很多困难。因为相变前是液态，相变过程中液态和气态共存，相变后是气态，液态和气态物质容易泄漏，相变的体积功 $p\Delta V$ 大、熵 ΔS 变化大，因此很少应用。

三、固液相变材料的调温机理

物质从液态为固态的过程称为凝固。凝固后的产物可以是晶体也可以是非晶体。如果凝固后的物质为晶体，则这个液态转变为固态的过程称为结晶。材料液态到固态的转变是一个基本的相变过程。从固态转变为液态时，非晶体材料的凝固与晶体材料的结晶相比，后者是一个较为复杂的过程。

1. 晶体结晶过程的放热

晶体材料在结晶过程中，其凝固过程的热分析曲线及其微观凝固过程示意图分别如图 4-8 中（a）和（b）所示。其冷却过程分为五个基本阶段。Ⅰ阶段——当熔体的温度高于晶体材料的理论熔点 T_m 时，晶体材料为熔体，没有凝固或结晶的迹象，其熔体中没有固体。Ⅱ阶段——一般意义上，当晶体材料的温度达到 T_m 时，晶体材料应该开始凝固。但实际上当熔体的温度低于 T_m，但高于 T_n 时，晶体材料并未结晶。而当晶体材料熔体的温度达到低于晶体材料理论熔点 T_m 的某一温度 T_n 时，晶体材料熔体中才开始出现小尺寸的固体（或小尺寸的晶体）。Ⅲ阶段——当熔体的固体增加到一定程度时，随着小尺寸晶体体积和数量的增加，系统的温度不仅不再下降，反而升高，意味着晶体材料凝固过程中伴随着强度的放热现象。Ⅳ阶段——当固体的体积明显增加而熔体的体积明显减少时系统的温度保持恒是 T_s，依然低于 T_m。Ⅴ阶段——熔体已消耗完毕，系统开始降温。

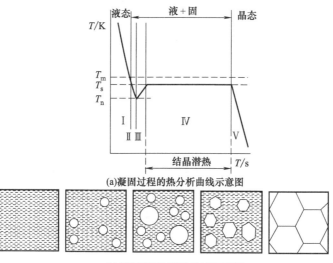

(a)凝固过程的热分析曲线示意图

(b)晶体材料微观凝固过程示意图

图 4-8　晶体材料凝固过程

图 4-8（a）显示，当液态晶体材料冷却到结晶温度即熔点 T_m 时并未结晶，而是需要继续冷却到 T_m 以下某一温度 T_n 时才开始结晶。这个现象称为晶体材料结晶或凝固时的过冷现象。理论结晶温度 T_m 与实际结晶温度 T_n 之差 $T(=T_m-T_n)$ 称为晶体材料结晶开始是的过冷度。也就是说，晶体材料熔体在结晶过程中都是在低于理论结晶温度 T_m 的某一温度下进行的。图 4-8（a）和（b）显示，此时系统在向环境中放热，晶体的长大过程是在等温 T_s 下进行的，而等温过程为系统放出的热量与向环境中放热达到了平衡。晶体材料结晶时放出的热量称为结晶潜热，相对地熔化吸收的热量则称为熔化潜热。对于 1mol 晶体材料，显然熔化与结晶潜热在数值上是相等的，用 L_m 表示。

$$L_m = H_L - H_s = T_m \Delta S = \Delta G_V \frac{T_m}{T_m - T_s} \tag{4-24}$$

式中，ΔG_V 为固液两相单位体积自由能的变化；ΔS 为液固两相熵的变化；H_L、H_s 分别为结晶材料液态（晶态）的热。研究表明，系统的冷却速度越快，晶体材料所获得的过冷度越大，由于相变驱动力增加，结晶速度增大，结晶所需的时间越短。

2. 结晶聚合物的熔融放热

结晶聚合物的熔解过程与小分子晶体一样，都有一个相转变的过程，但又有不同的特点。小分子晶体的熔融过程和结晶聚合物的熔融过程分别如图 4-9（a）、（b）所示。

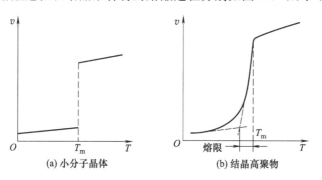

(a) 小分子晶体　　(b) 结晶高聚物

图 4-9　小分子晶体和结晶聚合物的熔融过程示意图

小分子晶体在熔融过程中，体系的热力学函数随温度变化在熔点 T_m 处有突变，如图（a）所示，这个突变的温度范围很窄，一般只有 0.2℃ 左右。

结晶高聚物一般呈现一个较宽的熔融温度范围（约 10℃），并存在一定的熔限（3~4℃）。一般将其最后完全熔融时的温度称为熔点 T_m。结晶聚合物熔融时出现边熔融边升温的现象，这是由于结晶聚合物中晶片厚度有一个分布，薄晶片具有低熔点，厚晶片具有高熔点，在熔融过程中，薄晶片将在较低的温度下熔融，厚晶片则需在较高的温度下才熔融，因此在通常升温速度下呈现一个较宽的熔融温度范围。

熔点的热力学定义为 $T_m = \Delta H_m / \Delta S_m$，这里 ΔH_m、ΔS_m 分别为晶体的熔融焓和熔融熵，薄晶片的表面积大，再加上表面的无序链段对熔融焓不作贡献，所以薄晶片的熔点较低，例如，聚乙烯不同晶片厚度的熔点的数据见表 4-18。

表 4-18　聚乙烯不同厚度晶片的熔点（供参考）

晶片厚度/mm	熔点/K	晶片厚度/mm	熔点/K	晶片厚度/mm	熔点/K
28.2	404.5	13.9	407.4	39.8	408.5
29.2	404.9	34.5	406.7	44.3	409.5
30.9	405.2	35.1	407.4	48.3	409.7
32.3	405.7	36.1	407.3		

注：表中数据按 Lauritzen 和 Hoffman 推导出的关系式算出。

实际上，用一种聚合物，分别在不同条件下结晶，然后在相同的条件下测定它们的比容-温度曲线（图 4-10）得到相同的熔融终点温度。聚乙烯的熔点为 137.5℃。下面一组高聚物的熔点随侧基极性的增加而提高。

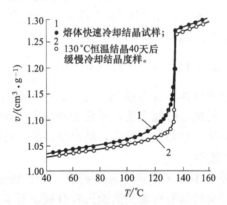

图 4-10　线形聚乙烯的比容（v）-温度（T）曲线

$-(CH_2-CH)_n-$	$-(CH_2-CH)_n-$	$-(CH_2-CH)_n-$	$-(CH_2-CH)_n-$
H	OH_3	Cl	CN
聚乙烯	聚丙烯（全同）	聚氯乙烯（间同）	聚丙烯腈（间同）
T_m　137℃	176℃	227℃	317℃

聚合物的熔融过程，从热力学上来说，它是一个平衡过程，因而可以用下列的热力学函数关系来描述：

$$\Delta G = \Delta H - T_m \Delta S$$

式中，ΔG、ΔH、ΔS 为体系在熔融过程发生的自由能、热焓和熵的变化；T_m 为熔点，即为晶相与非晶相达到平衡时的温度。在平衡时，$\Delta G = 0$，则有：

$$T_m = \Delta H / \Delta S$$

不难推论，凡是分子结构有利于增加分子间或链段间的相互作用的，则在熔融过程中 ΔH 增加，而熔点升高；凡是高分子链内旋转阻力大的，高分子键比较僵硬，熔融过程中的构象变化就比较小，即 ΔS 小，也会使熔点升高，一般常见聚合物的熔点见表 4-19。

表 4-19　一些常见聚合物的熔点

聚合物	$T_m/℃$	聚合物	$T_m/℃$	聚合物	$T_m/℃$
聚乙烯	137	聚邻甲基苯乙烯	＞360	聚己内酰胺(尼龙 6)	225
聚丙烯	176	聚对二甲苯	375	聚己二酰己二胺(尼龙 66)	265
聚丁烯	126	聚甲醛	181	尼龙 99	175
聚 4-甲基-1-戊烯	250	聚氧化乙烯	66	尼龙 1010	210
聚异戊二烯(顺)	28	聚甲基丙烯酸甲酯(全同)	160	三醋酸纤维素	306
聚异戊二烯(反)	74	聚甲基丙烯酸甲酯(间同)	＞200	三硝酸纤维素	＞725
1,2-聚丁二烯(间同)	154	聚对苯二甲酸乙二酯	267	聚氯乙烯	212
1,2-聚丁二烯(全同)	120	聚对苯二甲酸丁二酯	232	聚偏二氯乙烯	198
1,4-聚丁二烯(反)	148	聚间苯二甲酸丁二酯	152	聚氯丁二烯	80
聚异乙烯	128	聚癸二酸己二酯	76	聚四氟乙烯	327
聚苯乙烯	240	聚癸二酸癸二酯	80	聚三氟氯乙烯	220

3. 非晶态结构聚合物

非结晶性高聚物在任何条件下都处于非晶态。非晶态高聚物中有序程度十分有限，仅在 0.01nm 范围内，与在小分子液体中观察到的相同，分子内链段的取向基本上不受其周围链的影响。

在研究中，学者们对高聚物的非晶态结构提出了各式各样的模型，如图 4-11（a）～（d）所示，但迄今尚未有统一的看法。我国高分子物理学者钱人元等人在大量实验基础上，提出了凝聚缠结的概念——相邻分子链间局部相互作用导致的局部链段的近似平行排列，形成物理交联点，如图 4-11（f）所示。形成这种缠结点的原因是链段间范德华作用的各向异性。

(a)Floy 的无规线团模型

(b)Privalko 与 Lipatov 的无规折叠模型

(c)Yeh 的折叠链缨状胶束模型

(d)Pechlold 的曲棍状模型

(e) 拓扑缠结

(f) 凝聚缠结

图 4-11　非晶态高聚物的结构模型

由于作用能很小，这种缠结很容易解开，因此对温度的依赖性较大，其强度和数目与各材料的热历史密切相关。这类不同尺寸、不同强度的凝聚缠结点使非晶态高聚物中的分子链形成物理交联网络，从而对玻璃态的物理力学性能产生重要的影响。

4. 固-液相变材料放热量和吸热量计算

固-液相变材料，在温度低于凝固点时呈固态（晶态或非晶态）；在温度高于熔点时呈液态；在温度升到熔点时出现固→液相变过程，此时相变材料从环境吸收热量（蓄热）；在温度降低到凝固点时出现固←液相变过程，此时相变材料向环境放出热量（释热）；在定压条件下无论溶解还是凝固，相变过程中相变材料的温度基本保持不变。固-液相变材料的吸热（蓄热）和放热（释热效应），如图 4-12 所示。

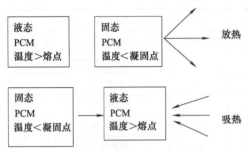

图 4-12　固-液相变材料蓄热或释热效应示意图

当温度由低温 $T_1 \rightleftharpoons$ 高温 T_2 时，固液相变物质存储或放出的热量可按图 4-13 示意图来进行计算。

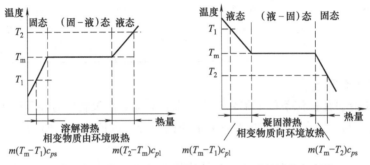

图 4-13　固-液相变材料：温度 $T_1 \rightleftharpoons T_2$ 时的吸热与释热

相变物质吸收或放出的热量（Q）：

$$Q_{吸收} = m\left[(T_m - T_1)c_{ps} + L_f + (T_2 - T_m)c_{pl}\right]$$
$$Q_{放出} = m\left[(T_1 - T_m)c_{pl} + L_s + (T_m - T_2)c_{ps}\right]$$
(4-25)

式中，c_{ps} 为固-液相变物质固态时的比热容，J/(g·K)；c_{pl} 为固-液相变物质液态的比热容，J/(g·K)；L_f 为相变材料熔解（fusion）时潜热，J/g；L_s 为相变材料凝固（solidification）时的潜热，J/g；m 为固-液相变物质的质量，g。

固-液相变的潜热为：

$$H_f = \pm mL_f,\ H_s = \pm mL_s$$

式中"—"号表示相变物质向环境放热；"+"号表示相变材料自环境吸热。

四、固-固相变材料的调温机理

固-固相变材料具有以下一些特点：相变过程中不会产生液体和气体，相变时体积变化小，热效率高又无毒、无腐蚀，而且可加工成各种形状，是一类理想的相变材料，使用中过冷度小，无需密封，能适应不同场合的需要。

固-固相变材料相变，是没有液相、气相参与的相变，它的相变来源于该类物质在温度、压力、磁场、光照、激发等外界条件变化的情况下，所导致的物质成分及成分分布，结构、显微或微观组织等的变化。因此固-固相变材料的相变又可简称为固态相变。

众所周知，材料的性能主要取决于材料的成分、相组成和微观组织。因此，在成分不变的前提下，控制材料的相组成和微观组织就成为控制其性能的关键，下面从讨论固态，特别是以晶体为溶剂的条件下溶质原子的迁移，并由此而引起的相变。

1. 固态中的扩散（方式与类型）

我们熟悉的液态材料中既有扩散也有液相中各部分的相对运动而引起的对流；对固相材料施行轧制、锻造等加工手段时也会引起固相材料中的对流，但这种对流范围相对液相是非常小的。

自然界中原子的迁移方式无外乎有两种方式：①溶质原子以介质为载体，随介质一起运动，其特点是溶质和溶剂一起同方向迁移，例如风可以将远处的气味带过来；②介质原子保持不动，即使溶质迁移，其方向也与溶剂相反，系统中化学部分的变化只依靠或主要依靠溶质原子运动，例如将墨水滴入水中，一定时间后墨水在水中分布变得基本均匀。前一种方式称为对流（convection），而后一种方式主要是物质的原子或分子在介质中的迁移，称为扩散（diffusion）。

固体材料中原子的运动主要靠扩散完成。在材料的组织控制中，控制原子的扩散是其中的重要手段之一。此外，利用扩散也可以在一定程度上改变材料的成分（化学热处理）以及相组成。

在固体特别是晶体内，原子按一定的规律紧密排列，处于晶格结点的原子存在热振动，但振动也很小。由于自然界中，最小的原子半径也小于晶体中最大的间隙半径，相邻原子间都隔着一个势垒，两个原子不会合成在一起，也很难变换其位置。因此，固态中的扩散比液态困难得多，原子在固态中的迁移必须通过一些特殊的方式才能进行。其扩散机制可分为六种方式，见表 4-20。

表 4-20　固态迁移扩散机制

扩散方式	扩散示意图	说　　明
换位式扩散		(1)在溶质与溶剂原子尺寸相近的材料特别是替换式固溶体中，A,B 两种原子通过环形换位的方式，从一个平衡位置换位到另一个平衡位置 (2)这种扩散式，由于原子间的间隙很小，原子每前进一个位置，至少需要 4 个原子同时换位，因此其扩散速度很慢
间隙式扩散		(1)原子从一个间隙跳到另一个间隙之中进行扩散 (2)间隙式固溶体中间隙内的原子，主要是通过这种方式进行扩散，正常晶格结点上的原子，也可以先进入间隙内而后通过间隙式扩散方式进行迁移 (3)在间隙固溶体中，由于间隙半径远小于原子半径，而且还要通过两个原子间更小的间隔位置，因此扩散依然是困难的，不过与换位式扩散相比，间隙式扩散相对要容易得多，相对于溶剂而言，半径越小的原子扩散越快

扩散方式	扩散示意图	说　明
空位式扩散		(1)晶体有很多缺陷，这些缺陷都是晶体的能量升高，而原子若占据或填充这些缺陷，就会降低系统的能量，晶体的缺陷越多，溶质原子速度也越快 (2)溶质原子借助于邻近的空位，通过和空位相互交换位置而转移，也可看成溶质原子借助于空位的运动扩散，这是固态扩散中可能性最大的一种扩散方式
位错式扩散		因为位错周围存在着晶体畸变，同时位错附近也是原子不规则排列的集中区域，能量较高，为溶质原子扩散提供了能量条件；同时，位错特别是刃型位错在半原子面的尖端相当于一个由空位组成的管道。溶质原子得以沿着这个天然管道进行位错扩散
界面式扩散		(1)晶界、相界等面缺陷附近都是位错，空位等缺陷的集中区，为溶质的扩散提供了条件 (2)很多晶体中，溶质原子在界面上的扩散远比其他方式快很多
表面式扩散		原子在晶体表面上的扩散，所以这种扩散方式一般不会引起晶体内溶质原子分布的变化，因此这种扩散并无实际意义

根据扩散前后材料中溶质原子浓度的变化情况，可以将扩散区划分为表 4-21 中五种类型。

表 4-21　溶质原子扩散类型

扩散类型	特　征
自扩散型	指在扩散前后，系统中溶质原子浓度没有溶质原子浓度的变化，与浓度梯度无关。自扩散一般发生在单质(只有一种元素)的系统中。例如纯金属的结晶，再结晶，晶粒长大等
互扩散型	指伴随溶质原子浓度变化的扩散，扩散过程中溶质原子相对运动互相渗透
上坡扩散型	指溶质原子向溶质原子浓度高的地域扩散，离溶质区溶质原子随扩散进行而集聚程度增加，这种扩散多见于二次结晶，沉淀第二相粒子长大等过程
下坡扩散型	指溶质原子向溶质原子浓度低的地域扩散，结果是扩散后溶质原子分布更加均匀。这种扩散常见于材料表面的化学处理以及热处理中的均匀化处理
反应扩散型	指在扩散过程中有新相生成的扩散

2. 扩散驱动力与阻力

根据 Fick 定律扩散的驱动力应该是浓度梯度，扩散应该总是向浓度降低的方向进行。但有些条件下，例如沉淀等过程中，扩散不仅可以向浓度较低的方向进行，也可以向浓度高的方向进行，即所谓发生上坡扩散，此时的扩散驱动力不是浓度梯度，而是来自于化学位随距离的变化即化学位梯度。

根据热力学理论，在恒温恒压下，系统的状态的变化方向总是向自由能降低的方向进行，即系统扩散前后，应该有自由能的下降。在二组元组成的固溶体中，设两组元 A 和 B

的原子数分别为 n_A 和 n_B，扩散过程中，溶质浓度变化所引起的系统自由能 G 的变化量为：

$$dG = \left(\frac{\partial G}{\partial n_A}\right)_{TP} dn_A + \left(\frac{\partial G}{\partial n_B}\right)_{TP} dn_B = \mu_A dn_A + \mu_B dn_B \qquad (4\text{-}26)$$

式中，μ_A 和 μ_B 是自由能的组元浓度变化率，称之为化学位。化学位是一个势函数，它对距离的导数即为力函数。因此，溶质原子扩散一个距离 x 引起的化学位的变化即为扩散的驱动力，则一般意义上，第 i 个组元（对二组元体系而言 $i=1$，2）的扩散的驱动力为

$$F = -\frac{\partial \mu_i}{\partial x} \qquad (4\text{-}27)$$

这里负号表示状态总是向化学位降低的方向进行。上式表明，发生上坡扩散时，扩散的驱动力来自于化学位随距离 x 的变化，即化学位梯度，而不是浓度的升高或降低。其根本原因还是系统扩散前后发生浓度的变化而引起的自由能 G 的降低。

在换位式扩散、间隙式扩散中，原子从一个平衡位置扩散到另一个平衡位置，都要越过一个势垒，这个势垒即为扩散的阻力。越过势垒所需的能量即为扩散的激活能 Q。但扩散驱动力不足以使原子越过势能，还需要额外的能量驱动，以晶体为例，在高于 0K 时的原子在其平衡位置附近以一定的振幅做振动，原子的热振动是扩散的必要条件，晶体中还存在能量起伏，这样，在能量起伏和热振动的驱使下，总有原子有足够的能量越过势垒，完成扩散。在热振动的驱使下，原子可能发生迁移，但这种迁移在三维上概率相同，不会引起成分变化，只有原子向某一方向迁移一个原子间距，引起能量降低 ΔG 时，原子才会发生定向迁移（即扩散）。

3. 影响扩散系数的因素

Fick's 第一定律适用于稳态扩散的情况，单位时间内物质迁移量或扩散流量的大小，取决于扩散系数 D（$m^2 \cdot s^{-1}$）和浓度梯度 dc/dx（即溶质原子浓度 c 的分布）。浓度梯度与具体的条件有关，因此在一定条件下，扩散的快慢主要由扩散系数 D 来决定。不同温度下的扩散系数 D 表示为

$$D = D_0 \exp\left(-\frac{Q}{RT}\right) \qquad (4\text{-}28)$$

式中，D_0 为 0K 时扩散系数，对于一定物质系统为常数；Q 为扩散激活能；R 为气体常数；T 为绝对温度。上式表达了不同条件下影响扩散梯度的许多信息。

影响扩散系数的因素有以下一些。

① 温度。温度是影响扩散系数的最主要因素。温度升高，扩散因素急剧增大，原因是，温度升高，原子的热振动加强，原子借助于能量起伏越过势垒的概率增大，同时温度升高，晶体内部空位浓度增加，更有利于扩散。

② 晶体结构。晶体结构是影响扩散速度的另一个重要因素。这一点特别表现在具有同位素异构转变的系统之中。晶体中原子的扩散系数：致密大的晶体同致密度小的晶体相比较，是前者比后者小得多。有些晶体结构，例如六方晶系，原子的扩散还具有各向异性。

③ 固溶体类型。扩散方式不同，其扩散系数也不同。例如，间隙式与置换式相比，前者的固溶体原子的跃迁位置较多，扩散比较容易，因此前者的扩散系数就比后者大得多。

④ 晶体缺陷。晶体的位错、空位和界面缺陷都为原子扩散提供了通道，因此位错空位、界面缺陷的晶体都有利于原子加快扩散。

⑤ 化学成分。在一个系统中加入其他元素一般都会对扩散产生明显的影响，这种影响会依据这些元素间的相互关系的不同而产生很大的差异，目前尚无统一规律。依然须视能量条件和化学位条件进行控制。

4．固态相变的特点

固态相变（包括晶体结构、相化学成分、有序度等组织结构的改变）中，一种相变可同时包括一种或两种以上的变化。固态相变与已知液-固相变在一些相变行为上有一定的相似性，但也有不同处，并有其特点，突出表现在以下几个方面。

（1）孕育期

① 相变发生所需要的一个重要的前提——新相的形成必须达到一定的成分条件。

② 因为固态中原子的扩散比液态小几个数量级，所以固态相变达到所需要的温度等其他必要条件后，相变不是立即开始，而是要经过一定的时间后才进行，经过的这段时间称为孕育期，孕育期在固态相变的控制中起重要作用。

③ 事实上，液固相变也需要一定的孕育期，但液态中原子扩散很快，孕育期很短，因此不被注意。

（2）新相和母相间存在晶体化学位向关系　固态相变中新旧两相往往存在一定的晶体学控制位向关系，这些位向关系在新相形成时可尽量减少应变能。（母相也称内相）

（3）惯习面　新相一般在母相特定的晶面上形成，这些晶面称惯习面。

（4）应变能

① 新旧相之间存在晶格类型或至少存在晶格常数的差别，因此新相形成时会出现体积的膨胀或缩小，出现体积效应。

② 体积效应的出现会使新旧相周围母相晶格以及新相自身晶格发生畸变，因而产生应变能。

③ 在液固相变中，虽然也存在体积效应，但因液体或熔体强度极低，流动性好，体积效应不会引起应变能的出现。

④ 固体相变中，体积效应引起的应变能一般不能消除，因此应变能在固态相变的形核中起重要作用。

5．固态相变的基本过程

材料在发生相变时，形成新相的热效应大小与形成新相的形成热有关，其一般规律是：以化合物相的形成热最高，中间相形成热居中，固溶体形成热最小。而在化合物中，以形成稳定的化合物的形成热最高，形成非稳定化合物的形成热则较低。

根据热力学函数相变前后的变化，固态相变可以分为以下一些。

① 一级相变。系指新旧两相在相变上的化学偏导不相等的固态相变。吉布斯函数本身连续，而其一级导数（如体积，熵，平均磁化强度）不连续的相变称为一级相变，这类相变时有潜热和体积突变。

② 二级相变。系指在相变点上化学位的一阶偏导相等，而二级偏导连续的固态相变。这类相变时无潜热和体积突变，但比热容、压缩系数、磁化等物理量有突变。

一级相变和二级相变时热力学函数（焓 H，自由能 G，熵 S_p，及摩尔定压比热容 $c_{p,m}$）随温度 T 变化的特点，见图 4-14 所示。

由图（a）可知：一级相变时，焓 H 和熵 S_p 有突变，它发生在恒温恒压下，$\Delta H = \Delta Q_p$，热变效应 Q_p（相变潜热）可直接从 H-T 的关系曲线得到，其熔化热为 q_m，熔点为 T_m，在此温度下相变材料由固态变为液态，需要吸收部分热量，这部分热量就是熔化热 q_m，曲线 F 和曲线 K 相比，说明液态物质比固态物质焓高，即液态物质的比热容比固态物质比热容大。在熔点，S_p 有突变，其值为 ΔS。在熔点 T_m 时摩尔定压比热容 $c_{p,m}$ 为无限大。由图（b）可知，二级相变时，焓 H 随 T 连续变化但没有突变，摩尔定压热容 $c_{p,m}$ 在转变温度附近也有剧烈变化，但有限值。

由于一级相变具有以下特点：有潜热；相变时物质的微结构发生突变；相变时能两相共存；相平衡曲线符合克拉珀龙方程（Claplyron's equation）$\mathrm{d}p/\mathrm{d}t = \dfrac{l}{T(V_2 - V_1)}$（这里 l 为潜热；V_1、V_2 为物质在 1、2 两相时的比容；T 为温度；p 为压强；$\mathrm{d}p/\mathrm{d}T$ 为两相平衡曲线的斜率）。相交点不是化学势的奇点，μ_1、μ_2 分别是粒子在 1，2 两相的化学势，在相交点连续可微，且 $\mu_1(T, p)$，$\mu_2(T, p)$ 都可以越过相平衡曲线；有成核过程，如凝结时的凝结核，结晶中的晶核；在"过冷"、"过热"等亚稳态；序参数以跳跃方式从零变为有限值；相变时两相的对称性的改变不受任何限制；两相共存的比热容、压缩系数发散。所以一级相变物质广泛用于制备储热和控温材料。

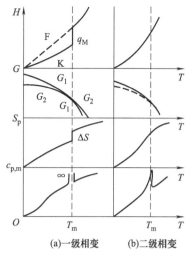

图 4-14　焓、自由能、熵、比热容
随温度变化示意图

一级相变物质在一级相变前后化学势 μ 和熵 S_m 的变化可用图 4-15 来说明。

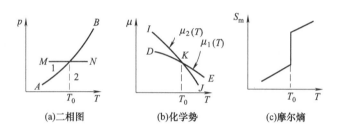

图 4-15　一级相变前后化学势 μ 及熵 S_m 的变化

由图（a）可见，设想系统经过一等压过程由 1 相变为 2 相，在温度 T_0 处发生相变，因压强 p 不变，化学势只随温度变化。

由图（b）可见，描画出两相化学势作为温度函数 $\mu_1(T)$ 和 $\mu_2(T)$，当 $T < T_0$ 时，$\mu_1(T) < \mu_2(T)$，因而通常情况下物质处于 1 相；$T > T_0$ 时，$\mu_1(T) > \mu_2(T)$，因而通常情况下物质处于 2 相；$T = T_0$ 时，$\mu_1(T) = \mu_2(T)$。当系统等压升温时，化学热沿着 DKJ 曲线变化在相交点 K 处相连续，但一阶偏导数 $\left(\dfrac{\partial \mu}{\partial T}\right)_p$ 不连续。据热力学所提出的，化学势可表示为保持其他特征变量不变时特征函数对粒子数的或摩尔物质的吉布斯偏导数。当后一种情况时，有：

$$\left(\frac{\partial \mu}{\partial T}\right)_p = \left(\frac{\partial G_m}{\partial T}\right)_p = -S_m$$

由图（c）可见，在相变温度 T_0 处两相的摩尔熵不连续。相变点处 2 相的 $\left|\dfrac{\partial \mu}{\partial T}\right|$（即曲线 IKJ 在 K 点的切线斜率）更大，即 2 相的摩尔熵大，由 1 相变为 2 相要吸热，由 2 相变为 1 相要放热。$T < T_0$ 温区是 1 相的平衡态，2 相的亚稳态；$T > T_0$ 温区则是 2 相的平衡态，1 相的亚稳态。

6. 相变速率

固态相变的形核率和晶核长大速率都是转变温度的函数，而固态相变的速率又是形核率和长大速率的函数，因此固态相变的速率必然是温度的函数。

τ 时刻的形核率 $I_\tau = I_0 \exp(-Q/kT)\exp(-\Delta G_E/KT)\exp(-\tau_B/\tau)$

式中，τ_B 为孕育期时间；ΔG_E 为晶核形成后弹性能的增加；k 为波尔兹曼常量，T 为绝对温度；Q 为生成热。

对于扩散性相变，若形核率和长大率都随时间而变化，则在一定过冷度下的等温转变动力学可用 Avrami 方程来表示，即 $\varphi_f = 1 - \exp(-bt^n)$

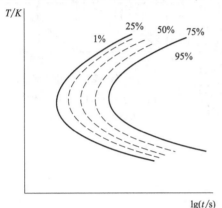

图 4-16 固态相变转变动力学 C 形曲线

式中，φ_f 为转变量（体积分数）；t 为时间；b、n 为常数。若形核率随时间增加，则取 $n > 4$；若形核率随时间减小，则取 $3 \leqslant n < 4$。

测定得出的不同温度下的恒温转变量 φ_f 与 t 时刻的转变量的关系曲线表明，在不同温度下转变开始前都有一段孕育期，相变开始后的转变速率是先慢后快，最后又减慢的规律。

等温下，扫描出固态相变转变速度和转变量曲线，该曲线的形状一般为"C"形，如图 4-16 所示。相变分为两大基本类型，即固-固相变和液-固相变。两类相变在新相的形核长大规律等方面各有特点，见表 4-22。

表 4-22 固-固相变和液-固相变的特点对比

相变类型		固固相变	液固相变
形核	形核阻力	因比体积差引起的畸变能及新相出现而增加的表面能	形成新相而增加的表面能
	核的形状	片状、针状	球状
	核的位置	大部分在缺陷处或界面上非均匀形核，可能出现亚稳相形成共格、半共格界面，出现取向关系；尚有无核转变	在各种晶体表面非均匀形核
	长大	新相生长受扩散或界面控制，以团状或球状方式长大；若能获得大的过冷度，将导致无扩散相变	新相生长受温度和扩散速率的控制，以枝晶方式长大
	组织特点	组织细小，并可有多种形态，如马氏体组织[①]、沿晶析出等	产生枝晶偏析及疏松、气孔、夹杂等冶金缺陷

①碳在 α-Fe 中的过饱和固溶体。

五、二元相变材料的调温机理

采用单元二相相变物质制备的调温纤维或调温纺织品，当温度达到相变温度时纤维和纺织品中的相变物质就全部熔融而处于液态，并将全部熔化热储存起来，相变物质却失去了相变能力。当环境温度再升高或再降低时，就无法借助相变方式来放热，达到保证人体皮肤与服装间的温度仍处于舒适温度范围内。

如果采取不同相变温度的相变材料混合制备调温纤维或调温纺织品，在正常温度下，其中一部分相变物质熔融并将这部分熔化热储存起来；另一部分相变物质处于固态，具有吸热的潜在能力，从而使调温纤维或调温纺织品在人体舒适的温度范围内仍具有较好的吸热或放热的潜力，当在环境温度再升高或再降低时，还能够以相变方式来吸热或放热，从而保持服装仍处于合适的舒适的小气候。

因此，我们有必要对由两种纯物质组成的一种混合物（即二组元物质）进行讨论。

1. 多组元材料的成分表示方法

两种或多种以上组元组成一种物质往往含有多种存在状态，即不同条件下组成不同的相（所谓相，就是系统中一切具有相同物理特性及化学组成的均匀部分。相与相之间有分界面，可以用机械方法把它们分开）。前面我们讨论了单组元纯物质从固态（晶态）到液态或液态到气态的转变过程。多组元物质的相组成比单组元物质复杂，因此从液态到固态，液态到气态的相转化过程也比单组元纯物质复杂得多。另外，多组元物质在固态也有不同的组成，不同的相组成会导致材料性能的差异。

由 n 种组元组成的相变物质中，各个组元的含量可以用其质量分数表示，也可以用其摩尔分数表示，则第 i 组元的质量分数 w_i 和摩尔分数 x_i 分别为：

$$\left.\begin{aligned} w_i &= \frac{m_i}{\sum_{i=1}^{n} m_i} \\ x_i &= \frac{n_i}{\sum_{i=1}^{n} n_i} \end{aligned}\right\} \tag{4-29}$$

式中，m_i 为第 i 种组元的质量；$\sum_{i=1}^{n} m_i$ 为各组元的质量和；n_i 为第 i 种组元的物质的量；$\sum_{i=1}^{n} n_i$ 为各组元物质的量之和。

显然，$\sum_{i=1}^{n} w_i = 1$，$\sum_{i=1}^{n} x_i = 1$ 同时 w_i 和 x_i 是可以相互换算的，即

$$\left.\begin{aligned} w_i &= x_i a_i \Big/ \sum_{i=1}^{n} x_i a_i \\ x_i &= \frac{w_i / a_i}{\sum_{i=1}^{n} \frac{w_i}{a_i}} \end{aligned}\right\} \tag{4-30}$$

式中：a_i 为第 i 种组元的相对原子质量。

当 $n=2$ 时即为由 A、B 两个组元组成的相变物质，则 A、B 组元的质量分数和摩尔分数分别为

$$\left.\begin{aligned} w_A &= \frac{m_A}{m_A + m_B}, X_A = \frac{n_A}{n_A + n_B} \\ w_B &= \frac{m_B}{m_A + m_B}, X_B = \frac{n_B}{n_A + n_B} \end{aligned}\right\} \tag{4-31}$$

2. 相平衡

在一个固定成分材料中，不同的温度下，会出现两个或几个相共存的情况。特定温度下，经过足够长的时间，各个相的结构、成分以及相与相之间的比例不发生变化的现象称为相的平衡。在相平衡时，各相可以相互交换其原子，但成分保持不变。因此，在材料中相平

衡实际是动态平衡。

在热力学上，评价一个系统是否稳定的基本条件是视其吉布斯（Gibbs）自由能是否达到最低。已知系统的 Gibbs 自由能 G：

$$G = H - TS \tag{4-32}$$

以二组分固-液体（或结晶熔体）为例，A、B 二组元组成溶体（或熔体）时，其自由能可表示为

$$G = X_A G_A^0 + X_B G_B^0 + RT(X_A \ln X_A + X_B \ln X_B) + \Omega X_A X_B \tag{4-33}$$

式中，X_A、X_B 分别为溶体（或熔体）中 A、B 组元的摩尔分数，$X_A + X_B = 1$；G_A^0，G_B^0 分别为 A、B 二组元在与溶体（或熔体）处于相同状态时的单组元自由能；R 为气体常数；T 为绝对温度值；Ω 为二组元组成溶体（或熔体）时相互作用系数。

下面我们仅考虑 $\Omega \leqslant 0$ 的情况。

当 $\Omega \leqslant 0$ 时式（4-33）将随 x_A（或 x_B）的变化为一个下凹的曲线。假如系统中在 $T = T_1$ 时存在两个相 α 和 β，各相都有一个 G-x 曲线，如图 4-17 所示。

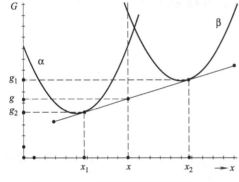

图 4-17　二元系统两相平衡的自由能

图中表示：曲线 α 为 α 相的 G-x 曲线，其摩尔自由能为 G_1，α 相中 B 组元的含量为 x_1，B 组元的物质的量为 n_1；曲线 β 为 β 相的 G-x 曲线，其摩尔自由能为 G_2，β 相中 B 组元的含量为 x_2，β 组元的原子数为 n_2；系统的 mol 自由能为 g，系统 B 组元的含量为 X，系统中 B 组元的原子数为 n，那么系统 B 原子的总数 nX 和系统的总能量 ng 分别为：

$$\left.\begin{array}{l} nx = n_1 x_1 + n_2 x_2 \\ ng = n_1 g_1 + n_2 g_2 \end{array}\right\} \tag{4-34}$$

当两相共存时，$nX = n_1 X + n_2 X = (n_1 + n_2)X$，$ng = n_1 g_1 + n_2 g_2 = (n_1 + n_2)g$，即出现下列情况：

$$\left.\begin{array}{l} n_1(x - x_1) = n_2(x_2 - x) \\ n_1(g - g_1) = n_2(g_2 - g) \end{array}\right\} \tag{4-35}$$

于是得到下列关系：

$$\frac{g - g_1}{x - x_1} = \frac{g_2 - g}{x_2 - x} \tag{4-36}$$

式（4-36）表明，两相同时存时的摩尔自由能 g 一定落在 α 和 β 两相自由能曲线的切线上，二元系 α 和 β 两相共存时，各相的成分都是固定的。

3. 吉布斯（Gibbs）相律

材料在一个特定的条件下都会有一个特定的相组成。条件的改变会使全部或部分的相发生比例、结构、类型的变化。只要材料的相组成状态发生改变，均称材料系统发生了相变。

一个相平衡，用化学位 μ 来描述。化学位是温度 T、压力 p 及摩尔分数 x 的函数。方程是：

$$\mu = f(p, T, x_1)$$

如果相中包括三种物质，它们的摩尔分数分别为 x_1、x_2、x_3，则描述这一相的状态方程为：

$$\mu = f(p, T, x_1, x_2, x_3)$$

但 $x_1 + x_2 + x_3 = 1$，故只需用其中任意两个来描述已能说明问题，故可简化为

$$\mu = f(p, T, x_1, x_2)$$

将以上结构推广到一相中包含有许多物质 1、2、3···、k（有 k 种成分），则描述这一相的状态方程为：

$$\mu = f(p, T, x_1, x_2 \cdots, x_{k-1})$$

当多相存在时，设有 ϕ 个相，k 个成分，则描述此多相多组分系统的各相的状态方程为：

$$\mu^{\mathrm{I}} = f(p, T, x_1^{\mathrm{I}}, x_2^{\mathrm{I}}, \cdots, x_{k-1}^{\mathrm{I}})$$
$$\mu^{\mathrm{II}} = f(p, T, x_1^{\mathrm{II}}, x_2^{\mathrm{II}}, \cdots, x_{k-1}^{\mathrm{II}})$$
$$\vdots \qquad \vdots \qquad \vdots$$
$$\mu^{\phi} = f(p, T, x_1^{\phi}, x_2^{\phi}, \cdots, x_{k-1}^{\phi})$$

式中，右上角码 Ⅰ、Ⅱ、···、ϕ 分别为各个相；右下角码 1、2、···、k 表示各个组分。

这个多相多组分系统，有这么多的变数及相互函数关系式，看来很复杂，但相律（phase rule）就能告诉我们在该系统的所有变数中，可以独立变动而不影响该系统相的数目及相的形态变化的独立变数个数 C。这个独立变数个数 C 称为热力学自由度数。

相律是 J. W. Gibbs 于 1876 年首先推导出来的结果。他从热力学上严格推导出，系统中保持平衡相数不变的情况下，可以独立改变的，不影响材料状态的因素数，即自由度数 f 可以表示为：

$$f = k - \phi + 2 \tag{4-37}$$

式中，k 为系统的组元数；ϕ 为平衡时的相数。这里的自由度包括压力、温度和成分。

从描述多相平衡系统的一组状态方程来看，当系统达到平衡时，并不是所有的变数皆可变动，它必须符合多相平衡条件：即每成分在各相之间的分配应满足平衡条件，它在所有各相的化学位都应该相等，即

$$\mu_1^{\mathrm{I}} = \mu_1^{\mathrm{II}} = \mu_1^{\mathrm{III}} = \cdots = \mu_1^{\phi}$$
$$\mu_2^{\mathrm{I}} = \mu_2^{\mathrm{II}} = \mu_2^{\mathrm{III}} = \cdots = \mu_2^{\phi}$$
$$\vdots \qquad \vdots \qquad \vdots$$
$$\mu_k^{\mathrm{I}} = \mu_k^{\mathrm{II}} = \mu_k^{\mathrm{III}} = \cdots = \mu_k^{\phi}$$

系统有 ϕ 个相 k 种成分，系统总的变数数目包括两大类：

① 外界引述数目—平衡时温度 T、压力 p，共 2 个；

② 第 Ⅰ 相中浓度变数数 $= (k-1)$；

现有 ϕ 个相，故 ϕ 个相浓度总变数数目 $= \phi(k-1)$。

故系统的变数数目 $= \phi(k-1) + 2$

系统中限制条件数目 R，可由上述一组相平衡方程式中得出，在相平衡方程式中这些等式之间的关系表示的是浓度之间的关系式，对每一种成分有 $(\phi-1)$ 个方程式，现有 k 种成分，故总的限制条件数目 $R = k(\phi-1)$

$\because$ 独立变数数目 $=$ 系统总的变数数目 $-$ 限制条件数目

$\therefore f = [\phi(k-1) + 2] - [k(\phi-1)]$

$\quad = k - \phi + 2$

相律只适用于平衡状态下的系统。相律公式表明，只受外界 T、p 影响的平衡的热力学系统，它的自由度数 f 比系统独立成分 k 与相数 ϕ 之差还要多 2 个。

系统的相变是在固定压力（恒压或等压）下进行的，外界因素中少了一个自由度，因此相律 $f=k-\phi+2$ 公式变为

$$f'=k-\phi+1 \qquad (4\text{-}38)$$

由式（4-37）和式（4-38）可知，系统中自由度数 f 随着系统中独立成分数 k 的增加而增加，随着相数的增加而减少。

一个平衡系统可以按下面不同方式进行分类：①按成分数 k 来分（$k=1$，单元系；$k=2$，二元系；$k=3$，三元系；……）；②按相数 ϕ 来分（$\phi=1$，单相系；$\phi=2$，二相系；$\phi=3$，三相系；……）；③按自由度数来分（$f=1$，单变系统；$f=2$，双变系统；……）。

下面借助相律，来对二元系进行分析。设二元系两种成分，则 $k=2$；系统中至少有一个相，故 $\phi=1$。

① 二元素有两种成分（$k=2$），系统中至少有一个相（即 $\phi=1$）时

根据相律：$f=k-\phi+2=2-1+2=3$

这说明，系统中独立变数最大可能有三个，就是指的温度 T、压力 p 和浓度 x_1 三个因素，亦即对该二元系来讲，温度 T、压力 p 及浓度 x_1 的改变都可能影响到系统中相的成分和相的数目的变化。因此表示平衡的相图（phace diagram）要用三个坐标的三维空间立体图来表示，但是立体图绘制较繁，很难在纸平面上建立清楚的立体模型，所以在讨论时常将压力一项因素固定（压力 p 恒定），而只用温度 T，浓度 x_1 两个坐标的平面图即（$T-x$）相图来表示。

② 二元系有两种成分（$k=2$），独立度量数为零（即 $f=0$）时

根据相律：$f=k-\phi+2=2-\phi+2=0$，$\therefore \phi=4$

这说明，二元素最大可能有四相共存。即组元 A 和 B，有两种不相溶的固态，两种不相溶的液态。

③ 在恒压条件下，二元系有两种成分（$k=2$），若系统中只有一相（即 $\phi=1$）时，

根据相律：$f'=k-\phi+1=2-1+1=2$

这说明，在恒压条件下，该系统独立度量最大可能有两个，这就是温度 T 和浓度 x_1 两个因素，也就是说，此时只有温度 T 和浓度 x_1 的改变能够影响二元系相的成分及相的数目变化。

④ 在恒压条件下，二元系有两种成分（$k=2$），而自由度数目为零（$f'=0$）时

根据相律：$f'=k-\phi+1=2-\phi+1=0$，$\therefore \phi=3$

这说明，此时系统中最大可能是三相共存。

4. 相图（或称状态图或平衡图）

相图是用来描写相变调温系统在平衡状态下的相的组成与温度及成分之间的关系的一种图形，相图由包括相的数目、成分和相对含量所组成。

相图是研究相变调温系统的重要工具。由相图可以知道，系统中不同成分的凝固（凝结）温度或熔解（溶解）温度，以及可能有的固态相变或其他相变，通过相图预测相变调温材料的性能。虽然任何实际系统中进行的过程都在不同程度上偏离平衡状态，但是掌握平衡状态下的情况却是认识大多数过程的出发点，因此相图对于生产制备过程具有重要的指导意义，相图是我们研究相变调温材料的一个重要工具。

二元相图是相图中最简单、最基本和最常用的相图。按相变过程中的形态不同，二元系相图可区分气-固平衡、气-液平衡、液-液平衡、固-液平衡、固-固平衡。后三种没有气相存在，因此压力对系统平衡影响不大，与前述固定压力条件一致，故采用下面相律公式来讨论

二元相图：

$$f' = k + \phi + 1$$

二元相图采用两个坐标轴，纵坐标用来表示温度，横坐标用来表示成分。令 A 和 B 分别代表相变调温系统的两个组元，则横坐标的一端代表纯组元 A，另一端代表纯组元 B，任何一个由 A、B 二组元组成的相变调温系统，其成分都可以在横坐标上找出相应的点。系统的成分可以用质量分数或摩尔分数表示。

（1）二元系统液-液平衡

将两种液态物质混合，混合时可能发生三种不同的情况。

① 两种液态物质之间完全不互溶，既然两成分不相溶，成分之间无影响，根本谈不上有什么平衡和相图。

② 两种液态物质可以部分地互溶，这时整个系统仍然是分为两个液层，但在液层内不是纯成分而是两个溶液。例如水与苯胺、水和酚等类的系统。它们的规律由实验总结作出相图，如图 4-18 所示。

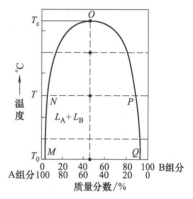

图 4-18　两液体可以部分互溶时
的二元系液-液平衡

M 点——在 T_0 温度条件下，加入少量 B 于 A 中，B 完全溶解于 A 中成均匀一相，继续加入少量 B，继续溶解，但加到 *M* 点成分时，系统开始呈现两层，*M* 点称为饱和点。

Q 点——在 T_0 温度条件下，加入少量 A 于 B 中，A 完全溶解于 B 中成均匀一相，继续加入少量 A，继续溶解，但加到 *Q* 点成分时，系统开始呈现两层。*Q* 点也称为饱和点。

MNOPQ 以上均为均匀一相 L 区，即液相区；*MNOPQ* 线之内，为 $L_A + L_B$ 两相区。因此，*MNOPQ* 线称为分层曲线。在两相区中 $f' = k - \phi + 1 = 2 - 2 + 1 = 1$，说明在一定温度下，两液层的组成是一定的。

在液相区中，$f' = k - \phi + 1 = 2 - 1 + 1 = 2$。若温度升高，则 B 在 A 中的溶解度沿 *MNO* 线增加，而 A 在 B 中的溶解度则沿 *OPQ* 线增加。温度继续升高，两液层组成不断接近，最后至上临界温度 T_c 时，两溶液的组成完全一样，至上临界温度 T_c 以上形成均匀一相。*O* 点称为上临界温度，在 *O* 点：$f' = k - \phi + 1 = 2 - 2 + 1 = 1$，两层液体组成均一相。

③ 两种液态物质可以任意比例互相溶解。

（2）二元系统固-液平衡

二元系统固-液平衡有一个共同点，即在液相时二成分互相完全溶解，而在固相时有三种可能：两成分完全不互溶、完全互溶或部分互溶，以下分别介绍。

① 二成分在液相互溶、在固态也完全互溶

这种类型的共同特点是：在高温时两固体相互溶解成为均匀一相，在冷却时析出的固体并非纯物质的结晶而是一均匀的混合物，是一种可变组成的固相，称为固态溶液，通常称为固溶体。在固溶体中，两成分分子紧密结合，相似于液体溶液，但也有不同：在液体溶液中溶剂是流动的，液体质点的分布无秩序，而在固溶体中溶剂是结晶体，质点组成结晶格子，两成分的质点因扩散而固定在溶剂质点之间而形成非纯物质的结晶而成为均匀混合物。

当两成分晶体结构相同，原子大小相近，化学性质也相仿时，易形成替代式固溶体（溶质的原子位于溶剂的晶格位置上），二者可以任何比例互溶。当溶质的原子半径特别小时可以容身于溶剂的晶格空隙中，即可形成间隙式固液体（溶质的原子位于溶剂的晶格位置间的空隙中）。

这类型尚有三种不同形状：a. 固溶体没有共熔点；b. 固溶体有一最高共熔点；c. 固溶体有一最低共熔点。它们的规律性实验总结作出相图分别如图 4-19 中（a）、（b）、（c）所示。

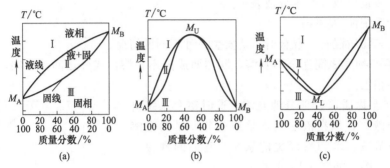

图 4-19　两成分在液态互溶在固态也完全互溶时二元系统固-液平衡

图中，Ⅰ 与 Ⅱ 区之间界为液线，液线以上完全是均匀液相。Ⅱ 与 Ⅲ 区间界为固线，固线以下完全是均匀固态——固溶体。M_A 为纯物质 A 的熔点，M_B 为纯物质 B 的熔点，M_U 为固溶体有一最高熔点（UCST），M_L 为固液体有一最低共熔点（LCST）。Ⅰ 区为均匀液相：$\phi=1$，$f'=k-\phi+1=2-1+1=2$，即温度、浓度可独立改变而不影响相的数目及形态。Ⅱ 区为液相与析出固溶体两相共存：$\phi=2$，$f'=k-\phi+1=2-2+1=1$，即可变因素只有一个，当温度改变时成平衡的各相组成要发生变化；组成发生变化，温度一定变化。Ⅲ 区中为均匀一相的固溶体：$f'=k-\phi+1=2-1+1=2$，即温度及浓度皆可独立改变。

② 两成分在液态互溶而在固态有部分互溶

这种类型的共同特点是有一低共熔点或一转变温度（包晶点），相图上有固溶体区也有低共熔混合物区。两成分可以形成一部分固溶体，但相互之间溶解点有限制而不是无限的，此情况发生在两成分化学性质虽相似，但原子半径相差较大时。它们的不同点则在：a. 有包晶点型；b. 有转变温度类型（包晶点型）；c. 有共晶点又有包晶点的类型。它们的规律经实验总结作出相图如图 4-20（a）、（b）、（c）所示。

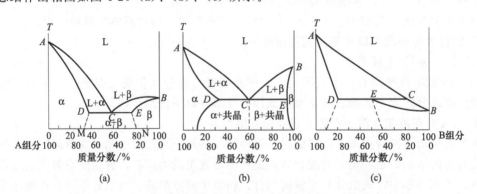

图 4-20　两成分在液态互溶在固态有部分相溶时二元系统液-固相图

图中，α 固溶体为成分 B 溶于 A 中，β 固溶体为成分 A 溶于成分 B 中。Ⅰ 区为液相区：$\phi=1$，$f'=k-\phi+1=2-1+1=2$；α 区及 β 区皆为单相区：$f'=k-\phi+1=2-1+1=2$；说明在 L 区中、在 α 或 β 区中，温度、浓度皆可任意改变，而不影响相的形态及数目。$L+\alpha$

区即液相与 α 固溶体两相平衡区：$f'=k-\phi+1=2-2+1=1$；$L+\beta$ 区为液相与 β 固溶体两相平衡区：$f'=k-\phi+1=2-2+1=1$。$\alpha+\beta$ 区是 α 与 β 形成的低共熔点混合物（共晶）：$\phi=2$，$f'=k-\phi+1=2-2+1=1$，即在固相时两个固溶体的成分也随温度变化。变化规律就是 DM、EN 两条线（称为共轭线）。AC、BC 线皆为液线，为液相区与液-固两区的分界，也就是不同成分的 $(L+\alpha)$、$(L+\beta)$ 开始结晶温度的连线。AD、DM、BE、EN 线皆为固线，线上每一点都代表在不同温度下与液相或与另一个固相成平衡的固相的成分。DCE 为共晶线。C 点为共晶点：$f'=0$

③ 两成分在液相互溶而在固相完全不相溶

这里有两种可能：a. 固态彼此不互溶，生成简单低共熔混合物（或称共晶）；b. 固态彼此不互溶，生成化合物（生成化合物的相图较复杂，这里不予讨论，这里只讨论 a）。它们的规律经实验总结出相图如图 4-21（a）、（b）所示的情况。

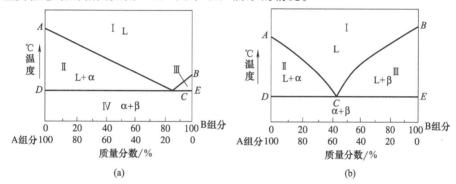

图 4-21　两成分在液态互溶而在固态完全不相溶二元系统液-固相图

图中，AC、BC 线代表不同成分开始结晶（有固体析出）温度的连接线。DE 线代表最后结晶温度的连线，DE 线温度线下完全为固体。AC 线表示纯组元 A 与不同成分混合溶液的平衡，BC 线表示纯组元 B 与不同成分混合溶液的平衡。AC、BC 线统称为液线，在液线上的区域皆为液态。DE 线是一条等温线，T_c 就是系统低共熔温度或共晶温度。在 DE 线以上有固态纯组分和液态混合溶液。在线以下完全是固态。DE 线也称固线，在线上为 L+纯 A+纯 B 三相平衡。相图上的 C 点称为低共熔点（共晶点）。Ⅰ区只有液相-相；Ⅱ区是纯 A+液两相平衡；Ⅲ区是纯 B+液两相平衡；Ⅳ区是纯 B+纯 A 两固相平衡。AC、BC 线：$f'=k-\phi+1=2-2+1=1$，说明一定组成的混合溶液，开始结晶的温度一定，即温度一定，组成一定。DCE 线（包括共晶点在内）：$f'=k-\phi+1=2-3+1=0$，说明在此线上温度及各相组成皆一定。Ⅰ区：$f'=k-\phi+1=2-1+1=2$，说明温度皆可随意变动而不会影响相的形态和数目的改变；Ⅱ区：$f'=k-\phi+1=2-2+1=1$，说明一定温度下，每相中的组成是一定的；Ⅲ区 $f'=k-\phi+1=2-2+1=1$ 与Ⅱ区相似；Ⅳ区：$f'=k-\phi+1=2-2+1=1$，说明两固相组成都不会改变，因为它们都是纯物质，可变的只有温度一个因素。

5. 相变材料热性质的 DSC 测定

测定结晶高聚物熔点的常用方法，除了膨胀计法（测定比容-温度曲线）以外，还有：

① 正交偏光显微镜法——在升温过程中，当样品从晶态转变为非晶态时，双折射度消失，在正交偏光显微镜下，视野由明变暗，取视野完全变暗的温度为熔点 T_m。

② 热分析法——热分析（thermal analysis）是在规定的气氛中测量样品的性质随时间或温度的变化，并且样品的温度是程序控制的一类技术。按所测物质物理性质的不同，热分析法有不同的分类和命名。测定物理性质熔，采用差示扫描量热法（differential scanning

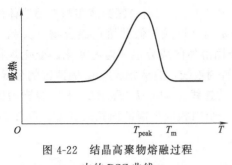

图 4-22 结晶高聚物熔融过程
中的 DSC 曲线

calorimetry，简称 DSC）。它是在程控温度下，测量输入到物质和参比物之间的功率差与温度关系的技术。横轴为温度或时间，纵轴为热流率。有两种：功率补偿 DSC 和热流 DSC。测得的曲线如图 4-22 所示。通常取吸热峰终止时对应的温度作为熔点 T_m。文献中也常用吸热峰顶对应的温度作为熔点，记为 T_{peak}（或 T_p）。吸热峰的宽度表征熔限宽度。

（1）热流式 DSC 曲线方程

$$R\frac{dH}{dt}=(T_s-T_r)+R(C_s-C_r)\frac{dT_r}{dt}+RC_s\frac{d(T_s-T_r)}{dt}=\Delta T+\frac{\Delta C}{K}\beta+RC_s\frac{d\Delta T}{dt} \quad (4\text{-}39)$$

式中，T_s 为试样（s）的温度；T_r 为参比物（r）的温度（两者均匀且与各自容器温度相等，测温点在样品中任意部位或接触容器外壁效果相同）；R 为试样热阻；C_s 为试样（s）及其容器的热容；C_r 为参比物及其容器的热容；$\frac{dH}{dt}$ 为试样（s）放热时的热流率；$\Delta T(=T_s-T_r)$ 为温差；$\Delta C(=C_s-C_r)$ 为热容差；$K=\frac{1}{R}$；$\beta\left(=\frac{dT}{dt}\right)$ 为升温速率。

这就说，任一时刻 $R\left(\frac{dH}{dt}\right)$ 可以看作下述三项之和：第 I 项即温差 ΔT；第 II 项 $\Delta C\beta/K$ 相当于差热分析 DTA（differential thermal analysis）曲线的基线方程；第 III 项 $RC_s\frac{d\Delta T}{dt}$ 为 DTA 曲线上任一点的斜率 $\frac{d(\Delta T)}{dt}$ 乘以系统的时间常数 RC。

对曲线上任一点有

$$R\left(\frac{dH}{dt}\right)=I+II+III$$

这里，第 III 项当曲线斜率为正（负）时取正（负）号。因此，当知道 RC_s 就可绘制出直接反应试样瞬间热行为的曲线。

（2）功率补偿式 DCS 曲线方程

功率补偿引起的功率差为

$$\Delta W=\frac{dQ_s}{dt}-\frac{dQ_r}{dt}=\frac{dH}{dt}$$

功率补偿型 DSC 曲线方程为

$$\frac{dH}{dt}=-\frac{dQ}{dt}+(C_s-C_r)\frac{dT}{dt}-RC_s\frac{d^2Q}{dt^2}=-\frac{dQ}{dt}+\Delta C\beta-RC_s\frac{d^2Q}{dt^2} \quad (4\text{-}40)$$

式中，其他符号定义如前；第 I 项 $\frac{dQ}{dt}=\frac{dQ_s}{dt}-\frac{dQ_r}{dt}$，其符号与 $\frac{dH}{dt}$ 相反；第 II 项 $\Delta C=C_s-C_r$，$\beta=\frac{dT}{dt}$ 为升温速率，$\Delta C\beta$ 为 DSC 基线的漂移值，与 DTA 不同，与热阻 R 无关，即改变热阻并不影响 DSC 基线漂移程度，是功率补偿型 DSC 的一大优点；第 III 项是 DSC 曲线的斜率，为 Q 对 t 的二阶导数，乘以常数 RC_s 后仍很小，因此 R 可在较宽的温度范围内变化，仪器可以在较宽的范围内使用。ΔH 与曲线峰面积 A 具有较好的定量关系，可用于反应热的定量测定，这是该型 DSC 仪的另一个优点。

对记录曲线的有关分析和计算。当有热效应发生，曲线开始偏离基线的点称为始点温度 T_i，它与仪器灵敏度有关，一般重复性较差；基线延长线与曲线起始边切线交点温度称为外推始点 T_e，峰值温度 T_p，T_e 和 T_p 的重复性较好，常以其作为特征温度进行比较。曲线回复到基线的温度 T_f 为终止温度。而实际上反应终止后由于整个体系的热惯性，热量仍有个散失过程，真正的终止温度可用图 4-23 所示的方法求得；也有的用双切线法求得外推终点 T_f'。

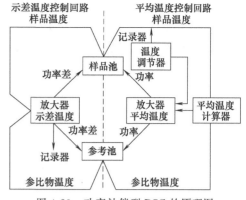

图 4-23　功率补偿型 DSC 的原理图

对于 DSC 曲线，最重要的参数是其外推始点 T_e、峰温 T_p 和由 $T_iT_pT_fT_i$ 所包围的峰面积 S。无论是计算反应过程的放热量以计算其反应过程，还是进行反应动力学处理都涉及反应峰面计算。峰面积计算的方法：

① 早期方法——有求积仪法、剪纸称重法和格子法；

② 现在方法——现在的仪器均具有自动求积程序。只需确定起始终止温度即可。当反应前后基线没有或很少偏移时，连接基线即可求得面积。如果有偏移，则可按表 4-23 所示方法进行计算。

表 4-23　基线有偏移时峰面积求法

DSC 峰的形状	峰面积求法	DSC 峰的形状	峰面积求法
(a)	分别作峰前后基线的延长线，切点即为反应起始与终止温度 T_i 和 T_f，连接 T_i 和 T_f，与峰所包围的面积即为 S。	(d)	作 C 点切线的垂线交另一边于 D 点，$CBDC$ 所围面积即为 S
(b)	作起始与终止边基线的延长线和峰温 T_p 的垂线，求得 $T_iT_pOT_i$ 的面积 S_1 和 $O'T_pT_fO'$ 的面积 S_2，$S=S_1+S_2$，这里反应前部分少计算的面积 S_1 在后部分 S_2 中得到了补偿	(e)	直接作起始边基线的延长线而求得峰面积 S
(c)	由峰两侧曲率最大的两点 A、B 间连线所得峰面积。只适用于对称峰	(f)	基线有明显移动的情形，则需画参考线，从明显移动的基线 BC 联结 AB，此时视 BC 为中间产物的基线而不是第一反应的持续；第二部分面积为 $CDEF$，FD 是从峰顶到基线的垂线

通过 DSC 仪器得到的试样结构信息，主要来自于曲线上峰的位置（横坐标-温度）。大小（峰面积与形状）。像各种仪器分析法一样，许多因素可影响 DSC 曲线上峰位置大小与形状，但概括起来可分为仪器因素，操作条件和样品状态三类：

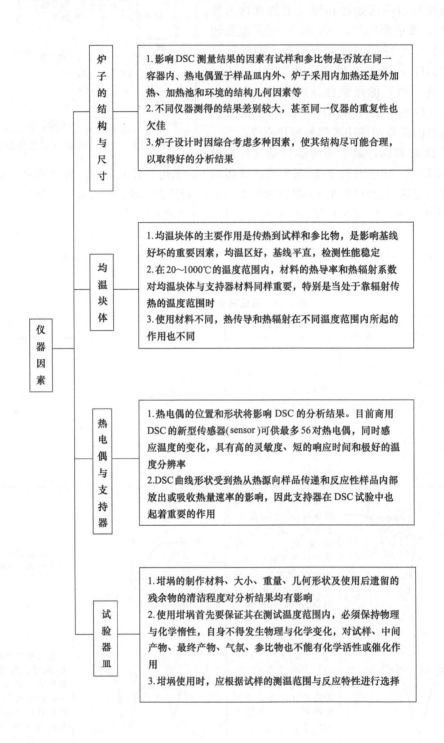

	炉子的结构与尺寸	1.影响 DSC 测量结果的因素有试样和参比物是否放在同一容器内、热电偶置于样品皿内外、炉子采用内加热还是外加热、加热池和环境的结构几何因素等 2.不同仪器测得的结果差别较大，甚至同一仪器的重复性也欠佳 3.炉子设计时因综合考虑多种因素，使其结构尽可能合理，以取得好的分析结果
仪器因素	均温块体	1.均温块体的主要作用是传热到试样和参比物，是影响基线好坏的重要因素，均温区好，基线平直，检测性能稳定 2.在20~1000℃的温度范围内，材料的热导率和热辐射系数对均温块体与支持器材料同样重要，特别是当处于靠辐射传热的温度范围时 3.使用材料不同，热传导和热辐射在不同温度范围内所起的作用也不同
	热电偶与支持器	1.热电偶的位置和形状将影响 DSC 的分析结果。目前商用 DSC 的新型传感器(sensor)可供最多56对热电偶，同时感应温度的变化，具有高的灵敏度、短的响应时间和极好的温度分辨率 2.DSC曲线形状受到热从热源向样品传递和反应性样品内部放出或吸收热量速率的影响，因此支持器在 DSC 试验中也起着重要的作用
	试验器皿	1.坩埚的制作材料、大小、重量、几何形状及使用后遗留的残余物的清洁程度对分析结果均有影响 2.使用坩埚首先要保证其在测试温度范围内，必须保持物理与化学惰性，自身不得发生物理与化学变化，对试样、中间产物、最终产物、气氛、参比物也不能有化学活性或催化作用 3.坩埚使用时，应根据试样的测温范围与反应特性进行选择

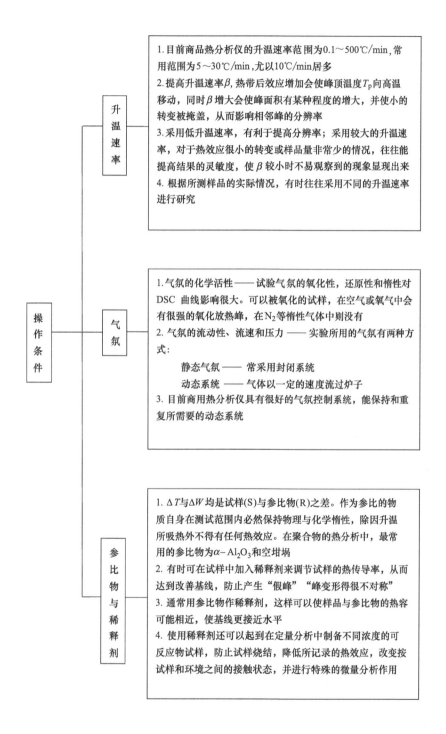

操作条件

升温速率

1.目前商品热分析仪的升温速率范围为0.1~500℃/min,常用范围为5~30℃/min,尤以10℃/min居多
2.提高升温速率β,热带后效应增加会使峰顶温度T_p向高温移动,同时β增大会使峰面积有某种程度的增大,并使小的转变被掩盖,从而影响相邻峰的分辨率
3.采用低升温速率,有利于提高分辨率;采用较大的升温速率,对于热效应很小的转变或样品量非常少的情况,往往能提高结果的灵敏度,使β较小时不易观察到的现象显现出来
4.根据所测样品的实际情况,有时往往采用不同的升温速率进行研究

气氛

1.气氛的化学活性——试验气氛的氧化性,还原性和惰性对DSC曲线影响很大。可以被氧化的试样,在空气或氧气中会有很强的氧化放热峰,在N_2等惰性气体中则没有
2.气氛的流动性、流速和压力——实验所用的气氛有两种方式:

    静态气氛—— 常采用封闭系统
    动态系统—— 气体以一定的速度流过炉子
3.目前商用热分析仪具有很好的气氛控制系统,能保持和重复所需要的动态系统

参比物与稀释剂

1.ΔT与ΔW均是试样(S)与参比物(R)之差。作为参比的物质自身在测试范围内必然保持物理与化学惰性,除因升温所吸热外不得有任何热效应。在聚合物的热分析中,最常用的参比物为$\alpha-Al_2O_3$和空坩埚
2.有时可在试样中加入稀释剂来调节试样的热传导率,从而达到改善基线,防止产生"假峰""峰变形得很不对称"
3.通常用参比物作稀释剂,这样可以使样品与参比物的热容可能相近,使基线更接近水平
4.使用稀释剂还可以起到在定量分析中制备不同浓度的可反应物试样,防止试样烧结,降低所记录的热效应,改变按试样和环境之间的接触状态,并进行特殊的微量分析作用

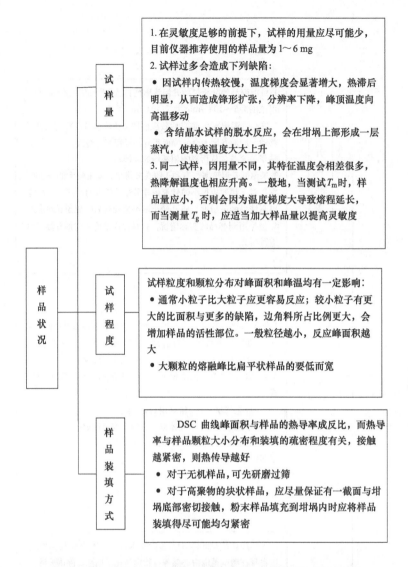

样品状况	试样量	1. 在灵敏度足够的前提下，试样的用量应尽可能少，目前仪器推荐使用的样品量为 1～6 mg 2. 试样过多会造成下列缺陷： • 因试样内传热较慢，温度梯度会显著增大，热滞后明显，从而造成锋形扩张，分辨率下降，峰顶温度向高温移动 • 含结晶水试样的脱水反应，会在坩埚上部形成一层蒸汽，使转变温度大大上升 3. 同一试样，因用量不同，其特征温度会相差很多，热降解温度也相应升高。一般地，当测试 T_m 时，样品量应小，否则会因为温度梯度大导致熔程延长，而当测量 T_g 时，应适当加大样品量以提高灵敏度
	试样程度	试样粒度和颗粒分布对峰面积和峰温均有一定影响： • 通常小粒子比大粒子应更容易反应；较小粒子有更大的比面积与更多的缺陷，边角料所占比例更大，会增加样品的活性部位。一般粒径越小，反应峰面积越大 • 大颗粒的熔融峰比扁平状样品的要低而宽
	样品装填方式	DSC 曲线峰面积与样品的热导率成反比，而热导率与样品颗粒大小分布和装填的疏密程度有关，接触越紧密，则热传导越好 • 对于无机样品，可先研磨过筛 • 对于高聚物的块状样品，应尽量保证有一截面与坩埚底部密切接触，粉末样品填充到坩埚内时应将样品装填得尽可能均匀紧密

第五节　相变材料热性能和微胶囊制备

相变材料的吸热效应和放热效应取决于相变材料的纯度、结晶完整性、过冷程度、熔融和结晶过程的可逆性，包覆相变材料物质的性能和形状等因素。

一、相变材料在相变过程中的吸热或放热效应

人们利用相变材料在相变过程中的吸热及放热效应，可减小或减缓外界环境温度变化对被相变材料所包围的小环境的影响，使其微气候保持在相对稳定的条件下，达到智能调温的目的。

以高级脂肪烃为主要成分的微囊包覆的相变材料 prethermo C-25 和 C-31 与水，在环境温度变化的条件（先从 18.6℃升高到 36.6℃，保持 36.6℃恒温，再急速降温到 18.6℃，保持 18.6℃恒温）下，三者随环境温度变化的情况，如图 4-24 所示。

由图可知，水在上述环境温度范围内，在升温阶段，沿蠕变曲线逐步升温到恒温（36.6℃）平台线；在降温阶段，则沿弛缓曲线逐步降温到恒温（18.6℃）平台线；两阶段

内不发生相变，其储热和调温能力
差，温度变化速率大。相变材料在环
境温度的升温和降温过程中，在其相
变点附近，温度变化速率较小，具有
调温功能，当相变过程结束后，其储
热和调温功能显著降低，温度的变化
程度明显增大。相变材料不在相变过
程时，具吸热和放热能力的大小则取
决于它的比热容的大小，而物质的比
热容一般很小，因此在相变过程结束

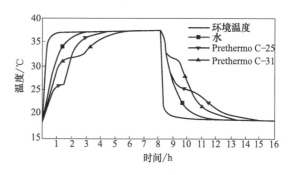

图 4-24　相变材料的温度变化曲线

后，相变材料的储热和调温能力将大大降低。相变材料在等压条件下，由 1 相转变为 2 相时
单位质量物质吸收的热量，即比潜热为：

$$l = (u_2 - u_1) + p(v_2 - v_1)$$

式中各符号的意义，已如前述。例如 H_2O 和乙醇的正常熔点为 273.15K 和 158.6K 摩尔熔
解热为 6.037kJ/mol 和 5.02kJ/mol，正常沸点为 373.15K 和 351.7K，摩尔汽化热为
40.68kJ/mol 和 38.62kJ/mol。相变材料 Prethermo C-25 和 PrehermoC-31 的相变温度为
25℃和 31℃，分别在 25℃和 31℃处出现水平段。在升温初期（1～2h 之间），Prethermo C-
25 的温度低于 Prethermo C-31；在升温后期（约 2～6h 之间），Prethermo C-25 的温度高于
Prethermo C-31。在降温初期（8～10.5h 之间），Prethermo C-31 的温度高于 Prethermo C-
25；在降温后期（10.5～15h 之间），Prethermo C-31 的温度高于 Prethermo C-25。两者在
维持微气候方面比水更有优势，因为在升温阶段，水在 3h 后即达到了最高环境温度，而
Prethermo C-31 在 6h 以后才到最高环境温度，相当于延长了气候舒适性时间；在降温阶
段，水在 3～4h 就达到了最低环境温度，而 Prethermo C-25 在 7h 以后才达到最低温度，相
当于延长了气候舒适性时间。

相变材料的调温性能取决于相变材料的相变温度、相变潜热和热传导系数。

（1）相变温度

① 每种相变材料都具有其相应的相变温度，应根据不同的使用环境，选择相变温度适
宜的相变材料。

② 应用场合不同，需要不同的相变温度，例如：

太阳能热发电，要求 90℃以上的中高温相变材料；

服装用纺织品，应根据应用的气候不同，相变温度有所差异，严寒气候的应为 18.33～
29.44℃，温暖气候的应为 26.67～37.78℃，用于运动量大的或炎热气候的应为 32.22～
43.33℃。相变蓄热调温纺织品所使用的相变温度通常在 0～50℃。

（2）相变潜热

① 相变物质由 1 相变为 2 相时的比潜热为：

$$l = (u_2 - u_1) + p(v_2 - v_1) = T(S_2 - S_1)$$

其中，一部分为 $(u_2 - u_1)$，用于增加物质的内能称为内潜热；另一部分为 $p(v_2 - v_1)$
在相变过程中对外做功，称为外潜热。T 为相变系统的绝对温度；S_1、S_2 为 1，2 相时的
熵值。

② 相变材料要求它的单位质量和单位体积的相变潜热都要大。

（3）热传导系数

① 热量从物质的一部分传导到另一部分，或从一个物体传导到另一个相接触的物体从而使系统内部各处温度相等，称为热传导。导热系数 κ 由材料热传导的基本定律——傅里叶定理给出：

$$q = -\kappa \, \mathrm{grad}\, T$$

式中，q 为单位面积上的热量传导速率；$\mathrm{grad}\, T$ 为温度 T 沿热传导方向上的梯度

② 表征物质热传导的三个重要参数是导热系数（κ）、扩散系数（α）和热容（C_p）。它们之间的关系是：

$$\kappa = \alpha C_p \rho$$

式中，ρ 为物质的密度。

③ 相变材料应具有适宜的热传导系数（κ），对热变化的响应快，能很快地吸收和释放热量。

其他方面，要求相变材料：①相转变过程完全可逆（正过程与逆过程的方向仅取决于温度），相变过程中过热或过冷的幅度以小为宜；②相变过程中，相变材料的体积变化以小为好，对封入微胶囊与中空纤维的对体积变化的要求则更高；③应具有相对的化学稳定性和物理稳定性，无毒、无刺激、无腐蚀、无易燃易爆问题；④材料容易获取，价格低廉。

二、聚乙二醇（PEG）热性能的测定分析

在对聚乙二醇进行冷热循环处理时，其超分子结构会发生某种相互转变，从而改变宏观性质而具有特殊的蓄热调温性能，突出表现在环境温度升高时吸收热能，储存能量；环境温度降低时释放能量，将热量放出，具有双向调温的特殊功能。

以聚乙二醇作为相变材料，由于其分子链较长，分子量是分布的，结晶又不完善，因此相变过程有一个熔融温度范围，不像低分子量的物质有明显的熔融尖峰。这种熔融特征，使材料的相变过程较为平稳和可控，不易出现过冷现象和相分离。PEG 发生转变的温度在自然环境温度变化范围之内，研究发现，PEG 还可以与纺织纤维发生物理或化学的结合，易被添加到纺织品上，将其应用在纺织材料上，可赋予纺织品有效的温度调节功能。而且 PEG 在固体状态时成形性较好，PEG 产品的相对分子质量可调、与水互溶并可溶于多种溶剂、本身腐蚀性小、性能稳定、毒性小、成本低，对生产加工、安全环保、节约成本等都是有利的。因此，引起了国际纺织界的高度重视。

下面的讨论，是在东华大学于伟东教授指导王玮玲撰写的《相变纤维的性能与表征》硕士学位论文的基础上，归纳分析的结果，仅供读者参考与借鉴。

1. PEG 单一组分的差动热分析（DSC）

单一组分的 PEG，其熔融温度、熔融吸热量以及其他性能都与它的相对分子质量有着很大的依存性，而且相对分子质量越大，熔点温度越高，熔融热越大。

（1）试样 取名义分子量分别为：600，1000，2000，4000，6000，10000，20000 七种 PEG，并与已有文献报道的名义分子量为 400 的 PEG 作对比。

（2）测量手段 采用美国 Perkin-Elmer 公司的 Pyrisl DSC 差示扫描量热仪测试试样的结晶性能。测试条件如下。

① 等速升温扫描：在 DSC 差示扫描量热仪上，高纯度氮气氛中测试；升温扫描速率为 20℃/min，温度范围为 −10～100℃。

② 等速降温扫描：升温扫描至 100℃后，恒温 1min，然后降温扫描，降温扫描速率为 20℃/min，温度范围为 100～−10℃。

（3）等速升温和降温分析 DSC 曲线
实测七种 PEG 的升/降温 DSC 曲线，都具有明显的熔融吸热峰（升温曲线）和结晶固化放热峰（降温曲线）。以 PEG 1000 为例，它的升/降温 DSC 曲线如图 4-25 所示：

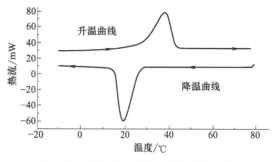

图 4-25　PEG 1000 的升/降温 DSC 曲线

测量结果与特征参数值：七种 PEG 试样和已知对比 PEG 400 的热分析结果见表 4-24。

表 4-24　PEG 热分析实验结果表

试样标号	重均分子量 $\overline{M}_w$	分子量对数分布值 $\lg M_w$	熔融温度 $T_m/℃$	熔融吸热量 $\Delta H_m(J/g)$	结晶温度 $T_c/℃$	结晶放热量 $H_c/(J/g)$
1	400	2.60	3.24	91.37	−24	85.4
2	600	2.78	17.92	121.14	−6.88	116.16
3	1000	3.00	35.1	137.31	12.74	134.64
4	2000	3.30	53.19	178.82	25.19	101.34
5	4000	3.60	59.67	189.69	21.97	166.45
6	6000	3.78	64.75	188.98	32.89	160.93
7	10000	4.00	66.28	191.9	34.89	167.87
8	20000	4.30	68.7	187.31	37.65	160.97

注：1. 重均分子量 $\overline{M}_w = \sum M_i w_i$，其中 w_i 为分子量为 M_i 的质量分数。

2. 对分子量分布较宽的高聚物试样，常以 $\lg \overline{M}_w$ 为横坐标，来描述分子量分布，称为分子量对数分布曲线。

（4）测试结果分析

① 聚乙二醇是一种很好的高分子化合物类的相变材料。

这种相变材料具有一定分子量分布的 PEG 的混合物，分子链较长，结晶不完全，因此它的相变过程有一个熔融温度范围（有一定的峰面宽度），而不像低分子量的物质有一个熔融尖峰（峰宽很狭小）。单一组分的 PEG 熔融温度 T_m 和熔融吸热量 ΔH_m 与重均分子量 $\overline{M}_w$ 及其分子量对数分布曲线 $\lg \overline{M}_w$ 存在很大的相关性，因此具有温度可调性。

在温度降低时，PEG 中的微粒将有规律地排列起来，开始时是少数微粒按一定的规律排列成晶核（crystal nucleus），然后围绕这些晶核成长为一个个的小晶粒（small crystal grain）。因此，凝固过程实质就是产生晶核和晶核成长的过程。这两种过程是同时产生并同时进行着的。晶核生长是围绕着晶核的原子继续按一定规律排列在上面，使晶体点阵得以发展。在凝固完成将过半时，生长着的晶粒互相推挤，即朝有液体存在的方向生长，最终凝成了多晶体。

② 重均分子量 $\overline{M}_w$ 对 PEG 相变热性能的影响。

为此，作出 T_m-$\overline{M}_w$、ΔH_m-$\overline{M}_w$、T_c-$\overline{M}_w$、ΔH_c-$\overline{M}_w$ 的散点图，四图中纵坐标的刻度分别为 T_m、ΔH_m、T_c、ΔH_c，而横坐标的刻度均为 $\lg \overline{M}_w$，如表 4-25 中所示。然后通过它们的散点分布情况画出它们的迫近曲线，再通过最小二乘法求出它们的经验公式，用统计分析方法求出这些经验公式的相关性分析。

表 4-25 $\overline{M}_\mathrm{w}$ 对 PEG 相变四个热性能的影响

散点图和迫近曲线	经验公式及相关系数
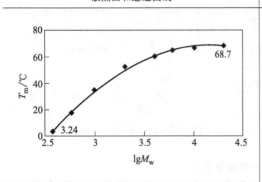	$T_\mathrm{m}=-25.876(\lg\overline{M}_\mathrm{w})^2+215.56(\lg\overline{M}_\mathrm{w})-380.21$ $R^2=0.99$ 随着 PEG 重均分子量的增大，T_m 先是迅速增大，当 $\overline{M}_\mathrm{w}$ 超过 4000 后，T_m 即趋于平衡值。
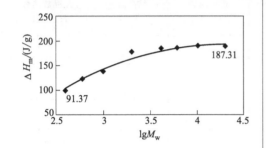	$\Delta H_\mathrm{m}=-32.358(\lg\overline{M}_\mathrm{w})^2+277.71(\lg\overline{M}_\mathrm{w})-4000.95$ $R^2=0.95$ 随着 PEG 重均分子量的增大，先是迅速增大，当 $\overline{M}_\mathrm{w}$ 超过 4000 后，ΔH_m 即趋于平衡值。
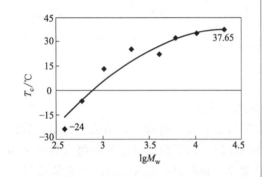	DSC 等速降温扫描中，PEG 试样的结晶温度 T_c 数据，也表现出了与等速升温过程相似的对重均分子量 $\overline{M}_\mathrm{w}$ 的依存性。
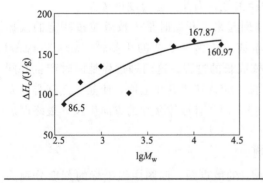	DSC 等速降温扫描中，PEG 试样的结晶放热量 ΔH_c 数据，也表现出了与等速升温过程相似的对重均分子量 $\overline{M}_\mathrm{w}$ 的依存性。

（5）一般结论

① 当重均分子量 $\overline{M}_\mathrm{w}=1000$ 时，PEG 的 ΔH_m 值最大为 191.9J/g，这相对于含结晶水的无机盐类来说（例如 $KF\cdot4H_2O$、$Na_2CO_3\cdot10H_2O$、$Na_2S_2O_3\cdot5H_2O$ 和 $Na_2HPO_4\cdot$

12H$_2$O 的熔解热分别为 231J/g、247J/g、201J/g 和 205J/g）较小，但其所具有聚合物的特性是这些物质所不具有的。

② 重均分子量 $\overline{M}_w$ 在 6000 以上，熔融温度 T_m 在 17.92～68.7℃之间，结晶温度 T_c 在 -6.88～37.65℃之间，属于低温范围，可用于低温热能储存。

③ 重均分子量 $\overline{M}_w$ = 1000，PEG 的熔融温度 T_m 为 35.1℃，熔融吸热量 ΔH_m 为 137.31J/g，结晶温度 T_c 为 12.74℃，结晶放热量 ΔH_c 为 134.64J/g，既具有较高的 ΔH_m 和 ΔH_c，而且 T_m 值与人体正常体温 36.5℃相近，T_c 值与人体感不舒适温度亦相吻合。因此，利用 PEG 1000 在相变点时的吸收和放出热量的特点，研发具有双向调温纺织品，用于服装和室内装饰等。

人体为了适应外界气候，保持正常体温，必须进行适当的调节。但人体的生理性调节有一定限度，一个裸体的人要保持正常体温，只能在气温 27～37℃ 时才能完成调节。在外界气温低于 27℃或高于 27℃时，人体即不能单纯地依靠生理性调节，而需要进行行为性调节来制造一个合适的人工气候条件。住宅就是人类用以防御寒冷、酷热、风、雨、日光等不良影响的人工环境，衣服同样也是人体防御不良条件或不良环境的有效工具。人类不仅在适应外界气象条件、环境条件上想了许多办法，同时还在不断地为自己创造舒适的环境。人们正在不断研发各种蓄热调温纤维和纺织品，就是一个典型事例。

2. PEG 二元共混体系的差动热分析（DSC）

由前述可知，不同重均分子量的聚乙二醇，其单组分的熔融温度和熔融吸热量与其分子量存在很大的依存性。我们能否适当混配不同分子量的聚乙二醇，得到适合用于衣着具有自适性（self-adaptive）的相变材料的工作物质，并经过对一些二元聚乙二醇体系的相变行为的差动热分析（DSC），来获得较优的配伍方式？

（1）试样　仍采用表 4-26 所列的试样，但不含 PEG 400。

（2）试样制备　将七种不同重均分子量的 PEG 进行两两混配，质量百分比分别为 50：50，得到 21 个混合试样。为使混合均匀，在密封玻璃管内将混合物加热至清亮液体，冷却后再研磨成细粉，取样供 DSC 测试之用。

（3）测试手段　仍采用美国 Perkin-Elmer 公司的 Pyrisl DSC 差示扫描量热仪。被测试样 8～10mg 密封于标准铝坩埚内，在氮气保护下进行，记录扫描曲线。

① 等速升温扫描：升温扫描速率为 20℃/min，升温范围为 -30～100℃，恒温 1min。

② 等速降温扫描：降温扫描速率为 20℃/min，降温范围为 100～-30℃。

实验结果：等速变温过程中 PEG 二元体系的熔融和结晶数据见表 4-26。

（4）测试结果分析

① 通过 DSC 热分析，获得了 21 种混合试样的测试曲线，如图 4-26 所示。其中：

• 能量最大的是 21# 试样（PEG 10000/20000 组合），温差最大的是 2# 试样（PEG 600/2000 组合）。

• 最高温度控制范围的是 5# 试样（PEG 600/10000 组合），最低温度控制范围的是 20# 试样（PEG 6000/20000 组合）。温控范围是指相变材料从开始相变到结束相变的温度差。它是一个重要的指标，直接影响着相变材料在服装穿着中的调温效果。

• 各号试样的升温曲线与降温曲线没有对称性，大部分的升温曲线变化比降温曲线变化复杂，升降温有一定的差异性。

• 有些图形是单峰的，有些图形是双峰或三峰。在 PEG 600/1000、600/2000、600/4000、600/6000、600/10000 和 600/20000 组合的 1# ～6# 试样一般都是非单峰的。

表 4-26　等速变温过程中 PEG 二元体系的熔融和结晶

$\overline{M}_W$	试样号	T_{on1}/℃	T_{end1}/℃	T_{p1}/℃	ΔH_m/(J/g)	T_{on2}/℃	T_{end2}/℃	T_{p2}/℃	ΔH_c/(J/g)	过冷/℃
600/1000	1	27.3	42	37.5	161.9	26.1	15	18.9	−166	1.2
600/2000	2	32.6	42.3	40.1	101.7	7.7	−6.3	0.5	−107	24.9
600/4000	3	−10.6	8.4	2.9	34.3					−10.6
		33.8	47.2	40.6	83.4	16.2	1.91	9.5	−120	17.6
600/6000	4	43.7	54.3	50.7	115.0	26.3	13.5	16.7	−143	17.4
600/10000	5	19.1	32.4	26.4	9.0	2.1	−8.8	−2.5	−11	17
		40.27	50.9	48.9	70.7	25.1	11.8	19	−84.7	15.17
600/20000	6	−13.6	4.8	−1.4	18.8	5.6	−8.6	0.03	−38.7	−19.2
1000/2000	7	37.8	47.6	45.8	156.5	22.2	11.7	14.3	−155	15.6
1000/4000	8	36.3	50.7	46.3	156.7	25.9	13.8	17.5	−158	10.4
1000/6000	9	43.9	54.3	51.2	154.2	30.8	20.4	25.1	−173	13.1
1000/10000	10	42.4	54.9	51.7	141.3	25.6	13.1	18.4	−142	16.8
1000/20000	11	40.4	54.4	49.5	129.8	31.1	17.3	24.4	−145	9.3
2000/4000	12	49.8	62.6	58.8	192.4	35.9	23.7	27.7	−180	13.9
2000/6000	13	49.9	59.3	57.1	178.2	33.8	25.5	29	−185	16.1
2000/10000	14	48	59.3	56.4	175.5	34.9	25.9	30.9	−177	13.1
2000/20000	15	50.981	58.938	56.6	180.9	38.2	31.2	33.5	−187	12.78
4000/6000	16	—	—	—	—	—	—	—	—	—
4000/10000	17	54.3	61.3	59.2	174.9	30	31.3	34.1	−182	29.3
4000/20000	18	56.8	67.3	64.1	210.2	39.9	30.2	35.7	−165	169
6000/10000	19	56.9	68.4	65	199.1	39.2	29.9	34.2	−190	17.7
6000/20000	20	61.4	75	67.4	204.71	40.9	32.9	36.9	−190	20.6
		38.4	51.3	48.3	100.4	31.2	21.3	25.6	−83	7.2
10000/20000	21	61.2	70.4	66.5	261.1	39.7	27.2	30.7	−217	21.5

• 其经测试得到的最佳混配组合是 1000/2000 组合的 7# 试样，它不存在多峰，说明 PEG 1000 与 PEG 2000 的相容性较好，达到分子的混合。它的各项热性能参数（见表 4-26 中所列），相转变点在人体温度范围附近即 30～40℃之间，且相变潜热（ΔH_m 为 156.5J/g，ΔH_c 为 155J/g）比 PEG 1000（ΔH_m 为 137.31J/g，ΔH_c 为 134.64J/g）高。

• 不同分子量的 PEG 两组分混合的 DSC 谱图并非该体系中组分单独时 DSC 谱图的简单相加，而是出现了两个大小不一的吸热峰和一个放热峰，这表明不同重均分子量的 PEG 两个组分混合前后处于不同的物理状态，促使混合体系发生某种物理变化，使混合体系内的大分子可能发生了重新排列、取向和结晶，使得 T_m、H_m、T_c、H_c 值发生了变化。

这里，只讨论了混合体系中两个 PEG 组分的混合比均为 50∶50，其他混合比例对混合体系的热性能可能的影响尚未探索，还有待进一步研究。

② PEG 二元体系的升温和降温行为

今以 PEG1000 系列二元体系（试样 7# ～11#）为例来进行讨论。

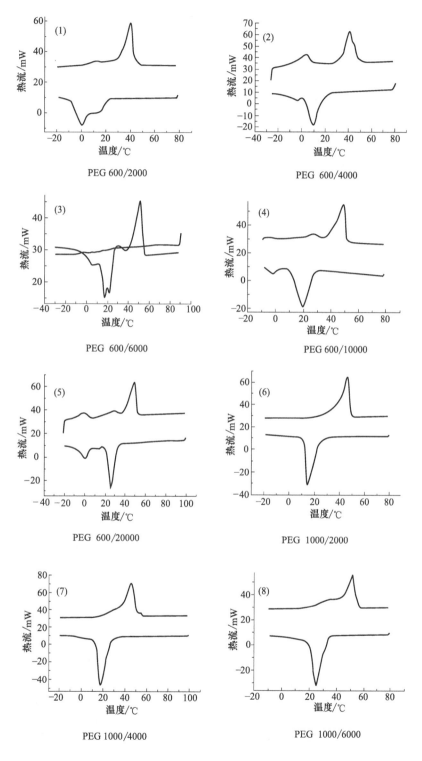

图 4-26

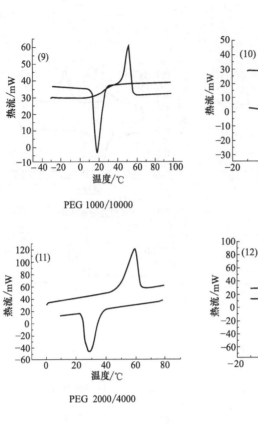

PEG 1000/10000

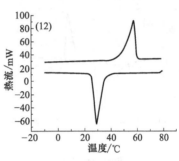

PEG 1000/20000

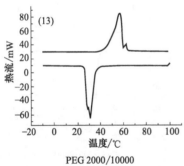

PEG 2000/4000

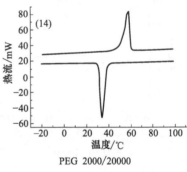

PEG 2000/6000

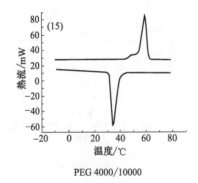

PEG 2000/10000

PEG 2000/20000

PEG 4000/10000

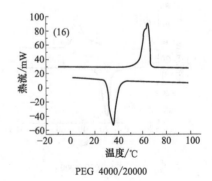

PEG 4000/20000

智能纺织品开发与应用

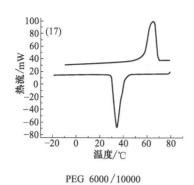
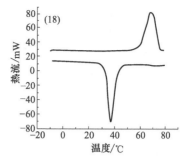

PEG 6000/10000   PEG 6000/20000

图 4-26   不同相对分子质量 PEG 混合物的 DSC 升降图谱

PEG1000 系列二元体系的升温 DSC
曲线，如图 4-27 所示。

由图可见，二元体系的转变峰与纯组
分相比，明显向右偏移，转变峰的高变比
纯组分低。如果在测量的温度范围内混合
物的升温 DSC 为单峰，就表明混合已达
分子水平。如果出现多峰现象，则说明组
分间的相容性欠佳。通过实验发现，在
PEG1000 系列二元体系中有 PEG600 存在
时，组分间的相容性不好，总是多多少少
地出现多峰现象。

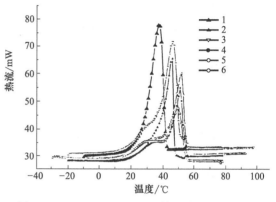

图 4-27   PEG1000 系列二元体系升温 DSC 曲线

PEG1000 系列二元体系的降温 DSC 曲线，如图 4-28 所示。

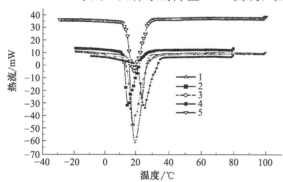

图 4-28   PEG1000 系列二元体系的降温 DSC 曲线

由图可见，降温曲线与升温曲线有
相似的偏移趋势。每一体系的转变温度，
转变热在降温过程中的绝对值均较升温
过程低。这是体系的过冷所引起的。严
重的过冷会使相变材料的应用受限。过
冷会导致降温过程中放出热量一部分需
用于使过冷相变材料达到平衡温度，从
而使相变放出的热量比蓄热时吸热量少。
过冷度太大，甚至会使吸热后的相变材
料难以恢复平衡状态。

为了减轻过冷度，可在相变材料中加入成核剂，如在其中加入 0.1% 左右的石墨粉，即
可以减轻其过冷度。与无机水合盐相比，PEG 二元体系的过冷并不算严重，对热量的储存
的实际应用影响不大。

3. PEG 二元体系的等温结晶概念

（1）二元体系的等温结晶概念

结晶对聚乙二醇的性能影响非常大。结晶是一个从无序排列（溶液，熔体）产生有序结
构的过程，像小分子化合物结晶一样，无论高聚物还是从溶液还是从熔体中结晶，都有相似
的行为和过程。

当聚合物的温度降到它的熔融温度时，在熔体中杂乱缠绕的高分子链规则比排列起来，

生成一个足够大的，热力学稳定的有序，这个过程称为成核，这个有序区称为晶核。在熔点以上，晶核是不稳定的，离熔点越近越不稳定，只有在熔点以下才是稳定的。以晶核为基础，在其上继续堆砌高分子链，增长变大，这个过程称为晶粒生长。成核的速度一般是常数。高聚物晶核的生长一般是二维的，生成片状的晶体。高聚物从极稀溶液结晶时其晶粒是片晶的（横向尺寸变化）；从熔体结晶时其晶粒是球晶（直径的变化）。实验证明，在一定温度时，晶体尺寸的变化与时间 t 有线性关系：

$$r = vt$$

式中，r 为球晶的半径；v 为晶粒生长速率。在球晶长大到与周围相邻生长的球晶相碰前这个过程都是有效的。阿夫拉米（Avrami）提出高聚物的结晶动力学方程。它是一个联系结晶程度与结晶时间之间的关系的经验方程。下面可以简单演算：

该高聚物熔体的质量为 W_0，冷至熔点以下球晶将成核并生长。如果在一定温度下，单位时间和单位体积内晶核的数为一个常数 N，那么在 dt 时间内晶核的总数为 $N \dfrac{W_0}{\rho_L} dt$ 这里 ρ_L 为高聚物熔体的密度，$\dfrac{W_0}{\rho_L}$ 即为熔体的体积。经过时间 t，这些核长成了半径为 r 的球晶，每个球晶的体积为 $\dfrac{4}{3}\pi r^3$。因为球晶的生长速率 v 与时间 t 的关系是线性的，即 $r = vt$。如果球晶的密度变为 ρ_s，则每个球晶质量为 $\dfrac{4}{3}\pi v^3 t^3 \rho_s$。那么，在时间间隔 dt 里生成的核，在 t 时间后，长成球晶的总质量 dW_s 为 $dW_s = \dfrac{4}{3}\pi v^3 t^3 \rho_s N \dfrac{W_0}{\rho_L} dt$。由所有的晶核生长而成的球晶总质量 W_s 为

$$W_s = \int_0^t \frac{4\pi v^3 t^3 \rho_s N W_0 t^3}{3\rho_L} dt = W_0 \cdot \frac{\pi N v^2 \rho_s}{3\rho_L} t^4 \tag{4-41}$$

如果在 t 时间后，剩下的高聚物熔体质量为 W_L，则 $W_L = W_0 - W_s$，于是可求得：

$$\frac{W_L}{W_0} = 1 - \frac{\pi N v^3}{3\rho_L} t^4 \tag{4-42}$$

由上式可知，球晶生长的特征即结晶的分数 $\left(\dfrac{W_L}{W_0}\right)$ 与时间 t^4 有关，球晶体积的变化与时间 t^3 有关。如果考虑结晶时体积收缩，加上球晶长大时会相互碰挤，$\left(\dfrac{W_L}{W_0}\right)$ 与时间 t 的关系是

$$\frac{W_L}{W_0} = e^{-kt^3}$$

$$\frac{W_L}{W_0} = e^{-kt^n} \text{（更一般表达形式）} \tag{4-43}$$

式中，k 为结晶速率；n 为与成核机理和生长方式有关的参数，称为阿夫拉米指数，取值见表 4-27 所示。式（4-42）和式（4-43）是一致的。这就是著名的阿夫拉米（Avrami）方程。

表 4-27　阿夫拉米指数取值

晶粒生长方式	三维生长（球状晶体）	二维生长（片状晶体）	一维生长（锥状晶体）
均相成核	$n=1$	$n=3$	$n=2$
异相成核	$n=3$	$n=2$	$n=1$

注：1. 均相成核（或散乱成核）是高分子链本身聚集体的取向，通过熔体的热涨落导致高分子链的"结晶团簇"不断形成与消失。

2. 异相成核是以某种不完整性或某个不纯物为中心，高分子链围绕它发生初始取向排列。

3. 阿夫拉米指数 n 与成核机理及生长方式有关，等于生长的空间维数和成核的过程的时间维数之和。晶体生长速率和晶粒生长速率都依赖于温度。最快结晶速率所对应的温度 T_{max} 既不是最大晶核生成速率时的温度，也不是最大晶体生长速率时的温度，而是这两个过程组合的总速率曲线的最大值所对应的温度（见图 4-29 所示）。

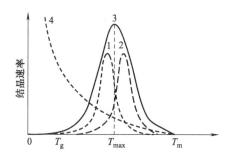

图 4-29 结晶速率与温度的关系

1—晶粒生成速率；2—晶体生长的速率；3—结晶总速率；4—熔体黏度

实验上，跟踪结晶过程，一般有两种方法

1）用测定其体积变化的方法——如果高聚物的起始体积为 V_0，最终体积为 V_∞，在 t 时刻的体积为 V_t，则

$$\because V_t = \frac{W_s}{\rho_s} + \frac{W_L}{\rho_L} = \frac{W_0 - W_L}{\rho_s} + \frac{W_L}{\rho_L} = \frac{W_0}{\rho_s} + W_L\left(\frac{1}{\rho_L} - \frac{1}{\rho_s}\right) = V_f + \frac{W_L}{W_0}\left(\frac{W_0}{\rho_L} - \frac{W_0}{\rho_s}\right)$$

$$= V_f + \frac{W_L}{W_0}(V_0 - V_\infty) \tag{4-44}$$

以 $\dfrac{V_t - V_f}{V_0 - V_\infty}$ 对 t 作图，可得一条反 S 形的等温结晶线。

2）用膨胀计测定毛细管液柱变化的方法——利用膨胀计法很容易测定结晶过程中体积的收缩。这时实验观察的是毛细管液柱 h 随时间的变化情况。

$$\frac{V_t - V_\infty}{V_0 - V_\infty} = \frac{h_t - h_\infty}{h_0 - h_\infty} = e^{-kt^n}$$

对上式取 2 次对数

$$\lg\left(-\ln\frac{h_t - h_\infty}{h_0 - h_\infty}\right) = n\lg t + \lg k \tag{4-45}$$

这样，$\lg\left(-\ln\dfrac{h_t - h_\infty}{h_0 - h_\infty}\right)$ 对 $\lg t$ 作图，得到一直线，由斜率和截距可分别求出 n 和 k。

Avrami 方程最初从金属结晶中导出，目前对大多数聚合物的结晶动力学也颇有成效，获得广泛应用。形式可表示为

$$\lg\{-\ln[1 - \partial(t)]\} = n\lg t + \lg k \tag{4-46}$$

式中：k，n 意义与上述相同，而 $\dfrac{h_f - h_\infty}{h_0 - h_\infty} = 1 - \dfrac{h_t - h_\infty}{h_0 - h_\infty}$，$\dfrac{V_t - V_\infty}{V_0 - V_\infty} = 1 - \dfrac{V_0 - V_t}{V_0 - V_\infty}$，

$\partial(t) = \dfrac{h_t - h_\infty}{h_0 - h_\infty} = \dfrac{V_t - V_\infty}{V_0 - V_\infty}$ 为试样在时刻 t 的相对结晶度，$x_c(t)$ 为 t 时刻的结晶度，$x_\infty(t)$ 为结晶终了时的结晶度。因此，

$$\partial(t) = \frac{x_c(t)}{x_\infty(t)} = \int_0^t \frac{dH_c(t)}{dt}dt \bigg/ \int_0^\infty \frac{dH_c(t)}{dt}dt$$

式中，$dH_c(t)/dt$ 为 t 时刻的热流速度。

下面依据 Avrami 方程，来讨论 PEG 二元体系的等温结晶性能。

• PEG 的吸收热与其重均分子量有关。随着分子量的增大而相应提高。如表 4-27 所示。分子量大，分子链长，分子间作用力大，PEG 易于结晶，且结晶变高，晶型较完整，因此显示出较好的热性能。

• 从服用角度上看，整理后织物应具有两个要求：①其调温范围 T_c 为 30℃，T_m 为 30℃；②在其调温范围内，T_c 与 T_m 的差值（$T_m - T_c$）愈大调温效果愈好。单一分子量 PEG 所提供的热能难以满足要求，不是超过所需温度范围，就是（$T_m - T_c$）差值太小，可控选择的余地受限。为此，考虑在保证较高的 H_m、H_c 值的基础上，变化 PEG 的结晶温度 T_c 为熔融温度 T_m，以满足服用要求。实验发现，将两种不同重均分子量的 PEG 按适当比例混合后，可以使 T_m、T_c 产生移动，而且使（$T_m - T_c$）差值变大。

例如，试样 PEG2000/10000 的等温结晶 DSC 曲线如图 4-30 所示。

由图可见，随着结晶温度 T_c 的升高，结晶峰向右移，结晶完成时间延长，结晶速度趋于平缓。这表明，结晶主要受成核过程控制，过冷度越小，成核越困难，相应结晶速率也就越小。

运用 Avrami 方程时可不必测定试样的绝对结晶度，只要由实验得到其相对结晶度数据，就运用 Avrami 方程进行处理。根据结晶热熔随时间的变化，来求得试样在 t 时刻的相对结晶度 $\partial(t)$。图 4-31（a）、（b）分别表示 PEG 2000/10000 和 PEG 1000/10000 两试样（14#、10#）的相对结晶度 $\partial(t)$-t 曲线。从图中明显可见，随着结晶度的增加，结晶完成时间明显延长。

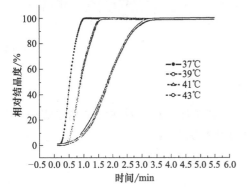

图 4-30　PEG2000/10000（试样 14#），在不同温度下的等温结晶图

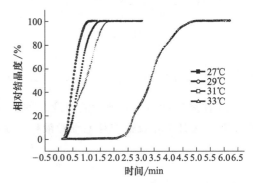

图 4-31　PEG2000/10000 和 PEG1000/10000 相对结晶度

图 4-32PEG2000/10000（试样 14#）的 $\lg\{-\ln[1-\partial(t)]\}-\lg t$ 关系曲线。

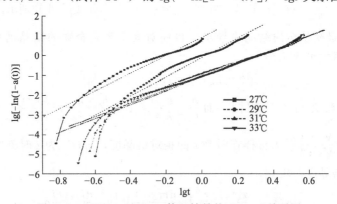

图 4-32　PEG2000/10000 等温结晶的 Avrami 关系图

由此可见，在大部分相对结晶度的范围内，等温结晶曲线和 Avrami 方程有着良好的线性关系，表示该体系的等温结晶完全可以用 Avrami 方程来描述。但是其他的大多数曲线在结晶后期却发生不同程度的偏离，这与二次结晶有关，因为结晶后期球晶相碰和球晶内部进一步完善，球晶生长就不用按照 Avrami 模型进行的所导致的结果。在图中拟合 Avrami 双对数曲线，可以求得 Avrami 指数 n 和结晶速率常数 k，见表 4-28。

表 4-28　PEG2000/10000（试样 14#）不同温度下等温结晶动力学数据

结晶温度/℃	结晶时间/min	最大结晶的速率/min	n	k	相关系数 R	半结晶时间/min
37	1.035	0.662	4.470	8.145	0.975	0.948
39	1.851	1.104	4.824	0.783	0.963	0.987
41	3.738	2.235	3.398	0.092	0.987	1.392
43	3.636	2.226	3.505	0.085	0.986	1.389

　　根据结晶成核和生长机理，n 应该为整数，球状结体，均相组成 $n=4$，异相成核 $n=3$。这里却出现了小数。其原因是：聚乙二醇结晶过程的特殊及复杂性，成核过程不可能完全按一种方式进行，晶体形态也不一定按一种均一的形态生长，球晶生长阶段并不总是以球晶对称的方式生长，大致推测体系中晶体的生长方式是以球晶三维生长和盘状二维生长为主，从而导致 Avrami 指数 n 的转变。

　　以 Avrami 方程处理试样 14# 等温结晶曲线，虽然实验数据之间有良好的线性关系，相关系数在 0.94 以上，但从其指数 n 来看，其结晶过程尚不遵循 Avrami 方程。等温结晶过程中，体系完全结晶所需时间和半结晶时间，随结晶温度的升高而延长，结晶速率常数 k 随结晶温度升高而减小。最大结晶速率则随结晶温度升高而延长。

　　（2）相变材料微胶囊的制备

　　相变材料微胶囊（micro-encapsulate α phase-change materials，简称 MEPCM）是利用成膜材料把固体或液体的相变材料包覆起来形成粒径在 $2\sim100\mu m$ 之间（外壳壁厚在 $0.2\sim10\mu m$ 之间，芯材所占比例在 20%～95% 之间）的微小颗粒，可呈不同的外形，一般为球形。这不仅解决了固-液相变材料相变时的泄漏问题，并可阻止相变材料与外界环境的直接接触，以保护相变材料的作用，并可延长其使用寿命。微胶囊粒径很小、比面积很大，可以提供巨大的传热面积，有利于及时传递补热能。

第六节　智能调温纤维和纺织品

　　利用相变材料的蓄热调温功能，将相变材料混入纤维中或通过整理加工方法将相变材料涂覆于纺织品表面，可以获得智能调温的纺织品。

　　智能调温纺织品具有主动保温功能，可以在一定温度范围内，自适应地（self-adapted）对环境温度变化具有自调整性，当温度高于某一阈值时相变材料相变而吸热，使服装内小气候温度不再升高，当温度低于某一阈值时，相变材料相变而放热，使服装内小气候温度不再降低，从而使人体处于最舒适的温度范围内。这种纺织品具有双向温度调节和适应性，可以在环境温度振荡条件下反复循环地使用。若与传统保温、散热方式相结合，则更能有效地体现它的快速稳定的调温特点。现在已在职业服、运动服、室内装饰、特殊防护服装、医疗用品等方面应用。

　　根据调温纺织品应用领域或场所条件不同，应选择相变温度适宜的相变材料。

　　① 用于人体保温及隔热的调温纺织品。在正常条件下，人体不同部位的皮肤温度是有差别的，通常头部和腹部的温度略高于其他部位的温度。人体腹部的平均温度是 $34.4\sim35℃$，手脚的平均温度是 $30.8\sim31.6℃$。如果人体皮肤的温度与皮肤平均温度相差 $1.5\sim3.0℃$，人体感觉舒适，若相差 $\pm4.5℃$ 以上，人体将有冷暖感。人体的舒适温度一般在 $29\sim35℃$ 之间。因此，用于人体保温和隔热的调温纺织品，应选择相变温度在此范围之内的温度材料，为保证人体处于舒适范围内。相变材料的相变温度一般在 $0\sim50℃$ 之间，其中严寒气

候时选用 18～29℃，温暖气候时选用 27～38℃，炎热气候或大运动量时选用 32～43℃范围的相变材料。

② 其他用途的调温纺织品。例如蓄热调温阻燃纤维在 10～320℃温度范围的相变性：纤维的玻璃化转变温度为 89～108℃，共聚物结晶在 190℃左右开始熔融。共聚物在 238℃左右开始分解。纤维的极限氧指数高于 25％的具有永久性阻燃性能，可用于运动服、床上用品、装饰织物和内衣等。

实际加工中，应该选用合适的相变材料；有时采用不同相变温度的相变材料的混合，使纤维和纺织品在正常温度下，其中的一部分相变材料熔融而处于液态并将热量储存起来；而另一部分相变材料处于固态，具有吸热潜力，从而使相变材料整体在人体舒适的温度范围内，既具有较强的吸热潜力，又具有较强的放热潜力。在环境温度再升高或者再降低时，能够通过另一部分相变材料的相变而吸热或放热，以确保人体皮肤与服装间的小气候仍可处于人体舒适的温度范围之内。

蓄热调温纺织品，加工方法，可以先制备蓄热调温功能纤维，然后再织造或非织造制成纺织品；也可以先制成纺织品，然后再用后整理技术使纺织品具有蓄热调温功能。

对于熔体黏度较低或稳定性较差的相变材料，通常以微胶囊的形式用于调温纤维及纺织品的加工。微胶囊技术的应用，解决了固-液相变材料相变时液体的泄漏和汽化问题，并可阻止相变材料与外界环境的直接接触，从而起到保护相变材料的作用，延长相变材料的使用寿命。

根据将相变材料添加到纺织品中方法的不同，智能调纺织品的加工方法有中空纤维浸渍填充法、将相变材料添加到纺丝聚合物的溶体或熔体中然后进行纺丝加工法、将相变材料制成洗涤剂或整理剂经整理施加到织物上的织物整理加工法。其中纺丝法和织物涂层法目前应用较多。

一、纺丝法制备调温纤维

利用纺丝法制备调温纤维时，通过将相变材料添加到纺丝高聚物的溶液或熔体中，然后进行纺丝加工，制备含有相变材料的调温纤维。

采用纺丝法制备调温纤维，相变材料可以采用微胶囊形式的相变材料，也可以采用非微胶囊形式的高分子相变材料，或将相变材料接枝在高聚物上所得到的聚合物等。

相变材料微胶囊的壁材应具有良好的性能，在纺丝加工时在外力作用下不会发生破裂，仍能保持其完整性，避免相变物质发生泄漏。在保证纤维相变和加工性能的条件下，相变物质的添加量应尽可能地多。减小微胶囊颗粒尺寸（直径应在 0.1～20μm 之间）和提高微胶囊中相变物质的添加量，在纺丝过程中有利于纺丝液或纺丝熔体容易通过过滤网及喷丝头，有利于提高纤维中相变物质的添加量。

利用纺丝法生产的调温纤维，相变物质的含量较高，相变材料在纤维内分布均匀、易于保持，因此调温效果明显、耐久性好、耐洗涤性能和耐磨性能好。含相变材料的调温纤维可单独织成纺织品，也可以与其纤维混纺或交织而织成纺织品（可以是机织物、针织物或非织造布等），或者作为松散的填充物，制成絮料，用于服装、被褥等生产。

根据纺丝方法的不同，可以分为以下两种。

① 湿法纺丝。将聚合物制成纺丝液（其中含有适量的相变物质），再用泵将纺丝液输送喷丝头从喷丝小孔挤压出的纺丝液以细流状进入凝固浴，聚合物经凝固成形会形成纤维。

② 熔融纺丝。将聚合物加热熔融制成纺丝熔体（其中含有适量的相变物质），然后将熔体从喷丝头挤出形成的熔体细流经冷却后凝固成纤维。

1. 湿法纺丝法

将相变材料与纺丝液混合后进行纺丝，是目前工业化制备调温纤维的主要方法。湿法纺丝所用的主要是微胶囊形式的相变材料，通过微胶囊壁和纤维的包裹作用，使相变材料不易泄漏，纤维调温功能的耐久性好。

① 调温腈纶纤维的湿法纺丝。最初，Triangle 公司将相变材料或塑晶包裹在微胶囊内，制成用于纺丝加工的相变材料微胶囊（大小在 1～10cm 之间），所用的相变材料有石蜡烃、二十烷、2,2-二甲基-1,3-丙二醇（DMP）和 2-羟甲基-2-甲基-1,3 丙二醇（HMP）等，通过将相变材料微胶囊与聚合物溶液混合，然后进行纺丝，制备具有储热调温功能的纤维。

1997 年，Outlast 公司和 Fridy 公司采用这一技术，生产出了具有调温功能的腈纶纤维。Acordis 公司，利用 Outlast 公司的技术，实现了 Outlast 调温腈纶纤维的工业化生产，其细度有 2、3 和 5dtex 三种，纤维长度为 60～110mm。

采用湿法纺丝生产调温腈纶纤维，纤维中相变微胶囊的最大加入量 约为 8%，过多会影响纤维的抗拉性能。另外，在湿法纺丝中，由于外力作用，相变微胶囊可能发生破裂，造成相变材料的泄漏。Salyer Ival O 改用非胶囊高分子相变材料作为成纤聚合物来制备调温纤维。

② 聚环氧乙烷制备调温纤维。聚环氧乙烷，其熔点和凝固温度约为 60～65℃，因此，含有聚环氧乙烷的纤维适合用较高温度条件下使用的纺织品。

聚环氧乙烷进行单独纺丝加工时，其相对分子质量在 75000～500000 之间，最好在 100000～200000 之间，其热量储存能力约为 167.36J/g，随聚合物分子量的增加，聚环氧乙烷纤维的强度可以提高。

聚环氧乙烷也可以与其他聚合物混合纺丝。将聚乙二醇和聚环氧乙烷混合纺丝时，聚乙二醇与聚环氧乙烷的比例为（80∶20）～（60∶40），所得纤维的储热和调温能力，与其组分的比例有关。在聚环氧乙烷和聚乙二醇的混合物中添加硅土，可以提高混合物的黏度。聚环氧乙烷与聚乙二醇的混合物，也可以与聚氨酯等聚合物进行混合和纺丝。

含有聚环氧乙烷相变材料的聚合物进行湿法纺丝时，所用溶剂为极性溶剂，如二甲基酰胺、二甲基乙酰胺或者二者的混合物。纺丝液中，聚合物浓度为 20%～30%，溶液浓度为 65%～85%。

湿法纺丝的缺点是工艺流程较长，污染较大，而且纤维中微胶囊的添加量较低。

2. 熔融纺丝法

采用熔融纺丝方法生产调温纤维，因熔融温度较高，因此对相变材料要有较高的要求，相变材料应该具有良好的热稳定性和化学稳定性，因此主要采用低分子相变材料的微胶囊。

在熔融纺丝过程中，纺丝熔体的温度高达 200～380℃，压力高速 21MPa。在这种高温高压条件下，某些相变材料会发生热诱导降解或异构化现象。这种变化的程度与相变材料所经受的温度、压力、作用时间等有关。当相变材料的分子结构发生变化后，相变材料的相变潜热降低，储热和调温功能变差。例如，石蜡烃在高温条件下，由于热诱导降解使其形成小分子物质，由于热诱导构化会使其形成支链烃，从而石蜡烃有效成分减小，这会降低石蜡烃的纯度和结晶完整性，使石蜡烃的相变潜热减少，从而会大大降低石蜡烃的温度调节效应。

某些相变材料在熔融纺丝高温高压的条件下会发生降解，其降解后形成的产物还会与成纤高聚物发生反应，导致纤维强度降低或变色。

在熔融纺丝过程中，由于温度较高，一般的相变材料微胶囊会失去芯材，并会使纺丝过程难以进行。

为了适应熔融纺丝加工，必须提高相变材料的稳定性。Hartman Mark H 提出，采用相变材料、抗氧化剂和热稳定剂混合使用。其中三组分应做如下选择。

（1）相变材料

选用石蜡烃，多元醇、高分子相变材料等。

（2）抗氧化剂

用于防止相变材料发生氧化降解，它包括以下两种。

① 酚类抗氧化剂。包括十八烷基-3-(3,5-二叔丁基-4-羟苯基) 丙烯酸酯、2,6-二叔丁基-对甲酚、2,6-二苯基-4-十八烷氧基苯酚、硬脂酰基-(3,5-二甲基-4-羟基苯基) 巯基乙酸酯、硬脂酰基-β-(4-羟基-3,5-二叔丁苯基) 丙酸酯，酚的聚合物等。

② 硫醚类抗氧剂。包括二烷基硫代二丙酸盐的多元醇酯（如硫酸代二丙酸二月桂酯、硫代二石酸二肉豆蔻酯、硫代二丙酸二硬脂酸等）和烷基硫代丙酸酯（如丁基硫代丙酸酯、辛基硫代丙酸酯、硫代丙酸月桂酯、硫代丙酸硬脂酯等）。

（3）热稳定剂

用于提高相变材料的稳定性，避免或延缓相变材料在高温下的热诱导降解或异构化现象。目前生产中使用的是含磷有机物（包括亚膦酸酯、次膦酸酯等）。其中，亚膦酸酯三壬苯酯是性能较好的热稳定剂。

将上述三种组分混合制备稳定的相变材料时，应根据相变材料性质的不同，制备成微胶囊形式或非微胶囊形式。前者适用于黏度较低或者稳定性较差的相变材料，而且做成的微胶囊的壁厚应坚实些。在制备中可以将抗氧剂和热稳定剂分别加入到芯材和壁材中，以进一步提高微胶囊整体的稳定性。

下面介绍三种不同的熔融纺丝。

（1）单组分成纤聚合物的调温纤维熔融纺丝

在熔融纺丝过程中，可将微胶囊形式的稳定性相变材料分散在成纤聚合物熔体中，然后进行纺丝，制成单组分成纤高聚物的调温纤维。也可将相变材料、抗氧化剂、热稳剂添加（或分散）在成纤聚合物熔体中，然后纺丝制备单组分成纤高聚物的调温纤维。在纺丝过程中，三种组分可以同时代入也可以不同时间代入。

单组分调温纤维中的相变材料微胶囊的用量不能过高，否则会造成纤维力学性能的降低，纤维加工性能变差等问题。相变材料微胶囊用量过低，则难以得到具有良好储热、调温功能的纤维。

（2）多组分成纤聚合物的调温纤维熔融纺丝

为解决单组分调温纤维的不足，美国 Haggard Jeffrey S 等人开发含相变材料的多组分调温复合纤维。多组分复合纤维可以为皮芯型、海岛型和并列型，其截面形状可以是有规则的也可以是不规则的，其中非圆形截面纤维称为异形截面纤维。多组分复合纤维的截面形状如图 4-33 所示。

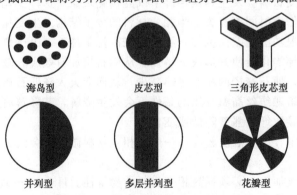

海岛型　皮芯型　三角形皮芯型

并列型　多层并列型　花瓣型

图 4-33　多组分复合纤维的截面形状

在多组分调温复合纤维中，不同的部分可以采用不同的成纤聚合物，相邻的成纤聚合物组分相互结合在一起，形成纤维的整体。在调温复合纤维中，至少应有一种成纤聚合物组分含有相变材料。皮芯型调温复合纤维中，相变材料处于芯层；在海岛型调温复合纤维中，相变材料处于岛组分中，而且不同岛组分中的相变材料可以不同。相变材料在纤维中的分布情况如图 4-34 和如图 4-35 所示。多组分调温复合纤维的细度一般在 0.5～10den（1den＝1/9tex，1tex＝1g/km）之间。

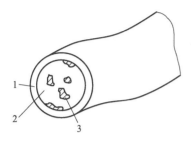

图 4-34　含相变材料的皮芯型纤维
1—皮组分；2—芯组分；3—相变材料

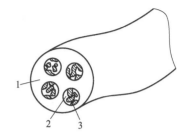

图 4-35　含相变材料的海岛型纤维
1—海组分；2—岛组分；3—相变材料

含相变材料的多组分调温复合纤维的相变材料微胶囊含量多，加工性能好，强度高，因此得到了推广应用。

多组分调温复合纤维中的相变材料可采用长链烷烃、多元醇塑晶、聚乙二醇、环聚氧乙烷（熔点 60～65℃）、聚酯（熔点为 0～40℃）等。多元醇塑晶包括季戊四醇、2,2-二甲基-1,3-丙二醇、2-羟甲基-2-甲基-1,3-丙二醇、2-氨基-2-甲基-1,3-丙二醇等。聚酯相变材料由乙二醇（或其他衍生物）与二元酸（或其他衍生物）缩聚而成。

在纤维中添加不同的调温材料，可使纤维在多个不同的温度范围内具有调温作用。如在用于制作手套的皮芯型纤维的芯中加入相变材料 A 和 B，其中 A 的熔点在 5℃左右，B 熔点在 75℃左右，则这种手套在低温及高温环境条件下都具有良好的调温性能。

在熔融纺丝过程中，相变材料更合适采用高分子聚合物相变材料。在高分子聚合物相变材料分子中引入氨基、羧基、烃基、酯基、环氧化物、异氰酸酯、硅烷等基团，通过交联、缠结和氢键等作用，可提高其韧性、耐热性及化学稳定性等性能。将高分子聚合物相变材料与低分子相变材料相比，其分子结构大，黏度高，在多组分纤维的加工和使用过程中不易泄漏，而且还可以改善纤维的力学性能。图 4-36 为皮芯（或海岛）型调温纤维及其无纺布的生产过程。

在纺丝及无纺布的生产过程中，皮层聚合物（或海聚合物）A 和芯（或岛）聚合物 B 分别加入到两个加料中，两种聚合物通过螺杆挤压机进入加热管，进行熔融。相变材料可以在加料斗、螺杆挤压机、加热管或喷丝头组合体等处与芯（或岛）聚合物混合，它们的混合物与皮层（或海）聚合物一起进入喷丝头，进行纺丝。在纺丝加工中，相变材料可以是固体或液体物质。

相变材料与芯聚合物的混合可以采用动态或静态方式进行。动态混合物是通过机械搅拌混合的方式实现，相变材料可加入到材料斗或螺杆挤压机中，并在螺杆挤压机中进行动态混合，在加热管中芯聚合物熔融，从而使两种组分充分混合。静态混合是将熔融态或液态的不同组分，通过至少两条以上传输通道的交叉而达到混合的目的，交叉的次数越多，分散混合的效果越好。静态混合常用于通过挤压法纺制含有两种或多种聚合物组分的纤维。在多组分调温纤维的纺丝过程中，相变材料可加入到纺丝组件或加热管中，然后与芯聚合物进行静态混合。

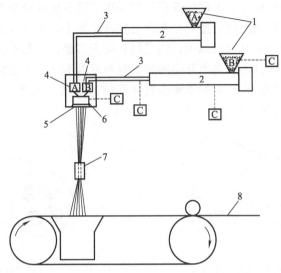

图 4-36　皮芯（或海岛）型调温纤维及其无纺布的生产过程

1—加料斗；2—挤压机；3—加热管；4—计量泵；5—喷丝头；6—纺丝组件；

7—气流拉伸装置；8—无纺布；

A—皮层（或海）聚合物；B—芯（或岛）聚合物；C—相变材料；

虚线处为相变材料可能的加入位置

在纺丝过程中，相变材料液体的黏度可能与芯（或岛）聚合物熔体的黏度有很大的差别。如果芯（或海岛）聚合物的熔体具有很高的黏度，而相变材料液体的黏度较低，两者在进行混合时，相变材料可能在芯（或岛）聚合物中发生分散不匀的现象。然而，即使相变材料在芯（或岛）聚合物中分布不匀，只要填加在纤维中的相变材料的数量足够，纤维就会具有显著的吸热和放热效应。

纺丝时，皮、芯（或海、岛）两种聚合物熔体分别通过计量泵送入纺丝组件，聚合物熔体从喷丝板上的小孔挤出后，通过拉伸装置，形成皮芯型（或海岛型）纤维，然后使纤维在成网筛上形成无纺布。这种具有储热功能的无纺布可用于服装或其他纺织品的加工。

多组分复合纺丝法制备产品的例子：

1993 年日本酯公司以脂肪族聚酯为芯组分，以普通聚合物为皮层组分；或以脂肪族聚酯为岛组分，以普通聚合物为海组分，采用熔融复合纺丝方法，制备出调温复合纤维。

1994 年日本东洋纺公司以聚乙二醇为芯组分，以普通聚合物为皮层组分；或以聚乙二醇为岛组分，以普通聚合物为海组分，采用熔融复合纺丝方法，制备出调温复合纤维。

在国内，张兴祥等以石蜡烃、聚醚、脂肪族聚酯、芳香族聚酯醚或它们的混合物为芯或岛组分，并在其中添加 0.1%～3.0% 的过热熔融防止剂和过冷结晶防止剂，以常规塑热性聚合物为皮层组分或海组分，采用熔融复合纺丝方法，制备出具有调温功能的复合纤维，其中芯组分与皮组分（或岛组分或海组分）的质量比为 (4～6)∶(6～4)。例如，他们采用聚乙二醇（相对分子质量为 800，熔点 33℃）与氧化钛、抗氧化剂 1010 组成的混合物为芯组分，其中氧化钛作为过热熔融防止剂和过冷结晶防止剂，其粒径为 1.5μm，用量为 1%，抗氧化剂 1010 的用量为 0.3%；皮层组分采用聚己内酰胺，并添加 2% 的紫外线吸收剂，经熔融纺丝后得到 6.6dtex 的卷绕丝，其芯组分与皮组分的质量比为 4∶6，经拉伸处理后，得到单丝纤度为 1.7dtex 的纤维，单纤维的断裂强度为 3.2cN/dtex，断裂伸长 28%。

（3）高分子相变材料接枝在成纤聚合物上后的熔融纺丝

采用纺丝法生产含相变材料微胶囊的调温纤维时，相变材料微胶囊在纺丝过程中承受较大外力的作用，微胶囊壁可能发生破裂，造成相变材料的泄漏。为解决这一问题，Salyer Ival O 将相变材料作为成纤聚合物的一部分或其的一个重复单元，也可直接将其作为成纤聚合物，然后进行纺丝，得到具有智能调温功能的纤维。

高分子相变材料可通过将相变材料接枝在成纤聚合物上而获得。如聚环氧乙烷和聚乙二醇（PEG）含有两个端羧基，它们与多个官能团的异氰酸酯反应，所得的聚氨酯聚合物具有聚环氧乙烷或聚乙二醇的结晶熔融温度和储热特性，而且这种聚合物在聚环氧乙烷或聚乙二醇熔点以上时，不会出现熔融流动现象。在这种聚合物中，聚环氧乙烷的含量应在 60%～70%之间。

将聚环氧乙烷或聚乙二醇取代聚对苯二甲酸乙二醇酯中的乙二醇，可以得到具有储热和调温功能的相变材料。聚环氧乙烷的取代程度不同，纺丝后所得纤维的储热和调温性能及纤维的强度不同，取代程度高，储热能力大，但纤维强度变差。在这种高分子相变材料中，聚环氧乙烷或聚乙二醇组分的含量约为 60%～70%。

采用熔融纺丝法纺丝，这种制备调温纤维的方法具有成本低、纺丝容易、可避免相变材料的泄漏等优点。与其他方法制备的调温纤维相比，这种调温纤维具有更广泛的应用范围。

二、中空纤维浸渍填充法制备调温纤维

对中空纤维进行填充的目的，在于提高纤维的某种功能。最早有人把 CO_2 气体溶于液体中，然后将该液体填充进入中空纤维并将纤维头端密封，当温度降低时液体被固化，液体中气体流动性降低，同时伴随着纤维体积膨胀，从而增大纤维的热阻，提高纺织品的保温功能。Tyrone 等将结晶水合盐固-液相变材料填入中空人造丝和丙纶纤维中，以图在 270～310K 范围内改善纤维的比热容。Vigo 等将中空纤维浸渍在聚乙二醇或塑晶材料的溶液或熔体中，让其进入纤维中孔内，得到在一定温度范围内具有相变特性的纤维。但随着温度的升高，相变材料在发生固-液相变时质量有较大的损失，而影响其使用寿命。

由此可知，在填充物对中空纤维的填充，增强填充物对纤维内腔的渗透和浸入性能是提高填充率关键，而纤维内腔的大小对填充量起着至关重要的作用。前者有待人们通过对纤维内孔进行物理或化学改性，来增强填充物对纤维内孔壁表面的浸润性能，有利于利用毛细管现象将填充料填入中空纤维；后者有待人们增大内腔或减小壁厚度来扩大空腔，有利于增多填充量。

1. 填充机理

相变材料水溶液填充到中空纤维的中腔内，主要依靠相变材料水溶液对中孔内壁的润湿能力、中腔对相变材料水溶液的毛细管作用效应，还要求相变材料水溶液黏度大小适当。

润湿（humactation，wetting）是纺织材料加工中常遇到的现象，纺织材料的润湿，会严重影响其加工艺和使用性能。润湿是一种界面现象，用水作为介质时，总希望液体能快速而均匀地润湿中空内腔的壁面。研究润湿现象，目的是了解液体对固体润湿的规律，从而按人们的要求来改变液体对它的润湿性。

液体在固体表面上的润湿现象可以是沾湿、浸湿和铺展润湿三种情况。

① 沾湿（adhesional wetting）。沾湿过程是液体直接接触固体，变"气-液"界面为"液-固"界面的过程。

② 浸润（wetting-out）。浸润是将固体直接浸入液体，使原来的"气-固"表面为"液-

固"表面所替代的过程。

③ 铺展（spread out）。铺展润湿是液体与固体表面接触后，在固体表面排除空气而自行铺展的过程；即以"液-固"界面和"液-气"界面取代"气-固"界面的过程。

液体在固体表面的润湿现象见图 4-37 所示。在三相交界处，自"固-液"界面经过液体内部到"气-液"界面间有一夹角 θ，叫做接触角。在三相交界处有三种界面张力在相互作用，其中 σ_{sg}（固汽界面张力）倾向于使液滴铺开；σ_{sl}（固液界面张力）倾向于使液滴收缩；而 σ_{lg}（液气界面张力）黏附润湿时使液滴收缩、不润湿时则使液滴铺开。平衡时可建立下列关系式（Young-Duprlê方程，又称润湿方程）：

$$\sigma_{sg} = \sigma_{sl} + \sigma_{lg} \cos\theta$$

或 $$\cos\theta = (\sigma_{sg} - \sigma_{sl})/\sigma_{lg} \tag{4-47}$$

沾湿过程的推力为 $\sigma_{sg} - \sigma_{sl} + \sigma_{lg}$，此值又称黏附功 W_a，即

$$W_a = \sigma_{sg} - \sigma_{sl} + \sigma_{lg} = \sigma_{lg}(\cos\theta + 1) \tag{4-48}$$

黏附张力 A 为

$$A = \sigma_{sg} - \sigma_{sl} = \sigma_{lg} \cos\theta \tag{4-49}$$

铺展过程的动力是 $\sigma_{sg} - \sigma_{sl} - \sigma_{lg}$，定义为铺展系数 S，即

$$S = \sigma_{sg} - \sigma_{sl} - \sigma_{lg} = \sigma_{lg}(\cos\theta - 1) \tag{4-50}$$

由式（4-48）~式（4-50）可知，原则上只要给出液体的表面张力 σ_{lg} 和接触角 θ 就可以获得黏附功、黏附张力和铺展系数，从而可以判断在给定的湿度、压力条件下的润湿情况，见图 4-37 和表 4-29。

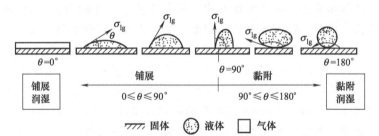

图 4-37　液体在固体表面的润湿现象

表 4-29　润湿的接触角判据和储量判据式

接触角判断	能量判据式	润湿类型
$\theta \leqslant 180°$	$W_{sg} = \sigma_{lg}(\cos\theta + 1) \geqslant 0$	沾湿或黏附润湿
$\theta \leqslant 90°$	$A = \sigma_{lg} \cos\theta \geqslant 0$	浸湿
$\theta = 0°$ 或不存在	$S_{sl} = \sigma_{lg}(\cos\theta - 1) \geqslant 0$	铺展润湿

以接触角表示润湿性时，习惯上规定 $\theta = 90°$ 为润湿与否的标准，即 $\theta > 90°$ 为不润湿；$\theta < 90°$ 为润湿，θ 越小润湿越好；当 $\theta = 0°$ 或不存在时为铺展。对于一定的液体，$\theta > 90°$ 的固体称为憎液固体，$\theta < 90°$ 的固体为亲液固体。

表 4-29 中三个能量判据式对改变纺织材料（纤维、纱线、织物）表面润湿性能亦有指导意义。对于三类润湿：①降低 σ_{sg}，增加 σ_{sl}，均对润湿不利，因此，对固体表面改性往往可达到预期的目的，例如表面活性可使 σ_{sg} 下降从而达到憎水的目的；②σ_{lg} 增大，对润湿有利，但润湿后往往使接触角 θ 增大，又有利于黏附，若表面 σ_{sl} 增大，则不利于黏附；③对浸湿来说，σ_{lg} 增大或减小，仅改变 $\cos\theta$ 的大小，而 $\sigma_{lg} \cos\theta$ 的值不受影响，只有加入表面活

性剂，改变 σ_{sg} 或 σ_{sl}，才能对浸湿发生影响；④对铺展来说，降低 σ_{lg} 总是有利的。

中空纤维的中腔形成圆柱形毛细管状孔隙。若液体能润湿毛细管，就会在毛细管内形成凹面半径 $R=r/\cos\theta$，θ 称接触角，r 为中空纤维中腔半径，见图 4-38。凹面 1 处的液体压力 $p_1^{(l)}$ 与气体压力 $p_1^{(g)}$ 的关系是

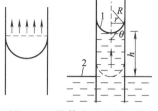

图 4-38　液体在毛细管上升

$$p_1^{(l)} = p_1^{(g)} - 2\sigma/R \qquad (4\text{-}51)$$

平面 2 处液体压力 $p_2^{(l)}$ 则等于气体压力 $p_2^{(g)}$

$$p_2^{(l)} = p_2^{(g)} \qquad (4\text{-}52)$$

由于 1 与 2 处的高度差，对液体和气体则分别为

$$p_1^{(l)} + \rho^{(l)}gh = p_2^{(l)} \qquad (4\text{-}53)$$

$$p_1^{(g)} + \rho^{(g)}gh = p_2^{(g)} \qquad (4\text{-}54)$$

式中，σ 为液体的表面张力；r 为毛细管的等效半径；R 为月牙面的等效曲率半径；$\rho^{(l)}$ 为液体密度；$\rho^{(g)}$ 为气体密度；$p_1^{(l)}$、$p_2^{(l)}$ 为 1、2 处的液体压力；$p_1^{(g)}$、$p_2^{(g)}$ 为 1、2 处的气体压力；h 为液体在毛细管内上升的高度（弯月底部到液面的垂直距离）；θ 为等效接触角；g 为重力加速度。

将式（4-53）、式（4-54）代入式（4-52），得：

$$p_1^{(l)} - p_1^{(g)} + (\rho^{(l)} - \rho^{(g)})gh = 0 \qquad (4\text{-}55)$$

将式（4-55）代入式（4-51），并利用 $R=r/\cos\theta$，得界面张力与上升高度的关系式：

$$\sigma = \frac{R}{2}(\rho^{(l)} - \rho^{(g)})gh = \frac{r}{2\cos\theta}(\rho^{(l)} - \rho^{(g)})gh$$

通常 $\rho^{(g)} \ll \rho^{(l)}$，上式可以简化为：

$$\left.\begin{array}{l} h = \dfrac{2\sigma\cos\theta}{\rho^{(l)}gr} \\[2mm] v = hr = \dfrac{2\sigma\cos\theta}{\rho^{(l)}g} \\[2mm] m = \rho^{(l)}gv = 2\sigma\cos\theta \end{array}\right\} \qquad (4\text{-}56)$$

式（4-56）中，第一式可用来计算芯吸的液体上升高度；第二式用来计算芯吸的液体体积；第三式可用来计算芯吸的液体质量。

下面要讨论的问题是，利用聚乙二醇水溶液对中空纤维进行填充。由于中空涤纶纤维是疏水性纤维，PEG 水溶液对其润湿较为困难。而且 PEG 水溶液有一定的黏度，芯吸过程中存在一定的黏滞阻力。考虑到单纯依靠中空纤维自发的芯吸作用，将 PEG 的水溶液对其中腔进行完全填充较为困难，为了改进对纤维填充效果，将纤维一端与真空泵相连接，另一端浸入 PEG 的水溶液中，此时纤维内腔芯吸的液体上升高度 h 为

$$h = \frac{p_0 + 2\sigma\cos\theta}{\rho^{(l)}gr} \qquad (4\text{-}57)$$

式中，p_0 为真空度（mm 水柱）。对比式（4-57）与式（4-56）的第一式之后可知，当纤维头端与真空泵连接时，纤维内部芯吸液柱高度 h 将有大幅度的升高，从而可以明显地改善填充效果。实验测得所用中空涤纶纤维中空度为 25%。

2. 相变材料对中空涤纶纤维填充实验

涤纶中空纤维的中空度为 25%，配制二元 PEG 溶液，其变量百分比浓度分别为 10%、

30%、50%和80%，将平行排列的纤维的一端浸入溶液中，另一端整齐地插入一开口的橡胶袋中，并密封纤维与橡胶管接口处，橡胶袋的另一端与中容泵相连。将盛装溶液的玻璃器皿置于恒温水浴锅中，调节水温至实验温度。启动中空泵，持续30min，或观察到纤维的上端有液体出现即可停机。将经过填充的纤维在-15℃冷冻1h，然后在室温下真空干燥器中干燥2h，除去中空纤维内部多余水分，从而使相变材料在中空纤维内部沉积下来。

下面在东华大学于伟东教授指导的研究生王玮玲《相变纤维的性能与表征》硕士学位论文实验数据的基础上，进行归纳分析如下。

选用填充率 f（指中空纤维中填充物的实际质量与纤维完全被填充时填充物的质量之比）这一指标，来定量地衡量相变材料对中空纤维的填充程度，即取

$$f = \frac{g_f - g_0}{g_{max} - g_0} \times 100\% \tag{4-58}$$

式中，g_0 为填充前纤维的质量，g；g_f 为填充后纤维的质量，g；g_{max} 为填满时纤维的质量，g。$g_{max} = g_0 + \rho_s v$，其中 ρ_s 为烘干后相变材料的密度，v 为中空纤维中腔的容积。

影响中空纤维填充率的主要因素有溶液浓度、纤维长度、温度等。

① 溶液浓度因素。先选取纤维长度为20mm，在室温下将不同浓度的相变材料水溶液对纤维进行填充，实验结果见表4-30。

表 4-30　不同相变材料水溶液浓度变时的填充值

浓度/%	25	45	50	65	85
纤维根数 n/根	652	731	688	701	681
g_0/g	0.0123	0.0131	0.0123	0.0126	0.0121
g_f/g	0.0131	0.0141	0.0141	0.0139	0.0131
g_{max}/g	0.0154	0.0164	0.0154	0.0158	0.0151
f/%	26.0	30.5	58.5	41.3	33.1

由表可见，随着溶液浓度的增加，中空纤维的填充率 f 也在逐渐增大；当溶液浓度为50%时，填充率 f 达到最高值58.5%；当溶液浓度再增加时，填充率 f 则反而下降。原因是，当溶液浓度较低时，溶液黏度较小，溶液较易进入纤维内部，但溶液中的溶质相对较少，烘干后沉淀在纤维内部的溶质就较少，故填充率较低；当溶液浓度超过50%后，溶液黏度较大，液体流动性较差，液体进入中空纤维内部的阻力较大，在相同时间内进入纤维内部的溶液量较少，烘干后沉淀在纤维内部溶质也较少，故填充率较低。

② 纤维长度因素。在常温下，选取不同长度的中空涤纶进行填充实验，相变材料水溶液浓度均取为50%。实验结果见表4-31。

表 4-31　不同纤维长度时的填充率

纤维长度/mm	10	20	30	40	50
纤维根数 n/根	751	688	698	732	712
g_0/g	0.0068	0.0123	0.0183	0.0261	0.0315
g_f/g	0.0078	0.0141	0.0215	0.03	0.036
g_{max}/g	0.0092	0.0154	0.0250	0.0352	0.0425
f/%	42.0	58.5	46.3	42.7	40.8

由表可见，对不同长度纤维进行填充，当纤维长度为20～30mm之间时，填充效果相对效果较好，填充率可达58.5%～46.3%，纤维长度小于或大于20～30mm的，其填充率均较低些。但纤维填充率 f 均在40%左右，这说明真空泵具有强大吸引力，完全能克服纤维长度所引起的附加阻力。

③ 温度因素。在常温下，溶液浓度取为50%，纤维长度取为30mm时，溶液对纤维的填充具有较好的效果。今取中空纤维长度为30mm，取溶液浓度50%和80%的条件下，来比较浓度在升温过程中对黏度的影响。结果见表4-32。

表 4-32　不同温度下溶液对纤维填充率的影响

溶液浓度/%	50(80)		
溶液温度/℃	25	45	65
纤维根数 n（根）	695(712)	723(768)	741(753)
g_0/g	0.0187(0.0191)	0.0194(0.0205)	0.0196(0.0201)
g_i/g	0.0221(0.0223)	0.0231(0.0272)	0.0237(0.0272)
g_{max}/g	0.0264(0.0287)	0.0274(0.0308)	0.0279(0.0302)
f/%	44.3(33.5)	46.5(65.4)	48.0(70.6)

注：圆括号内数据均为溶液浓度为80%条件下的实测数值。

液体黏度 η 和温度 T 有关，温度上升黏度变小，在温度变化范围窄的场合，其关系可用费朗克克-安德烈等式表示：

$$\eta = \eta_0 \exp(E/KT) \qquad (4-59)$$

式中，K 为波尔兹曼常数；η_0 为零剪切黏度；E 为活动活化能，既反映了液体流动的难易程度，也反映了液体黏度变化的温度敏感性。这表明液体黏度与温度的关系是指数关系。当温度升高时，液体黏度将很快减小。

由表可见，随着温度升高，溶液黏度降低，溶液对中空纤维的填充率也随之提高。在溶液温度由25℃升高到65℃过程中，浓度为50%的溶液对纤维的填充率从44.3%→46.5%→48.0%，提高了3.7%；浓度为80%的溶液对纤维的填充率从33.5%→64.5%→70.6%，却提高了37.1%。其原因是，当温度25℃，浓度为80%的溶液的黏度很大，流动性差，对纤维的填充率较低，当温度由25℃上升到65℃时，其溶液呈指数曲线下降，溶液对纤维的填充率急剧上升。而对于浓度为50%的溶液，25℃时的黏度本身也不大，在相同的温度升高范围内，其黏度下降的空间较小，因此溶液温度提高对纤维填充率的影响相对较小。因此温度65℃，浓度为80℃时纤维的填充率达到最高值 $f_{max} = 70.6\%$，最为理想，可选作后续试验的试样。

小　结

① 用强力仪对相变中空纤维的拉伸性能进行测试，结果表明 PEG1000/20000 填充的中空纤维的拉伸断裂张力和断裂伸长率均有提高。

② 用 DSC 对相变纤维热性能进行分析，结果表明 PEG1000/20000 填充的中空相变纤维的热性能很好。

③ 用 Y151 型摩擦仪对纤维表面性能进行测试，结果表明纤维的摩擦系数显著减少。

④ 经过8次升降温循环后，试样的相变温度、相变热均有所降低，但降低幅度不大，重复使用性能较好。填充后相变纤维的性能与填充前的中空纤维性能有所不同，建立相变纤维其他性能参数（如热导率、比热容、热阻、传热系数等的表征模型）很有必要。

在20世纪80年代，Vigo 等将无机水合盐填在中空纤维内部得到了具有相变调温效果的纤维，但其耐久性较差，使用一段时间后其调温功能就会降低。之后，Vigo 等将 PEG 填充在中空纤维中，才得到了调温效果可耐150次以上升降温循环的调温纤维。

三、织物整理法制备调温纺织品

织物整理法是通过整理或涂层的方式，将相变材料施加在织物上，从而获得调温纺织品的方法。这种制备调温纺织品的方法简单，但施加在纺织品上的相变材料量较低，经整理加工后织物的手感变差，产品的调温功能及整理效果的耐磨性和耐洗涤性不及纺丝法的产品。

1. 涂层方法制备调温纺织品

涂层方法是通过涂层加工的手段，利用胶黏剂，将相变材料或相变材料微胶囊机械地粘接在纺织品上，从而制备出调温纺织品的加工方法。

常用的涂层方法主要有直接涂层、转移涂层和泡沫涂层：

① 直接涂层是通过物理和机械方法，将涂层浆直接、均匀地涂布于织物表面，然后使其成膜，从而将相变材料固着在织物上。

② 转移涂层是先将涂层浆涂布于经有机硅处理的转移纸上，然后再将转移纸上的涂层膜转移到织物上。

③ 泡沫涂层是先将涂层浆进行机械发泡，然后再涂层。

在涂层加工时，涂层浆中含有相变材料微胶囊、涂层剂及其他助剂，如交联剂、增稠剂、分散剂、消泡剂等。

① 相变材料微胶囊，直径应在 $10 \sim 60 \mu m$。

② 涂层剂，一种能够成膜的聚合物。涂层剂在涂层后的烘干及烘焙过程中，可形成具有弹性的聚合物薄膜，从而将相变材料黏合在织物上。常用的涂层剂有聚氨酯类和聚丙烯酸酯类。涂层剂性能的优劣对涂层产品的耐久性、手感等使用性能影响很大。

③ 交联剂，具有两个或多个反应性的基团，可用于提高涂层产品的耐热性、耐化学稳定性、耐洗涤性能及耐干洗性能等性能指标。

④ 增稠剂，在涂层浆中加入增稠剂，可提高涂层浆的黏度，避免涂层浆中相变材料微胶囊发生上浮或沉淀现象。涂层浆的黏度和流变性能应满足涂层加工要求，其黏度应至少在 $0.5Pa \cdot s$ 以上。增稠剂包括聚丙烯酸、纤维素酯及其衍生物、聚乙烯醇等。

涂层浆组成举例如下：

相变材料微胶囊	70～300 份（干重）
涂层剂	100 份（干重）
表面活性剂	0.1%～1.0%（对于相变材料微胶囊）
分散剂	0.1%～1.0%（对于相变材料微胶囊）
消泡剂	0～1%（对于涂层浆）
水	40%～60%（对于涂层浆）

涂层浆的配制　先将线表材料微胶囊分散在表面活性剂、分散剂、增稠剂中，配成相变材料微胶囊的分散液，然后加入消泡剂消泡。把涂层剂、表面活性剂、分散剂、增稠剂消泡剂混合，配成涂层剂的分散液。最后，将相变材料微胶囊的分散液和涂层剂的分散液混合，并加碱调节 pH 值，配制成涂层浆。另一种配制方法是先将涂层剂、表面的活性剂、分散剂、消泡剂配成混合液，然后再将湿饼状的相变材料微胶囊均匀分散到混合浆中，配成涂层浆。

涂层加工　可采用直接涂层、转移涂层及泡沫涂层的方法。

① 直接涂层的工艺流程为：基布→浸轧防水剂→烘干→轧光→涂层→烘干→焙烘。基布的防水和轧光整理是为了使基布表面平整，并具有适当的防水性，以避免在涂层过程中大量的涂层液渗透到织物内部或织物的另一面，从而保证涂层产品的手感和外观。

② 转移涂层的工艺流程为：转移纸→涂层→转移纸与织物热黏合→冷却→织物与转移

纸分离→成品。为提高涂层效果，可在转移纸上进行二次涂层或三次涂层。

③ 用泡沫涂层法生产调温纺织品时，在泡沫涂层浆中含有相变材料微胶囊、涂层剂、增稠剂、分散剂、泡沫稳定剂等。泡沫稳定剂可采用醇硫酸钠、硬脂酸铵、正十八烷基磺基琥珀酸二钠等。其中硬脂酸铵用量为 $1\%\sim3\%$，磺基琥珀酸盐用量为 $0.3\%\sim2.0\%$

涂层产品生产例子

我国雄亚纺织集团利用涂层方法，在纤维表面涂覆一层含有相变材料的微胶囊，得到相变调温纤维，再将相变调温纤维与进口高级洛科绒混合，开发生产出相变调温纤维绒线。在正常体温状态下，相变材料微胶囊中同时含有固态与液态的相变材料，用这种相变调温绒线制成的服装，可减缓环境温度变化对人体的影响，使人体保持舒适感。

生产含有相变材料的植绒织物，先在织物上涂覆含相变材料微胶囊的涂层剂和胶黏剂，再采用静电植绒的方法，将短纤维植在织物上，然后烘干焙烘。织物横向截面如图 4-39 所示。

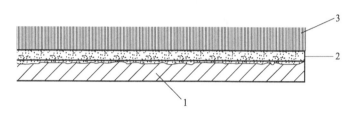

图 4-39　含相变材料的植绒织物横向截面
1—基布；2—相变材料涂覆层；3—绒毛层

在美国，Outlast 公司采用涂层加工的方法，将相变材料微胶囊覆于织物上，制备出多种调温纺织品。

日本纺织纤维工业试验场将相变材料微胶囊与涂料印花用胶黏剂混合，配成涂层浆，其中相变材料微胶囊 30 份，胶黏剂（丙烯酸酯与乙烯共聚物）70 份，采用图层机或筛网印花机对织物进行涂层，制备调温纺织品。

2. 织物整理加工法制备调温纺织品

织物整理加工法是采用传统的整理加工方式，将含相变材料的整理剂施加在纺织品上，从而得到调温纺织品。

Vigo 等以相对分子质量为 $500\sim8000$ 的聚乙二醇、DMDHEU、$MgCl_2 \cdot 6H_2O$/柠檬酸的溶液为整理液，采用树脂整理工艺对涤棉和毛织物等进行整理，得到在 $0\sim50℃$ 范围内具有明显调温效果的织物。

日本大和化学工业株式会社开发了含有相变材料微胶囊的舒适调温剂 Prethermo C 系列，其相变材料以高级脂肪族烃为主要成分，微胶囊的壁材采用蜜胺树脂。Prethermo C 系列整理剂可用于除丝绸之外的纺织面料的整理，特别适合内衣、床上用品和工作服的加工。Prethermo C 系列整理剂的整理加工采用浸轧法。整理液中含有 Prethermo C-25 和胶黏剂 Ficoat S-60NF。整理工艺流程为：浸轧→烘干（80℃）→烘焙（130℃×1min）。相变材料在纺织品上的施加量与纺织品的薄厚等规格有关，一般为 $10\sim20g/m^2$。由于 Prethermo C-25 中的微胶囊直径小于纤维直径，而且通过胶黏剂将其固着在纤维之间，因此整理效果的耐洗涤性较好。织物经 Prethermo C-25 整理加工后，相变材料微胶囊在纺织品上的分布状态及耐洗性能见图 4-40。

(a) 整理前　　　　　　(b) 整理后（未洗）　　　　　(c) 整理后（洗 10 次）

图 4-40　相变材料微胶囊在纺织品上的分布状态及耐洗性能

结束语

　　自从具有调温功能的纺织品出现后，有关智能调温纺织品的研究和应用开发一直非常活跃，智能调温纺织品的品种不断增加，性能不断得到完善，应用领域不断扩大。

　　① 现在已实现工业化生产的调温纤维品种较少，产品性能有待进一步提高。

　　采用纺丝方法的调温纤维的调温功能和耐久性较好。

　　目前工业化生产的调温纤维主要是利用相变材料微胶囊进行加工的，由于相变材料微胶囊在熔融纺丝过程中需经受高温和较大的压力，相应地会产生许多问题，因此现在工业化生产的调温纤维主要是通过将相变材料微胶囊填加在腈纶成纤聚合物中，利用湿法纺丝法而制得的，调温纤维的品种较少，相变材料在纤维中的含量有限。

　　利用熔融纺丝法生产调温纤维，将是智能调温纺织品今后的发展方向之一。随着可用于熔融纺丝的新相变材料的成功开发，利用熔融纺丝法制备的各种调温纤维将会实现工业化生产，调温纤维的品种以及利用这些纤维生产的智能调温纺织品的品种将会大大增加。

　　② 含相变材料的调温纺织品可智能调节人体周围微环境的温度，从而具有良好的穿着舒适性，但目前调温纺织品在某些方面还有待进一步改进和完善。

　　采用涂层和整理加工的方法生产的调温纺织品，由于相变材料的含量较低，储热和调温功能较差，而且加工效果的耐洗性、耐磨性较差。

　　随着智能调温纺织品品种和产量的增加、调温性能的提高以及成本的降低，智能调温纺织品在运动服装、休闲服装、恶劣条件（严寒或炎热）下的工作服、床上用品、鞋类产品、军用纺织品、宇航服、医用织物、功能织物、热电器械、建筑装饰等方面的应用将有广阔的前景。

　　③ 今后智能调温纺织品的一个重要发展方向是将调温功能与其他功能结合起来，在赋予纺织品舒适性的同时，赋予纺织品其他多种功能，提高纺织品的应用价值。

　　近年来，人们正致力于开发一种新型的聚氨酯材料，使其除具有防水透湿性外，还兼有调温功能。通过将具有相变性能的聚乙二醇接枝在聚氨酯上，使其作为聚氨酯的一种组分，并通过调节聚乙二醇的集合度和含量，使聚合物的相变温度处于人体感觉舒适的温度范围内。用这种聚合物对织物涂层后，当环境温度高于相变温度时，聚合物发生相变并吸热，同时聚合物体积膨胀，链段热运动加剧，聚合物涂层膜的导湿性提高，涂层织物的透湿性能增强，使穿着者感到凉爽、舒适；当环境温度低于聚合物相变温度时，聚合物发生可逆相变，并放出热量，同时聚合物涂层膜通过其挡风作用，进一步提高织物的保温功能。这样通过将涂层膜的防水性、透湿性和挡风性能与相变材料的温度调节性能结合起来，发挥协调作用，使穿着者无论在风雨天，还是在寒冷或炎热的气候条件下，都能感到舒适。

　　将纺织品的调温功能与其他功能结合，可扩大智能调温纺织品的应用领域，如将调温功能与防红外线探测功能相结合的纺织品，可用于国防和军服领域；将调温功能与抗菌功能相结合的纺织品，可用于服装和医用防护服等；将调温功能与阻燃功能相结合的纺织品，可用于消防用防护服、炼钢用工作服等。

　　智能调温纺织品作为一种新型的舒适性纺织品，正在引起越来越多的研究人员的关注，随着相变材料新品种的不断开发、相变材料微胶囊技术的进一步完善以及智能调温纺织品加工技术的进步，智能调温纺织品的性能将会不断改进和完善，其应用领域将会不断扩大，在人们的生活中将发挥越来越重要的作用。

参 考 文 献

[1]　姜怀，林兰天，孙熊. 常用/特殊服装功能构成、评价与展望：上册 [M]. 上海：东华大学出版社，2006：275-290，303-318.

[2]　霍瑞亭，杨文芳，田俊莹，顾振亚. 高性能防护纺织品 [M]. 北京：中国纺织出版社，2006：114-118，120-137.

[3]　徐卫林，姚穆等. 纺织纤维集合体与远红外辐射 [J]. 西北纺织工学院学报，1997（12）.

[4]　顾振亚，陈莉等. 智能纺织品设计与应用 [M]. 北京：化学工业出版社，2006：29-57.

[5]　Hansen Ralph H. US3607591，1971.

[6]　Vigo Tyrone L，et al. WO8707854，1987.

[7]　Vigo Tyrone L，Froest C M. Textile Research Journal，1986，56（12）：737.

[8]　Bryant Yvonne G，Colvin David P. US4756958，1988.

[9]　Bryant Yvonne G，Colvin David P. WO9324241，1993.

[10]　日本酯. 日本公开特许公报 JK5-5215.

[11]　东洋纺. 日本公开特许公报 JK-200417.

[12]　Salyer Ival O. US5565132，1996.

[13]　张兴祥等. CN1165877A，1997.

[14]　石海峰，张兴祥. 蓄热调温纺织品的研究与开发现状 [J]. 纺织学报，22（5）：63-64.

[15]　范宏昌编著. 热学 [M]. 北京：科学出版社，2003：322-323，311-340.

[16]　中国科学技术协会主编，中国材料研究学会编著. 材料科学学科发展报告 [M]. 北京：中国科学技术出版社，2007：63-64.

[17]　李成琴，黄晓东. 纺织有机化学 [M]. 北京：中国纺织出版社，2007：19-21，66-70。

[18]　刘妙丽，李秀艳，叶建军. 纺织化学 [M]. 北京：中国纺织出版社，2007：61-63，68-69，85-89.

[19]　余肇铭，张守忠，眭伟民. 纺织有机化学 [M]. 上海：交通大学出版社，1985：270-272.

[20]　邢澄清，迟广山. 多元醇二元体系固-固相变储热的研究 [J]. 太阳能学报，1995，16（2）：131-137.

[21]　张兴祥，张华，王学晨. 聚乙二醇结晶及其低温能量储存行为研究 [J]. 天津纺织工学院学报，1997，16（2）：53-56.

[22]　武克忠，张兴军. 新戊二醇/蒙脱石复合储热材料的研究 [J]. 新能源 1999，21（9）：11-14.

[23]　林怡辉，张正国，王世平. 复合相变能材料的研究与发展 [J]. 新能源，2000，22（7）：35-38.

[24]　Hale D V，Hoover M J.，1971 Phase Change Materials Handbook，Contract NAS8-25183. Alabama：Marshall Space Flight Center，Method and Apparatus，USP6319599.

[25]　张仁元，柯仁秀，李爱菊. 显热/潜热复合储能材料的研究 [J]. 新能源，2000（12）：29-31.

[26]　王艳秋，张恒中，朱秀林. 化学法制备的 PEG/PET 固固相转变材料 [J]. 精细石油化工进展，2002，3（11）：24-27.

[27]　王晓伍，吕恩荣. 太阳能固-固相变储热 [J]. 新能源，1996，18（6）：9-13.

[28]　Benson D. K，et al. Solid State Phase Transitions in Pentaery Thritol and Related Polyhydric Alcohols. Solar Energy Materials，1986：133-152.

[29]　Vigo T L，Turbak A F. High-Tech Fibrous Materials. Am Chem Soc，Washington，D. C.，1991：

248-259.

[30] 姜勇，丁恩勇，黎国康. 一种新型的相变储能功能高分子材料 [J]. 高分子材料科学与工程，2001，17 (3)：173-175.

[31] 武克忠，张建军，冯海燕等. 新戊二醇、季戊四醇及其二元体系固-固相变的变温红外光谱研究 [J]. 新能源，2000，22 (2)：1-3.

[32] ［美］K. M. Ralls，T. M. Courtney，J. Walff. AN INTRODUCTION To MATERIALS SIENCE AND ENGINEERING. John wiley，1976.

[33] 曾丹苓，敖越，朱克雄，李清荣合编. 工程热力学 [M]. 第二版. 北京：高等教育出版社，1980：174-178.

[34] 孙占波，梁工英编. 材料的结构，组织与性能 [M]，西安：西安交通大学出版社，2010：45-50，140-143，148-158.

[35] 过梅丽，赵得禄主编. 高分子物理 [M]. 北京：北京航空航天大学出版社，2005：76-88.

[36] 梁伯润主编. 高分子物理 [M]. 北京：中国纺织出版社，2003：51-68.

[37] 田莳主编. 材料物理性能 [M]. 北京：北京航空航天大学出版社，2004：220-221.

[38] 谢希文，过梅丽编著. 材料科学基础 [M]. 北京：北京航空航天大学出版社，2005：143-150.

[39] 北京钢铁学院物理化学及冶金原理教研组编著. 物理化学（冶金类用）[M]. 北京：中国工业出版社，1962：139-146，156-173.

[40] 朱诚身主编. 聚合物结构分析 [M]. 北京：科学出版社，2010：145-208.

[41] 何平笙编著，新编高聚物的结构与性能 [M]. 北京：科学出版社，2009：154-167.

[42] 李余增. 热分析 [M]. 北京：清华大学出版社，1987：220-248.

[43] 陈镜泓，李传儒. 热分析及其应用. 北京：科学出版社，1985：7-27.

[44] 张正国，余晓福，王世平. 潜热能系统的传热及热力学优化研究. 新能源，2000，22 (8)：24-26.

[45] 鲁彬，武克忠，刘晓地等. 利用差式扫描量热法测定三羟甲基乙烷-新戊乙醇二元体系的相图. 新能源，2000 (5)：13-16.

[46] 王玮玲. 相变纤维的性能与表征 [D]，东华大学，2004.

[47] 梁治齐. 微囊化技术及应用 [M]. 北京：中国轻工业出版社，1999.

[48] 宋键，陈磊，李效军. 微囊化技术及应用 [M]. 北京：化学工业出版社，2001.

[49] 毛雷，刘华，王曙东. 相变微胶囊整理棉织物的结构性能 [J]. 纺织学报 2011 (10)：93-97.

[50] 何瑾馨，邹黎明. 微胶囊膜厚对芯材释放速率的影响 [J]. 东华大学学报，25 (1)：1-4.

[51] 宋庆文，李毅，刑建伟等. PCM 微胶囊改善纺织品的温度调节性能研究 [C] // 第五届功能性纺织品及纳米技术应用研讨会论文集：72-79.

[52] Cutcho，MarciaH，Microcapsules and other capsules：advances since 1975. Park. Ridge，N. J.：Noyes Data Corp，1979.

[53] Benita，Simon. Microencapsulation：methods and industrial application. New York：Marcel Dekker，1996.

[54] Bryant Y G，D P Colvin. Fiber with revlersible enhanced thermal storage properties and fabrics mafe therefrom. United States Patent 4756958. 1988，Triangle Research and Development Corporation：USA.

[55] Bryant，Y. G. and D. P. Colvin，Fabric with reversible enhanced thermal properties，in United States Patent No：5366801. 1994，Triangle Research and Development Corporation：USA.

[56] Pause，B. Development of Heat and Cold Insulating Membrane Structures with Phrase Change Material. Journal of Coated Fabric，1995. 25 (July)：59-68.

[57] LiY，Zhu Q Y.. A Model of Heat and Moisture Transfer in Porous Textiles with the Phase Change Materials，Text. R. J.，74 (0)，pp. 447-457 (2004)

[58] Ying，B. A.，Kwok，Y. L.，Li，Y.，ZhuQ. Y.，Yeung，C. Y.，Assessing the Performance

of Textiles with Phase Change Materiales. Polymer Testing，2004，23，541-549.

[59]　　Li Y，Zhu Q Y. A Model of Coupled liquid Moisture and HeatTransfer in Porous Textiles with Consideration of Gravity. Numerical Heat Transfer in Porous Textiles with Consideration of Gravity. Numerical Heat Transfer，Part A，2003. 43（3）：P. 501-523.

[60]　　Z Wang，Y Li，Y. L. Y. Kwok. Mathematical Simulation of the Perception of Fabrict Thernal and Moisture Sensation. Textile Res. J.，2002. 72（4）：327-334.

[61]　　姜勇，丁恩勇，黎国康. 相变储能材料的研究发展 [J]. 广州化学，1999（3）：48-54.

[62]　　张寅平，胡汉平，孔祥冬等. 相变储能理论和应用 [M]. 合肥：中国科学技术大学出版社，1996：88-93.

[63]　　王剑峰. 相变储能研究进展 [J]. 新能源，2000，22（3）：31-38.

[64]　　何厚康，张瑜. 相变纤维的研究与发展 [J]. 合成纤维，2002，31（2）：18-21.

[65]　　石海峰，张兴祥. 蓄热调温纺织品的研究与开发现状. 纺织学报，2001，22（5）：63-64.

[66]　　Shim H. Using Phase Change Materials. Textile Res J，2001，71（6）：495-502.

[67]　　张兴祥，朱民儒. 新型保温、调温功能纤维和纺织品 [J]，产业用纺织品，1996，14（5）：4-7.

[68]　　Cox R. Synopsis of the new thermal regulating fiber Outlast. Chemical fibers Internet，1998，48（12）：475-479.

[69]　　Anon，Thermal insulation，Knitting International，1995，102（1216）：50.

[70]　　马晓光，顾振亚. 纺织品的聚乙二醇整理 [J]. 印染，1996，22（1）：8-13.

[71]　　Vigo T L，Bruno J S，Goynes W R. Enhanced wear and surface characteristics of polol-symposium fibers. Journal of Applied Polymer Science：Applied Polymer symposium，1991，47：417-435.

[72]　　Benson D K，et al. Solid-solid Phase Transitions in Binary Alloys of Pentaerythritol Conference，1981，2：13-17.

[73]　　汪多仁. 聚乙二醇的应用与合成进展 [J]. 化学工业与工程技术，2005，5：31-35.

[74]　　李发学，张广平，俞建勇. 三羟甲基乙烷/新戊二醇二元体系填充涤纶中空纤维的研究 [J]. 东华大学学报，2003，29（146）：15-17.

[75]　　Vigo T L，Turbak A F. High-Tech Fibrous Materials. Am Chem Soc，Washington，D．C.，1991：248-259.

[76]　　Cox，R. Outlast 热量调节纤维 [J]. 国外纺织技术，2001，190：4-6.

[77]　　马晓光. 聚乙二醇在功能纺织品上的应用 [J]. 产业用纺织品，2003，21（151）：26-29.

[78]　　George Lamb ER，Stanislaw Kepda，Bernard Miller. Abrasion and Lint Loss Properties od Fabrics Containg Crosslinked Polyethylene Glycol. Textile Research Journal，1991，61（3）：169-176.

[79]　　Mishra S. P，Sundareswaran K. Improvement of Various Properties of Fabric Surface Crosslinked PEG. Journal of Appl Polym Sci，1989，37（6）：371-379.

[80]　　Jinkins Renita S，Leonas K K. Influence of Polyethylene Glycol Treatment on Surface，Liquid Barrier and Antibacterial Properties. Textile Research Journal，1994，26（12）：25-29.

[81]　　Barrio M，Font J，et al. Applicability for Heat Storage of Binary System of Neopentylglycol，Pentaglycerine and Pentaerythritola Comparative Analysis. Solar Energy Materials，1998，18：109-115.

[82]　　Son C et al. Thermal Conductivity Enhancement of S-S PCM for Thermal Storage. J Thermophysics&Heat Transfer，1991，5：122-124.

[83]　　Font J，Muntasell J et al. Calorimetric Study of the Mixtures PE/NPG and PG/NPG. Solar Energy Materials，1987，15：299-310.

[84]　　Jerry P，Bruno J，Vigo T L. Cotton Nonwovens Finished With Crosslinked Polyethylene Glycols. INDA Journal of Nonwovens Research，1993，5（1）：27-32.

[85]　　Vigo T L，Bruno J S. Improvement of Various Propertise of Fiber Surfaces Containing Crosslinked Polyethylene Glycols. J of Applied Polymer Science，1989，37（2）：371-379.

［86］ Pause，B. Development of Heat and Cold Insulating Membrane Structures with Phase Change Material. J of Coated Fabrics，1995，25（7）：59-68.

［87］ Vigo T L，Frost C M. Temperaturre-adaptable fabrics. Textile Res. Institute，1985，12：737-743.

［88］ Lennox-Kerr，P. Comfort in clothing though thermal control. Textile Month，1998，11：8-9.

［89］ Jurg，R. Interactive textiles regulate body temperature. Intern Textile Bulletin，1999，45（1）：58-59.

［90］ Bryant Y G david. C P. Fibers with reversible enhanced thermal storage properties and fabrics made thereform. USP 4756958.

［91］ Hansen，C. D.，Temperature-adaptable Fabrics，USP 3607591，

［92］ 李发学. 东华大学硕士学位论文. 2003：21-25.

［93］ Liu S Y，Yu Y N，Cui Y，et al. J Appl Polym Sci，1998，70：2371-2375.

［94］ Vigo T L，Frost C M，Bruno J S. Temperature Adaptable Textile Fibers and Method of Perparing the same. WO 8707854.

［95］ Tyone L Vigo，Frost C E. Temperature-Sensitive Hollow Fibers Containing Phase Change Salts. Textile Research Institute，1982，10：633-637.

［96］ Vigo T L，Frost C M. Temperature-adaptable Textile Fibers and Method of Preparing Same. USP 4871615

［97］ Vigo T L，Bruno J S. Temperature-adaptable Textile Coating Durable Bound Polyethylene Glycol. Textile Research Jouenal，1987，57（7）：427-431.

［98］ 刘国华，王启明. 含有 Coolmax 和 Lycra 的运动内衣：舒适、适体［J］. 针织工业，2002（2）：47-49.

［99］ 王其，刘兆峰等. 有孔隙的纤维、纱线和织物导湿结构模型研究［J］. 东华大学学报：自然科学版，2002，28（4）：68-74.

［100］ 徐鹏译. 国外纺织技术，2001（1）：4-6.

［101］ 张兴祥. 朱明儒. 产业用纺织品，1996（5）：4-7.

［102］ 周宏湘. 上海丝绸，2000（2）：8.

［103］ 姜怀. 纺织材料学［M］. 上海：东华大学出版社，2009：338-348.

第五章
变色材料与变色纺织品

材料的颜色来自于它对可见光的选择性吸收。人们视觉所感觉到的颜色，是该材料选择性吸收掉可见光中一部分有色光后，由视网膜将其余的有色光综合起来的颜色，即该材料吸收光谱的补色。

变色材料（discolored material）是指其颜色随着外界环境条件（如光、热、湿、电、pH 值、压力等）的变化而发生改变的材料的总称。材料变色的机理，基于当其相应的外界条件发生变化时，材料对于可见光的吸收光谱发生改变，从而导致材料颜色的改变。如纺织材料（变色纤维、变色纱线、变色织物）；高分子材料（变色薄膜、变色塑料、变色纸张、光信息记录材料等）；建筑材料（变色水泥、变色玻璃、变色陶瓷、变色木材）均属于此一范畴。这些变色材料的共同特点，几乎都是将变色染料（alterant dyes）或变色颜料（alterant pigment）按照特定的工艺技术施加到这些基质材料上，使之具有变色功能。因此，变色材料的研究实质上是变色化合物的研究。

变色材料因变色性质的不同，可划分为可逆变色材料和不可逆变色材料，两者都有其特定需要，例如：将可逆变色的染料或涂料用于变色纺织品，为人们追求个性化服饰增加亮点，变色纺织品在军事伪装方面具有其突出的地位，儿童用智能餐具，将某种可逆变色材料加入勺杯或瓶口，如食物或饮料过烫，就会发生变色以示不宜立即食用；测温试纸采用热致不可逆变色材料制备，当试纸离开测温点后仍能保持其颜色，以便与标准对照确定某温度。在变色材料的研究和应用领域中，重点放在可逆变色材料。

变色材料的研究与应用，在 19 世纪中期以后较活跃，20 世纪 50 年代 Hirshberg 发现了螺吡喃类化合物的光致变色（Potochromism）现象，从而在变色理论方面逐渐形成了一个理论体系。目前变色材料的研究，正处在一个快速发展的阶段。变色材料越来越受人们的重视。变色材料可以依据以下的特征进行分类：

按致材料变色的外界因素——有光致变色材料、热致变色材料、电致变色材料、压敏变色材料、湿敏变色材料；

按变色材料的化学组成——分无机类变色材料、有机类变色材料等；

按变色材料存在的相态——分固体变色材料、液晶变色材料、液体变色材料；

按变色材料的用途——分纺织品用变色材料、记录用纸变色材料、防伪用变色材料、光信息存储用变色材料、指示温度用变色材料、能量转换用变色材料等。

变色材料的应用范围正在不断拓宽，从最初的示温材料发展到生产、生活的许多领域，如仪器的热敏记录材料、分析试剂、自显影照相、变色纺织品等，尤其在高新技术领域肩负着越来越多重要的角色，如光信息存储、非线性光学材料、军事伪装等。

第一节 光致变色材料的有关基础知识

光致变色（photochomism）或光敏性变色（chameleon）材料是指材料的颜色随照射光的波长不同或光的强度不同而发生颜色变化的材料。

光致变色材料也分为不可逆性变色和可逆性变色两类。有的论文认为，不可逆性变色属于一般的光学范畴，而可逆性变色才是光敏变色理论和技术研究的对象。为了掌握光致变色材料的性能和变色机理，需要了解以下有关的基础知识。

一、色与光的关系

电磁辐射是一种波，由电场分量和磁场分量组成。这两个分量彼此互相垂直且都垂直于波的传播方向，见图5-1。电磁波包括波长范围很宽，约 $10^{-12} \sim 10^3$ m。按波长增加的排序，可分为 γ 射线、X 射线、紫外射线、可见光、红外线和无线电波，见图5-2。

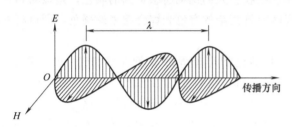

图 5-1 电磁波的电场分量（E）、磁场分量（H）和波长示意

各种形式的电磁波在真空中的传播速度都是 3×10^8 m/s，通常用 C 表示。C 与真空介电系数 ε_0 和真空磁导率 μ_0 有关，c 与电磁波的频率 υ（单位为 Hz，$1\mathrm{Hz} = \mathrm{s}^{-1}$）和波长 λ 有关，它们的关系分别为

$$c = \frac{1}{\sqrt{\varepsilon_0 \mu_0}}$$

$$c = \lambda \upsilon$$

有时不用波的概念而用量子力学的概念来理解电磁辐射，这时可以把电磁辐射看作由一系列能量量子（光子）组成。光子的能量 E 是电子化的，即

$$E = h\upsilon = \frac{hc}{\lambda}$$

式中，h 为普朗克常量，$h = 6.63 \times 10^{-34}$（J·S）。上式表明，光子能量正比于频率 υ，而反比于波长 λ。

图5-2 给出了各种电磁波的波长（m）、频率（Hz）和能量（eV）。

可见光是人的眼睛能感知的电磁波，在整个电磁波谱中只占很窄的一部分，其波长范围为 0.4μm（4×10^{-7} m，或 400nm）~ 0.7μm（7×10^{-7} m，或 700nm）。人的视觉神经对于超过这个范围的电磁波不产生色的反映。不同波长的可见光在人的视觉上产生

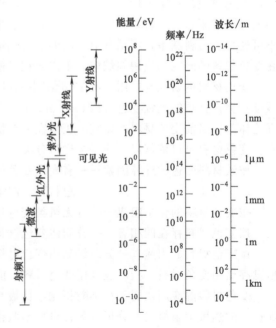

图 5-2 电磁波的波长、频率和能量

不同的反映。例如，波长 650nm 的光波是红色的，波长 600nm 的光波是橙色的，波长 590nm 的光波是黄色的，波长 540nm 的光波是绿色的，波长 510nm 的光波是青色的，波长 460nm 的光波是蓝色的，波长 420nm 的光波是紫色的。阳光和钨丝灯光都呈白色，它们都是由无数不同波长的光各自按一定的强度混合组成的。太阳光在波长上是连续的，表现在外观上呈"白"色。用棱镜将日光加以色散便可得到一个由红、橙、黄、绿、青、蓝、紫等色光波所组成的连续光谱。各色带的变化是渐变的，连续的，其间不存在截然的界线。可见光波在电磁波波长中的分布部位、可见光的光谱波长分布，如图 5-3 所示。

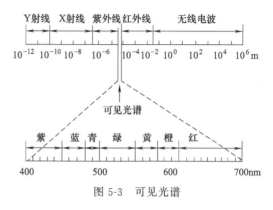

图 5-3　可见光谱

二、光与物质的相互作用

当光从一种介质进入另一种介质时（例如从空气进入非金属材料中），一部分透过介质，一部分被吸收，还有一部分在两种介质的界面上被反射。设入射到非金属材料表面的光辐射能流率为 ϕ_0，透射、吸收和反射光的辐射能流率分别为 ϕ_T、ϕ_A 和 ϕ_R，则

$$\phi_0 = \phi_T + \phi_A + \phi_R$$

光辐射能流率的单位为 W/m^2，表示单位时间内通过单位面积（与光线传播方向垂直）的能量，上式的另一种表达形式为

$$\tau + a + \rho = 1$$

式中，$\tau = \dfrac{\varphi_T}{\varphi_0}$ 为透射率；$a = \dfrac{\varphi_A}{\varphi_0}$ 为吸收率；$\rho = \dfrac{\varphi_R}{\varphi_0}$ 为反射率。

透明材料是透射率较高而吸收率与反射率较低的材料。半透明材料是光线透过它时能发生漫散射的材料。不透明材料是透射率极低的材料。

固体材料中出现的光学现象是电磁辐射与固体材料中原子、离子或电子之间作用的结果。最重要的两种作用是电子极化和电子能态转变：

电子极化	电磁波的分量之一是迅速变化的电场分量。在可见光频率范围内，电场分量与传播过程中遇到的每一个原子都发生相互作用，引起电子极化，即造成电子云和原子核的电荷中心发生相对位移。其结果，当光线通过介质时，一部分能量被吸收，同时光波速度减小。后者导致折射。
电子能态转变	1. 电磁波的吸收和发射包含电子从一种能态转变到另一种能态的过程。如下图所示，如果一个孤立原子原位于 E_2 能级上，吸收光子能量后被激发到了能量较高的 E_4 空能级上去，则该电子发生的能量变化即为 $\Delta E = h\nu_{42}$（式中 h 为普朗克常数；ν_{42} 为光子的振动频率）。 2. 原子中电子的能级是分立的，能级之间只有特定的 ΔE 值。因此只有能量为 ΔE 的光子才能通过电子能态转变而被该原子吸收，而且在每一次激发中，每个光子的能量将全部被受激电子吸收。受激电子不可能无限长时间地保持在激发状态。经过一个短时间后，它又会衰变回基态，同时发射出电磁波。衰变途径不同，所发射电磁波的频率就不同。

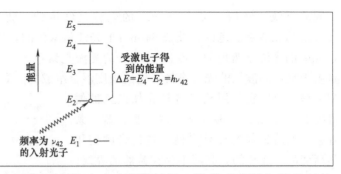

电子能态转变

受激电子得到的能量
$\Delta E = E_4 - E_2 = h\nu_{42}$

频率为 ν_{42} 的入射光子

非金属材料对于光可能透明，也可能不透明。对于透明材料，除考虑反射与吸收以外，还应考虑折射与透射。

反射

1. 光线进入透明材料内部时，因电子极化消耗部分能量而使光速减少，光线在界面上拐弯，这种现象叫做折射。材料折射率定义为 $n = \dfrac{c}{v} = \sqrt{\varepsilon_r \mu_r}$

　　式中，c 为光线在真空中的传播速度；v 为光线在材料中的传播速度；ε_r 为介质的相对介电系数；μ_r 为介质的相对磁导率。

2. 由于光速在介质中的减少是电子极化引起的，因而介质中原子或离子的大小对于介电系数的影响很大。一般地说，原子或离子越大，则电子极化程度愈高，光速愈慢，从而折射率越高。

3. ε_r 是电子极化对介电系数的贡献。由于大多数非金属的磁性都很小，即 $\mu_r = 1$，所以有 $n = \sqrt{\varepsilon_r}$。

折射

1. 当光线从一种介质进入另一种折射率不同的介质时，即使两种介质本身都是透明的，也总会有一部分光线在两种介质界面上被反射。在非垂直入射的情况下，反射率与入射角有关。

2. 当光线垂直入射时，反射率 ρ 与两种介质的折射率 n_1、n_2 之间的关系为 $\rho = \left(\dfrac{n_2 - n_1}{n_2 + n_1}\right)^2$；当光线从真空或空气中垂直入射到固体表面时，其反射率则为 $\rho = \left(\dfrac{n_2 - 1}{n_2 + 1}\right)^2$（因为真空或空气的折射率 $n_1 = 1$）。固体材料的折射率越高，反射率也越高。固体材料的折射率和反射率都与波长有关。

吸收

1. 非金属材料对于可见光可能透明，也可能不透明。透明材料中有些无色，也有带色。

2. 非金属材料对光的吸收有下列三种机理：

　· 电子极化——只有当光的频率与电子极化松弛时间的倒数位于同一数量级时，由此引起的吸收才变得比较重要。

　· 电子因吸收光子能量而受激越过禁带。

　· 电子因吸收光子能量而受激进入禁带中的杂质或缺陷能级。

3. 如果光子能量的吸收导致电子从价带越过禁带进入导带的空能级，则在导带中就出现一个自由电子，同时在价带中留下一个空穴。激发电子的能量与吸收光子频率之间的关系满足 $\Delta E = h\nu_{42}$。只有当光子能量大于禁带能量 E_g 时，即 $h\nu > E_g$ 时才能以该机理引起吸收。

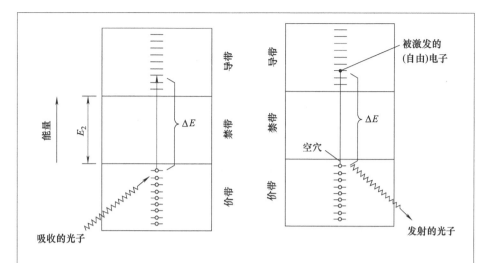

电子受激越过禁带，在价带中留下一个空穴电子衰变回价带时与空穴结合发射一个光子

4. 电子吸收可见光子后所能越过的最大禁带宽度为 $E_{g.\,max} = \dfrac{hc}{\lambda_{min}}$. 电子吸收光子后所能越过的最小禁带为 $E_{g.\,min} = \dfrac{hc}{\lambda_{max}}$. 式中，$\lambda_{min}$ 为可见光的最短波长；λ_{max} 为可见光的最大波长。

5. 介质净吸收的光波能量不仅与介质特性有关，还与光程有关。

透射光的辐射能流率随光程 x 的增加而减小，即 $\varphi_T = \varphi_0'^{-\beta x}$。

式中 $\varphi_0' = \varphi_0 - \varphi_R$，叫做入射光中的非反射辐射能流率；$\beta$ 为吸收系数（mm^{-1}），是材料的特征常数；x 是光线在介质中经过的距离。

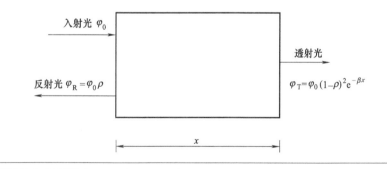

1. 光线通过透明的均质固体时，其透过强度应为
$$\varphi = (1-\rho)(\varphi_0 e^{-\beta t}) - \rho(1-\rho)(\varphi_0 e^{-\rho t})$$
$$= (1-\rho)^2 \, (\varphi_0 e^{-\rho t})$$
式中，t 为透明的均质固体的厚度；ρ 为反射率。

2. $\tau + a + \rho = 1$ 其中每一个参数都与波长 λ（μm）有关。光线照射到一块绿色玻璃上时 τ、a、ρ 与波长的关系。当波长 $\lambda = 0.55\mu m$ 时，τ、a、和 ρ 分别为 0.50，0.48 和 0.02。

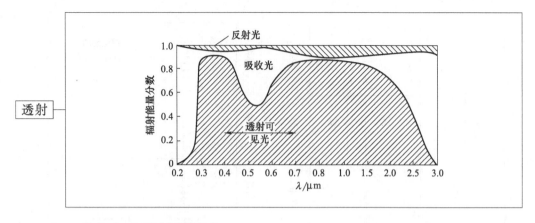

三、感光高分子材料简介

不少物质分子吸收紫外线后，可以从基态跃迁到激发态。激发态分子具有较高能量，易引起各种变化：一种是物理变化，如发出荧光（fluorescence）或磷光（phosphorescence），另一种是化学变化，如负性光刻中的光交联（photo-crosslinking）反应，正性光刻胶的光降解（photo-degrading）功能。此外，激发态的能量也可能被猝灭，或者在分子内或分子间转移，甚至还可能发生激发态分子与基态分子间作用，形成复合物。

光化学中有三个基本定律。

（1）Crotthus-Draper 定律 该定律指出只有被分子吸收的光才能起光化学反应，这就是说，一定要注意光源波长与反应物吸收光的匹配关系，若用的光不被物质吸收，是不会引起光化学反应的。

（2）Stark-Einstein 定律

① 该定律指出一个分子只吸收一个光子，分子的激发和随后的化学反应是吸收一个光子的结果，分子吸收光是量子化的。

② 该定律在一般情况下是正确的，但还发现某些物质在强光如激光束的照射下，可以吸收 2 个或 2 个以上光子的能量。

（3）Beer-Lamber 定律 该定律描述了在正常情况下化合物的吸收特性，即单色光的吸收与吸光物质的厚度呈指数关系。

$$I = I_0 10^{-\varepsilon c l}$$

式中：I_0 为单色光的发射强度；I 为透射光强度；c 为试样溶液的摩尔浓度，（mol/L）；l 为通过样品的光程长度，cm；ε 为吸光物质的摩尔消光系数，$(mol/L)^{-1} \cdot cm^{-1}$，是一个与化合物和波长有关的特征常数，$\varepsilon$ 越大表示物质吸光的本领越强越易激发。

物质分子一旦吸收光，就接受相应波长的能量引起电子跃迁而成为激发态。当两个原子结合形成一个分子时，参与成键的两个原子不是各自定域于自己的原子上，而是在两个原子周围的整个分子轨道上运动。分子轨道有成键轨道和反成键轨道之分。在基态，每个成键轨道上有两个自旋方向相反的电子。单键的成键轨道是 σ 轨道；双键的成键轨道中，除 σ 轨道外还有能级较高的 π 轨道。分子一旦吸收光子能量，成键轨道的一个电子就跃迁至成键轨道 σ* 或 π*。含有羰基或杂原子的化合物中，孤对电子所处的非成键轨道（或称 n 轨道）上的电子也可吸收光子能量向反成键轨道跃迁。通常，把电子从 π 轨道跃迁至 π* 轨道，称为 π→π* 跃迁，形成激发态叫做 ππ* 激发态。而 n 轨道上的一个电子跃迁至 π*，称为 n→π* 跃迁，形成所谓 nπ* 态。

需要指出的是，在可能存在的五种跃迁（$n \rightarrow \sigma^*$，$\pi \rightarrow \sigma^*$，$\sigma \rightarrow \sigma^*$，$n \rightarrow n^*$，$\pi \rightarrow \pi^*$）中，只有 $n \rightarrow \pi^*$ 和 $\pi \rightarrow \pi^*$ 跃迁能量较低，落在一般光源辐射的能量范围内，是有机光化学主要研究对象，而 $n \rightarrow \sigma^*$，$\pi \rightarrow \sigma^*$，$\sigma \rightarrow \sigma^*$ 跃迁，能量都较高，是一般光源所不能激发的，从而研究得不多。

大多数分子的基态是单线态 S_0，如果基态分子的一个电子保持其自旋方向跃迁到较高能级，产生的激发态称为单线激发态，用 S_1 表示。若自旋方向发生了变化，则得到三线激发态，用 T_1 表示。三线激发态的能量比相应的单线激发态能量要低一些。对于单线激发态的光敏剂分子虽然具有较高的能量，但寿命极短，一般只有 $10^{-9} \sim 10^{-8}$ s 左右，它会很快以发射磷光的方式，把能量放出，通常不起化学反应。而处于三线激发态的光敏剂分子，它的能量虽稍低，但寿命较长，一般为 10^{-4} s 左右，当它和感光性树脂的分子碰撞时即发生能量转移，从而引起发光交联等化学反应。需要指出的是，当一些化合物的三线激发态能级低于感光性高分子三线激发态时，这种化合物就不能作为光敏剂，因为它不能和感光性高分子进行三线态与三线态之间的能量转移作用，只能以发射磷光的方式将能量放出。

感光性高分子具有以下六种不同功能：光固化（或光交联）功能、光降解功能、光成像功能、光致变色功能、光能的化学转换功能和光导电功能。我们所研究的是感光性高分子的光致变色功能。在高分子主链或侧链上，通过共价键连接光致变色的基团，便可得到光致变色的高分子。这类高分子在开发光致变色纤维或织物、图像显示、光信息存储元件、可变光密度的滤光元件、摄影模板和光控开关元件等诸方面有良好的应用前景。

从高分子设计角度考虑，由下面一些方法构成感光高分子体系：

（1）将感光性化合物添加入高分子中的方法　常用的感光性化合物有：重铬酸盐类、芳香族重氮化合物、芳香族叠氮化合物、有机卤素化合物和芳香族硝基化合物等。

（2）在高分子主链或侧链引入感光基团的方法

① 引入的感光基团种类很多，主要有：光二聚型感光基团（如肉桂酸酯基）、重氮或叠氮感光基（如邻偶氮醌酰基）、丙烯酸酯基团以及其他具有特种功能的感光基团（如具有光色性、光催化性和光导电性基团）等。

② 这是广泛使用的方法。

（3）由多种组分构成的光聚合体系的方法

① 将乙烯基、丙烯酰基、缩水甘油基等光聚合基团引入到各种单体和预聚物中，作为体系的主要组成，再配以光引发剂、光敏剂、除氧剂或偶联剂等各种组分而构成。

② 这类体系的组分与配方可视用途不同而设计，配方多变，便于调整。常用在光敏涂料、光敏黏合剂和光敏油墨等的制造。这种体系的缺点是不宜用作高精细的成像材料。

四、染料的理想溶液对单色光的吸收

将波长为 λ 的单色光平行投射于浓度为 c 的染料稀溶液，温度恒定，入射光强度为 $I_{0\lambda}$，忽略不计散射，通过厚度为 l 的液层后由于吸收，光强减弱为 I_λ，它们之间的关系服从 Lambert-Beer 定律：

$$I_\lambda = I_{0\lambda} \exp(-kcl)$$

或

$$I_\lambda = I_{0\lambda} \times 10^{-acl}$$

式中，k 为常数；c 为溶液浓度，g/L；l 为厚度，cm；$a=\dfrac{k_\lambda}{2.303}$ 为吸光系数。$T=\dfrac{I_\lambda}{I_{0\lambda}}$ 称为透光度；$A=\lg\dfrac{1}{T}=\lg\dfrac{I_{0\lambda}}{I}$ 称为吸光度或称光度。

当浓度以 mol/L 为单位时，则 a 改写为 ε，称为摩尔吸光系数。它是溶质对某一单色光吸收强度特性的恒量。这样，吸光度 A 和摩尔吸光系数 ε 的关系为：

$$A=\lg\frac{I_{0\lambda}}{I_\lambda}=\varepsilon c l$$

这里，$\varepsilon c l$ 是无纲量（$\because \dfrac{L}{mol\cdot cm}\cdot\dfrac{mol}{L}\cdot cm$）。

由于染料对光的选择吸收，染料的摩尔吸光系数 ε 或吸光度 A 随波长不同可有很大的

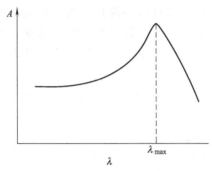

图 5-4 染料的吸收光谱曲线

变化。因此，以各种不同单色光分别通过染料溶液即可得到该染料的吸光曲线如图 5-4 所示。图中，横坐标表示波长（λ），纵坐标表示吸光度（A），曲线 $A=f(\lambda)$ 称为该染料的吸收光谱曲线（absorbed spectrum curve）。

从上图可见，在某一波段内有一个吸收带，它的最大吸收波长称为该吸收带的最大吸收波长（λ_{max}），用相应吸光度（A_{max}）可以计算出相应的摩尔吸光系数（ε_{max}）。

一般分光光谱计的光波波长在 $200\sim1000\mu m$ 范围内。物质对这个波长范围的光波发生吸收是该物质在光的作用下，分子结构中的价电子运动状态发生变化的结果。所以这种吸收光谱称为电子吸光谱（ε-υ 曲线）。在电子吸光光谱曲线图里，一个吸收带反映一种电子运动状态的变化。它和原子吸光光谱不同，不是线状而是带状的。有时一个吸收带里还会有若干小峰，称为振动结构，这是分子中原子核不同振动状态的反映。在一个电子吸光光谱曲线图里，可以有几个吸收带，它们分别反映电子运动状态的不同变化。为了便于区别，人们往往把波长最长的吸收带称为第一吸收带，以区别于波长较短的其他吸收带。

各种不同的单色光分别通过染料溶液也可以得到该染料的吸收曲线（ε-λ 曲线），如图 5-5 所示。吸收曲线上摩尔吸收光系数 ε 最大的数值（ε_{max}）相应波长（λ_{max}）称为该染料的"最高吸收"，染料的最高吸收峰波长（λ_{max}）常表示染料的基本色（此图中 $\lambda_{max}=570nm$，是蓝色）。

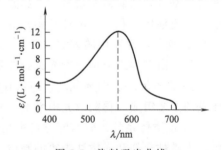

图 5-5 染料吸光曲线

染料溶液对于可见光的最大吸收波长不同，它的色调（颜色）也不同。最大吸收波长愈大，则色调愈深；最大吸收波长愈短，则色调愈浅。黄色染料 λ_{max} 最短，绿色的 λ_{max} 最长，其色调深浅次序如下：

黄绿、黄、橙、红、红紫、紫、蓝、绿蓝、蓝绿

浅 ◀━━━━━━━━━━━━━━━━━━━━━▶ 深

从黄到绿，λ_{max} 从短到长，称颜色加深；反之，从绿到黄，λ_{max} 从长变短，称颜色变浅。阳光照射染料溶液，不同颜色的染料对不同波长的光波发生不同程度的吸收。黄色染料

溶液所吸收的主要是蓝色光波，通过的光呈黄色；紫红色染料溶液所吸收的主要是绿色光波，通过的光呈现紫红色；青色（蓝-绿色）染料溶液所吸收的主要是红色光波，通过的光呈青色。如果把上述各染料所吸收的光波和透过的光分别叠加在一起，便又得到白光。这种将两束光线相加可成白光的颜色关系称为补色（complementary color）关系。光谱的色及其补色见图 5-6 所示，各波段光波的颜色依次是：400～435nm 波段的光波呈紫色；435～480nm 波段的光波呈蓝色，480～490nm 波段的光波呈蓝-绿色；490～500nm 波段的光波呈绿-蓝色；500～560nm 波段的光波呈绿色；550～580nm 波段的光波呈黄-绿色；580～590nm 波段的光波呈黄色；595～605nm 波段的光波呈橙色；605～700nm 波段的光波呈红色。其光谱上两两相对的

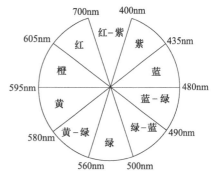

图 5-6　光谱的色及其补色

颜色互为补色：红色和绿-蓝色；橙色和蓝-绿色；黄色和蓝色；紫色和黄-绿色；绿色和红-紫色等各为互补色。

由此可见，染料的颜色是它们对光的吸收特性在人们视觉上产生的反映。人们视觉所感觉到的颜色是由物质（染料）吸收掉可见光中一部分有色光后将其余的光［即该物质（染料）吸收光谱的补色］综合起来的颜色。

五、染料颜色与染料分子结构的关系

作为染料，它们的主要吸收波长要在可见光范围内，摩尔吸光系数 ε_{max} 一般为104～105。染料对可见光的吸收特性主要取决于它们分子中 π 电子运动状态。要具有上述吸收特性，染料分子结构中需有一个发色体系。这个发色体系一般是由共轭双键系统和在一定位置上的供电子共轭基（即助色团）所构成的。有许多染料分子除了供电子共轭基外，还同时具有吸电子基团。也有一些为数不多的染料的发色体系中是没有所谓的助色团的。

有机物对光波的吸收取决于其分子内电子的状态。电子在分子内结合得越牢，激发它所需的能量越大，吸收光波的波长在紫外区域，该物质为无色的。例如饱和烃都是由 σ 键结合而成的，σ 键结合牢固，故这类化合物一般是无色的。

在不饱和有机物分子中，π 键中的 π 电子流动性大，激发 π 电子的能量较低。因此，含有 π 键的化合物吸收的光波一般在紫外及可见光区域（200～780nm），这些物质中含有 π 键的基团，称为发色团（或生色基），主要的发色团有：

C＝C　　　C＝O　　　—CH＝N—　　　C＝S　　　—N＝O　　　—N（O）（O）　　　—N＝N—

乙烯基　　　羰基　　　次甲氮基　　　硫代羰基　　　亚硝基　　　硝基　　　偶氮基

—N＝N—　　　—C（O）—H …等。

氧化偶氮基　　　醛基

有机物的颜色与分子中发色基团有关，含有发色团的分子称为发色体。若分子中含有一个发色团，则其吸收波长在 200～400nm 之间，物质仍为无色；如果增加发色团（即增加共

轭双键），则颜色加深；羰基增加，颜色亦加深。

有些基团本身吸收的光波在紫外区域，但当它连接到共轭键或发色团时，由于 ρ-π 共轭，可使共轭键或发色团的吸收波长移向长波方向，这个现象叫向红移（bathochromic shift）或向红效应（bathochromic effect）。这些基团叫做助色团（或助色基），主要助色团有：

| —NH₂、 | —OH、 | —OR、 | —NHR、 | —NR₂、 | —Cl、 | —Br、 | —COOH、 | —SO₃H 等 |
| 氨基 | 羟基 | 烷氧基 | 烷氨基 | 二烷氮基 | 氯基 | 溴基 | 羧基 | 磺酸基 |

物质的分子处于最稳定的状态称基态（ground state）。当物质遇到光照时，由于物质自身的结构和性质，可吸收一定波长的光能，使分子的能量增加受到了激发，从而使分子内电子更加活跃，这种状态称为激发态（excited state）。物质的颜色主要是由于物质中的电子在可见光作用下发生 $n \rightarrow \pi$ 跃迁的结果。染料对可见光的吸收主要是由其分子中的 π 电子运动状态所决定的。有机化学电子理论认为，原子间化学键的性质、电子流动性和激化能的关系、分子结构与颜色的关系存在着以下的一些规律。

（1）共轭双键体系结构

① 具有共轭双键系统的染料分子，共轭双键越多，染料的最大吸收波长 λ_{max} 向长波方向移动，产生深色效应。

② 共轭体系越长颜色就越深，芳环越多，共轭体系也越大，电子叠加轨道越多，越容易激发，激发能降低，颜色愈深。

（2）取代基的影响

① 共轭体系中引入供电子取代基如—NH₂、—OH 基时，基团的弧对电子与共轭体系中的 π^- 电子相互作用降低了激化能，使染料颜色加深；吸电子取代基如—NH₂、 C＝O 等在共轭系统中吸引电子，也使染料颜色加深；在染料分子中共轭系统两端同时存在供电子和吸电子取代基时，深色作用更明显。

② 靛族染料分子的共轭体系的 N 原子上引入甲基或乙基，增强了 N 原子的供电性，会使染料颜色加深。

③ 蒽醌类染料中，在供电子基与吸电子之间能形成氢键时，其深色效应更为显著。

（3）分子的离子化　有机物分子中含有供电基或吸电基时，能引起吸收峰向波长方向或短波方向移动。在含有吸电基 C＝O 、 C＝NH 的分子中，当介质酸性增加时，分子转变成阳离子，增强了吸电子性，会使染料颜料颜色加深。

（4）共轭系统"受阻"　在共轭体系的两端连接供电子和吸电子基团，也能降低激发能，最大吸收波长变长，发生深色效应。若在共轭体系中插入为一供电基团时，共轭系统有"受阻"现象发生，则使吸收光谱向短波方向转移。

（5）分子的平面结构受到破坏　当染料分子的平面结构受到破坏时，π^- 电子重叠程度降低，会使染料颜色变浅

（6）金属配合物的影响

① 当染料与金属形成配合物时，大多数呈稳定的五元环或六元环结构，若配位键由参与共轭的弧对电子构成，则将影响共轭体系电子云流动，通常使颜色加深变暗。

② 在金属配合染料（酸性含媒染料）分子中，随金属原子不同，染料的颜色会呈不同色泽，配位键由共轭的弧对电子构成，配合物颜色加深。

具体例子，请读者参阅李成琴、黄晓东主编《纺织有机化学》P. 287～291.

第二节　光致变色材料

　　1867 年，Fritsche 首次报道了光致变色现象，他发现黄色的并四苯在空气和光的作用下产生一种光色的物质，该物质受热时重新生成并四苯，呈显黄色。之后，他又发现了二硝基甲烷盐、锌颜料和苯并-1-[1,5]-二氮杂萘-等在光作用下发生的可逆的颜色变化现象。1950 年，Hirshberg 提出把上述现象称为 "photochromis"，即光致变色。1999 年初，美国 Lowrence Berkelay 国家实验室的科学人员成功制造出一种既是光致变色又是电致变色的物质，它是混合氧化钛和氢氧化镍而制成的新物质，当光射进这种物质时，光谱中的紫外线会影响氢氧化镍，使电子从氢氧化镍流到氧化钛，氧化氧化钛，使透明的物质变成不透明，当光线受阻而不再照射时，整个化学过程便倒转回来，使物质回复透明。利用该发明制造窗用玻璃，可自动控制室内温度也可以制成自动变色的太阳镜，新的光线感应器以及新一代利用光推动处理器的计算机。中国台湾清华大学胡德教授发明用于合成纤维的光致变色颜料（热分解温度可达 241℃），并将它直接加入到树脂中，用熔融法拉丝制备光致变色纤维。该颜料分子带有双键，可以与乙烯基单体共聚制备成高分子量的材料，用于光致变色眼镜、光致变色涂料等。

　　光致变色技术的研究和发展，产生了一种用于纯腈纶、纯毛及毛腈混纺织物的染色技术。已经出现许多变色染料，能以两种几何异构体顺式和反式存在，顺、反结构的染料的吸收光谱是不同的，例如部分偶氮染料、硫靛酞菁染料、对称二萘乙烯染料等。研究较多的光致变色染料有酸酐衍生物，还有三苯甲烷以及由两个苯吡啶分子环化加成的产物。近年来，人们对高分子液晶类化合物的光色变化，对带有二硫化汞光致变化共聚物，对 β-二酮类化合物通过氢转移发生的酮式和烯醇式的异构化反应并导致吸收光谱变化学等课题颇感兴趣。

一、光致变色的机理

　　光致变色的基本定义是指单一化合物在两个具有明显不同的吸收光谱的两个状态间的一种可逆的变化，这种变化被电磁辐射单向或双向诱导。更确切地说，是指化合物 A 在受到某种波长 λ_1、频率 ν_1 的光照射时，结构变化，形成物质 B。若用另一种波长 λ_2、频率 ν_2 的光照射或在热（kT）的作用下，物质 B 又可以可逆地形成物质 A。A 和 B 具有不同的吸收光谱，这种由光谱诱导的颜色变化称为光致变色现象，简单表示如下式：

$$A\ (\lambda_1) \underset{h\nu_2\ \text{或}\ kT}{\overset{h\nu_1}{\rightleftharpoons}} B\ (\lambda_2)$$

　　一般从 A 变为 B 的辐射能频率为紫外区波长，而从 B 变为 A 大多为可见光区波长，其光致变色反应及 A、B 的吸收光谱，如图 5-7 所示。

　　光致变色组分 A 经紫外光照射时，在短于毫秒的瞬间发生结构的变异（variation）而成为 B，从而引起颜色的变化。还可以通过受到另一波长的可见光或热的作用而恢复到原来的结构和颜色，从而实现重复使用。整个记录过程包括光照、激活反应、发色和消色反应等。

　　绝大多数光敏变色体系建立在单分子反应的基础上，势能曲线的变化如图 5-8 所示，能够更形象、更直观地显示出这一光致变色过程。

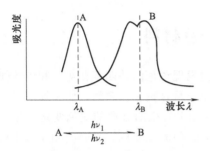

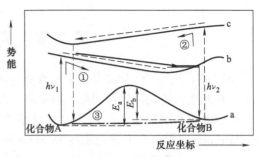

图 5-7 光致变色反应及 A、B 吸收光谱示意图　　　　图 5-8 异构化反应能曲线示意图

图中，曲线 a 表示化合物 A、B 的基态势能曲线，曲线 b 表示化合物 A 的激发态势能曲线，曲线 c 表示化合物 B 的激发态势能曲线。激活反应是指化合物经一定波长的光照射后显色和变色过程，当化合物 A 受（$h\nu_1$）激发后，化合物 A 由基态→激发态→化合物 B，产生颜色变化（路途①）。而消失反应则有两种途径：一种是光消失反应，即化合物 B 受光（$h\nu_2$）激发，化合物 B 由基态→激发态→化合物 A，恢复到原来的颜色（途径②）；另一种是热消色反应，即化合物 B $\xrightarrow{\text{加热}}$ 化合物 A，恢复到原来颜色（途径③）。图中，E_a 为化合物 A 获得的活化能，E_b 为化合物 B 获得的活化能，若 $E_a > E_b$ 则 A 在热力学上是稳定的，反之亦然；如果 E_a 和 E_b 都足够大，则有双稳态存在。

如果 A 没有颜色（在可见区没有吸收带），而 B 具有颜色（在可见区出现吸收带），或者 B 的颜色与 A 的颜色相比发生了明显变化（可见区吸收带发生明显位移），那么我们就说这个反应具有电致变色特性。当全色光照射到样品时一部分光被样品吸收，样品呈现出补色的颜色。表 5-1 给出了吸收光波的波长、颜色与补色的颜色。

表 5-1　吸收光波的波长、颜色与补色的颜色

波长/mm	吸收光的颜色	吸收光的补色
400～435	紫	黄～绿
435～480	蓝	黄
480～490	绿～蓝	橙
490～500	蓝～绿	红
500～560	绿	紫～红
560～580	黄～绿	紫
580～595	黄	蓝
595～605	橙	绿～蓝
605～750	红	蓝～绿

随着研究的发展和深化，上述的光致变色的基本定义需要补充以下三点。

（1）多组分反应模式

两个（A 或 B）或两个以上的反应组分在光的作用下产生一种或多种产物（P），这种反应必须是可逆的，即

$$A + B \Longrightarrow nP \qquad n = 1, 2$$

（2）环式反应模式或多稳态可逆模式

在多稳态中，可以通过化学或物理的方法令其中的某些特定态发生变化稳定下来，从而研制不同的器件，这种变化可简化表示为

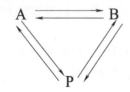

（3）多光子光致变色体系

有些物质必须在多光子的连续激发下才能发生光致变色，而有些光子由于能量上的原因不能引起反应，通过多光子的连续激发，才可实现光致变色反应。

光致变色过程所发生的变化绝大多数属于化学变化，主要有：在光照下进行①电环化反应及其逆反应；②顺-反异构反应；③质子迁移互变异构反应；④离解反应；⑤氧化还原反应；⑥光氧化加成反应等。

二、光致变色材料的种类、变色机理及性能要求

光致变色材料分为两大类。

（1）无机类变色材料。主要是无机化合物和过渡金属氧化物，如金属氧化物和卤素金属化合物。其变色机理通常是由于杂质或晶体缺陷引起。

（2）有机类光致变色材料。包括有机化合物材料和高分子材料。这类材料有螺吡喃类、螺噁嗪类、二芳基乙烯类、俘精酸酐类、偶氮类、萘并萘醌类以及相关的杂环化合物。材料在光的作用下发生颜色变化，其根本原因是分子结构发生变化所致。

光致变色材料的研究与应用，主要针对有机可逆的光致变色化合物。并要求它们具备如下性能：

① 对光敏感度高，颜色变化鲜明，两种状态或结构的稳定性都好；

② 变色速度和消色速率都要快；

③ 使用寿命长，即达到光疲劳时所经历的变色-消色循环次数很高。

下面介绍几类重要的光致变色化合物及其相应的光化学反应。

三、因顺/反异构引起变色的化合物

（1）偶氮类光致变色材料的变色机理基于分子结构的顺/反光异构化：

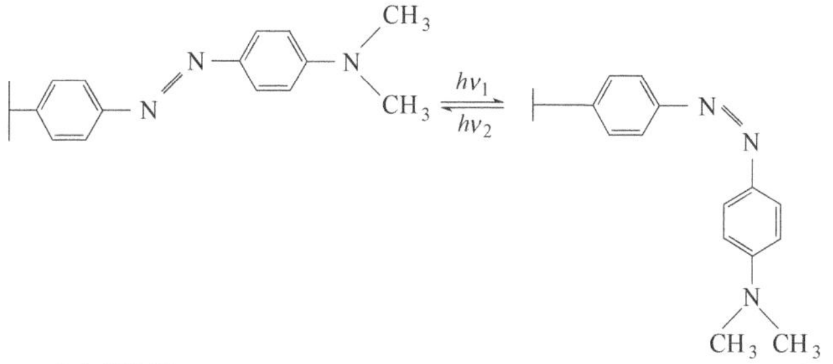

(反式)偶氮苯　　　　　(顺式)偶氮苯

即偶氮类高聚物的光致变色是由于发生了双键的顺反互变异构而产生的。

偶氮发色团—$N = N$—存在反式和顺式两种形式，通常条件下偶氮分子主要处于稳定的反式状态，当反式态的偶氮分子吸收一定波长 λ_1 的光子变为顺式态，吸收光谱发生变化。顺式态不稳定，在光线不强的暗处（波长 λ_2）又回到反式态结构并恢复为原来的颜色。因此，它适用于可擦式光信息存储介质。

（2）靛类染料的变色机理亦基于顺/反光异构化：

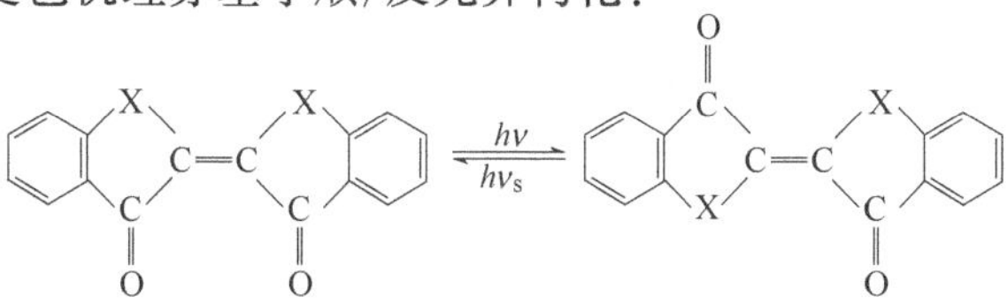

(顺式)靛类染料　　　　　(反式)靛类染料

大分子中，X＝S，NHCOR。当 X＝S 时，它的结构与靛蓝（蓝 1 号，73000）十分相似，只要将两个—NH—基换成—S—，即成硫靛系染料的还原红 SB（红 41 号 73300）。

四、因基团迁移引起变色的化合物

（1）萘氧基萘并萘醌在紫外线的诱导下，发生萘氧基迁移的异构化反应，由黄色变为橙色：

（2）具有苯氧基苯并苯醌和偶氮苯双变色基的化合物结构式如下：

基团迁移和顺/反异构变色机理同时出现于该化物的变色过程。但对于双变色基变色强度小于正常光致变色行为的萘并萘醌化合物，偶氮苯基的变色反应仍然明显。

五、因化学键断裂引起变色的化合物

螺吡喃、螺噁嗪、螺噻喃类化合物都属于光照后螺碳-氧键异裂而显示不同的光致变色化合物。

1. 螺吡喃类化合物

螺吡喃（spiropyranes）是有机光致变色材料中研究最早、最广泛的体系之一。它是两个芳杂环（其中一个含有吡喃环），通过一个 sp^3 杂化的螺碳原子连接而成的一类化合物的通称，其基本结果如下所示。

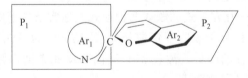

式中，Ar_1 和 Ar_2 可以是苯环、萘环、吲哚环、噻唑环等各种芳环或芳杂环，研究较多的是 Ar_1 为吲哚环的螺吡喃，常称为吲哚螺吡喃（indalinopiropyran）。

吲哚螺吡喃化合物的电子跃迁基本上发生在分子中两个环系本身，大多数的吸收发生在紫外光谱区，一般在 200～400nm 范围内，不呈颜色。在受到紫外线激发后，分子 C—O 键发生异裂，继而分子的结构以及电子的组态发生异构化的重排，两个环系由正交变为共平面，整个分子形成一个大的共轭体系，吸收也随着发生很大的红移，出现在 500～600nm 范围内，因此呈现颜色。其断键后的分子通常成为开环体（或呈色体）。由为结构类似部花菁染料（merocyanine dyes），通常称为 photomerocynine，以 "PMC"、"PM" 表示。在光或热的作用下，PMC 发生关环反应回到 SP，构成一个典型的光致变色体系，它的反应过程可以用下式表示：

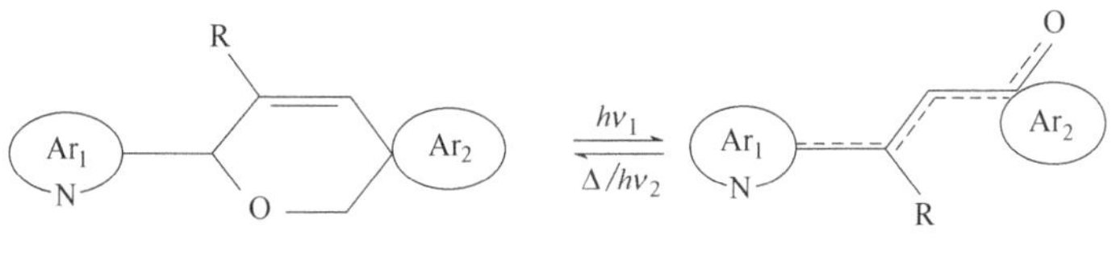

SP   PMC

应当指出，PMC 是各种顺反异构体达到平衡的混合物。上面只画出其中最稳定的一个异构体。为了便于说明，今改用下列异裂化学反应：

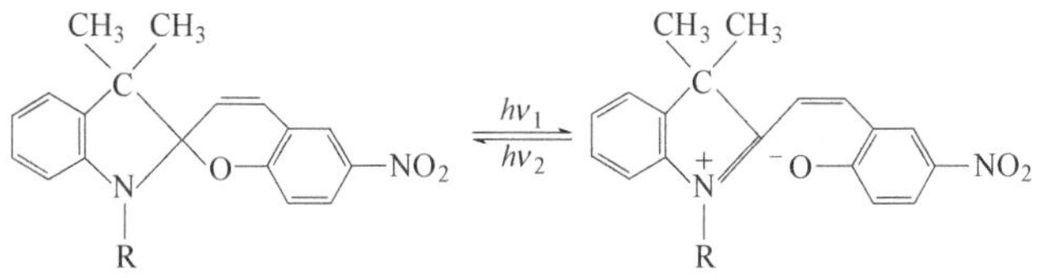

螺环苯并吡喃   部花菁

这种材料的变色反应是闭环体和开环体部花菁之间的可逆变化。与 O、N 相连的碳原子——即螺 C 原子，它连接的两个芳环体中相互正交，不产生分子结构的共轭，在受到紫外光激发后，分子的螺 C—O 键发生异裂，电子的组态发生异构化或分子的重排，变为两个环系的共平面式的开环体，整个分子形成一个大的共轭平面，吸收波长红移。该开环体在可见光或避光的条件下，又重新闭环回到闭环体结构，吸收波长蓝移，形成光致可逆变色。

图 5-9 给出了螺吡喃物衍生物的光致变化反应和照光前后含螺吡喃的聚苯乙烯薄膜的吸收光谱。因为部花菁具有强给体（负离子）和强受体（正离子）的 D-π-A 型分子，因此在可见区出现很强的内电荷转移（ICT）吸收带呈现蓝色。照射可见光（Vis）或者加热（△）时，部花菁可逆地热环化成无色的螺吡喃。螺吡喃的吸收带在紫外区，而部花菁的吸收带移至可见区，峰值在 580nm 附近。

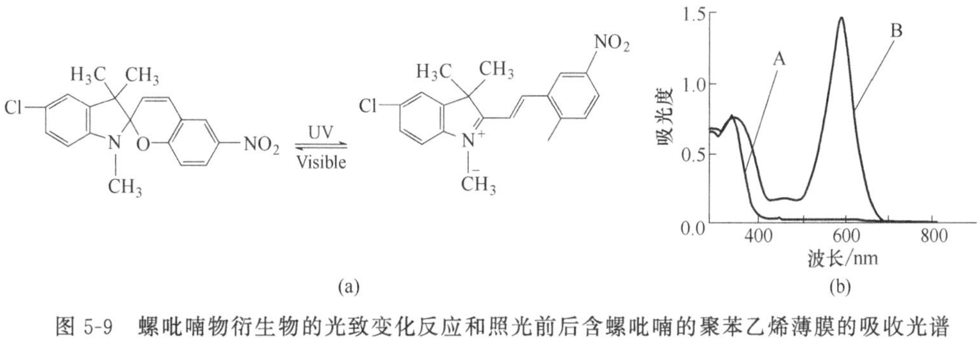

图 5-9   螺吡喃物衍生物的光致变化反应和照光前后含螺吡喃的聚苯乙烯薄膜的吸收光谱

许多螺吡喃的开环反应，不仅通过单重态 SP^1，也经三重态 SP^3，在开环反应中单重态与三重态的参与情况本质上取决于分子基本骨架的特性及环上所带的取代基的位置与性质。不同位置、不同取代基团的螺吡喃化合物，在不同溶剂中显示不同颜色，变色速率也不同。这里给出 R^1 取代基不同时，在不同溶剂中光照前后的变色情况：

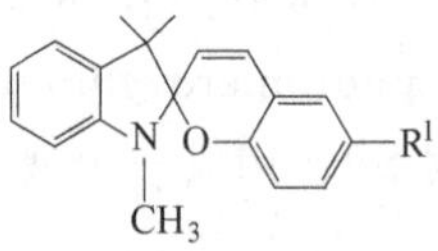

R[1]	苯	氯仿	乙醇	丙酮
Cl	无色↔紫	无色↔粉红	无色↔粉红	无色↔蓝
Br	无色↔黄	无色↔金黄	无色↔无色	无色↔金黄
I	无色↔黄	无色↔黄	无色↔黄	无色↔黄

螺吡喃的开环过程经历的中间体及开环体都以两性离子的结构为主,电荷较集中,易受到环境因素的作用,而导致消耗,因此螺吡喃的耐疲劳性不太好。为改善其抗疲劳性,人们试图将螺吡喃连接到聚合物上,例如将 1,3,3-三甲基-5-甲基磺酰基-6-硝基-8-甲氧基螺-(2H-1-苯并吡喃-2,2-吲哚)(1g)和甲基丙烯酸甲酯(100g)以及偶氮二异丁腈(0.2g)混合均匀注入试管中,升温 60℃,聚合 2h,继续升温到 65℃,再聚合 16h,得柱状聚合体。其性能优良,瞬间光致变色,耐光老化,可使用两年以上。螺吡喃类化合物可以用于图像显示、光信息储存元件、可变光密度的滤光元件等。

2. 螺噁嗪类化合物

螺噁嗪(spirooxazine)的化学结构非常类似于螺吡喃。

FOX 等首次报道了螺噁嗪化合物的光致变色现象,并合成了 1,3-二氢-1,3,3-三甲基螺、(2H-吲哚-2,3'-[3H] 萘并 [2,1-b] [1,4] 噁嗪)化合物(该化合物的甲苯溶液在紫外线的照射下变为蓝色)。此后,Ono 等人又合成了一系列的螺噁嗪衍生物。1990 年,Chu 总结了9 种螺噁嗪类化合物的基本骨架结构如下:

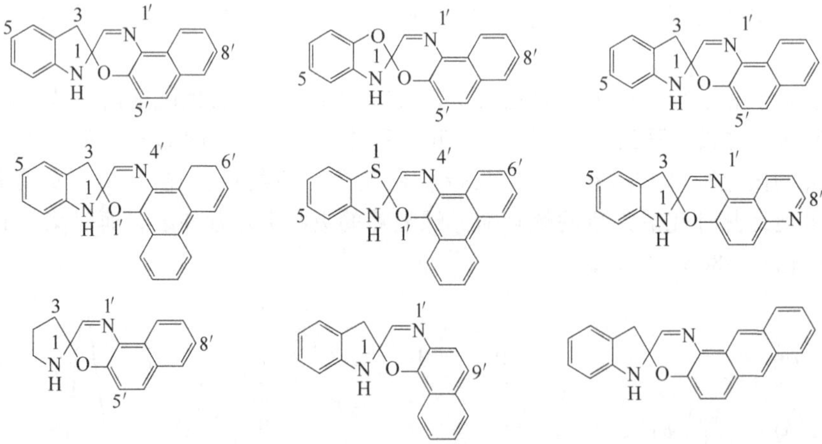

利用 ps(读为"皮秒",$1ps=10^{-12}s$)时间分辨光谱技术,发现螺噁嗪分子(SP)受激后,螺 C—O 键的断裂在 2ps 内发生。初始光产物为非平面的中间体 X*(CT),寿命为3~11ps,然后衰变为 PMC。螺噁嗪的光致变色过程为

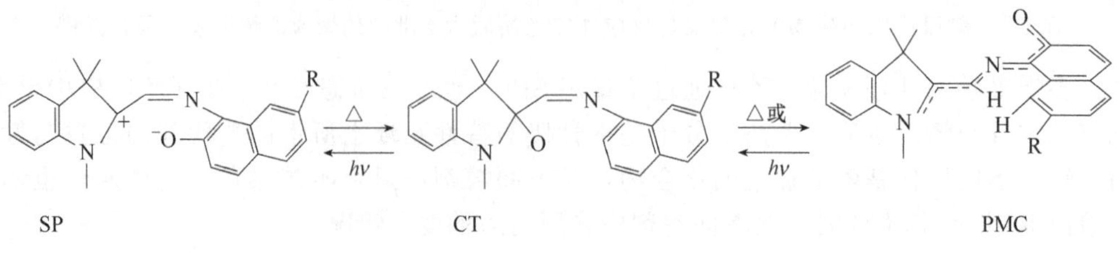

SP   CT   PMC

X^* 的寿命在极性非质子溶剂中最短，在极性质子溶剂中略长，在非极性溶剂中最长。整个呈色过程非常快，在 20ps 内，PMC 已达到热力学的准平衡态。氧化存在对整个瞬态过程没有影响，表明吲哚螺苯并噁嗪的光致变色反应是通过单重态进行的。PMC 的寿命很长，可达秒量级。螺噁嗪的开环体以醌式结构占优势，是由于杂原子参与了电子离域的结果。与螺吡喃的开环相反，螺噁嗪的开环具有正的溶剂现色反应。当溶剂极性增加时吸收光谱发生红移，并且其热环合速率常数增加。

图 5-10（a）为螺噁嗪进行光致变色反应过程中的瞬态吸收光谱（溶剂为丁醇，激发光波波长为 360nm）。螺噁嗪吸收激发光后激发到 S_1 态，在 S_1 态进行光致变色反应，图中照射探测光的 0.0ps（即照射激发光后马上测定）测定的瞬态吸收光谱在约 490nm 带为螺噁嗪的 $S_1 \rightarrow S_n$ 跃迁带，随着反应的进行，该带消失，在 550～700nm 出现宽带，反应经过几 ps 后在约 590nm 带增强，该带的反应产物部化菁的吸收带。可见，光反应在几皮秒内快速进行。

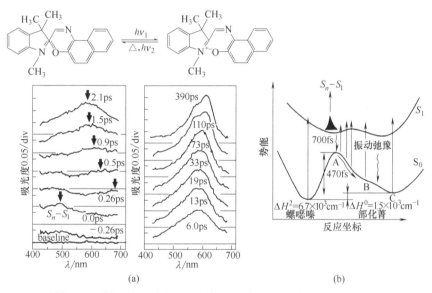

图 5-10　螺噁嗪的瞬时吸收光谱（a）与光致变色反应势能（b）

图 5-10（b）表示螺噁嗪的光致变色反应势能图。螺噁嗪吸收紫外光后竖直跃迁到 S_1 态的 Franck-Condon 区域，然后向右弛豫到 S_1 态的稳定结构，经过漏斗无辐射跃迁到基态势能面的 A，这种无辐射跃迁是在 700fs（fs 读"飞秒"，$1fs = 10^{-15} s$）内进行的超快速过程。沿着基态势能面继续向右运动，经过振动弛豫从高振动能级经过中间体 B 生成产物部化菁 C。如果发生无辐射跃迁以前螺噁嗪的 S_1 态吸收探测光则出现 $S_1 \rightarrow S_n$ 吸收带，无辐射跃迁到 A 后吸收探测光则出现沿着 A→B→C 反应途中基态高振动能级到 S_1 势能曲线的竖直跃迁带，位于 550～700nm。随着反应物 C 的增加，约 590nm 带增强。

据报道，将合成的螺噁嗪衍生物、聚苯乙烯及添加剂等涂膜保存两年，在阳光下膜由无色透明变成鲜艳的蓝色，在室内变为无色。以 5-甲基螺噁嗪为染料，KR-O3 树脂为连接料，加入辅助成分（混合溶剂、光稳定剂、填料等），经研磨制成变色油墨，通过丝网印刷得到的印刷品无色。阳光照射数秒后显示蓝色，离开光照立即褪去。如此反复着色褪色，可保持一年以上。

3. 螺噻喃类化合物

螺噻喃衍生物是以硫原子取代螺吡喃分子中的氧原子而得到的。

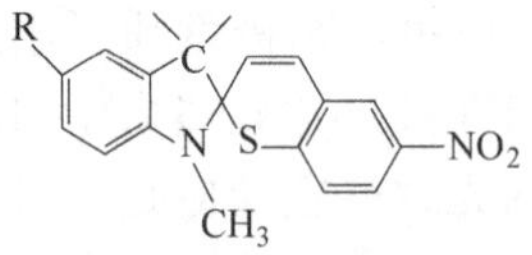

$$R=OCH_3, \quad CH_3, \quad H, \quad Cl, \quad NO_2$$
$$\lambda_{max}/nm \quad 660 \quad\quad 670 \quad\quad 680 \quad 690 \quad 750$$

其吲哚环上的取代基团 R 对螺噻喃衍生最大吸收峰的波长 λ_{max} 有所影响。例如，R＝CH_3 时，λ_{max}＝670nm；R＝NO_2 时，λ_{max}＝750nm。

据报道，将 6′-硝基吲哚啉苯并螺噻喃衍生物制成薄膜，呈黄色，经阳光照射后变为非常鲜艳的翠绿色，放入暗处，又变为黄色，保存两年后，变色效果依然良好。

具有光致变色特性的物质是一些具有异构体的有机物，如螺吡喃、嗪吡喃、螺噁嗪和降冰片烯衍生物等螺噻喃衍生物的光致变色过程如下：

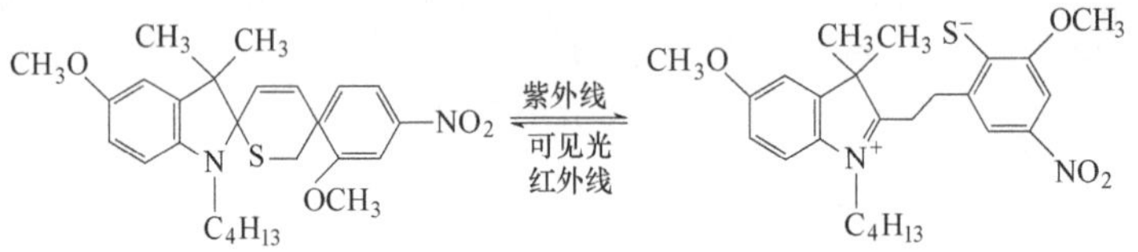

这些化学物质因光的作用发生与两种化合物相对应的键合方式或电子状态的变化，可逆地出现吸收光谱不同的两种状态，即可逆地显色、褪色或变色。

近年来，有些化学工作者合成出单氮杂冠醚的螺噻喃化合物，冠醚苯并螺噻喃化合物，单氮杂硫冠醚的苯并螺吡喃化合物，研究了阳离子存在时它们在乙腈溶液中的光致变色性，并探讨了其正光致变色和负光致变色之间的转换，另外，还研究了锌卟啉和卟啉与螺吡喃二元化合物，认为螺吡喃是控制激发单线态寿命的光活化开关。

六、因价键变化引起变色的化合物

1988 年，Irie 等人合成的二芳基乙烯类化合物具有良好的光致变色性能、热稳定性和强的耐疲劳性及响应时间快等诸多优点，使其成为最富有应用前景的光致变色材料之一。

二苯乙烯衍生物在紫外光照射下不但发生顺反异构化反应，还可以发生可逆的光化学反应，环合生成的二氢菲容易氧化脱氢生成菲。此外，二苯乙烯也可以发生光化学二聚生成四苯取代环丁烷。

二芳基乙烯衍生物染料 A，开环体的最大吸收波长为 273nm，是无色的；经 254nm 的紫外线 (UV) 照射后，发生化学价键变化而闭环成染料 B，闭环体的最大吸收波长为 565nm，呈现红色，转化率为 70%；用可见光 (Vis) ($\lambda > 480$nm) 照射，颜色又消失。

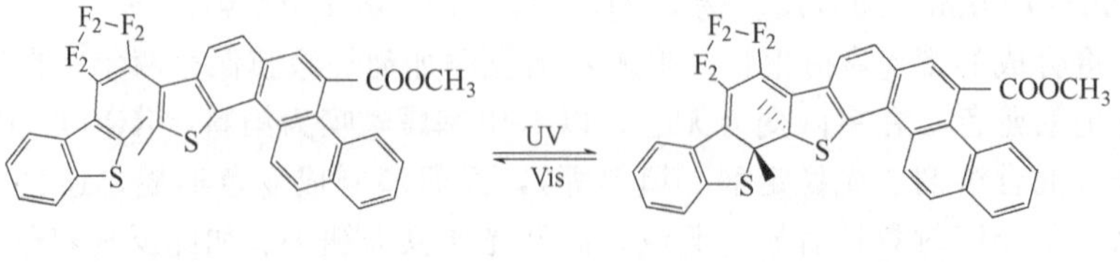

这些二芳基乙烯衍生物染料 A，与相应噻吩环上不带取代基的化合物相比，前者的闭环量子效率增加了，而开环量子效率减少了，这是由于其闭环异构体的 π-共轭大到取代基上所造成的。

目前光致变色二芳杂环基乙烯化合物主要有以下六种类型：
（He¹ 和 He² 代表芳杂环基，两者可以相同，也可以不同）

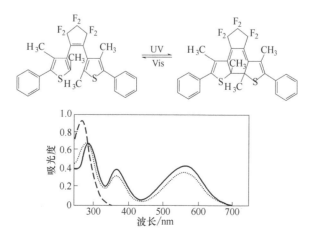

类型（a）和类型（b）除了光环合反应外，还可以发生顺反异构化反应，光敏变色过程比较复杂，不易控制；后四种只能发生环合反应。近年来的研究多集中在（c）至（f）这 4 类化合物。

有报道称，将下面两种光致变色二芳杂环基乙烯化合物 A 和 B 组成混合物制成单晶，通过改变照射光的波长，这两组分选择性发生光致变色反应，无色的晶体就变为红色、蓝色或紫色。这种多色彩光致变色晶体在高密度信息记录和多彩色显示器等领域具有潜在的应用价值。最近，国内采用共聚反应合成了下面的光致变色主聚物 C，用它做开关的稳定性超过了 200 次，用 $500 \sim 538$ nm 的光持续照射 2h 仅 4.2%共聚物降解。

顺式 1,2-二噻吩基乙烯衍生物吸收紫外光进行光环化合反应，光环化产物在可见光照射下，可逆地变回顺式 1,2-二噻吩基乙烯。图 5-11 为在己烷中用了 313nm 照射前开环体（---）和照射后的闭环体（—）以及光稳态（…）的吸收光谱，开环体在峰值波长约 280nm 出现吸收带，闭环体则在约 570nm 出现吸收带，呈现紫色。

图 5-11 用 313nm 光照射前的开环体和照射后的闭环体以及光稳态的吸收光谱

七、因氧化还原反应引起变色化合物

具有联吡啶盐结构的聚合物如氧化还原树脂，在光的作用下形成阳离子自由基结构而产生深颜色：

$$R-\overset{+}{N}\text{(pyridyl)}\overset{hν}{\underset{-e(O)}{\overset{+e}{\rightleftharpoons}}}R-\overset{+}{N}\text{(pyridyl)}N^+-RX^-$$

$$2X^-$$

下列的氧化还原树脂光照后即变成青绿色，在空气中放置 8h 后又变回原来的淡黄色。

$$-NH-(CH_2)_2-\overset{+}{N}\text{(pyridyl)}N^+-(CH_2)_3-NH-CO-\text{(phenyl)}-CO-$$

这种变色机理是基于氧化还原反应。在电子转移反应中，电子给体和受体的氧化还原电势决定了给体和受体的给出或接受电子的能力。通过电子给体的电势，可以得出电子转移的自由能变化，从而可以从热力学的角度来判断电子转移的可能性。

八、其他类型导致变色的化合物

1. 水杨醛缩苯胺化合物

它也是一类研究得较多的有机光致变色化合物。在这类化合物中，存在分子内 C＝N 双键，所以又称为光致变色希夫碱；其变过程涉及质子转移，故又将其纳入质子转移变色体系。在固态时，它们有可逆的光致颜色变化。

Cohen 等人研究了水杨醛苯胺类化合物的吸收光谱，发现这类化合物的晶体有些是光致变色的，有些是热致变色的。光致变色希夫碱分子存在分子内氢键，当发生反应时，质子从氧原子转移到氮子上，分子内质子转移可发生在基态（热致变色），也可以发生在激发态（光致变色）。光致变色和热致变色过程涉及两种异构体。一种是质子共价键结合于氧原子上的烯醇式，另一种是质子共价键结合于氮原子上的酮式（包括顺酮式和反酮式）。

Enol　　　　　cis-Keto　　　　　trans-Keto
烯醇式　　　　顺酮式　　　　　反酮式

他们的结论是，光致变色产物为反酮式，热致变色为顺酮式。

水杨醛缩苯胺类化合物的突出特点：①抗疲劳性能好，不易光化学降解，成色-消色循环可达 $10^4 \sim 10^5$ 次；②光响应速度快，光致变色反应在皮秒级范围内发生。但光致变色产物的热稳定性差，会很快回到起始物。固态时，有的光致变色产物在 25℃可保持数小时，但在溶液中则要借助瞬态时间分辨技术，才能观察到光致变色现象。

2. 俘精酸酐类化合物

俘精酸酐（fulgide）的通式为（1），其中 4 个取代基至少有一个为芳香环和芳香杂环。

它的结构可以视为己三烯构型，有不同异构体，Z 构型（2），或 E 构型（3）。其中 E 构型具有"全顺式己三烯"结构单元，可以进行环化反应。（4）是俘精酰亚胺（fulgimide）。

$$(1) \qquad (2) \qquad (3) \qquad (4)$$

俘精酸酐的光致变色机理，santiago 认为其机理要经历一个分子内的桥环形成过程。苯基取代的俘精酸酐的光致变色是一种符合 Woodward-Hoffmann 规则的（$4n+2$）光化学关环过程。Paelgoid 认为它们具有典型的 π-π^* 跃迁特性。在单线态，双键的异构体化与生成呈色体的电环化反应相竞争。由于位阻作用的存在，主要的去活化方式是内部转变。

杂环取代的俘精酸酐的变色机理也是一个电化过程。樊美公等人利用激光闪光光解技术研究了吡咯俘精酸酐（5）的光致变色性，表明光致变色过程中同时包含激发单线态、激发三线态以及各种中间体。

$$(5)$$

吲哚类俘精酸酐衍生物，其晶体、溶液及其聚苯乙烯薄膜呈淡黄色，在紫外线或紫光的照射下电环化颜色逐渐变为蓝绿色。用较短的黄绿色光照射后，开环颜色又由蓝绿色逐渐变为淡黄色。

俘精酸酐可用来做光学信息记录材料、防伪材料、光学导波材料和化学聚光计等。

第三节　热致变色材料

热致变色或热敏变色材料（thermochromatic materials）是指凡是随着温度变化而引起颜色变化的材料统称。根据变色的性质可分为不可逆变色和可逆变色两类，前者是当材料受热变色温度时颜色发生变化，之后不再随温度下降而回复到原来颜色；后者是当材料温度达到或超过变色温度时，颜色即发生变化，而当温度降到变色温度以下时，又回复到原来的颜色。纺织品用变色材料（染料）主要是指可逆性变色的。

一、热致可逆性变色材料的种类、变色机理及性能要求

热致可逆性变色材料分为两大类。

① 无机类热变色材料——有些无机化合物具有热变色性质，主要有金属配合物、螯合物、复盐类。

② 有机类热致变色材料——有些有机化合物具有热变色性质，主要有液晶和热致变色素两大类。后者如纺织品用变色染料和颜料。

无机类变色材料的热变色机理主要归纳如下：

无机化合物相变化	① 碘化学类复盐是一种重要的热敏变色过渡金属无机化合物，如 Ag_2HgI_4 在常温下呈黄色，加热到变色温度 47.5℃ 时呈橙色，50.7℃ 时则呈红色。又如 Cu_2HgI_4 在常温下呈红色，加热到变色温度 69.6℃ 时呈暗紫色，70.6℃ 时则呈黑色。适当改变配比还能调节变色的温度 ② 这类无机化合物多数有毒，现在已不大使用了，而越来越广泛应用有机热致变色素
配合物几何形状或配位体数目发生变化	① 有些无机化合物，如 $CoCl_2$ 水溶液在 25℃ 时呈粉红色，加热到变色温度 75℃ 时，配合物的几何形状或配位体数发生变化，变为暗黄色 ② 有些金属配合物，如 $[(C_2H_5)_2NH_2]_2CuCl_4$ 在室温下是绿色，受热到变色温度 43℃ 时，配合物的几何形状或配位体数目和特性发生变化，则变成黄色

无机化合物结晶变化	热变色材料	变色温度
	碘化汞（HgI_2）	黄色←127℃→红色（可逆）
	碘化银（AgI）	黄色←147℃→深红色（可逆）
	碘化汞银（Ag_2HgI_4）	黄色←50.7℃→红色（可逆）
	碘化汞铜（Cu_2HgI_4）	黄色←67℃→黑色（可逆）

无机化合物化学反应	$[2PbCO_3/Pb(OH)_2]+ZnS$　　　白色←130℃→黑色（不可逆）

无机化合物热分解	$C/(AsO_2)(C_5H_6N)_2 \cdot 10H_2O$	褐色←50℃→淡蓝绿色（不可逆）
	$[Ni(C_3H_6N)_4](CNS)_2$	蓝色←135℃→淡绿色（不可逆）
	$(NH_4)_2MnP_2O_7$	紫色←400℃→白色（不可逆）
	$(NH_4)_3VO_3$	白←150℃→褐色←170℃→黑色（不可逆）
	$CoCl_2/2C_6H_{12}N_4 \cdot 10H_2O$	红色←35℃→蓝色（准可逆）
	$NiCl_2/2C_6H_{12}N_4 \cdot 10H_2O$	绿色←60℃→黄色（准可逆）

　　无机热变材料多用于测温材料（如 $CoCl_2$ 的甲醇溶液吸光强度变化与温度变化呈线性关系，有可能用于温度指示）；用于电器设备发热部位的安全界限指示；机械设备过热部件的故障指示，转轴等摩擦部件发热的早期发现以及加热器件表面温度分布的测定等。多数无机热致变色材料需要高温条件，而纺织品变色材料则希望在穿着的环境下发生可逆的变色（即变色温度为 -10～35℃ 之间），故目前纺织品的印染加工很少采用无机热致变色材料。

　　有机类热致变色材料的变色机理主要有以下几种：①晶格结构变化导致变色；②发生立

体异构导致变色；③发生分子重排导致变色。有机类热致变色材料对热的敏感性高、颜色浓艳，而且容易制成不同变色温度的材料，因此它的应用范围更为广泛。

有机类热致变色材料中的有机热敏变色染料，对温度的敏感性虽不及液晶灵敏，但它容易得到，而且价格相对较低廉，因此被广泛应用于热敏记录材料（如传真机记录纸等）、压敏记录材料（如无碳复写纸等）以及纺织品的热敏印花与染色加工。

二、有机热敏变色材料组成及变色机理

1. 有机热变色材料体系组成

① 隐色染料（leuco dye）。电子给予体，接受质子，是热敏变色材料的主体，在发生色变反应中接受质子而充当电子给予体，它具有决定材料变色的功能。

② 显色剂（developer）。电子受体，给出质子，使隐色染料接受质子而发生分子重排而显色，因此显色剂决定着变色体系变化后颜色的深浅。

③ 增感剂（sensitizing agent）。有一定极性的溶剂，它对隐色染料和显色剂都有良好的溶解性能，它不但具有决定体系变色温度的功能，而且具有增强体系热敏性和稳定性的作用，起到增感或减敏的功能。

④ 添加剂（addition agent）。添加剂用以改善材料的某些性能，如变色效果（增深）、提高变色灵敏度和体系稳定性等。

这些组分的选择与配合，可以实现变色温度的选择性、颜色设计的多样性和材料性质的优化。

2. 热敏变色机理

隐色染料在显色剂的作用下，分子结构发生了互变异构、分子重排，使体系的吸收光谱发生变化。今用两个变色体进行说明这个变色过程。

（1）结晶紫内酯类变色染料

结晶紫内酯类变色染料与显色剂双酚 A 组成变色体系，在一定介质（如高级醇）中可以获得颜色随温度而变化的可逆变色材料。变色反应式为：

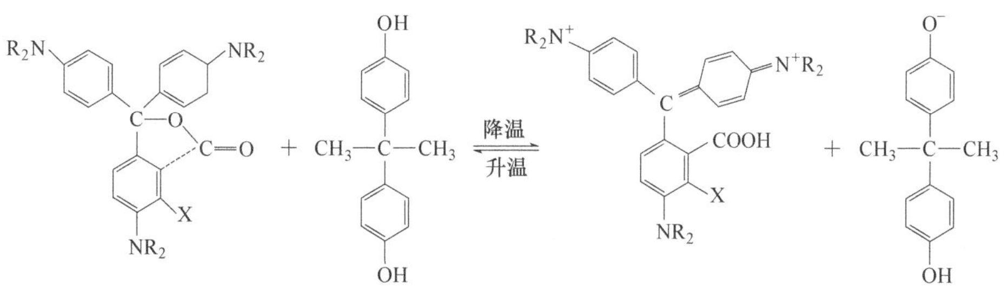

结晶紫内酯(无色)　　　双酚A(黑色)　　　有色

在这个变色体系中，当降到一定温度后，双酚 A 释放质子。结晶紫得到双酚 A 的质子后，"内酯"开环，分子重排，共轭 π 体系增大，吸收光谱红移并呈现颜色。当升高到一定温度后，显色双酚 A 结合质子，夺去隐色染料的质子，结晶紫内酯闭环，吸收光谱蓝移并消色。因此，这个变色体系在变色温度以下显色，高于变色温度时颜色消失。

（2）甲基红类变色染料

甲基红是一种指示剂，属于偶氮染料，呈红色。在一定条件下，它与双酚 A 或对硝基苯酚类显色剂发生反应，生成不同紫色的可逆性变色染料，变色反应式为：

COOH
甲基红 + 双酚A
降温/升温 ⇌

紫色

反应后分子形成了更大规模的共轭 π 体系，使 n 键与 π 键间的能量差变小。反应前后吸收、反射光的波长有所不同，表现出颜色的不同。这个反应也随着升温和降温而可逆进行的，升高温度时反应向左移，呈红色；反之，降低温度则恢复为紫色。

三、隐色染料

目前可作为隐色染料的有机化合物，从化学结构上看，主要有内酯类、螺环吡喃类、荧烷类、吲哚类、戊金胺类、隐色金胺类、罗丹明己内酰胺类、聚烯丙基甲醇类等。

1. 内酯类隐色染料

在结晶紫内酯衍生物与双酚 A 的变色体系中，显示的颜色随隐色染料上的取代基不同而有变化。例如

(无色) + HO...OH ⇌ ...—COOH + O...OH (青紫)

日本生产的一种室内染料，可随温度变化而可逆改变颜色，其分子结构带一个内酯环，低温时无色，当温度上升到一定值时，内酯环打开，产生色泽。

2. 螺吡喃类隐色染料

螺吡喃类化合物，其光致变色和热敏变色化合物在结构上没有多大区别。它们在高温下（熔融或在高沸高溶剂中回流）也会像在光照情况下一样开环显色：

无色 ⇌A 有色

在实际应用中，螺吡喃类的主要缺点是变色的耐疲劳度差，经过数次显色消失的变化过程就会逐渐产生降解而失去变色功能。为此，应选择适当结构的螺吡喃化合物，以表现出它

的优异的热致变色响应（即染料的溶液或固体加热时会产生快速、明显的颜色变化）。

螺吡喃衍生物的结构（包括苯并吡喃系列、苯基偶氮基或乙烯基衍生物系列、苯并吡喃系列、大范围共轭的比发色团系列以及更复杂的螺吡喃系列）对其热变色性能有一定的影响，如图 5-12 所示。

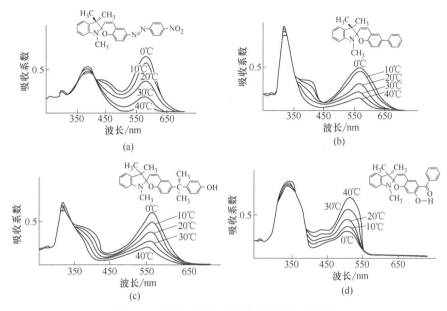

图 5-12　温度对螺吡喃类化合物颜色的影响

3. 荧烷类隐色染料

结晶紫内酯（三苯甲烷）类染料耐光牢度差，色谱少（只有蓝色至紫色）。为此在分子中引入氧桥形成荧烷母体骨架，其上的 R、X 为取代基：

当 R、X 取不同的取代基，就可得到多种结构的衍生物。表 5-2 列举了某些荧烷隐色染料结构与颜色的关系。

表 5-2　荧烷隐色染料结构与颜色的关系

R	X	酸式结构的颜色
C_2H_5	3-OCH_3,6 位 N 用 OC_3H 代替并不接 R 和 C_2H_5 取代基	黄色
C_2H_5	1-CH_3,3-CH_3	橙色
C_2H_5	2-NO_2	橙色
C_2H_5	1,2-	粉红色
C_2H_5	3-NR	粉红色
C_2H_5	2-C,1,3—CH_3	朱红色

R	X	酸式结构的颜色
C_2H_5	2-N(CH₂—⬡)₂	绿色
C_2H_5—⬡	2-N(CH₃)—⬡	绿色
C_2H_5	2-NH—⬡,3-CH₃	黑色
CH_3—⬡	2-NH—⬡,3-CH₃	黑色

由此可见，荧烷类隐色染料可增加色谱，提高变色灵敏度、光稳定性和湿稳定性，并具有与酯相同的变色机理和类似的变色反应，例如下式：

无色荧烷   +   黑色   双酚A

有色

四、显色剂、增感剂与其他添加剂

充当显色剂的化合物通常是酚类、羧酸类、苯并三唑、卤代醇磺酸类、酸式磷酸酯及其盐等电子化合物，以酚类最常见。

增感剂一般为可熔融的高级脂肪醇、脂肪酸及其酯，芳烃及其醚、酮类等有机化合物。今以结晶紫内酯和双酚 A 组成的变色体系为例，来说明增感剂决定变色温度的机理：在低温时，溶剂为固态，结晶紫内酯与双酚 A 结合形成变色结构；当温度升高时，增感剂由固态变成液态，成为真溶液，双酚 A 的—O^-阴离子从结晶紫开环的发色体中夺取质子，使结晶紫变成隐色体；降低温度，增感剂成为固态又显色，如此反应变色，形成特定温度下的可逆变色体系。变色温度直接与增感剂的熔点有关。

在同样的一对隐色染料和显色剂的条件下，选用不同的增感剂，可以具有不同的变色温度。例如，甲基红与双酚 A 的组对，用十六醇作增感剂时，变色温度为 36℃左右，染料稳定存在的温度为 120℃；将十六醇换成十四醇或十八醇后，则变色温度分别下降 3~5℃或上升 5~8℃，染料稳定存在的温度为 100℃和 140℃。结晶紫内酯与双酚 A 的组对，选用高级脂肪醇或酰胺作为增感剂，也具有不同的变色温度。日本一家色素公司开发 TC 变色涂料，由结晶紫内酯与双酚 A 组对，选用不同的增感剂时的变色温度见表 5-3。

表 5-3 增感剂对变色温度的影响

增感剂	十二醇	癸醇	辛醇	十六醇	十八醇	油烯酰胺	乙酰基乙酰胺
变色温度/℃	−17	−14	−10	45	54	65	85

根据实际需要，选择合适的增感剂或多种不同品种增感剂的复合，可以得到合适的变色温度（变色温度范围可在 −20~200℃），而纺织品用变色材料的温度变化范围一般在 −10~35℃。

其他添加剂一般是高分子化合物，如聚乙烯醇、聚苯乙烯等。

第四节 变色液晶

液晶（liguid crystal）就是液态晶体，它具有与晶体一样的各向异性，同时又具有液体的流动性，是介于固体和液体之间的一种物质形态——稳定的中间相。单体液晶（相对分子质量较小的液晶材料）和高分子液晶（crystal polymer）都具有同样的刚性分子结构和晶相结构，但小分子单体液晶在外力作用下可以自由旋转，而高分子液晶要受到相连接的聚合物骨架的约束。高分子液晶由于聚合物链的作用，具有更为出色的性质。

液晶的研究始于 1888 年，到 1963 年才开始活跃，但都局限于小分子有机化合物。高分子液晶的大规模研究起步较晚。1972 年，杜邦公司合成了芳香族聚酰胺，并采用液晶纺丝技术制成了高强高模的有机纤维 Kevlar-29 和 Kevlar-49，高分子液晶的研究才进入了一个新时期。目前，高分子液晶在高强高模纤维的制备、液晶自增强材料的开发、光电以及温度显示材料的应用以及生命科学的研究等方面，已经取得了迅速的发展。液晶的颜色还会随温度、压力或电场的变化而发生变化。高分子液晶已经成为功能高分子材料的一个重要组成部分，高分子液晶的研究也成为当今功能材料研究的一个热点。

一、液晶及其分类

液晶在分子排列形式上类似晶体呈有序排列，同时液晶又具有一定的流动性类似于各向同性的液体。将这类液晶分子连接成大分子或将液晶分子连接到大分子的骨架上，使之继续保持液晶特性就形成了高分子液晶。

1. 液晶按照分子在空间的排列方式分类

（1）近晶型液晶

近晶型液晶（Smectic liquid crystal）在结构上最接近固体晶相结构，分子排列成层，层内分子长轴互相平行，但分子重心在层内无序，分子长轴与层面垂直或倾斜排列，分子可在层内前后、左右滑动，但不能上下层间移动。

由于分子运动相当缓慢，近晶型中间相非常黏滞，通常用符号 S 表示，是二维有序的排列，在黏度性质上仍然存在着各向异性。根据晶型的差别还可以细分为 S_A 型~S_i 型共 11 类。

（2）向列型液晶

向列型液晶（nenatic liguid Crystal）结构中分子相互沿着长轴方向保持平行，但其重心位置是无序的,不能构成层片。因此向列型液晶是一维有序的排列,分子可以上下、左右、前后滑动,特别是沿着长轴方向相对运动而不影响晶相结构,具有更大的运动性。向列型液晶在外力作用下沿着长轴方向的运动非常容易,是三种液晶中流动性最好的一种液晶。

（3）胆甾型液晶

胆甾型液晶（cholesteric liquid crystal）是向列型液晶的一种特殊形式。其分子基本是扁平型的,依靠端基的相互作用彼此平行排列成层状结构,在每一个平面层内分子长轴平行排列和向列型液晶相像,层与层之间分子长轴逐渐偏转形成螺旋状。分子的长轴取向在旋转$360°$后复原,两个取向度相同的最近层间距称为螺距（p）。螺距的大小取决于分子结构及温度、压力、磁场或电场等外部条件。胆甾型液晶大多是胆甾醇的衍生物（通常是手性分子）,因而具有极高的旋光性,其螺旋平面对光有选择性反射,能将白色散成灿烂的颜色。

以上液晶分子的刚性部分均呈现长棒型（也有的液晶分子刚性部分呈盘型,多个盘型结构叠在一起,形成柱状结构,这些柱状结构再进行一定的有序排列形成类似于近于近晶型的液晶）。液晶分子的三种排列方式,见图 5-13 中（a）、（b）、（c）所示,其物理结构如图 5-14 所示。

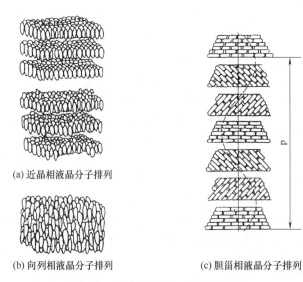

(a) 近晶相液晶分子排列

(b) 向列相液晶分子排列

(c) 胆甾相液晶分子排列

图 5-13　液晶分子的三种排列方式

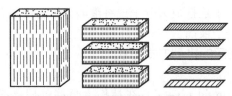

向列型液晶结构　近晶型液晶结构　胆甾型液晶结构

图 5-14　液晶的物理结构

近晶型和向列型液晶主要利用其电工特性,故广泛用于电子计算机等领域中的液晶显示,胆甾型液晶主要利用其热致变色特性,故在纺织品上应用最多。

2. 液晶按分子特征分类

液晶分子通常是由刚性链段和柔性链段两部组成。

其中,刚性部分多由芳香和脂肪型环状结构通过交联剂连接为长链分子,或者是将上述结构连接到高分子的骨架上实现高分子化。根据刚性部分在分子中的相对位置和连接次序，可以将液晶分为：

① 主链型高分子液晶——大多数为高强度、高模量的材料；

② 侧链型高分子液晶——又称梳状液晶，大多数为功能性材料；

③ 主-侧链型高分子液晶。

今以液晶分子的刚性部分均呈现长棒型为例，主链型和侧链型高分子液晶中液晶分子有以下典型的排列形式，见表 5-4 所示。

表 5-4　长棒型刚性部分在液晶分子中的排列形式

分类符号	结构形式	名称
α		纵向型（longitudinal）
κ	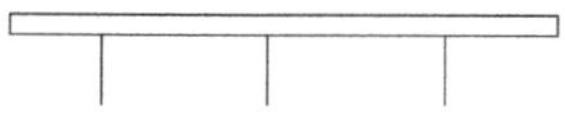	反梳型（inverse comb）
θ₁	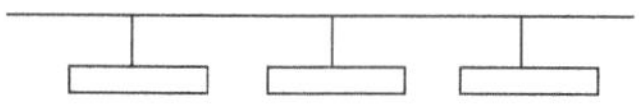	平行型（parallel）
θ₂	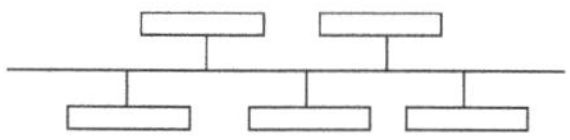	双平行型（biparallel）
λ₁		混合型（mixed）
λ₂		混合型（mixed）
ψ₁	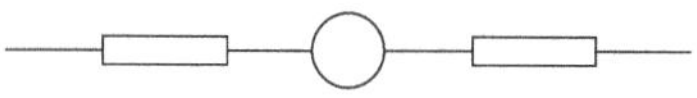	结合型（double）
ψ₂	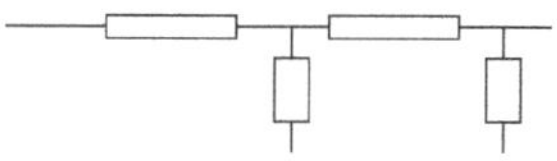	结合型（double）
б	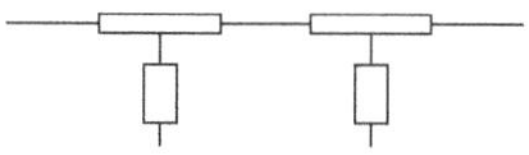	网型（network）
εₒ	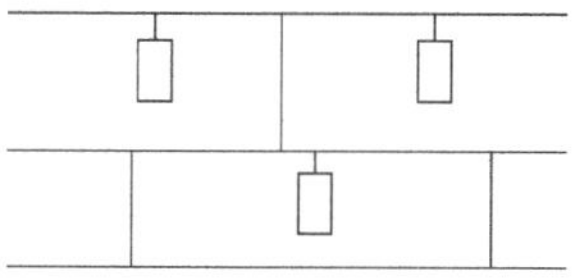	单梳型（one comb）
εₚ	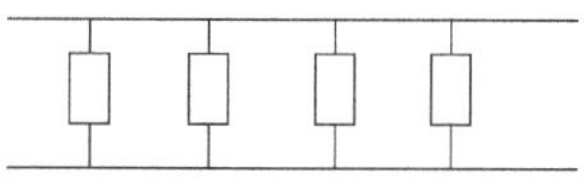	栅状梳型（palisade comb）
	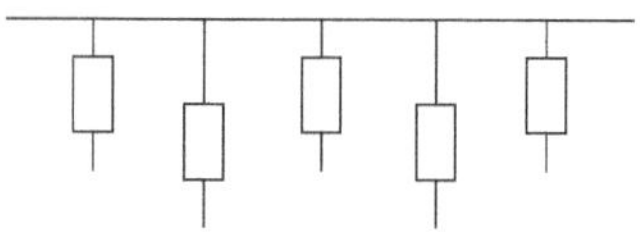	多重梳型（multiple comb）
εₔ		

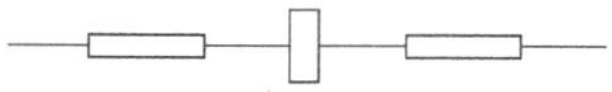

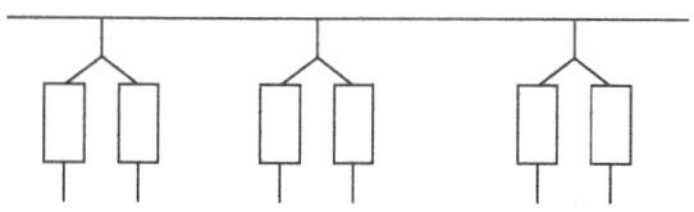

3. 液晶按照液晶形式条件分类

① 热致型液晶。将固体熔融后，在一定范围内形成的。在液晶到达熔融温度后成为浑浊的流体，继续升高温度到清亮点时则变成透明的液体，在熔点与清亮点间的温度区间内呈现液晶相。

② 溶致型液晶。只能在临界浓度以上形成，是液晶分子在溶解过程中达到一定浓度时形成的有序排列，产生各向异性特征构成液晶。

高分子液晶与小分子液晶相比，普遍具有以下特殊性：

① 热稳定性大大提高，热致型高分子液晶有较大的相区间温度，流动行为与一般溶液显著不同，黏度较大；

② 影响高分子液晶行为的因素，从分子结构上来说，除了介晶基团、取代基、末端基的影响之外，高分子链的性质和连接基团的性质都会对高分子液晶的性质会产生影响。

二、液晶化合物的分子结构

从化学结构上讲，可以制成液晶的有机化合物有：对氧化偶氮苯甲酸酯的同系物，对氧化偶氮苯甲醚的同系物，对氧化氮肉桂酸酯的同系物；胆甾醇苯甲酸酯；胆甾醇壬酸酯；胆甾醇油酸碳酸酯；胆甾醇丁酸酯等。

一些液晶化合物的刚性结构通常是由两个苯环或者芳香杂环通过刚性部件连接组成。这个刚性连接部件形成连结芳环中的中心桥键，它与两侧芳环形成共轭体系或部分参加共轭体系。液晶相的产生不仅与分子形状有关，而且也和分子内的极性基因的强度、位置及总极化度有密切的关系。常见的液晶分子的形状结构、桥键和端基，见表 5-5。

表 5-5　常见的液晶分子的环状结构、桥键和端基

名称	常 用 基 团
环状结构	![环状结构基团]
桥键	![桥键基团]
端基	—R，—OR，—COOR，—CN，—OOCR，—Cl CH₂=CH—COOR，—NO₂，—COR

液晶分子中往往引入极性基因或高度可极化的基因以增大分子间的作用力，如芳香基、双键和三键等。增强分子间的作用力与分子成线性的要求常常发生矛盾。如氢键在液晶形成中有相反的两种作用：它在羟酸存在的情况下，通过二聚使分子单元变长诱发液晶行为；另外，氢键会导致非线性分子的缔结，破坏分子间的平行性，固体可以直接成为各向同性的液体。

高分子液晶往往由低分子量液晶基元键合而成，这些液晶基元可以是棒状、盘状或更复杂的形状；也可以是双亲分子（例如，分子一端亲水，另一端亲油）。根据液晶基元在高分子链上的位置不同，有液晶基元位于主链上的主链型液晶高分子和液晶基元作为侧链悬挂在

主链上的侧链型液晶高分子，也有主链和侧链上均含有液晶基元的主-侧链型液晶高分子。主链上液晶基元之间，侧链液晶基元与主链之间还可以有柔性联结，称为柔性间隔链，如亚甲基链、硅氧链等。下面列举了几种液晶高分子的重复结构单元，见图5-15。

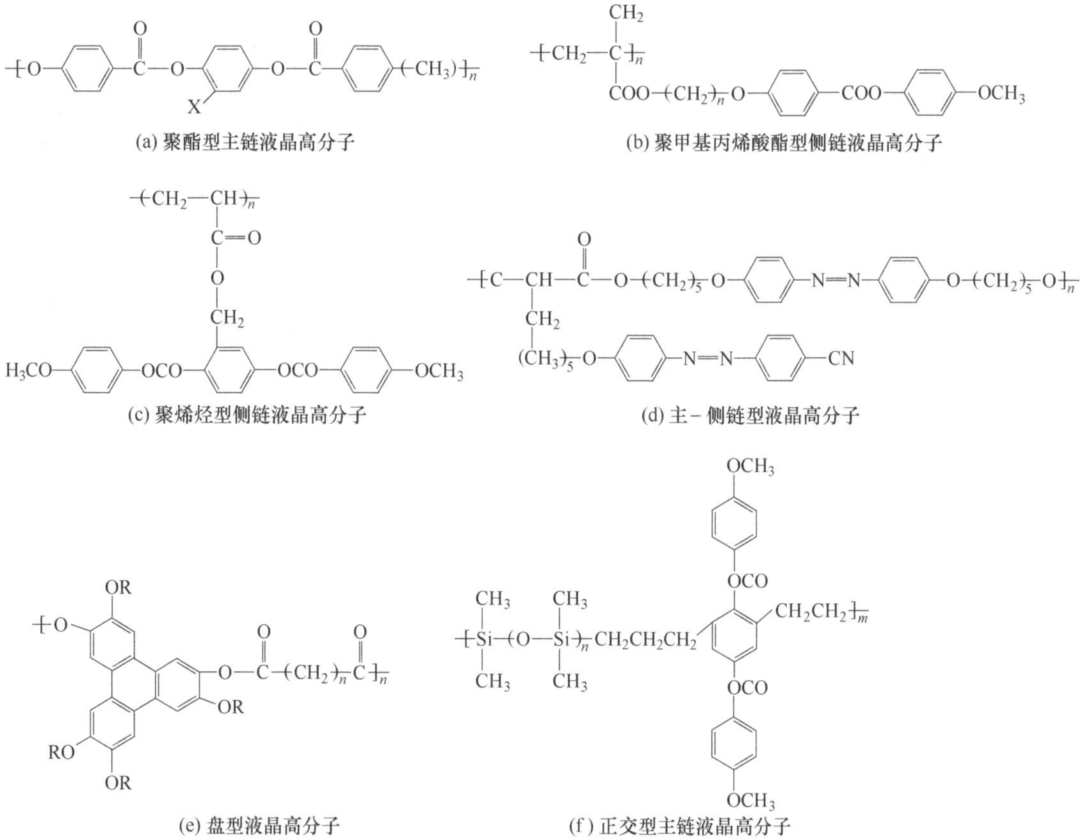

(a) 聚酯型主链液晶高分子

(b) 聚甲基丙烯酸酯型侧链液晶高分子

(c) 聚烯烃型侧链液晶高分子

(d) 主-侧链型液晶高分子

(e) 盘型液晶高分子

(f) 正交型主链液晶高分子

图 5-15　几种液晶高分子的重复结构单元

三、胆甾型液晶的光学性质

纺织品加工用的热敏液晶主要是胆甾型液晶。为此，我们应对胆甾型液晶的光学性质有所了解。

1. 液晶的双折射性

晶体的物理性质与方向有关，称为各向异性。仔细研究，光波进入晶体后，其中一束光始终遵守折射定律，即入射角 i 与折射角 r 的正弦 $\dfrac{\sin i}{\sin r}=$ 恒量，且入射光和折射光在同一平面内，这一束光称为寻常光，简称 o 光；另一束光则不遵守折射定律，$\dfrac{\sin i}{\sin r} \neq$ 恒量，且折射光一般不在入射面内，这束光称为非常光，简称 e 光，甚至当入射角 $i=0$ 时，寻常光仍按原方向前进，而非常光一般不沿原方向前进。这时，如果将晶体绕光的入射方向慢慢旋转，发现 o 光不动，而 e 光却随着晶体的旋转而转动。晶体对寻常光和非寻常光的折射率 n_0、n_e 的差别，正是反映了晶体各方向异性的性质。o 光在晶体内各个方向具有相同的折射率，在晶体中沿各个方向速度相同；而 e 光的折射率随方向而变，在晶体中沿各个方向的传播速度不同。这种一束光射入各向异性介质时折射光分为两束的现象称为双折射现象（birefringence phenomenon），见图 5-16（a）。

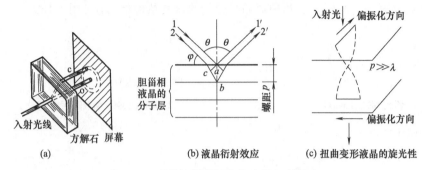

图 5-16　晶体双折射现象与液晶衍射效应

液晶是非线性光学材料，因此具有双折射性质。液晶像单轴晶体一样，可用单轴折射椭圆球描写。在向列相（型）与近晶相（型）中，光轴沿分子长轴方向，对应的主折射为 $n_e = n_{//}$，$n_o = n_\perp$（这里，o 光的振动面与光轴垂直，折射率以 $n_\perp$ 表示，e 光的振动面与光轴平行，折射率以 $n_{//}$ 表示）。折射率各向异性用 $\Delta n = n_e - n_o = n_{//} - n_\perp$ 描写，通常 $n_e > n_o$，$n_{//} > n_\perp$，$\Delta n > 0$ 为正性光学材料，比常用方解石晶体和石英晶体都要大很多，所以液晶的双折射现象是十分显著的。胆甾相（型）液晶由于光轴垂直于层面而平行于螺旋轴，为单轴负晶体，此时，$n_{//} > n_\perp$，$n_o > n_e$，$\Delta n < 0$。当入射到胆甾相液晶时，将分解为两束圆偏振光，一束发生全反射，另一束则产生透射。

2. 胆甾相液晶的选择反射

胆甾相液晶在白光照射下，呈现美丽色彩。这是它选择反射某些波长的光的结果，可以用液晶的衍射效应来解释，见图 5-16（b）。反射哪种波长的光，取决于液晶的种类和它的温度以及光线的入射角，反射光的波长可用布拉格公式表示为

$$\lambda = \bar{n} p \sin\varphi$$

式中，λ 为反射光的波长；p 为胆甾相液晶的螺距；$\bar{n}$ 为平均折射率；φ 为入射光对层面的掠入角。当正入射时，$\varphi = \frac{x}{z}$，其最大反射波长 $\lambda_0 = \bar{n} p$，最大反射小组带宽度 $\Delta\lambda_0 = |\Delta n| p$。

在胆甾相中，光轴沿螺旋轴方面，由于分子长轴方向在层面内，有 $n_e = n_\perp$，而层面内不同方向有不同的折射率，其平均折射率 $\bar{n} = \frac{1}{2}(n_{//} + n_\perp)$，那么最大反射波长 $\lambda_0 = \frac{n_{//} + n_\perp}{2} p$，最大反射波带 $\Delta\lambda_0 = (n_{//} - n_\perp) p$。

3. 在胆甾相液晶反射光的选择性，既有波长，还有旋向

胆甾相液晶分子呈扁平状，分层排列，相邻两层分子长轴逐层依次有一微小的扭角（约为 15′），多层分子的排列方向逐渐扭转成螺旋线，形成一个沿层面的法线方向排列成螺旋状结构，当一个线偏振光沿着螺旋轴方向入射时，可以认为是左旋和右旋偏振光的合成。只有与液晶螺旋符号相反的圆偏振光将被透射，而相同符号的被反射，这种现象称为圆偏振光的二色现象。因此，对螺旋状液晶反射光的选择性，既有波长还有旋向。

由于大多数的胆甾相液晶的螺距 p，对温度极为敏感，温度的微小变化将使选择反射的波长（或色彩）随之发生很大的变化。利用此一特征可制作温度敏感元件，如现已广泛应用的各种液晶温计度和各种测温显示装置。

4. 胆甾相液晶具有很强的旋光性（optical rotation）

旋光现象是指当偏振光通过某些透明物质，其振动面各以光的传播方向为轴转过一定角度的现象，能产生旋光现象的物质称为旋光物质。

螺旋状液晶有很强的旋光性，其旋光度为通过单位长度后振动面的旋转角度

$$\beta = -\frac{\pi(\Delta n)^2 p}{4\lambda^2}$$

式中，$\Delta n = n_e - n_0 = n_{/\!/} - n_\perp$；$p$ 为胆甾相的螺距；λ 为入射光波长。式中负号表示旋光方向与螺旋方向相反。光轴沿螺旋轴方向，其主折射率为：$n_\perp = n_e$，$n_{/\!/} = \sqrt{\frac{1}{2}(n_1^2 + n_2^2)}$ 这里 n_1 和 n_2 分别为入射光和折射光在介质中的折射率。

胆甾相液晶的旋光度达 $20°/\mu m$，比石英大两倍，可利用这种旋光性来改变入射光的偏振光方向，如图 5-16（c）所示。旋光现象，在医院中被用来测定血糖，在制糖工业中被用来确定糖溶液的浓度。

四、胆甾型液晶的热致变色机理与应用

纺织品上利用液晶的热变色特性，主要是胆甾醇的酯类。据报道，其制备方法是，先把胆甾醇壬酸酯溶解在石油醚中，在 $60℃$ 下加热 $5min$，使溶液蒸发；然后在 $80℃$ 下，热处理 $2min$，制成液晶。

胆甾型液晶热敏变色，其机理是由于晶格结构变化所导致。其液晶螺旋体结构，会随温度变化发生伸长或收缩，并引起其螺距 p 作相应的伸或缩，从而导致液晶对光的吸收，吸收波长为 λ_a，而反射波长 λ_0 的变化和反射波长带 $\Delta\lambda_0$ 的变化为：

$$\lambda_0 = \frac{n_{/\!/} + n_\perp}{2} p$$

$$\Delta\lambda_0 = (n_{/\!/} - n_\perp) p$$

从而引起胆甾相液晶的颜色随温度变化而作相应的变化：

——→表示升温

红色⟷黄⟷绿⟷蓝　　←——表示降温

实验表明，胆甾相液晶的热敏效应特别强，温度稍一发生变化，液晶颜色就会作出相应的变化，温度变色灵敏度可达 $\pm 0.2℃$。采用几种不同的胆甾相液晶以不同的比例进行混合，其混合液晶颜色变化将更加灵敏，其变色温度的范围可在 $-30 \sim 100℃$ 之间，因此有利于依据使用对象的要求，任意调节变色温度范围，颜色也可以连续地变化。

纺织品用热变色温度最合适的温度间隔为 $5℃$ 左右。胆甾相液晶的起始变色温度接近 $28℃$，显示红色；当温度接近 $33℃$ 时，则显示蓝，其温度间隔为 $33℃ - 28℃ = 5℃$，恰好符合人体正常服用的环境温度和人体温度。如果将上述胆甾相温混合液晶施加到纺织品上，这样的服装，其颜色将会随穿着者体温的变化，或者外界环境温度的变化，引起服装面料温度的变化，而导致服装颜色的变化，产生出一种变幻莫测的动态效果。

胆甾相液晶热致变色的优点是：热敏灵敏性优良，变色光谱波带较宽，色调范围较广；缺点是：对化学物质敏感，液晶接触酸、碱物质会使变色效果变差，影响稳定性和发色效应；对纤维没有亲和力，在纺织品加工中须采用涂层技术或类似涂料印花工序（即将液晶制成微胶囊，分散在树脂中作为涂层，或分散在胶黏剂作为印花浆），这种加工方法，使液晶被包囊于树脂或胶黏剂中，降低了液晶的色度。胆甾相液晶价格高，因此目前尚限于高档时装上，而未能普及。

第五节　其他致变色化合物

一、电致变色材料

电致变色材料是一类能随外界电场有无或改变而发生颜色变化的材料，有以下几种典型事例：

电致变色材料是指染料分子在电压作用下在介质中发生电子的得失，从而引起变色的材料。染料呈色是由于它选择性吸收了白光中一定波长的光波而显出被吸收光波的补色的缘故。比如吸收了 656nm 左右的红光，则显出它的补色 492nm 的蓝绿色了。在可见光谱范围内，吸收了波长较短的光谱色而显出其补色，该补色称为浅色，例如黄绿色、黄色；反之，吸收了波长较长的光谱色而显出其补色，该补色称为深色，例如蓝绿色。染料的吸收光谱可以通过吸收曲线表示，通常以横坐标代表波长，纵坐标代表摩尔消光系数 ε。其中最高消光系数 ε_{max} 对应的波长以 λ_{max} 来表示，λ_{max} 表示染料的基本颜色。吸收峰愈狭，染料颜色越鲜艳；染料吸收区域越宽；有一些染料分子在电压作用下在介质中发生电子的得失而引起变色，以上三种情况如图 5-17 中（a）～（c）所示。

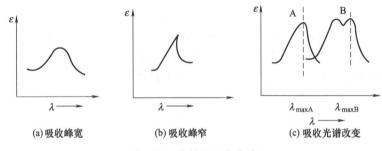

(a)吸收峰宽　　　　　(b)吸收峰窄　　　　　(c)吸收光谱改变

图 5-17　染料的吸收曲线

用联吡啶衍生物，通过调节介质，添加剂的组分，在电致变色中可以获得不同颜色；稀土金属酞菁及硫杂环物在电压下发生变色；聚苯胺、聚吡咯、聚噻吩的电子变色。聚苯胺电致变色随着掺杂程度不同、随着电压变化可以得到黄、蓝、墨绿多种颜色。苯胺衍生物可通过选择得到：聚邻苯二胺（无色⟷红色）；聚间氨基苯磺酸（无色⟷蓝色）；聚苯胺（无色⟷绿色），这种从无色变成红、蓝、绿各种颜色，反应速度快，性能接近液晶显示元件。

电致变色材料，主要应用对象是不发光显示器，可以给人视觉以舒适感，就像日常生活中看书、读报、欣赏图片，没有光亮度的刺激。基于聚苯胺的变色性和导电性，可用类似电镀的方式镀在纤维或织物上，制成各种变色纤维和导电、抗静电织物。

二、湿敏变色材料

湿敏变色材料是指因水的润湿或随空气中湿度变化而改变颜色的材料。

由钴盐制成的无机涂料，其中含有六结晶水的氯化钴配合物，加热失去部分水分后变为二结晶水氯化钴，由于配合物的配位数目的变化和配合物几何形状的改变，引起吸收光谱的变化而改变颜色：

$$\underset{\text{（粉红色）}}{CoCl_2 \cdot 6H_2O} \underset{\text{降温吸收部分水分}}{\overset{\text{加热失去部分水分}}{\rightleftharpoons}} \underset{\text{（紫色）}}{CoCl_2 \cdot 2H_2O}$$

这种无机涂料的使用方法，与普通涂料一样，与胶黏剂混合后用于纺织品的印花加工印花涂膜。

湿敏印花涂料（EC Base W）是由红色变紫色的产品，是由钴复盐制成（其乳状液外观呈桃红色，弱酸性）。水与色彩的关系见表 5-6。

表 5-6　印花薄膜中含水与色彩的关系（湿敏涂料含水与色彩的关系）

性　　能	指　　标	高敏感性	耐久性（水洗后）
水中	10%以上	无色	无色
润湿	2%～10%	桃红	桃红
吸湿	1%～29%	蓝色	桃红
干燥	1%以上	蓝色	3～4 级
耐晒牢度	3 级	3 级	3～4 级
耐汗牢度	3 级	2～3 级	3 级

日本大阪精化工业公司生产的 Seihaduel 涂料，干燥时呈白色，润湿后显色并具有可逆性；日本御国色素公司生产的 S A Medium9208 涂料，干燥时为白色，润湿后则显透明感而花形消失。如果将两种变色涂料巧妙相结合，用于毛巾、浴巾、手帕、冰装、沙滩等的印花，干燥时为白色，润湿后显色，可获得别致的显隐形花样。

三、酸致变色材料

酸致变色材料是指在 pH 值诱导下发生颜色变化的材料。

① 色酚 AS 溶解于烧碱后溶液变色

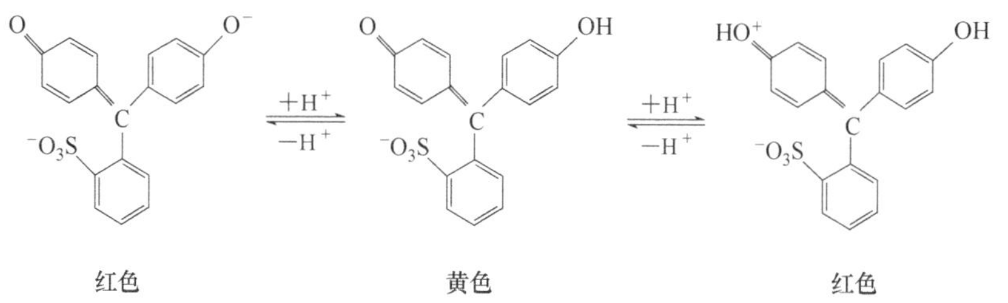

红色　　　　　　　　　　黄色　　　　　　　　　　红色

该化合物在介质的作用下发生离子化，产生电荷，使共轭体系内供电子基团的供电子性或吸电子基团的吸电子性均获得加强，使其共轭体系内的供电子更加活跃，激化能更小，于是吸收光谱向长波方向移动，产生涂色效应。

② 苯酚磺酞（酚红）在不同 pH 值溶液中的变色。

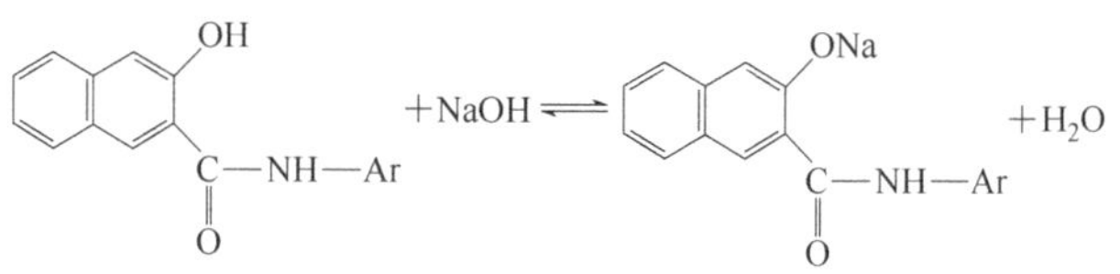

苯酚磺酞在不同的 pH 值溶液中产生颜色的如上变化，是由于供电子基—OH 性质的转化所致。

下面介绍两种酸致变色染料。

1. 三芳甲烷类酸致变色染料

结晶紫内酯是最早被使用的酯致变色染料，至今仍在使用。遇到酸性物质，其内酯分子转变为酸分子，中心碳原子由 sp^3 杂化态转为 sp^2 杂化态，形成了 π 体系，无色化合物变成有色化合物。

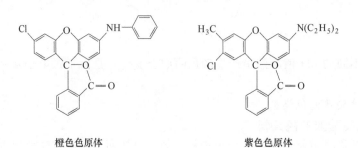

无色   有色(蓝色)

这类化合物中常见还有以下各种颜色色原：

绿色色原体   红色色原体   蓝色色原体

2. 荧烷类酸致变色染料

荧烷类酸致变色染料是最主要的有机酸致色色素，需要与提供原子的有机化合物及一定的有机溶剂复配而成，其变色过程如下：

无色   有色

这类化合物中具有各种颜色色原，比如：

橙色色原体   紫色色原体

第六节　变色材料在纺织品上的应用

一、变色聚合物与光功能材料

变色聚合物（discolored polymer）一般由变色基团（discolored matrix）的单体通过均聚（homopolymerization）或与其他单体共聚（copolymerization）得到。变色基团一方面是吸收光能的窗口，同时又是与下一步变色反应的光功能材料的核心部分。

在变色聚合物中，变色基（D）的引入，有如图5-18所示的几种形式：

主链导入型　　　　　　　侧链导入型　　　　　　　混合型

〜〜 高分子主链　　　　　D变色基(感光基)

图5-18　变色高分子的组成

但由于变色化合物单体中基团的阻聚作用（inhibition），目前尚没有主链含变色基的聚合物，而主要是将变色基以侧基的形式引入到聚合物中。

表面接枝是在聚合物的表面生长出一层新的具有特殊性能的其他聚合物，从而使表面层的结构和性能与本体不同。接枝的聚合物层仅在表面，本体仍然保持原来的聚合物结构。由于表面接枝的聚合物层是可设计的，所以表面接枝是聚合物表面改性的有效方法，受到人们越来越大的重视。

1. 表面接枝的方法

① 表面接枝聚合法——是通过某种特殊技术，使聚合物 A 表面产生活性种，用该表面大分子活性种引发单体 M 在聚合物表面接枝聚合，如图5-19（a）所示，通过表面接枝，聚合物 A 表面长出一层新的具有特殊性能的聚合物层，从而达到显著的表面改性效果，而基质聚合物 A 的本体性能不受影响。

② 大分子偶合接枝法——是利用高聚物基材表面的官能团 A 与带有活性官能用 B 的接枝聚合物反应，把聚合链 B 接枝到基材表面上，如图5-19（b）所示，从而实现聚合物的表面改性。

③ 添加接枝共聚物法——用由 A、B 两种链段组成的嵌段或接枝的共聚物加入到聚合物基材 A 中，由于高聚物中的 A 链段与基材的结构组成相同，有很强的亲和性，高聚物的 A 链段就结合到基材 A 中。高聚物中的 B 链段与基材 A 的结构组成不同，两者之间有强烈的排斥性，B 链段被排斥到基材 A 的表面，如图5-19（c）所示，其效果相当于 B 链段被接枝到基材 A 的表面上。

据报道，有人曾用合成的丙氨酸丁酯取代基的苯氧基萘并萘醌（色素基团）B 与侧链含 N-羟基琥珀亚氨基的聚合物 A 反应，首次合成出光致变色苯氧基萘并萘醌聚合物。随后，又合成出以苯氧基萘并萘醌为变色基团 B 的聚甲基丙烯酸甲酯、聚苯乙烯、聚硅氧烷三种

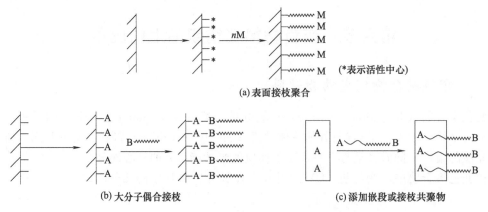

(a) 表面接枝聚合

(b) 大分子偶合接枝

(c) 添加嵌段或接枝共聚物

图 5-19　表面接枝的三类方法

聚合物。

　　还有人利用聚合物的酸酐与光敏变色化合物的醇羟基进行酯化反应，合成出苯氧基萘并萘醌变色聚苯乙烯-顺丁烯二酸酐，聚乙烯-顺丁烯二酸酐。

2. 其他光功能材料

　　材料吸收光能之后，在分子内或分子间产生化学或物理的变化，这种变化显示出感光功能的作用。为了适应各种不同的需要，当前研究开发的感光性功能材料，有以下几种：①光记录、光显示材料（光色材料、光致发光、光致变色等）；②光导电、光电转换材料；③光能存储材料（蓄热、光学机械）；④光感应性化学材料（通过离子输送和分子识别，进行分离和分析）；⑤感光性树脂（光致抗蚀剂）；⑥其他（高分子光敏剂、紫外线吸收剂、变色纤维和纺织品等）。它们是以高分子链为骨架并连接有化学活性基团构成的。

　　今以偶氮苯为例，说明它在光功能材料上的应用。

　　（1）光致变色

　　从吸收光谱的角度来考虑，偶氮苯本身虽然未显示出明显的着色变化，但在高分子链上导入偶氮苯就能合成出光致变色高聚物。偶氮苯的顺反式结构异构化，是有机光化学的基本反应实例，见图 5-20（a）、（b）所示。有关这种光反应的化学和物理变化的主要内容：①顺反式结构异构化［图（a）］——键角明显不同，分子长度顺式体为 0.55nm，反式体为 0.9nm，内能顺式体只比反式体大 48.9kJ/mol，偶极矩反式体为 3.0D 而顺式为 0。②顺反式的吸收光谱不同［图（b）］。反式体的最大吸收波长约为 350nm，顺式体的最大吸收波长

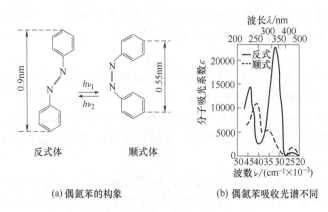

(a) 偶氮苯的构象

(b) 偶氮苯吸收光谱不同

图 5-20　偶氮苯的构象与吸收光谱

为 310nm。

（2）光致伸缩

从接枝聚合体的伸缩变化的角度来考虑，以偶氮苯为交联剂合成的聚丙烯酸乙酯，制成膜后紫外光照射则收缩；相反，如用可见光照射则伸长。这是一种光化学反应。因此，这种化合物可能会成为今后将光能直接换成机械能的材料：

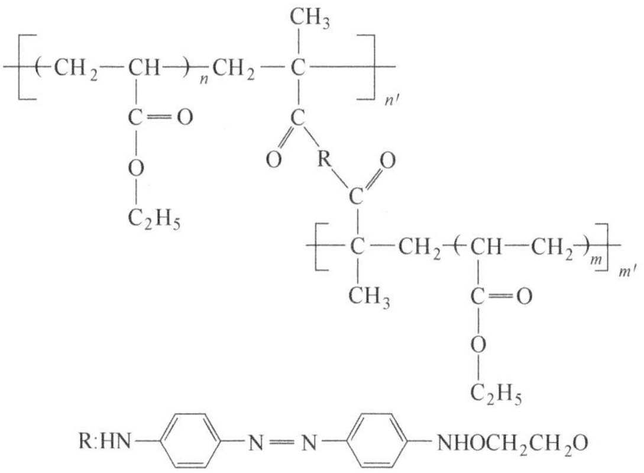

（3）光致黏度变化

从接枝聚合体的黏度变化的角度来考虑，将偶氮苯接枝到高分子主链上，得到光感性-黏性应聚合物，在溶液中用紫光照射，可将此高聚物异构化为顺式结构，溶液的黏度减少60%～70%。根据光感应所引起的黏度变化，可考虑将此化合物用做控制材料。

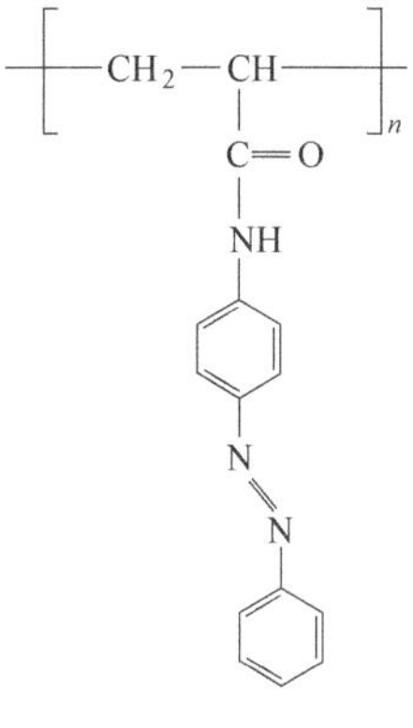

（4）光致引起偶极矩变化

从偶极矩变化的角度来考虑，目前正在高分子侧链上导入偶氮苯，得到亲水性控制光感应性高聚物，并在其薄膜表面上进行亲水性光控制的研究。

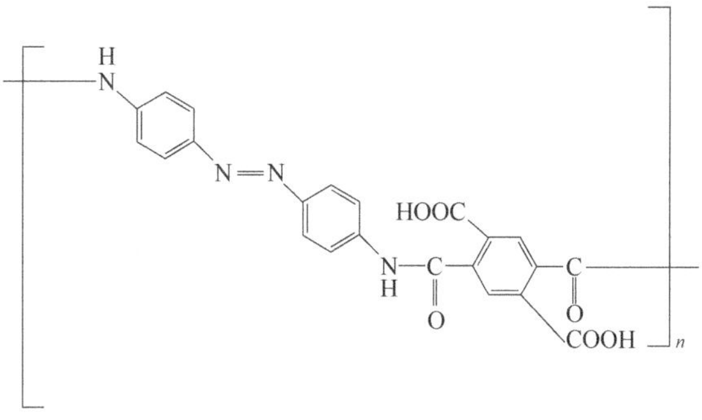

人们通过光化学反应从不同角度方面的观察，产生了创造新功能材料的设想。例如，希望能开发出分子敏感元件等新材料。

光功能材料的另一特点是，光最容易控制，即光的点熄、强度大小和波长（能量）选择等都容易掌握。从光源来看，预计今后条件激光装置将有迅速发展，对开发高效光功能材料的要求将更加迫切。

二、变色纤维

在常用的纺织纤维中，天然纤维本身具有固定的颜色，化学纤维大多数是部分结晶的高聚物由于光散射而呈现乳白色。纤维的各种颜色是在纺丝液中加入染料或者对其织物进行染色而形成的，纤维及其织物的色泽一般不会发生变化。

变色纤维是一种具有特殊组成和结构的，在受到光、热、水分、辐射或电场等外界刺激后具有可逆性自动改变颜色的纤维。其中最重要的是光致变色纤维和热致变色纤维。

1. 光致变色纤维

光致变色纤维是通过在纤维中引入光致变色物质而制得的，其中光致变色物质在阳光的照射下，分子结构及排列发生某种可逆变化，因而引起对可见光的吸收波长变化，并导致纤维的色彩发生相应的变化。光致变色一般要经过显色反应和消色反应。前者是指化合物经过一定波长的光照射后的显色和变色，后者是指化合物经过另一波长光的照射（或者加热处理）恢复到原来的颜色。

具有光致变色的物质，是一些具有异构体的有机物，如螺吡喃、萘吡喃、螺噁嗪和降冰片衍生物等。光致变色高分子材料有的是将光色基团（种类很多，已经发表的有偶氮苯类、二苯基甲烷类、水杨叉替苯胺类、双硫腙类）导入聚合物侧链中而制得的，有的聚合物在主链上带有光色基团，如聚甲川：

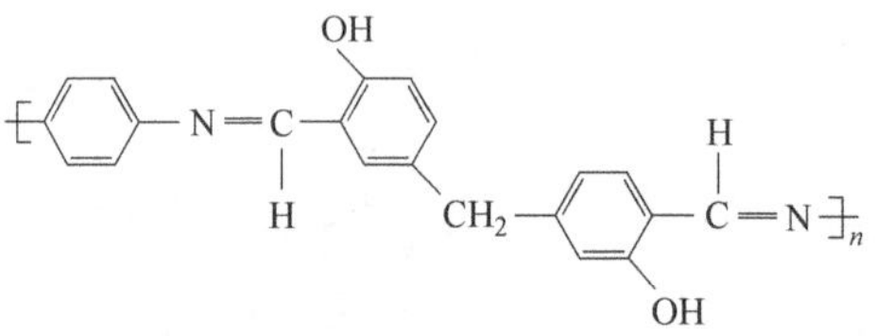

应用于化学分析的灵敏显示剂——硫代缩氨基脲汞聚合物，系由硫代缩氨基脲（—N—N—C—NH—NH—）衍生物与 Ag 生成的有色络合物，其光谱变化见图 5-21。在聚丙烯类高分子侧链上引入这种硫代缩氨基脲汞的基团，则在光照时由于发生了氢原子转移的互变异构，而发生变色现象：

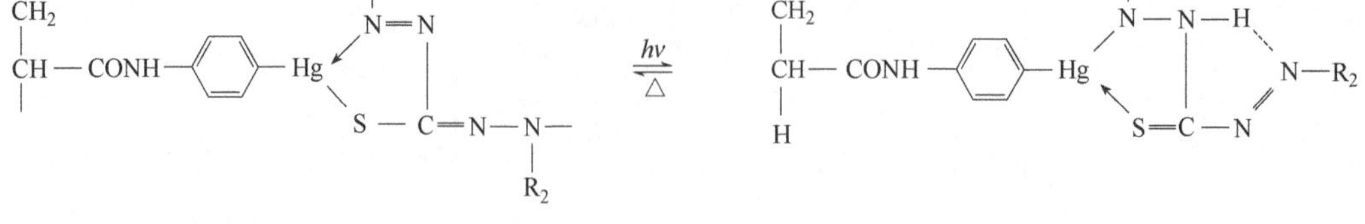

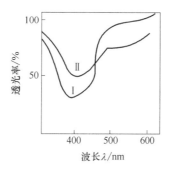

图 5-21 硫代缩氨基脲汞聚合物的光谱变化

硫代缩氨基脲汞聚合物的光致变色性与聚合物（—R$_2$）的组成有关，见表 5-7。

表 5-7 硫代缩氨基脲汞聚合物的光致变色性

聚合物（—R$_2$）	吸收峰/nm	
	光照前	光照后
—⬡	475	583
—⬡—Br	480	610
—⬡—Cl	480	620
—⬡—CH$_3$	480	610
—⬡—OH	430	560
—⬡ CH$_3$（邻二甲基）	425	550

已如前述，具有联吡啶盐结构的氧化还原树脂，在光的作用下形成阳离子自由基结构而产生深颜色：

$$—^+N\bigcirc\bigcirc N^+—\ \underset{-(O)}{\overset{+e}{\rightleftharpoons}}\ —N\bigcirc\bigcirc N^+—$$

下面的氧化还原树脂光照后即变成青绿色，在空气中放置 8h 后返回原来的淡黄色：

$$—NH—(CH_2)_2—^+N\bigcirc\bigcirc N^+—(CH_2)_3—NH—CO—\bigcirc—CO—$$

又如，2-(2,4-二硝基苄基) 吡啶的化合物 A，在光的照射下苄基上的氢原子从亚甲基桥上迁移至吡啶环的氮原子上，从而扩大了化合物的共轭 π 电子体系的化合物 B，形成了从无色到暗青色的变化。光照停止后，由于热运动，化合物 B 又转为化合物 A，颜色消失：

$$\underset{(无色)}{\bigcirc\!-\!CH_2\!-\!\bigcirc\!\!\!\overset{NO_2}{\underset{NO_2}{}}}\ (A)\ \underset{\triangle}{\overset{hv}{\rightleftharpoons}}\ \underset{(暗青色)}{\bigcirc\!-\!CH\!=\!\bigcirc\!\!\!\overset{NO_2}{\underset{NO_2}{}}}\ (B)$$

光致变色纤维最早应用的实例，是美国氰胺公司为满足越南战争中美军对作战服的要求，而开发出一种会光致变色的织物。20世纪80年代末，日本松井色素化学工业公司制成的光致变色纤维，在无阳光下不变色，在阳光或UV照射下显深绿色。日本Kanebo公司将螺吡喃类光敏物质（可吸收350～400nm波长紫外线后，由无色变为浅蓝色或变为深蓝色）包合在微囊中，用于印花工艺，制成光敏变色织物。

美国Clemson大学、Georgia理工学院等大学，探索在光纤中掺入变色染料或改变光纤的表面涂层材料，使纤维的颜色能实现自动控制，其中噻吩衍生物聚合后表现出优异的电和溶剂敏感性，受到重视。美国Solar Active国际公司生产出了紫外线照射下有橙、紫、蓝、洋红、黄、红和绿等各种颜色的纱线。我国对光致变色纤维的研究已取得了一定进展。东华大学已通过将光敏变色剂加入聚丙烯切片后进行熔融纺丝，制得光致变色聚丙烯纤维，经紫外线照射后能够迅速由无色变为蓝色，光照停止后迅速恢复无色，并且具有良好的耐皂洗性能和一定的光照射耐久性。齐齐哈尔大学等用具有光致变色性的染料对聚酯和聚丙烯腈纤维进行染色，制得了变色纤维。

2. 热致变色纤维

热致变色纤维是通过在纤维中引入热致变色物质而制得的，其中热致变色物质在温度的作用下或者通过染料分子结构重排，或者通过促使光通过液晶时的选择性放射而引起热变色。

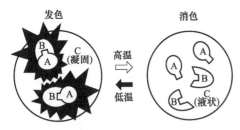

（特殊树脂层内保温度变色性因素）

图 5-22　温度变色的一种机理

热致变色纤维是通常利用一些物质在一定的温度下由于结构变化发生可逆的颜色变化的特性制成的。如碘化汞铜（Cu_2HgI_4）在常温下是红色的，在69.6℃时变为暗紫色，70.6℃时又变为黑色，碘化银（AgI）在常温下是黄色的，在147℃时变为深红色。将酸与高级醇混合并制成微胶囊涂于织物上，高温时酸溶解在醇类中而消色；低温时酸与隐色型色素结合而发色，温度变色原理如图5-22所示。图中A为色素，B为发色剂（酸），C为消色剂。

热致变色的物质有无机热敏变色材料、有机热敏变色材料和热致变色液晶，它们在性能上各有特点，归纳于表5-8。

表 5-8　三种热敏变色材料的性能对比

性　　能	无机热敏材料	有机热敏材料	热致液晶材料
起始变色温度	较高	高	低
变色温度选择性	不可选择	可选择	不可选择
变色温度宽度	小	小	大
变色灵敏度	低	低	高
耐候性	中等	小	大
加工难度	小	中等	低
价　　格	低	中等	高

据报道，采用无机热敏材料制成的含金属钛（或锆）的纤维，在常温下呈黄色，加热至300～400℃变为灰黑色，如继续加热到600℃，呈白色，而到1000℃即变为灰白色。

Aitken等人采用液晶类和分子重排类热致变色物质，都被包覆于微胶囊内，然后粘贴于纺织品上，就似胶黏剂树脂里的涂层那样。Nelsen 已对微胶囊在纺织品变色中的应用做出评述。产生热变色的另一种方式是通过染料分子结构的重排。其代表是螺内酯染料中的结晶紫内酯，并已初开发出热致变色微胶囊体系。但结晶紫内酯分子结构重排前后两种分子的平衡严格依赖于 pH 值。当 pH 值大于 4 时，结晶紫内酯本身是无色的，其作用是染料前体；当 pH 值小于 4 时，分子重排形成紫色化合物，如果接着升高 pH 值大于 4，结晶紫内酯紫色消失。

热致变色体系中最重要的液晶材料是胆甾型液晶。这类液晶在某一温度范围内随着温度的升高，在整个可见光范围内进行可逆显色即红←→绿←→紫。将数种液晶混合，可以在希望的温度范围内显示出所希望的颜色，且色泽鲜艳，反应灵敏，将这些液晶引入纤维中，是开发热致变色纤维的研究方向之一。

目前，在亚洲已经开发了许多热致变色纤维。热致变色纤维在特定温度下可逆性改变颜色，可采用开发时尚产品，并已经用于军队的伪装方面；它的热致变色的出现和改变，可以产生某种安全警戒作用，可以反映材料是否受了过度的应力或在某些情况下是否不再具备原有的功能的有关警示。

3. 变色纤维对变色染料的要求

光致、热致变色物质的种类很多。用于纺织品的光致、热致变色染料应该满足以下的要求。

（1）对光或热具有一定的稳定性和耐候性

纺织品用变色染料应根据产品的最终用途，来选择一定的光、热、气候稳定性和变色材料。纺织品根据用途不同，对其耐光、耐热、耐候性等有不同要求，见表 5-9。

表 5-9 不同用途的纺织品对变色染料性能的不同要求

纺织品最终用途	耐光性、耐热性、耐候性等要求
一般室内装饰品	均较低
窗帘	有很好的耐日光性
滑雪衫	应有较好的耐候性
夏季服装	希望有耐光、热和汗渍牢度的变色染料[1]
军事伪装用纺织品	要经得起恶劣环境的考验,要有较长的使用寿命,这对变色染料的要求更高。[2]

[1] 酸性、碱性汗液会引起 pH 值的变化,介质酸碱度也会影响变色染料的稳定性

[2] 大部分变色染料的分子都容易受光照、热、pH 值和氧化物质的作用,引起结构变化,可逆性变色效应受到影响或破坏

（2）具有较好的耐疲劳性

变色纺织品在使用过程中，变色染料要经历显色←→消色或 A 颜色←→B 颜色的反复变化，有些变色随着显色←→消失循环次数的增加，颜色 A、B 会呈现衰减趋势，有的甚至失去可逆变色的性能，这种现象称之为染料变色性的耐疲劳性不好。

如俘精酸酐化合物中的染料 A 的循环衰减情况见图 5-23。该染料在热作用下对波长 600nm 的光吸收光度最大，显示颜色；受紫外光照射后吸光度大幅增加，颜色加深；但随着循环次数的增加，吸光度逐次下降，染料的表现颜色逐次越来越浅，因此这种耐疲劳性变色染料不适用于纺织品上使用。图中□为沉积在基底上染料的吸光度；△为热处理后薄膜的吸光度；○为紫外光照射后薄膜的吸光度。

又如，有些热致变色的液晶，循环数十次后就失去变色效应，这种变色液晶也就不适用于纺织品的使用。

（3）具有明显颜色变化，并有一定的色牢度

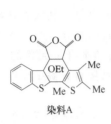

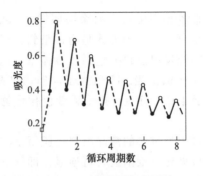

(a) 染料A的分子　　　　　　　　　(b) 染料A的循环衰减情况

图 5-23　俘精酸类染料 A 的分子式和循环衰减情况

变色染料用于变色纤维的制取或纺织品的染色或印花，目的是使纺织材料获得一种"动态"的颜料效果。如果变色前后吸收光谱没有明显的变化，甚至有重叠部分，这种颜色变化对人的视觉仅有很微弱的刺激，就难以呈现出颜色变化带来的新颖奇特的变色美观。

纺织品的最终用途也决定它变色染料应该具有的色牢度。衬衣用织物应耐汗渍、日晒、干摩擦；窗帘用织物应耐晒、耐光；椅垫用织物应耐干摩擦等。绝大多数的纺织品在使用过程中经受水洗是必然发生的。因此还要求有一定的水洗牢度。

（4）要求价格适中

与记录材料相比，纺织品用染料用量一般较大，而目前变色染料的制造成本较高，变色材料仅在一些高档服装上使用，或在手帕、T 恤衫上印小面积花形上使用，而尚未普及应用。

4. 变色纤维的生产工艺

（1）溶液纺丝技术

该技术要在成纤的纺丝溶液中加入具有可逆变色功能的染料和防止染料转移的试剂。它是以丙烯腈（Vinyl cyanide）、苯乙烯（Vinyl benzene）、氯乙烯（Vinyl chloride）的共聚物为成纤高聚物，选用噁嗪类变色染料，以癸二酸酯类化合物为防染料转移试剂，将丝条注入水浴中凝固成纤。这种纤维在暗处为无色，在有可见光线照射时显深绿色，可用于制作服装、玩具、假发等。

（2）熔融纺丝技术

该技术，要求变色染料具有良好的耐热性。先将变色染料分散在树脂载体中制成色母粒，色母粒与聚酯、聚丙烯、聚酰胺等成纤高聚物混融制成含有变色染料的熔融共混纺丝液，经喷丝、牵伸等制成纤维。中国东华大学采用共混纺丝法制得了光敏变色聚丙烯纤维：一种是光敏染料与聚丙烯共混纺丝，制得的纤维在暗处为白色，阳光照射下显蓝色；另一种是光敏染料与黄色母粒和聚丙烯共混纺丝，制得的纤维在暗处为黄色，阳光照射下显绿色。日本可乐丽和帝人公司利用熔融纺丝技术，制成皮芯结构的变色纤维，其芯组分是含变色染料的成纤高聚物，皮组分一般为有光聚酯、聚酰胺，其作用是保护芯组分并维持纤维力学性能的功能。帝人公司的另一项专利技术是，采用聚丙烯和含色母粒的聚丙烯、噁嗪类化合物、癸二酸酯类化合物组成混合体系作芯组分，以尼龙 6 作皮组分熔融纺丝，制得皮芯结构的光致变色纤维。

（3）后整理技术

后整理法是在纤维表面进行涂层或聚合的方法。日本三井公司将热敏变色的微胶囊的氧乙烯聚合物溶液涂于合成纤维表面，烘干后溶液转为凝胶状，而制成热致变色纤维。也有采用螺吡喃的苯乙烯或乙酸乙烯酯单体的溶液浸渍纤维，让单体在纤维内聚合，来得到光致变色纤维。

三、变色纺织品

变色纺织品是借助于现代高新技术，使纺织品的花形或颜色能随外界的刺激如光照变化、温度变化、干湿变化、pH 值变化、电场强度变化，表现出由常规的"静态"变为若隐若现的"动态"效果。这种受到外界的刺激而能"自动"变色的纺织品，分属于能变色的智能纺织品。

1988 年，日本东丽工业公司开发了一种温敏变色的织物 Sway®。该种织物是通过在织物表面黏结特殊微胶囊制成的，微胶囊直径为 $3\sim4\mu m$。微胶囊内主要封密了三种成分：①热敏变色性色素；②与色素结合能显现为另一种颜色的显色剂；③在某一温度下能使相结合的色素和显色剂分离，并能溶解色素和显色剂的醇类消色剂。调整三者组成和比例，就可以得到颜色随温度变化的微胶囊（micro capsule）而且这种变化是可逆的。Sway® 织物有四种基本色，可以组成 64 种不同的颜色，它在温差超过 5℃时发生变色，可以在 −40～85℃温度范围内发生作用。针对不同的用途可以安排不同的变色温度范围，例如用于女服装的变色温度为 13～22℃，滑雪服的变色温度为 11～19℃，灯罩布的变色为 24～32℃等。

日本 Anedo' 将螺呋喃类光敏染料包覆于微波囊中，用于 T 恤衫的印花，该 T 恤在室内或暗处是无色的，视觉上没有图案，而在阳光下却盛开了一朵蓝色的花。

又如制成的光敏变色手帕，在户外受日光及紫外线照射下，素色的手帕即显示出五彩缤纷、形态各异的图案，在室内或暗处图案则随之消失。制成的热敏手帕，在正常的温度范围内图案五彩缤纷，当放到 40℃ 的环境中时图案即可消失，当温度回落到正常温度范围时，图案又会重新复原。

液晶变色的高档面料，做成女士穿用的时装，在炎炎烈日下衣服呈现出纯白色，对日光具有最好的反射作用，穿着凉爽；走进屋内由于室温低于室外，衣服呈现出浅蓝色，显得朴实典雅，傍晚时随着气温的下降，衣服则呈现玫瑰色，显现温馨和蔼。做成男士西装，可在清晨、午后、傍晚不同的时候分别呈现出：棕色，显得精神抖擞；灰色，显得气度不凡；黑色，显得稳重端庄。可见，智能变色纺织品将在提高人们生活品位上起到重要作用。

变色织物不仅在日常衣着、装饰用品方面表现出其实用功能，体现出个性的美观，丰富人们的生活乐趣，提高人们的生活品位，在防护服装方面也具独到之处。用胆甾型液晶处理的织物制成的防护服，凭借胆甾型液晶所具有的可根据气体成分的不同和浓度的高低，极其灵敏地改变颜色的性质，有助于作业人员从服装颜色的变化上判断作业环境中有害气体的成分与浓度，及时采取措施以保证安全。变色织物在军事国防伪装上也极其具有开发的潜力，我们将在后面作介绍。

1. 变色纺织品开发的路径

开发变色纺织品，可以采取以下两条途径。

（1）变色纤维通过常规机织、编织技术开发变色纺织品

① 选择不同机织组织、针织组织制成变色织物，此类产品具有手感好，变色效果持久

性好等特点。

②制成的纺织品，可以是匹布或成件制品。提花组织可选用变色纤维与普通纤维相搭配，提花部分用变色纤维，非提花部分用普通纤维，既可突出花型图案又可以节约成本。

③变色纤维生产纺织品，其加工技术与普通纤维相近，可以沿用色织工艺技术生产条、格花色织物。

④必须重点注意的是，很多变色材料的耐热、耐化学药剂的能力较弱，在烧毛、浆丝、热定形等工序，应设法保持变色纤维必要的耐热、耐化学药剂的承受能力与稳定性。

（2）采用功能印花技术开发变色纺织品

①目前广泛采用功能印花技术加工变色纺织品，其优点是：a.变色染料印花一般按涂料加工工艺对织物着色，工艺简单，不受因蒸化、水洗等加工对织物牢度、色度的不良影响；b.印花加工可以缩小织物上的着色面积，减少变色材料的用量，降低成本；c.印花面积小，可以缓解因使用胶黏剂、涂料印花手感偏硬的矛盾。

②变色功能印花制品，应具有柔软的手感，产品要求色牢度耐洗性好，并具有稳定的变色效果，变色前后的色谱变化明显等，为达到此目的，一定好选择好变色染料和助剂，也要有一个适用的工艺。

2. 印花加工中的关键技术

（1）根据变色染料性能选择适用的工艺

①变色染料的性能：极性基团少，分子的平面性差，对纤维的亲和力很小，故染料要靠胶黏剂来固着。变色染料化学结构的稳定性，一般不及常规染料，容易受到温度介质的酸碱性和氧化性、化学试剂作用而发生劣变，使染料失去可逆变色性。

②纺织品印花工艺有蒸汽固色工艺和焙烘固色工艺。前者适用于对纤维有亲和力、耐高温蒸化和强烈水洗的染料印花，后者适用于对纤维没有亲和力的涂料或其他颜料的印花。

③变色染料的印花，宜先用焙烘工艺，一般采用下列工艺流程：

织物准备 → 印花 → 烘干 → 焙烘

（2）变色染料品种的选择

①变色织物上采用的变色染料应具有对光（热）具有一定的稳定性、耐气候性，具有一定的色牢度和耐疲劳性，具有较好的变色灵敏度和明显的颜色变化。

②变色织物上适用的变色染料

国内生产变色染料的厂商：上海合成纤维研究所推出的 RTP 系列热敏变色染料，按变色温度不同有四大类（20℃±3℃、33℃±3℃、45℃±3℃、66℃±3℃）。每一类有 6 个品种，色谱为红、绿、蓝、紫色。北京纺织研究所开发的光敏变色印花浆用环保型材料作壁材，制成 $5\sim10\mu m$ 的微胶囊。

国外生产变色染料的品牌：日本大日精化的 Dytherme、井田色素化学品公司的 TC 系列变色涂料。一些特定化学结构的变色染料一般为黄、红、橙、蓝、紫，色浅还比较简单。LJ Seppialites 公司推出包括热敏变色染料、吸收紫外线变色的光敏微胶囊，遇水变色的湿敏染料和对 pH 值敏感的暖碱变色染料。Pilot 油墨公司开发的热致可逆变色材料 Metanoclour。其特点是色谱全，具有黄、橙、桃红、红紫、蓝、绿、黑色相，变色温度范围在 $-30\sim70℃$ 间任意选择，色泽变化分为有色与无色之间、A 色与 B 色之间的变化，变色灵敏度为±(1～2℃)，反复变化次数达几万次；不含重金属离子和甲醛，有很高的安全性。缺点是耐牢度略差，不宜长时间暴晒。

（3）变色染料光谱设计

① 纺织品印花要求多色彩，但变色染料色谱单调，克服办法是采取拼色手段来达到拓宽其色谱范围的效果。

② 变色染料拼色的办法，可以获得丰富多彩的"动态"效果：

选用具有相同变色的红色、蓝色涂料拼色，高于变色温度为无色，低于变色温度时显示紫色。

选用两种不同的变色温度的染料 A 和 B 拼色，染料 A、B 的变色温度分别为 T_1 和 T_2，而且 $T_1 < T_2$，温度低于 T_1 时显示 A、B 染料的拼混颜色，温度介于 T_1、T_2 之间时显示染料 B 的颜色，温度高于 T_2 为无色。

选用普通涂料与变色染料拼色，如橘色的普通涂料与颜色为蓝色、变色温度为 T 的变色涂料拼色，温度低于 T 时为灰色，高于 T 时为橘色。

（4）缜密做好有关工艺的研究

① 用作印花基布的织物，一般最好选用白色或黑色，在这样的背景下颜色变化才能对视觉产生明显的刺激。

② 用于织物印花的变色染料通常制成微胶囊，以隔离酸碱、杂色、空气等化学环境，增加变色染料的耐化学环境和对耐疲劳性，提高其光稳定性和纺织品的使用寿命。

③ 胶黏剂的选用，关系着织物的水洗牢度和织物手感。普通涂料印花，可供使用的胶黏剂很多，如丙烯酸酯类、苯乙烯类、聚氨酯类等。

④ 变色染料对织物仅有较小的甚至没有亲和力，主要是依靠胶黏剂作用来对纤维进行着色。但变色染料在高温下容易诱发劣变。因此应该选用能够低温交联、黏结强度高、手感柔软的胶黏剂。

⑤ 变色染料色浆中，加尿素是为了减轻色浆堵塞花网，并在熔烘过程中对干热环境的变色涂料起保护作用。加柔软剂类助剂，可以改善丝绸、薄型纯棉织物印花后的手感，防止偏硬。

3. 两类染料不同的变色机理

染色所用的染料有两种类型，一类是光敏染料。其变色机理是在紫外线或可见光照射下与在暗处放置时，发生分子结构的互变，颜色在有色与无色之间或一种颜色与另一种颜色之间可逆变化。另一类是从普通染料中筛选的，较多的是阳离子染料和酸性染料，其变色过程并不伴随染料分子结构的变化，而是由于不同光源在可见光区域内的光谱功率分布存在差异，导致同一有色体在不同光源下的三刺激值 X、Y、Z 不同，使人们视觉上感到有色物在两种不同光源下有"色变"。

图 5-24（a）表示三种不同光源的光谱分布曲线：A 光源是有适当功率的充气钨丝白炽灯，B 光源代表太阳光的直射光，C 光源代表晴空平均昼光（从北向窗户射入的日光近似于 C）。由图可知白炽灯的相对辐射功率分布值，在可见光在 610～700nm 的红波段区间较高，在 450～500nm 蓝、绿波段区间较低，因此白炽灯光源对红色显色性远远好于蓝、绿色显色性；而日光和荧光灯光源的最大光谱功率分布值是在 460～480nm 蓝绿波长区间，因此白光和荧光灯光源有较好的蓝、绿色显示性。

事实上，物质在不同光源下都会显示不同的 X、Y、Z 三种刺激值，只是有些染料用其特殊的结构，在色光差异明显的波段，如某种酸性染料在 460～480nm 和 610～700nm 波段

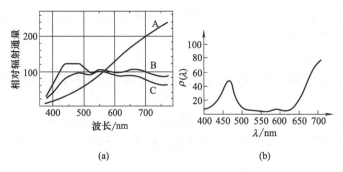

图 5-24 三种光源的光谱功率分布曲线

区域都有较大的反射，见图 5-24（b）强化出现"变色"，即用这种酸性染料染出的羊毛纤维，在日光下显示绿光蓝色，在白炽灯下则显示玫瑰红。

因此，从普通染料中筛选出一些染料，染色后在不同光源下显示出的"变色"，如可以得到织物变色的效果。其优点是其染色工艺、染色设备与常规染料相同，而无需增加额外的成本，也是经济可行的。

4. 微胶囊技术在变色纺织品中的应用

微胶囊技术（Microcapsule technology）是一种将微量物质包裹在聚合物薄膜中的技术。具体来说是指将某一目的物（称为芯材或内相）用各种天然的或合成的高分子材料制作薄膜（称为壁材或外相）完全包裹起来，而对目的物原来化学性质丝毫无损，然后逐渐地通过某些外部刺激或缓释作用使目的物的功能再次在外部呈现出来，或者依靠囊壁的屏蔽作用起到保护芯材的作用。

20 世纪 50 年代 Green 在研制多纸复印系统时制备了包含染料的微胶囊。60 年代，微胶囊化技术（简称 MCT）开始被广泛应用于制药工业和化学工业。虽然微胶囊技术的商业化应用已经有 50 年的历史，但在纺织工业中的应用，起步较晚，直到近 20 年来该技术才在纺织品领域中得到应用，纺织品后整理更侧重于功能性整理（functional finish），如阻燃整理，抗菌整理、香味整理、拒水拒油整理、防紫外线整理和变色整理等，微胶囊技术在其中正发挥着越来越大的作用。

微胶囊技术在纺织工业中不仅应用在印花、染色和后整理工艺中，而且还应用于纺丝阶段中的纤维改性。前者，主要是利用微胶囊的三个性能：①隔离性能——在以一些具有光敏、热敏或生物性的材料作为芯材被包埋后，在需要释放的时候，利用光、热、压力及生物作用等手段破坏壁材，即可释放出芯材；②缓释性能——让芯材通过囊壁逐步（逐渐）渗透挥发，以延长其作用寿命；③发泡性能——发泡印花时，当微胶囊处于一定温度下时，芯材溶剂汽化，使壁材膨胀形成一个气泡，而达到发泡的目的。后者，典型的例子是阻燃改性纤维、蓄热调温改性纤维、芳香纤维和防紫外线纤维中微胶囊的作用。随着高新技术的发展，又出现了纳米胶囊，它同时具有微胶囊包埋技术和纳米微粒的优势，可以包埋多种功能组分，可以来制造高性能的运动或太空服装材料，具有良好的医疗和保健作用的服装内衬，床上用品和鞋帽的材料，不远的将来，纳米胶囊还会在纤维中作为传感器或药物的载体，发挥其在医疗方面特殊作用。

四、伪装纺织品——变色伪装纺织品

1. 伪装纺织品的发展过程

在第一次世界大战中，各国军队尚没有专门的作战服，普遍是穿服着军服作战。各国军队为了进行隐蔽，分别依据本国的自然环境，灵活合理地选择军服的颜色，这就出现了土黄色、褐色、青灰色、白色和蓝白色的不同基色的作战服。

在第二次世界大战中，跨地区作战，作战环境进一步复杂化，为了克服单一色彩易被敌方发现的缺陷，于是纷纷改用多色彩并具有一定图案的迷彩军服，以适合在多种颜色的山野、草地、沙漠等环境中隐蔽，但其伪装程度还仅限于对付肉眼的目视观察。具有普通迷彩图案的迷彩服是第一代伪装服。

随着科技的发展，红外侦视仪（infrared electrenic feeler）的发明，使普通彩军服失去了伪装作用，它能清楚地发现隐蔽在自然环境中用肉眼难以辨清的士兵，其原因在于：普通迷彩服所反射出来的红外光谱与环境背景所反射出来的红外光谱存在很大区别，在红外电子探测器的侦视下，能够将两者鉴别开来，从而使它失去了伪装的效果。

为了对付敌方红外电子探测器，研究人员研制出了新的迷彩作战服，该军服的迷彩织物具备了在可见光和近红外光谱区与环境背景相近的反射光谱，从而不仅目视难以观察，红外电子探测器也难以发现。具有防红外探测功能的迷彩服称为第二代伪装服。由于战场环境和季节复杂性，一种主色彩的伪装纺织品还不能满足不同地域不同季节的战场伪装，因此出现了以土黄基色的沙漠伪装织物迷彩服；以绿基色的森林伪装织物的迷彩服；以蓝基色的海洋伪装织物的迷彩服等等。

近来接受仿生技术的启示，研究人员又研究出了具有"变色龙"功能伪装纺织品，这种智能型伪装纺织品的颜色能自动地随着环境背景的颜色而改变，在不同的地理环境下都能显示出优异的伪装效果，这就是第三代伪装服。

现代科学技术的发展与运用，推动了侦察装备现代化的进程。现代侦察装备正朝着全天候、全天时、远距离、大面积、时时监控战场，高精度、快速定位识别目标，提高战场生存力的方向发展。伪装是以各种技术措施来消除、减少或模拟差别，使目标不致暴露或使侦察产生错觉。伪装要对付的不仅仅是可见光（380~760nm）区域和近红外光（760~1200nm）区域，还包括紫外光（300~380nm）区域，热红外（3000~5000nm）区域以及激光（激光二极管发出的激光波长为 $0.33~34\mu m$）的探测。伪装纺织品的研究，涉及军事机密，各国向外报道不多。

任何伪装措施都是用来对付对方的侦察而采取的，迷彩伪装是对抗军事侦察和武器攻击系统的一种有效手段，也是检验单兵作战综合防护能力的重要条件之一。迷彩伪装对于战场上保存自己、迷惑敌人，保障部队隐蔽地配置和行动，争取战斗、战役的胜利，具有十分重要的作用。

2. 防肉眼目视侦察的迷彩伪装织物

迷彩作战服采用各种不定形斑点组成的多色变形迷彩。这种变形迷彩能使作战人员在活动地域内的各色背景下产生伪装效果，即服装上的不定形斑点的颜色与背景相融合，成为背景的一部分，从而在一定的观察距离上歪曲目标外形，降低显著性，使其难以辨认达到迷惑侦视的目的。

根据目标的性质和背景和特点，迷彩伪装可以分为以下三种。

（1）保护迷彩

① 保护迷彩是接近于背景基本颜色的单色迷彩，适用于伪装处于单调背景上的目标。

② 保护迷彩的颜色，由目标所处的背景的颜色来确定，例如夏季草地背景，采用草绿色；冬季积雪背景，采用白色；在不太斑驳的多色背景上，活动目标一般采用背景中面积最大部分的颜色，作为目标保护迷彩色。

（2）变形迷彩

① 变形迷彩是由几种形状不规则的大斑点组成的多色迷彩，主要用于伪装各种活动目标，可使活动目标的外形轮廓在预定活动地域的各种背景上受到不同程度的歪曲。在多色斑驳的背景上，其降低目标显著性的效果比保护迷彩好得多。

② 变形迷彩的涂料调配和迷彩图案设计，是确保伪装效果好坏的两项关键技术。

（3）伪装迷彩

① 伪装迷彩是仿制目标周围背景图案的多色迷彩。它能使目标融合于背景之中，成为自然背景的一部分。

② 伪装迷彩主要用于伪装各种建筑物、面积较大的人工遮障等固定目标及长期停留的活动目标。

研究伪装织物的基本依据在于消除或缩小目标与背景之间的光谱反射特性的差别，达到降低目标的显著性和模糊目标外形的作用，在可见光光谱范围内，印制图案色彩的伪装织物的光谱反射曲线与背景反射率曲线越接近，目标伪装效果越好。由此可见，多色变形迷彩服并非变色织物。

地理环境的不同，其背景的颜色和光谱反射率是不同的。图5-25（a）表示几种植被的光谱反射曲线；图5-25（b）表示几种典型背景的光谱反射率曲线；图5-25（c）表示典型植被的光谱反射率曲线，图5-25（d）表示干土壤的光谱反射率曲线。因此，迷彩伪装织物，就应该结合我国不同地区的地形、植被、土壤、颜色特性，进行综合分析，将背景划分为林地、荒漠、沙漠、雪地、市区、山地、海洋七种类型，见表5-10。

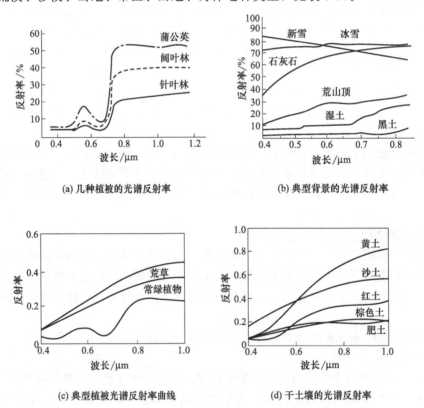

(a) 几种植被的光谱反射率

(b) 典型背景的光谱反射率

(c) 典型植被光谱反射率曲线

(d) 干土壤的光谱反射率

图 5-25　不同植被、不同土壤和背景的光谱反射率曲线

（资料引自《智能纺织品设计与应用》P. 81～82）

表 5-10　我国迷彩织物的七种类型

类型	背景	迷彩织物的基色调
林地型	指以绿色植被为主,典型背景的光谱反射率见图 5-25(a)、(b)	植披绿颜色为主,棕色、黑色和其他颜色为辅
荒漠型	指植被以我国北方、西北冬季的灌木丛为主,土壤以灰棕、棕漠土为主,典型背景的光谱反射率见图 5-25(c)、(d)	以土壤、枯草颜色为主
沙漠型	指以沙漠和戈壁为主	以土黄色和灰棕色为主
雪地型	指以我国三北地区积雪为主	以白色为主,配以少量墨绿色云纹状图案
市区型	指以建筑物、道路、穿插草坪树木为主	以灰色为主
山地型	指以山林地、荒山地为主	采用林地型迷彩,以墨绿色为主拟合荒山地迷彩基调灰色
海洋型	指以海岸、海水为主	在颜色上要与海洋浑为一体

　　迷彩图案的颜色必须与作战人员活动地域内主要背景的颜色相接近,颜色一般以三、四色为宜。为了保证迷彩图案的多色性,一般以背景中的主要颜色作为中间色,背景中的亮颜色作为亮差别色,背景中的暗颜色作为暗差别色。背景中的主要颜色还需按季节和周围地面背景而定。

　　迷彩图案的设计,应遵循两大基本原则:①以平淡色度减弱与自然环境的对比;②以奇异图案分散物体的轮廓。因此,应综合、有效地抓好以下三个关键点。

　　a. 斑点设计。为了最大限度地歪曲原目标外形,促使目标在远近距离观察时均能较好地与所处背景融合,设计时,斑点在大小、形状、配置等方面具有不规则性。

　　b. 颜色亮暗分布设计。为了易于歪曲目标原形并同背景斑点吻合,设计时应使颜色亮暗分布、不同颜色的面积分布具有参差性,使迷彩图案斑点相互保持鲜明对比。

　　c. 亮斑点比例设计。控制好亮斑点的比例,一般以 20% 左右为宜,若比例太小则对比不明显,容易产生空间混色,若比例太大,则易突出背景,易引起对方观察注意。

　　通过对植披、土壤分布和颜色特殊性的综合分析,结合光谱资料及不同季节对背景颜色的影响,可将迷彩图案也对应地分出七种类型,见表 5-11。

表 5-11　七种类型迷彩伪装织物的迷彩图案
（资料引自《纺织品功能性设计》P. 170～173）

类型	迷彩设计图案	迷彩图案颜色设计
林地型		①热带型——常绿阔叶植物为主,土壤以黄土、褐土、黄红土为主。迷彩图案以绿色为主,绿色和其他颜色为辅 ②温带型——以针叶林为主,土壤以黑土、褐土、棕土为主。迷彩图案应适当加大棕色面积 ③草原型——以牧草和少量灌木为主,土壤以黑土、栗金属土、棕钙土为主。迷彩图案与热带型相同

类型	迷彩设计图案	迷彩图案颜色设计
荒漠型		植被以荒漠灌木丛为主,土壤以砂砾土、棕钙土、灰棕漠土、棕漠土为主 迷彩图案的基本色应与土壤和枯草的颜色一致
沙漠型		背景包括沙漠与戈壁两部分 迷彩图案以黄土色和灰棕色为主,同时分布一些不规则的包有黑边的白色点状物,主要是模拟砾石与卵石
雪地型		以积雪为背景,植被以稀疏针叶树为主,土壤以黄土、褐土为主 迷彩图案以白色为主,并配以少量墨绿云纹状图案,主要是模拟裸露的土壤、岩石和针树叶林木
市区型		市区包括城市与集镇、建筑物高大房屋密集,道路交替,穿插一些林木草坪。砖石多为灰色或红色,路面多为水泥或柏油,新老市区基本色调差异很大 迷彩图案的基本色调应为灰色

类型	迷彩设计图案	迷彩图案颜色设计
山地型		除普通山地外,还包括山林地和石林地、山地丛林密布,山峰峭立,岩石裸露,冲沟断崖,基本色调为岩石 迷彩图案以墨绿色为主
海洋型		包括海岸和海洋,海岸按地貌分为泥岸、岩岸和沙岸 迷彩图案在颜色上应与海洋浑然一体,但其防侦视性能应与海岸陆地的植被相一致

迷彩织物的模仿背景的模仿程度取决于两者的光谱反射特性曲线的吻合程度。光谱反射特性是指在可见光不同的波长上对应的反射率。在一定的光谱范围内,两者的光谱反射特性接近的程度越高,伪装效果就越好。我国适应伪装的主要颜色在波长 $1\mu m$(即 1000nm)处红外反射率和所模拟的物体,见表 5-12。

表 5-12 主要颜色在波长 $1\mu m$ 处红外反射率和所模拟的物体

颜色	反射率/%	模拟的物体	颜色	反射率/%	模拟的物体
白	90	新雪	亮绿	80	新生叶、浅色树叶、绿草
灰棕	35	树皮、红土、阴影棕色峭壁	深绿	65	松叶、深色树叶、落叶树
中灰	35	灰色峭壁、阴影、树皮	土黄	50	沙土、干叶、混土、黄色峭壁
黑	10	黑土、黑阴影			

迷彩图案印染工艺实例,今汇总介绍如下,见表 5-13。

3. 防红外线侦察的迷彩伪装织物

在第二次世界大战中,美国首先应用红外线监视器,其他国家也迅速发展起来,红外线侦视从发现目标的原理,不是利用可见光颜色色彩差异,而是依据目标与背景之间对红外线的反射差异,从而使只对可见光有伪装作用的普通迷彩伪装织物在红外线侦察仪下消失去伪装效果。

为了达到防范红外侦视仪的侦视的目的,我们应先对红外侦视仪作些了解。人们的视觉敏感波长是波长 400~600nm 范围的可见光,而红外线则是更长波长(750~10^5nm)的电

表5-13 迷彩图案印染工艺实例

（资料引自《纺织品功能性设计》P.173～176）

涤棉混纺迷彩织物

| 分散/活性一相法印花工艺 | | | | | 普通蒸化工艺两相法印花工艺 | | | | |

①浆料色浆处方：（单位：g/L）　分散染料

染料种类	深蓝	墨绿	深绿	棕色
分散蓝	22.5	150	18	
分散红（迷彩）	10			
分散棕				51
分散黄	10	75	30	3
活性翠蓝 KN-G	11			
活性艳蓝 K-GR		23.5	10	9
活性黄 K-RN		9.0	6	
活性橙 K-GN				28.5
活性红 K-2BP				8.3

①林地迷彩印花色浆处方：（单位：g/L）

染料种类	浅绿	深绿	棕色	黑色
迷彩分散黄	1.35			
迷彩分散绿		3.0		
迷彩分散棕			4.3	
迷彩还原黄30%	1.50			
迷彩还原绿30%		10.0		
迷彩还原棕30%			10.3	
迷彩还原黑30%				43.5
尿素	5.0	5.0	5.0	5.0
防染盐 S	1.0	1.0	1.0	1.0
六偏磷酸钠	0.5	0.5	0.5	0.5
原糊	X	X	X	X
加水合成	100	100	100	100

②生产工艺流程

翻布→缝头→烧毛→退浆→氧漂→定形→丝光→染底色→拉幅→印花→焙烘（190～195℃,2min）→蒸化（102～104℃,5min）→水洗→烘干→柔软拉幅→验布→成品

②生产工艺流程：

原布缝接→烧毛→退煮漂→定形→丝光→印花→轧还原液（面轧）→烘干或红外线烘干（反面接触烘筒表面）单柱烘干→还原蒸化机汽蒸（98～110℃,7～10min）→水洗（4格,常温）→氧化（2格,常温,双氧水浓度1.5～2g/L）→皂洗（90～95℃,1.5min,肥皂2g/L,纯碱2g/L）→水洗→烘干→挂柔软剂→预缩→定形→检验→包装

③还原浆主要成分：

雕白粉150g　碳酸甲120g

玉米淀粉糊100g　甘油20g

合成　　　　1L

纯涤纶迷彩织物

①染料色浆处方：（单位：g/L）

染料种类	浅蓝	深绿	棕色	黑色
迷彩分散蓝 JMN	3.2	20.8	6.4	
迷彩分散红 JMB			0.9	
迷彩分散棕 JMGJ	5.1	8.8		
迷彩分散黄 JMHJ		46		
迷彩分散嫩黄 JMHL	1.2	47	2.25	
迷彩分散棕			46	
迷彩分散黑 JMBL				32
迷彩分散黑 DF-01				70
防染盐 S	10	10	10	10
尿素	6	6	6	6
低黏度海藻酸钠	400	400	400	400

纯涤纶迷彩织物

②生产工艺流程：

☆短纤维纯涤纶织物：

翻布→缝头 →烧毛→退煮→ 定形 → 染底色 →印花 →焙烘(190～195℃,2min)→水洗→烘干→拉幅→验布→成品

☆纯涤纶长丝织物：

翻布→ 缝头→烧毛→退煮→ 定形 → 染底色→拉幅 →印花 →焙烘(190～195℃,2min) →水洗→烘干→柔软拉幅→验布→成品

☆纯涤纶针织物：

翻布→ 缝头→退煮→染底色 →定形→转移印花 →柔软拉幅→验布→成品

磁波，在大气烟雾中有较强的穿透力。但大气中的水分和 CO_2 对一定波长的红外线有吸收，因此物体反射或辐射的各波长的红外线并不是都能够在大气中传播，仅有几个波段能够通行，其中 700～1000nm 波段是红外线侦视仪的敏感波段，也就是说，红外侦视仪进行侦视，所捕捉目标物体反射或辐射的 700～1000nm 波段的射线能量。红外侦视仪有主动型和被动型之分，前者是指红外侦视仪自身能够发出红外线，并可收集被目标物体反射回来的部分红外线，而后者是指红外侦视仪自身没有发射红外线的能力，仅收集目标物体反射或辐射来的红外线。主动型红外侦视仪可以轻便地安装在轻武器上，缺点是容易被对方反红外探测器发现。

鉴于上述，防范红外侦视仪的侦视其办法是设法做到：在红外侦视仪的敏感波段 700～1000nm 范围内，使目标与背景的光谱反射特征相近，让目标与背景融为一体，让红外侦视仪难以辨析目标，从而达到隐蔽人员和装备的目的。

事实上，现在各国部队装备的迷彩作训服和遮障很多都同时具有在可见光和近红外波段的伪装能力。这种伪装织物是利用具有和红外特征反射的颜料印花或染色开发出的并简称为"红外线伪装织物"。由此可见红外线伪装织物也并非是变色织物。

欲使目标与背景融为一体，就得了解战场背景的红外反射特征，这是开发红外伪装织物的必要基础。

战场背景是自然环境，由于地理环境的复杂和背景颜色的多样性，很难用某一特定的红外反射光谱去表征它。目前，均采取自然环境中一些主要组成物质如树木、沙石、黄土、土壤、积雪、江湖、海洋进行红外光谱分析，并以此作为红外染料和红外的伪装织物的开发依据。

自然界中各种地物的红外反射光谱很复杂，即使是同一类景物也随地区、季节和土壤干湿程度的不同而改变，需要人们长期地对各种自然地物的红外光谱特性进行测定，才能为红外伪装的研究提供数据。自然界中的地物主要有绿（植物）、白（雪）、黄褐色（沙漠、岩石），加上小块红土地区、褐土地区、黑土地区及城市地区，约占陆地面积的98%，其中绿色是最主要的地物颜色。研究表明，绿色植物随着品种、生长茂盛程度、季节、地区等条件的不同，其反射光谱有较大差异，因此必须求取"平均"叶绿素反射光谱曲线，不同的叶绿素光谱曲线仅适用于个别地区，如温带或丛林地带。对于红外伪装，只模拟叶绿素反射光谱也是不完全的，还需要其他影响背景，如树干、枯叶和土壤等其他因素。

五种绿色树叶在可见光波段和近红外波段的反射光谱曲线，分别如图 5-26 (a) 和 (b) 所示。由图 (a) 可见，不同树叶的可见光反射光谱曲线有着相似的变化规律，在中心波长 $0.48\mu m$ 和 $0.67\mu m$ 的区域，反射率都非常低，这是树叶的叶绿素吸收带，在两个叶绿素吸收带之间，即 $0.54\mu m$ 附近出现一个反射峰，这个反射峰正好是人肉眼看见的绿叶。其中 1 为松树叶（属常青针叶林）；2 为杨树叶；3 为晚秋季节树叶（颜色发黄，反射率在 11%～

35%之间）；4为灌木丛类树叶（叶厚，不透光，颜色偏深，水分含量较大，反射率平均只有5%左右）；5为梧桐叶。树叶1、2和5的反射光谱曲线比较接近；树叶4的反射光谱曲线基本没有变化，平均只有5%左右；树叶3的反射光谱曲线变化大，在10%～35%之间。由此可知，不同树叶对可见光的反射、吸收能力是不一样的，这与树叶的内部结构和表面状况等因素有关，同时还发现树叶背面的反射率一般要大于正面反射率。由图（b）可见，不用绿色树叶有着相似的近红外光谱反射变化规律。在$0.67～0.78\mu m$波段，反射率迅速增加，光谱曲线都重合在一起，形成近红外反射率，这里的A区称为反射红移区；从$0.78\mu m$至$1.3\mu m$区间，反射击率变化很小，基本上呈一平台形状，其中树叶1的反射率在45%左右，而树叶5的反射率却高达85%以上，这里的B区称为反射亮度区。在波长$1.3um$的近红外区，即在$1.4\mu m$和$1.9\mu m$附近存在水分吸收带，分别对应于水分子中OH链伸展与HOH键弯曲。树枝的反射光谱则与树叶的反射光谱有着本质的区别。

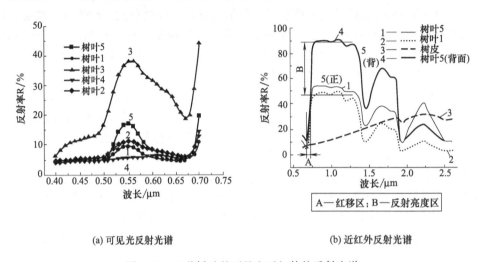

(a) 可见光反射光谱　　　　　　　　　(b) 近红外反射光谱

图 5-26　五种树叶的可见和近红外的反射光谱

植被（黄绿色树叶、银杉树叶）与干沙和土壤的近红外反射光谱（near infrared reglectance apectrcsocpy，NIRS）如图5-27所示，

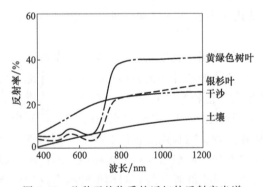

图 5-27　几种天然物质的近红外反射率光谱

谱图表明，在近红外波段，植披的红外线反射率：绿叶为45%左右，黄绿叶为40%，银杉叶为22%左右；其他背景的红外线反射率：干沙为20%～23%；土壤为15%左右。

研究表明，织物的近红外伪装性能与染料结构有很大关系。不同种类的织物需用不同类的染料染色，同一种类织物可以采用不同结构的染料染出不同的色泽。染料不同，织物结构不同，织物的近红外伪装性能有很大差异。

施加于纺织品上的染料、涂料，不仅要在可见光范围，人与背景相似，更要求在红外区能够与背景相融合。因此，迷彩伪装的技术关键就在于筛选、合成具有防红外侦视性能的伪装染料。随着各国对红外伪装涂料的研究的不断深入，防红外伪装涂料按其作用机理可有以下六种类型。

（1）隔热型

① 物体包括目标物，当其温度高于环境温度时，它就会向环境辐射出红外线。

② 隔热型涂料中加入热导率极小的材料，在目标物处涂敷一层或数层后，形成良好的隔热层，可阻止物体内部热能无法传至外部，以达到防其向外环境辐射红外线的效能。

（2）吸收型

① 涂层中加入能吸收电磁波的添加剂，控制其热吸收能力，促使目标物呈现出变形、失真的热辐射图案，从而达到伪装的目的。

② 日本开发出一种红外吸收涂层（其主要成分是 Cu、Pb、Fe、或 Ni 的硫化物），经纤维吸收后形成的涂层厚度为 0.5mm，对红外线的最大吸收率可达 63.5%。欧洲研究出一种导电涂料（其主要成分是氮、氧或硫的均相五元杂环预聚体）可以吸收红外线，使红外制导导弹迷盲。

（3）反射型

① 反射型涂料设计成对红外能具有很高反射作用的涂层，当目标物内部热红外能辐射到该涂层时，它能全部将其再反射回目标物内，无法通过该涂层辐射到外环境，从而具有隐身的效果

② 据报道，美国设计出一种在 $2\sim15\mu m$ 红外高反射率涂料（由一种特殊的有机硅醇酸树脂和特殊的颜料填料组成），它能降低车体表面温度，有效阻止车体红外辐射，还能防红外检测，并具有视觉伪装作用。

（4）发射率控制型

① 在有机化合物的分子结构中，含有大量的 N—C、N—O、C—O、C—H 键。这些键在热红外区的运动，会使大多数聚合物热红外发射率偏高。

② 添加半导体材料、导电材料或各种颜料，目的是降低涂料的发射率，使其成为热红外透明的材料，不与热红外发生各种吸收和反射作用的材料。它将成为研究、开发新伪装涂料的方向。

（5）波谱转移型　波谱转移型涂料，是一种设想能吸收接近全谱的热红外，而只在热红外大气窗口❶以外的波段（如 $2\sim3\mu m$、$5\sim8\mu m$、$>14\mu m$）范围将吸收的能量释放出来的一种聚合材料。如能如此，用这种涂料对目标物进行伪装，热红外侦视仪就无法探划，从而达到隐身的目的。

（6）太阳能发射型　太阳能发射型涂料，主要考虑了太阳能的反射性能，以减少涂层以及被伪装的目标因吸收太阳能而引起的热堆积。

在频谱的红外波段，吸收比散射严重得多。图 5-28 示出了在海平面上 18300m 的水平路程所测得的光谱透过率曲线。图的下部表示了水蒸气、二氧化碳和臭氧分子所造成的各个吸收带。曲线给出了几个称作"大气窗口"的高透过率区域，它们被中间的高吸收率的区域所隔开。

根据上述不同涂料的反应机理，一般提出理想的防中红外（MIR）、远红外（FIR）的伪装涂料应具备以下性能。

---

❶　这里对"热红外大气窗口"略作说明：大多数红外系统必须通过地球大气才能观察到目标。从目标来说辐射通量在到达红外传感器之前，受到大气中某些气体的选择性吸收，大气中悬浮的微粒使光线散射，同时还要经受大气某些特性剧烈变化的调剂。辐射通过大气而减弱的整个过程称为衰减，通过大气的透过率可以表达为 $\tau = e^{-\sigma x}$。式中 σ 称为衰减系数，x 为路程长度。在大多数情况下，衰减由几种因素造成，因此 $\sigma = \alpha + \gamma$。这里 α 是吸收系数，起因于大气中气体分子的吸收；γ 是散射系数，起因于气体分子、烟和雾的散射。可想而知，α 和 γ 二者均随波长而变化。

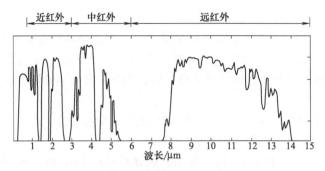

图 5-28　海平面上 18300m 水平路程（有 17mm 可降水分）的透过率

（资料引自《红外系统原理》P. 67～68）

① 具有满意的热红外发射率或较强的温控能力——对于类似飞行器这样的热目标，涂料的热红外发射率应尽可能低；对于无明显热源的其他目标，涂料的热红外发射率达到 0.5～0.6。

② 防中远红外伪装涂料在可见光和近红外（NIR）范围内吸收率低——在大气中 96％的太阳能通过 0.2～2.5μm 波长传输，能量分布为紫外线 5％、可见光 45％、近红外 50％。因此涂料对太阳能的吸收率应低，否则会吸收上述辐射而引起目标热堆积，容易使目标被热侦察设备探测出来。

③ 具有对热辐射进行漫反射的表面结构——热侦察探测到的目标热辐射，包括目标反射的环境热能。目标表面漫反射的能量分量越高时，显然被热侦察仪器探测到的目标辐射能量就越少，测得的目标的信号就越弱。

④ 能够用其他波段的伪装兼容——一般是指与紫外线、可见光、近红外线和雷达波伪装相互兼容。

国外对于近红外染料的研究已有七八十多年的历史，20 世纪 50～60 年代美国首先报道了用于军事伪装的还有染料 Veranther Khaki F3G。国内相关研究也很早开始，20 世纪 60 年代初发展了航空遥感近红外感光胶片，80 年代中期上海光机所、长春光机学院科研院所完成了新型的红外和近红外激光染料，90 年代研制出新型的醌型近红外吸收染料。目前大量近红外吸收有机化合物不断涌现。能引起因电子激光而生产近红外吸收的生色基团大致分为两类：无环的近红外生色基团（如双硫烯配体）和有共轭环的近红外生色基团（如卟啉、酞菁、方酸菁等）。常见的近红外吸收染料主要有菁类染料、酞菁类染料、金属络合染料、醌型染料、偶氮染料、游离基型染料、芳甲烷型染料和花类染料等。

目前用于近红外侦察的器材主要有红外夜视仪、微光夜视仪和照相侦察等，它们的工作波段一般都在 760～1500nm。在绿色背景中发现目标的依据是利用绿色植被与人体着装在近红放区反射辐射强度差别（温度差别）来识别目标的。目标与背景的红外辐射差别，除了主要由于两者因温度差别引起之外，同时由于各种物体的材料不同，表面粗糙程度不同，也会引起。因此，实现人体 800～1400nm 波段热红外伪装有三种方法：

① 设法减小人体着装表面温度，降低向外辐射的能量；

② 改变人体红外辐射频率，使其产生最大辐射强度的波长离红外探测系统最敏感的工作区间。

③ 降低人体着装的发射率（黑度或辐射系数），使其具有较低的辐射能力。

其中比较可行的方法是寻找可以降低人体辐射散热的方法，使人体表面温度接近环境温度。方法之一是增加人体表面积：如在衣服上悬挂许多条形散热材料，加速散热降低人体表面温度；方法之二是选用发射率低的材料，来改变人体的辐射特征，使热成像仪产生错觉。严格来讲，红外伪装织物，不仅要具有防中远红外探测的能力，而且要具备防紫外线伪装、近红外伪装的要求，这样才能最大限度地降低人体与背景之间的特征对比度，以保证人体融混于背景之中，达到伪装的目的。

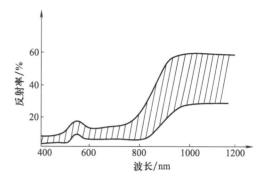

图 5-29　伪装涂料与标准叶绿素红外
反射曲线的最大允许偏差

根据背景光谱反射率曲线（图 5-25）来设计防红外织物的伪装功能，通过图案和色彩的搭配，尽量地使目标与周围环境的红外线反射曲线很相近，这就是红外染料筛选、合成的基本要求。考虑到模拟与实景之间的必然差别，军事部门对反射率的曲线的允许偏差有专门的规定。伪装涂料与标准叶绿素红外反射曲线的最大偏差，见图 5-29 所示。具体的红外辐射率曲线应位于阴影区域之内。

由图 5-30（a）、（b）可以看出几种典型的伪装颜色，（b）与对应的自然背景的红外反射率已经很接近，用于加工红外线伪装织物的颜料有染料和涂料。

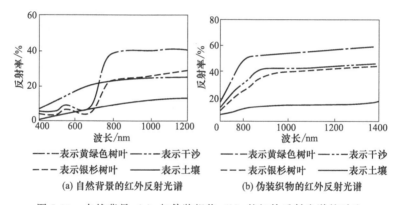

　　——·— 表示黄绿色树叶　　—— 表示干沙　　　　　　——·— 表示黄绿色树叶　　—— 表示干沙
　　——— 表示银杉树叶　　—— 表示土壤　　　　　　——— 表示银杉树叶　　—— 表示土壤
　　　　　（a）自然背景的红外反射光谱　　　　　　　　　　（b）伪装织物的红外反射光谱

图 5-30　自然背景（a）与伪装织物（b）的红外反射光谱的对比

红外伪装织物的染整工艺方法有染色法、印花法和涂层法，工艺技术与普通织物的加工原理相同，重要的是选择满足伪装要求的涂料与染料。

（1）红外伪装涂料

它是使用比较普通的材料，它在服装、炮衣、掩体的涂层中都有应用。红外伪装涂料由胶黏剂、填料、颜料组成。胶黏剂的作用是使填料、颜料很好地与纤维结合；填料的作用是改善涂料的手感和其他性能；颜料是用来调节可见光下的迷彩效果和拟合环境的红外谱图。

（2）红外伪装染料

它可用于织物染色和印花，这些染料不但要满足对红外线吸收与反射的要求，还要经得起恶劣环境的考验。

军用伪装用的还原染料须经过严格筛选和特别合成。棉织物用某些还原染料红外伪装颜色的併色处方见表 5-14。

我国纺织专家张建春、张辉等人，针对人体的红外伪装进行了深入系统的研究，在近红外迷彩伪装方面，以绿色树叶为模拟对象，分别使用分散、还原染料对涤、棉织物进行染色，研究了染料结构和近红外反射光谱之间的关系。在热红外伪装方面，采用化学镀技术制

表 5-14 某些还原染料红外伪装颜色的併色处方

（资料引自《智能纺织品设计与应用》P.87，表 4-9）

颜色	染 料 名 称
浅棕	C. I. 还原棕 6(Cibanone Brown F3B) C. I. 还原棕 1(Cibanone Brown F3R) C. I. 还原橙 15(Cibanone Golden Orange F3G)
深棕	C. I. 还原棕 35(Cibanone Yellow Brown FG) C. I. 还原黑 27(Cibanone Olive F2R) C. I. 还原红 24(Cibanone Red F4B)
浅绿	C. I. 还原绿 28(Cibanone Green F6G) C. I. 还原黑 27(Cibanone Olive F2R) C. I. 还原橙 15(Cibanone Golden Orange F3G)
深绿	C. I. 还原绿 28(Cibanone Green F6G) C. I. 还原黑 27(Cibanone Olive F2R)
灰	C. I. 还原黑 30(Cibanone Grey F2GR) C. I. 还原棕 35 或 C. I. 还原橙 15 C. I. 还原黑 27(Cibanone Olive F2R)

备了低发射率金属化织物，以及表面金属化空心微珠涂层织物，使用红外热成像仪对热红外伪装效果进行了测定，并对纺织材料红外反射特性进行了研究。建立了伪装纺织品设计制作的系统理论，在推动和研发我国特色的伪装纺织品方面发挥了重大的指导作用。

现代的野战服与第二次世界大战期间的相比，已有了很大的改观，野战服的基本职能是适应战时的特殊功能外，外观上还必须具备"隐蔽"能力。基于以上要求各国陆军的野战服目前均采用迷彩军服。迷彩服有助于打破人体和装备的特定外形轮廓，在极大程度上达到了伪装隐蔽的目的。20 世纪 60 年代以后，迷彩服采用合成化学纤维制成，不仅在可见光下具有很好的隐身性，而且由于在染料中掺进了特殊的化学物质，其红外线反射能力与所处环境、周围的景物几乎相似，因而具有了一定的防红外线侦察效果。现在世界通用的迷彩服已从初期的"四色"发展成"六色"。同时现代的迷彩服还可根据各种需要，从上述基本色彩变化出各种图案。

4. 变色迷彩伪装织物

目前，军事上装备的迷彩伪装服，是根据背景的不同呈现系列化的设计。穿着特定型式的迷彩服，可以在特定的环境背景下士兵与自然背景浑如一体，使可见光侦视仪和红外夜视仪都难以辨别目标，达到伪装的目的。

但是，自然环境是多变的，战场也会随着地域的变更、季节的变化，气候的变化而改变它的背景组成，这样一来，特定形式的迷彩服在多变的背景下就会失去伪装功能。究其原因，在于目前的迷彩作训服没有随自然环境变化而自动地改变颜色的功能，因此使用上有一定的局限性。

随着仿生学（Bionics）和仿生技术的发展，纺织领域中仿生技术的应用也逐渐增多。从对自然界生物的结构、形态和功能的研究中得到启发，研制模拟生物现象的仿生纺织品已取得很大发展。变色龙表面有个储藏着黄、绿、蓝、黑等多种色表细胞的"多彩仓库"，一旦周围的光线、湿度等发生了变化，变色龙的体色就会随之发生变化，在沙漠戈壁呈现黄褐色，到春夏季又变成绿色。根据变色的原理，人们开发了受热、光、湿、压力、电子射线作用时产生显色或变色的纤维，已有用光敏变色纤维制成能自动改变颜色并能与环境保持一致颜色的被称为"变色龙"的伪装迷彩服，它是一种能随环境变化而自动改变颜色的智能迷彩服，对于军用制服来说，无疑是一种理想的伪装材料。

变色迷彩伪装织物目前处于研发阶段。以美国为首的一些国家在这方面有许多尝试和探索，提出了不同的研究思路：

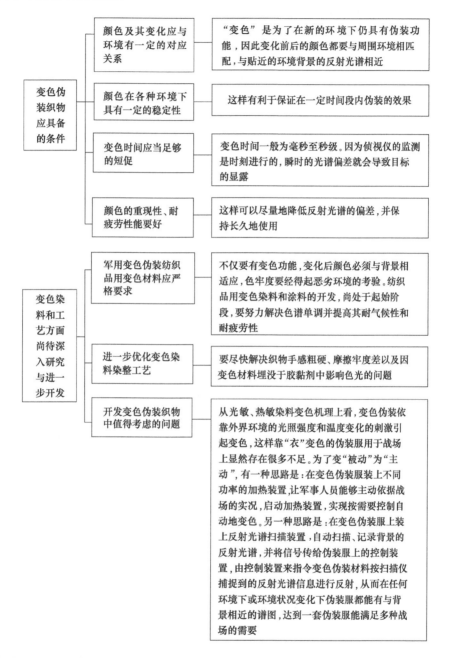

伪装纺织品的研究，已从普通迷彩伪装纺织品，红外光迷彩伪装纺织品，发展到变色迷彩伪装纺织品开发与应用，我们能借鉴隐身材料的研究获得的启发，去研究开发隐身纺织品，这将是纺织科技工作者值得探讨的课题！

本章内容可总结如下：

（1）变色材料在军事上的重要作用，不仅表现在变色伪装织物上的应用，还表现在隐形机场跑道上。机场所有设施采用特殊的变色涂料和染料，让全跑道可随气候变化而自动变化。

（2）变色材料在民用纺织品上的研发与应用，具有广阔的前景，会带来社会效益和经济效益的双赢。变色纺织品在时装、装饰方面的应用，引人注目，满足了消费者对时装、装饰化的不断增长的求新创新的需求，获得了物质生活和精神生活的日益提升。变色家纺产品，在性能、色谱、质量方面有了更大的改善和提高，让人们的家居生活更加"多彩"。变色的油漆、涂料、浴缸、玻璃幕墙、墙砖等等也使人们仿佛步入一个崭新的意境。

（3）21世纪是信息时代，高性能的光致变色材料是以光子方式记录信息，响应时间能达纳秒级，是信息存储量大、响应时间快的极具潜力的存储材料，可以满足当代信息大量存储、高速传输的要求。一旦实用化，将能实现人们所期待的高速传输、大容量存储信息的特性。变色材料在温度检测和安全警示诸方面也大有用武之地。将变色材料加入到需要知道其温度但又不便测量的用品中，通过颜色变化即可判断温度值，如将变色奶瓶制成20℃、33℃、45℃、60℃四档温度四种颜色，即可依据奶瓶的颜色判断饮料或食品需要加热还是应予冷却。

（4）近年来，随着科学技术的发展，各种探测手段已经越来越先进。例，用雷达发射电磁波可以探测飞机；利用红外线探测器可以发现发射红外线的物体等。当前，世界各国为了适应现代战争的需要，提高在军事对抗中竞争的实力，也将隐身技术作为一个重要研究对象，其中隐身材料在隐身技术中占了重要的地位。例如在战斗机机身表面上包覆红外与微波隐身材料，就具有优异的宽频带微波吸收能力，可以逃避雷达的监视。有的在飞机表面蒙上含有多种超微子的隐身材料，能对不同波段的电磁波有强烈的吸收能力。超微粒子，特别是纳米材料子对红外和电磁波有隐身作用，其主要原因是：①由于纳米微粒尺寸远小于红外及雷达波长，因此纳米微粒材料对这种波的透过率比常规材料要强得多，这就从减小波的反射率，使得红外探测器和雷达接收到的反射信号变得很微弱，从而达到隐身的作用。②纳米微粒的表面积比常规粗分大3~4个数量级，对红外光和电磁波的吸收率也比常规材料大得多，这就使得红外探测器及雷达得到的反射信号强度大大降低，因此很难发现被探测目标，起到了隐身作用。有几种纳米材料很可能在隐身材料上发挥作用，例如纳米氧化铝、氧化钛、氧化硅和氧化钛的复合粉体与高分子纤维结合，对中红外波段有很强的吸收性能，这种复合体对这个波段探测器有很好的屏蔽作用。纳米磁性材料，特别是类似铁氧体的纳米磁性材料放入涂料中，既有优良吸波特性，又有良好的吸收和耗散红外线的性能，加之密度小，在隐身方面的应用上有明显的优势。纳米级的硼化物、碳化物，包括纳米纤维及纳米碳管在隐身材料方面的应用也将有作为。

（5）郝新敏博士长期从事新型纺材、印染技术和防护服装研究，先后参与主持了军用防护材料、核生化防护服、防静电工作服、适用"非典"防护服等多项研究，其产品已广泛应用于有关领域。最近与杨元同志编著出版《功能纺织材料和防护服装》一书。书中对隐身防护材料、多频谱迷彩伪装材料及在防护服装上的应用，从理论和技术方面作了比较系统分析和阐述，颇具开拓性和启迪性，提供了具有参考价值的信息和资料，有利于促进我国防护材料及其防护服装的进一步的发展。

参 考 文 献

[1] 顾振亚，陈莉等编著．智能纺织品设计与应用［M］．北京：化学工业出版社，2006：59-89.
[2] 徐行，潘忠诚编．颜色测量在纺织工业中的应用［M］．北京：纺织工业出版社，1988：1-31.
[3] 谢希文，过梅丽编著．材料科学基础［M］．北京：北京航空航天大学出版社，2005，300-309.
[4] 马建标主编．功能高分子材料［M］．北京：化学工业出版社，2010：232-272.
[5] 何瑾馨编．染料化学［M］．北京：中国纺织出版社，2004：40-43.

[6] 李成琴，黄晓东主编. 纺织有机化学［M］. 上海：东华大学出版社，2008：287-291.

[7] 高洁，王香梅，李青山编著. 功能纤维与智能材料［M］. 北京：中国纺织出版社，2004：80-81.

[8] 颜肖慈，罗明道主编. 界面化学［M］. 北京：化学工业出版社，2005：220-221，222-225，226-229.

[9] 朱平主编. 功能纤维及功能纺织品［M］. 北京：中国纺织出版社，2006：250-251.

[10] 刘杰. 螺吡喃变色微观机制和磁性纳米金的研究.［学位论文］. 武汉：武汉大学，2002.

[11] 姜月顺，李铁津等编. 光化学［M］. 北京：化学工业出版社，2005：67-71，71-73.

[12] Irie M.，MohriM. Jorg Chem，1988，53：803

[13] Irie M, Fukaminate, Sasaki T, et al. Nature, 2002：420, 759.

[14] 姚康德，成同祥主编. 智能材料［M］. 北京：化学工业出版社，2002：164-165.

[15] 郭卫红，汪济奎编著. 现代功能材料及其应用［M］. 北京：化学工业出版社，2002：124-136.

[16] 戴坚舟，阴其俊，钱水兔，陈早生编著. 大学物理［M］，上海：华东理工大学出版社，2003：257-259，47-53.

[17] 朱荣华主编. 基础物理学第三卷技术专题选［M］. 北京：高等教育出版社，2001：101-105.

[18] 胡增福，陈国荣，杜永娟编著. 材料表界面［M］. 上海：华东理工大学出版社，2007：126-134.

[19] TurroN J. Modern molecular photochemistry［M］. Banjamin/Cummings publishing Co，Tnc，1978，153

[20] Bernandi F. Olivueci M. Robb MA. Isracl J，Chem. 1993，33：265.

[21] Aral T，Tokumaru K. Chem Rev，1993，93：23-39.

[22] Kawata S，Kawata Y. Chem Rev，2000，100：1716-1739.

[23] NaKanyama K，MordzinshiA，IrieM. J Bull Chem soc Jpn，1991，64：789.

[24] Tamai N，Miyacake H. Chem Rev，2000，44：176.

[25] Masahino Irei，Dawan K. Photoresponsive Plymers：reversitle Photostiomulated dilation of polyacrylamide gels having Wiphenylem-ethanl leuco desioative. Macromolecutes，1986（19）：2476-2480.

[26] 王聪敏等. 有机光致变色材料的最新成就与机遇［J］. 有机化学，2001，21（11）.

[27] 杨松杰，田禾. 有机光致变色材料最新研究［J］. 化工进展，2003（4）：497-499.

[28] 王旭车，徐伟箭. 可逆变色材料的应用新进展［J］. 化工进展，2000（3）：42-44.

[29] 帝人公司. 光致变色复合纤维［J］，1992，4-2-2811.

[30] 孟令杰. 偶氮染料光致异构过程研究［J］. 光电子·激光，2004，15（4）：6-7.

[31] 于联合等. 俘精酸酐的合成，光敏变色机理及应用研究［J］. 感光科学与光化学，1955（1）：13.

[32] 张桂云，曹克广. 感温变色染料的研究［J］. 精细石油化工，1994（4）：51-52.

[33] 三井公司. 热敏可逆变色纤维［J］. 62-286082，1987.

[34] 杜江燕等. 可逆热变色复配物热变色性及机理的探讨［J］. 染料工业，1999，6（4）：1-4.

[35] 王雪良译. 热变色材料在纤维中的应用［J］. 印染译丛，1994（8）：87-88.

[36] 吴坚主编，李淳副主编. 纺织品功能设计［M］. 北京：中国纺织出版社，2007：1-6.

[37] 曾汉民主编. 功能纤维［M］. 北京：化学工业出版社，2005：520-525.

[38] 杨大智主编，智能材料与智能系统［M］. 天津：天津大学出版社，2000：104-141.

[39] 何瑾馨编. 染料化学［M］. 北京：中国纺织出版社，2004：40-48.

[40] 张建春编. 迷彩伪装技术［M］. 北京：中国纺织出版社，2002.

[41] 蒋佑祥. 可见光隐身技术发展的现状及趋势［J］. 舰船光学，2003，39（4）：4-6.

[42] 金伟，路远，同武勤等. 可见光隐身技术的现状与研究动态［J］. 飞航导弹，2007（8）：12-15.

[43] 韩景平，隐身技术［J］. 中国涂料，2000（3）：37-39.

[44] 蓝海啸，姚海伟，耿亮. 仿生技术在迷彩伪装服中的应用［J］. 河北纺织，2006（2）：29-31.

[45] 穆武第，程海峰，唐耿平等. 热红外隐身伪装技术和材料的现状与发展［J］. 材料导报，2007，21（1）：114-117.

[46] 张辉，王雪燕，张建春. 分散染料染色涤纶的近红外伪装性能研究［J］. 印染，2005（22）：8-11.

[47] Fulghum，David. New Look at Stealth［J］. Aviation Week and Space Technology（New York），2003，159（15）：24.

[48] 徐立林编著. 红外技术与纺织材料［M］. 北京：化学工业出版社，2005：143-152.

[49] 崔海源，方文素. 画说世界军服［M］. 上海：上海书店出版社，2009：73-93.

[50] 郝新敏，杨元编著. 功能纺织材料［M］. 北京：中国纺织出版社，2010.

第六章
自洁纺织品

第一节　自清洁纺织品开发的思路、途径和方法

消费者一般要求服饰用织物具有良好的润湿、透气性能，服用舒适。但在某些场合（如医护人员用装、高档服装、户外装、运动装和休闲装等），使用者在要求织物有良好透气性的同时，还要求织物在一定的服用时间内有较好的防水性能；为减少洗涤次数，保持服用过程中的清洁，有些服饰还需具有一定的防油污性能，并易于清洗。由此在织物表面整理技术的基础上，开发了织物拒水、拒油及易去污整理（即所谓的三防整理）加工的技术。

随着纳米技术的兴起及其在纺织品加工整理工艺中应用研究的不断深入，在织物三防整理的基础上又开发了所谓的自清洁纺织品的加工工艺。纳米技术是 20 世纪 90 年代出现的一门新兴技术。它是在 0.10～100nm（即十亿分之一米）尺度的空间内，研究电子、原子和分子运动规律和特性的崭新技术。1993 年东京大学学者提出了将纳米 TiO_2 光催化剂应用于环境净化的建议，由此开始了纳米技术对有机污染物的光催化净化的研究。鉴于纳米材料独具的分解有机物的光催化降解作用，人们开始了将纳米技术应用于纺织品功能整理的开发研究，由此提出了自洁纺织品的概念。

对于纺织品而言，由于纱线与纱线之间存在的织隙，有着较大的表面及表面张力，易为水所润湿。对织物的防水整理（即反润湿整理），一般分为不透气的防水整理与透气的防水整理（亦称拒水整理）。不透气的防水整理是使用表面张力较低的防水薄膜覆盖其表面，阻隔了织物与水的接触面，以达到防水的效果。由于使用的防水剂在织物表面形成了一层连续致密的薄膜，经防水整理的织物虽然有着很好的防水效果，但织物的织隙被堵塞，透气性大为下降，穿着闷热，服用性能较差，只能作为帐篷等非服饰织物等使用。

织物的拒水整理加工，指的是在保持织物较高透气性的前提下，对织物进行表面整理，使得水滴在一定时间内不易渗透至织物反面，从而具有拒水的功能。可经多次洗涤的耐久性织物拒水整理目前常用的整理剂是带有可与纤维反应的活性基及较长疏水链的表面活性剂，活性基与纤维反应，可提高拒水整理的耐久性，而长疏水链则赋予织物较低的表面张力，从而得到拒水效果。

拒油整理的原理与织物拒水整理的原理相同，只是油污的表面张力比水更低，要求经整理后的织物具有更低的表面张力，才能达到拒油的目的。一般用于拒油整理的整理剂是碳氟烷烃。

纳米材料具有巨大的表面积，是一种催化活性高、氧化能力强的无机纳米材料，在紫外线照射下，具有分解有机物的能力，有良好的抗菌和自清洁性能。因此，将纳米材料施予织物上，可以赋予织物在一定时间的光照下分解有机污染物的整理效果。

第二节　纺织品三防整理

一、织物表面张力与润湿性能

任何界面均存在着界面张力，固、液与气体形成的界面张力称为表面张力（或称表面自由能）。液体与固体的接触，按其接触角的大小，一般可认为存在三种情况：不润湿、润湿与铺展。

用 Young 氏方程可对液体与固体的接触进行描述，当固体表面的液滴达到平衡时各相关表面张力与接触角之间的函数关系为：$\cos\theta = (\gamma_{SV} - \gamma_{SL})/\gamma_{LV}$。式中，$\gamma_{SV}$ 为固体表面在饱和蒸气下的表面张力，γ_{LV} 为液体在它自身饱和蒸气压下的表面张力；γ_{SL} 为固液间的界面张力；θ 为气、固、液三相平衡时的接触角。一般人们认为当 θ 角越大，固体的润湿性越差。当液体在固体表面铺展时，接触角 θ 接近 $0°$。

为判断液体与固体的接触状态，Fox 与 Zisman 提出了临界表面张力（γ_c）的概念。$\gamma_c = \lim\limits_{\theta \to 0}\gamma_{LV}\cos\theta$，当液体的表面张力 $\gamma_{LV} > \gamma_c$ 时，此液体无法在固体表面铺展，只有当 $\gamma_{LV} \leqslant \gamma_c$ 时，液体才能在固体表面铺展。

纺织品的表面比一般固体表面要复杂，是一种多孔性表面。对于多孔性表面的固体，可视为是连通的毛细管，液体在毛细管内受到的附加压力可由下式求得：

$$\Delta p = \frac{2\gamma\cos\theta}{r}$$

式中，Δp 为附加压力；γ 为液体表面张力；r 为毛细管半径；θ 为液体与毛细管壁的接触角。

由上式，如果接触角 $\theta \leqslant 90°$，则有 $\Delta p \geqslant 0$，此时纤维间毛细管中的液面为凹液面，凹液面的表面张力合力生产的附加压力 Δp 指向气相，与液体渗透方向同向，有拉动液体渗透的作用，液体沿毛细管壁上升，最终充满整个毛细管，织物被润湿；如果接触角 $\theta \geqslant 90°$，则有 $\Delta p \leqslant 0$，此时纤维间毛细管中的液面为凸液面，凸液面的表面张力合力生产的附加压力 Δp 指向液相，与液体渗透方向相反，阻止了液体的渗透，织物具有拒水作用。

亲水性纤维织成的织物，表面与水的接触角较小，水易在毛细管壁内铺展，从而沿毛细管壁上升，最终润湿织物；疏水性纤维织成的织物，表面与水的接触角较大，水不易铺展毛细管壁，织物不易被润湿。可见织物的拒水实际上是伴随着毛细现象的孔性固体表面的反渗透，对织物表面进行疏水整理，降低织物的临界表面张力 γ_c，当 γ_c 小于水的表面张力（纯水的表面张力为 $72\text{mN} \cdot \text{m}^{-1}$），织物将具有拒水的效果。

接触角对织物拒水性能的影响可由图 6-1 表示。

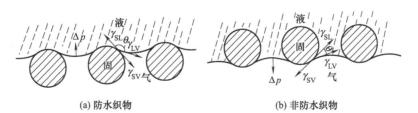

(a) 防水织物　　　　　　　　　　(b) 非防水织物

图 6-1　接触角对织物拒水性能的影响

经拒水整理的织物，水不易沿毛细管上升，但整理后仍然保留了多孔性的结构，因此织物仍具有良好的透气性。如图 6-1 所示，经拒水整理后的织物，因为有孔存在，故而有拒水的作用，但不能说不透水，当施以足够的静压，水仍然能够通过。

拒油整理的原理与拒水整理极为相似，都是通过改变纤维的表面性质，降低临界表面张力，以达到拒油的目的，只是油的表面张力比水更低，所以经拒油整理后的织物将具有更低的临界表面张力。

另外，拒水、拒油整理剂在织物表面的排列对织物拒水、拒油效果亦有很大的影响。整理剂排列规则，分子中疏水部分指向空气，织物的拒水、拒油效果好。如果整理剂分子弯曲、倒伏在织物表面，拒水基团不在外面，拒水、拒油效果较差。因此织物的拒水、拒油整理剂的浓度应适当高一些。

二、织物拒水、拒油整理

如前所述，织物的拒水、拒油整理的实质是降低织物的表面张力提高织物的疏水性的一种反渗透整理。纤维素纤维的临界表面张力大于水的表面张力（$72mN \cdot m^{-1}$），而一些聚合物的临界表面张力均小于水的表面张力，水无法在其表面铺展。

表 6-1　一些聚合物的临界表面张力

聚　合　物	$\gamma_c/(mN \cdot m^{-1})$	聚　合　物	$\gamma_c/(mN \cdot m^{-1})$
聚乙烯	31	聚四氟乙烯	18
聚丙烯	32	聚乙烯醇	37
聚氯乙烯	39	聚甲基丙烯酸乙酯	31.5
聚氟乙烯	28	聚氧乙烯醚	43

由表 6-1 可见，碳氢聚合物中的氢原子若为氟原子取代，γ_c 将大幅度下降。所以用聚合物对织物进行表面整理，将可取得有效的拒水、拒油效果。现将常用的拒水、拒油整理剂简述如下。

三、织物拒水整理剂

织物拒水整理剂按其整理效果的耐久性，可分为暂时性（非耐久性）拒水整理剂与耐久性拒水整理剂。

1. 暂时性拒水整理剂

（1）石蜡-金属盐类整理剂

主要有石蜡-铝制剂和石蜡-锆制剂。此类拒水剂的效果较差，不耐洗涤，但生产简单，价格低廉，应用方便。此类整理剂主要利用石蜡乳胶与金属盐的水分散液浸轧织物，经烘干和热处理后生成金属盐氧化物或氢氧化物与石蜡混合物沉积于织物上，赋予织物以拒水的效果。

$$3C_{17}H_{35}COONa + (CH_3COO)_3Al \longrightarrow (C_{17}H_{35}COO)_3Al + 3CH_3COONa$$

此外，铜皂亦可作为拒水剂使用，使用铜皂作为拒水整理剂，在赋予织物拒水效果的同时，还兼具杀菌的作用，可使织物免于腐烂变质。

（2）高分子树脂类拒水整理剂

主要是由 C_{11} 以上的烷基酚类制成溶液，织物浸渍干燥，再用甲醛和乙二醛处理后焙烘。

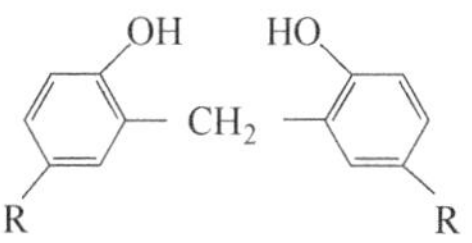

此类整理剂的特点是能够沉积在织物上，赋予织物较高的拒水性，但酸性条件下整理，易使纤维素纤维发生脆损，容易使染织物发生色变，多次洗涤后，拒水作用逐渐丧失。

2. 耐久性拒水整理剂

为提高织物拒水整理的耐久性，发展了具有反应性的拒水整理剂，此类整理剂一般带有可与纤维反应的活性基及较长疏水链，活性基与纤维反应，可提高拒水整理的耐久性，而长疏水链则赋予织物较低的表面张力。

（1）脂肪酸铬（铝）络合物类防水剂

主要是硬脂酸与铬（铝）的络合物，可适用于棉、黏胶、羊毛、聚酰胺纤维及其混纺织物的拒水整理，如拒水剂 CR、AC 等。

CR 结构：   AC 结构：

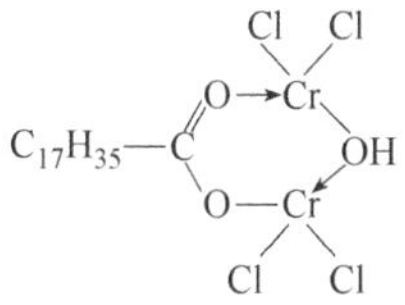

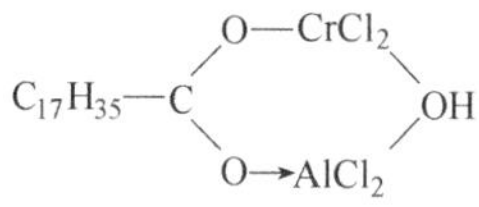

在适当的 pH 值及温度下，络合物水解并进一步聚合形成－Cr－O－Cr－链，在溶液中被纤维吸附，加热时缩合形成网状结构，同时也能与纤维分子上的羟基发生脱水反应，获得优良的拒水效果与耐洗性。

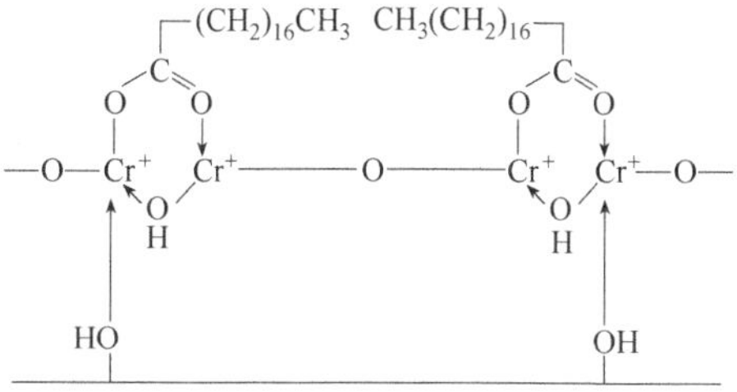

纤维素分子

（2）季铵化合物类防水剂

由脂肪醇或脂肪酰胺与甲醛、盐酸及吡啶反应而得，以脂肪酰胺为原料生成：

$$R-CONH_2+FCHO+HCl \longrightarrow RCONHCH_2Cl+H_2O$$

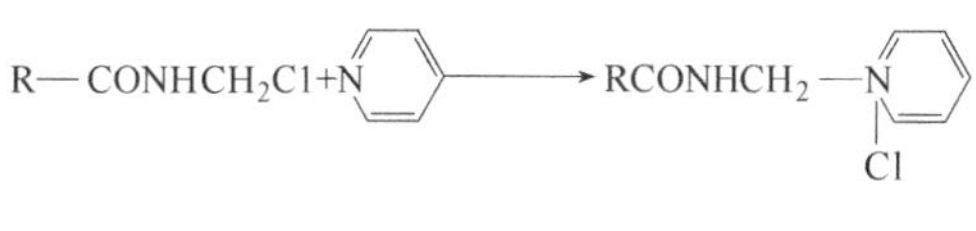

以脂肪醇为原料则生成：

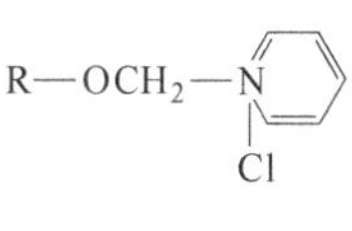

R 为 $C_{17}H_{35}$ 或 $C_{16}H_{33}$。

此类结构的防水剂国内统称拒水剂 PF，主要用于棉、黏胶、麻等织物的拒水整理。因制造原料的不同，此类拒水剂有三种形式的反应基团（见表 6-2）。

表 6-2　拒水剂 PF 的特征基团

制造原料和方法	拒水性基团	反应基团	水溶性基团
用酰胺缩合制成	$C_{17}H_{35}\!-\!\overset{\displaystyle O}{\overset{\|}{C}}\!-$	$-\overset{\displaystyle CH_3}{\overset{\|}{N}}CH_2-$	$-\overset{+}{N}C_5H_5\cdot Cl^-$
	$C_{17}H_{35}\!-\!\overset{\displaystyle O}{\overset{\|}{C}}\!-$	$-NH-CH_2-$	$-\overset{+}{N}C_5H_5\cdot Cl^-$
用氨基甲酸酯缩合制成	$C_{17}H_{35}\!-\!O\!-\!\overset{\displaystyle O}{\overset{\|}{C}}\!-$	$-NH-CH_2-$	$-\overset{+}{N}C_5H_5\cdot Cl^-$

季铵化合物类拒水剂经高温处理后，一部分与纤维分子上的羟基发生脱水反应，另一部分转变成具有高度疏水性的双硬脂酸甲烷，包覆于纤维表面，使织物具有耐久的拒水性。

（3）树脂衍生物类防水剂

纤维素纤维免烫整理中使用的 N-羟甲基整理剂的结构中引入硬脂酸，依靠 N-羟甲基与纤维的交联反应及硬脂酸的疏水性，此类 N-羟甲基整理剂的衍生物不但有着优良的拒水性能，而且有着极佳的耐洗性，主要用于棉及涤棉风雨衣、室外旅游休闲装的拒水整理。其代表性的产品有：N-羟甲基十八酰胺、羟甲基三聚氰胺硬脂酸衍生物（如防水剂 703）。

（4）有机硅防水剂

有机硅化合物具有很好的拒水作用，能使织物具有拒水效果而不影响织物的透气性能，且可提高织物的撕裂强度，改善织物的手感。

有机硅拒水剂一般含有氢硅油、羟基硅油等以一定比例相配，在 150～160℃、催化剂存在的条件下，经氧化、交联后于纤维表面形成具有三维结构的网状弹性拒水薄膜，起到拒水的作用。常用的有机硅拒水剂的类型有：

甲基含氢聚硅氧烷（HMPS）：由甲基含氢二氯硅烷聚合而成：

$$(CH_3)_3SiO\!-\!\!\left[\overset{\displaystyle CH_3}{\underset{\displaystyle CH_3}{\overset{\|}{\underset{\|}{Si}}}}\!-\!O\right]_{\!x}\!\!\left[\overset{\displaystyle CH_3}{\underset{\displaystyle CH_3}{\overset{\|}{\underset{\|}{Si}}}}\!-\!O\right]_{\!y}\!\!Si(CH_3)_3$$

部分含氢型

$$(CH_3)_3SiO\!-\!\!\left[\overset{\displaystyle CH_3}{\underset{\displaystyle H}{\overset{\|}{\underset{\|}{Si}}}}\!-\!O\right]_{\!n}\!\!Si(CH_3)_3$$

全氢型

乙基含氢硅油：是目前各种拒水剂中耐久性强、润湿角大、拒水效果好的一种拒水剂，不但赋予多种材料以优良的拒水性能，而且还能改善材料的物理机械与绝缘性能，在纺织、皮革、玻璃、建材、造纸等行业应用广泛。其化学结构为：

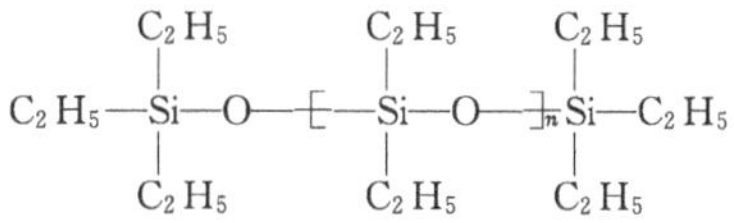

$$\begin{array}{ccccccc}
& \text{C}_2\text{H}_5 & & \text{C}_2\text{H}_5 & & \text{C}_2\text{H}_5 & \\
& | & & | & & | & \\
\text{C}_2\text{H}_5 & \text{—Si—O—} & \text{[} & \text{Si—O—} & \text{]} & \text{Si—C}_2\text{H}_5 & \\
& | & & | & & | & \\
& \text{C}_2\text{H}_5 & & \text{C}_2\text{H}_5 & & \text{C}_2\text{H}_5 &
\end{array}$$

二甲基聚硅氧烷（DMPS）：由二甲基二氯硅烷聚合而成：

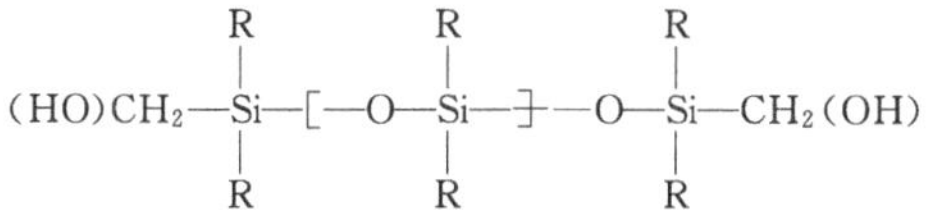

$$\begin{array}{ccccccc}
& \text{R} & & \text{R} & & \text{R} & \\
& | & & | & & | & \\
\text{(HO)CH}_2\text{—Si} & \text{—[} & \text{O—Si} & \text{]—} & \text{O—Si} & \text{—CH}_2\text{(OH)} & \\
& | & & | & & | & \\
& \text{R} & & \text{R} & & \text{R} &
\end{array}$$
　　　　式中 R 为 CH$_3$

　　常温下干燥脱水可生成拒水性较低的聚合物，高温下聚合物上的氧原子和纤维的羟基脱水交联，甲基（—CH$_3$）在纤维或织物表面排列成为类似石蜡的结构，覆盖于织物表面，赋予织物较好的拒水效果。但此类拒水剂的耐洗性较差。

四、织物拒油整理剂

　　油污的表面张力比水低得多（20～40mN·m^{-1}），故而拒油整理剂应有更低的表面张力。

　　在元素周期表中，氟原子半径极小，其共价半径仅为 0.064nm，可很好地屏蔽碳链，碳氟键的键距仅为 0.1317nm（C—C 的键距为 0.1766nm），具有低能表面；另一方面，氟原子的电负性极高（4.0），极化率极低，碳氟键 C—F 的极化率也极低（0.68），含有较多碳氟键的化合物的分子间凝聚力很小；氟将碳氢链上的氢取代后，键能由 C—H 的 416.7kJ/mol 提高到 C—F 的 485.3kJ/mol，使得碳氟链具有优良的化学稳定性。因此，有机氟化合物是目前唯一的具有较好拒油效果的拒油整理剂。

　　拒油整理剂常用的有二种，即丙烯酸高氟烃共聚乳液与全氟羧酸铬络合物。

1. 丙烯酸高氟烃共聚乳液

　　该类拒油整理剂是丙烯酸酯或丙烯酸酯类的乙烯类聚合物，如美国 3M 公司的 Scotchguard FC-208 具有如下的结构：

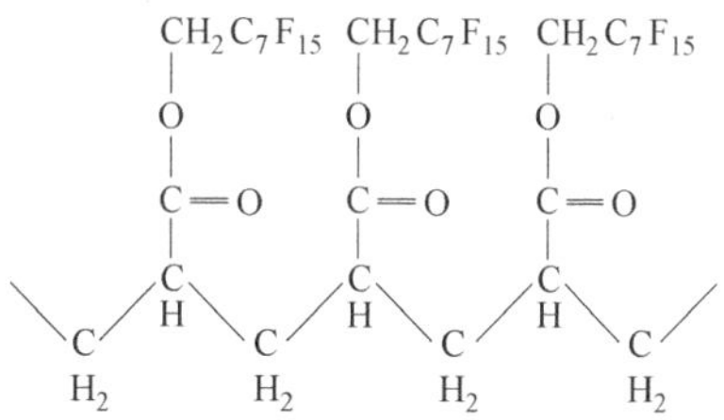

$$\begin{array}{ccc}
\text{CH}_2\text{C}_7\text{F}_{15} & \text{CH}_2\text{C}_7\text{F}_{15} & \text{CH}_2\text{C}_7\text{F}_{15} \\
| & | & | \\
\text{O} & \text{O} & \text{O} \\
| & | & | \\
\text{C=O} & \text{C=O} & \text{C=O} \\
| & | & | \\
\text{—C—} & \text{—C—} & \text{—C—} \\
\text{H} & \text{H} & \text{H} \\
\text{—C—} & \text{—C—} & \text{—C—} \\
\text{H}_2 & \text{H}_2 & \text{H}_2
\end{array}$$

　　该类产品整理后在织物表面的分布如图 6-2 所示。

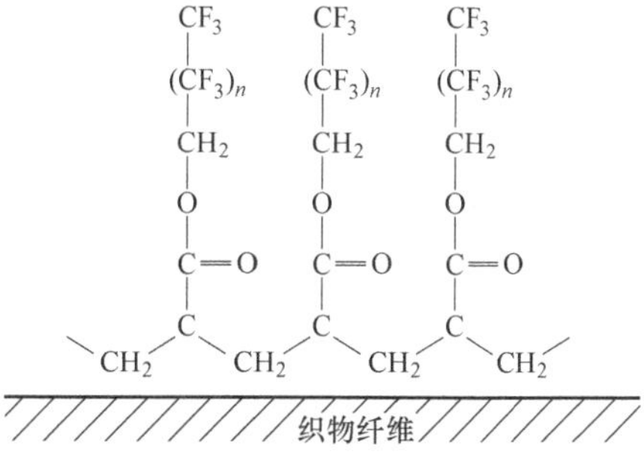

图 6-2　丙烯酸高氟烃在织物表面的分布

2. 全氟羧酸铬络合物

此类拒水整理剂是以全氟辛酸作为疏水基碳链全氟化的含氟表面活性剂，是目前国内外经常用于纺织品"三防"整理的重要含氟表面活性剂，如美国 3M 公司的 Scotchguard FC-805 就是用 PFOA 与三氯化铬在甲醇中反应制成的全氟羧酸铬络合物。其络合物结构为：

纤维素纤维

由于全氟羧酸铬络合物与纤维素纤维形成共价键，故整理后的耐洗性优良，同时其结构中的全氟烷基排列在外层，而且全氟烷基中末端的三氟甲基均匀致密地覆盖在最外层，所以具有良好的防水和拒油效果。但由于铬离子的存在，会是整理后织物略带绿色，通过与铝、锆类拒水剂合用，可消除此缺点。

目前含氟的拒水、拒油整理剂对人体的有害性逐渐显露，其替代品的研究逐渐得到了重视。

第三节　织物的防污整理

合成纤维及其混纺织物的亲水性不佳，污垢易于沾污，且沾污后又难以洗除，同时在洗涤过程中又易再次沾污。为了克服上述缺点，就要对织物进行防污整理，包括：防油污、易去污、防再污和抗静电。

对于织物的防油污整理机理及所使用的整理剂前已作了介绍，现对织物的易去污及抗静电作一简述。

一、易去污整理

织物上沾染的油污去除的难易程度与织物及纤维的表面张力有直接的关系。亲水性织物的表面张力大，油污容易沾污，但在水中，油污也易脱落，且不易再沾污。如棉织物在空气中的表面张力大于 $72mN \cdot m^{-1}$，但在水中，其表面张力降至 $2.8mN \cdot m^{-1}$，远低于油污的表面张力（$20 \sim 40mN \cdot m^{-1}$），因此在水中，棉织物上的油污极易脱落，且不易再次沾污。而疏水性的纤维（如合纤），在空气中表面张力较小，但在水中的表面张力可升至 $43mN \cdot m^{-1}$，大于在空气中的表面张力，因此油污不易脱落，且易再次沾污。对疏水性的织物，如涤纶进行亲水性整理后，其在水中的表面张力可降至 $4.3 \sim 9.9mN \cdot m^{-1}$，大大低于油污的表面张力，因此油污易于洗除，且不易发生再沾污的现象。

可见，对疏水性织物的易去污整理的实质是提高织物的亲水性。

二、抗静电整理

抗静电整理主要是通过离子型的抗静电剂，覆盖于织物表面，疏水基指向纤维，亲水基指向空气，在织物表面形成亲水性薄膜，提高织物的吸湿性，减少静电荷的聚集，降低织物的表面电阻。抗静电剂也可中和纤维在服用过程中由于摩擦而产生的电荷，减少纤维的带电荷量。所以经抗静电整理后的织物减少了纤维与空气中带电尘粒的吸附，也可达到防污整理的目的。

三、防污整理剂

由上述防油污、易去污和抗静电整理机理可知，防污整理剂应具有拒油性的基团，使得织物在空气中具有防油、防污的性能；同时还应有亲水性基团，赋予织物一定的亲水性，以利于织物在水中洗涤时油污的脱落及防再沾污。

常用的防污整理剂类型有以下几类。

1. 聚乙二醇嵌段共聚物

乙二醇与对苯二甲酸酯的嵌段共聚物是种性能良好的易去污整理剂，共聚物中的聚醚链段（含量约 40%~65%）可提高良好的亲水性，提高织物在水中的易去污及防再沾污能力，而对苯二甲酸酯链段可与涤纶纤维表面起共晶作用，高温处理后能再纤维表面形成不溶性的结晶覆盖层，提高其耐久性。这种易去污整理剂能使涤纶织物产生耐久的吸湿性和易去污性。

2. 含氟防污整理剂

这种整理剂是带有亲水链段的含氟整理剂。结构中的全氟脂肪烃链提供织物在空气中的拒水、拒油性；结构中存在的—OH、—COOH、聚醚等亲水链段赋予织物亲水性，防静电吸附，改善其在水中洗涤时的易去污性。

这种带有亲水链段的含氟整理剂，在空气中，含氟的疏水链分布在表面，亲水链分布在表面以下，赋予织物防油、防污的性能。当织物进入水中，亲水链分布在表面，改善织物的润湿性能，提高其易去污性。重新干燥后，疏水链又分布在表面，恢复其防油、防污的性能。

此类整理剂在洗涤过程中，由于反复定向的结果，易使薄膜松动而影响整理效果的耐久性。

3. 丙烯酸类

这类防污整理剂以丙烯酸或甲基丙烯酸共聚物为主链，结构中有一定数量的羧基，赋予织物亲水性，同时具有对纤维有亲和力，且成膜无色、透明、耐光、耐老化、耐洗涤等性能，故而在织物防污整理中应用广泛。

四、PFOS 禁令及其替代品

受美国 DuPont 公司生产的不粘锅中含有可能导致人体致癌的有机氟化学品的影响，国际市场上对用于纺织品防水拒油抗污整理的含氟表面活性剂也进行了研究。结果表明：市场上常用于制备纺织品"三防"整理剂的含氟表面活性剂对人体健康存在着潜在的威胁。即：PFOS（全氟辛烷磺酸盐与磺酰化物）与 PFOA（全氟辛酸）。

2002 年 12 月，经济合作与发展组织在第 34 次化学品委员会联合会议上的一份风险评估报告，把 PFOS 列为一种难分解的可在生物体内积累有毒化学品。危险性评估结果表明，PFOS 稳定性强，生物体一旦摄取，会分布在血液和肝脏内，可能难以通过生物体的新陈代谢而分解。在不同的物种体内，经过尿液和粪便排出体外的"半排出时间"差异很大：老鼠需要 7.5 天，而人体需要 8.7 年，很难排出体外。PFOS 有很高的生物蓄积性和多种毒性，会造成人体的呼吸系统伤害、新生婴儿死亡。并且，PFOS 还有远距离环境迁移能力，污染范围十分广。

PFOA 及其盐对生态环境和人体健康的影响与 PFOS 相似。但目前关于 PFOA 的迁移及对的潜在危险性存在着较大的科学不确定性。美国环境保护局认为，对 PFOA 的禁用或限用还需更多的科学资料来进行危险评估。欧盟也未表态，只是在其对 PFOS 的禁令中提到怀疑 PFOA 及其盐与 PFOS 有相似的风险，但鉴于 PFOS 和 PFOA 都是具有高持久环境稳定性和高生物积累性的毒性化学物质，联合国环境保护署将把它们列入联合国的 POPs（持久性有机污染物）清单中予以禁用。

对于 PFOS、PFOA 的替代品的研究，主要有以下一些途径。

1. PFHS 和 PFHA

PFHS（全氟己烷磺酸盐或磺酰化物），PFHA（全氟己酸）采用新的氟调聚法制备技术制成，PFOA 可用 PFHA 直接取代，其毒性比 PFOS、PFOA 小，用其制得的多功能织物整理剂不含有 PFOA（在检测界限 20×10^{-9} 以下）和 PFOS，同时具有与用 PFOS 或 PFOA 制得的整理剂相似或相近的防水、拒油或抗污性能。

2. PFBS

PFBS（全氟丁烷磺酸盐或磺酰化物）与 PFOS 相比，氟碳链短，无明显持久性生物积累性，短时间能随人体新陈代谢排出体外，且其降解物无毒无害。美国 3M 公司用 PFBS 制成的新产品经大量测试证明有良好的防护功能，对环境无害，已获得美国 EPA 和世界其他环保机构批准，如目前问世的商品：Scotchguard PM-3622、PM-3630 具有超级防水功能；Scotchguard PM-492 具有易去污功能；Scotchguard PM-930 具有防污和易去污功能；Scotchguard FC-226 具有吸湿易去污功能等。这些产品与用 PFOS 制得的产品相比，拒油性能还有相当差距。

3. 丙烯酸氟烃酯类树脂

日本旭硝子株式会社的 Asahiguard AG-480，美国 DuPont 公司和 3M 公司、日本大金工业株式会社等都有丙烯酸氟烃酯类树脂及相应的产品问世。它们的防水拒油性与碳链长短有关，可用丙烯酸酯作单体进行共聚，大多制成水乳液使用。迄今未见其对生态环境和人体健康危害的报道，而其防水、拒油和抗污性能与以 PFOS 为基础的织物整理剂相似。

第四节 光触媒自洁纺织品

出于人们对卫生、消毒与防污纺织品的需求，自清洁织物的开发显得越来越重要，尤其是在医用终端产品和环境方面。目前，开发自清洁纺织品的途径有两种，即亲水（光催化）整理和超疏水表面整理。

亲水（光催化）整理系基于光活性物质如锐钛矿纳米二氧化钛的光催化性能，可与纤维表面的污渍产生光催化净化反应。在含紫外线的光源照射下，锐铁矿纳米二氧化铁可通过对纤维表面的灰尘或污渍的氧化降解，促使其发生化学分解，从而起到自清洁的作用。

超疏水表面整理方法系模拟荷叶效应，以获得不被浸湿、与水接触角约为 $175°$ 的纤维表面，属于仿生整理。这接近于不被润湿的理论最大接触角 $180°$，大大超过传统拒水整理效果（$120° \sim 140°$）。

一、纳米自清洁机理

早期对纳米半导体光解水、CO_2 和 N_2 固化、光催化降解污染物及光催化有机合成等方面的微多相光催化反应方面的研究表明：纳米半导体粒子能够催化体相半导体所不能进行的反应，纳米粒子的光催化活性均明显优于相应的体相材料。一般认为这主要是由两个原因所致：①纳米半导体粒子所具有的量子尺寸效应使其导带和价带能级变为分立的能级，能隙变宽，导带点位变得更负，而价带电位变得更正，这意味着纳米半导体粒子获得了更强的还原及氧化能力，从而提高其光催化活性；②对于纳米半导体粒子而言，其粒径通常小于空间电荷层的厚度，在离开粒子中心距离处 l 的势垒高度可以表述为：

$$\Delta V = \frac{1}{6}(l/L_D)^2$$

式中，L_D 为半导体的 Debye 长度。在此情况下，空间电荷层的任何影响都可忽略，光生载流子可通过简单的扩散从粒子内部迁移到粒子表面，而与电子给体或受体发生氧化还原反应。计算表明，在粒径为 $1\mu m$ 的 TiO_2 粒子中，电子从体内扩散到表面的时间约为 $100ns$；而在粒径为 $10nm$ 的微粒中该时间只有 $10ps$。因此粒径越小，电子与空穴的复合概率越小，电荷分离效果越好，从而导致催化活性提高。（注：$1ns=10^{-9}s$，$1ps=10^{-12}s$。p 是前缀 pico- 的缩写，n 是前缀 nano- 的缩写。）

目前广泛研究的半导体光催化剂大都属于宽禁带的半导体氧化物，有一定的光催化降解有机物的活性，但因其中大多数易发生化学或光化学腐蚀，不适合纺织纤维的整理，而纳米 TiO_2 粒子的化学性能、光电化学性能十分稳定、耐光腐蚀，对生物无毒性，来源丰富，加之 TiO_2 本身对人体和微生物无毒性，因而用于自清洁的纳米材料一般选择 TiO_2 为自清洁光催化剂。

纳米 TiO_2 的电子结构为一个满的价带和一个空的导带，带隙能为 $3.0\sim3.2eV$，其禁带宽度一般在 $3.0eV$ 以下。当能量大于或等于其禁带宽度的光子照射于 TiO_2 表面时，处于价带的电子就会被激发到导带上去，从而分别在价带和导带上产生高活性自由移动的光生电子（e^-）和空穴（h）（途径 C）。

$$TiO_2 + h\nu \longrightarrow TiO_2 + h^+ + e^-$$

式中，h^+ 为价带光生空穴；e^- 为导带光生电子。

TiO_2 被光激发产生的电子、空穴可很快从体内迁移到表面。空穴是强氧化剂，可以将吸附在 TiO_2 表面的羟基（—OH）和水（H_2O）氧化为羟基自由基（·OH）。

羟基自由基被认为是二氧化钛光催化反应的一种主要活性物质，对光催化氧化起决定作用。而导带电子是强还原剂，被吸附在 TiO_2 表面的溶解氧俘获而形成超氧阴离子自由基（O^{2-}）；生成的超氧阴离子自由基和羟基自由基都是氧化性很强的活泼自由基，可攻击污染物的不饱和键，能够将各种有机物直接氧化为 CO_2 和 H_2O 等无机小分子。

由于 ·OH 自由基是水体中的强氧化剂，能够降解许多有机物（包括有机油渍），使其最终转变为二氧化碳和水。其作用机理可表示为：

$$R—C_2H_5 + 2 \cdot OH \longrightarrow R—C_2H_4OH + H_2O$$
$$R—C_2H_4OH + O_2 \longrightarrow R—C_2H_5O + H_2O$$
$$R—C_2H_3O + O_2 \longrightarrow R—CH_2COOH + H_2O$$
$$R—CH_2COOH \longrightarrow R—CH_3 + CO_2 \cdots$$

每降解一个碳原子，生成一个 CO_2，直到脂肪族有机物完全转化为 CO_2 为止。

图 6-3 表示的是半导体离子中的光生电子和空穴的复合及光诱导氧化还原反应。由于半导体材料的光致激发态是电子-空穴对，这种电子-空穴对具有极强的氧化还原活性，所以半导体材料的主要化学反应是光诱导氧化还原反应，这种光诱导氧化还原反应称为光催化

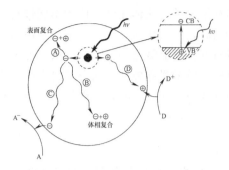

图 6-3　半导体二氧化钛的光催化氧化
反应机理示意图

CB—导带（Conduction Band），VB—价带
（Valance Band），$h\nu$—吸收光子的能量

反应。

光催化反应包括：光生电子还原电子受体 A 和光生空穴氧化电子给体 D 的电子转移反应，光生电子还原电子受体 A 的电子转移反应称光催化还原，光生空穴氧化电子给体 D 的电子转移反应光催化氧化。

在直接光催化作用下，光诱导产生的光生电子和空穴转移到离子表面与 D 或 A 进行氧化还原反应。

在图 6-3 中Ⓐ为光生电子转移到离子表面与空穴相遇而表面复合失活；Ⓑ为光生电子转移到离子的体相与空穴相遇而复合失活；Ⓒ为光生电子转移到粒子表面与电子受体反应；Ⓓ为光生空穴转移到粒子表面与电子给体反应。为有效抑制光生电子与空穴的复合，第一，在粒子表面直接吸附反应物；第二，粒子表面用电子转移催化剂（如 Pt、Ru 的氧化纳米晶体）进行修饰，或用电子-空穴的传递体修饰粒子表面，电子或空穴传递体可快速捕获光生电子或空穴，然后转移给反应物。

二、纳米自清洁整理方法

一般纳米材料与纤维之间无亲和力，无法直接在织物上取得耐久性的整理效果。并且通常情况下纳米颗粒会团聚成二次颗粒。为防止纳米材料的团聚，需对纳米颗粒表面进行处理。

按表面处理剂与颗粒之间有无化学反应，可以分为表面化学改性和表面吸附包覆改性。包覆改性主要利用一些表面活性剂、聚合物以及聚合物单体等吸附在颗粒表面，增加纳米微粒与纤维的亲和力。化学改性是指在纳米微粒的表面进行化学吸附或反应，从而使粒子表面覆盖一层改性剂，在改性剂中可引入可与纤维反应的活性基团，处理到织物上，获得耐久的整理效果。

一般而言，纳米材料对纺织品的自清洁整理方法主要有以下几种。

1. 分散负载法

分散负载法指 TiO_2 的制备和负载单独进行，也称后负载法。分散负载法工艺简单，但其所制的无机氧化物涂层厚度不易控制，涂层与织物之间不易结合牢固。

在分散负载过程中，制备均匀稳定的纳米整理液，并且实现纳米粒子与纤维之间的牢固结合，赋予织物耐久的整理效果是关键。可将纳米无机氧化物粉末用乳化剪切机、超声波清洗器等设备分散，制成纳米粉体悬浮液，然后采用浸涂或喷涂的方式将悬浮液处理到织物上。

纳米微粒由于具有高表面能、比表面积大、表面配位不足等特点，当分散到介质中时会发生团聚，致使纳米微粒很可能达到微米级，从而失去了纳米微粒所具有的特性。因此，团聚问题是影响纳米粒子应用的关键因素，在整理液配置过程中，pH 值、分散剂用量、分散方式以及分散介质等诸因素对其均匀稳定的分散性起着决定性的影响。

2. 原位复合法

原位复合法要求所制备的光催化整理剂分散性良好且粒度较为均一，能与织物纤维牢固结合。以二氧化钛为例，采用钛酸丁酯为前驱体，在水、稳定剂与催化剂的作用下发生水解缩聚反应，生成稳定的二氧化钛溶胶，而后采用提拉、浸涂或喷涂的方式将溶胶处理到织物上。利用此方法负载到织物上的溶胶膜膜厚可控，不影响织物的外观，但缺点是当需得到高厚度的膜时需要反复浸涂或提拉，且溶胶膜的牢度小易脱落。

溶胶-凝胶法是 20 世纪 60 年代发展起来的一种制备陶瓷、玻璃等无机材料的湿式化学法，它是将烷氧金属盐等前驱物加水分解后缩聚成溶胶，然后加热或将溶剂去除使溶胶转化为网状结构的氧化物凝胶的过程。一般先制得溶胶，再使前驱体在溶液中发生水解（或醇解），水解产物缩聚成 1nm 左右的溶胶粒子，溶胶粒子进一步聚集生长成凝胶。从溶胶或溶液出发，都能得到凝胶，主要取决于胶粒间的相互作用力是否能够克服胶粒-溶剂间的相互作用力。

第五节　荷叶效应与自清洁整理

一、荷叶效应

荷叶效应是指水滴（如雨滴）落在荷叶上，会变成自由滚动的水珠，其在滚动过程中通过固有的自清洁作用，将叶子表面可能吸附的灰尘和细屑带走。

德国波恩大学尼斯植物与生物多样性研究所的生物科学家的长期观察研究，在 20 世纪
90 年代初，通过扫描电子显微镜图像（图 6-4），研究了荷叶叶面的表面结构，发现在荷叶叶面上存在着非常复杂的多重纳米和微米级的超微结构。荷叶叶面上布满着一个挨一个隆起的"小山包"（每两个小山包之间的距离约为 $20\sim40\mu m$）在山包上面长满了绒毛，在山包顶上又长出了一个个馒头状的"碉堡"凸顶。整个表面被微小的蜡晶所覆盖（大约 $200nm\sim2\mu m$）。因此，在"山包"间的凹陷部分充满着空气，这样就在紧贴叶面上形成一层极薄的只有纳米级厚的空气层。这就使得在尺寸上远大于这种

图 6-4　荷叶表面的电镜
扫描照片

结构的灰尘、雨水等降落在叶面上后，隔着一层极薄的空气，只能同叶面上"山包"的凸顶形成几个点接触，由于空气层、"山包"状突起和蜡质层的共同托持作用，使得水滴不能渗透，而能自由滚动。雨点在自身的表面张力作用下形成球状，水球在滚动中吸附灰尘，并滚出叶面，这就是所谓的"荷叶效应"。

该研究所所长 Wilhelm Barthlott 教授已注册了"Lotus effect"（荷叶效应）商标。他表示，天然荷叶蜡质表面的微观和纳米结构，大大降低了其与水、油和污垢的接触面积。

中国科学院江雷等人经过进一步的研究认为：荷叶的自清洁功能不仅仅源于粗糙表面上微米级的乳突结构及表面蜡晶，还因为荷叶表面微米级乳突上存在着纳米结构，这种微米结构和纳米结构相结合的阶层结构才是荷叶表面具有自清洁功能的根本原因。

二、荷叶效应作用机理

Young 氏方程的讨论是基于理想的光滑、均匀、平坦且无形变的表面，稳态平衡时的接触角是平衡接触角，亦称 Young 氏接触角。但现实情况中完全光滑的表面几乎是不存在的。如果将粗糙度 r 定义为固体与液体接触面之间的真实面积与表观面积的比：

$$r=\cos\theta_r/\cos\theta \qquad (r\geqslant1 \quad \theta\neq90°)$$

式中，r 为粗糙度；θ_r 为液体在粗糙表面上的表观接触角；θ 为液体在理想光滑平面上的真实接触角。

由于粗糙表面的真实表面积总是大于表观面积，而光滑表面的面积即表观面积，因此，$r \geq 1$。由上式可知，$\cos\theta_r$ 总是大于 $\cos\theta$。

当 $\theta \geq \dfrac{\pi}{2}$ 时，表面粗化将使接触角变大，所以 $\theta_r > \theta$；当 $\theta \leq \dfrac{\pi}{2}$ 时，表面粗化将使接触角变小，所以 $\theta_r < \theta$。

换而言之，一个能润湿的体系，固体表面粗化有利于润湿；对于不能润湿的体系，固体表面粗化则不利于润湿。在此种场合下。当 $\theta_r > 90°$ 时，粗糙度可使接触角 θ_r 增大，即粗糙度可提高表面拒水、拒油的能力。当 $\theta_r < 90°$ 时，粗糙度可使接触角 θ_r 变小，即粗糙表面的拒水、拒油能力减弱。可以认为，整理后，拒水拒油效果与表面的粗糙度有很大的关系，粗糙表面经整理后将具有更好的拒水拒油效果。

Tamai 等人研究了粗糙度对拒水拒油效果的关系，说明，粗糙必须是随机的，波幅小于 $1\mu m$。

由粗糙度对表面润湿性能的影响分析，说明粗糙表面经拒水拒油整理能使接触角增大。荷叶表面的蜡质晶体首先是拒水的，其次其表面的双微观结构是粗糙的。虽然表面乳瘤的直径为 $5 \sim 15\mu m$，高度为 $1 \sim 20\mu m$，超过了 $1\mu m$，但荷叶表面具有双微观结构，在乳瘤的表面有一层毛茸纳米结构，毛茸的直径远小于 $1\mu m$，可以达到纳米水平。所以，荷叶的粗糙表面，使其拒水的能力显著提高。

荷叶效应为进行织物超疏水表面的自清洁整理提供了依据。

Cassie 和 Baxtex 对异质表面的润湿情况进行了研究，如果固体表面有两种元素 S_1 与 S_2，且两种元素均匀分布，在这种情况下，一种液体在这种表面上的表观接触角 θ 为：

$$\cos\theta = X_1 \cos\theta_1 + X_2 \cos\theta_2 \qquad X_1 + X_2 = 1$$

式中，X_1、X_2 为 S_1、S_2 两种成分所占面积的分数；θ_1、θ_2 为每种成分的单材料接触角。

在一个有微孔的表面上，表面材料是一种成分，而微孔中的空气形成了第二种成分。空气的表面能 $\gamma_2 = 0$. 那么，$\theta_2 = 180$，此时有：

$$\cos\theta = X_1 \cos\theta_1 - X_2$$

又由于 $X_1 + X_2 = 1 \qquad X_1 < 1, \qquad X_2 < 1$，则有：$\theta > \theta_1$

当液体在某种光滑无孔材料的表面接触角大于 $90°$ 时，微孔或微坑（内有空气）的表面可使接触角增大，这也是荷叶拒水的原理。水滴在荷叶上时，仅接触乳瘤的顶部，假设乳瘤的顶部面积占全部面积的 20%，水在其表面的表观接触角为 $160.4°$，而水在荷叶上的真实接触角是 $135.2°$；若乳瘤的顶部面积占全部面积的 10%，则水在荷叶上的真实接触角为 $114.8°$。荷叶的自洁原理如图 6-5 所示。

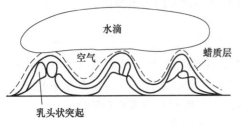

图 6-5 荷叶的自洁原理示意图

三、纺织品超疏水自清洁整理

由荷叶的拒水机理，提出了纳米材料的超疏水表面自清洁整理方法。该方法得以应用的条件是：①表面材料必须拒水，水在其表面的接触角必须大于 90°；②表面必须是粗糙的，而且粗糙必须是纳米水平或接近纳米水平。

对于织物而言，由于一般纤维均不具有拒水、拒油的功能，因此织物的超疏水自清洁整理必须满足的条件是：①首先应使纤维表面具有基本的拒水性能（即水在其表面的接触角大于90°），可以通过纳米技术、等离子处理技术和涂层浸轧技术达到这一要求；②要使织物具有粗糙的表面，虽然织物表面本身是非常粗糙的，但这种粗糙结构是以纤维为最小单位，远大于纳米结构的要求。拒水自洁织物表面的粗糙应是纤维表面的粗糙，该粗糙应达到纳米级水平。

纺织品的拒水、拒油整理，目前主要是利用氟碳化合物具有极低表面能的特点，使织物达到拒水、拒油、拒污的效果，但是该类整理剂价格昂贵，有机氟有一定的生物毒性，对环境存在潜在威胁。且有研究表明，在光滑表面上，仅采用化学方法，如采用低表面能物质氟硅烷（FAS）的复合物材料进行全等同镀膜，易于保证镀膜后来降低表面自由能，其接触角最多达到120°。因此从织物表面微结构构造角度出发制备超疏水织物越来越受到人们的重视。

瑞士 Schoeller Technologies AG 公司和科莱恩国际有限公司（Glariant International）的表面涂层整理专利技术采用 C$_6$ 氟碳技术替代 C$_8$ 氟碳技术，避免了产生 PFOS（全氟辛烷磺基化合物）和 PFOA（全氟辛酸）。该技术采用的涂层基体，能将纳米粒子整理到织物表面，并满足极为严格的蓝色标志（Bluesign）标准。

NanoSphere 技术利用不同结构的无机纳米粒子，使纺织品具有高拒水性和自清洁作用。经该技术整理后，只需辅之以少量水，其表面的灰尘颗粒等即可被去除。经 NanoSphere 技术整理的成衣，不易被沾污，水洗次数减少，水洗温度较低，有利于环境保护。该整理技术具有持久的耐水洗效果。NanoSphere 自清洁技术可使棉和天然纤维混纺织物具有拒污、拒水和拒油效果，可应用于棉、丝和毛纺织品。

BASF 公司开发的 Mincor TX TT 整理技术，用于对产业用纺织品、阳伞、旗帜、帆布和帐篷进行自清洁整理。该技术模拟荷叶的天然自清洁作用，将纳米粒子嵌入聚合物基质中，从而赋予整理织物耐久的纳米结构表面。Mincor TX TT 整理技术获得德国邓肯道夫纺织工艺研究所（ITV）"仿生自清洁"（self-cleaning inspired by nature）质量标记。

美国南卡罗来纳州克莱姆森大学的研究者，通过将银纳米粒子掺入聚甲基丙烯酸缩水甘油薄膜中，开发了一种新的自清洁整理技术。该技术采用涂层方法应用于丝、棉和聚酯织物，涂层与织物永久结合，不会被洗除。由于掺入具有杀菌和防止细菌渗透的抗菌纳米粒子，可消除汗臭味或烟味等，实现除臭效果。

瑞士苏黎世大学的 Stefan Seeger 开发了一种拒水效果相当好的衣用材料。该方法采用数百万个丝状纳米硅树脂微粒涂布在聚酯纤维上，由于纳米硅树脂（粒径为40nm）拒水性强，整理后可使织物获得超拒水效果。整理后纺织品与水之间存在有永久空气层，其原理与昆虫和蜘蛛在水下呼吸时使用的气盾类似。在水中运动时，后者的气盾层可减少20%的阻力，这种效果可用于运动员的泳装面料。

以色列艾瑞尔撒马利亚中心大学物理系教授 Edward Bormashenk，研究了一种超拒水聚合物制备自清洁纺织品。这种超拒水聚合物的表面粗糙度类似于鸟类羽毛表面的细小纳米沟槽（宽100nm～10μm）。这种独特的沟槽角可吸引羽毛周围的大片空气，从而防止液体与羽毛接触。

第六节　纳米自清洁纺织品的效果评定及前景

一、纳米自清洁纺织品的效果评定

关于纳米光触媒整理纺织品的状况与效果，目前尚无国家或国际标准。日本的"光催化剂产品技术协议会"，是由有关科研单位、民间相关厂商等组成了一个自主性机构，该机构制定并公布了相关产品性能实验方法和性能评价标准。依据该协会制定的产品检验标准，被认定有效的光催化剂制品技术必须同时满足两个条件。一是有机颜料（亚甲基蓝）的分解试验。把亚甲基蓝滴到涂有光催化剂产品的器皿上，在一定光照条件下，亚甲基蓝必须变色或褪色。二是乙醛的分解试验。在一定光照条件下，有害气体（乙醛）的减少量（被分解量）必须达到一定标准。光催化剂产品须能去除有害气体的70%以上。由此看出，这一标准的实质是判定光催化剂产品是否能够有效分解有机物。

天津工业大学张路遥等人自建了一套自清洁纺织品的测试体系，方法如下。

① 紫外光源：主峰波长297nm 辐射强度$>60W/m^2$。

② 试样：用2000mL 含5%洗涤剂的溶液对织物洗涤20min，然后用蒸馏水清洗、烘干。

③ 标准污物：取0.05g 亚甲基蓝加入10mL 水中搅拌，加入20mL 14# 机油机械搅拌10min 得深蓝色黏稠油污。

④ 标准色卡：将试验所用织物浸于亚甲基蓝溶液中20s 后立刻观察，所呈颜色即为相应等级标准色（见表6-3）。

表6-3　相应等级标准

等级	1级	2级	3级	4级	5级	6级	7级	8级
亚甲基蓝用量/(g/L)	5	2	0.6	0.2	0.08	0.04	0.02	0.01

二、自清洁纺织品的局限性和前景

目前，全世界的自清洁纺织品商业化生产方兴未艾。但有许多因素仍然制约着自清洁纺织品的开发。光触媒整理的织物，必须在光照条件下才能分解有机物，对于长时间处在野外的军人或登山者没有时间洗涤衣物，但能够长时间接触太阳光的直接照射，无疑自清洁纺织品是最适合他们的理想产品。但是，新近开发的自清洁织物仅限于棉织物。二氧化钛纳米层要用于其他纺织品尚处在试验阶段。实际上目前的自清洁纺织品的局限性还有很多。由于纳米材料只有充分利用太阳光谱的紫外及近紫外光谱才能达到杀菌和分解有机污物的效果，因此只能利用很小一部分太阳能。其次，自清洁纺织品的问题还在于：光触媒整理的织物需要利用太阳光才能达到使衣服自清洁的目的，效率太低，且电子只能与氧原子产生反应后才能与污物颗粒产生反应，所有反应都局限于纳米材料的自由电子数量，因此，大块的污物尚需充足的光能才能达到自清洁的目的。

随着研究的深入，有理由相信自清洁纺织品的局限性将日渐缩小，其有效性将大大抵消局限性而进入我们的生活，其实用性和经济价值将得到众多消费者的认可，自清洁织物将成为市场中的一个重要产品。

参 考 文 献

[1] 朱永法. 前景光明的纳米光催化剂 [J]. 国外科技动态, 2001 (9): 28-30.

[2] 江海风, 杨建忠, 刘娜. 纳米二氧化钛整理织物的自清洁和抗菌性能探讨 [J]. 纺织科技进展, 2007 (1): 14-16.

[3] 徐燕莉. 表面活性剂的功能 [M]. 北京: 化学工业出版社, 2000.

[4] 邢凤兰, 徐群, 贾丽华. 印染助剂 [M]. 北京: 化学工业出版社, 2002.

[5] 丁颖, 沈勇, 王黎明. 改善苎麻织物免烫整理效果的方法探讨 [J]. 印染, 2001 (3): 12-15.

[6] 陈荣圻. PFOS禁令及含氟整理剂的替代取向 (上) [J]. 染整技术, 2008, 30 (3): 1-5.

[7] 章杰, 张晓琴. 列入POPs的纺织用含氟表面活性剂及新型替代品 [J]. 印染助剂. 2009, 26 (2): 1-6.

[8] THOMAS P FEIST, PETER K DAVIES, The soft Chemical Synthesis of TiO_2 (B) from Layered Titanates [J].
     Solid State Chemistry, 1992, 101 (2): 275-295.

[9] [日] 清山哲郎著. 金属氧化物及其催化作用 [M]. 黄敏明译. 合肥: 中国科技大学出版社, 1991.

[10] 杨凡, 孟家光. 纳米技术及纳米自清洁纺织品 [J]. 陕西纺织, 2009 (2): 58-62.

[11] 王进美, 冯国平. 纳米纺织工程 [M]. 北京: 化学工业出版社, 2009.

[12] 金俊, 王建坤. 荷叶效应及应用 [J]. 陕西纺织, 2007 (3): 55-57.

[13] 杜文琴. 荷叶效应在拒水自洁织物上的应用 [J]. 印染, 2001 (9): 36-38.

[14] Tamai Y, Aratani K. Experimental Study of the Relation between Contact Angle and Surface Roughness [J]. Phs
     Chem, 1972 (76): 3267-3271.

[15] A. B D. Cassie. Contact Angles, Dis Faraday Soc, 1948 (3): 11-16.

[16] 董旭烨. 荷叶效应与拒水拒油织物 [J]. 河北纺织, 2006 (3): 19-25.

[17] 徐壁, 蔡再生. 纺织品超拒水整理机制和新技术 [J]. 染整技术, 2008, 30 (11): 1-5.

[18] 李苗译. 自清洁纺织品开发进展 [J]. 印染, 2009 (18): 55-56.

[19] 张路遥, 张健飞, 杜伟伟. 纳米光触媒自清洁纺织及其标准化评价 [J]. 山东纺织科技, 2007 (5): 47-49.

第七章
电子信息智能纺织品开发

进入 21 世纪以来，在西方发达国家，一场着装革命正在悄然兴起。这种变革影响到的不仅仅是人们的穿着装扮，还有人们的生活方式。可以说，发达国家服装业的开发重心已经从传统成衣业转向了高科技服装。随着电子信息技术的不断发展，高集成化、超微精巧、实用方便的电子产品相继问世；而对信息产业来说，则希望各种高端电子智能产品能够渗透到人类生活中的每个角落，服装等纺织产品无疑是最好的载体之一。因此，信息和纺织两大产业都希望能将电子智能产品和纺织服装完美地结合在一起，引领新型智能纺织品潮流。这种"电子信息智能纺织品"被认为是高科技纺织品的杰作，其核心是将信息技术、电子技术等高新技术融入与人们日常生活息息相关的纺织产品中，尤其是其与服装的结合已在一些欧、亚纺织大国中得到了强烈的推崇。

电子信息智能纺织品的开发研究始于 20 世纪 60~70 年代，最初主要是将一些电子元件安装到纺织品上，如"可穿戴的计算机"等，纺织品仅是电缆和连接器的载体，主要应用在医疗、军事和航空等重要的检测领域，由于当时技术水平有限，其发展十分缓慢，产品体积庞大且功能单一。电子信息智能纺织品作为一类新型功能面料，其智能化来自织物中加入的特殊成分。这些成分可以是电子装置、特殊构造聚合物或者是染化试剂。目前对于电子信息智能纺织品的研究主要有柔性压敏材料、纺织品柔性显示器、电子系统嵌入式智能纺织品和纳米电子智能型面料等。

第一节　电子信息纺织品概述

一、电子信息纺织品的功能

电子信息智能纺织品通过传感器感知外界环境的变化，将变化所产生的信号通过信息处理器作出判断处理，并发出指令，然后通过驱动器调整材料的各种状态，以适应外界环境的变化，从而实现自诊断、自调节、自修复等多种功能。电子信息纺织品主要是指服装，在服装中实现诸多功能。通常电子信息智能纺织品一般应具有如下功能。

① 传感功能。能够感知外部或内部的环境条件，如应力、应变、震动、热、光、电、磁、化学等的强度及其变化。

② 反馈功能。可通过内部的传感系统，对系统的输入与输出信息进行对比，并将对比结果反馈给驱动系统。

③ 响应功能。能够根据外界环境和内部条件变化，适时动态地作出相应的反应，并采取必要的响应措施。

④ 自诊断功能。能通过分析比较系统目前的状况与以前的情况，对系统内部因环境变

化出现的问题进行自我诊断。

⑤ 自修复功能。根据自我诊断,通过原位复合、自生长等修复环节,来修补某些局部损伤或破坏。

⑥ 自调节功能。对不断变化的外部环境条件,能及时地自动调整自身结构和功能,并相应地改变自身的状态,从而使纺织品信息系统始终以一种最优方式对外界变化作出响应。

未来纺织品的功能除了传统的保护、识别和装饰外,通过通信、信息、相互作用、伪装和个性化来满足新的需要,见表 7-1。

表 7-1　智能纺织品功能

传统功能	改良的功能——被动式	新的功能——主动式
保护(灰尘、气候)	防尘、温度调节、防水	防暴力、警告和安全系统、黑暗中的可见度、防弹、防火、三防等
被动式沟通(形象)	具备信息的衣服	主动式沟通录入:电信、记忆功能、因特网的运用
装饰	健康、个人化衣服	具感觉的计算机(具有感情表达和健康功能的衣服)
娱乐(印刷、图片)	个人化印刷	整合性游戏、互动性、可穿式音响
交通(口袋)	整合式背包、特殊背包的解决方法	整合主要功能、现金或身份证功能、电话和其他
其他功能	多重功能	新的运用方法,例如可穿式计算机、卫星导航、健康等

二、电子信息纺织品的特点

国外现已开发的电子信息智能纺织品,将柔性电子元件植入纺织品内部,传感器、柔性体纺织开关、柔性电子线路板、导电纱线与纺织品融为一体,主要有军用智能作战防护服、智能消防防护服、智能医疗监测服、可穿戴计算机服、无线遥感与通信纺织品、休闲娱乐纺织品等。

运用微电子、化学、化纤、纺织工程多学科综合开发的具有可选择性、功能化和智能化的纺织品,是继功能纺织品之后出现的又一高科技产物。以电子技术融入"交互式服用纺织品"是电子智能纺织品的发展重点。电子纺织品应具有以下物理机械性能:①高拉伸强度;②高撕裂强度;③高耐磨损性能;④可控制空气渗透性;⑤良好的尺寸稳定性;⑥良好的可洗涤性;⑦应变恢复性好;⑧重量轻等。由于既不破坏服装的风格,也不破坏织物的手感,还能够承受水洗、干洗以及穿着时的磨损,所以它的拓展空间非常大。

由于电子纺织品含有导电纤维、传感器和电子芯片等微电子元件和电子电线路,独特的结构特点使其制作形式与传统的加工有必然的区别。生产电子化服装时,其结构特点要求连接或熔接,纱线织造、织物裁剪时,需要在结合服装面料特性和合理的服装款式、结构设计的基础上按照电路的设计来完成。德国纺织研究院(TITK)C. Roth 博士认为,电子智能纺织品应具有以下特点:在纺织服装中可使用一些具有特异功能的纺织品;电子智能纺织品包括传感器、电子通信设备;它能检查、储存、控制信息;使用微型芯片标签,可以储存信息,通过集成无线数据交换。应用于纺织品的聚合物电子元件应像纺织品那样柔软,一般使用由有机材料和相关的聚合物材料制成的薄膜电子元件。目前,电子信息纺织品正朝着多功能化、低成本化、易于穿着、美观和绿色环保的方向发展。

第二节　电子信息纺织品的加工

一、电子信息纺织品的构成元素

电子信息智能纺织品的作用原理如图 7-1 所示，其通过传感器感知外界环境的变化，将变化所产生的信号通过信息处理器作出判断处理，并发出指令，然后通过驱动器调整材料的各种状态，以适应外界环境的变化，从而实现自诊断、自调节、自修复等多种功能。

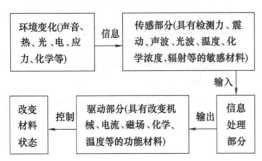

图 7-1　电子信息智能纺织品的作用原理

电子器件与纺织品的结合使服装成为具有各种信息识别、传递、存储和处理功能的纺织产品，是一种典型的高科技产品，其发展借助了最新的现代科技的力量。它的技术构成元素主要包括以下几个方面。

1. 微型器件

电子纺织品是把电子器件嵌入或织入纺织品中，使其浑然一体。曾重达 30t 的电子计算机已进步为微小的芯片，并且随着 IT 技术的进步，芯片的集成度越来越高，体积越来越小，可靠性越来越大，重量越来越轻。纳米技术等新技术的出现更明显加速了这种电子器件微小化的进程。当前，电子服装已成为流行的一部分，由于便于携带及轻量化的电子产品发展迅速，如掌上计算机、PDA、GPS、移动电话和便携式 MP3 等，在服装中加入电子器件的方式正迅速发展。虽然目前大部分电子器件的外表都有硬壳保护，降低了携带的便利性，但服装业和电子产业正积极谋求改善方法，使电子设备更容易地与服装面料结合，或是使用在服装中。

2. 柔性器件

电子器件的硬结构有碍于服装的舒适性，因此开发柔性器件尤其必要。这种柔性器件包括柔性显示器、软键盘和柔性开关等，已有很多开发方案和制品。压敏材料是制作柔性开关和键盘的首选材料，手指的压力可以使其电阻从数亿欧姆减少到不足 1Ω，其产生导电性的机能是一种被称之为"场感应量子隧道效应"的现象。采用发光纤维和特殊编织技术可以制成柔性显示器。美国 Auburn 大学和 Clemson 大学都在开发这类产品，以色列 VISSON 公司利用 0.2mm 薄膜型复合纺织品也制成了显示器样本，其结构为构成行列式的电极网络，由芯片控制施以不同电压，可以通过激发其导电纤维涂层中的发光物质而产生图案和文字。日本 2001 年时装发布会上，把有机电激发光显示器缝在服装上，曾获得市场的好评。据称用纳米复合材料开发的柔性显示器，具有很好的强度和优良的光学性能。新西兰 WRONZ 公司和英国 PERALECH 公司合作开发了软开关电路，利用涂层、刺绣等现有的纺织手法将其附在服装上，可以实现工业化生产和经受洗涤。

3. 连接技术

纺织品与电子产品的尺寸差异很大，作为芯片的微米级尺寸与作为纺织品的毫米级尺寸的导电连接是电子服装发展的一个难点。其当前发展有两种方案：一种方法是将芯片以类似金属导线连接的方法连接到复杂的电路织物条内；另一种是把电子元件嵌入能像织物一样扭曲折叠、厚度仅为 0.5mm 的导电性塑料薄膜内，与织物复合。这两种方案都可取代传统印刷电路板而构成柔性电路板。电子服装不能像普通机织服装那样剪裁，故应根据款式特点设计柔性电路。此外，器件的连接通信方式还涉及蓝牙通信技术、移动通信技术和图像自动识别技术等。

4. 功能纤维材料

电子服装涉及的功能纤维有很多种，导电纤维是关键的材料，市场上已有多种金属导电纤维和聚合物导电纤维，用导电涂层涂在聚合物纤维或织物上、把导电物质掺入纤维或塑料薄膜内、用不锈钢纤维或铜纤维和涤纶混纺成纱线等都是电子服装织物获得导电性的好方法。除导电纤维材料外，还有光导纤维、发热纤维、变色纤维等许多新型功能纤维。光导纤维能导光，已在光纤维通信中广泛使用；发热纤维能随着电流变化而发出不同的热量，其最新产品使用了碳纳米管和纳米碳纤维作为通电发热的材料。把在电磁波可见光区域内能够发生颜色变化的物质掺到纤维中或附在纤维上，在施加静态或动态电场的条件下可调控纤维呈现出不同的颜色。

从柔性电子点阵结构设计的角度出发，光敏纤维的直径和刚性都不能过大、过强。纤维直径太大，会降低显示图像的分辨率，使图像模糊；纤维直径太细，剪切强度差，而纤维刚性太强，又导致柔性差，因此柔性显示对光敏纤维的选择很有讲究。对于聚甲基丙烯酸甲酯（PMMA）类光敏纤维，其直径以 0.5mm 为宜，以确保能在传统的二维平面织机上进行编织。在织物结构上，光敏纤维及其他纤维分别作为经、纬纱，采取经、纬交叉编织。目前这种以经、纬交织方式形成的二维光敏纤维网格具有以下几点不足：①织物可能刚性较强，与预期的柔性有差距；②由于光敏纤维曲率半径较大，使得网格不很精细致密，显示图像的分辨率不高；③作为经纱的光敏纤维所需长度很长，导致成本高，价格昂贵。为解决上述问题，对经纱提出了特殊要求，即作为经纱的纱线必须具有细纤度以符合织物良好柔性的要求，同时还必须能够改善由光敏纤维发出的光线传送和反射特性，以便获得高清晰度的图像信息。在产品加工上，目前正在进行多种相关后整理技术的研究，如采用双层黏合工艺或涂层工艺，以确保网格的稳定性和提供最大的光发射强度。

5. 供电电源

为电子服装提供能量是对现代科技的一个挑战，早期产品多是使用简单的可充电电池，目前还在使用和改进中。随着太阳能的开发和应用，太阳能电池逐步用到了电子服装中。法国科学家还设法把微小太阳能电池置入纤维中，据称皮芯结构的太阳能电池纱已经能进行批量生产。特别是以这种太阳能电池纱织成的外衣能够更多地通过太阳光获取能量。德国英飞凌公司还研究出一种新型的硅基热能发电芯片，利用温差发电，在普通服装与皮肤表面之间有 $5℃$ 的温差环境下，输出 $1.0\mu W/cm^2$ 的电量和 $5V/cm^2$ 以上的电压，能启动电子装置，用作特殊医用探头和微电子芯片的能源。据称还有一种依靠穿衣者运动能量发出电量的微小电池，也将是未来发展的目标。

二、电子智能纺织品的开发途径

1. 电子元器件与纺织品组合法

电子技术、传感技术、通信技术作为现代发展的主流技术，已经催生出各类电子装置和计算机系统。

2. 数字化纤维编织法

将高度集成的微电子器件置于纤维纱线中，或直接在纤维上集成元件，制成含集成电路的数字化纤维，再织成数字化织物，这是一种高级结合方式，是高科技突破性进展的结果。通过数字化纤维可以把包含丰富功能的大量电子模块编织在一起，分布在给定的纤维上，每个模块都有能量来源、传感器、少量的工作能量以及启动器。利用这些被数字化的纤维性能，将织物设计成一个柔性网络分布在服装上；通过传统的服装结构，制成洒脱的电子智能服装。

印花、织造、针织及绣花都可以作为制作网络线路的手段，用来传输电信号；选择导电的纱线织入织物中，连接所需的电子元件。电子信息智能纺织品对集成的微电子模块有一定的要求：①传感器和电子元件不能对人体产生干扰或副作用；②电子模块应当像纺织品一样非常柔软；③电子模块应当是使用有机材料和相关的聚合物材料制成的薄膜型电子元器件，即通常意义上的复合电子器件。而通过织物整理赋予纺织品的外观，服装既可穿着又具备高技术性能。目前在纤维和织物中植入电子系统的服装已有飞速发展，植入能力不断提高，使更多的电子装置能够有机地结合到纺织服装中。

目前国外对于电子信息智能纺织品的结构建立了多种研究模式，其中将一系列新型数字化纤维织入纺织品体系中是电子信息智能纺织品最有前途的发展方向之一。已有生产或正在开发中的新型数字或功能化纤维包括太阳能电池纤维、声音/振动传感器纤维，以及能变色的、化学感应的、变形的、导电及发光的纤维。通常情况下，这些纤维在外部形态上大致相似，在性能方面却有着很大不同。也有一些数字化纤维本身含有金属丝或者经金属涂层而获得。例如，具有皮芯结构的导电聚合物纤维、连续涂层钢丝纤维、铜纤维以及涂层尼龙纤维等。由于这些纤维非常细、薄，因而其手感能与常规的纺织服用纤维相媲美。

3. 纺织材料复合法

它是通过把轻质的导电性织物和一层极薄的具有独特电子性能的复合材料组合在一起来实现微电子元件与纺织品的结合。这类产品的典型代表是由英国 SOFTSWITCH 公司研究开发的柔性开关（SOFTS-WITCH）织物。柔性开关织物具有许多传统织物无法比拟的特点，在智能纺织品领域里发挥着其独到的作用。比如，由于这种织物对外界的反应与压力成比例，因而可以根据压力的大小进行程度性的控制，用于最基本的开/关控制；柔性开关织物的柔软性保证了其可以用于包围三维立体物体，比如可以用来包裹在家具上，从而保持了纺织品的美感、手感和柔软性。柔性开关产品的生产方式仍保留传统的纺织加工方法，如织造（针织、机织）、刺绣、印花、涂层等，这保证了这种产品的市场化；同时，易于处理和回收的特点也使可处理、回收的绿色电子产品的生产进入了一个新时代。

4. 采用纳米材料

国外利用纳米技术开发了一种灵敏且程序可控的面料。其基本思想就是将小的多孔单元通过"螺丝"互相联结成面料；装有小型马达的计算机控制这些微孔，以调节它们与"螺丝"间的相对间隙。通过选择"螺丝"的松紧，产品的形状就可以改变，以符合使用者所需的形状。通过形状的快速变化或某些微孔间的短暂失去连接，固态的刚性物质就能像织物一样柔软；反之，松散的键合单元与刚性骨架相连，柔软的织物就会变得刚硬。因此，织物与其他材料之间的区别就变得很模糊。

正在研制中的美军"超人战斗服"，具有防护、隐形以及通信等多项功能。士兵所戴的激光保护头盔将成为信息中枢，这种头盔由纳米粒子制成，备有微型电脑显示器、昼夜激光瞄准感应仪、化学及生物呼吸面罩等。这种军服材料中使用的纳米太阳能传导电池可与超微存储器相连，确保整个系统的能源供应；此外，在这种纳米军服中还嵌有生化感应仪与超微感应仪，用以监视士兵的身体状况。

三、电子元件和纺织品之间的连接方法

将微型电子通信设备植入服装、在微米或纳米结构中嵌入传感技术和驱动装置、在服装和周围环境之间实现无线通信、采用内置电子元器件将使服装更具时尚化、智能化。但服装和电子产品的形态、尺寸差异很大，作为电子芯片的微米级尺寸与作为纺织品的毫米级尺寸的导电连接是电子服装发展的一个挑战和难点。目前的连接技术有以下5种。

① 直接技术。将芯片以类似金属导线连接的方法连接到复杂电路织物条内。

② 复合技术。把电子器件嵌入能像织物一样可任意扭曲折叠、厚度为毫米级的导电性塑料薄膜内与织物复合。

③ 嵌入技术。通过微电子组合技术将电子器件集成在服装中。

④ 基于纤维的技术。由特种纤维来实现服装的电子化功能。

⑤ 基于模块的技术。通过类似于织物涂层的技术实现信息的传递和转换，它可以有效地连接植入服装中的各个独立的电子器件。

这5种方案都可取代传统的印刷电路板而构成适合服装的柔性电路板。因为电子服装不能像普通机织服装那样剪裁，也不能像传统针织服装那样编织而成，故应根据服装款式和结构特点来设计柔性电路。

四、电子器件与服装结合的生产方式

电子器件结合服装可提供许多额外的用途，通过巧妙适配、整合智能的电子器件后可开创服装业新的商机。这类服装含有检测技术、设置和通信技术、执行器件、用户接口、网络系统、能源设施。这些器件和设施来自微电子工程、信息与通信、纺织等工业部门。通过经训练后具备专门技术的操作者将其科学合理地组装在一起，可确保电子服装最佳的舒适感和功能性。

目前，电子器件和服装结合的生产方式主要有适配、整合和组并三种。

1. 适配方式

将非纺织模块和器件的单件与服装进行适配，并用纺织的技术手段与服装配连在一起。涉及的尺寸为厘米级，器件肉眼可见，所以在服装清洗时必须摘除。

2. 整合方式

将系统组件包含到纺织结构之内，该方式特别之处是纺织工艺为绝不可少的要素。所用组件尺寸为毫米或微米级，为肉眼可见，可与服装一起清洗，因此，对非纺织的元件要求特殊封装，并要求能持续具有维护服装的功能。

3. 组并方式

将纳米级的电子器件加入到纺织成分之上或之间，利用纳米技术所实现的智能结构看不到、摸不着，要求全新的洗涤方法。按当前的技术现状，整合提供最实际可行的商机，使活跃的功能性与服装的舒适感组合于一体。适配、整合技术目前发展已较为成熟，组并技术仍处于研发探索阶段，它是电子器件与服装结合未来发展的方向。

五、电子纺织品的技术加工方法

由于电子纺织品含有导电纤维和传感器，这就使其制衣形式与传统的加工有必然的区别。在加工电子信息智能纺织品时，织造的电路格式要求两种或多种垂直纱线互相连接或熔接。纱线织造、切割则需要按照电路的设计来完成。目前的电子纺织品虽然很简单，但是随

着人们对电子服装产品的质量、功能要求的不断提高，其款式和性能（比如服装人性化）等方面必然会有很大程度的改善。可以想象未来产品要求的电路势必会更加复杂和日趋完善，为了避免人为出错，对于织物、纱线之间的连接必须实行自动控制。

第三节　电子智能柔性感测材料及设计

一、压电复合材料

压电材料是受到压力作用时会在两端面间出现电压的晶体材料。1880 年，法国物理学家 P. 居里和 J. 居里兄弟发现，把重物放在 α-石英晶体上，晶体某些表面会产生电荷，电荷量与压力成比例。这一现象被称为压电效应。随即，居里兄弟又发现了逆压电效应，即在外电场作用下压电体会产生形变。压电效应的机理是：具有压电性的晶体对称性较低，当受到外力作用发生形变时，晶胞中正负离子的相对位移使正负电荷中心不再重合，导致晶体发生宏观极化，而晶体表面电荷面密度等于极化强度在表面法向上的投影，所以压电材料受压力作用形变时两端面会出现异号电荷。反之，压电材料在电场中发生极化时，会因电荷中心的位移导致材料变形。利用压电材料的这些特性可实现机械振动（声波）和交流电的互相转换。因而压电材料广泛用于传感器元件中，例如地震传感器、力、速度和加速度的测量元件以及电声传感器等。

1. 压电复合材料原理

压电材料由于具有响应速度快、测量精度高、性能稳定等优点而成为智能材料结构中广泛使用的传感材料和驱动材料。但是，由于存在明显的缺点，这些压电材料在实际应用中受到了很大的限制。例如，压电陶瓷的脆性很大，经不起机械冲击和非对称受力，而且其极限应变小、密度大、与结构粘合后对结构的力学性能会产生较大的影响。压电聚合物虽然柔顺性好，但是它的适用温度范围很小，一般不超过 40℃，而且其压电应变常数较低，因此作为驱动器使用时驱动效果较差。为了克服单相压电材料的上述缺点，近年来，人们发展了压电复合材料。由于压电复合材料不但可以克服上述两种压电材料的缺点，而且还兼有两者的优点，甚至可以根据使用要求设计出单向压电材料所没有的性能，因此越来越引起人们的重视。

压电复合材料是由压电相材料与非压电相材料按照一定的连通方式组合在一起而构成的一种具有压电效应的复合材料。压电复合材料的特性如电场通路、应力分布形式，以及各种

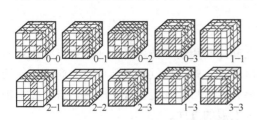

图 7-2　压电复合材料的 10 种连接方式

性能如压电性能、力学性能等主要由各向材料的连通方式来决定。按照各相材料的不同的连通方式，压电复合材料可以分为 10 种基本类型，即 0-0、0-1、0-2、0-3、1-1、1-2、1-3、2-2、2-3、3-3 型，如图 7-2 所示。一般约定第一个数字代表压电相，第二个数字代表非压电相，例如，1-3 型压电复合材料是指由一维的压电陶瓷柱平行地排列于三维连通的聚合物中而构成的两相压电复合材料，而 3-1 型压电复合材料则是指将聚合物填充于含有若干平行排列的通孔的压电陶瓷中而形成的两相压电复合材料。压电复合材料的一个最大特点是其具有可设计性。例如，根据对压电复合材料不同的使用要求可以选择不同的连接方式和复合方式，使压

电相与聚合物相满足一定的匹配关系，从而使压电复合材料具有所需要的性能。

2. 压电复合材料的性能特点

压电复合材料有十种基本类型，其中综合性能较好、最适合在智能材料结构中应用的压电复合材料主要有 0-3 型、1-3 型、3-3 型压电复合材料。

（1）1-3 型压电复合材料

1-3 型压电复合材料是由一维的压电陶瓷柱平行地排列于三维连通的聚合物中而构成的两相压电复合材料。在 1-3 型压电复合材料中，由于聚合物相的柔顺性远比压电陶瓷相的好，因此当 1-3 型压电复合材料受到外力作用时，作用于聚合物相的应力将传递给压电陶瓷相，造成压电陶瓷相的应力放大；同时由于聚合物相的介电常数极低，使整个压电复合材料的介电常数大幅下降。这两个因素综合作用的结果是压电复合材料的压电电压系数 g 得到了较大幅度的提高，并且由于聚合物的加入使压电复合材料的柔韧性也得到了显著的改善，从而使材料的综合性能得到了很大的提高。

在 1-3 型压电复合材料中，压电陶瓷体积百分含量 y 是影响其性能的一个重要参数。一些实验结果表明：随着 y 的增加，压电复合材料的压电常数几乎线性的增加，当 $y > 40\%$ 时增幅逐渐趋于平缓并接近于压电陶瓷的压电常数；而压电复合材料的介电常数则几乎随着 y 的增大而以直线性地增加。另外，压电陶瓷柱的形状参数 w/t（宽度与高度之比）也是影响压电复合材料性能的一个重要参数，当 y 一定时，随着 w/t 的增大，压电复合材料的介电常数呈上升趋势。1-3 型压电复合材料的制作一般采用两种基本方法，即排列-浇铸法和切割-浇铸法。排列-浇铸法是较早采用的一种制作方法，这种方法是将压电陶瓷棒事先在模板上插排好，然后向其中浇铸聚合物，固化之后再经切割成片、镀电极、极化即形成 1-3 型压电复合材料；切割-浇铸法是沿与压电陶瓷块极化轴相垂直的两个水平方向上通过准确的锯切，在陶瓷块上刻出许多深槽，然后在槽内浇铸聚合物，固化之后将剩余的陶瓷基底切除掉，经镀电极、极化之后即形成 1-3 型压电复合材料。另外，为了进一步提高压电复合材料的压电电压系数 g，Lynn 等人还开发了 1-3-0 型压电复合材料。这种压电复合材料是在 1-3 型压电复合材料的基础上，通过向聚合物相中引入一些气孔来减弱聚合物相的泊松耦合效应，从而使压电陶瓷相的应力放大作用得到进一步的增强。

虽然 1-3 型压电复合材料的压电应变常数 d 和机电转换系数 k 低于压电陶瓷，但是它的压电电压系数 g 和柔韧性却得到了明显的改善。以 1-3 型 PZT/环氧压电复合材料为例，当 PZT 的体积百分含量达 40% 时，压电复合材料的 g_{31}、g_{33} 不但大大高于纯 PZT，甚至比 PVDF 的还要高，而其柔韧性则与 PVDF 相当。因此，1-3 型压电复合材料的综合性能要优于纯 PZT 压电陶瓷和 PVDF 压电薄膜，是一种在智能材料机构中很有发展前途的压电复合材料。

（2）0-3 型压电复合材料

0-3 型压电复合材料是指在三维连通的聚合物基体中均匀填充压电陶瓷颗粒而形成的压电复合材料。在 0-3 型压电复合材料中，由于压电陶瓷相主要以颗粒状呈弥散均匀分布，因此它的电场通路的连通性明显差于 1-3 型压电复合材料，而且使得复合材料中形不成压电陶瓷相的应力放大作用。这样，同纯压电陶瓷和 1-3 型压电复合材料相比，0-3 型压电复合材料的压电应变常数 d 就要低很多；但是，由于 0-3 型压电复合材料的介电常数极低，因此它的压电电压系数 g 仍然较高（PZT 体积百分含量为 60% 的 0-3 型 PZT/环氧压电复合材料的压电电压系数 g 要比压电陶瓷的高数倍），而且它的柔顺性也远比压电陶瓷的好，因此其综合性能要优于纯压电陶瓷。

0-3型压电复合材料的制备工艺过程比较简单：首先将压电陶瓷制成粉末状（具体的制备工艺可以采用共沉淀法、溶胶-凝胶法、混合氧化法等工艺方法），然后将陶瓷粉末与聚合物混合均匀并加入适量的溶剂搅拌均匀。待有机溶剂完全挥发后模压成型，再经固化、切割、镀电极、极化之后即形成0-3型压电复合材料。

影响0-3型压电复合材料性能的参数较多，其中，压电陶瓷的体积百分含量y是一个重要的参数。研究表明：当$y<60\%$时，复合材料的压电常数极低，只有当y超过60%时复合材料的压电常数才会迅速增加，但是，如果y值过大，复合材料则难以成型，因此，理想的y值为60%～70%。y对复合材料的介电常数ε也有较大的影响，随着y的增大，ε几乎线性地增大。压电陶瓷的粒径是影响0-3型压电复合材料性能的另一个重要参数，随着压电陶瓷粒径的增大，复合材料的压电常数也逐渐增大，但当压电陶瓷的粒径超过$100\mu m$时，复合材料的压电常数则与粒径大小无关。另外，制备工艺方法对复合材料的性能也有一定的影响，实验证明，采用共沉淀法制备的复合材料的压电常数明显高于采用溶胶-凝胶法或混合氧化法等工艺方法制备的复合材料的压电性能，原因可能是采用共沉淀法制作的压电陶瓷颗粒纯度高、大小均匀且颗粒形状近似于球形。

同1-3型压电复合材料相比，0-3型压电复合材料的压电应变常数d和压电电压常数g不高，但是其柔韧性更好，而且与PVDF相比，其综合性能与PVDF不相上下，但其制备工艺却更简单，成本也更低，因此更适合批量生产。因此，0-3型压电复合材料是一种在性能上可以替代压电陶瓷和PVDF而制造成本却更低的新型压电传感材料，将来必然会在智能材料结构中得到广泛的应用。

（3）3-3型压电复合材料

3-3型压电复合材料是指聚合物相和压电相在三维空间内相互交织、相互包络形成的一种空间网络结构，一般聚合物相采用环氧树脂或硅橡胶。这种3-3型压电复合材料与传统的实心压电陶瓷相比，具有很多的优点，已在超声检测领域中获得了较为广泛的应用。

一般3-3型压电复合材料采用BURPS（有机物烧结法）工艺制备，其步骤是：将塑料球粒与压电陶瓷粉末在有机黏结剂中均匀混合，烧结后形成多孔陶瓷框架网络；然后再填充聚合物，经固化、磨平、上电极后即形成3-3型压电复合材料。除此而外，制备3-3型压电复合材料的工艺还有珊瑚复制法、夹心式（Sandwich）、梯形格子（Ladder）以及光蚀造孔法等方法，采用不同的工艺方法，得到的复合材料的结构是不同的。

影响3-3型压电复合材料性能的参数主要是PZT压电陶瓷的体积含量和气孔率。以夹心式复合材料为例，如果气孔率大于0.68，那么复合材料承受压力的能力大大下降，甚至不能承受超过$980kPa$的静压力。因此，一般要控制气孔率低于64%；而复合材料的压电常数则随着PZT体积含量的增大而增大。

3. 常用压电材料的结构和机理

在32种晶体点群中，有21种点群的晶体没有对称中心，其中有20种点群的晶体具有压电效应。在具有压电效应的20种点群晶体中，有10种点群晶体具有极性。所谓有极性压电晶体，是指在外电场等于零时，内部的电偶极矩已经存在着有序的排列，压电晶体已经处于极化状态，这种极化状态称为自发极化。压电陶瓷和PVDF压电薄膜等晶体就属于这种类型的压电晶体。本节将主要介绍这两种压电晶体的结构和机理。

（1）压电陶瓷

目前应用最广泛的压电陶瓷主要有单元系压电陶瓷（如$BaTiO_3$、$PdTiO_3$）、二元系压电陶瓷（即PZT）和三元系压电陶瓷（如PCM、PMS等），这些压电陶瓷晶体都属于钙钛矿型结构，它们的共同点是化学分子式的形式相同——都可以写成 ABO_3 的形式。一般要求 B 离子的半径远小于氧离子半径，并且 A 离子半径与氧离子半径相似，才可能形成钙钛矿型结。单元系压电陶瓷的代表是 $BaTiO_3$，由于其制造工艺简单，容易批量生产，而且价格较低，所以现在还在广泛使用。但是，$BaTiO_3$ 压电陶瓷居里点只有 120℃，使用温度一般不能高于 80℃，而且由于受到 0℃ 附近第二相变点的影响，使各参数的温度稳定性很差，因此使用受温度的影响较大。

压电晶体具有多种等价结构，当温度由高温向低温变化时，压电陶瓷晶体的晶胞结构将随着发生变化：在居里点温度以上为立方顺电体，以下为四方铁电体。在四方铁电态时，自发极化的方向是与 c 轴平行的，所以各晶胞的自发极化取向也可能彼此不同。这样，为了使晶体能量处于最低的状态，晶体中就会有若干个小区域，各个小区域的晶胞的自发极化方向相同，与邻近的自发极化方向不同。这些自发极化方向一致的小区域称为铁电畴，整个晶体包含了多个铁电畴。因为在四方结构时自发极化的方向只能是与原立方结构的三个晶轴中的一个晶轴平行，所以相邻两个铁电畴中的自发极化方向只能呈 90°或 180°。相邻铁电畴的交界面分别称为 90°畴壁或 180°畴壁。

（2）高分子压电材料

聚合物压电性的研究始于生物物质，后来扩大到合成高聚物。目前具有实用价值的高聚物压电材料是聚偏二氟乙烯（PVDF）。PVDF 是一种半结晶性聚合物，由重复单元为 (CF_2CF_2) 的长链分子构成，同一根分子链可穿过几个结晶和非晶区，相应于 2000 个重复单元或 $0.5\mu m$ 伸直长度的 PVDF 的相对分子质量约为 10^5。PVDF 的结晶度在 50% 左右，非结晶相具有过冷液体的特性，其玻璃化温度 T_g 为 $-35℃$。

PVDF 目前已知至少有 5 种晶型，晶型的生成取决于加工制膜条件，在一定条件下可以相互转化。最常见的晶型有三种：β 型、α 型和 γ 型，但只有 β 晶型才具有自发极化性。由于 PVDF 薄膜挤压出来时主要成分是非压电性、非极性的 α 晶相，因此此时不具有压电效应，必须经过一系列的处理之后才具有压电性。首先将 PVDF 薄膜进行拉伸处理，使 PVDF 由 α 晶型转变为 β 晶型，PVDF 薄膜的压电性能随着 β 晶型含量的增加而增加，拉伸后 PVDF 的结构如图 7-3 所示；然后将 PVDF 薄膜附近加热到居里点温度并进行极化处理，极化后 PVDF 薄膜的结构如图 7-4 所示。经过这样的处理之后 PVDF 薄膜就具有压电效应了。

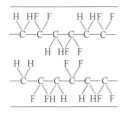

图 7-3　未极化的 PVDF 薄膜结构

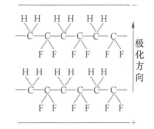

图 7-4　极化后的 PVDF 薄膜结构

同压电陶瓷相比，PVDF 压电薄膜的压电应变常数较低，机电耦合系数也较小，但压电电压 g 却很高，因而更适合用作传感元件。另外，由于 PVDF 压电薄膜的柔韧性好，可以制成任意形状，因此 PVDF 压电薄膜可以用于任何复杂形状结构件的监测，而这一点压电陶瓷往往很难做到。

二、压力传感器

压阻传感器是利用单晶硅材料的压阻效应制作的，单晶硅材料受到力的作用后，电阻率会发生变化（压阻效应）；在弹性变形限度内，硅材料的压阻效应是可逆的，即在外界作用下，硅的电阻发生变化，而当应力除去时，其电阻又恢复到原来的数值；对于非等向性硅材料，其灵敏度系数和晶格方向有关，制作上，选择压阻效应最大的晶向来布置电极。压阻式传感器的优点如下：

① 频率响应高，其自然频率可达 15MHz 以上；

② 体积小，可利用标准的 IC 制成，易于微小化；

③ 高精度及高灵敏度；

④ 采用一次成型，无活动部件、耐振、耐蚀及抗干扰力强，可用在恶劣的环境条件中。

压阻式传感器常被用于压力传感器等微型组件。目前主要压力传感器仍以压阻式为主，电容式及光纤则急起直追中。微机电系统在未来可以应用在纺织产业上的技术及构思包括下列：智能型服饰、运动暂停检出器、纱线张力量测、磨损检测系统、在线经纱张力量测、毛毯上通电以控制高分子聚合物、底部的传感器安装、SMA 型的温度开关、依日照、温度变化而翻转的窗帘、触觉传感器、在线染色量测用 pH 计、温度计及激光型浓度计、激光喷墨式打印机、测试用湿度计、微成形机构等等。

全球各地的科技研究室中，早已研发出许多有此概念的产品。在可洗式计算机正式成为流行服饰配件之前，传统服装仍是流行的核心。因为不希望把僵硬不舒服的电线或硬塑料壳穿戴在身上，所以织物的材质和手感非常重要，于是整部计算机必须由可穿戴的材质所组成。在国外，目前已在开发一种含传感器功能的夹克，使用一种先进的针织技术，以织成可定位的软性可伸缩传感器，来量测手臂及身体的位移量；将其穿在身上各部位上时，不会太显眼或引人注目，所以可用于各种活动上或是穿戴计算机上。感测性夹克是可以量测到使用者姿势及移动量的高科技纺织品，是利用针织方式的可伸缩性传感器以及传导性的追踪型针织品所结合而成的智能型服饰；它是一种纤维化的传感器，而且看不见其存在性，又可以将机电信息传到穿戴式计算机上。此种感测型纤维有下列的优点：①以看不见的方式织入智能型服饰中；②在成衣厂中，可以量产化；③具有可水洗性及可传导性。

三、柔性压敏开关

用于电子信息纺织品的柔性压敏材料又称柔性开关材料，通过把轻质的导电性织物和一层极薄的具有独特电子性能的材料复合而成。从技术角度上讲，这是一种具有弹性电阻的物质或具有量子隧道效应的复合物（quantum tunneling composite，QTC）。据称，QTC 的不同寻常之处在于在通常状态下它是绝缘体，但若受挤压或扭曲则会降低它的电阻，直到它具有像金属一样的导电性。在 QTC 复合材料中，金属粒子紧密地分布在基质中，但相互之间没有任何接触，当含有这种复合材料的织物被按压并使其发生变形时，金属粒子之间的距离就会减少到很小，直至电子可以在金属粒子之间发生转移，从而便具有了导电性。这实际上意味着柔性压敏织物的电阻可以有很大范围的变化，其程度决定于所施加的压力。这种特性使得柔性压敏技术在需要进行程度控制的电子设备上具有广泛的用途。

复合导电材料的导电机理认为：不一定分散的导电粒子间都要进行接触。但是，还有很多现象都有利于通过粒子之间的接触面而移动电子的说法，这种机理认为分散粒子的粒径越大，导电性越显著。对具有分散导电粒子的弹性橡胶复合导电体施加压力，导电性则出现了偏移，改变了方向，具有这样功能的导电体可作为压敏导电材料，用于压力开关。可通过分散导电性粉末形状和配比及混合方法来改变其特性。

柔性压敏导电橡胶，其导电性随压力增加而电阻变小，在不受力时一般为绝缘体。它有两种类型：一种是开关型，不受压力时短路，当压力达到一定值后，电阻急剧降低至接通状态；另一种是模拟型，其电阻值随着压力的变化而逐渐变化。开关型压敏导电橡胶可以制造固态开关元件及无冲击开关元件，模拟型压敏导电橡胶主要用于受力传感元件，如高速公路或道路用的车辆信息传感器等。

采用软开关材料制作的织物除了保留了纺织品的柔软、美观、时尚的织物结构和流行的颜色，并能用传统的纺织加工方法进行加工外，还具有以下特点。

① 响应与压力成比例。既可用作基本开/关控制，又可根据加压大小，按比例地做出电子响应。如一个按键可以简单地更换 MP3 的声道，也可根据施加于键上压力的大小来控制音量的大小。

② 传感器的形状、尺寸和设计不受限制。无论是单开关装置或是多传感器的变换系统都可嵌入织物中，完全是隐蔽的、无缝的，不改变纺织品的外观。

③ 软开关系统是一个不含任何硬电子元件的纺织品。与传统开关和传感器相比，质量轻、体积小，其界面织物可被卷起，易于清洁，也可用来包围三维的立体物体如家具、人体等。

④ 与现有的电子设备可直接界面接触，而无需信号处理或复杂的软件翻译。可为现有的电子产品提供界面而无需改变原有线路。

⑤ 完全无线应用。软开关织物不需直接连接于欲控制的设备，只需通过附在织物上的一个微小的无线电频率发射器进行遥控操作，将指令发到电子产品上。将软开关织物与无线技术结合，可使远距离的界面被并入我们日常接触到的所有纺织品表面，从而控制我们周围的产品或与其交流沟通。

⑥ 易于处理和回收，有助于新一代用即弃和可回收电子产品的发展。

压敏传感器作为一种柔性纺织品，与个人通信系统结合，在织物或者服装中封装一个非常小的传感器和芯片，同时织物中优良的传导材料提供所需的电子连接，其应用主要包括个人信息终端、科学探索器材、残障设备等领域。压敏纺织品的传感器是由传统的纤维编织而成（柔韧性强），织物中导电纤维经纬向交织形成一个矩阵，可以准确感知到织物受压部位。如图 7-5 所示，英国的 Soft switch 是用于商业生产的服装键盘，基于量子隧道效应，可以与任何类的电子元件直接接触，而不需要单一处理或复杂的软件。

图 7-5　电子柔性开关

目前，柔性压敏材料已经在一些关键领域实现了商业性的应用。在服装领域，主要应用在工业装、职业装和防护装，因为这些领域对服装往往有一些特殊要求，如需要安装电子系统来实现电脑系统和个人电子装置之间的沟通。在服装的裁剪和缝纫的过程中，可将柔性压敏按钮和信号传送系统加入到服装中，并通过一个可拆卸的连接与硬质元件，如耳机、麦克风相连，清洗衣服时可以将硬质元件拆下。无线柔性压敏技术可以使服装与附近环境或工作场合中的电子装置进行遥控沟通或给服装增加更多的仿真功能，所以可以在普通服装上加入电子产品,使电子产品可以被身体的动作或姿势来控制,从而增加品牌服装的魅力。在房间装饰领域,柔性压敏技术可以将开关和控制加入到房门、家用装饰材料、扶手、工作站的仪表盘等装置上,但却不留任何痕迹,以此来创造更符合工程学的用户界面;运输部门对于具有隐蔽性的智能化内部装饰有一种不断增长的需求,在汽车行业已经开发了一种柔性压敏座位占用传感器,可以测量并鉴别乘坐者的重量并提供座位占用数据,以便可以更为有效地使用安全气囊。这个装置可以进一步发展为一个压力测量传感器,用以自动调节座椅以使乘客坐得更舒服。这项座位感应调节技术也被应用在了飞机和办公设备上;随着家庭智能网络的出现,一种新的潜在市场是把开关装置加入到家用装饰纺织品中,如地毯、墙壁覆盖物、软质家具等,可以控制灯光、温度、安全装置以及其他电子设备,还可以控制室内空间的使用情况以求节约能源。

发展软开关织物最大的挑战是如何使电子组分耐用、可洗、耐寒及耐热湿极端的环境。目前,软开关织物能满足对纺织品的所有要求,实验证明,经过1百万次压力循环操作后仍有效,而且能在−20～100℃温度范围内使用。软开关技术的应用有极其广阔的想象空间。目前,利用软开关技术已开发成可穿戴的智能电子服、智能内部装饰、柔性计算机界面、高级学习用品、医用压力监测器、撞击压力和握力监测器等,并正在向商业化发展。

四、柔性织物键盘的设计

柔性键盘可折叠,打破了传统硬质键盘不能卷曲、不可洗、占地面积大和携带不方便等缺点。而织物键盘敲键声音小、手感柔软、可卷曲、便携,为可穿戴计算机的发展起到有力的推动作用。浙江理工大学研究的柔性材料制作电脑键盘共分四层。第一层仿照键盘实物,绣有突起的按键格;第二层和第四层为核心部分电路层,第三层是绝缘层。绝缘层上对准按键的位置设有许多镂孔,打字时按动表层突起按键,二、四层电路就会连通,从而完成各种电脑指令输入。设计原理和普通键盘差不多,不同在于二、四层的电路是由特殊导电浆料印在布上,而不是金属导线。

天津工业大学研究的织物柔性键盘选用涤纶长丝为原料,通过改变组织结构和调整工艺参数,设计了多种矩阵孔状织物和多种织物按键凸起层,使其产生不同的孔状效应和凸起效果。使凹凸孔状织物适合制作柔性织物键盘的孔状绝缘层,单层组织与管组织结合形成的凸起适合制作柔性织物键盘的按键凸起层。采用平纹组织、经二重组织试织了上导电层,用平纹组织、纬二重组织试织了下导电层,并采用多根纬纱单独织造的方法试织了预留孔织物的绝缘层,将上下导电层与绝缘层整合到一起形成两种织物键盘开关。

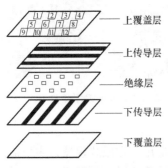

图7-6 柔性织物键盘结构图

柔性织物键盘的结构见图7-6,有5层。第1层为上覆盖层,即为按键凸起层,第2、3、4层为上下两个传导性的外层和一个绝缘的孔状中间层,中间层将两个外层隔开,两个外层各有两条传导性织物构成的电极条。绝缘性孔状中间层将两个外层隔开,在休息状态下,两个传导性的外层不接触,而一旦键被按下,则上下两传导层之间允许电流通过,形成了一个穿过中间层的传导路线,建立起上下层之间的局部电路。

(1)按键凸起层设计

设计要点如下：①织物表面必须形成凸起；②键盘上的所有按键间都要有距离、有间隙；③按键要有一定尺寸，即形成凸起的地方不能只是一个点。涤纶纤维综合性能好，电绝缘性优良，不发霉，不怕虫蛀。能满足键盘对织物表面的要求。织物的经纱和纬纱使用相同性能的涤纶长丝。

采用单层与管状组织形成的凸起作为按键凸起层。使织物正面产生纵向、横向或倾斜方向的凸条，而反面则为纬纱或经纱的浮长线组织，称为凸条组织。凸条组织是由浮长线较长的重平组织与一个简单组织联合而成的，其中，简单组织结构紧密，起固结浮长线的作用，称为固结组织，并凸起于织物的正面。作为基础组织的重平组织则利用其浮长线，使固结组织隆起。纬浮长线的长度决定凸条的宽度。在纬重平组织的纬浮长线上增加固结组织，构成纵凸条，在经重平组织的经浮长线上增加固结组织，则构成横凸条。

选用平纹与管组织配合，2/2右斜纹为管组织的基础组织。连接双层织物的两边缘处即成管状织物。管状组织使织物形成圆筒状，从外观上看均为同一种组织，且组织点连续。由于管织物本身就比一般的单层织物要厚，而且，平纹交织紧密，这样就可以体现由管组织所形成织物的凸起效果。

组织图与织物效果见图7-7。

（2）绝缘层

绝缘层在行列导电电路交叉位置布有一一对应的、稳定的孔洞。按压对应位置时上下导电层中的金属丝应接触使电路导通，不按压时须断开。为了形成稳定的孔状效应织物，选择了预留孔组织。预留孔使得孔左右两侧的经纱分别与各

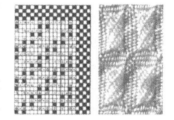

图 7-7　单层与管组织凸起

自的纬纱交织，使其牢牢锁在孔两侧的织物内，受到外力作用时不会发生滑移，从而保证了孔的尺寸稳定。除此之外，预留孔还可以织出预先设计的孔的尺寸及孔间距离的理想孔状织物。孔两侧的纱线交织次数决定了孔的宽度；孔的长度则由孔位置处的经纱根数、筘入数与筘号共同决定。图7-8为以平纹组织为基础的预留孔织物组织图，（3、4），（7、8），（11、12）三组经纱为孔位置处的经纱，它们的循环数决定了孔的长度；（5、6），（9、10）两组经纱为列排孔间的经纱，它们的循环数决定了列排孔间的距离。

由于该孔状织物孔内的经纱未参与织造，以浮长线的形式存在，因此，下机后需要将孔内的经纱剪断。图7-9为预留孔织物的外观图。

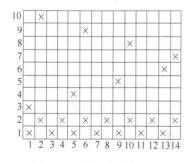

图 7-8　预留孔织物组织图

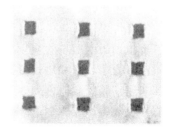

图 7-9　预留孔织物外观图

（3）导电层

① 上导电层。经二重组织，由于平纹组织的经向电路金属丝在表面都有显露，工作时易受外界环境的影响，因此为了遮掩露在表面的金属丝组织点并且将金属丝尽量显露在一面，采用经二重组织。根据经二重组织的作图原则采用表面组织 3/1 ↗，反面组织 3/1 ↖，

图 7-10   纬二重组织下
导电层织物外观

里组织是 1/3 ↗。经二重组织经密较大，为了使织物表面不显露接结痕迹，一组表里经纱必须穿入同一筘齿内，以便表里经纱相互重叠。

②下传导层。织物键盘的下传导层中同样被织入了横向的金属丝，使下传导层的纬向方向上形成了几条导电带，并与中间绝缘层的孔眼位置相对应。采用的纬二重组织。该织物的正反面均为 1/3 斜纹的纬二重组织，表里纬纱的排列比为 1∶1，正面组织 1/3 ↗，反面组织 1/3 ↖，由于里组织的短纬浮长配置在相邻两表纬浮长之间的原则，里组织为 3/1 ↗斜纹。图 7-10 为纬二重组织下导电层织物外观。

第四节   柔性显示器

电子元件体积的降低使服装中置入电子装置的能力不断提高，但是纺织品本身的柔软特性对植入其中的元器件提出了特殊要求。采用单晶硅或多晶硅材料制备的用于驱动的薄膜晶体管不具备柔韧性，在弯曲条件下容易被破坏，同时传统的液晶显示器（LCD）或阴极射线管（CRT）具有刚性强、体积大等缺陷，也不能植入纺织品中。因此需要利用特殊的技术制备满足纺织品需要的柔性电子元件及显示装置。研究者们开发了几种属于纺织材料的光敏纤维或纳米复合纤维并制备了柔性显示器，为解决智能纺织品的显示问题提供了一个思路。

蓬勃发展起来的有机电子学为电子信息智能纺织品的发展提供了新的机遇。1983 年，Ebisaw 等人制备了第一个基于聚合物的晶体管，有机材料开始作为半导体材料应用于半导体技术领域。1987 年，Tang 等发明了双层有机电致发光二极管，这种二极管结构与有机太阳能电池结构类似，由两层厚度为几十纳米的有机小分子材料构成，这两层有机薄膜夹在薄膜阳极和阴极之间，当在薄膜上施加电压，器件即发射出明亮的光，实现由电转化为光的功能。1990 年，场效应晶体管的无机半导体层被证实可以用小分子有机材料来取代，为柔性显示器件的驱动奠定了基础。

美国 Auburn 大学开发的研究课题涉及属于纺织材料的光敏纤维。这种光敏纤维可以发生光诱导可逆性光学变化和热反射变化，因而可以利用它的这种特性来制造柔性显示器。美国 Clemson 大学纺织学院在光敏性变色纤维领域中做了大量研究工作，通过把在电磁波可见区能够发生颜色变化的分子和低聚物掺入到纤维中或附着在纤维上，再施加静态或者动态电场，就成为了可以调节颜色的纤维和纤维复合材料。颜色的变化是由于不同波长的光而产生的，随着所施加的电磁场的变化导致物质发生结构上的变化，也就引起了光的变化。这类材料可用于制作变色墙壁和地板覆盖物，更重要的是可用于制备包含施加电场的柔性显示器的智能服装和通信服装。以色列 Visson 公司在 0.2mm 薄型纺织品上制成显示器样本。该样本显示屏用导电丝编织成 X-Y 结构，由此产生行列式电极网络，每一根导电纤维被极薄的电场发光物质层覆盖。在行列方向同时施加电压，在相应纤维交叉点上产生的电场导致该点上的电场发光物质发出辐射。还有一些令人感兴趣的研究，如可以用纳米复合纤维来开发柔性显示器。这类纤维改善了高温机械性能，具有优良的光学性质、电学性质或势垒性质，具有很高的应用价值。

纺织品柔性显示器在智能服装、通信服装、汽车设备、家用设备和装饰材料等诸多前沿领域有着广泛的应用前景。如柔性显示可用于各种类型的手机、掌上电脑（PDA），可穿着计算机和其他便携式电子装置；在消防队员和警察的制服上可显示信息和警示，提高了这类人员在远距离和极端挑战性状态下的安全性和工作能力。另外，柔性显示在汽车工业中有许多应用，汽车内的设备需要许多能显示重要信息的柔性装置。在装饰行业，装饰性和智能性房屋、建筑物都需要柔性显示技术支持，以使各种信息、图画、照片和照明在房屋建筑物中得到充分的展示，并很容易地解决了能源供给问题。

柔性显示技术主要应用柔性电子技术，将柔性显示介质电子元件与材料安装在有柔性或可弯曲的基板上，使得显示器具有能够弯曲或卷曲成任意形状的特性，有轻、薄且方便携带等特点。按照使用的情况，柔性显示器可以分为平坦式、微弯曲式、弯曲式与可卷式类型。当前的显示技术里，能够应用在柔性显示器上的技术主要有有机电致发光器件显示（Organic Light Emitting Display，OLED）、液晶显示（LiquidCrystal Display，LCD）、电泳显示（Electrophoretic Display，EPD）等相关技术。

一、有机电致发光显示技术

1. 电致发光

物体在温度升高时可以发光。例如，处于红热状态的物体发出红光，处于白炽状态的物体发出白光，这种因自身温度而产生的光辐射称为热辐射。但也有很多发光现象并不是由于物体温度升高而产生的，这些发光现象有时称为冷发光。1889 年魏德曼（G. H. Wiedemann）首次将"发光"定义为在所给发光体温度下超过热辐射的辐射。这一定义虽然还不够完善但很重要，在光学术语中第一次强调了发光与热辐射的不同之处。

后来人们发现，一些不属于发光的辐射也满足魏德曼关于发光的定义。例如，由光的反射和散射所引起的二次辐射、带电粒子的减速辐射和切连柯夫辐射等。随后瓦维洛夫对魏德曼发光定义做了补充，即在激发停止之后发光应具有一个不等于零的衰减时间（即一定的余晖时），而且这一持续时间应该比光振动周期长得多。显然，上述反射和散射等类型的辐射在激发停止的同时立即消失。瓦维洛夫关于发光定义的补充也便于将发光与受激辐射区分开来。这样，发光的完整定义为：超过发光体所处温度下热辐射的辐射，并且这种辐射具有超过光振动周期的持续时间，称为魏德曼-瓦维洛夫发光定义。

（1）发光的分类

可以按激发停止后发光仍能持续的余晖时间长短把发光分为荧光和磷光两类。通常把余晖时间小于 10^{-8} s 的发光称为荧光，而大于 10^{-8} s 的发光称为磷光。通常按照激发方法的不同对发光进行分类，主要有以下几种。

① 光致发光。光致发光是受入射光的激发而产生。在光激发时，入射光子被半导体吸收，同时产生电-空穴对，然后它们相复合并向外发射出另外的光子。通常所发射光子的能量低于被吸收光子的能量，即发射光谱相对于激发光谱向长波方向移动。这种激发方法具有一定的优点，因为它使得在不易制造电极和构成 p-n 结或不能有效地实现电致发光的材料中能激发光的发射。

② 化学发光。某些化学反应中释放的能量可以转变为光能，由化学反应引起的发光过程称为化学发光。生物发光是由生物化学反应引起。例如，萤火虫的发光是由于这种昆虫具有一种叫做荧光素的物质，它在氧化时伴随发光现象。因此，生物发光可以归于化学发光。

③ 摩擦发光。机械作用所引起的发光称为摩擦发光。机械压力作用下由于压电效应可以形成局部电场，通常约 10^6 V·cm^{-1} 的局部电场是容易实现的。在这样强的局部电场下可以发生齐纳击穿，从而产生电子-空穴对，然后它们复合时可以发射出光子。这样，机械应

变能转变为辐射能。

④ 阴极射线致发光。在高能电子束（阴极射线）作用之下固体的发光为阴极射线致发光。这时入射电子的动能部分地转变成某一波长范围的可见光光能。这种发光常用于显示器件中。

⑤ 电致发光。在直流或交流电场直接作用下引起的发光称为电致发光或场致发光。

（2）电致发光的特点

在电场作用下，半导体发光有两种基本形式。第一种形式的电致发光是由于载流子注入晶体中及随后的复合所引起的，这主要发生在直流低电压情形。通常晶体构成 p-n 结。除碳化硅外，磷化镓、磷化铟和砷化镓等Ⅲ-Ⅴ族化合物半导体都可以制成 p-n 结，产生注入式电致发光。第二种形式的电致发光是由于粉末材料在强电场（而且通常是交流电场）作用下通过碰撞电离激发而产生的。属于第二种电致发光材料的例子是硫化锌、硫化镉、硒化锌和硒化镉等Ⅱ-Ⅵ族化合物半导体。但是从电致发光的现象中我们可以看到，无论是第一种还是第二种形式都是直接将电能转换为光能，而没有经过任何别的中间形式能量的转换。因此可以说这是一种最直接的光激发方法。这是电致发光的一个最根本的特点。任何由所加电场的间接作用所引起的半导体发光都不属于电致发光。由于电致发光是电场直接作用所致，因此这种发光易于实行调制。

电致发光的第二个特点是发光体属于整个电路的一部分，并且有一部分非平衡载流子可以被电场从发光体引出到金属电极或别的非发光材料。这一特点必然对电致发光的量子效率产生影响。

电致发光的第三个特点是样品本身以及样品上电致发光的不均匀性。从电学性能来看，大多数情形的电致发光样品甚至加上电场之前就是不均匀的，因而从光学性能及发光性能来看，也是不均匀的。晶体的不均匀使得加上电压后出现电场强度的不均匀，在电场强度高的地方发生非平衡载流子对的激发过程以及随后的辐射复合过程。电致发光体中一些强电场区和弱电场区的串联不可避免地会导致它们的相互影响。例如，外加电压沿样品长度的分布既取决于所处温度下这些区域的最初性能，也取决于强光场区域中的电离强度。

电致发光的第四个特点是非平衡载流子的复合过程也像其激发过程一样受到电场的控制。例如，晶体与电极绝缘的极端情形，激发和复合发生在不同时间。因为碰撞电离产生的非平衡电子和空穴在电场作用之下分开向相反方向移动而不能复合，所以只有当电场方向发生改变（如交变电场的另外半个周期）时，才有可能相遇并进行辐射复合。

此外，用交变电场激发电致发光时，由于载流子被周期性地引到表面，因此与光致发光相比较表面陷阱和复合中心的作用增大，这也影响发光量子效率。对于一些外加电场和激发集中区直接位于晶体表面附近的情形，表面状况对电致发光的影响就更大。

（3）电致发光的机理

任何一种发光都必须包括非平衡载流子的激发和辐射复合两个过程。各种发光的特点主要由它们激发过程的不同特点所决定。由于电致发光具有其特定的将电场能量加到发光材料上的方法，因此，在研究其发光过程时，自然要将注意力首先放在激发过程上，即研究如何在电场的直接作用下实现对材料激发的机理。至于发光的第二个过程——复合和发射光子，则通常只需考虑电场对复合条件的影响。

使处于电场中的半导体激发的过程或机理可能有若干种。在所有情形下，电场的作用应该促进或使得发光中心直接受到激发，或者使在允许能带中出现附加非平衡载流子。总的说来，可以通过两种主要的方法来增加晶体中的载流子浓度：一种是晶体中已经存在的自由载流子在强电场的直接作用下被加速（提高动能），这些高速电子可以进行碰撞电离激发；另一种是电场向固体（包括晶体-电极系统）中已有的载流子提供势能，从而改变它们的空间分布。

其原理主要有注入式发光，包括正向偏置的 p-n 结、异质结、肖特基势垒和金属-绝缘层-半导体结构，有碰撞的电离激发以及隧道效应。

2. 有机电致发光材料

电致发光包括高电场发光（又称本征发光）和低电场结型发光（也称注入型发光）。前者发光材料是粉末或薄膜材料，后者一般是晶体材料。两者的发光机理和器件结构都有区别。从狭义角度上来看，LED 和半导体激发器是在电流注入之后因电子和空穴复合而发光的，而电致发光（EL，Electro Luminescence）是根据电场引起发光的原理产生发光的现象，所以称它为纯粹 EL。通常，EL 指前者，低电场结型发光器件是发光二极管。现在，有使用无机材料的无机 EL 和使用有机材料的有机 EL，无机 EL 属于纯粹 EL，而有机 EL 属于电流注入型 EL。

有机电致发光（OEL，organic electro luminescence）在显示及照明技术方面已显示出广阔的应用前景。它具有驱动电压低（可与集成电路电压相匹配）、反应时间短、发光亮度和发光效率高以及易于调制颜色实现全色显示等优点，加上有机材料还具有轻便、柔性强、易加工等特点，这都是传统的无机电致发光材料和液晶显示器所无法比拟的。有机电致发光材料可用于超薄大面积平面显示、可折叠的"电子报纸"以及高效率的野外和室内照明器件等，已成为电致发光领域一个新的研究热点。在无机电致发光中如何发出蓝色光是一个难题，但在有机材料中却容易得到高亮度的蓝色光。

① 有机 EL 的工作原理。图 7-11 是 3 层结构的有机 EL 的基本结构及其能带图。它们的电子输运层、发光层和空穴输运层都是利用两个电极将有机薄膜夹住而形成的。如果给该器件加上正向电压，则电子被注入电子输运层内，并向阳极方向移动而到达发光层。另外，空穴被注入空穴输运层内，并向阴极方向移动而到达发光层。在发光层内载流子（电子和空穴）复合产生单态激子，最后单态激子辐射衰减导致发光。这时，空穴输运层将成为电子的势垒，而电子输运层将成为空穴的势垒，所以电子和空穴将被限制在发光层内，从而可以有效地发光。当器件为 2 层结构时，电子输运层或者空穴输运层将被省略，这时发光层将起到它们的作用。为了提高有机电发光器的稳定性和效率，应使电子和空穴的注入达到平衡。这就要求电极材料的功函（Φ）与电致发光材料的能级相匹配。为此，通常用较高功函的

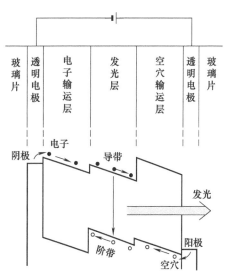

图 7-11　有机 EL 的基本结构和发光原理

材料做阳极，用较低功函的材料做阴极。最为常用的阳极材料是 ITO，对于大多数有机物来说，它都具有优良的空穴注入性能；最为常用的阴极材料是 Al，虽然它的功函比 Ca、Mg 高，电子注入性能不如 Ca、Mg 好，但它的化学性质比 Ca、Mg 稳定，器件的制作难度较小。

② 有机薄膜型 EL 的特征。有机薄膜型 EL 的特征有以下几点：一是它可以在比较低的

电压（5V 至几十伏）下工作；二是有机物可以进行多种组合，较易控制发光颜色；三是可以得到微秒量级的高速响应。现在的关键问题是提高寿命。

③ 有机电致发光材料特性。有机电发光器的每一个工作过程都与器件所用材料的电子结构密切相关，研究这些材料的电子结构对理解发光机理、提高器件性能及设计新型发光层材料都有重要意义。有机电致发光材料包括有机小分子材料和聚合物材料两大类。

通过研究，Sugiyama 等人得出了以下结论：好的空穴注入材料应具有较小的阈值电流 I_{th}；好的电子注入材料应具有较大的 I_{th}，即大的电子亲和能。好的电致发光材料应有利于空穴和电子的注入，即具有小的 I_{th} 和大的电子亲和能，所以，电致发光材料应具有一个适中的 I_{th} 值，且常常需要载流子注入材料的辅助。图 7-12 列出一些有机电致发光材料。

有机电致发光材料在短短的几年内取得了许多令人瞩目的进展，对传统的显示材料构成强有力的挑战。日本 Idemitsu Kosan 公司的研究人员成功地研制出具有精细像素的 RCB 有机电发光显示器。此外，Philips 公司、Uniax 公司及 CDT 公司也都制造出了高效率、高亮度、长寿命的有机电发光器。虽然有机电发光器的性能已经取得了巨大的改进，但仍然还有许多问题有待解决，例如，器件的制作技术（如成膜、封装、全色显等）器件效率的进一步提高，器件的操作寿命还需延长等。

3. 柔性有机电致发光显示器 （OLED）

有机电致发光显示器作为一种全固态薄膜显示器，具有自主发光、亮度高、可实现彩色化、能耗低、视角宽、对比度高、相应速度快等特点。有机电致发光显示器的制备过程是将几十纳米厚的有机薄膜或电极制备在基片上，几乎全部重量和厚度都集中于基片。传统的有机电致发光显示器采用玻璃基片，但是玻璃容易碎裂，不易弯曲，无法应用于纺织品。

1997 年，Forrest 等人发现基于小分子的有机半导体材料有优异的柔软性能，并制备了以 ITO（indium tin oxide）作为导电层，小分子材料为发光层的柔性有机小分子电致发光器件，从而扩展了导电层、功能层材料的选择范围。用聚合物基片替代玻璃基片减轻了重量，具备了弯折或卷曲成各种形状的能力，可以用滚筒方式（roll to roll）连续制备器件，从而有望降低生产成本。但是用塑料基片代替玻璃基片的一个主要缺点是空气中的水蒸气和氧气很容易渗入塑料基片，并对有机功能层造成破坏。为了将柔性器件的使用寿命提高到可以实际应用的水平，必须有效隔绝空气中的水蒸气和氧气。2004 年，Sugimoto 等人采用 SiON 陶瓷薄膜对柔性显示器件进行基片改性和封装，大大提高了器件的寿命，并制备出 3 英寸全彩色柔性有机电致发光显示器样品。除塑料基片外，金属箔基片也应用在柔性有机电致发光器件中。金属箔基片抗水氧渗透性能好，不必进行特殊的改性处理即可应用于柔性有机电致发光器件。

（1）技术原理

OLED 是基于有机材料的一种电流型半导体发光器件，由铟锡氧化物半导体薄膜（Indium Tin Oxides，ITO）透明电极、空穴传输层、有机发光层、电子传输层、电极层组成。原理是用 ITO 和金属电极分别作为器件的阳极和阴极，在一定电压驱动下，电子和空穴分别从阴极和阳极注入电子和空穴传输层，电子和空穴分别经过电子和空穴传输层迁移到发光层，并在发光层中相遇，形成激子使发光分子激发，经过辐射发出可见光。OLED 用红、蓝、绿像素并置法、转换法（Color Conversion Method，CCM）、白光加彩色滤光片法、微共振腔调色法和多层堆叠法来实现彩色化。

OLED 显示屏驱动方式可分为被动式（Passive Matrix OLED，PMOLED）与主动式（Active Matrix OLED，AMOLED）。PMOLED 是属于电流驱动，结构简单，驱动电流决定

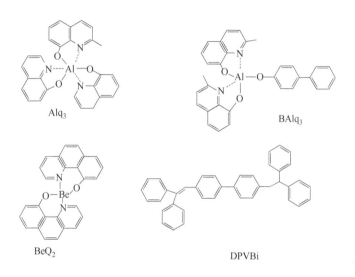

(a) 空穴传输材料

(b) 电子传输/发光材料

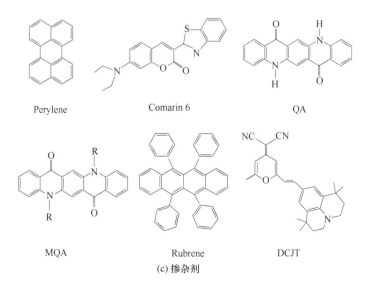

(c) 掺杂剂

图 7-12　有机电致发光材料

灰阶，应用在小尺寸产品上。AMOLED 在每一个 OLED 单元（即像素）后面都有一组薄膜晶体管和电容器，形成一个薄膜场效应晶体管（Thin Film Transistor，TFT）驱动网络，每一个像素都可以在控制芯片的操作下驱动 TFT 的激发像素点，这种方式能获得极速的响应时间而且省电，显示效果好，适合大屏幕全彩色 OLED 的需要。OLED 按所使用的载流子传输层和发光层有机薄膜材料的不同，分为两种不同的技术类型：一种是以有机染料和颜料为发光材料的小分子聚合物 OLED，另一种是以共轭高分子为发光材料的 PLED（高分子聚合物 OLED）。目前研究表明，PLED 十分适合用于柔性显示，采用 Int-Jet（喷墨）印刷，涂布有机材料物质，不需薄膜制程、真空装置，元件构成只有 2 层，投资成本低，但是其喷墨技术的墨滴均一化及 RGB 三基色定位精度不易控制，影响全彩化产品进程，寿命与产品优良率也有待提高。

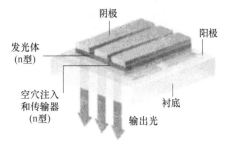

图 7-13　高分子 OLED 工作原理

1989 年剑桥大学 Cavendish 实验室发现了在某些聚合物中通过电流会激发出光，这就是高分子 OLED 的工作原理（如图 7-13 所示）。1992 年，剑桥显示技术公司（Cambridge Display Technology，CDT）成立，开始研究这项发现，并获得了基础知识产权。CDT 在 PLED 研究中取得的另一个重要的革新是采用喷墨印刷（Ink-Jet Print）的方式，将发射出光的聚合物印刷在玻璃或塑料上来制成 PLED 显示器。这一革新提供了一种低成本的彩色显示器制作方法，不但为 PLED 的产业化提供了可能，还使它可以以柔软的塑料作为基底层，甚至可以是在一个不平整的表面上。

（2）OLED 显示器

2008 年 5 月 "SID" 展会上，索尼称已经开发出首款基于柔性塑料基底的、全彩色的有源矩阵 OLED 显示器。Universal Display 公司声明其所开发的业界最薄柔性的活动矩阵式 OLED（AMOLED）显示屏原型机面世将指日可待。同年 12 月中国台湾工业技术研究院展示厚度仅为 0.2cm、弯曲半径<1.5cm、亮度达 100cd/m² 、分辨力为 320×240 柔性主动式 OLED 面板，在任意卷曲弯折过程中，动画仍能持续播映；三星展示了 2.2in AMOLED 显示屏，厚度 0.52mm、分辨力 320×240、色彩 262K、对比度 10000：1，在 200cd/m² 的亮度下可以使用长达 50000h。在 2009 年举行的 CES 展会上，三星和索尼分别推出了可折叠 OLED 显示屏，索尼还宣布可能将这项技术使用在以后推出的音乐播放器上。

尽管柔性 OLED 器件自身具备很多优势，而且柔性 OLED 器件在材料寿命、驱动、亮度、彩色化和柔性等方面均有较大的进展，但其产业化进程低，其原因主要是寿命问题和高效率问题还未彻底解决。而要解决这些问题，还需靠在器件结构的设计与材料合成、实验条件设计与加工、驱动与封装技术等多方面的共同努力。对于 OLED 的基础研究主要集中在提高器件的效率和寿命等性能以及寻找新的、改进的材料上。

二、液晶柔性显示技术

液晶显示器（liquid crystal display，LCD）的主要构成材料为液晶。液晶是指在某一温度范围内，从外观看属于具有流动性的液体，但同时又是具有光学双折射性的晶体。通常的物质在熔融温度从固体转变为透明的液体。但一般来说，液晶物质在熔融温度首先变为不透明的混浊液体，此后通过进一步升温才继续转变为通常的透明液体。因此，"液晶" 包含两种含义，一是指处于固体相与液体相中间状态的液晶相；二是指具有上述液晶相的物质。

液晶显示器采用液晶作显示材料，通过阵列的液晶光闸控制光线来显示文字、图形和图像。目前，已开发出的液晶显示器有胆甾型液晶显示（Cholesteric Liquid Crystal Display，ChLCD）、顶点双稳显示（Zenithal Bistable Display，ZBD）、铁电液晶显示（Surface Stabilized Ferroelectric Liquid Crystal Display，SSFLCD）、聚合物分散液晶显示（Polymer Dispersed Liquid Crystal Display，PDLCD）、向列相液晶显示（Nematic Liquid Crystal Display，NCLD）等。

三、电泳柔性显示技术

1. 电泳着色显示材料

电致着色和电泳着色都是在20世纪70年代与LCD相竞争而研究开发出来的显示方式。两者都是使用液体的显示方式，可以进行类似印刷及在LCD很难实现的鲜明的显示。此外，两者之间还有两点类似：一方面，都具有存储作用，人们对此寄予了较大希望；另一方面，都不能适应显示任意图像的点阵显示或彩色显示等新时代的需要，因而均不具备良好的实用性。当然，随着电致变色显示材料和器件基础研究的发展，将来也有可能以新的模式重新崛起。

微细粒子分散在液体中所形成的胶体悬浮液具有双电层，从而使得分散粒子带有正电荷或负电荷。当加上直流电压时，库仑力使悬浮粒子在胶体中运动。电极间溶液（染料溶液）中分散的带电粒子随着施加电压的特性，按库仑力向一侧透明电极迁移，并附着于电极表面，显示面因粒子的颜色而显色，这就是电泳着色，但作为显示手段，要求这个过程是可逆的。分散粒子用的是白色颜料，溶液则使用加有形成暗背景用染料的二甲苯等有机溶剂。电泳显示有以下特点：

① 在很宽的视角及大范围的环境光照下，它有很高的对比度；

② 在2.5V电压作用下，它的响应速度约几百毫秒，在50V电压作用下约为10ms，电流约为$1\mu A/cm^2$；

③ 寿命达10^7开关次；

④ 至少在几个月内可以控制记忆效应。

一般在电泳显示器中有两部分材料：一部分是悬浮在溶液中的微小（亚微米数量级）色素粒子；另一部分是深色溶液。色素粒子带电，在外电场作用下，从一个电极迁移到另一个电极，关掉电场后，色素粒子就留在这个电极，施加反向电场后，色素粒子又离开这个电极，向反方向移动，颜色又回到原来溶液的颜色。电泳着色的一个重要特点是它的记忆能力，当关掉外加电压后，色素粒子可以留在电极上，停留时间范围可以达到从几秒到几个月。

电泳着色的缺点是分散粒子的凝聚使其寿命受限，写入次数与电致着色差不多，而且驱动电压比较大，大约为几十伏。同样，因为没有阈值特征，所以不适合于矩阵显示。

2. 电泳显示技术

电泳显示是利用带荷电的胶体颗粒可在电场中移动的原理，通过电极间带电物质在电场作用下的运动实现色彩交替显示的一种显示技术，以这样一个电泳单元为一个像素，将电泳单元进行二维矩阵式排列构成显示平面，根据要求像素可显示不同的颜色，其组合就能得到平面图像。电泳显示器主要有扭转球型电泳显示（Twisting Ball Display，TBD）技术、微胶囊化电泳显示（Microencapsulated Electrophoretic Display，MED）技术、微杯型（Microcup）电泳显示技术，逆乳胶电泳显示（Reverse Emulsion Electrophoretic Display，

REED）技术等。

（1）扭转球型电泳显示

在透明塑料的密封腔体中，充满油性液体，液体中分散着黑白双色球微粒，白色半球反

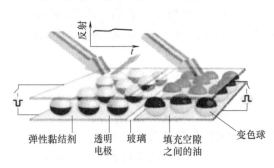

射光，黑色半球则吸收入射光。通过氧化铟锡电极和驱动电路控制加载电场，在脉冲电压的作用下，由于偶极子的扭矩力，小球就在液体中发生转动实现显示，并通过驱动电压调整球体的旋转角度和排列的有序度，控制图像灰度（如图7-14所示）。通过改进制造设备和工艺，可以改变球的构成，使得黑白两色球微粒成为有色透明的多色球微粒。也可以制造全透明球微粒，并在半球体切面上植入一个半透明的

图 7-14　扭转球型电泳显示原理

滤色片。这样，当滤色片处于与显示屏平面垂直状态时，球是看不到的，在滤色片与显示屏平面平行时，就会出现滤色片颜色，就可能获得彩色显示。

（2）微胶囊型电泳显示

先将电泳粒子和绝缘悬浮液包封于微胶囊内，再将微胶囊置于电极间。一个微胶囊内分散有许多带正电的白色粒子和带负电的黑色粒子，正、负电微粒子都分布在微胶囊内透明的液体也就是分散介质当中。当从非显示面加正电场时，微胶囊内带正电的白色粒子移动并聚集在显示面，这时显示为灰色；反之，当从非显示面加负电场时，带负电的黑色粒子移动并聚集在显示面，这时看起来就是黑色。这些粒子由电场定位控制，即该在什么位置显示颜色是由一个电场控制的，控制电场由带有高分辨力显示阵列的底板产生。通过加铺彩色滤光膜、控制电泳速度和增加子像素等方法，来实现彩色电泳显示。

（3）微杯型电泳显示

其原理是将带电微粒分散在染色的绝缘溶剂中构成胶体电泳液，将其封装在特制的微杯中，对该分散体系施加电场，带电粒子在库仑力作用下发生电泳。通过改变电场方向，使某一颜色的带电颗粒定向泳动，并透过透明电极板而显示。微杯电泳电子墨水技术是由 SiPix 公司开发的，其特殊设计的微杯结构是将微胶囊如网格般紧密排布，通过减少微胶囊之间的间隙实现一定的分辨率。将含有白色带电微粒（如 TiO_2 等）的红、绿、蓝三色的电泳液，分别对位注入杯状微元中，并紧密封装于上下两张柔性可弯曲的透明塑胶电极之间。通过电场的控制，可以实现全彩柔性显示。目前，SiPix EPD 的微杯型阵列应用于单面板时，其清晰度可达 300dpi。微杯型 EPD 技术的优势主要表现为可根据客户的不同需要，分裁成不同尺寸、不同形状的 EPD 成品，而且也不影响显示效果。

（4）逆乳胶电泳显示器

它是 Zikon 公司所研发的新型显示模式，主要是利用逆乳胶的电泳特性达到显示的目的。逆乳胶电泳显示器的构造是由两片镀上 ITO 电极的玻璃基板，中间注入逆乳胶溶液，选择极性染料使极性相（也就是微胞内部）呈现色彩。在适当的电场强度及频率下，控制微胞均匀分布在较宽的电极上或均匀分布在溶液中，可使显示器呈现微胞内染料的色彩，也可以利用电场的强度与频率，控制微胞聚集在较窄的电极使显示器面板呈现透明状态。

目前，微胶囊化的电子油墨技术被视为是具有发展潜力的柔性显示技术之一。微胶囊电泳显示技术不但使工艺简化、分辨率可达 200ppi、白态反射率约为 40%、对比度在 10～15

之间，而且当驱动电压为 20V 时，图像切换时间为 250ms，同时也具有一定的灰阶显示能力。研究最早且最为成熟的微胶囊电泳显示技术是 E-Ink 公司和 MIT 为代表的电子墨水技术。其微封装单元是一个一个的微胶囊，而微胶囊中的透明液体中含有黑/白带点粒子，随外加电压的变化，黑/白微粒在微胶囊内电泳，显示出由黑色与白的组成的图像。

西北工业大学周凤龙等以 ITO 导电塑料薄膜为基底，在上面制备出厚度均匀、胶囊排列紧密、与基底附着良好的微胶囊膜，再经过封装制备出电子墨水柔性显示器件，封装过程如图 7-15。采用平均粒径为 $50\mu m$ 微胶囊时，显示器件的最小可弯曲半径为 2.9cm；加直流电时，可以显示出清晰的文字，响应时间为 280ms。

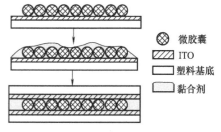

图 7-15　封装过程

电泳显示器具有易读性、柔软性、双稳态特性和低功耗等优点，成为人们广泛关注的焦点。E-Ink、Lucent、飞利浦、三星、柯达、施乐、IBM、索尼、东芝、佳能、爱普生、摩托罗拉等多家国际知名公司都在涉足电泳类显示器件的研发，且已经有电泳柔性显示器件产品问世。2007 年 E-Ink 与 Seiko 合作推出了可弯曲的手表外，E-Ink 与索尼、金科、eREAD 等公司合作推出了电子书；诺基亚发布了概念手机 Nokia888；三星与 LPL 则在电泳显示介质上加装彩色滤光片，形成彩色化。中国台湾元太的电子纸显示器技术已成功量产，包括 Amazon、索尼等国际大厂所推出的电子书产品，其所使用的面板皆由元太提供。2008 年 8 月爱普生宣布成功开发出 13.4in 电子纸，分辨力达到 3104×4128，精度达高达 400dpi（每英寸点数），上面的文字和图像看起来就像在真纸上一样的清晰。

（5）其他柔性显示技术

柔性显示技术发展呈现百花齐放态势。可以实现柔性显示的技术还有：电润湿显示（Electro Wetting Display，EWD），等离子管状排列（Plasma Tube Array，PTA），电致变色显示（Electro Chromism Display，ECD），电子粉流体显示（Quick-Response Liquid Power Display，QR-LPD）等。

① 电润湿技术。电润湿显示技术由 Liquavista 公司研制出来，并将该技术成功应用于新型显示器产品的开发。原理是利用控制电压来控制被包围的液体的表层，从而导致像素的变化。当没有施加电压时，有颜色的液体与不透水且绝缘的电极外层间，形成一层扁平薄膜，就是一个有色的像素点。当在电极与液体之间施加电压时，液体与电极外层接触面的张力会产生改变，结果是其原来的静止状态不再稳定，令液体移至旁边，造成一个部分透明的像素点，同时油被染上一种颜色，从而显示出图像，获得各种显示效果。具有功耗低、亮度高、显示速度快以及受外界环境、温度影响不大等优点。

② 等离子管状排列技术。其发光原理与 PDP 相同，但在基本构造和制造方法上却有着很多不同。是一根根长 1m、厚约 1mm、内部涂布 R、G、B 磷光材料的玻璃管，将许许多多的玻璃管并排，前后用两张电极胶卷包覆组合起来，就成了点阵发光的显示器。PTA 可以说是新型的等离子显示器，跟传统的等离子显示相比，PTA 的重量仅有十分之一、厚度仅约 1mm、耗电量只有二分之一，可以弯曲，能直接沿用等离子显示器的驱动电路基本结构与电极、驱动 IC 等关键性周边组件。

③ 电致变色技术。电致变色指在外加电场和电流的作用下，材料的光学特性产生可逆变化的现象。在外观上表现为从着色态到透明态或者从一种颜色到另外一种或几种颜色的可

逆变化。电致变色最新的发展技术是使用改良的多孔纳米薄膜构造的电极，这是由 NTERA 公司首先提出的，优点有：在光照条件下有良好的对比度、快的转换速度、长时间显示内容时的极小功耗，还是一个兼容低成本、使用加色专印工艺制造和宽光谱范围反射式结构器件。

④ 电子粉流体。该显示技术由普利司通公司开发，工作原理是在前面板和背面板之间封入不会凝集和可控制带电量的电子粉流体，并使其移动。使黑色电子粉流体带正电荷，白色电子粉流体带负电荷，当改变电压极性后，白色电子粉流体移到前面板，而黑色电子粉流体移到后面板，从而实现切换显示白色和黑色的目的。由于电子粉流体是在空气中移动，驱动速度较快，且可在低温下进行驱动。目前工作电压 80V，降低工作电压是今后有待解决的课题。

柔性显示器件在军事领域或航天领域有很重要的应用价值，同玻璃基片显示器件相比，柔性显示器件可以制备在军人的制服上：可以制成不用时卷起来放到口袋里的显示器，以满足在战场上用于大面积显示的需要；可以与电脑或全球定位系统集成在一起提供更有效的信息；可以作为宇航员的显示设备等等。美国军方专门成立了柔性显示中心（Flexible Display Center，FDC），研究柔性显示技术。柔性有机电致发光显示器除应用于电子信息智能纺织品外，在汽车设备、家用设备和装饰材料等诸多领域均有着广泛的应用前景。

柔性显示器一旦作为产品进入市场，将引起显示领域的一场革命：这种全彩色的显示器重量轻、厚度薄，在关闭电源时可以变得透明；这种平板显示器可以应用在不是平面而是类似汽车仪表板的曲面上；当不小心将显示器掉在地上，该显示器不会碎裂；大面积的显示器可以像窗帘一样，不用的时候可以卷曲起来。总之，现有的显示器的许多成型概念将被打破。

纺织品的电子信息智能化在德国、英国、日本等纺织工业强国备受推崇，随着以有机电子学为代表的电子信息技术蓬勃发展，其与智能纺织品领域的交叉也越来越深化，二者将相互促进，共同发展。电子信息型智能纺织品虽然处于发展初级阶段，但是它的发展为我们的日常生活展现了一幅美好的图景，将成为我们生活中不可或缺的一部分。而有机电子学这门新兴学科也将以此为契机获得进一步的发展与普及。

第五节　电子信息智能纺织品的发展

电子服装是计算机、通信和网络等多学科交叉技术的融合，它正朝着性能日益优化、功能多样化、器件微型化、健康舒适化、价格低廉化方向发展。并将应用于医疗、保健、通信、航天、军事、运动、娱乐等各个领域之中，其发展前景被世人看好。

随着电子通信信息的高速发展，芯片的集成度愈来愈高，当今的生物芯片可在一秒钟之内处理成百上千个生物反应，人们就不必一个接一个地去观察单个基因的活动情况了。为此，电子器件的生物电子化，无疑将在医疗、保健和检测领域发挥着重大的潜在应用前景。例如，美国已开始进行积极探索生物电子芯片的应用研究，使其高度集成到纺织品中，实现可全天候检测病人的可穿戴的智能生物电子服装。据研究人员预测，到 2025 年，美国士兵穿着的将是"智能生物电子军服"。这种服装将采用先进的生物科技，能监控穿衣者的心率和呼吸，然后将信息传送给指挥官和随军营救人员。有了士兵身体状况的实时信息，指挥官就能够提高士兵生还的机会。如果士兵受伤，"智能生物电子军服"还能像高科技救护人员一样，在合适的位置保护伤口。

目前，正在开发一种可储存能源及提供能源的电子智能服装。这种由导电纱制成的线圈，通过电磁感应获得电能。众所周知，我们生活环境中充满许多电磁波，有计划筛选可用频率的电磁波来产生能源，完全可以提供电子服装之需。原理是由服装中导电纱形成的线圈运用不同的材质、形状、大小、圈数、线距及织物结构，当外界有电磁波信号时，经由磁力线密度变化产生电动势来获得电能源。其优点：可将各种事先设计的不同织物结构实现于电子服装上，透过已设计的织物来接收电磁波，产生电动势。织物及服装具有较大表面积，对功率不太大的电磁波而言，具有提供能源需求较小装置的潜力。可将此能源储存并提供给智能型纺织品的传感器使用，并可通过 RFID 等无线传输将资料传至用户终端进行分析处理。电磁波能量来源广泛、持续、易操作，且绿色环保。

高新技术、信息技术与纺织品相结合，将促进纺织品的升级换代。电子信息智能纺织品将会成为新世纪纺织品竞争的焦点之一。未来的电子信息智能纺织品将向以下几个方向发展。

① 多功能化。由于技术水平的局限性，目前大部分智能纺织品的功能过于单一。随着科技的发展，其将趋于多功能化，如同时包含生理监测、全球定位及音乐播放等功能。

② 低成本化。未来的电子信息智能纺织品将具备低成本的组合技术，那样，其价格才能被普通消费者接受，才能有更广阔的市场。

③ 易于穿着。电子信息智能纺织品将会与普通纺织品一样穿着舒适，可随意折叠、洗涤和进行各种整理，同时各种电子产品直接嵌入面料中，使其与普通纺织品看起来没什么两样。

④ 美观。智能化的纺织品，尤其是针对普通消费者的纺织品，不仅要有强大的功能性，还要符合美学的要求，符合时尚的要求。这就需要将时尚与科技结合到纺织品中。

⑤ 绿色环保。电子信息智能纺织品不仅要求对身体没有危害，如一些电子纺织品可能产生电磁波辐射等，还要求生产过程无污染，节约能源，绿色环保。这也是未来智能纺织品必须解决的一个问题。

电子服装正向性能不断优化、低成本化、功能多样化、健康舒适化和应用对象不断扩大的方向发展，并随着人们对时尚化、个性化的追求而需不断完善。可以相信：随着电子通信技术的完善和人们富裕程度的提高，电子服装将从特定人群和特定领域的需求转向人们的日常生活；随着科技的不断发展与完善，电子纺织产品的功能和适应领域将更加广阔，并能融入未来社会的医疗、保健、通信、航天、军事、运动、娱乐等各个领域中。

参 考 文 献

[1] 顾振亚，陈莉等. 智能纺织品设计与应用 [M]. 北京：化学工业出版社. 2006.

[2] 窦明池，姜亚明. 电子信息智能纺织品的开发应用与展望 [J]. 纺织科技进展，2006 (2)：17-19.

[3] 翼德. 电子信息智能纺织品的开发应用与发展 [J]. 纺织装饰科技，2006 (3)：6-7.

[4] 程彦钧. 感测性电子纺织品技术的研发趋势（上）[J]. 电子技术，2007 (3)：23-28.

[5] 孙静. 电子服装的发展及其价值思考 [J]. 产业用纺织品，2006 (12)：28-32.

[6] 张亮. 电子服装的研究进展和应用前景 [J]. 国际纺织导报，2008 (6)：52-59.

[7] 陈莉. 智能高分子材料 [M]. 北京：化学工业出版社，2005.

[8] 崔桂新，马晓光. 电子信息智能纺织品的发展 [J]. 天津工业大学学报，2004，23 (4)：51-54.

[9] 李青山. 功能与智能高分子材料 [M]. 北京：国防工业出版社，2006.

[10] 程彦钧. 感测性电子纺织品技术的研发趋势（下）[J]. 电子技术，2007 (4)：16-20.

[11] 刘敏，庄勤亮. 智能柔性传感器的应用及其发展前景 [J]. 纺织科技进展，2009 (1)：38-42.

［12］ 李扬，郑勇. 可用于智能纺织品的柔性电子器件 ［C］∥第五届功能性纺织品及纳米技术研讨会论文集，2005：64-66.

［13］ 张美玲，王瑞. 柔性织物键盘按键凸起层的设计与开发 ［J］. 上海纺织科技，2008，36（4）：42-43.

［14］ 张美玲，王瑞. 柔性织物键盘矩阵孔状效应的设计与开发 ［J］. 天津工业大学学报，2007，26（6）：10-12.

［15］ 李小育. 柔性开关板. 实用新型专利. 专利号：200820145756。

［16］ 杜立娜，王瑞. 织物键盘开关的设计与开发 ［J］. 山东纺织科技，2008（5）：1-5.

［17］ 赵连城，郭凤云. 信息功能材料学 ［M］. 哈尔滨：哈尔滨工业大学出版社，2005.

［18］ 李天华. 柔性显示实现的关键技术 ［J］. 电视技术，2009，33（8）：25-29.

［19］ 徐征，宋丹丹，赵谡玲等. OLED、柔性、透明化显示技术及有机发光材料的发展和挑战 ［J］. 现代显示，2009（6）：5-10.

［20］ 杨永才，何国兴，马军山. 光电信息技术 ［M］. 上海：东华大学出版社，2009.

［21］ 刘国柱，夏都灵，杨文军等. 柔性显示的研究进展 ［J］. 材料导报，2008，22（6）：111-115.

［22］ Fujikake H，Sato H. Flexible ferroelectric liquid crystal devices for roll-up displays ［J］. Proc SPIE Int Soc Opt Eng，2004，5289：198.

［23］ Fujikake H，Sato H. Fabrication Technology for flexible ferroelectric liquid crystal display devices using polymer walla and fibers ［J］. Proc Asia Display，2007（1）：871.

［24］ Fujikake H. Fundamental display properties of flexible devices containing polymer-stabilized ferroelectric liquid crystal between plastic substrates ［J］. Optical Eng，2002，41（9）：2195.

［25］ 王国建，刘琳. 特种与功能高分子材料 ［M］. 北京：中国石化出版社，2004.

［26］ 周凤龙，王登武，苗茜等. 电子墨水柔性显示器件的制备及其性能 ［J］. 材料导报，2008，22（6）：149-151.

［27］ 张亮，王瑞芹，温平则等. 微电子服装的结构特点和生产方式趋势探讨 ［J］. 纺织导报，2008（9）：108-109.

第八章
纳米智能纺织品

纳米智能纺织品即采用纳米技术开发的智能纺织品。随着智能材料和纳米科技的不断进步，出现了纳米智能纺织品，并引起了高度关注。各国科学家相继投入研究，并取得一些成果。目前，智能纺织品和纳米纺织品由于具有特定的功能满足了一些特殊场合的需求，并已经开始走进人们的生活，呈蓬勃发展的态势。

第一节　纳米智能纺织品的制备

一、纳米技术为智能材料开发创造了物质基础

新材料的发展提供了可选择合成智能材料系统的组合。高科技发展为智能纤维织物及智能化服装创造了物质基础。许多材料本身具有智能，如：一些材料的性能如颜色、形态、尺寸、机械性能随环境或使用条件的变化而改变，具有自诊断、学习和预见能力，刺激-响应以及对信号的识别和区分能力；一些材料的光、电和其他物理和化学性能随外部条件不同而变化，因而除了识别和区分信号、自诊断、学习和抗刺激能力外，还可发展成具有动态平衡及自维修功能；一些材料的结构或组分可随工作而变化，具有对环境的自适应和自调节功能。根据材料的功能及作用原理，顾利霞教授系统地总结了有光敏变化的纤维材料、热敏变化纤维材料、电致变色纤维材料。赵玉芬教授研究发现了活性氨基酸的制备方法。日本则提出了系列刺激应答性高分子材料，并提出了传统材料为了防锈防蚀，耐光、耐热，抗菌性，希望为封闭体系（closed system），但实质材料自身应为开放体系（open system）。纳米智能材料的研究有温度刺激应答高分子用新的纳米高分子载体药物和自诊断治疗材料设计；用活性阴离子聚合共聚物具有刺激应答和自组装化；各种高分子自动化材料，包括离子导电高分子、电子导电高分子、高分子诱电体、高分子凝胶；分子认识功能高分子，有光应答作用改变生理活性（缩氨酸）进行智能材料与蛋白质分子的设计等等。

智能纤维织物可以在现有纤维织物改性、功能化、智能化基础上进行组合设计。如日本提出的干涉发色纤维和中国的结构生色彩虹丝模仿生物功能的自振动高分子凝胶太阳光蓄热保温纤维，吸湿发热的保温纤维等等。这些单功能和多功能纤维组合一起，就可以设计出智能化织物或智能化系统服装。

各种功能纤维材料可以组合成智能织物，纳米科技的兴起，纳米材料的出现又为显著地改善服装面料功效、性能起到促进作用，纳米材料技术与信息技术、生物技术、新能源技术组合，使新材料技术有可能实现由结构型向功能型和智能型的根本转变。微泵和微管能将冷却剂或受热介质输送到服装的所需部分。已经开发研制成功的只允许特定分子的半渗透膜

中，可使织物一面干燥而另一面湿润。灵敏而程序可控面料的设计开发思路，是将缩小的多孔单元通过"螺丝"而连接成面料。装有微型电力马达的计算机控制这些微孔，调节与"螺丝"间的相对间隙。通过选择"螺丝"的松紧，就可以改变它的形状，以符合使用者的要求。松散的键合单元与刚性骨架的相连，柔软的织物就可变得刚硬。如太空服，游泳服都希望像人体或动物皮肤一样活动自如。嵌入的计算机与应变仪相结合，能感应出穿衣者想做的运动，从而对面料作出相应的调整。外层的反射系数可以改变太阳能的热量，并能送至冷的部分，当没有外来太阳能源，温度低到一定界限时，则蓄能材料自动结晶放热。

自动修补的服装：检测器通过信号消失记录应变过载，查出材料中的不连续性，然后将智能化操作机器人送至需修补的地方。自动成形织物能在撕破处回复原来的形状，直至完成修补。无菌纤维，抗菌织物，自消毒桌布等都是将无机抗菌材料用分子组装法制成纳米级功能纤维，由纳米机器人进行复制生产，功能化纤维生产方法也与传统截然不同。应用高新技术，开创了人类健康保护，健康促进的新理念，可以阻挡紫外线辐射，使皮肤免受伤害，阻挡太阳红外线辐射使人体在酷热环境下有清凉感觉。皮芯结构的细旦纤维导汗透气，保持皮肤干爽。添加蛋白石、电气石等超细粒子，纳米织物还具有生物活性功能，促进血液循环，改善微循环，补充人体生物活性能量，促进身体健康，纳米科技与纳米材料使功能纤维涵盖春夏秋冬四季。

智能材料的研究发展和纳米技术的进步为纳米智能纺织品的发展提供了物质基础和技术条件。

二、纳米智能纺织品的制备

纳米智能纺织品可能是通过纳米材料获得智能性，也可能是通过智能纤维或整理获得智能性。

（1）将智能纳米材料颗粒固着在纤维、纱线或织物上，使智能纳米材料微粒与纺织品之间产生接枝、吸附等作用，从而获得纳米智能纺织品；或将智能纳米材料微粒加入到普通纺丝液中，纺丝制得纳米智能纤维。

如在纤维表面接上低表面能的高聚物层和纳米微粒，低表面能的高聚物层赋予纤维疏水性，而纳米微粒可构成粗糙的微结构，也可以采用涂层或整理的方法使织物表面获得纳米粗糙结构，从而使纤维表面具备超拒水性和自清洁性。

（2）将纳米材料微粒加入到智能高聚物的纺丝液中，然后纺丝制得纳米智能纤维，或通过整理将纳米材料固着在智能纺织品上使智能纺织品获得纳米材料所具有的某种功能。

如将光催化纳米颗粒包裹物或纳米银抗菌剂加入到相变智能调温纤维纺丝液或整理液中，可纺出具有抗菌作用的纳米智能相变纤维或整理得到的相变纺织品具有抗菌作用。

华东理工大学采用无机纳米颗粒对形状记忆聚氨酯进行改性，制备了形状记忆聚氨酯/纳米二氧化钛复合材料及形状记忆聚氨酯/TiO_2-SiO_2纳米复合材料，研究了这些纳米复合材料的结构与性能。以不同分子量的聚己内酯二醇 PCL 为软段合成了形状记忆聚氨酯。采用预聚体原位扩链法，在扩链时原位加入 KH-550 表面处理过的纳米二氧化钛制备了形状记忆聚氨酯/纳米二氧化钛复合材料。

（3）将纳米碳管运用于纺织品中获得智能纺织品

聚苯胺在助剂的作用下有助于碳纳米管分散在湿法纺丝的溶液中，该纤维通过纺丝后暴露于酸中而获得导电性。直接印花时，水不溶性有机分子以纳米粒子微乳液滴的形式包含在中，因挥发性溶剂的蒸发，液滴转换成有机纳米粒子附着在衬底表面。这种悬浮性水溶液可喷墨印刷到丝光棉上，形成稳定的导电线，约 25S/cm。这些导电聚合物显示有趣的动态响应电气刺激特性。这些动态特性已被利用，以生产电致变色的变色纤维。它们还被用来制造人工肌肉纤维，将纤维织入康复手套中。

三、纳米复合相变材料的制备方法

纳米材料制备技术应用于相变储热领域，可以得到纳米胶囊相变材料、纳米复合相变材料以及纳米高温相变材料。相变储热技术是指利用相变材料（phase change materials，PCMs）在一定温度范围内发生相态变化或结构转变时要吸收大量的热，来进行热能的储存、运输及可控释放的技术。相变储热技术自 20 世纪 70 年代石油危机后进入快速发展期，经过 30 多年的发展，到 20 世纪末，开始转入大规模商业化应用，成熟的相变材料单体产品、高热容复合材料和相变储热系统相继出现，其应用领域迅速扩大到纺织、建筑、航空航天、军事、低温运输、工业热交换、废热利用等领域。但到目前为止，相变储热技术还没能广泛推广，其节能环保的优点还远没有充分发挥出来。制约相变储热技术发展的主要因素之一是高性能、低成本相变材料的缺乏。纳米技术的迅速发展为高性能相变材料的研制提供了一条新途径。

纳米复合相变材料是将纳米技术应用于相变材料而制得的一种新型功能复合材料。纳米材料不仅存在纳米尺寸效应，而且比表面效应大，界面相互作用强，利用纳米材料的特点制备新型高性能纳米复合相变材料是制备高性能复合相变材料的新途径。

现阶段纳米复合相变材料主要是将有机相变材料与无机物进行纳米尺度上的复合，包括在有机基质上分散无机纳米微粒和在纳米材料中添加有机物。充分结合有机相变材料和无机纳米材料的物理、化学的优点，利用无机物具有的高热导率来提高有机相变材料的导热性能，利用纳米材料具有巨大比表面积和界面效应，使有机相变材料在发生相变时不会从无机物的三维纳米网络中析出，从而解决了有机相变材料高温升华挥发和直接应用时存在泄漏的问题，使得纳米相变材料具有较高的导热性和稳定性。此外，纳米材料还是显热相变材料，所以纳米复合相变材料还构成了显热/潜热复合相变材料，从而进一步提高了材料的相变密度。纳米复合相变材料的制备方法主要有以下几种。

1. 纳米胶囊法

纳米胶囊是一种具有囊心的微小"容器"，纳米胶囊的直径通常在 $1\mu m$ 以下。由于纳米胶囊的缓释性和靶向性等性能均优于微胶囊，已用于医药领域。纳米胶囊的粒径小、比表面积大，可以和高聚物材料较好地复合，近年来纳米胶囊的应用领域在不断地拓宽。相变材料纳米胶囊除了具有一般纳米胶囊的优点外，还具有智能调节温度的功能，可用于调温纤维领域。不过，随着粒径的减小，胶囊的过冷现象明显，胶囊的耐热性可能随着粒径的减小而降低，这些都将制约相变材料纳米胶囊的应用。

纳米胶囊采用细乳液聚合方式制备，以亚微米（50～500nm）液滴构成的稳定的液滴分散体系称为细乳液，相应的液滴成核聚合称为细乳液聚合。在复合乳化剂（如十六醇和十二烷基硫酸钠）共同作用下，液滴成核成为乳液聚合主要方式。

在细乳液中，亚微米液滴得以稳定的关键在于分散相中溶入少量高疏水性的化合物，又称为共稳定剂或助稳定剂。从本质上讲，它们的作用在于产生渗透压，并非表面活性。细乳液的主要组分有：连续相（水）、分散相（油或单体）、乳化剂和共稳定剂；当其用于聚合时，还包括引发剂、相对分子质量调节剂等其他组分。细乳液是热力学亚稳定体系，不能自发形成，必须依靠机械功克服油相内聚能和形成液滴的表面能，使之分散在水中。由于机械分散效率低，分散制备亚微米细乳液时必须使用高强度均化器。

细乳液的制备通常包括三个步骤：①预乳化（将乳化剂溶于水相，助稳定剂溶于单体）；②乳化（将上述溶液混合在一起，通过机械搅拌混合均匀）；③细乳化（上述混合物通过高效均化器的均化作用，将单体分散成亚微米单体液滴）。

为了避免均化作用破坏聚合物粒子，细乳液聚合常分细乳化和聚合两个阶段，在聚合阶段，体系只需较低的搅拌混合即可。细乳液聚合合成纳米胶囊相变材料主要受以下几个因素影响：①乳化剂的种类和浓度；②引发剂类型；③助稳定剂；④聚合物链迁移率（主要体现在交联剂或链转移剂的影响）；⑤亲水性共聚单体。

Hawlader 等将石蜡在 10000r/min 条件下乳化于 10％的明胶溶液中，并与 10％的阿拉伯胶溶液搅拌混合均匀，在 25000r/min 速度下以 20mL/min 的速度对混合溶液进行喷雾干燥，得到了粒径在 0.2μm 左右，石蜡质量分数为 50％的纳米胶囊。Mafia 等以短链脂肪酸为芯材，阿拉伯胶和麦芽糖糊精为囊壁制备了胶囊型相变材料，由于乳化不均匀导致产物粒径分布较宽，在 0.05～550μm 之间。Zhang 等用原位聚合法分别合成了囊心为正十八烷、正十九烷和正二十烷的微胶囊，囊壁是尿素-三聚氰胺-甲醛聚合物。当乳化聚合阶段的搅拌速度分别为 6000r/min 和 10000r/min 时，所得微胶囊的粒径分别在 0.3～6.4μm 和 0.4～1.1μm 之间，最小可达 0.2μm。他们针对平均粒径减小、升降温速率增加会导致过冷度增大的现象，选择了相应的成核剂。在芯材中加入 10％的成核剂，以 9000r/min 的乳化聚合阶段搅拌速度得到正十八烷微胶囊，以 10℃/min 升/降温时，可将其最大过冷度由 26℃减小到 12℃。方玉堂等采用超声波工艺及细乳液原位聚合方法，制备了以聚苯乙烯为囊壁、正十八烷为囊心的纳米相变胶囊，其平均直径为 124nm，相变熔可达 124.4J/g。

纳米胶囊相变材料的优点是：①比表面积增大使得传热面积增大，储/放热速率加快；②容易通过纺丝计量泵和冷却液循环泵，破损率降低。其缺点是：①过冷度可能增加；②因膜厚减小，可能导致耐热性和强度有所下降。

提高微胶囊化相变材料耐热性、致密性和强度的措施一般有以下几种：①选择合适的壁材，比如三聚氰胺-甲醛共聚物；②减小芯壁比，增加壁材厚度；③用多层壳材料包裹芯材；④增加微胶囊的尺寸；⑤在芯材中添加挥发性物质（如环己烷），然后通过热处理使芯材中的挥发性物质蒸发，在囊芯预留出膨胀空间，降低壳内的压力。其中，第二种措施会降低单位质量微胶囊相变材料的潜热，第三种措施增加了制备难度和成本，第四种措施难以解决强度较差、易堵塞循环泵孔道等问题，第五种措施也会降低微胶囊的潜热。

樊耀峰以正十八烷和环己烷为囊芯，三聚氰胺-甲醛树脂为囊壁材料，结合使用高速乳化技术，原位聚合合成了平均粒径为 0.77～0.75μm 的相变材料纳米胶囊。pH 值对纳米胶囊乳液的稳定性影响很大，并影响到纳米胶囊的外观；环己烷的加入对未经热处理的纳米胶囊的表面形貌没有影响，但对结晶成核有很大影响；热处理温度影响纳米胶囊的热稳定性，在 120～160℃处理温度范围内，热稳定性随热处理温度升高而升高，超过 160℃后，热稳定性降低。对胶囊进行热处理，使环己烷扩散出囊壁，有效地去除了胶囊中所添加的环己烷，为囊心的热膨胀提供充足的预留空间；热处理还可以促进囊壁高聚物树脂的交联；提高胶囊的耐热性。热处理后得到的纳米胶囊相变热为 150J/g，耐热温度为 215℃左右，完全可以用于调温纺织品的涂层或调温纤维的纺制。

在囊壁材料中添加纳米颗粒，则既可提高微胶囊囊壁的耐热性、密封性和机械强度，又不增大微胶囊的粒径。时雨荃等以正十四烷为芯材，尿素与甲醛为壁材，采用原位聚合法制备出表面不光滑的纳米 TiO_2 微粒填充膜微胶囊，使机械强度和密封性分别提高了 24.5％和62％。微胶囊壁膜里加入纳米粒子后微胶囊机械强度和密封性都得到了改善。纳米 TiO_2 微粒可能会嵌在微胶囊膜的微孔之中，减小微孔的尺寸或减少微孔的绝对数目，从而增强微胶囊的密封性。Song 等用原位聚合法制备了氨基树脂为壳材、溴代十六烷（bromo-hexadc-canc，熔点 16～18℃）为芯材的微胶囊相变材料，并用同样的方法，制备了壳材中含有少量球形纳米银粒子（粒径在 40～60nm 之间，质量含量为芯材的 3％）的微胶囊。他们将等量的两种微胶囊在 130℃（模拟调温纤维的生产过程）环境中热处理 50min，计算出普通微胶囊的失重率为 32％，添加纳米银粒子之后为 15％，显著减小。说明在壁材中添加纳米银粒子可以明显改善微胶囊的耐热性。

中原工学院采用微胶囊纳米技术开发智能调温毛织物。选取石蜡作为芯材，双酚 A 作为壁材，制备具有持久性的相变材料微胶囊，采用浸渍法用该相变材料微胶囊整理毛织物以使其具有智能调温性能。主要方法有微胶囊法、涂层法、交联沉积法、复合纺丝纤维法、高聚物共混法等。其中微胶囊法效果较好，后处理工艺简单，不会改变毛织物面料的性能，是较为理想的处理方法。

（1）芯材的选择

芯材需选择相变材料，是相变微胶囊的关键组成部分，决定微胶囊的性能。用于纺织面料调温的相变材料一般是石蜡烃和多元醇类及复合相变材料。综合各种因素，在开发智能调温毛织物时选择熔点为 35℃的石蜡作为芯材，这是由于石蜡通过改变不同烷烃的混合比例，可较为容易得到理想的相变温度范围，同时无毒、不腐蚀，其热性能在长期使用中可保持稳定。

（2）壁材和其他材料的选择

壁材必须无毒环保，且性能优良，尤其是黏附力要突出。经对比选择双酚 A 作为壁材，它具有无毒、高黏、强度高的特点，制备的微胶囊不易破裂且可较好地附着在毛织物上。固化剂选取无毒的羟化二乙烯三胺，乳化液选取油性乳化剂 SPAN80 及 TWEEN80，清洗剂为 1％食盐水若干。

（3）微胶囊制备

选择熔点为 35℃的石蜡，在环境温度 35℃以上（保证石蜡为液态）准备石蜡溶液 A，与壁材双酚 A 的质量比为 2∶10，将少量双酚 A 加乳化剂 SPAN80 溶于甲苯溶液中形成 4∶1∶10 的 A 溶液，将极少量固化剂与芯材溶液混合形成 B 溶液，将溶液 A 缓慢加入与 B 溶液混合并进行搅拌（800r/min），初步生成微胶囊，1～2min 后降低搅拌速度至 400r/min 左右，向反应锅中加入足量固化剂（壁材∶固化剂＝10∶1），并提高搅拌速度至 900r/min，20～30min 后相变微胶囊形成。这时向反应锅中加入 TWEEN80 将未反应单体进行反复分离，用抽取设备将上层杂质抽走，最后可加 1％～1.5％生理食盐水辅助净化微胶囊。

（4）毛织物的后整理

后整理采用浸轧法进行。浸轧法是在毛织物染色的最后一个漂洗阶段加上一道浸轧工序以对面料进行相变微胶囊整理。整理时根据毛织物的温度调节要求计算加入微胶囊的用量。相变微胶囊稀释后配置成不同比例的水溶液分批加入到浸渍槽中处理毛织物，以保持毛织物整理均匀。浸渍整理时要加入少量附着剂，调整机械使浸泡时间为 2～3min，同时调整浸轧机的轧辊到合适的位置，使其对经过的带有相变微胶囊试剂溶液的毛织物进行浸轧 2～3 次。

2. 溶胶-凝胶法

溶胶-凝胶法是一种能够在低温下制备功能材料的工艺方法。其工艺过程为：将前驱体溶于水或醇中，先制得溶胶，然后前驱体在其中发生水解缩聚，逐渐形成无机网络，向凝胶转变。由于前驱体水解缩聚形成的溶胶胶粒的粒径处于纳米级范围，同时在前驱体形成的溶胶中可以很方便地加入有机单体和聚合物，如果有机相与无机相之间的相容性和分散性很好，即可制得性能优良的纳米级有机-无机复合材料。

溶胶-凝胶法制备相变复合材料与传统共混方法相比具有一些独特的优势：①反应用低黏度的液体（如乙醇）作为原料，无机-有机分子之间混合相当均匀，所制备的材料也相当均匀，这对控制材料的物理性能与化学性能至关重要；②可以通过严格控制产物的组成，实行分子设计和裁剪；③工艺过程温度低，易操作；④制备的材料纯度高。

现多以正硅酸酯为前驱体，有机酸作相变材料，合成高效纳米蓄能材料。因为硅溶胶是理想的多孔母材，能支持细小而分散的蓄能材料；加入适合的蓄能材料后，能增进传热、传质，其化学、耐热稳定性好。有机酸作相变材料克服了无机材料易腐蚀、存在过冷的缺点，而且具有相变潜热大、化学性质稳定的优点。

张静等以正硅酸乙酯（TEOS）为前驱体，棕榈酸（PA）为相变材料主体，无水乙醇为溶剂，盐酸为催化剂进行溶胶-凝胶反应，制备了 PA-SiO$_2$ 纳米复合相变材料。该系列复合相变材料中棕榈酸的相变能力相对比纯棕榈酸强，相变量大，棕榈酸与二氧化硅复合后提高了其单位相变能力。由于二氧化硅的热导率较大，相应地复合材料的热导率比纯有机酸的热导率大，提高了相变材料的储放热速度，从而提高了相变材料对热能储存的利用效率。

林怡辉等采用正硅酸乙酯为前驱体，十八酸为相变材料，乙醇为溶剂，盐酸为催化剂进行溶胶、凝胶反应制备具有良好相变能力的纳米复合相变材料。在形成溶胶的过程中，硬脂酸均匀嵌入网络状硅胶结构中。纳米复合相变材料的相变焓值可高达 163.2J/g，其相变温度约为 55.18℃。随着硬脂酸含量的变化，复合材料相变温度也发生相应变化，可能因为表面张力引起相变物微粒的性质与其在堆积状态时不同。高喆等在初步实验室研究的基础上提出可采用共沉淀法制备氧化锆硬脂酸系纳米复合相变材料。氧化锆、硬脂酸系纳米复合相变材料具有与二氧化硅/硬脂酸系纳米复合材料类似的储/放热能力和速率，而其力学性能和耐高温性则优于后者，且实现工业化生产的可能性较大。

3. 插层复合法

在相变储能材料中，多元醇类固-固相变储能材料，因有着较合适的相变温度、较高的相转变焓、固-固相转变不生成液态（故不会泄漏）、相转变时体积变化小、过冷度低，以及无腐蚀、使用寿命长等优点而受人瞩目；但多元醇类固-固相变储能材料在被加热到固-固相转变温度及以上时，它们会由晶态固体变为塑性晶体（简称塑晶）。塑晶因具有很高的固体蒸气压，易挥发损失，导致在实际使用中仍然需要将相变材料密封在容器中，从而限制了它们的广泛使用。

长链脂肪酸作为一类固-液相变储能材料，因具有储能密度大、良好的循环熔融/结晶稳定的热性能、无毒、无腐蚀性等优点而得到各国研究人员的重视。但由于其相变时有液相产生，具有流动性，因此用于调温纺织品时必须用合适的封装物将其包封。而利用插层复合技术可有效解决存在的问题。

插层复合法是利用层状无机物（一般为层状硅酸盐）作为主体，将有机相变材料作为客体插入主体的层间，从而制得纳米复合相变材料。其过程有三种：①有机单体插层原位聚合；②在溶液中聚合物直接插层复合；③聚合物熔融直接插层复合。插层复合法所用的无机物属于层状或多孔性的。插层纳米复合材料的结构分为插层型结构和剥离型结构两种。前者是在硅酸盐的层间插入一层能伸展的有机物，从而获得有机物层与硅酸盐层交替叠加的高度有序的多层体；剥离型结构是硅酸盐晶层剥离并分散在连续的有机物基质中。两种结构如图 8-1 所示。

(a) 插层型结构

(b) 剥离型结构

图 8-1　插层法纳米复合相变材料结构

（1）液相插层法

膨润土是一种层状硅酸盐，其具有独特的纳米层间结构，通过层间改性后，利用层状硅酸盐层间阳离子易被交换的特点，使某些固体相变物质嵌入到层状硅酸盐的层间可制得无腐蚀性、可选择的有机-无机纳米复合材料。聚合物嵌入到改性的层状硅酸盐层间，形成的有机-无机纳米复合材料，其热性能（如玻璃化转变温度、热变形温度、热分解温度等）能得到较大幅度的提高。

方晓明等采用液相插层法将有机相变材料嵌入到膨润土的纳米层间，制备有机相变物/膨润土纳米复合相变材料。将十六烷基三甲基溴化铵（CTAB）溶于水后，加入到膨润土悬浮液中，调节混合液的 pH 值，混合搅拌，得到有机改性膨润土；有机化处理不仅增大了蒙脱石层间距，而且改善了无机物的界面极性和化学微环境，可使硬脂酸分子更容易嵌入到层间。1500 次冷热循环试验表明，硬脂酸/膨润土纳米复合相变材料具有很高的结构和性能稳定性，储、放热实验结果表明，硬脂酸/膨润土纳米复合相变材料比纯硬脂酸具有更高的传热性能，其储、放热速率明显提高。

张翀等利用十六烷基-三甲基溴化铵（CTAB）嵌入到膨润土层间使膨润土得到改性，通过离子交换反应，使三羟甲基丙烷（TMP）和新戊二醇（NPG）嵌入膨润土层间制得纳米复合相变材料。由于层状硅酸盐的夹层是一种受限体系，嵌入其间的 NPG 或 TMP 分子的运动受到阻滞，且相变材料 NPG 或 TMP 与膨润土之间存在较大的相互作用力，不易被解嵌出来，使其整体热性能和稳定性得到提高。

（2）熔融插层法

蒙脱土属 2：1 型层状铝硅酸盐矿物，其单位晶胞是由两层硅氧四面体晶片和一层铝氧八面体晶片之间靠共用氧原子而形成的复层网状结构。特殊的晶格结构使蒙脱土具有良好的膨胀性、吸附性和阳离子交换性能。由于蒙脱土层间阳离子可与有机阳离子表面活性剂进行阳离子交换，使蒙脱土内外表面由亲水性转变成亲油性，同时扩大片层间距。降低蒙脱土的表面能，提高与有机聚合体的相容性。其阳离子交换量显著大于阴离子交换量。离子交换作用最终导致蒙脱土层与层之间的距离由数纳米增加到十几纳米，层间距的增大则有利于高分子材料的形成。

蒙脱土的处理主要考虑三方面因素：一方面要求容易进入层状硅酸盐晶片间的纳米空间，并能显著增大蒙脱土晶片间片层间距；另一方面插层剂分子应与聚合物高分子链具有较强的物理或化学作用，以利于增强蒙脱土片层与聚合物两相间的界面黏结，有助于提高复合材料的性能，再一方面要求价廉易得，最好是现有的工业品。

由于其结构的可膨胀性和层间水合阳离子的可交换性，因此作为一种理想的基体材料，蒙脱土现已被广泛地应用于各种插层型纳米复合材料的制备中。蒙脱土具有良好的储能性能及导热性能，其作为一种显热储能材料正日益受到人们的重视。

李忠采用熔融插层法制备了癸酸/蒙脱土复合相变材料。复合相变材料的相变温度为 30.21℃，相转变焓 120.43J/g，均略低于纯癸酸（纯癸酸相变温度 31.94℃，相转变焓 175.59J/g）。制得的复合相变材料具有相变性能良好、相变过程形态稳定等特点，较好地克服了脂肪酸类相变材料单独使用时的缺点，有望在调温纺织纤维中得到应用。

4. 吸附法

由于多孔石墨及膨胀石墨具有发达的网状孔形结构，具有高的比表面积、高的表面活性和非极性，内部的孔为纳米级别的微孔，并且孔内含有亲油基团，即孔内部为非极性，因此对非极性相变材料有很强的吸附能力，这样就可形成均匀的由非极性相变材料和多孔石墨或膨胀石墨组成的纳米定形相变材料。另一方面膨胀石墨多为蠕虫状结构，相互之间黏连并搭接在一起，在本身所具有的大微孔的基础上，又形成很多开放的储存空间，这种储存空间非常有利于吸附非极性相变材料。

田胜力采用纳米多孔石墨作载体基质，把硬脂酸丁酯和多孔石墨取不同的混合比，温箱内放 30min，取出后放在空气中降温。定形相变材料中硬脂酸丁酯的含量有一个渗出临界值，当硬脂酸丁酯质量分数达 90％时，有细微的渗出，使用时建议硬脂酸丁酯的质量分数在 85％之内。硬脂酸丁酯和纳米多孔石墨形成的定形相变材料相变温度合适、相变潜热较大、热稳定性好，其相变温度为 26℃，是适合于在纺织服装领域使用的相变材料。

Levitsky 将对水有物理吸附作用的硅胶与对水有化学吸附作用的 $CaCl_2$ 在纳米尺度上进行复合，利用硅胶中纳米孔的毛细管作用使 $CaCl_2$ 吸附在硅胶内，制备出氯化钙-硅胶纳米相变材料。毛细管力的作用使液态的相变材料很难从微孔中溢出，从而解决了相变材料熔化时的流动性问题。这种新制备的化学加热物质（CHA）不仅能保证无机盐溶解，而且相变能力也比传统的 PCM 系统高 1 个数量级。

四、形状记忆聚氨酯/无机纳米复合材料的制备

华东理工大学采用无机纳米颗粒对形状记忆聚氨酯进行改性，制备了形状记忆聚氨酯/纳米二氧化钛复合材料及形状记忆聚氨酯/TiO_2-SiO_2 纳米复合材料，研究了这些纳米复合材料的结构与性能。以不同相对分子质量的聚己内酯二醇 PCL 为软段合成了形状记忆聚氨酯，发现合成的形状记忆聚氨酯具有软段结晶，硬段不结晶的特点，其形状回复率达到94％以上，形状回复响应温度在 45℃左右，当软段相对分子质量＜4000 时，材料的力学性能较差。

采用预聚体原位扩链法，在扩链时原位加入 KH-550 表面处理过的纳米二氧化钛可制备形状记忆聚氨酯/纳米二氧化钛复合材料。当加入量＜3％时，纳米二氧化钛在 SMPU 基体中分散均匀，能显著地提高形状记忆聚氨酯的力学性能，同时可以保持良好的形状回复率，另外，纳米颗粒的加入可以提高形状回复速率和降低循环形变后形状回复率的损失。

采用预聚体原位扩链法可制备形状记忆聚氨酯/TiO_2-SiO_2 纳米复合材料。在实验范围内，经过 KH-550 处理的纳米复合颗粒在 SMPU 基体中没有产生团聚，分散均匀；复合材料软段仍具有和纯 SMPU 相同的结晶结构，因此可以在显著提升形状记忆聚氨酯力学性能的同时，保持良好的形状回复性能，同时增加纳米颗粒的加入量可以提高形状回复速率、降低循环形变后损失的形变回复率，此外紫外吸收光谱分析证明复合材料具有一定的紫外线屏蔽能力。

采用 SiO_2 包覆 TiO_2 的 TiO_2-SiO_2 纳米复合颗粒，在形状记忆聚氨酯的扩链过程中原位加入，制备形状记忆聚氨酯/TiO_2-SiO_2 纳米复合材料。

1. 原料和试剂

二苯基甲烷二异氰酸酯（MDI），工业品，烟台万华合成革厂生产；

聚己内酯二醇（PCL），CA-PA2304，相对分子质量 3000，羟值 37mgKOH/g，SCIL-VA 公司生产；

1,4-丁二醇（BDO），AP，上海凌峰化学试剂有限公司生产；

二甲基乙酰胺（DMAC），工业级，精制后在4A分子筛中储存；

TiO_2-SiO_2纳米复合颗粒（20～40nm，气相燃烧法合成，华东理工大学超细材料制备与应用实验室提供）；

3-氨丙基三乙氧基硅烷（KH550），上海硅普化学品有限公司生产。

2. 制备步骤

① TiO_2-SiO_2纳米复合颗粒的表面处理。将TiO_2-SiO_2纳米复合颗粒配制成50g/L的去离子水悬浮液，用$\omega = 0.05$的醋酸水溶液调节pH为4.0，超声分散30min，加入$m(KH550) : m(TiO_2$-$SiO_2) = 1 : 5$的硅烷偶联剂KH550，升温至80℃在快速搅拌条件下反应4h，然后过滤，洗涤，滤饼在100℃下干燥12h，粉碎后即得到KH550表面处理的TiO_2-SiO_2纳米复合颗粒。

② 预聚体原位扩链法合成形状记忆聚氨酯/TiO_2-SiO_2纳米复合材料。将聚己内酯二醇PCL（$M_w = 3000$）置于四口烧瓶中，110℃下抽真空脱水2～3h（真空度＞0.095MPa），然后加入计量4,4-二苯基二异氰酸酯MDI，85℃下恒温反应2h得预聚物，在此过程中用氮气作保护。将TiO_2-SiO_2纳米复合颗粒与定量N,N-二甲基乙酰胺DMAC混合，在超声中分散30min，然后与1,4-丁二醇BDO一同加入烧瓶，在85℃下快速搅拌进行扩链。反应完毕最后将溶液转入四氟模具中，在真空烘箱中，80℃缓慢挥发溶剂干燥成膜24h，60℃下抽真空挥发溶剂干燥48h。PU的硬段含量均为30%，固含量30%，所有样品均在室温下放置一周后进行测试。

五、磁性纳米复合纤维的制备

1. 定向顺磁性聚合物纳米纤维的制备

在高聚物纤维基体中加入磁性纳米颗粒，所制得的磁性纳米复合纤维表现出独特的磁性区域依赖性，可用于制造智能纤维和军用前线人员用的防护服，也可用于健康医护方面。此外，在磁渗透、传感器、电子器件、信息存储、磁成像、静态低频磁屏蔽和磁感应的磁性光子设备中也有潜在的应用价值。通过在聚乙烯醇溶液中加入Fe_3O_4流体，制备分散较均匀的磁性纳米复合纤维，并通过外加磁场使纤维定向排列，制备了均匀性较好，磁响应性好的纳米纤维。

用滴定水解法制备了纳米Fe_3O_4粒子，通过选用合适的分散剂和采用超声波分散的方法，制备出在重力场和磁场中稳定性较好的水基磁流体。运用电纺丝技术，以聚乙烯醇为原料，制取含有Fe_3O_4磁性纳米颗粒的（直径在100～300nm范围）聚乙烯醇纳米纤维。采用扫描电镜、热失重、透射电镜、磁力计等对纤维进行表征，如图8-2所示。

Fe_3O_4颗粒

纤维表面形态

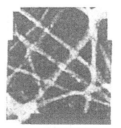
透射电镜照片

图8-2 磁性粒子与纤维的表面形态

图 8-3　定向纤维

Fe₃O₄ 在生成的过程中加入表面活性剂，可使生成的磁流体更稳定，磁性粒子直径更小，在聚乙烯醇溶液中分散更均匀。纳米颗粒/聚乙烯醇复合纳米纤维在室温下表现出超顺磁性。在电纺丝过程中引入磁场，利用磁场与 Fe₃O₄ 磁性纳米颗粒间的作用，可实现纳米复合纤维的沿磁场方向的定向排布，如图 8-3 所示。

2. 天然木棉纤维/磁性纳米复合纤维制备

以天然木棉纤维为基材，用原位复合法可制备磁性纳米复合纤维。经过预处理后，木棉纤维是有效的模板材料，磁性粒子不仅在纤维表面还可在纤维空腔内复合，粒径为 $30 \sim 100nm$，晶体类型为 7-Fezoa；静磁场熟化复合的铁含量最高为 7.54%（质量分数）。超导量子磁强计（SQUID）对复合纤维的结构与磁性的研究显示，制备的木棉/磁性纳米复合纤维具有超顺磁性。由于纤维素纤维是多孔性结构材料，其中大部分的微孔孔径在纳米数量级，丰富的纳米级微孔可作为模板使用。制备的木棉/磁性纳米复合纤维，可望在电磁波屏蔽、防伪纸及防伪包装、磁性过滤等领域得到应用。

图 8-4 的 SEM 图显示复合在木棉纤维上的磁性颗粒呈不规则的形状，磁性粒子在木棉纤维的外壁、空腔内壁均有附着，磁性颗粒在木棉纤维外壁上附着比较均匀，木棉纤维的胞腔中也有磁性粒子存在，但与木棉纤维表面相比数量相对较少。表明以原位复合方法制备木棉/磁性纳米复合纤维时，磁性粒子不仅可以在纤维的表面复合，还能进入木棉纤维的腔内，提高磁性粒子的复合量。

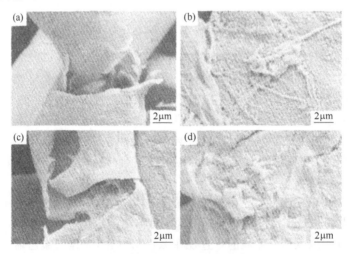

图 8-4　木棉纤维/磁性纳米复合纤维的 SEM 图
(a)，(b) SB40. 基材 KB40，打浆 40min
(c)，(d) SB60，基材 KB60，打浆 60min

西南交通大学对磁性生物材料的基础研究表明，磁性能显著影响生命细胞功能状态。纳米 Fe₃O₄ 由于其较强的超顺磁响应及良好的生物相容性，已广泛应用于生物医学多种领域。利用纳米 Fe₃O₄ 超顺磁颗粒分别与甲壳素（CT）、聚乳酸（PLA）等材料复合，可制备一维至三维可应用于骨组织工程的生物相容磁性纳米复合材料。采用"改性剂调控"方法制备高分散纳米磁流体；基于化学共沉淀原理，通过配合使用油酸钠（SD）和聚乙二醇（PEG）两种表面活性剂，制得了稳定分散的水基纳米 Fe₃O₄ 磁流体。对纳米磁流体进行材料学表征及生物性能表征。研究结果表明，通过改性剂调控制备的纳米磁性 Fe₃O₄，具有稳定的晶体结构、良好的超顺磁响应及生物相容性，满足磁性材料在生物医学应用的要求。利用静电纺丝法可制备纳米磁性聚乳酸纤维。对纤维进行材料学表征和降解性能表征表明，该方法制备的纳米磁性纤维晶体结构较其组分均发生了改变，但仍具有超顺磁响应；其力学性能较纯PLA纤维有所增强；引入的纳米磁性粒子使得纤维在磷酸缓冲液（PBS）中的降解模式介于本体降解与表面溶蚀之间。研究表明磁性复合材料均能促进成骨细胞的生长，其生物相容性基本均优于各自的纯基体材料，但当磁性粒子含量太高时，生物相容性减弱。

武汉理工大学对导电聚合物/磁性纳米复合材料的制备及其结构与性能进行了研究。导电聚合物与磁性纳米粒子复合，既可实现电、磁性能的复合，又可通过调节各组分的组成和结构实现对材料电、磁性能的调节。原料主要以易获取、合成条件温和、电导率较高且易控制的聚苯胺（PANI）、聚吡咯（PPy）为主；合成方法包括共混法、原位合成法以及模板合成法 3 种。

六、纳米有机导电智能纤维制备

有机导电聚合物（OCPs）是聚吡咯［PPy］、聚苯胺［Pan］、聚噻吩［Pth］等类材料。选择一种 OCPs 材料，使其拥有的化学结构，易于融入纺织品（在分子水平上）中，可生产出纤维。有机氯 OCPs 还具有动态特性，提供一个新的特点，有可能发展可穿戴式电子纺织品，使纺织品具有智能性。

采用简单的氧化过程很容易产生有机氯 OCPs 所出现的反应。该聚合开始可以采用简单的化学氧化剂如三氯化铁，也可以应用电化学适当的电位到电极表面，这个电极表面存在有单体的电解质。在合成时组合在一起的分子混合物（A）决定了合成材料的许多化学和物理性质。纯聚吡咯和聚噻吩不溶于传统的溶剂，而且不可熔，因此，随后处理这些材料受到限制，直至近年与纳米技术的发展结合起来。

在选定的溶剂中，聚苯胺可以溶解，例如，N-甲基（蛋白酶）或 N, N'-二甲基氮，脲丙烯尿素（DMPU），因此可进一步加工成纤维形式。OCPs 具有动态性能，在此讨论的这些 OCPs 可进行可逆的氧化还原转换。例如，根据反应式（8-1），在合适的电位下，聚吡咯被氧化/还原。

$$
\left(\!\!\left(\underset{\substack{N\\H}}{\begin{array}{c}\\ \end{array}}\right)_{\!\!n}\!\!A^-\right)_{\!\!m} \underset{-e}{\overset{+e}{\rightleftharpoons}} \left(\!\!\left(\underset{\substack{N\\H}}{\begin{array}{c}\\ \end{array}}\right)_{\!\!n}^{\,0}\right)_{\!\!m}\!\!+A^- \tag{8-1}
$$

伴随这些氧化还原转换，化学和物理性质发生重大变化。在带电荷的情况下，聚合物具有较高的离子交换能力，更有亲水性和鲜艳的颜色。当电荷降低，就变得更疏水和颜色淡。亲水性的改变显然是有吸引力的，使与水的相互作用发生变化。改变透明度引起了发展电致变色纺织品的潜力，其中纺织品的颜色的改变大大提高了应用潜力。电子特性也发生变化，如在较高的还原态下引起电阻的变化，在较高的氧化态下引起电容的变化。也许 OCPs 的一个更吸引人的动态特性是扩大/收缩离子的纳入/驱逐。采用适当的配置，利用这一现象可以创造所谓的人工肌肉。这些人工肌肉能诱导运动或产生力量。后者被用来建立一个低功耗的微型泵系统的流体，见图 8-5。

图 8-5 示意图显示了 OCP 组成元素（B 和 D）的集合。为了利用这些材料在电子纺织品的电导性和/或动态性，需要以适当的形式生产，结合到纺织结构中。

聚苯胺导电聚合已被证明可充分溶解于特定溶剂，可采用湿纺工艺生产纤维。湿法纺聚

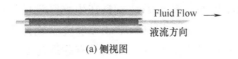

(a) 侧视图

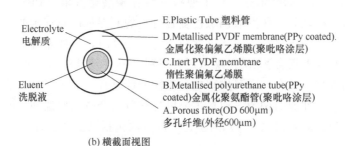

(b) 横截面视图

图 8-5　微型泵系统流体

苯胺的步骤在图 8-6 中显示。

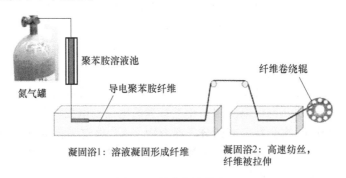

图 8-6　湿法纺丝技术

采用酸性磺酸和溶剂混合物用于聚苯胺的一步法湿法纺丝加工中。利用这一方法，得出纤维（伸长达到 500%）具有的电导率超过 1000S/cm，纤维拉伸强度为 97GPa。

第二节　纳米智能纺织品的开发与应用

当今，纳米技术与智能材料结合的研究已取得显著成果。利用热响应性高分子实现了温度控制下超亲水和超疏水之间的可逆转换；成功制备具有导电性的无机半导体疏水纳米结构薄膜和紫外光控制下超亲水、超疏水可逆转换的阵列氧化锌纳米结构；同时拓展了多重响应和响应性多功能特殊浸润性材料，进而实现了仿生的可控超疏水与超亲水可逆"开关"纳米界面材料的制备。今后，将进一步拓展特殊浸润性的研究范围，引入具有相反物性的水和油，将超疏水、超亲水、超疏油、超亲油这四个浸润特性进行多元组合，实现智能化的开关和分离材料的制备，在亲/疏水或亲/疏油可控的特殊浸润性材料，光/电致印刷制版材料与技术，抗凝聚材料，智能淡水采集材料，智能相转移催化材料等方面具有重要的理论价值。

一、纳米自组合超疏水表面

一种新方法采用将自组合单分子层（SAM）运用于硅微/纳米粗糙表面产生的超疏水表面。硅基的微/纳米硅粗糙表面由非晶硅技术的铝诱导晶化（AIC）所产生。采用浸涂法将 Octadecyltrichlorosilane（OTS）自组合单分子层应用于粗糙表面。产生的表面的形态和润湿性能采用扫描电子显微镜（SEM）和视频为基础的接触角测量系统进行了表征。结果表明，通过引入该技术到硅微/纳米粗糙的表面，超疏水表面与水接触角（WCA）可达155°，相比OTS改性的光滑硅表面的角度只有112°。采用巴克斯特模式预测发现，表面形态直接影响水接触角。

通过比较OTS SAM改性前后的粗糙硅表面与光滑硅表面的水接触角，探讨表面粗糙化对润湿性能的影响。在上述确定的最优条件下将OTS SAM运用于表面。如图8-7（a）、（b）显示，硅表面的OTS改性增加了WCA从46°到112°。

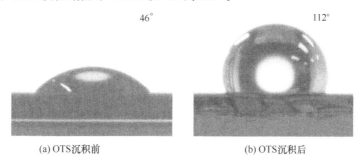

(a) OTS沉积前 （b) OTS沉积后

图8-7　光滑硅表面试样的水接触角

图8-8（a）和（b）表明，粗糙硅样品的WCA为37°，但在涂上OTS SAM后增至155°，这处于超疏水范围。测得的超疏水试样的滑移角小于1°。OTS SAM改性粗糙硅表面的WCA比OTS SAM改性光滑硅表面的WCA高得多。这表明表面粗糙化在提高表面疏水性方面的重要性。

OTS SAM改性粗糙硅表明的超疏水性归因于化学和结构两个因素。至于前者，OTS自组合前，氧化硅表面的极性基团是氧原子，这是亲水性的性质。当OTS自组合完成，亲水性的氧原子不再有用，并由于OTS的疏水烷基链而成为疏水表面。由于表面结构的原因，空气被困于粗糙的表面，避免了水从润湿表面滴落，从而提高了表面疏水性。

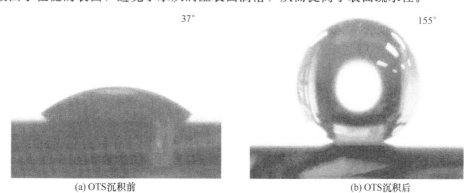

(a) OTS沉积前 (b) OTS沉积后

图8-8　粗糙硅表面试样的WCA

二、纳米相变纺织品开发

纳米级相变材料的开发将拓宽相变储热技术的应用领域。纳米材料具有非常显著的体积效应和表面效应，展现出与微米颗粒显著不同的性质，自20世纪90年代以来，一直是材料科学的一个研究热点，在陶瓷、电子、光学、能量储存与转换、材料的增强和增韧、生物和传感器等领域都具有广泛用途。将纳米技术（特别是纳米材料制备技术）用于相变储热领域可以增加相变材料种类、改善相变材料性能、拓展其应用范围。

1. 纳米相变材料的开发

纳米相变材料分为纳米胶囊相变材料、纳米复合相变材料和纳米高温相变材料等三类。按使用温度，相变材料分为中低温相变材料（相变温度低于150℃）和高温相变材料（相变温度高于150℃）两大类。中低温相变材料主要包括石蜡、脂肪酸、多元醇、结晶水合盐、共晶盐等，石蜡和脂肪酸是其中研究最多的两种。高温相变材料主要包括金属、合金以及熔融盐。

微胶囊相变材料粒径较大，耐热性、致密性和强度较差，使用中会出现囊壁破裂、堵塞循环泵孔道等问题；微米级定形相变材料的界面结合强度不高，使用中会发生液相渗出、热物理性质退化等问题。利用不同的纳米材料制备技术，可以减小胶囊型相变材料的尺寸，改进囊壁的强度、致密性和耐热性，提高定形相变材料的内结合强度以及制备新型高温相变材料，获得纳米胶囊相变材料、纳米复合相变材料和纳米高温相变材料。

① 纳米胶囊相变材料。在制备微胶囊相变材料时，通过加快细乳液聚合的搅拌速度，可以减小粒径，获得纳米胶囊相变材料。

② 纳米复合相变材料。微米级定形相变材料是由工作物质（一般是固-液相变材料）和载体基质组成的复合材料，工作物质发生固-液相变时其外形保持固体形状不变。工作物质主要有石蜡、脂肪酸、水合盐和无机盐等。载体基质主要有两类：一类是具有三维网状结构的高分子材料，比如高密度聚乙烯（HDPE）、聚丙烯（PP）、聚苯乙烯（PS）、丙烯腈-丁二烯-苯乙烯共聚物（ABS）、苯乙烯-丁二烯嵌段共聚物（SBS）等，它们的相变温度较高，在工作物质的相变温度范围内能保持固体形状，物化性质稳定，且有一定机械强度，通过与相变材料熔融共混可将PCMs包覆起来形成复合相变材料；另一类是具有多孔结构或层状结构的无机物，比如膨胀石墨、多孔石墨、蒙脱土、二氧化硅、石膏等，它们通过对液态相变材料的物理吸附作用可得到定形相变材料。以高分子材料为载体基质的定形相变材料，比如HDPE/石蜡体系，具有热导率小［在0.2W/(m·K)左右］、易燃、液相渗出、表面结霜等弊病，在其中加入无机纳米粒子，这些缺点（尤其是力学强度）在一定程度上可得以改善。以多孔无机物为载体基质的定形相变材料，比如石膏/石蜡体系，潜热不高（一般在100J/g以下）、界面结合强度较低、冷热循环稳定性较差。采用吸附法、溶胶-凝胶法、插层法等比较常用的纳米材料制备技术制备的纳米复合相变材料相对来讲具有较高的潜热、较高的界面结合强度和热稳定性。

③ 纳米高温相变材料。当组成相的尺寸足够小时，由于在受限的原子系统中的各种弹性和热力学参数的变化，平衡相的关系将被改变。例如，被小尺寸限制的金属原子簇的熔点被降低到同种固体材料的熔点之下。实验表明，平均粒径40nm的铜粒子其熔点由1053℃下降到750℃。块状金的熔点为1064℃，而10nm的金粒子的熔点为1037℃，降低了27℃，当粒径继续减小到2nm时，熔点下降到327℃。银的常规熔点为690℃，而超细银粉制成的导电浆料可在低温下烧结。利用金、银、铜等金属的纳米粒子具有较低熔点的性质，可将其直接用在与所要求的相变温度一致或相近的场合，也可据此性质制备新型纳米金属粒子，得到新的高温相变材料。纳米材料的比热容大于同类粗晶材料，比如在150～300K温度范围内，纳米Pd（6nm）和纳米Cu（8nm）的定压比热容比相应的粗晶材料分别增加29%～54%和9%～11%。利用这种性质，可以开发比同种粗晶材料热容量更高的高温相变材料。此外，纳米金属颗粒用作相变材料还有这样的优点，就是具有高的光热转换效率，这对提高太阳能利用率、减轻空间太阳能热动力发电系统的质量都是有利的。

随着纳米粉体制备技术的发展，越来越多的金属、合金、氧化物、无机盐等的纳米化得以实现。比如，用惰性气体冷凝法可以制备纳米合金及纳米氧化物；用超重力技术可以制取纳米氢氧化铝、氧化锌等物质；用高能机械球磨法可制备单质金属、金属碳化物、金属间化合物、金属-氧化物复合材料、金属-硫化物复合材料、氟化物、氮化物等的超微粒子；用等离子体法可获得 AlN、TiN，WO_3、MoO_3，NiO、WC、ZrC、SiC 等纳米材料；用溅射法可以制备多种纳米金属（包括高熔点和低熔点金属）以及多组元的化合物纳米微粒。原则上讲，各种纳米粉体制备技术都可以用于开发纳米高温相变材料，前提是所得纳米粉体应具有合适的熔点、较高的比热容和尽可能低的成本。由于目前对各种纳米粉体热性能（比热容、相变点、相变焓等）的研究较少，究竟哪些或者哪几类纳米粉体适合用作高温相变材料还需要进一步研究。

2. 纳米智能调温毛织物的开发

中原工学院采用微胶囊纳米技术开发智能调温毛织物。选取石蜡作为芯材，双酚 A 作为壁材，制备具有持久性的相变材料微胶囊，采用浸渍法，用该相变材料微胶囊整理毛织物以使其具有智能调温性能。

毛织物是服装生产的重要面料，若能使毛织物在穿着时根据人体体温或外界环境温度变化智能调节人体体表的周围微气候（空气层），使人体始终保持在一个比较稳定的温度环境中，则会大大提升毛织物的服用舒适性能。这种功能称为智能调温功能，一般通过向织物中加入相变材料来实现，主要方法有微胶囊法、涂层法、交联沉积法、复合纺丝纤维法、高聚物共混法等。其中微胶囊法效果较好，后处理工艺简单，不会改变毛织物面料的性能，是较为理想的处理方法。

（1）相变微胶囊在毛织物中的作用机理

石蜡相变微胶囊分布于毛织物中，通过芯材相变材料石蜡的吸热和放热对毛织物进行智能温度调节。人体穿着毛织物服装时，当由于运动或外界环境原因使体表和毛织物服装之间空气层的温度高于 35℃时，微胶囊中的石蜡开始吸收热量由固态变为液态，阻止空气层温度继续上升，使空气层温度维持在 35℃左右。当受各因素影响使空气层温度低于 35℃ 时，空气层开始吸收石蜡微胶囊的热量，相变材料石蜡开始由液态变成固态，放出相变物质储存的热量，阻止空气层温度继续下降。石蜡吸热和放热起到阻碍空气层温度变化的作用，从而实现毛织物温度的智能调节功能，创造舒适的人体环境，具体作用机理如图 8-9 所示。

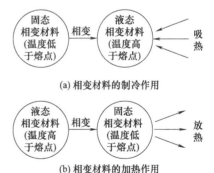

图 8-9　毛织物中相变材料
温度调控作用机理

（2）相变微胶囊处理毛织物的效果

所配置的相变微胶囊粒径可达 $18\sim28\mu m$，壁膜可达 $6\sim9.5\mu m$，通过调整制备微胶囊的各项工艺参数，还可以控制微胶囊的粒径大小，使微胶囊的粒径更趋细小和均匀，可以更好地渗入到毛织物内部，更好地附着在毛纤维表面上，使处理效果长时间保持。配置相变微胶囊的最佳工艺参数为：双酚 A：芯材总用量＝10：2，乳化搅拌速度第 1 次聚合搅拌速度 $600\sim900r/min$，第 2 次聚合时的反应搅拌速度为乳化搅拌速度的 1/2 时较为合适。每 10mL 溶液使用 $1\sim2mL$ 乳化剂，乳化时间 30min 左右，预固化阶段为乳化搅拌速度的 1/4，后固化阶段控制为 $6\sim8min$，过滤分离 $3\sim6$ 次。

选择石蜡作为芯材，双酚 A 作为壁材可以制作性能较为持久的相变微胶囊，用该相变材料微胶囊整理可开发出具有智能调温功能的毛织物。机理分析可以得出，相变微胶囊可根据人体或外界温度变化吸收或放出热量以维持人体与毛织物之间空气层的微环境，使人体处于较为稳定的舒适性环境。

纳米胶囊相变材料比微胶囊相变材料更容易通过纺丝计量泵和冷却液循环泵。用纳米相变胶囊对织物进行涂敷或将其混入纺丝液中进行纺丝，可以制备调温纺织纤维。用这种纤维制成的服装可以根据环境温度的变化，在一定温度范围内，自动调节服装内部温度，大大增加人体的舒适度。

纳米技术和相变储热技术都是近年发展起来的新领域，将两种技术进行交叉，可以开发更多品种的高性能相变材料，拓展相变材料及相变储热技术的应用领域。可喜的是，纳米技术与相变储热技术的交叉研究已取得不少成绩，合成、制备了一系列高熔值、高强度、高热导率（相对而言）的纳米胶囊相变材料、纳米复合相变材料。但应该看到，纳米技术与相变储热技术本身都还是新兴研究领域，正处于成长发展阶段，大量的课题还有待进一步深入研究。作为二者的交叉，纳米技术在相变储热领域的应用研究还有很多工作要做。比如纳米相变材料过冷现象明显、囊壁的耐热性可能随着粒径的减小而降低等就是迫切需要解决的问题。此外，纳米材料和相变材料原料的制备和获取都存在成本高的问题，寻找更有效、成本更低的技术来制备和生产纳米相变材料，才能真正将相变储热技术和纳米技术推广。

三、纳米形状记忆纺织品

与其他形状记忆聚合物相比，形状记忆聚氨酯（SMPU）既具有 SMP 的形状记忆效应、伪弹性、高回弹性和良好的抗震性和适应性等性能，又具有普通聚氨酯所具有的耐磨、耐油、耐臭氧和吸振、抗辐射、耐透气性能；尤其是 SMPU 在形状记忆温度附近的性能突变，如弹性模量、湿气渗透性、热膨胀性能和光学性能等方面的独到之处，可以广泛应用于生物医学领域，如制作骨科牙科矫形器、绷带、人工血管、介入诊疗导管及用于药物缓释系统等；纺织方面可以制备聚氨酯微孔膜为功能层的防水透湿织物；敏感器械方面可以制备温度敏感器，用于制造火灾报警器的连接装置。形状记忆聚氨酯应用前景广阔，但还有很多有待完善的地方，比如 SMPU 的力学性能不够理想，影响了其使用效果，通过材料改性技术优化性能是其发展趋势，而纳米粒子因具有较高的物理化学反应活性，极易与聚合物达到分子水平的结合，可以提高材料的力学性能。纳米 TiO_2 是一种重要的无机功能材料，可以用作紫外线屏蔽剂，纳米 TiO_2 经过无机表面处理后，适合于极性体系中使用。

利用纳米颗粒所具有的特性对形状记忆纺织产品进行功能性整理。利用形状记忆聚氨酯良好的黏结性，可将纳米粉体均匀分布于其整理基质中，使纺织品既具有良好的形状记忆特性，又具有纳米材料的功能性如抗静电、易去污、抗菌等特性。此类方法较适用于对天然纤维织物的整理。

制造纳米形状记忆纤维。化学纤维中加入添加剂是目前开发化学纤维新产品的主要方法，采用纳米级添加剂可能会创造出新一代的功能更强的化学纤维。在生产形状记忆纤维时利用熔融共混或溶液共混的方法制备纺丝液，纳米微粒较容易分散到纺丝液中，并且不会堵塞喷丝孔，经纺丝后制成的纳米改性形状记忆纤维；根据所加入的纳米材料的功能不同，可具有多功能特性，如形状记忆、抗静电、抗菌、阻燃、远红外、抗紫外线等。将聚合物与添加剂用分子组装法制成纳米级多功能性纤维，此类方法较为复杂，与常规的化纤生产方法可能完全不同，需考虑多重相互制约的因素。但是，利用纳米材料的各种特殊性能从根本上改变化学纤维的原有物理机械及化学性能，获得一系列适合于不同用途的多功能和智能纤维，必将是近期内纳米技术在纺织中应用的主导方向。

利用形状记忆聚合物的成膜特性，将纳米颗粒嵌于形状记忆薄膜中生成复合薄膜，再与纺织品层压复合。复合薄膜的生产与纺织品的生产分开进行，可以人为地控制纳米粒子的组成、性能、工艺条件、基体材料等参量的变化，从而控制纳米复合薄膜的特性。相应地，复合层压纺织品的生产也具有了较大的灵活性。近年来，对纳米形状记忆复合材料的开发有一些研究，纳米材料的加入使形状记忆材料的性能有一定改善。

1. 形状记忆聚氨酯/无机纳米复合材料的开发

采用 SiO_2 包覆 TiO_2 的 TiO_2-SiO_2 纳米复合颗粒，在形状记忆聚氨酯的扩链过程中原位加入，制备形状记忆聚氨酯/TiO_2-SiO_2 纳米复合材料，试样编号见表 8-1。

表 8-1　形状记忆聚氨酯/TiO_2-SiO_2 纳米复合材料的 TiO_2-SiO_2 含量

试　　样	TiO_2-SiO_2 加入量 ω	试　　样	TiO_2-SiO_2 加入量 ω
0#	0	3#	0.03
1#	0.01	4#	0.04
2#	0.02	5#	0.05

采用 FT-IR、DSC、力学性能测试、SEM、形状回复性能测试、循环形变记忆分析及 POM 等方法测试，改性后 SMPU 的力学性能和形状回复性能如下。

（1）FR-IR 测试

图 8-10 是 3-氨丙基三乙氧基硅烷（KH550）表面处理前后 TiO_2-SiO_2 纳米复合颗粒经洗涤干燥后样品的红外光谱图。由图可见，未经表面处理的 TiO_2-SiO_2 纳米复合颗粒在波数为 1093.8cm^{-1} 处有很强的 Si—O—Si 键振动吸收峰；在波数为 955.1cm^{-1} 左右出现了 Ti—O—Si 键的振动吸收峰，说明 SiO_2 与 TiO_2 间存在化学键的作用。经 KH550 的表面改性后，2937.5cm^{-1}、1470cm^{-1} 处 2 个峰归属 KH550 中乙氧基上 C—H 键的伸缩振动吸收，3271cm^{-1} 处吸收归属 KH550 中的 N—H 键伸缩振动，与—OH 的吸收峰重叠引起了宽化，这说明纳米颗粒经洗涤后表面仍存在 KH550。1093.8cm^{-1} 处的 Si—

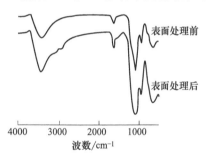

图 8-10　KH550 表面处理前后的
TiO_2-SiO_2 纳米复合颗粒红外谱图

O—Si 键振动吸收峰的明显变宽也说明了 KH550 的存在，这是由于 KH550 中的 Si—O—C 键在波数为 1078.8cm^{-1}，1103.3cm^{-1} 和 1166.9m^{-1} 处有 3 个强的吸收峰，与 Si—O—Si 键振动吸收峰在同一吸收带上，Si—O—C 键与 Si—O—Si 键吸收峰的叠加造成了波数为 1093.8cm^{-1} 峰的宽化。

（2）力学性能

在形状记忆聚氨酯中加入 TiO_2-SiO_2 纳米复合颗粒后，其力学性能显著提高。这是因为纳米颗粒可以在 SMPU 基体中形成物理交联点，增强大分子间的作用力，所以能够提高 SMPU 的力学性能。当纳米颗粒加入量从 0.01 逐渐增加至 0.05 时，SMPU 膜的机械性能先升高后降低，适量的添加量使力学性能得到了提升，当加入量达到 0.04 时，复合材料的拉伸强度较纯 SMPU 提升 90%。

（3）DSC 测试

图 8-11 为形状记忆聚氨酯/TiO_2-SiO_2 纳米复合材料的 DSC 测试图谱，其扫描结果见表

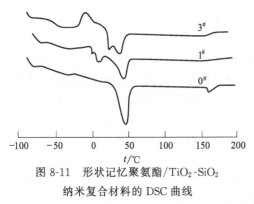

图 8-11 形状记忆聚氨酯/TiO_2-SiO_2
纳米复合材料的 DSC 曲线

8-2，结晶度由纯 PCL 的结晶熔融焓 $\Delta H_c =$ 136J/g 来估算。在 DSC 测试过程中，先对 SMPU 样品进行升温至 200℃保持 5min 消除热历史，然后骤冷至 −100℃，再以 10℃/min 的升温速率对样品进行升温。纳米颗粒的加入使软段的玻璃化转变温度 t_g 升高，说明软段和硬段之间的微相分离程度有所降低；同时纳米颗粒的存在也会阻碍软段的结晶，软段结晶熔融温度 t_m 和结晶度有所下降。ΔH_{HS} 为硬段有序结构的熔融焓，SMPU 经纳米颗粒改性后，ΔH_{HS} 上升，这是因为纳米颗粒的加入增强了硬段分子间的作用力，提高了硬段有序结构的规整度。

表 8-2 SMPU/TiO_2-SiO_2 复合材料的 DSC 测试结果

试样	t_g/℃	t_m/℃		ΔH/(J·g^{-1})		结晶度/%
		PCL	HS	PCL	HS	
0#	−54.5	46.3	160.6	37.2	1.45	27.4
1#	−49.0	44.2	154.5	23.0	3.31	16.9
3#	−51.3	38.7	157.5	36.8	4.16	27.1

注：PCL 为软段；HS 为硬段

（4）SEM 测试

用 SEM 对纯 SMPU 及 SMPU/TiO_2-SiO_2 纳米复合材料进行观察。由图 8-12（a）可以看出，纯 SMPU 膜的拉伸断面为韧性断裂形态；从图 8-12（b）、图 8-12（c）及图 8-12（d）中可以明显看出 SMPU 膜中存在 TiO_2-SiO_2 纳米复合颗粒，其尺寸基本在 100nm 以下，且均匀地分布在 SMPU 基体中，这说明纳米颗粒在 SMPU 基体中没有发生团聚，分散比较均匀。

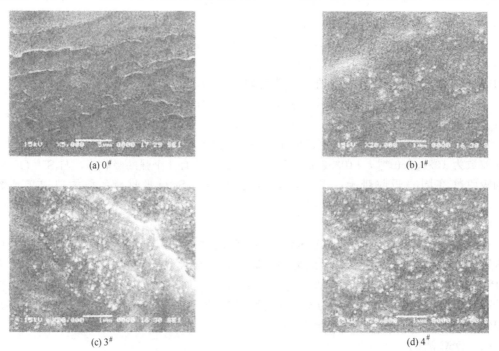

(a) 0#

(b) 1#

(c) 3#

(d) 4#

图 8-12 形状记忆聚氨酯/TiO_2-SiO_2 纳米复合材料的扫描电镜照片

（5）形状回复性能

一般定义 t_i 为回复的起始温度，在起始阶段，形状回复速率 V_r 变化缓慢，在之后的一段狭窄的温度范围内，回复速率会产生突然提升，然后达到一个最终的形状回复率 R_f，t_e 为完成最终形状回复的温度。当回复率达到 $1/2R_f$ 时的温度 t_r 称作形状回复响应温度。形状回复速率 V_r 可用 $V_r=0.8(t_{90}-t_{10})^{-1}dt$ 来描述，其中 t_{10} 是回复率为 $10\%R_f$ 的温度，t_{90} 是回复率为 $90\%R_f$ 的温度，dt 为升温速率。

由图 8-13 可以看到，TiO_2-SiO_2 纳米复合颗粒的加入对 SMPU 的形状回复性能会产生一定影响，形状固定率 R_g 都在 90% 左右，形状回复率 R_f 略微下降但仍保持在 94% 以上，这说明复合材料仍具有形状记忆效应且形状回复率保持较好。复合材料的形状回复响应温度 t_r 在其软段结晶熔融温度附近，这验证了 SMPU 的形状记忆回复效应是以软段的结晶-熔融过程来实现的。少量的 TiO_2-SiO_2 纳米复合颗粒加入后复合材料的形状回复速率下降，这是由于纳米颗粒加入会对 SMPU 软段的结晶及软硬段的相分离程度产生一定的负面影响，影响了其形状回复。当加入量增大

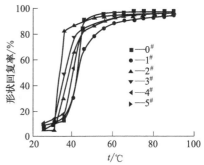

图 8-13　SMPU/TiO_2-SiO_2 纳米复合材料形状回复率与温度的关系

后纳米颗粒的存在可以极大地增强 SMPU 大分子间的作用力，使其形状回复应力增加，形状回复速率上升。当纳米颗粒加入量达到 0.05 时，复合材料的形状回复速率较纯 SMPU 相比提升 25% 左右。

（6）循环形变记忆分析

表 8-3 为复合材料形状回复率与形变循环次数的关系，由测试数据可以看到 SMPU/TiO_2-SiO_2 纳米复合材料和纯 SMPU 随着循环形变次数的增加，都会产生一定的永久形变，引起形状回复率的下降，随着纳米颗粒加入量的增大，复合材料循环形变后产生的永久形变逐渐减少，损失的形状回复率降低。当 TiO_2-SiO_2 的加入量达 0.05 时，10 次形变循环后损失的形状回复率仅为 2.8%，而纯 SMPU 损失的形状回复率为 6.8%。这是因为 TiO_2-SiO_2 纳米复合颗粒进入到 SMPU 基体后，可以作为物理交联点，提高大分子间的作用力，在循环形变-回复这个过程中，使大分子链段不容易滑移，降低永久形变。

表 8-3　形状回复率与形变循环次数的关系

形变循环次数	形状回复率/%					
	0#	1#	2#	3#	4#	5#
1	97.6	95.2	97.2	98.0	94.8	96.4
2	95.2	93.6	96.8	97.2	93.6	95.2
3	94.4	93.2	97.2	97.2	93.2	95.6
4	93.2	93.2	96.0	96.4	93.6	94.8
5	92.4	92.8	96.0	96.4	93.6	94.4
6	91.6	91.6	94.8	96.0	93.2	94.4
7	91.2	90.4	93.6	95.2	92.8	94.0
8	90.8	90.0	93.2	94.4	92.0	94.4
9	90.4	90.0	92.8	94.4	92.4	93.6
10	90.4	89.6	92.8	94.0	92.0	93.6

2. 纳米/聚合物基形状记忆材料复合体系

近年来，采用聚合物形状记忆材料作为新型固定材料得到越来越多的关注。形状记忆聚

合物材料一般可在高于玻璃化温度 T_g 以上 20℃时软化，当低于玻璃化温度时变硬，以起到固定肢体的作用，而且这一形变过程具有可重复性。这种新型的固定材料主要包括聚氨酯、聚己内酯、反式聚异戊二烯固定材料等。但这些材料都各有缺点，如力学强度不足，成型加工较困难，价格太高等，且对于医疗固定材料来说，都没有考虑开发材料的抗菌效果。苏州大学以聚氯乙烯（PVC）、MBS 及少量的 PCL 共混形状记忆聚合物为基体，加入纳米 $CaCO_3$、纳米 TiO_2，采用共混的方法制备了一种具备抗菌性能的纳米增强聚合物形状记忆复合材料。研究了纳米粒子处理的方法、纳米的加入量、偶联剂处理量、超分散剂添加量对复合材料形状记忆行为和力学性能的影响，以及添加不同抗菌粉对复合材料抗菌性能的影响。

① 所用的纳米 $CaCO_3$ 已经经过有机包覆处理。对纳米 TiO_2 经过钛酸酯偶联剂 NDZ-102 处理后，偶联剂与纳米 TiO_2 形成了化学结合，纳米 TiO_2 颗粒之间界面模糊，亲油性明显改善。

② PVC 基复合材料的冲击强度都随着 $CaCO_3$ 和 TiO_2 纳米粒子的引入而有很大提高，最高提高了 27.3%，拉伸强度也有所提高，但提高幅度较小。经适当量的偶联剂处理后，纳米粒子的增韧效果更加明显。体系中添加适当量的超分散剂 CH-1A 也可进一步提高材料的冲击强度，但拉伸强度略微下降。

③ 经过偶联剂处理和添加超分散剂后，$CaCO_3$ 和 TiO_2 粒子在基体中达到纳米级分散。少量纳米粒子的添加使复合材料的蠕变性能减小，偶联剂的处理和超分散剂的添加也使材料的蠕变时间减小，从而提高了变形后形状固定率的稳定性。纳米粒子的加入后，体系的热稳定性有所提高。

④ 随着纳米粒子含量的增大，PVC 基复合材料的形状固定略有降低，形状回复率也略有下降，但总体都还在 94% 以上。纳米粒子经过处理或者体系中添加分散剂后，可以降低形状固定率的下降，而形状回复率变化不大。

⑤ 随着纳米粒子含量的增大，PVC 基复合材料的形状回复速度增大。随着循环记忆次数的增加，各样品的形状固定率和回复率有不同程度的下降。复合材料的形状记忆固定率在固定后 2h 内下降较快，12h 后形状固定率趋于恒定。经过不同温度下形状固定率的稳定性测试发现，随着温度的升高，形状固定率下降，与不含纳米的样品相比，含纳米的样品的形状固定率更为稳定。

⑥ 加入银系抗菌粉的形状记忆复合材料，抗菌效果佳，可达到 87.60%，加入纳米 TiO_2 的形状记忆复合材料，抗菌效果为银系的一半。添加 Ag/TiO_2 复合抗菌粉的形状记忆复合材料，抗菌效果并没有因为 Ag 的掺杂而提高。

（1）纳米/PVC 基复合材料的形状固定率和形状回复率

图 8-14、图 8-15 为不同 $CaCO_3$、TiO_2 含量对 PVC 基复合材料形状记忆性能的影响。从图中可以看出，随着纳米粒子含量的增大，材料的形状固定率逐渐降低，形状回复率也略有下降，降幅较小，但都在 94% 以上。形状记忆聚合物都具有两相结构，即由记忆起始形状的固定相和随温度变化能可逆地固化和软化的可逆相组成。形状记忆过程即将已赋形的材料加热到高弹态，并施加应力使之生变形，在该应力尚未

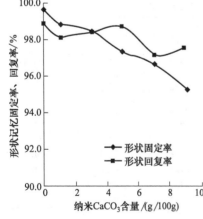

图 8-14　纳米 $CaCO_3$ 含量对 PVC
基复合材料形状记忆性的影响

达到平衡时，使用急冷方法使高分子链结晶或者变到玻璃态，这尚未完成的可逆形变必然以内应力的形式被冻结在分子链中。如果将材料再加热到高弹态，这时高分子链段运动重又出现，那么未完成的可逆形变将在内应力的驱使下完成，宏观上就导致材料自动恢复到原来的状态，这就是形状记忆的本质。

因为纳米粒子独特的表面效应和体积效应，纳米粒子在聚合物中起到润滑和摩擦的双重功效，纳米粒子含量较低时其润滑作用做主导，此时基本不会降低形状记忆性能，当纳米粒子填充量较大时，粒子易团聚，颗粒之间以及颗粒与聚合物基体之间的摩擦碰撞增加，阻碍可逆相的变形，链段的运动

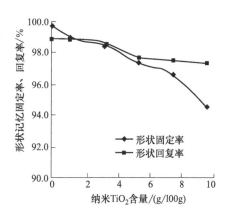

图 8-15　纳米 TiO_2（TiO_2 未处理）含量对 PVC 基复合材料形状记忆性的影响

跟不上应力变化速度，变形滞后，导致其形状固定率下降。而发生形状回复使材料的可逆相的内应力释放、固定相作为骨架回复到原来状态，因此除了可逆相的作用外，固定相的回复力对材料的形状回复率有很大的影响。固定相在形状记忆过程中都只是发生弹性形变，纳米粒子对其润滑或者摩擦作用甚小，且纳米粒子的加入使材料的回复应力增大，虽然纳米粒子的添加使可逆相释放应力的变形也受到阻碍，但是两方面的因素相互综合，纳米粒子的添加对材料的形状回复率的影响较小。

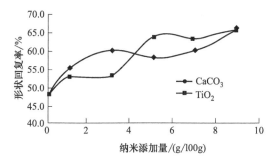

图 8-16　纳米添加量对 PVC 基复合材料形状回复速率的影响（TiO_2 未处理）

（2）纳米/PVC 基复合材料的形状回复速率

图 8-16 为纳米 $CaCO_3$、纳米 TiO_2（未处理）添加量对 PVC 基复合材料形状回复速率的影响图。材料在相同回复时间内得到的形状回复率越大，则形状回复的速率越快。由图可知随着纳米粒子含量的增加，材料的形变回复总体呈增大趋势。冻结应力后的形状记忆材料的储存状态为热力学不稳定状态，这种不稳定状态总是存在一种恢复形状向稳定状态过渡的力，纳米粒子的添加使材料的这种内应力增加，即加热时回复应力增大，宏观上表现为材料的形状回复速度增大。

（3）纳米/PVC 基复合材料的循环形状记忆性能

图 8-17 为循环次数对纳米 TiO_2/PVC 基复合材料形状固定率的影响曲线图。A0 为未添加纳米粒子的样品，10 次循环后形状固定率就下降较多，约 5%，而 10 次以后随着循环次数的增加，形状固定率却没有再下降。而添加 5g/100g 纳米 TiO_2 的样品 B3、纳米粒子经过偶联处理的样品 C3 和添加超分散剂的样品 D2 在最初的 10

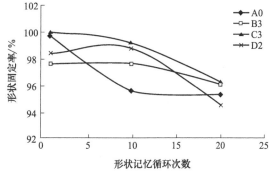

图 8-17　循环次数对纳米 TiO_2/PVC 基复合材料形状固定率的影响

次内形状固定率变化不大，但是随着次数的增加，其固定率逐渐下降。但所有试样的形状固定率仍保持在94.5%以上。A0由于多次形状记忆测试，可逆相的链段熟化，不可逆的变形增多，所以形状固定率不断下降。形状固定率主要取决于可逆相的应力冻结，虽然由于纳米粒子的摩擦和基体的结晶，使形状固定率有所降低，但多次形状记忆测试使纳米粒子与可逆相更好地结合，原因是在可逆相中纳米粒子相较于固定相中更能随着链段的运动而运动，纳米粒子作为应力集中点更好地冻结住应力，因此添加纳米粒子体系的形状固定率要比未添加的下降得慢。

图8-18为循环次数对纳米TiO_2/PVC基复合材料形状回复率的影响，随着循环次数的增加，各样品的形状回复率有不同程度的下降，与形状固定率相比，形状回复率下降更多一些，经过20次循环记忆测试后，均还保持在80%以上。

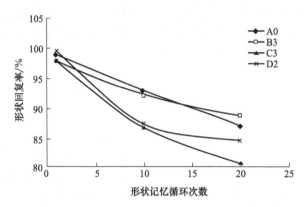

图8-18 循环次数对纳米TiO_2/PVC基复合材料形状回复率的影响

在反复的形状记忆过程中，由于材料每次的变形并不是100%的回复，所以有一定的残留应变，从而导致复合材料的形状回复率大幅下降。添加的纳米粒子由于与基体树脂的结合，在反复的形状记忆过程中，材料受力时复合体系中的纳米粒子会与基体剥离或者扯动其周围的基体树脂，从而破坏了原来的结构，纳米粒子与基体材料结合力越强，造成的不可逆形变可能就越多，因此C3、D2的形状回复率下降幅度较大。而B3中纳米粒子与基体的结合不强，所以与A0相差不大。

四、其他纳米智能纺织材料

1. 纳米碳管的应用

"纳米碳管"，国内学者通常称之为巴基管，它是由单层或多层石墨片卷曲而成的无缝纳米级管。如果作为复合材料的纤维增强体，预计可表现出极好的强度、弹性、抗疲劳性以及各向同性。浙江大学材料系用碳管作增强纤维的铜基复合材料，其耐磨性远远大于钢轴承。此外，清华大学正在开展利用碳管作铁基复合材料的增强体的研究。另外，纳米碳管具有许多优良的物理性能，可用于制作多种纺织新材料。它是非常优良的导电体，经测定其导电性优于铜，将其作为功能添加剂，使之稳定地分散于化纤纺丝液中，在不同的摩尔浓度下可制成良好的导电性纤维。纳米碳管在许多方面的应用体现出智能性。

由美国密歇根大学教授尼古拉斯·科托夫（Nicholas Kotov）和江南大学教授胥传来等人组成的研究团队则在棉纤维上涂了碳纳米管和电解质材料。研究人员将普通的棉线放入碳纳米管溶液当中反复浸渍，再使其干燥。如此几次之后，棉纤维就具有了导电性。在实验室测试中，将这种新的电子纤维连接到电池之上，可以点亮一个简单的发光二极管，如图

8-19。有趣的是，一旦吸附了碳纳米管的棉纤维干燥之后，对其加热或使用溶剂都不能将碳纳米管分离出来。这说明加入的电解质材料起到了保证涂层稳定的作用。此外，电解质材料的亲水性也可保证将来做成纺织品以后穿着的舒适性。这种材料具有很强的耐久性和柔韧性，在材质上接近普通织物。这种碳纳米管改性纤维将来可应用于生物医学、环境及食品安全领域，例如，监测疾病和人的生命体征；作为生物传感器检测环境与食品安全污染物。

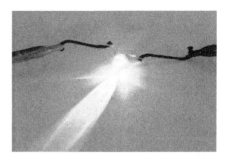

图 8-19　碳纳米管涂层智能纱线

此外，在碳纳米管改性棉纤维中加入白蛋白抗体后，探测到了白蛋白的存在。白蛋白是血液中的一种关键蛋白质，该功能有望用于探测伤者的出血状况。不过，碳纳米管改性纤维对人体的影响尚无定论。虽然大量的细胞培养数据表明这类碳纳米管涂层是无害的，但长期接触皮肤的影响还需进一步研究。

2. 纳米智能军服

美军采用纳米技术研制的下一代纳米智能军装具有以下功能。

（1）轻巧

以覆盖整套作战服的防水层为例，其总重量只有 0.45g，而且透气性能好。

（2）智能化

内嵌在纳米防弹头盔内的超微计算机具有防护、通信、指挥、分析以及全天候火力瞄准等功能，军服材料中使用的纳米太阳能传导电池可与超微存储器相连，确保整个系统的能源供应。

（3）防护功能

以前只有在科幻电影里才会出现的完美军装不仅质量极轻，具有防弹效果，而且还可以应付生化武器的攻击。当面对生化攻击时，"纳米军服"内的织物分子就会发生变化使得生化毒素无法渗透到军装内部。由于纳米材料具有极高的强度和韧性，防弹性能好。

（4）治疗功能

当士兵胳膊或腿发生骨折时，军装的袖子和裤腿还会自动变成石膏，固定伤口。如果士兵需要休息，材料就可以变得松软一些。此外，嵌在军装中的纳米生化感应装置可以监视士兵的心率、血压、体内及体表温度等多项重要指标，可以辨识体表流血部位，并使该部位周边的军装膨胀收缩，起到止血带的作用。士兵的伤情数据也会向战地医生的个人电脑系统发送，军医可远程操控军服进行简单治疗。

（5）识别功能

纳米军装将用一种具有特殊红外线功能的特制纤维作为缝制的主要材料。士兵穿上这种军装后，在激战中能很容易地辨认出自己的战友，从而最大限度地避免误伤事件的发生。

（6）隐身功能

在军装的特种纤维中将加入大量利用纳米技术制造的微型发光粒子，从而可以感知周围环境的颜色，并做出相应的调整，使军装变成与周围环境一致的隐蔽色，从而具备一定的隐身功能。

3. 纳米智能染色

早在 17 世纪，胶状黄色纳米微粒金粉已用于制造红宝石色玻璃。1857 年，Faraday 对颜色的产生作了解释；在 1908 年，Mie 通过求解关于细小金属粒子电磁辐射吸收/散射的麦克斯韦（Maxwell）方式，从而在理论上解释了颜色现象。颜色由纳米微粒的尺寸所决定。增大纳米微粒的尺寸会引起等离子共振向长波段转移。因此，金的粒子为 9nm（λ＝517nm）、22nm（λ＝521nm）、48nm（λ＝533nm）和 99nm（λ＝575nm）时，颜色会从红色（粒径为 9nm）变为蓝色（粒径为 9nm）。金溶液与还原/稳定剂的比例，决定了纳米微粒的尺寸或所得到的颜色。不过，纳米微粒会发生奥斯特瓦尔德熟化（OstwaldRipening）和凝聚现象，延长时间也会改变产品的颜色。Johnston 教授指出，新西兰美利奴（细毛）羊毛和棉纤维会与金纳米微粒发生化学键合而变色，从而产生稳定的颜色。光电子能谱显示，这是通过氨氮基团发生羊毛的化学键合。这种具有稳定色牢度、色谱广的颜色产生方法，已应用于羊毛和棉上。采用金纳米微粒对羊毛和棉着色，并具有一定的抗菌性的加工方法是可行的，但目前还处于试验阶段。

4. 纳米智能防毒纺织品

美国北卡罗来纳州立大学和波多黎各大学的研究人员运用新兴的纳米技术，将纳米层附着在天然纤维上，开发出一种"智能纺织品"，适用于军事安全和其他很多广泛的领域。这些纳米层的厚度仅为 20nm，由不同种类的聚合体构成，能够对通过的物质进行控制，这一过程被称为"选择性传输"。这些纳米层都是针对不同的化学物质量身定做的。在阻止芥子气、神经毒气或工业化学制品通过的时候，可以允许空气、水分的通过来保持面料的透气性。由于该智能纺织品的原材料对化学毒剂具有吸引力，因此可以有效地阻止化学毒剂的通过。用这种面料制成的衣服可以起到高度可靠的保护作用。研究人员将数百个纳米层附着在纤维上，而且不会影响衣服的舒适度和可用性。纳米层通过静电力黏附在天然纤维上，就跟磁体依靠电磁电荷来吸引和排斥其他物质的方式一样。这一智能纺织品技术有大量潜在的应用领域。比如，涂有关节炎药物的手套；具有抗菌层、可防止伤口感染的军事制服；潜水艇舱位中的抗菌被褥，用于防止疾病传播；针对多种化学和生物毒剂的防护衣。

5. 纳米光致变色纤维

把用纳米材料处理过的光致变色材料溶入或混入塑料、纤维、布、纸、涂料、油漆等各种材料中，用这类材料制成各种制品有诸多的用途，可以制作成各种日用品、服装、玩具、装饰品、童车或涂布到内外墙上、公路标牌和建筑物等的各种标示、图案，在光照下会呈现出色彩丰富、艳丽的图案或花纹，美化人们的生活及环境。可以做成透明塑料薄膜，贴到或嵌入汽车玻璃或窗玻璃上，日光照射马上变色，使日光不刺眼，保护视力，保证安全，并可起到调节室内和汽车内温度的作用。还可以溶入或混入塑料薄膜中，用作农业大棚农膜，增加农产品、蔬菜、水果等的产量。另一个重要的应用是用作军事上的隐蔽材料，例如军事人员的服装和战斗武器的外罩等等。有机光致变色材料在日光或其他光源照射下，会很快由无色或浅色变成红色、绿色、蓝色、紫色等各种颜色，停止光照或加热又恢复到原来的无色状态，是可逆的变色过程。纳米光致变色纤维可用于光信息存储、光调控、光开关、光学器件材料、光信息基因材料、修饰基因芯片材料等。在国内外最先把它成功用于防伪识别材料。在其他高科技领域也有广阔应用前景，用于生物分子活性的光调控，如把光致变色材料接到多肽上，利用光致变色发生开环和闭环的结构变化，从而引起多肽链的空间结构的改变，实现结构的光调控；把光致变色材料连接到基因上，利用它的开环和闭环的结构变化，启动基因信息的存储功能，形成光信息基因材料；把光致变色材料连接到冠醚、环糊精等配位基团上。利用光致变色过程中的结构变化，实现分子识别过程的光调控；还可利用光致变色的特性，制备自显影感光胶片和全息摄影材料；利用光致变色反应可实现光化学双稳态，可用于纳米量级记录元件的高性能计算机等。

当前纳米技术的研究热潮正在整个科学技术领域掀起，在纺织领域也不例外。纳米技术与纺织的融合，包括将纳米材料（无机或有机的纳米原料）加入到纺织品中去和设计制备出具有纳米结构的纺织品。美国正在研制的纳米战斗服就是将纳米技术融入纺织品的典范。美国马萨诸塞州内蒂克军事基地的科学家运用纳米技术改变原子和分子的排列，使纤维具有化学防护特性。经过纳米技术处理的纤维在让清新空气通过的同时，可将生化武器释放的毒气挡在身体之外，从而提高了士兵在各种环境下的生存能力。此外，科学家应用纳米技术还研究了一种能"捕捉"气味的纤维，这种纤维具有分子大小的海绵体，可以吸收各种怪异气味，并把它们"锁住"，直到遇到肥皂水，再将怪气味释放。士兵的内衣、袜子等如果用这种纤维织造，将长时间不用清洗，可解决士兵在野外长期生活和清洗衣物困难的问题，从而大大改善了野战士兵的生活条件。近日由美国克莱姆森大学研制的一种自动清洁材料，是一种由镀银毫微粒混合而成的高分子膜，将其应用到织物纤维上时，能产生一系列极小的微粒凸起，一旦与水接触，附着在织物表面的尘土及其他物质，即能快捷、方便地被清除，大大简化了衣物清洁的过程。因此，纳米技术在纺织领域大有可为，通过改变原子、分子的排列赋予纺织品特殊的功能和智能，可达到智能化的目的。

新材料的发展为智能纺织品的开发提供了智能系统的组合，如形状记忆高分子材料的发展促进了智能型防水透湿织物的开发，相变材料的研究推动了蓄热调温纺织品的开发，水凝胶高聚物的发展又为隔热纺织品的开发奠定了基础。而多种技术的融合，如新材料和织造工艺的融合、微胶囊和包膜技术的融合、传感器和微型计算机的融合等使纺织品智能化的实现成为可能。众多高新技术中以纳米技术和电子信息技术与纺织品的融合尤为突出。

参 考 文 献

[1] 高绪珊，吴大诚等. 纳米纺织品及其应用 [M]. 北京：化学工业出版社，2004.

[2] 李青山，王庆瑞. 智能纤维织物系统的研究与发展 [C] //第二届功能性纺织品及纳米技术应用研讨会论文集，2002：20-23.

[3] 杨栋梁. 纳米技术在织物功能性整理中的应用 [J]. 纺织科学研究，2008 (4)：1-10.

[4] 朱荟. 形状记忆聚氨酯/无机纳米复合材料的制备与研究 [D]. 上海：华东理工大学，2007.

[5] R. H. Baughman. Synthetic Metals，1996，78 (3)：339.

[6] Gandhi M. R.，Murray P.，Spinks G. M.，Wallace G. G. Synthetic Metals，1995，13 (1-2)：185.

[7] Smela E.，Gadeguard N. Adv. Mater.，1999，11；953.

[8] 顾振亚，陈莉. 智能纺织品设计与应用 [M]. 北京：化学工业出版社，2006.

[9] 展义臻，朱平，赵雪等. 纳米复合相变材料的制备方法 [J]. 染整技术，2006，29 (4)：1-5.

[10] 汪秀琛. 纳米智能调温毛织物的开发 [J]. 毛纺科技，2007 (11)：33-35.

[11] 杨冬芝，张静，聂俊. 定向顺磁性聚合物纳米纤维的制备 [C]//高分子材料科学与工程研讨会，2005：376-377.

[12] 唐爱民，王鑫，陈港等. 天然木棉纤维/磁性纳米粒子原位复合反应特性研究 [J]. 材料工程，2008，10：80-84.

[13] 侯鹏. 磁性纳米复合生物材料的制备及表征 [D]. 成都：西南交通大学，2007.

[14] 李鹏，官建国. 张清杰等导电聚合物/磁性纳米复合材料的制备及其结构与性能 [J]. 华东理工大学学报：自然科学版，2006，32 (10)：1246-1252.

[15] Wallace G. G.，Campbell T. E.，Innis P. C. Putting Function into Fashion：Organic Conducting Polymer Fibres and Textiles [J]. Fibers and Polymers，2007，8 (2)：135-142.

[16] Wallace G. G.，Spinks G. M.，Kane-Maguire L. A. P.，et al. Teasdale in "Conductive Electroactive Polymers：Intelligent Material Systems" [M]. 2nd ed. CRC Press，Boca Raton，2003.

[17] 江雷. 具有特殊浸润性的仿生智能纳米界面材料 [J]. 科学聚焦，2007，2 (5)：38.

[18] Yong Song，Rahul Premachandran Nair，Min Zou，et al，Superhydrophobic Surfaces Produced by Applying a Self-Assembled Monolayer to Silicon Micro/Nano-Textured Surfaces [J]. Nano Res，2009，2：143-150.

[19] Mirji，S. A. Octadecyltrichlorosilane adsorption kinetics on Si (100)/SiO$_2$ surfaces：Contact angle，AFM，FTIR and XPS analysis [J]. Surf. Interface Anal. 2006，38：158-165.

[20] 李建立，薛平. 纳米技术在相变储热领域的应用 [J]. 中国科技论文在线，2008，3 (4)：299-305.

[21] 朱荟，董擎之. TiO$_2$-SiO$_2$ 纳米复合颗粒改性形状记忆聚氨酯 [J]. 华东理工大学学报：自然科学版，2008，34 (2)：229-234.

[22] 陈雪. 纳米/聚合物基形状记忆材料复合体系的研究 [D]. 苏州：苏州大学，2007.

[23] Mottaghitalab V.，Spinks G. M.，Wallace G. G.，Synthetic Metals，2005，152 (1-3)：77.

[24] 季善坐. 静电纺丝法制备导电聚合物纳米气敏复合材料及气敏特性研究 [D]. 杭州：浙江大学，2007.

[25] Wallace G. G.，Zhou D.，Steele J.，Spinks G. M.，P. C. Innis. International Patent，WO 03/01 4684，2001.

[26] 霍瑞亭，杨文芳，田俊莹等. 高性能防护纺织品 [M]. 北京：中国纺织出版社，2008.

[27] Lucian A. Lucia Orlando J. Rojas. Fiber nanotechnology：a new platform for "green" research and technological innovations [J]. Cellulose，2007，14：539-542.

[28] 庄华炜译. 纳米技术和智能纺织品 [J]. 印染，2007 (11)：50-51.

第九章
智能服装

在纺织产业链当中，服装虽然属于终端产品之一，但却是与人类接触最密切的，在日常生活中不可缺少的用品。服装之所以被人们比喻为"第二皮肤"，是因为它的首要功能是保护、遮蔽人体。同时，服装在现代社会中还扮演着修饰人体、美化生活、烘托文化、反映社会经济发展水准的角色。进入21世纪以来，随着科技进步，新材料、新技术不断涌现，特别是计算机网络技术自身的不断完善以及运用领域的不断扩展，加之人们对生活舒适性、便利性、时尚性和对生态平衡、环境保护、自身安全健康等方面的不懈追求，服装的科技含量正在不断提升，功能也在不断地拓展，众多功能性服装因此孕育而生，而智能服装便是其中的一大类。

第一节　智能服装产生的背景与定义、依据及特点

一、智能服装产生的背景与定义

人类具有接受知识等能力，并具有感觉、记忆、思维、分析、判断、决定、表达、行动等智力能力，所谓智能就是人类这些特殊功能和能力的集合。智能及智能的本质是古今中外许多哲学家、科学家及医学生理学家一直在努力探索和研究的问题，但至今仍然没有完全了解，形成完善的结论，以至于智能的发生与物质的本质、宇宙的起源、生命的本质一起被列为自然界中的四大奥秘。进入21世纪以来，随着脑科学、神经心理学等研究的突破性进展，人们对人脑的结构和功能有了进一步认识，科学家们结合人类智能的各种外在表现，从不同的角度、不同的侧面，用不同的方法对智能问题进行研究，提出了几种不同的观点，其中影响较大的观点有思维理论、知识阈值理论及进化理论等。

① 思维理论。认为智能的核心是思维，人的一切智能行为都来自大脑的思维活动，人类的一切知识都是人类思维的产物，因而通过对思维规律与方法的研究可望揭示智能的本质。所谓的智能材料或产品应当体现思辨性这一基本功能。

② 知识阈值理论。认为智能行为取决于知识的数量及其一般化使用的程度，一个系统之所以有智能是因为它具有可运用的知识。因此，知识阈值理论把智能定义为：智能就是在巨大的搜索空间中迅速找到一个令人满意解答的能力。所谓的智能材料或智能产品也应具备知识或技能搜索及准确调用的功能。这一理论在人工智能的发展史中有着重要的影响，知识工程、专家系统等都是在这一理论的影响下发展起来的。

③ 进化理论。认为人的本质能力是在动态环境中表现出来的行走能力、对外界事物的感知能力、维持生命和繁衍生息的能力。核心是用控制取代表示，从而取消概念、模型及显

示表示的知识，否定抽象对智能及智能模型的必要性，强调分层结构对智能进化的可能性与必要性。这一理论引导智能化材料或成品的研发朝着物理机械化性能与神经感应性能并用、物理能量形式的转换、物理性能和化学性能的仿生化等方向发展。

在这些理论的引导下，人工智能的研究取得了突破性进展，并形成了不同的学派。主要有以下三方面。

① 符号主义（Symbolisms）。又称为逻辑主义（Logicism）、心理学派（Psychologist）或计算机学派（Computerize），其原理主要为物理符号系统（即符号操作系统）假设和有限合理性原理。该学派认为人工智能源于数理逻辑。数理逻辑从19世纪末起就获得迅速发展，到20世纪30年代开始用于描述智能行为。计算机出现后，又在计算机上实现了逻辑演绎系统。正是这些符号主义者，早在1956年首先采用"人工智能"这个术语。后来又发展了启发式算法→专家系统→知识工程理论与技术，并在80年代取得很大发展。符号主义曾长期一枝独秀，为人工智能的发展作出重要贡献，尤其是专家系统的成功开发与应用，为人工智能走向工程应用和实现理论联系实际具有特别重要意义。在人工智能的其他学派出现之后，符号主义仍然是人工智能的主流派。这个学派的代表有艾伦·纽厄尔、肖、西蒙和尼尔森（Nilsson）等。

② 联结主义（Connectionism）。又称为仿生学派（Bionics）或生理学派（Physiology），其原理主要为神经网络及神经网络间的连接机制与学习计算方法。该学派认为人工智能源于仿生学，特别重视对人脑结构及功能的研究。它的代表性成果是1943年由生理学家麦卡洛克（McCulloch）和数理逻辑学家皮茨（Pitts）创立的脑模型，即MP模型。20世纪60～70年代，联结主义，尤其是对以感知器（Perceptron）为代表的脑模型的研究曾出现过热潮，由于当时的理论模型、生物原型和技术条件的限制，脑模型研究在70年代后期至80年代初期落入低潮。直到Hopfield教授在1982年和1984年发表两篇重要论文，提出用硬件模拟神经网络时，联结主义又重新抬头。1986年鲁梅尔·哈特（Rummel Hart）等人提出多层网络中的反向传播（BP）计算方法。此后，联结主义势头大振，从模型到计算方法，从理论分析到工程实现，为神经网络计算机走向市场打下基础。现在，相关学者和科学家对人工神经网络（ANN）的研究热情仍然不减。

③ 行为主义（Behaviorism）。又称进化主义（Evolutionism）或控制论学派（Cybernetics），其原理为控制论及感知-动作型控制系统。该学派认为人工智能源于控制论。控制论思想早在20世纪40～50年代就成为时代思潮的重要部分，影响了早期的人工智能工作者。到60～70年代，控制论系统的研究取得一定进展，播下智能控制和智能机器人的种子，并在80年代诞生了智能控制和智能机器人系统。行为主义是近年来才以人工智能新学派的面孔出现的，引起许多人的兴趣与研究。

由这些理论和学派引领，并通过计算机模拟技术研发的日趋成熟和普及运用，人工智能技术的开发和应用于20世纪50年代在国际上兴起，并迅速在科研、工业、国防、医学等自动化领域辐射开来。21世纪初形成以计算机为核心、以信息化为主要内容的新一轮知识经济浪潮以后，人工智能技术研究应用的行业更加广泛。同时，以纳米技术应用为代表新材料的研发以及高级仿生技术的开拓运用，为智能新产品的开发注入了无限生机与活力。

以此为背景，智能服装的研发便从纺织服装产业传统运作模式中破茧而出。所谓智能服装（Smart Clothing）是指模拟人类生命和思维系统，不仅能够感知外部环境或内部状态的变化，而且通过判断和反馈机制，能实时地对这种变化做出反应的服装。智能服装通过运用人工智能等现代模拟、仿生、微电子等科学技术，生成一定类似人类自身智力功能，如感应、记忆、储存、分析、判断、控制、调节、替代等特性，并作出相应反应，可以给专业领域和人类日常生活带来新变化，使得服装增加了穿着的惬意感、功能延续性和拓展力、便捷性、集成性、辅助力等功效。

智能服装出现的时间并不长，最初主要应用在航空、航天及国防军用等特殊领域。20世纪90年代后，其研发工作逐渐向体育运动、娱乐休闲、生活辅助等民用领域渗入。目前，发达国家服装业的研究开发重点已经从传统的成衣业转向了具有高附加价值的高科技服装，智能服装被认为是服装工业的未来。智能服装从一开始便出现于纺织行业的高端研发领域，并与计算机、微电子、遥感技术、仿生学、医疗护理等学科相关联。尽管目前无论从国际还是国内看，智能服装基本上仍处于研发、试用和小范围拓展阶段，但随着科技的进步和社会经济文化的发展，其应用开发有着广阔的领域和前景。

二、智能服装产生的依据

除去航空、航天及国防军用等特殊专用领域之外，智能服装产生是以现代服装流行趋势作为依据的。进入21世纪以来，服装功能的开发除了继续注重发挥保护人体与美化人体作用之外，还有进一步向时尚化、便利化和有利于维护人体健康、安全的方向发展的趋势。当今服装的流行趋势可以归纳为以下几个方面。

（1）崇尚自然、讲究时尚

以棉、麻、丝、毛等天然纤维为主要材质，采用纯纺或混纺织物制成的各类服装产品贴近自然，仍是人们的穿着首选。据"海关综合信息资讯网"（www.China-Customs.com）刊载文章提供的信息，截至2008年2月份，在我国纺织品出口的纱线和面料中，棉制品同比增长了13.1%，毛制品和丝制品同比增长分别达到11%和7%，可见国外消费者喜欢天然纤维织物者居多。在欧洲服装消费市场，各类天然纤维纯纺或混纺制品占据了绝对主导地位，高比例化纤或纯化纤制品几乎看不到。笔者曾于2003年夏季赴欧洲考察巴黎、米兰等地服装市场，当时感到不论是人们穿着还是商店商场销售的服装产品，仍以棉、毛、丝、麻等天然纤维制成的居多，另一部分服装产品则是以天然纤维为主要材质，适当加入少比例的化学纤维进行混纺制成，纯化纤的服装产品确实不多见。而且从服装的价格上看，纯天然纤维产品的卖价就是比化纤混纺产品要高。在米兰某家西服专卖店中，我曾看到两件款式相同的男式休闲西服，一件有化纤成分的产品标价为250欧元，而另一件毛麻交织纯天然纤维成分的产品标价则为500多欧元。由此可见，当地纯天然纤维服装产品的价格通常是化纤混纺产品的一倍。另外，人们对服装色彩（包括图案和花纹）的追求与设计思路基本上也是从大自然美丽的风光和景物中汲取灵感而获得的。同时，穿着休闲以及突出个性化已经成为当今服装的时尚主题，随意、自然的感觉在人们日常穿着过程中得以张扬。运动类和休闲类服装普遍受到欢迎。

（2）注重舒适与安全健康

现今社会，人们着装过于工整、拘谨的场合和时间正在不断减少，而穿着舒适和有利于健康的问题则不断受到人们重视。医学研究表明：青少年穿过于紧身的服装会影响身体正常发育；长时间系领带对人的健康不利，会引发脑血管疾病。几年前美国的一些大公司的职员就曾发起过"周五不穿正装上班"的运动，旨在给自己多一点轻松。着装要以舒适、健康为主的观念目前已为大多数人所接受。另外值得一提的是，随着绿色生态环保意识日益深入人心，在生产、使用过程中及废弃后不给穿着者和周围环境带来危害与不利影响的"绿色服装"，具有抗菌除臭、促进血液循环、美化肌肤、抗过敏等保健类服装以及具有抗紫外线、防静电、防电磁波辐射等防护作用的各类功能性服装都有着十分广泛的市场需求前景。

（3）强调服装使用与保养的便利性

现代社会生活节奏越来越快，紧张、忙碌的工作与生活往往容易使人感到疲劳。为了更好地休息和享受生活，人们更加青睐那些穿着方便、保养简便的服装产品。具有强抗污、免水洗或水洗快干、抗皱缩、保型长久及防霉蛀等性能，已成为使用方便、易保养的新一代服装产品的主要内容。现在已经问世的免烫衬衫、防污纳米裤、防污领带、拒水开司米风衣等就是这方面的标志性产品。

（4）与现代科学技术应用接轨

随着知识经济和信息时代的到来，人们的日常生活添加了不少科技色彩，服装产品也不例外。将着装穿衣与信息接收、处理和发送相结合，改善穿衣的微循环空间环境以及通过着装实施远程监控、护理和指导，增强人体自身的某些功能等已成为智能化服装的研究开发方向。国内外在这方面已有一些成果见诸各类媒体。比如自 2007 年以来，韩国、美国、德国、瑞士等国家以利用计算机及网络技术积极研发智能试衣系统，利用高科技技术手段解决现实生活中人们购衣麻烦的问题。韩国首都首尔的新世界百货公司设立了名为 I-fashion 的虚拟时尚购衣店。顾客在这家店里买衣服，看中意的款式后，不用亲自试穿，而是由自己的虚拟三维替身代劳，便可选购到称心如意的服装。该店还声称，顾客甚至无需亲临商店，可以通过手机或电脑进入该店网站，通过输入体型、主要部位尺寸、个人对颜色的喜好等必要的数据，让虚拟替身试穿观察效果，满意后通过网络付款得到货物。顾客还可以通过此种方式为朋友或亲戚选购服装，由商店送货上门。

由美国纽约数码公司"尼科尔森图标"研制的试衣"魔镜"，也于该年推向市场。这种智能试衣"魔镜"有资料数据库和三维操作仪，并采用镜面与顾客沟通交流。"尼科尔森图标"的首席技术官克里斯多弗·恩莱特介绍，这种互动型试衣镜配有 3 块仪表面板。顾客可以通过触碰面板屏幕来选择与衣服搭配的鞋子、手提包或者其他配饰。其中左边的面板有一个触碰式屏幕，顾客只需要触碰屏幕，就可以选择不同的服装，这时候试衣镜就会显示顾客穿上这些服装后的画面，这意味着顾客无须亲身穿上这些服装就可以看到效果，右边的面板则向顾客提供更多的鞋子或者配饰选择，如图 9-1 所示。在时装店，顾客首先可在资料数据库中挑选适合自己的不同款式的服装，服装会显示在正中央的镜面里，然后顾客可面对镜面进行虚拟试穿，选定合体的规格。由于"魔镜"中装配了红外线传输器，顾客可以把试穿的影像资料通过手机、电脑等个人通信工具发送至亲友，并直接听取他们的意见或建议，提高择衣的成功率。

德国智能试衣系统的研发人员之一，柏林的海因里希-赫兹研究所的科研人员安娜·希尔斯曼说："我们的目标是以虚拟方式给人穿衣服。"该技术是一种身体扫描技术，这种计算机化的镜子能显现真人大小的顾客身体的三维图像，并会显示他们穿上自己所选择的服装的样子。消费者在商店里选定服装的款式和颜色，并通过照相扫描记录下身材尺寸后，他们的资料和尺寸便会传输到制衣厂，工厂就可以给他们量身定做他们选中的样式。无论何时消费者看到一套他们喜欢的新款式，他们都可以进行定购。希尔斯曼说，采用这种技术的一个好处是，可以减少在商店买错尺寸的情况发生。

同样，这样的智能试衣系统也已在我国的香港出现并已在内地与消费者见面。2009 年10 月，据重庆市发明协会发布信息，中国首家颠覆传统售衣模式的智能服饰体验馆于 2010 年在重庆现身。在一台貌似淋浴房的设备内，消费者站在里面，只需要 2 秒钟，自动扫描仪就将你的身体前后左右上上下下 48000 个点的尺寸测完，所有的尺寸精确到毫米。测量后的

图 9-1 神奇的智能试衣镜

数据将保存到终端机中，只要身体尺寸没有发生大的变化，这组数据可随时提取，供选衣之用。一台外形看起来像自动柜员机的终端服务机内，有上百万套的"衣服"按各种类别储存，消费者可以按外套、衬衣、毛衣、长袖、短袖、裤裙等类别进行选择。选中款式和颜色后，你还可以通过宽 6m、高 3m 的高清晰仿真视频系统，像照镜子一样，看到自己穿上衣服后的效果，肩部、背部、腰部、臀部，想看哪个部位就能调出哪个部位的图片出来看。如果消费者决意要下单买衣服，则全部通过刷卡消费。资金一旦通过银行转到经销商的账号中，系统将向数字化服装工厂自动传送需要制作衣服的尺寸及款式，一般 5 小时就能做好一套衣服。然后通过专门的快递公司，送到顾客手中。

此外，随着科技进步和人的认知水平的不断提高，纺织新技术、新材料的运用，也为智能服装的研发创造了必不可少的物质前提和精神动力。德国 Niederrein 大学的 U. R. B. Sastry 教授曾总结了智能纺织品发展的趋势。他指出，近些年来智能材料以其自己的方式融入到纺织品中，它们的出现激起了材料科学、微电子学和计算机工程等领域研究者的兴趣。同时，纺织服装的产品设计及生产者也加入进来，纺织品的使用者对智能产品的兴趣也逐步提高，所有这些来自不同领域、不同背景的人们，共同推进了智能纺织品开发与应用。U. R. B. Sastry 教授认为，最早的智能纺织品是用于军队作战时的伪装需要，采用防火、耐用、高强度、屏蔽技术生产的功能性纺织品可通过覆盖、穿着等形式，用于装备、设备及人员的遮掩和保护，有效抵挡可见光、红外线和雷达这三种辐射源。进入 21 世纪，随着人们对各种随身装备提出轻质化、易携带的需求，智能纺织品向民用领域辐射的趋势得到了强化。普通纺织品材料通过与微电子、脉冲、计算机技术的结合以及微胶囊嵌入、涂布、覆合等新型加工制造手段的运用，为纺织服装产业提供智能原材料，促进了智能服装品种的不断丰富。

三、智能服装形成的特点

由于服装属于纺织行业的终端产品，并且与人们日常生活关联度比较大，所以智能服装具有如下特点。

（1）对智能纺织材料有很大的依赖性

服装通常是由面辅材料运用、款式设计、裁剪缝制以及熨烫整理等环节加工而成。对于服装的使用而言，与人体接触面积最大、接触时间最长的主要是各类面辅材料。所以智能服装首先要依赖智能化的纺织材料作为主体，这些智能化的纺织材料通常具有感应、记忆、调节、发送以及存储等功能，并能根据环境与人体的变化做出适应性的调整和反应，以期达到智能服装预定的设计效果。目前已知的智能纤维或织物主要有如下一些类型。

① 形状记忆纤维和织物。这种纤维主要是依据热成型和冷却定型的方式形成的。当周边温度接近原来热成型的温度时，形状记忆纤维有复原原来形状的功效。前一时期研究和应用最普遍的是镍合金纤维，它首先被加工成宝塔形的螺旋弹簧状，再进一步加工成平面状，然后固定的面料的夹层中。这类面料多运用于消防、冶炼等行业的阻热服装。当服装表面接触到高温时，处于夹层中的镍合金纤维会迅速由平面形状变成宝塔形状，在两层织物中形成一定的空间，有效减少高温源对人体皮肤的侵害，避免烫伤事故的发生。此外通过对高分子材料进行分子改造和改性，形成形状记忆高聚物 SMP，能随外部环境条件如热能、光能、电能以及化学特性变化，自动改变或恢复形态。应用最早的形状记忆高分子材料是具有伸缩性特殊功能的仿丝绸轻薄织物，多用于类似舞蹈、体操等专业人员穿着的紧身衣裤、衬衣等，还可用于能自动开合的窗帘。

② 拒水透湿织物。多采用氯丁橡胶、聚氯乙烯、聚氨酯以及丙烯酸等高聚物，通过涂布的方式与普通织物结合。此类织物可以分为微孔膜型、亲水性无孔型、亲水性涂层无孔膜三大类，它们所具有的共性风格是通过采用聚合物拉覆膜工艺，使织物产生防水功能，同时又保持一般织物透气排汗、保温的性能。用这类面料制成的服装既增添了防护功效，又确保穿着使用的体感舒适度。比如 20 世纪 90 年代，美国杜邦公司研发了一种名为 Gore-Tex 的覆膜织物，其原理是覆在织物上的膜结构空隙比水蒸气的分子大 700 倍，而又比液态水滴的水分子小 20000 多倍，从而达到既利于人体过量水蒸气的排解，又具备抵挡小雨淋湿表面的功能。用这种透气防水织物制成服装，可令穿着者在剧烈运动后仍能保持身体干爽，并消除因排解不畅，出汗过多而产生的冷感，易于保持身体舒适感和健康。

③ 温度调控纤维。温控纤维是指能根据环境或人体变化自动调节温度和湿度的纤维，一般可分为蓄热调温型和调温调湿型两种类别。由蓄热保温纤维加工的织物及服装，除具有一般纺织品服装的静态恒温作用外，还因采用了含水无机盐、长链碳氢化合物、聚乙二醇、脂肪酸等相变物质，发生液态-固态可逆相变，或通过纤维从环境中吸收-存储、存储-释放热量，在织物与人体之间，形成有别于外部的温度相对恒定的微气候，达到温度调节控制的效果。该织物最早用于宇航服，现在已开始运用于防寒、体育运动等服装。调温调湿型纤维主要是利用纤维的高吸湿性能，通过吸收空气中或人体产生的水分子，并在实施气态-液态、液态-气态转化时所产生释放或吸收热能的原理，达到恒温的效果。如日本东丽公司推出的"能量感应"吸湿放热面料，可以吸收人体排出的水汽并将其转化为热能，制成服装后可以比传统产品提高 2~5℃ 的保暖温度。

④ 光导感应纤维。又称光学纤维或简称光纤，它是一种能把光能闭合在纤维中，并产生传导作用的光学复合材料。光导纤维通常是由两种或两种以上折射率不同的材料复合而成的，一种叫芯材，另一种叫皮材，芯材具备传导功能，皮材则使光能闭合于芯材，两者的折射率相差越大越好，即光能的传导性能就越强。按材质不同，光导纤维可分为无机光导和有机光导两类，无机光导纤维包括玻璃光纤和石英光纤，而有机光纤是一种很细的皮芯型合成纤维，它具有柔韧、轻盈、强度大和价格较低并具有一定防辐射能力的特点。用光导纤维制成的织物，具备一定的传感功能，在与人体接触后可传输一些信号，如环境化学生物状况的探测、心率的变化、战斗中士兵受伤的部位的确定、儿童与病人的日常护理指标等。

⑤ 压电纤维。压电纤维属于智能敏感材料中的一种，一般采用聚合物中的聚氟乙烯、聚偏氟氯乙烯、尼龙 11 等具有较强压电性的材料制成。它的独特功能在于会将动能转化为电能，然后再将电能转化为动能传送出去。例如利用压电纤维制成的网球拍（美国网球名将阿加西曾使用过），能提供一个相反方向的作用力来减小球拍变形的程度，增加回球的力量感。用聚氟乙烯阻燃纤维加工成织物，制成内衣穿着后，在摩擦等外力作用下可产生大量电荷，发生放电现象，对辅助治疗关节炎有良好的效果。

⑥ 光敏变色纤维。所谓光敏变色是指在一定波长光线或热量、湿度的辐射下，通过分子异构化、分子自由基离散、分子离子裂解以及氧化还原反应等机理，导致物质的色泽发生变化，而当这一波长光线或热量、湿度消失后，物质又会回复到原来颜色的现象。如东华大学研究开发的光敏变色聚丙烯纤维，经紫外线照射能迅速由无色变为蓝色。光敏变色纤维制成面料后可用于安全服、娱乐服、伪装服及防伪制品的加工生产。

⑦ 仿生智能纤维。所谓仿生智能纤维是指效仿自然界某些生物的特性，通过一定加工手段的运用，令纺织材料也具备类似某些生物自我调节和保护的功能。如通过对荷叶表面微结构有利于自我清洁这一现象的观察，纺织科技工作者运用纳米技术对织物表面进行处理，使其形成像荷叶上微结构一样细小的不规则纹理，能有效地阻止各类粒子的滞留。一些污染物，如溅出的酒液、果汁、灰尘，很难在这种经过特殊处理的织物表面停留，从而提高织物保持自我洁净的功效。这种被称之为具备"荷叶效应"的织物，便是仿生智能的代表性成果。还如，科学家研究了北极熊的毛皮结构后发现，它与光导纤维极其相似。北极熊的毛外端呈透明状，犹如一根细小的石英纤维，而接近皮肤的一端是不透明的神经髓鞘，表面粗糙坚硬，中间呈空心状。这种结构特别有利于光的传输，它可以最大限度地吸收光能，汇集到皮肤表面后转化成热能，并通过皮下的血液将热能输送到全身。根据北极熊皮毛这种吸光蓄热的原理，一种含有碳化锆物质，具备"吸光蓄热"功能的"日光纤维"被研制出来，用这种纤维织造面料制成的服装，不仅使"薄衣过冬"成为可能，而且还为极地考察和探险提供了理想的装束。

⑧ 智能抗菌纤维。人体表面生存或黏附着各种各样的细菌，皮肤上的细菌分为有益或有害两大类，有益的细菌对保持皮肤表面的弱酸性以及酸碱度平衡，维护健康，起到积极的作用，而各种有害的细菌则会造成过敏、感染以及导致皮肤表面出现异味和炎症。研制出各种智能抗菌性纤维，并利用织物的亲肤性特点来呵护人类的皮肤，已成为现代纺织科技成果开发的一个重要内容。所谓智能抗菌纤维就是采用微型胶囊植入法，将抗菌剂包入纤维内部，并形成缓释功效，令织物的抗菌剂既不因洗涤维护而流失，又能保持一定量的释放和一段时间内的持续有效使用，控制人体皮肤表面细菌的数量维持在正常的水平，满足人体健康需求，不给人体造成过敏、刺激等不良影响。美国 Nylster 公司研制出一种"智能聚酰胺纤维"，将抗菌剂包藏于纤维内部，而不是黏附于纤维表面，因此可以承受 30 次的洗涤，仍能持续发挥抗菌及维护皮肤健康作用。这种纤维区别于一般抗菌纤维的方面就在于：它能适应皮肤表面的变化，无论是轻微活动还是剧烈运动，都能有效控制有害细菌的滋长，有助于保持皮肤健康。它所包含的成分十分温和，使用过程中不会给皮肤造成过敏。

（2）以更好满足人类各类生活需求为研发目标

智能服装的运用对象是人，所以它必须围绕着人的各方面生活需要实施研发工作。舒适性、安全性、便利性、时尚性以及追求各类其他生活辅助性的功能，已经成为现代人类享受生活，寻求服装穿着现代化的重要方面，所有这些，都成为了智能服装研发的方向和目标。

（3）与社会发展及一些特殊行业的现代化需求相关联

当今世界人口老龄化的问题日益突出，围绕老年人日常护理便捷化、监控辅助自动化的智能化手段的运用，智能化服装已开始引起人们关注并受到欢迎。老年化服务领域的进一步拓宽，已将作为贴身使用的纺织品服装列为智能化导入的新层面。另外，类似医疗、航天、军事、体育、娱乐等行业，将更新智能化功能引入相关的专业服装设计，也明显地增多起来。

四、智能服装的分类及开发原理

（1）智能服装的分类

① 基体自带式。所谓基体自带式智能服装是指那些利用原辅材料本身已经存在，或通过整理方法产生的智能化功能而制成的服装。主要表现为通过对纤维和面料进行智能化设计与处理，使其具有能量转换、应激调节等功能，当人体自身运动或环境发生光线、温度、电磁、摩擦等物理变化时，这类服装会进行自动调节，就像人体感应做出反应那样。比如"自动调温服"、"自动透气排汗服"、"自动变色服"、"自动发光服"（图9-2）、"自洁服"、"香味服"、"电磁辐射屏蔽服"、"隐身衣"等就属于此类。

图9-2　由飞利浦设计中心设计的能随心情变化的发光服装

② 装配式。所谓装配式智能服装是指那些利用缝制装配工艺，将某些智能化功能移入服装成品中而制成的服装。此类服装在开发过程中需要运用柔性技术、微型技术，把一些具有特殊功能的设备植入服装成品，并巧妙地与服装贴身合体、柔软舒适的特点融合起来，以不妨碍穿着舒适性与行动便利性为前提，提高服装使用的功能。比如"电脑服"、"通信联络服"、"卫星定位定向服"、"电吉他音乐T恤"等就属于此类。装配式智能服装通常需要穿着者实施某些操作步骤才能显现其智能方面的功能。

③ 组合式。所谓组合式智能服装就是采用上述两种开发原理，综合形成具有相关智能功能的服装。其间既包含了原材料自身所具有的智能，同时还配有一些智能化的仪器设备，以便令智能化服装的功效达到极致。比如"宇航员出舱服"、"深海潜水服"、"危重病人护理服"、"越野赛车赛手服"、"发光服"、"发声服"、"自动报警服"等就属于此类。

（2）智能服装的开发原理

智能服装的开发原理是：通过计算机模拟技术、仿生技术、遥感技术以及一些新材料的组合运用，使服装具有类似人类等生物体神经组织传感、分辨、推断、应激、修复、调节以及处置等方面的功能，从而达到提升产品科技含量，更好地满足穿着特殊需求的目的。通常被称之为智能服装的产品应具有如下鲜明的技术特征。

一是使用了智能型材料。所谓智能型材料就是针对环境或穿着者出现的变化，能够通过传感-应激-调节-变通等环节，自行实施适应性调整的材料，包括形状记忆材料、相变材料、变色材料和刺激-反应水凝胶等。比如英国伦敦艺术大学时装学院与巴斯大学的研究人员研制出一种智能服装面料，取材来自羊毛这种再普通不过的材料，经过处理后该衣料表面的尖状物会像松果鳞叶一样开合，所以被称之为松果衣料。松果衣料为两层式结构，表面为尖状吸水层，尖条之间相隔只有二百分之一毫米，当穿着者体温上升及流汗时，感应到水气的尖状物会自动打开，容许外面的空气进入降温；而当穿着者停止流汗，服装内外温度和湿度平衡后，衣料上的尖状物会自动闭合，阻止空气进入，这与松果鳞叶自动打开播撒种子的原理相似。该衣料曾代表英国参加了 2005 年在日本举办的科技新品博览会。

二是使用微电子产品技术，具备了灵巧结构。所谓灵巧结构就是适应环境和穿着者使用需求，将信息技术和微电子技术引入人们日常穿着的服装中，包括应用导电材料、柔性传感器、无线通信技术和电源等，能够通过一些预设装置，利于使用者近身便捷地处理一些事物，或者是为一些专业需求，及时提供动态化的信息。灵巧结构也被称为可穿着技术（Wearable Technology）。比如德国洛登弗莱公司于 2005 年推出了世界上第一款"多媒体服装"，它"既能打手机，又能听音乐。"从外观上看，这款"多媒体服装"和一般短上衣没有任何区别，但其内设极其精巧：存储量高达 512 兆的 MP3 播放器被缝制在内侧口袋中，微型麦克风藏在领子里，连接两者的防水线路在制衣时缝入。MP3 播放器的操作通过袖口上的纽扣完成，耳机采用蓝牙技术。简言之，这是一款"带有手机和 MP3 播放功能"的高科技智能服装。此外，该公司还研发出了一套"多媒体夹克衫"，内设 MP3 和蓝牙技术外，还安装了一个全球定位系统（GPS）芯片，这样，穿衣人无论走到哪里，都可以被精确定位。该公司还于 2006 年秋天推出一款防手机辐射的外套，把微型传感器和特殊芯片缝制在 T 恤中，使之能测量出人的心律、体温等数据，并自动将这些数据直接传送给医生。

第二节　智能服装的作用与研发意义

一、智能服装的作用

（1）营造更为舒适穿着效果

智能服装通常能够营造一个与人体穿着需求相匹配、与人体感应相接近的系统，这个相对封闭的系统具有平衡作用，能够根据周边的变化和体感变化及时进行相应的调节，可以为穿着对象保持一个长久的舒适环境。比如由天津工业大学纤维研究所科技人员研制的"恒温服"就是这方面的例子。2003 年抗击非典，为提高医护人员的工作舒适度，该大学承担了"防非典医务人员恒温服研制及开发"项目，经过近两年的攻关，该项目于 2005 年 10 月通过了天津市科学技术委员会组织的验收。这种服装耐热耐水性好，不管外界气温高低，衣服内部的温度都不受影响，能令人体温度保持在适宜的水平上。据专家测定，这种通过运用相变材料设计制造的夹层恒温服，在环境温度达到 38℃时，服装内部保持的温度不超过 30℃，持续时间达到 2.5h，可以满足医务人员恒温工作的需要，延长人员的作业时间，防止热应激发生后导致中暑、皮肤过敏等问题的出现。同样，这种有明显的防暑、防寒功能的"恒温服"，还可以满足警察、士兵、炼钢工人等特殊行业，以及消防、野外作业、极地考察等其他极端环境条件下工作人群的护体需要，可以保证处于恶劣环境下的人体舒适感。

（2）提供更为方便的近体沟通联系形式

现代社会的一个标志就是人的流动性大，人们日常生活的一部分常常处于动态的、无法停顿的情形之中，如上下班、出差旅行、异地办公住宿等。尽管手机与笔记本电脑的发明和使用、网络的普及等已经为人们相互联络提供了不小的方便，缩短了身处异地人们之间的距离感，但仍未能全部满足人们近体、便捷交流联系的需要。而具有上网、通信、收发各方信息功能的智能服装一旦得到普及，或许可以使那些经常处于流动状态之中的人们，减少携带多种通信工具的麻烦，通过身穿贴身近体的智能服装便可随心所欲地实现与他人交流，或在第一时间捕捉最新信息。

（3）增强穿着的安全保护功能

现代社会生活节奏加快，各种不安全因素和事故风险发生的概率也在增大。人们需要所用日常生活用品在突发危险的情况下能够增加自身保护的功能。对环境变化具有应急功能的智能服装在这方面能够满足人们的需要。比如针对刑事案件频发的社会现象，为保护执法者的人身安全，智能防弹衣便应运而生。2006 年，位于美国佛罗里达州杰克逊维尔的阿莫控股公司与特拉华大学合成材料中心的诺曼·瓦格纳教授合作，研制出一种智能的防弹衣。其方法是将聚乙二醇和硅微粒合成物形成的一种类似花生酱的超浓液体，均匀涂布在超薄的凯夫拉尔纤维上。这种防弹衣比传统的防弹衣轻 4 磅左右，强度却增大不少。它的奇妙之处就在于，平时面料处于柔软状态，当受到外力重击时，如枪击、刀刺，面料受力后会立即变硬，形成盾牌防护效应，抵挡并消解外来冲击，起到保护人体的作用。而当外来打击的能量消散，面料便又迅速还原为柔软状态。

（4）适应特殊行业的工作需要

宇航员出舱实施太空行走是一项神奇而又危险的工作。其所穿太空服必须是一套功能齐全、配置精密、反应灵敏的封闭化的微型循环系统，以确保宇航员出舱时，免遭太空外部环境各种不利因素的伤害。为了以防万一，确保宇航员的生命安全，一款智能宇航服已经在美国诞生。2008 年 8 月，在美国弗吉尼亚州诺福克举行的一次国际会议上，美国特拉华德ILP 多佛公司介绍了这种智能织品。它的特点是能够实施自我修补漏洞、发出警报并杀死细菌。该公司智能材料计划"In Flex"的负责人戴维·卡多根介绍说，这种宇航服能够进行自我修补，因为它最里面的一层，即宇航服的密封层，充满了一层厚实的、具有记忆性能的聚合物凝胶。这种类似橡胶的凝胶被两层薄型聚氨酯层包裹，如果包裹的层面上出现漏洞，周围的凝胶便会自动渗出，把破洞堵上，从而确保了宇航员的使用安全。在真空实验过程中，凝胶自动修补了宽达 2mm 的漏洞。研究人员还介绍，如果宇航服被划出一个更大的破洞，这款宇航服会立即发出警报，提醒宇航员这个破洞的位置。这是因为这种宇航服所用材料中安置了带电流的导线，这些导线纵横交错形成一个网状排列。如果出现大的穿孔，所在部位的电路会被破坏，内置传感器就会向中央计算机发出警报，便于宇航员及时采取应急措施。该公司称，这种新型智能化宇航服有望在 2018 年美国航天局组织的再次登月活动时投入使用。

在消防、矿产、有毒有害化学品生产或救助场所以及生化战场上，智能报警服的作用显得十分重要。所谓智能报警服，是采用能探测有毒有害物质的织物为原材料制成的。这种织物中植入一些光导纤维传感器，当这些微型光学传感器接触到某种气体、电磁辐射、有毒有害生物化学介质时，会被激发产生报警信号，提醒处于此类危险环境中的人员加以规避或加强自我保护，能有效提高生存能力，保护人类生命安全和健康。比如在煤矿井下作业的矿工身穿此类服装，当环境中瓦斯的浓度接近易爆危险的临界点前，就会发出报警信号，提醒矿工停止作业，及时安全撤离，这样便可避免由瓦斯爆炸所造成人身伤亡的重大矿难事故。

（5）提高服装对人体的监护分析提示功能

通常，随着年龄的增长，老年人身体机能会出现明显衰退，行动迟缓、反应力下降。为了帮助老年人减少行动困难带来的问题，监控分析智能服装可为其助一臂之力。美国弗吉尼亚理工大学的工程团队设计出一种电子裤，可帮助确定哪些老人具有跌倒的高风险，从而通过及时的提示，有效减少由于跌倒事故发生而受伤的老人数量。该校电子工程系教授汤姆·马丁和马克·琼斯设计的这种电子纺织裤，内部嵌有数个电子标签，这些小小的印刷电路板内含有微控制器、传感器及通信器件。该装置由1个贴在腰间的9V电池供电。在步行实验中，电子标签收集的数据被传送给一个单独的蓝牙电子标签，再由其通过无线方式将数据传输给一台主机电脑。研究人员通过比较两组测试人员的结果来测试这种电子裤的可行性。在这两组测试人员中，一组由9个健康人（青年和老年均有）组成，另一组则由4名有过跌倒医疗记录的老年人组成。参与测试人员在一台跑步机上以不同速度行走，同时传感器监测在6个关节处发生的局部扰动。这些局部扰动，譬如随步而变的踝关节和膝关节运动，在两个对照测试组间是不同的。根据两个不同参数（角速度和垂直加速度），研究人员就能确定在不同步行速度下，哪个关节具有明显的不稳定性。由于这种电子裤可以不受察觉地连接至远程医疗设施，将使老年人能够独立生活的时间更长，电子裤成为他们的"保护神"。当电子裤检测到某个个体步态的不稳定性后，系统就能报知医疗监控设施及本人，提醒他们尽量放慢步速或避开不安全的路面。

美国弗吉尼亚理工大学运动研究实验室主任瑟蒙·洛克副教授说，发展可穿戴式智能系统的主要问题之一是人们是否愿意穿用。舒适性和技术创新将是未来穿戴式智能系统设计的关键。研究人员表示，未来他们将为这一穿戴式系统增加更多的诊断功能，如量血压、测血液中的含氧量等。他们也正在研究设计其他人性化可穿戴式系统，如可佩戴在手腕上的珠宝状可穿戴式系统等。

（6）减少服装穿着后维护保养的麻烦

当今社会发展节奏加快，人们生活忙碌。为了更好地享受生活，也出于节约资源（如水、电等）和保护环境的需要，人们希望服装的维护与保养越简单越好。"自洁式"与易护理的智能服装将会越来越受到欢迎。2007年，澳大利亚和我国有关方面的研究人员合作，共同研制了通过纳米粒子涂层技术运用所形成的"自洁式"毛料和丝绸。用这类材料制成的毛裙和丝织领带以后可以不必再送到昂贵的干洗店洗涤维护。研究人员称，羊毛和丝绸由被称之为角蛋白的天然蛋白质构成，是服装业用途最广也是最昂贵的材料，但存在难以保持干净的缺陷，很容易被传统洗涤剂破坏。科学家认为需要找到更好的办法对付这类材料上的污渍。在研发过程中，瓦利德·达乌德和他的同事们准备了两种毛料，一种采用二氧化钛粒子涂层，一种没有。由于光合作用，二氧化钛能去除污渍和有害微生物。研究人员给这些织物样品洒上红酒，在模拟阳光下晒了20小时后，有涂层的织物几乎看不到红酒的痕迹，而未经处理的样品仍然污渍严重。他们指出，这种涂层无毒无副作用，不会给人体带来不利影响，并且能永久地附着在织物上，不会破坏或改变其质地和手感。

同理，日本一家服装公司于2008年开始销售一种能够享受"淋浴"的智能西服，这是一款适合在夏季穿的西服。它穿在身上非常轻盈，而且很舒服，具有透气快干的特点，白天穿着后可以在晚上喷淋冲洗清洁，并采用晾挂形式快速滴干水分，第二天一早无需熨烫就可以再穿。这款西服是由日本"Konaka"男装连锁店和澳大利亚毛纺创新公司合作开发的，为的是解决白领在炎热夏季遇到的一些穿衣麻烦问题。这种轻质羊毛西服在制作过程中采用了两道特殊的工序，令其具备了某些类似人类的记忆功能，不仅快干，而且自动防缩抗皱，有助于保持西服原有的款型，免去传统西服洗后必须熨烫的麻烦。

（7）增添娱乐功能

2009年10月，在上海时装周活动——第二届长三角纺织产业协同创新论坛上，东华大学科研团队发布最新研发出的"智能娱乐音乐服装"。这种服装看似与普通服装无异，但它很多部位的织物都带有信息化模块，它的袖子装有高科技的柔性开关。只要将MP3、手机与智能服装的接口相连，音乐就能输入，衣服在柔性开关的控制下会发出美妙的乐音。东华大学纺织学院教授王华说，智能服装对纺织业来说是一个前沿课题，东华大学5年前开始了智能服装的研究，在青浦区科委的支持下，智能音乐服装即将实现产业化。在当日的发布会上，模特穿上样衣，在T台上秀出高科技运用的魅力。据悉，这种服装在欧美国家也已问世。

"这种开关是用复合性高分子材料做的。"王华说，"我们把纳米级的微金属粒子放到聚硅氧烷橡胶里，就让材料产生特殊性能。"平时，柔性开关的电阻有1万多欧姆，是绝缘体；而当人们用手指按一下开关时，构成开关的高分子材料受到压力，就产生"量子隧道效应"，其电阻立即降到了100Ω以下。这样一来，手指摁压的力学信号便转化成柔性开关的电子信号，与开关相连、隐藏在织物中的柔性线缆就产生了电流，在无需电池的情况下播放出了音乐。除了与面料融为一体的开关、线缆和信息化模块，智能服装上还有几个接口，MP3、手机可连在接口上，或通过蓝牙功能，将存储的音乐输入衣服，耳机也可连在衣服上。

王华教授透露，他们已和苹果公司达成合作意向，通过在衣服上加装一个控制器，让智能音乐服装成为与iPod、iPhone配套的产品。今后，他们还将给衣服增添柔性显示的功能，让衣服边放音乐边显示出变幻的图案。

（8）提供自发或原发性能源，为随附设备提供动力

当随身携带的电气设备多了，人们常常会遇到电源用尽、无法继续使用的尴尬。寻求获得近体自发或原发性电源便成为智能纺织品研究的重点科目。2008年年初公布的一项研究报告称，美国研究人员制造出能利用人体活动取得能量的纳米纤维织物，这为有朝一日研制出可为iPod或其他随身电子装置提供电能的织物铺平道路。这种由王中林领导的佐治亚理工学院科学家小组研制出来的纤维织物，在纤维外面包着成对的氧化锌纳米管，纳米管受到摩擦后会产生微小的电流脉冲。微小的纳米发电机可回收声波、振动甚至人类心跳产生的"多余"能量，它所使用的技术和自动上发条的手表相同，但规模却小到以数十亿分之一米计。人体有多种能推动纳米发电机的能量来源，包括心脏跳动产生的血流、肺的呼吸和行走等，就连敲打计算机键盘也是潜在的纳米级能量的来源。王中林说："两根纤维互相摩擦，就像两把刷子的毛彼此触碰，能把机械能转换成电能。"这种利用摩擦生电的方法被称作"压电效应"。这项刊登在英国《自然》杂志上的研究称，还可以把纤维编成帘子和帐篷等结构，捕捉风、声波或其他机械能。

此外，利用太阳能技术的智能服装也已问世。据推出该产品的"多一度"网站（www.duoyidu.com）介绍，这件太阳能背心在肩部与背部装配了6块太阳能面板，共可产生6W电力，这些电量会储存在一个8800mA·h、放在背心口袋内的电池中，电池有5V、6V、9V和12~20V的输出规格可以选择。当晒不到太阳时，这件背心也可以用AC转换插头充电，有8种转换插头跟7种装置转接器（虽然网站上没特别说明是什么装置，我们从照片判断应该是手机充电器）。这块电池也可以为笔记型电脑充电，输出上限是20V，也包含一个USB插槽，以方便通过USB充电设备的使用。背心上其他还有的功能包括8个前置口袋、一个有拉链的背部口袋，可放置相关物品。Chinavasion表示这些太阳能面板可以防水，但电池不能，使用时应采取措施防备。电池上有灯可以指示剩余电力，绿色表示还剩80%，橘红色表示30%至70%，红色表示快用完了。该种智能背心的售价为$140.00。外形见图9-3和图9-4。

二、智能服装的研发意义

综上所述，智能服装的应用跟人的行为方式以及所处环境、日常需求密切相关。无论是

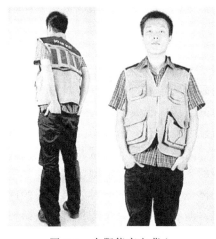

图 9-3 　太阳能充电背心

图 9-4 　太阳能充电背心功能细节示意

生产、生活，还是在一些科研、特殊行业，智能服装都有显著的应用价值，对提高人们生活质量，改进生活方式，乃至普及科技研发成果，有着十分积极的意义。进入 21 世纪以来，随着社会的进步，当今世界的科学技术正在快速发展着，高科技的影响日益明显地渗透于社会的各个领域，其中也包括与人类生活密切相关的衣食住行等诸多方面。服装是人类的终身伴侣，它伴随着、呵护着、修饰美化着人们走过一生，并为生活增添无穷的色彩。服装在现代社会中的重要作用是不言而喻的。以现今科技发展作为支撑的智能服装则给人们穿戴方式和内容注入了不少新的内容，笔者认为尤其是在促进服装功能扩展，提高人们生活质量方面，智能服装的出现是起到关键作用的。

（1）智能化促使服装护体功能延伸

服装的护体功能先前仅仅表现为遮掩和御寒，只能满足人类起码的生理和心理需求。由于社会发展和人的认知能力提高，人们日益清醒地认识到了当今生态环境潜伏着许多影响人类健康的不利因素。例如由于工业化的发展，废气大量产生及森林植被覆盖面积缩小，导致保护地球的臭氧层日益稀薄并在南极上空出现空洞，太阳辐射产生的对人体有害的紫外线直接射入地球，影响人类健康。再如由于电子工业的快速发展，大量家用电器涌现，一方面给人类生活带来方便，同时也造成电磁波辐射、静电干扰等不利于人体健康的现象发生。还有当今社会竞争激烈，生活节奏加快，饮食与休息不当，导致高血压、心脏病等心血管疾病的患者日益增多……要克服上述问题除需要环保、医务科学工作者在环境保护和医疗技术上研究对策，采取相应措施外，纺织服装科技工作者也积极利用高科技在衣着问题上不断研究探索，开发智能化新产品，使服装的护体功能得到延伸，向防害抗病和医疗保健的护体方向发展。如韩国的孝成纺织公司开发出防紫外线纺织纤维，用这种纤维织成面料可以生产出"健康服装"，既能防止紫外线对人体的侵袭，还可以保温，对增加血液循环，促进新陈代谢等均具有较佳效果，此外还能抵御各种污染物对人体的伤害。再如多年以前上海的针织产品研究所与相关企业合作，联合开发出罗布麻针织服装产品，利用罗布麻这种有利于治疗高血压的植物原料，加工成纱制品，进而制成各类针织服装、内衣，对缓解和治疗高血压头痛、失眠、心悸等症状，有明显的作用，受到高血压疾病患者的青睐。另外抗静电、抗电磁波辐射的服装面料也已研制成功，该类服装已应用于无线电技术、精密电子元件制造、计算机应用等专业技术工作岗位。相信不久以后，此类面料经过改进，外观和手感将更加趋同于普通的面料，有利于普及应用于居家、休闲等各类服装穿着场合，为更多的人增添有效的屏障。随着高科技的不断发展，服装的护体功能还会进一步延伸，为人类的身体健康，提供最贴切的多方位保护。

（2）智能化促使服装的舒体功能达到新水平

穿着舒适是人类对各类服装的基本要求。过去服装"舒适"的概念仅仅局限于面料质地柔软、服装各部位宽松，能适应人体活动量的需要，而现代社会高科技的发展对服装的舒体功能又赋予了新的含义。比如，服装科技工作者经过研究发现，服装的舒适性与人体肌肤对环境温度、湿度的要求及人体肌肤处于不同环境下的敏感性变化有着密切的关系。在冬季人们多穿些衣服或许可以御寒，但一旦经过一定量的运动，人体就会发散热量并产生湿气，甚至出现排汗现象，如果湿气和汗水不能及时排除，寒冷的感觉反而可能加剧，甚至会导致感冒发生。在夏季由于外部环境温度高，即使穿得少，人体也容易出汗，此时如果服装的透气排湿性能差，人们仍然会感到闷热不适。基于上述情况，纺织和服装科技工作者积极研究开发新纤维、新面料，使服装在保暖或隔热等基本舒体功能的前提下，增添了透气、导湿和排汗功能，在舒适性问题上有了新突破。比如设在澳大利亚的国际羊毛局曾大力研制开发被称之为凉爽羊毛的轻质衣料。该衣料既保持了羊毛质地柔软的原有特性，同时通过提高纱线支数和改进织造工艺，使其产生了质地轻盈、弹性好、透气性强的新特点，打破了羊毛产品过去多在冬季使用的局限。制成服装后，在春、秋乃至于夏季都可穿着，穿着者使用后产生清新舒爽的感觉。而且由于该种衣料采取高强度捻纱技术处理，悬垂感好，易于保养，穿着或折叠放置后不留折痕，提高了产品的使用周期，并克服了全毛产品保养难伺候的痼疾。目前，对服装智能衣料舒适性能的研究还在继续，有资料显示：经过长期研究，根据人们所处环境不同及人体自身变化情况能自动调节舒适程度的智能化服装也已问世，使服装的舒体功能更加全面和完美。

（3）智能化促使服装的修饰美化功能得到强化

服装除了具有护体、舒体作用之外，其修饰美化人体的功能也是显而易见的。从某种程度上讲，人们的穿着水平还能反映出一个国家、一个民族的文化水准和精神风貌，反映出经济状况及生活质量。过去人们只把"干净、整洁"作为衣着打扮修饰的唯一标准，而现在由于社会进步及人民生活水平的日益提高，人们越来越注重着装的合体性与得体性。所谓合体、得体，通俗地讲就是穿着者在考虑性别、年龄、身材体型、肤色等自身条件后，并根据身份、场合、季节、公众评判性、社会道德约束等因素要求，科学、合理、恰当地安排自己的穿着打扮，注重运用各种不同质地、不同款式服装，通过不同组合搭配方式提高穿着后的修饰美化效果。这就对纺织服用面料及服装款式的开发提出了新的要求，而高科技智能化的介入恰恰为这种需要提供了有利的技术支持。

例如现代女性着装特别强调突出体型的线条美感，她们往往要求服装款式和规格必须合乎自己的体型，既要能满足人体活动的需要，同时又要能较好地显示自己的身段。原先这对于秋冬类服装来说，确实有比较大的难度，无论从面料质地方面考虑，还是在款式结构上处理，都不太容易做到完美。而各类具备记忆功能的智能面料为此提供了改进的契机。用这种面料制成的女装可以大大减少规格方面的加放量，使服装的款式结构与尺寸更加与人体贴近，从而使服装造型进一步达到修饰美化效果。另外，用这种面料制成的服装在抗皱性、耐磨性上也有了很大的改善，使用周期得以提高；产品外观比较挺括、平整，无需经常熨烫定形，服装的保养维护也变得十分便利，节约了时间也减少了不少麻烦。

在现代社会中，由于人们参与社会活动的形式和活动量都有所增加，所以人们不得不根据场合要求，选择合适的服装和打扮方式，着装形式越来越细化。如正式及重要场合穿西服和正装，晚宴晚会穿晚礼服，居家及非正式场合穿休闲服，体育锻炼穿运动服等，这就给各类服装款式造型和结构设计开发提出了更高的要求。况且，现在服装流行趋势发布的周期不断缩短，面料质地及款式变化的频率越来越快，这些都需要借助科技智能化手段，来强化服装新面料、新款式的设计开发能力，以便更好地实现服装的修饰美化功能。目前服装CAD辅助设计系统地运用已不是什么新鲜事了，值得注意的是，服装CAD技术的内容正在不断完善、扩充，自动化和智能化的能力和水平进一步提高。比如加拿大的计算机软件公司研制的PAD试衣系统，已经能够利用三维空间测量和演示技术，在计算机上显现新设计的服装款式穿着在配套人体虚拟模型上时，肩、胸、腰、臀等部位的松紧适宜度，便于设计者直观地了解服装款式设计及规格配置的状况是否合理，使改进款式设计，调整规格上的加放度等工作步骤更加容易实施。这对于从结构上完善服装对人体的修饰美化效果，起到了非常积极的作用。另外运用计算机模拟技术从事服用新面料色彩与图案的数码设计开发，既精确又快捷，也对服装修饰美化功能提供了有力的技术支撑。由于计算机网络通信技术飞速发展，服装CAD的领域不断扩大，原来自成一体的系统正向CIMS（计算机集成制造系统）靠近。CIMS是指在信息技术、工艺理论、计算机技术和现代化管理科学的基础上，通过新的生产管理模式、计算机风格和数据库把信息、计划、设计、制造、管理经营等各个环节有机集成起来，根据多变的市场需求，使产品从设计、加工、管理到投放市场等各方面所需的工作量降到最低限度。进而充分发挥企业综合优势，提高对企业对市场的快速反应能力和经济效率。CIMS智能化系统正成为未来服装企业的模式，是服装CAD系统不断发展的一个必然趋势。

（4）智能化促进整个产业提升创新力和竞争力

经过几十年的发展，特别是在2001年加入世界贸易组织（WTO）后，我国服装产业已经取得了长足的进步。时至今日，我国已经达到年产服装百亿件，占据全球服装市场份额的60%，成为服装生产大国已毋庸置疑。但是，由于受到长期粗放型经济增长方式的制约，缺乏自主创新能力、核心竞争力和品牌效应，我国服装产品设计与生产的技术含量普遍不高，仍处于生产加工制造环节，产品价格也位于世界价值链的低端，故还无法成为具有一定影响力，可以左右世界服装市场的服装强国。因此，迅速提升自主创新能力、核心竞争力，加大产品科技和时尚的内涵因素，锻造世界认可的品牌，不断提高附加值，是摆在我国服装产业面前的重要任务。重视并加大投入，支持国内智能化服装产品的开发和应用，无疑是一条捷径。因为从世界的眼光看，智能服装从一开始就处于纺织服装产业的高端，它以科技为支撑，以造福人类为宗旨，起点高、影响大，对整个服装产业的发展起到了引领和助推作用，国内服装产业以研发智能化为方向，并积极扩展其研发工作，便能够缩短与世界高端纺织行业的差距。

总之，现代科技智能化手段的运用，能够提高服装产品的科技含量，完善和延伸各方面功能，增加附加值，并促进整个产业的技术进步，使服装的使用领域进一步扩大，维护方式更加便捷、应用效果更为突出，得到一次全方位的飞跃。

第三节　国内外智能服装研发所取得的成果

目前，世界上积极开发"智能服装"的国家主要是英国、德国、芬兰、比利时、瑞士、荷兰等欧洲国家，这一方面是由于欧洲地区对新型纺织品开发的需求比较强烈，另一方面也是他们周边具有先进的电子电机、通信、计算机软件工业的相互支持配合。与此同时，美国、日本等发达国家以及韩国、巴西、印度、俄罗斯等国也在积极从事智能服装产品的研发工作。我国当前对智能服装的研究和开发正处在起步阶段，与国外发达国家相比，存在着一定差距，但是国内纺织服装的科技工作者们已经意识到研发智能服装的重大现实意义，正在积极跟上国际潮流的节拍，通过整合产、学、研等各方力量，加大研发力度，努力促进智能服装研发成果的转化，并争取在某些领域有所突破。

放眼世界，许多服装产业巨头都希望通过"智能服装"的研发，能为传统纺织工业注入一股新的活力和生命力。国际上一些知名服装公司、计算器业霸主、电器生产商，比如IBM、利瓦伊斯、飞利浦、耐克等，已经纷纷开始研发融合计算机技术的"智能服饰"。这种服饰兼具时髦的设计和超强的功能性，十分符合时尚服装消费者的未来需求，这些消费者包括专业知名人士、年轻族群和爱好运动的人士等等。

近几年来，国内外智能服装产品研发在一些领域取得了一定的成果，让人们看到了其应用的价值与广阔前景。

一、医疗保健方面

（1）"My Heart"智能服

这是一项由飞利浦和诺基亚公司参与研发的项目。其原理是通过穿着带有特殊装置的服装，可以监测心脏状态，防止心血管问题等。传感器被安装在衬衫或者女士内衣里，能够实时地把各种生命数据传送到服务中心。当身体出现胆固醇升高或心率发生变化时该服装会发出警报。与此相类似的研发产品还有西班牙巴伦西亚科技大学先进通信和信息技术应用研究所日前推出的预防心血管病的智能服装。该产品将智能纺织物、电子系统与计算机程序等先进技术融为一体，防治心血管疾病。研究负责人皮拉尔·萨拉介绍说，该智能服装项目由5个部分组成，每部分都负责消除一种诱发心血管疾病的危险因素，分别为：心脏活动，旨在刺激保持长期坐姿者的心脏运动；心脏睡眠，用于改善睡眠质量；心脏松弛，用于抵抗焦虑状态；心脏平衡，防止肥胖；心脏安全，通过早期诊断防止发病。其中，"心脏活动"部分由"个人训练"服务系统组成，用于刺激和推动各年龄段的人进行身体锻炼。为此，研究人员还设计了以生物医学信号智能监控为基础的个体化身体训练程序。在"心脏安全"部分，名为"心脏故障管理"的产品旨在改善患者因心跳过缓而导致的发病率和死亡率，让患者在家中可以独立操作，使心脏恢复跳动而无需入院治疗，从而提高生活质量。萨拉指出，这一项目已被纳入欧洲"我的心"科研计划，该计划的建立是欧洲有关心血管疾病研究的一个里程碑，旨在通过各种先进科技手段，促进人体健康和预防心血管疾病。

（2）"救生衬衫"

由美国健康信息与监测公司研发，它可以把一些传感器与PDA、移动电话或电脑相连，以便出现状况能及时传递信息。这种产品已投放市场，并且受到了从事危险职业人群的欢迎，如消防队员，因为"救生衬衫"能及时反映这些身处险境的人自己的身体极限状况，并发出通知。此外，另有一家芬兰企业已经开发出适合儿童穿着的智能保健服装。这种服装里安装有温度计，可以让家长随时掌握孩子的体温，了解健康状况。

（3）医疗保健监视服装

由美国Sensate公司研发的一款运动T恤，可以监视心率、体温、呼吸以及消耗了多少卡路里的热量。这种T恤可以在穿衣人心脏病发作或虚脱时及时报警，从而降低突发性死亡的概率。该公司推出的第一种智能服装外表看来就像一件柔软的罗纹棉针织衫，但实际上导电纤维与棉纤维交织在一起，可以从嵌入式传感器中接收数据，传输到一个信用卡大小的特别接收器当中。这个接收器置于腰间，可以存储信息，然后显示到移动电话、家庭个人电脑或手腕监视器上，用于监视穿衣人重要的生命特征，及时发出报警信号。另外，Sensate公司还计划设计在衣领里安装一个全球定位系统接收器的服装，儿童或老年性痴呆病人穿上后，如果不慎走失可以被轻易找到。另有一款供婴儿穿着的特制睡衣，在婴儿出现呼吸停顿等情况时会发出警报。近期在东华大学实验室也诞生了医学监护智能服装，这种服装有一个传感系统，能即时测出穿衣者的呼吸频率、脉搏数、血压等生理指标，特别适合老年人使用。该系统结合了健康监护系统的需求和易穿戴的特点，通过监测人体的各种生命特征参数，能实现人体生理信号、人体活动和环境信息的实时监测及疾病的自动诊断功能，为用户提供紧急呼救、疾病预警、医学咨询和指导等多种服务。这些服务的需求在当前社会正日益增长。该系统可以应用在空巢老人监护、亚健康诊断、婴儿睡姿监测、消防员远程监护等领域。该系统已申请多项专利。

据阿根廷《21世纪趋势》周刊网站2010年4月18日报道，美国科学家成功研制出一种可用于测量人体生理指标的生物传感器。这种直接印在衣服上的传感器能够不间断地记录人体的某些指标。在医学上，这一发明可以应用于远程掌握病人在医院外的身体状况，也可以在军事和体育领域用于确保士兵和运动员处于健康状态。研究人员把这种化学传感器印在某两个品牌的男士内衣上，以便持续检测穿着者的血压和心率。他们发现，只要将传感器直接印在内衣的松紧带上，就可以确保传感器与皮肤保持足够的直接接触，从而获得肌体信息。美国加州大学工程学家约瑟夫·旺和同事把一排碳电极印在了某品牌男士内裤的松紧带上，使电极能够直接接触人体皮肤上与多种生物医学进程有关的过氧化氢和还原型烟酰胺腺嘌呤二核苷酸（NADH）等物质。约瑟夫·旺援引英国皇家化学会的一篇文章说，这一系统具备广泛应用的条件。医生可以用这种特制的内衣掌握病人的身体状况，一些以往只能在医院里实施的治疗可以在病人家中完成，从而减少医院的开销，缩短病人在医院的等待时间。这种传感器还可以用于监控运动员和军人的精神压力以及用药的副作用。研究人员指出，由于灵敏度高、成本低，这种电化学传感器可以应用于多个领域。约瑟夫·旺表示，他和同事不久还将研制出检测乙醇和乳酸的传感器，以用于记录驾驶员血液中的乙醇含量和军人或运动员的紧张水平。

（4）防蚊衫

印度某纺织科研机构于2004年5月推出这款智能服装，这些衬衣用化学药物特殊处理，在有效期限内能防止蚊虫叮咬，且这些化学药品对皮肤无害。2006年，巴拉圭服装品牌"庞贝罗"也向市场推出一款可以驱赶蚊子的衬衫。据介绍，这款设计独特、使用棉布以当地传统风格缝制而成的衬衫用香茅精油浸透。香茅是巴拉圭非常普遍的一种植物，当地人用它来驱赶蚊虫。加工这一布料的厂商在巴拉圭南部，与阿根廷相邻，该研究项目还得到了生态基金的支持。"庞贝罗"服装负责人杰克斯说，香茅的气味闻起来十分舒适，但令蚊虫与跳蚤等其他昆虫厌恶，因此具有驱蚊的效果。这种驱蚊衬衫价格比该公司设计销售的普通衬衫贵1倍，经过数年研究而成，其驱蚊效果可经受40次洗涤。美国军方科研人员也设计了一种新的涂层材料，用于防蚊服的研发。通过引用这种涂层材料，可以形成一种坚牢的防蚊叮咬的保护膜，即便把军服放入洗衣机清洗，这层保护膜也不会被洗掉。从中获益的首先是军方，不过未来露营者也可以利用这些发明。与此同时，美国蚊子苍蝇研究所的乌尔里克·伯尼尔研制了一种测试防蚊浸液效果的方法，令该产品的可靠性得到了印证。

（5）防流感服装

为了预防甲型 H1N1 流感的蔓延，各国都在加紧研制流感疫苗，并采取多种防范措施。

图 9-5　防流感服装

2008 年，日本一家名为 Haryana 的服装公司独辟蹊径，发明并开始出售一种防流感服装，如图 9-5 所示。据悉，这种防流感服装的布料中含有钛和二氧化碳成分，在光线的照耀下，可以在 3 个小时内杀死 40％的流感病毒。这家服装公司介绍说，这种服装能降低患甲流的风险，主要的销售对象定位为与外界接触比较频繁的商旅人士。每件服装的售价大约为 590 美元。该公司研发人员说，这种以羊毛为原料制成的服装表面覆盖了一层二氧化钛，在紫外线照射下该物质能分解接触到的病毒分子。该公司说，这种物质还能减少烟味等异味，而且即使在干洗 20 多次之后还能保持其防病毒的特性。公司发言人山本佑信说，该公司最初的目标是生产一种防尘和防异味的服装，"但实验证明，病毒分子在附着于这种面料 3 小时后就被分解了"。这款西装从外表上看，与普通西装并没有太大的区别，一样合体，一样挺括。关键是在面料上采用了防病毒处理，使其具备了特殊有效的保健功能。

二、日常生活方面

（1）智能助行服

这种名为"Rewalk"的电子骨骼服装是由以色列一家技术公司的创建者阿米特·戈弗设计的。Rewalk 将一种类似甲壳纲动物的骨骼和连环画英雄"钢铁侠"的盔甲的物质结合在一起，帮助那些腰部以下瘫痪的患者直立行走和攀爬楼梯。这种系统配有用来辅助患者行走的支架，主要由电动腿部支架、安装在躯干部位的传感器、一个装有电脑控制盒和充电电池背包组成。使用者可以通过安装在手腕上的遥控器选择停止、坐下、行走、下降或者上升模式，随后将身体前倾，同时启动身上的传感器，使机器腿向前迈进。戈弗指出："这种电子骨骼服装可以帮助患者从轮椅上站起来，这不但与健康有关，也涉及尊严问题。"

据英国《每日邮报》报道，日本一家公司日前也揭开了一款新型高科技智能机械服的神秘面纱，这款机械服可以辅助使用者行走，对失去独立行走能力的老年人和残疾人来说无疑是一个福音。该智能机械服被命名为 HAL，是混合辅助肢体的缩写，由电脑控制，并安装有感应器，感应器可以阅读大脑信号，通过皮肤指导肢体活动。这套电脑系统重达 22 磅（约合 10kg），由电池驱动，绑在使用者的腰间，它捕捉到大脑信号后，将其传输给绑在膝盖和腿上的机械支架，在使用者走路时提供帮助。这项发明给残疾人和老年人带来意义深远的益处。位于日本东京附近筑波市的新公司 Cyberdyne 将批量生产 HAL 服。Cyberdyne 两位工作人员 10 月 7 日在公司总部向记者展示了这套智能服装，如图 9-6 所示。

我国 863 计划先进制造领域重点项目——"可穿戴型助残助老智能机器人示范平台"也于 2007 年在中科院合肥智能机械研究所启动。只要穿上这种智能机器人服装，老年人或者残疾人

图 9-6　HAL 智能机械助行服

就能够轻松自如地行走、爬楼梯，还能够毫不费力提起几十公斤的重物。此类具有特殊功能的智能服装的研发运用对广大老年人或残疾人朋友来说，将使他们轻松生活的梦想得以实现。

（2）情感夹克衫

由飞利浦公司研制，将人类触觉与激发器技术带来的体验结合起来，穿着这种特殊夹克衫能够让观众在看电影的同时，体验到剧中人物的各种强烈情绪，如图9-7所示。据飞利浦公司介绍，"情感夹克衫"是一件带有一系列激发器的外套，这种技术来自移动电话的振动马达。激发器根据银幕上的内容决定是否启动，观众便可以体验到与剧中人物相同的情绪。研究已证实，人体皮肤重约4kg，多达 $2m^2$ 的覆盖面积使之成为我们人类最敏感的感官部位。加之皮肤的敏感性从母体孕育时期就已开始，因此与人类触觉和情绪之间存在紧密关系。当人体体验到某种情绪带来的身体反应时，也能体会到情绪本身。例如我们感到害怕时，会引起后背流过一阵战栗的感觉，还可以体会到紧张和期待带来的胃在翻搅的感觉。如果把这个过程反过来，即人为地制造出战栗等任何一种触觉感受，与身体感官相关的情绪也会随之产生。这样，穿着"情感夹克衫"的观众就能最大限度地产生身临其

图 9-7　情感夹克衫

境之感。飞利浦公司的资深科学家保罗·莱蒙斯解释说，穿上这种夹克衫并不是说你会感受到动作演员在屏幕上挨揍时的痛感。这种夹克的意图更加微妙，它的目的是通过信号，让电影观众感受焦虑和其他感受，使四肢产生紧张感，在胸腔产生脉冲，模拟心跳加速。莱蒙斯在盐湖城举行的由美国电气和电子工程师学会举办的2009年世界触觉大会上介绍了触觉夹克衫的最新研究进展：为了产生这些情感，触觉夹克衫拥有64个独立的可控制致动器，它们每秒可循环开关100次。根据大脑感知触觉的方式，每条胳膊上只用8个致动器（两者之间相隔6英寸）就能收集到整条胳膊上的感觉。这个系统使用的电流非常少，即使该系统同时运行20个电动机，两节AA电池也能维持1个小时。这种夹克衫能对DVD的编码信号产生响应，增加娱乐的真实感。此外，"情感夹克衫"还可以通过激发人们特定的情绪状态来营造安全舒适的环境，比如帮助婴儿更好地休息或减轻病人的痛苦等。

（3）调温服装

由日本服装科研人员研发。它们包括光纤发热保暖外套和空调裤。光纤发热保暖外套主要通过充电达到制暖，充电5小时后可产生持续7小时的保暖效果。该全新光纤保暖外套制暖分3个等级，最高可达42℃，最低为38℃，设定温度后衣物可保持一段时间的恒温。该保暖外套采用防水原料制造，在雨雪天气都可穿着。空调裤则能随气候变化调节内部温度，增加穿着者的舒适感。它能感知冷热，自动调节织物纤维的粗细，达到夏凉冬暖的穿着效果。其面料其实是一种含有溶剂的纤维，遇环境变冷溶剂会凝固，体积增大，纤维即随之膨胀，裤子便会自动增厚保暖；而当环境气温变高时，溶剂融化，纤维恢复原状，衣服变薄，倍感凉爽。

我国时尚内衣知名品牌"猫人"也在2009年岁末，推出了融入了尖端科技的"outlast"系列新品，成为秋冬智能内衣的一项里程碑式的技术成果。该系列新品的面料采用了美国国家航空与航天局（NASA）研究所的项目，即为登月计划而开发的微胶囊相变材料——碳化氢蜡（HYDROCARBONWAX）专利技术。简单来说，"outlast"系列产品可以根据环境温

度吸收和释放热量，对外界环境温度的变化在皮肤上做出相应的反应，具有气候调节功能，能够在内衣与人体之间形成一个稳定的"小气候环境"。该产品可将内衣温度控制在在37.2℃，这是人体工程学测定的人在热恋中所保持的体温。通过科技创新与品牌理念升级，猫人"outlast"系列智能内衣被塑造成呵护时尚一族的"内衣情人"。

（4）敏感服装

由英国《T3》杂志于2006年推介。这种T恤的面料中织入了能与手机等电子设备互通信息的传感器，它对穿着者所使用的电子设备非常敏感，只要有外界信息进来，它马上会紧紧地"拥抱"当事人一下，让你觉得身上一紧。如果有人给穿着者发手机短信时他（或她）正在打瞌睡，没听见响铃，或是手机没放在身边，原本很可能会错过一些重要信息，而科学家发明的这种神奇服装则可以很好地解决这一问题，它能随即作出提示，不会让穿着者在第一时间内错过重要的信息。

（5）会传情的服装

由法国科研人员于2006年推出。法国巴黎不愧为国际知名的浪漫之都，这里的时装设计师与科学家合作，推出了一款智能披肩，被称为最"多情"的服装。这种披肩中装了用金属纤维制成的支架，还有智能芯片。芯片能够记下人们拥抱时的动作，然后让披肩本身能够模仿这种动作。这样一来，智能披肩就能"模拟回放"情人间的亲密拥抱了。据说科学家正在开展进一步的研究工作，有望在不久的将来开发出能够模拟情人拥抱模式的外套。另外，英国Cute Circuit公司于当年研发了拥抱衫（Hug Shirt）。这种拥抱衫能模仿被爱人拥抱时的感觉，当友人向您传送一个虚拟拥抱的信息时，透过您的蓝牙手机向拥抱衫发出无线电讯号后，拥抱衫便开始生成那位友人独特的拥抱方式。拥抱衫能记录他（或她）拥抱时的体温、力度和拥抱那刻的触动甚至包括心跳。

据美国趣味科学网站2010年6月8日报道，"传情智能"衣服能对穿着者的情绪作出反应。带有嵌入式生物传感器并与互联网相连的高科技衣服能对你的情绪作出反应，并帮助你度过这一天。这种新型"智能"衣服安装了能够测量心律和体温（以及其他一些生理指标）的无线生物传感器、小型扬声器和其他一些与智能手机或PDA进行无线连接的电子器件。传感器测出的数据被输入智能手机或PDA，然后转换为16种情绪状态之一，并由此提示一个预先设定的数据库，给穿着者一些鼓励性信息。这些"情绪备忘录"可以是在衣服袖子上的显示器中滚动显示的一条短信，在智能手机或PDA上显示的一段视频或一张照片，或嵌入式扬声器发出的一段音频。美国的研究人员迄今已经生产了两件样品衣服，一件是男式的，一件是女式的。他们计划未来两年内在多家博物馆展出这两件衣服。据称这种衣服发送声音、照片和视频并不是任意的。相反，这些信息均来自一个朋友或至爱之人。康科迪亚大学教授、这种衣服的研发者之一芭芭拉·莱恩说："在穿上这件衣服后，你要打开装置，告诉它你希望让谁来陪伴你度过一天。可以是不在身边的爱人、已故的双亲或最好的朋友，任何一个你希望陪伴在你身边的人。"这些多媒体文件是事先安装在数据库中的。莱恩说："在一天当中的不同时间内，你想用多少次就可以用多少次，（这件衣服）会记下你的生理指标，你的生物传感数据，在一份情绪图表中进行分析，然后，联上互联网，联上那个与这种情绪状态有关的数据库，最后带给你一些你所需要的东西。"莱恩和另一名研发者贾尼斯·杰弗里斯以及他们这个研发小组的其他成员还没有寻求进行商业开发，但很多人显示出了兴趣。研究人员希望，将来能与行为心理学家合作，改进用于将心律和体温等生理数据转换为情绪状态的模式。

（6）可变化款式的服装

婚礼上新娘的服装总是多变的，如果选择了可变化的婚礼服，就可以省去一部分换衣服的麻烦。这是一件能随心所欲改变造型的充气婚礼服。设计师解释说，充气婚礼服的腰背部装了一个手动真空调节装置，它可以在瞬间把一件紧身礼服变成一件钟形裙装礼服，如果不挑明的话，所有宾客都会以为新娘换了一件衣服。另外，设计师还设计出"飞机裙"。这种服装因为它的裙摆就像飞机的起落架一样，可以自由地伸缩。模特儿在 T 台上走动时，设计师可以随时用遥控器改变裙子的形状，让观众大吃一惊。穿着这款裙子的女士，也可以根据自己的心情或是感觉随时调整裙摆的长度。

意大利设计师毛罗·塔利亚尼运用记忆原理设计出一款"懒人衬衫"，在衬衫面料中加入了镍、钛和尼龙纤维，使之具有"形态记忆功能"的特性，当外界气温偏高时，衬衫的袖子会在几秒钟之内自动从手腕处卷到肘部；当温度降低时，袖子又能自动复原。设计师称，这种衣服并非只对外界温度做出反应。如果人体出汗，衣服也能改变形态。"懒人衬衫"还具有超强的抗皱能力，不论如何揉压，都能在 30 秒之内恢复挺括的原状。

三、高科技领域

（1）宇航员专用服装

近些年来，随着太空航天技术的日益成熟，宇航员专用服装的智能化研发也已取得了不小的进步。2005 年上海科技馆曾展出过一套白色的宇航服，引起了广大参观者的热烈兴趣，见图 9-8。这是我国第一款成功投入实际应用的宇航服，也是我国第一次向公众展示的宇航服。这套宇航服曾经伴随着"神舟五号"和航天英雄杨利伟遨游过太空。该宇航服为白色，从外观来看包括银色的头盔、装有真空隔热层的压力服、厚厚的手套与靴子。作为舱内服，该套服装仅供宇航员在飞船内所用。其中最重要的构成部分是压力服，包括了在外面看不到的内衣裤、保暖层、通风散热层、真空隔热层等。其作用是在飞船座舱出现泄漏和气压突然变低等异常情况时，保护宇航员的生命安全。该服装共采用了 130 多种新型材料，具备了保暖、吸汗、散湿、防菌、防辐射等功能，同时为了防止膨胀，宇航服上特制了各种环、拉链、衬料等，并设计了初步的废物排放循环系统。该宇航服是我国相关研究人员根据国际学术刊物上的公开资料，经过 200 多次修改和大量的试验，并反复试穿、

图 9-8　神舟五号航天服

检测后研制而成，因此可以说是全部自行研制。它的实际总造价在 300 万元左右，并在以后的"神舟六号"航天计划中又一次成功运用。根据"神舟七号"航天计划实施宇航员出舱，实现太空行走的特殊要求，我国新型宇航员出舱专用服装又已研制成功，围绕"防紫外线和其他宇宙射线辐射"、"能够抵御大强度温差变化"、"防破损意外发生"等关键问题的处理，在新材料、新技术运用方面，取得了新的突破。比如利用储能相变纤维智能化特性，可以让衣服在外界变冷时自主放出热量御寒，也能通过吸收外界的热量为航天员降温，"人体小气候"更为完善，同时各种应急处理技术、通信联络技术也有新的提高，安全性得到了绝对保证。2008 年在"神舟七号"遨游太空时，此款宇航服伴随着宇航员顺利完成了出舱任务，也标志着我国宇航员专用服装的研发应用达到了新的高度。实践证明，与国外同类产品相比，我国的宇航服已达到先进水平。

2005 年，ILC-多弗公司为美国航天局开发出一种智能新技术，利用这种技术可以使宇

航服的外表能够如同鼠标一样来操控电脑。电子信号沿着宇航服织物纤维中带有金属特性的聚合物实施传递，而不是传统的金属线传递，大大降低了由于电路磨损造成信号中断现象发生的概率，确保宇航员在太空工作的安全性。

（2）隐身衣

最先由日本科学家发明研制。2003 年，在美国旧金山市举办的前沿科技展示会（Next fest）上，日本东京大学的田智前教授推出了这种服装（见图 9-9），将隐身一说变为一种

图 9-9　日本发明的隐身衣

"延伸了的现实"。这种宽松造型的衣服表面覆盖一层反光小珠，衣服上还装了数个小型摄像仪。穿上这件以光学伪装为主的衣服后，衣服的前面会显示出摄像仪拍下的背后影像，当观察者迎面看穿衣者时，穿衣者身上像透明的一样，被他身体挡住的背后景物都看得到，但景物不够明亮、清晰，像雾里看花一样。同样，从穿着者背后看，也能看到被他身体挡住的前面景象，让人难以辨认出被服装包覆物体部位的本身。当然，这种衣服尚无法达到真正的隐形，但却证明了隐形衣在技术上已不存在无法逾越的难题。要实现真

身尽"遁"，即完全隐身，必须要有一件真正的隐身衣，使观察者从任何一个角度去看都能清晰显示出穿着者身后（身前）的景象，这就必须从所有的角度捕捉背景影像，并从多个视角显示出来。通常，需要六对立体照相机，分别朝前、后、左、右、上、下方位摄取背景图像，并传送给排列紧密地接受显示元件，然后投影于附着在衣服表面的柔性显示屏幕上。此外，克服光照、图像反应时间快于人眼视觉频率等障碍也是必需的。据报道，现在照相技术已被攻克，但所需的 2GHz 的奔腾处理器以及可供长时间使用的锂离子电池还有待于开发。而不久的将来，很可能利用量子点阵就可以在柔韧材料表面显示出色彩明亮、丰满和逼真的全息影像，隐身衣或许真的可以隐身了。

2009 年，美国纽约康奈尔大学的科学家迈克尔·利普森和伯克利加州大学的张翔分别表示，哈利波特魔法隐身披风已经不再是幻想，他们分别制造出主要由小凸镜组成的隐身材料。这个材料可以折射物体反射的光线，从而令物体"隐身"，其原理和插在水里的筷子看上去弯曲了是一样的。张翔带领的研究团队称，通过利用纳米材料，科学家们可以令物体的可见光波围绕 3D 物体发生弯曲，进而在人们的视线中消失。他们用硅纳米材料制造了一种"斗篷"，普通的光学检测，将无法发现放置在斗篷下的物品——尽管我们依然能看到这个"斗篷"。当照射到一个平面的光线被"改变方向"，折射出去，就意味着这个物品在我们的视觉中隐身了。由于隐形衣的雏形已经问世，科学家称发明完美的隐形衣只是一个时间问题。

据英国广播公司网站 2010 年 11 月 4 日报道，科学家展示了一种弹性薄膜，这代表着朝制造出"隐身衣"的目标迈进了一大步。这种薄膜的内部微观结构的尺寸很小，这些微观结构合在一起就构成了"超材料"，这种材料可以操纵光线，使物体隐形。物理学家们把这种适应于可见光的弹性薄膜的出现称之为"向前迈出的巨大一步"。这项研究成果刊登在《新物理学》杂志上。总的说来，超材料的工作原理是阻断并引导光线。可以这样理解：这种材料以特定的方式反射光波，以实现特殊的效果。弹性超材料以前就已经被制造出来了，但只

对我们看不到的部分光线有效。到目前为止，人们做到了在人们看不到的波长较长的光波下实现隐形。这是因为构成微观结构相对较大的超材料比较简单。论文的作者、美国圣安德鲁斯大学的安德烈亚·迪法尔科说："过去所有的典型（隐形）结果都是在平坦坚硬的表面实现的。"就我们可以看到的波长较短的光波而言，超材料所需要的微观结构非常之小，达到纳米级，这就对制造业的能力提出了挑战。迪法尔科博士利用了一种轻薄的聚合薄膜。他说："我所作的是制造出了一层膜，这种膜具备创造三维弹性超材料所必需的特性。"英国帝国理工学院的超材料专家奥尔特温·赫斯把这项研究成果称为"朝众多方向迈出的巨大一步"。他说，下一步可能是确定这种材料在弯曲和折叠时光学特性变化的方式。如果不受弯曲和折叠的影响，隐身衣可能就距离我们更近了——但赫斯教授说，仍然还有一段距离。

（3）可携带电脑的服装

随着崭新的可编程纤维技术的开发应用以及智能化的 Elektex 无线纤维柔软键盘的研制成功，电脑上身已经成为可能。2008 年年底，日本先锋电子在东京展示一款可以将电脑穿在身上的服装。这款新型的电脑其实是一件特殊的"上衣"，它的左袖口装有显示器。这款可穿在身上的电脑是由日本多家电子公司和科研机构共同开发的。如图 9-10 所示。

（4）可检测压力的服装

据 2009 年 11 月 25 日《上海科技报》披露，一种能够测试并反映人体体表压力的智能服装已经问世。英国 Eleksen 与 Spyder 公司已开始销售一种带有 Elektex 电子织物嵌入物的运动服。Elektex 由多层电子织物组成，其中包括导电层和保护面层。它的主要特点在于这种材料能"感觉"到与其表面的接触——织物不仅能记录所加的压力点，而且能记录压力以及压力的方向。这款附加了压力检测器的

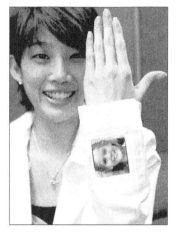

图 9-10　带电脑的服装

衣服，搭配有感应器，分布于衣服的前胸、后背和双肩上。当使用者将衣服穿上的时候，靠近皮肤的感应器就会检测皮肤的电信号，测试肌肉的紧张程度，并通过发光的 LED 灯表示出来。感受的压力越大，肌肉越紧张，LED 灯闪动的频率就越高。当看到信号的时候，我们可以试着按摩相应的部位，让肌肉放松，减轻压力。这时，LED 灯的闪动频率也会变化，甚至熄灭。依据压力检测技术原理，被称为"亲密伴侣"的防暴力服装（IPV）已经在西方问世，它专门为遭受家庭暴力侵害的人而设计，通过安装的压力传感器可以测定外部碰触的强度，并把信息传送给相关的反家庭暴力机构。还有一种叫"慎接触"的类似服装，当有人以暴力行为侵害穿着者时，服装就会自动放电，给予侵害者以警告和阻吓。

四、文体娱乐方面

（1）发光及变色服

由意大利品牌 Stone Island 经过数年潜心研发于近期推出，属于智能感应类型服装，分为超炫荧光 logo 衫和海军风热敏感条纹衫两大系列。在超炫荧光 logo 衫系列中，Stone Island 独创感光涂层，感光处理的涂层会在夜间散发出神秘炫目的荧光色泽。该产品经过自然或人造光的照射后，再来到夜间或者没有亮光的地方，会展现出完全迥然而奇特的情景，缀有特殊处理的超酷标志此时会呈现出不可思议的磷光色泽，仿佛具有超能力量一般，让穿着者成为派对舞会或聚会中的焦点。对该产品持续照射 5min，可以达到 50％的荧光效果，

再加 5min，则呈现 100％的独特梦幻瞬间。面料颜色方面，除了深邃低调的黑色，还有湛蓝

色和珊瑚红色供选择。在海军风热敏感条纹衫系列中，Stone Island 创新添加热敏感材质，随着温度自动变换，衣物上的条纹会忽淡忽深。当外部温度从 25℃升至 40℃时，条纹会从原本的颜色变至白色。更神奇的是，当穿上这款服装，人的体温即可使其改变颜色。此款 T 恤可搭配帅气翻领夹克衫或者经典休闲连帽衫，颜色方面，采用丰富跳跃的色系，有海军蓝和亮丽橙供选择，能营造出另类风尚，见图 9-11。

图 9-11　热敏条纹衫

在 2009 年中国休闲服装博览会上，一种既可以变色又可以发出香味的服饰出现在展台上。它是由韩国一家企业研发的。这种服装在不同波长的光线照射下或在不同的温度下会自动改变颜色。比如有的女装，在烈日炎炎时就会呈现纯白色，具有反射热量的功效，而进入房间温度降低了，衣服又会变成浅蓝色；而有的男装，清晨呈现出棕色，午后会变成灰色，晚上又会变成黑色。除了颜色会改变，这些衣服如果用手搓揉几下，还会散发出阵阵清香。据参展商介绍，这仅仅是一种物理变化，没有添加任何化学物质，穿在身上不会有害，并已经过质监部门检验确定。

（2）充满艺术气息的服装

英国服装设计师侯赛因·沙拉扬被公认是此类服装的创始人，他曾两次荣获"年度最佳英国设计师"的美称。在 2008 年，侯赛因·沙拉扬把他精致的发光二极管服装带到东京的 T 型台上。这种影像服装利用嵌入布料的 1.5 万个发光二极管所制造的一系列颜色和光，展示了延时拍摄的玫瑰花从开放到凋谢的图像。沙拉扬还展示了能在观众眼前改变形状的衣服：不用人帮助，拉链就拉上了，布料打了褶，衣服的底边升高了。这是因为使用了微型控制器、开关和马达。伦敦设计博物馆于 2009 年春天举办了一场有趣而诱人的展览，其展出的全是沙拉扬的杰作。这些作品向人们展示了他 15 年的设计生涯。其中的一件作品是由水晶和激光制成的服装，可以产生艳丽的光影闪烁的效果，还有两件带液晶显示屏的衣服，上面显示的是水底世界。沙拉扬认为，将科技与艺术时融入装是"创新的唯一途径"。另外，还有人利用一种镍钛记忆合金，改变了服装面料的质地，使之发光的嵌料可以移动，就像是它们在呼吸，有点儿像珊瑚随潮水移动一样。纽约的服装设计师张安骅用热变色布料设计了一款皱褶叠层服装，它可以展现出一幅纽约市地图。

（3）智能运动服

美国生产防寒服的奥尼尔公司研制出一种内置 GPS 定位系统的导航滑雪服。其袖筒上装有液晶显示器，可以显示滑雪者的坐标和地理信息，还可以导航。

2008 年北京奥运会举办前夕，在"科技奥运、人文奥运、绿色奥运"主题的指引下，一些体育强国纷纷研制与应用智能型运动服装，为运动员改善训练条件或提高比赛成绩，使"更快、更高、更强"的奥林匹克精神进一步得到发扬光大。比如我国的李宁牌羽毛球比赛服采用了 AT Dry smart 吸湿技术，能够强力吸收身体排出的汗水，减少皮肤上遗留汗水对运动员的不适感。同时，该服装还采用了 Ice Point 小沙冰智能技术，通过运用特殊长丝，使织物与身体的接触面增大，从而导致激烈运动产生的体热能迅速排解，在吸湿的过程中，织物与皮肤接触面的"冰点"能够保持服装内部的干爽，使皮肤获得清凉感觉。穿着这种服装，能够有效减少汗水对身体及场地所带的不利影响，利于竞技水平的发挥。

为了克服夏季炎热天气的影响，英国研制出了预冷服装。英国体育研究和创新顾问司各特·德拉韦尔说："在比赛前先把体温降下来，是预防高温伤害的方法之一。"一些英国运动员选择穿着了由英国设计师埃迪·哈珀设计的预冷背心。这种背心由两层冷却材料组成——里层装有冰水，外层是一个隔热层。经测试，这些穿上这种背心运动员，在炎热的环境下运动训练时间延长了 21%。

阿迪达斯和日本女性内衣制造商华歌尔公司，则着眼于所谓的"压缩肌肉"效果，力推一种嵌有肌肉支持功能纤维带的智能运动服。因为在运动时，运动员的肌肉会随着血液和其他体液的注入而扩张，爆发力会更强。宾州运动医学中心主任韦恩·塞瓦斯蒂亚内利博士说："从理论上来说，压缩肌肉能让你感觉更好，能产生更大的力量使你表现更好。"一些短跑选手、投掷选手、自行车选手和游泳选手，都穿着特别的压缩技术服装。实验证明，这种服装能使爆发力平均提高 5.3%，30m 短跑的成绩能提高 1.1%。

（4）运动体能状况监控服装

为了让运动员的训练更为科学高效，澳大利亚体育大学开发了带有特制体育用微型传感器和微型发射装置的智能监控服装。这样运动员在训练或比赛时，教练依据现代智能手段，就可以准确、迅速地获取从他们身体上反馈过来的第一手生理乃至心理信息。微型传感器和微型发射装置的厚度仅为 1mm，大小则如一枚火柴头，可以方便地随衣服贴附在运动员身上的任何部位。根据及时反馈来的数据，教练员可以随时掌握运动员在训练中乃至比赛时所出现的疲劳、极限、心跳次数、血压、呼吸频率等体能状态变化和能量消耗水平，甚至以此为据进而推断出运动员的心理状态，以利于有针对性地制定下一阶段适合运动员自身特点和能力的训练计划，更加科学地提高运动成绩。曾八次荣获澳洲跨栏冠军的罗伯逊认为，这一高科技新装备的运用一定会大大提高本国运动员在各项国际比赛中争金夺银的能力。

（5）音乐播放服装

德国罗斯纳服装公司于 2005 年研制了一款音乐夹克，其内部配有一个 128 兆字节的 MP3 播放器，该播放器通过左袖上的纽扣来控制。耳机安置在衣领里，同时还安装一个移动电话的话筒，采用"蓝牙"无线标准方式与手机进行互动。由音乐播放器和电池组成的微型电子模块可以脱卸，便于衣服的清洗。公司介绍说电池是高质量的，一次充电可持续使用 8 小时。罗斯纳服装公司与合作伙伴——德国电脑芯片制造商亿恒科技有限公司共同为"追求时尚和先进科技的男士"开发了这一产品，该音乐夹克的定价为 599 欧元，并可在该公司的网站上订购。

（6）带动电脑播放功能的智能 T 恤衫

由澳大利亚联邦科学与工业研究组织设计，经过数据处理、音乐创作和纺织物生产等研究领域的多位专家通力合作，于 2007 年研发而成，被称为"能穿着的乐器"。穿上这种 T 恤衫能表演"空气吉他"。所谓"空气吉他"，就是在背景音乐伴奏中，表演者用双手和身体模拟演奏吉他的姿势，但其实手中什么乐器也没有，即在对着空气比划演奏动作时，产生真实的音响效果。其设计原理是 T 恤衫在肘部和袖子部位都有传感器，能够感应到穿着者手臂的动作，传感器把手臂活动信息通过无线连接传输给电脑，由电脑指导音响播放出与动作相匹配的音乐。这项新发明可以实现吉他爱好者们随时过把演奏瘾的梦想。参与研发的澳大利亚联邦科学与工业研究组织工程师理查德·赫尔默就智能音乐 T 恤衫的问世发表声明。他在声明中说："可以说产品适用于任何人，即使是不太懂乐曲或处理技巧的人，也可以穿上它过把表演瘾。"赫尔默说："穿着这种 T 恤衫，可以随心所欲地即兴表演。奏出的音乐效果不错，曲调连贯顺畅，很像回事。除传统功能外，衣服还可以成为娱乐领域里的时尚。"

（7）电子吉他 T 恤

创建于美国的 Think Geek 网站，最近推出了一款圆领 T 恤。这款 T 恤的前胸部位印着一把吉他，吉他琴脖上每一个音阶按键与琴弦都对应着现实中吉他的和弦，琴弦和音阶下都埋有电磁感应装置，通过一块特别的磁拨片就能像真正的电吉他一样弹奏。穿上这款 T 恤便可以独自演奏，非常容易上手，能满足音乐爱好者和吉他演奏者的需求。这款电子吉他 T 恤不仅仅是个玩具，它也能作为一个真正的乐器，配上微型吉他扩音器，就能发出真正的吉他声音。自带一个可以系在皮带上的 AMP 放大器音箱，除了能调整音色和音效外，还能直接回放弹奏出的音乐。据称该 T 恤只卖 29.99 美元一件。如图 9-12、图 9-13 所示，左图为整体效果图，右图为局部演示图。

图 9-12　电子吉他 T 恤（整体）

图 9-13　电子吉他 T 恤（局部）

五、军事领域

（1）智能遥控指挥背心

美国军方出资赞助，由麻省理工学院研发。士兵在战场上穿上它，可以接收远程传送过来的指令。这款背心的工作原理是：由战地指挥中心观察实际情况后进行操纵，产生一种振动，通过远程传送至每个士兵所穿着的背心，这种振动悄悄地告诉士兵下一步该做什么——究竟是向左移动、向右移动、或是原地不动或是冲锋。

（2）报警衬衣

由美国佐治亚工艺学院研发。这种"智能衬衣"采用电子纤维制成，它通过衬衣面料连续输出脉冲信号，来反映士兵的身体是否受到伤害。如果脉冲信号不能达到服装的另一端，远程医疗设备便可以反映出穿着者的衬衣在哪一个部位被子弹或其他东西击穿，进而可以指导医疗机构了解哪些重伤员在急救中应当首先给予救治。

（3）"纳米战袍"

据《解放军报》2004 年 2 月 4 日报道，当时美国科研部门正在研制一种供未来战场上士兵使用的战斗服装，即采用纳米材料制作的"纳米战袍"。"纳米战袍"之所以称奇，是因为它具有隐形、变形、防弹和为士兵治疗等多种神奇功能。该"纳米战袍"由于运用了纳米传感技术，当战场上或特殊环境下，无论遭到炭疽袭击，还是子弹射来，它将在极短的时间内迅速感知并做出如何应对的反应。如果空气中的二氧化碳指标突然升高，战袍头盔中的透气口可以自动关闭，供氧系统自动打开，使士兵免遭毒气的攻击。如果远方的敌人向士兵开枪射击，在子弹射出的一瞬间，枪口冒出的火花，能够首先被战袍感应到，在子弹未到达之前，战袍会立即开启防弹功能，使士兵免遭子弹的杀伤。据称，在纳米战袍的表面涂料中加入纳米材料，还可以大量吸收电磁波，提高士兵的隐身性能。同时，士兵穿上这种纳米材料制作的神奇战袍，在激烈的战斗中，通过先进的微小型敌我识别系统，还能够准确地辨认敌友，从而最大限度地避免战斗中的误伤。

（4）恒温式保洁作战系列内衣

据 2004 年《环球时报》2 月 18 日报道，美国海军当时与一家名为 In Sport 的体育服装公司签了一份合同，后者将为美"海豹"特种部队生产 8600 套"保护性作战制服"。2003 年，"海豹"队员曾经在阿拉斯加的"北方作战训练中心"试穿过这种新型内衣，普遍反映良好。"海豹"队员威廉姆斯说："在寒冷的天气里，它可以使你的皮肤保持温暖，而在炎热的夏天，它还能使你凉爽，就像穿上贴身'空调'一样"。该"保护性作战制服"织物中含有纯银纤维，因此具有很强的杀菌消炎效果。可以保证"海豹"队员在恶劣的环境中连续作战，最多可一个月内不用换洗内衣内裤。据报道，"保护性作战制服中"的短裤单件售价 28 美元、T 恤 38 美元、长袖上衣和长裤都是单件 48 美元。该产品现在仅限于军用，不允许卖给普通民众。

（5）液体防弹服

俄罗斯莫斯科钢铁研究所和泽廖诺格勒纳米研究所于近期共同研制了首批液体防弹衣，目前正在进行弹道学实验。这种产品是由聚乙二醇和刚玉型结构纳米微粒的合成物，它们组合成一种超浓液体，具有即时应激突变的功能，在受到重击时瞬时变硬，形成一块盾牌，可以有效阻挡射来子弹的冲击，保护人体，而一旦冲击能量消散，作为硬状物的盾牌便会迅速还原成液体状态。俄罗斯研究人员对由 18 层防弹织物制造的普通样品和涂有这种特殊液体的样品进行了试验，比较它们的防穿透性能。试验时，用一颗口径为 6.3mm 的子弹以 526m/s 的速度射向它们，比对实验的结果表明：液体防弹服效果更好，它能承受飞行速度为 558m/s 的子弹冲击。据称这款液体防弹衣售价仅为 1000 卢布，造价低廉，应用面很广。

依据此项技术，我国也于 2006 年研制出具有防刺、防砍功能的液体防护背心，供公安干警在执行公务时使用。

（6）应景伪装军服

军服从过去的单色，到后来的迷彩设计，到现在的像素化迷彩，已经起到高度伪装功能。经过科学家和计算机的演算，2001 年美国海军陆战队已将伪装服原来的迷彩漩涡图形更换为渐变图形，专家说这样更接近色彩斑驳并且不规则的自然环境。现在通过电子工程师加入伪装服的研发工作，伪装服更带有智能色彩，见图 9-14。在美国某专业机构受军方委托，设计出一种"隐形雨布"，能减弱人体热量发射的红外信号，并因此获得专利。还有人发明出可以根据周围环境变色的塑料布，可用于大型军事装备的伪装。不过，美国科学家希望在 5 年到 10 年内，能够研发出像变色龙般随不同环境不断转变颜色的布料，来制作特种军服。会改变颜色的织物早先由美国康涅狄格大学副教授雷格·佐青研究发明。他通过采用被称为"电致变

图 9-14　现代智能迷彩军服

聚合物"的纤维制成面料，可以依据所施加的电场改变颜色。此类织物之所以能改变颜色，是因为其化学键中的电子可以吸收不同可见波长的光线。2006年该试验已成功地实现从橙色和红色向蓝色的转变，目前变色面料的功能已得到进一步完善。科学家希望能研制出一种纳米人造色素颗粒，将其融进纤维，织成面料，做成服装，智能控制系统能运用三种基本颜色，按不同环境需要施以不同比例的配比，变化出相关色彩，就好像打印机那样，从而起到自动变色伪装的效果。依照此技术研制的"变色龙军服"，将会依照周围的环境的变化自动改变颜色，在沙漠里它是黄色，走进森林，它又变成绿色。它的运用可大大提高战斗部队的现场隐蔽性，并在确保安全的前提下，增加突击打击的能力。

(7) 新型女飞行员防护装备

据2009年8月31日《新民晚报》刊载消息报道，我国空军首批战斗机女飞行员已开始

图9-15 新型女飞行员防护装备

使用新型专用个体防护装备，见图9-15。这套新装备包括抗荷服、头盔、面罩、救生衣，其中抗荷服采用国际上通用的浅绿灰色，并根据女性躯干特点进行款式造型设计，同时运用智能技术，在确保抗过载自动充气气囊安全性的前提下，使用了"会呼吸"的透气面料，增加了穿着的舒适感，该服装还附加了高强度和高阻燃性能，具备了抗静电、耐高速气流吹袭等特点，能最大限度保护飞行员在应急状态下的人身安全。头盔与面罩根据女性骨骼、面部曲线等特点设计，更加合体，同时在通信系统方面大量运用了航天智能先进技术，提高了舱内和空、地联络的质量。该装备已达到了美军同类型装备的性能水平。

六、其他服饰配套用品

(1) 压电鞋

长久以来，智能纺织品的研发人员，一直在关注如何利用人体自身运动所产生的能量，转化可以为智能服装产品所需要的电力来源。美国麻省理工学院媒体实验室的科研人员利用压电原理，研制出一种压电鞋，将人体自然运动——行走所产生的能量，通过鞋内的插片转化成电流，再经过储存和传输等环节，为智能服装供电。所谓压电是指某些材料所具有的一种特性，它使材料在受到一定压力后能够产生电能，这与煤气灶点火器受压后产生火花的原理相同。尽管初始研究实验的结果是只产生了几毫安的电流，还远未达到智能服装电能驱动的功效，但该实验室的研究专家史蒂文·施瓦茨认为，随着压电装置效率的大幅提高，产生的电流可以驱动智能服装上所配置的诸如计算机、通讯设备等电气设备。

(2) 智能跑步鞋

美国锐步公司（Reebok）于2000年研制出智能跑步鞋，这种被称为"轻快列车"的鞋子分为A、B两种型号。它不仅能准确地向穿着者显示他们跑或走了多远，还能准确地向穿着者告知他们跑步或走路的节奏有多快，一路上消耗了多少热量。"轻快列车"外观上很接近普通跑鞋，其主要不同之处在于它有一块加速度计的感应器，能测出穿着者跑步或走路时，每跨出一步脚上所用的力度。这种感应器同汽车中使用的测速装置属于同一种类型。感应器置放于跑鞋的前端，它利用一种特殊系统，将穿着者连绵不断的脚力数据变成实际跑步

或走路的距离和速度。感应器非常灵巧，大小还不及一枚 25 美分硬币大，所以它能轻松地安装在鞋舌部位，配上一枚标准的纽扣电池，可以运行 7 个月。穿着 A 型跑步鞋，相关信息可以通过嵌在鞋舌上的一小块液晶频显示出来，而穿着 B 型跑步鞋，其微型处理器中的信息则通过无线电频传输到显示屏上。这种显示屏除了能显示时间、日期之外，还能显示步数、距离、当时节奏、平均节奏和所消耗的热量。这种无线传输和显示屏的结合技术最佳之处还在于，作为一种接收装置，想输入多少信息就可以输入多少信息。当时，美国锐步公司（Reebok）还计划推出一款可兼顾测量穿着者心率的运动鞋，其测量到的心率准确率可以达到 94％～95％，而且穿着者只需跑出或步行四分之一英里，这种智能运动鞋就可以提示使用者将自己的步幅和节奏调整到最佳状态。

（3）调温手套

由美国 Wells Lamont 公司生产的调温手套，采用"相变"（phase change）材料制成。在纺织领域，"相变"材料是指可随环境或人体温度变化而变化的智能纤维或织物，它具有一定的恒温功效，制成的成品可以给使用者增添舒适性，广泛用于冰上运动、消防、潜水以及冬季日常生活。所谓"相变"，是指某一物质在固态和液态的转换过程中，发生储藏热量和释放热量的变化。"相变"材料发生放热或吸热现象与冰块的变化相同，冰块在水中融化时表现出来的是吸热现象，反之当水凝结成冰时，正是它释放热量的过程。所以，"相变"材料由液态向固态转换时释放热量，而由固态向液态转换时则吸收热量。美国科罗拉多州的Outlast 技术公司和纽约市的 Frisby 技术公司已成功开发出此类织物。Outlast 技术公司的开发方法是在丙烯腈细纤维絮条或织物上埋入有内藏"相变"物质的微胶囊层，来达到调节温度的效果；而 Frisby 技术公司则是利用悬浮有"相变"物质微胶囊液体的多种泡沫，来达到调节温度的效果，该公司将其应用于各类服饰用品的这种泡沫命名为"Comfer Temp"。美国 Wells Lamont 公司生产的调温手套以及其他滑雪用品，就是采用"Comfer Temp"这种"相变"材料为原料的。Frisby 技术公司介绍说，通过使用链烷族原料，可以配置适应温度 30～270 ℉的"相变"材料，这种材料能够经受反复熔融和冰冻，并较好地保持恒温的功效。这两个公司研发的微胶囊，都具有坚固的牢度，可以经得起反复洗涤，并适应各种严峻的环境。

（4）智能内衣、内裤

始终致力于为全球女性带来更时尚、舒适、优质、创新内衣体验的黛安芬品牌，发现并利用了"记忆棉"这一新型智能型科技材质，用于 2010 年胸罩新品的开发。该类产品采用上佳的、慢性回弹面料，完美结合三维立体承托技术，锁定女性身体曲线，完全释放胸部压力，使胸部从各个角度都能呈现完美状态，既轻松无感又性感有型。这种记忆棉材质的开放式的透气结构，使得空气在罩杯中自如流通，表面成百上千个透气微孔能够及时分解胸部散发的热量，时刻保持透气清爽，有效提高女性人体穿着舒适度，为胸部营造一个舒适洁净的内部空间。

据路透社加利福尼亚州圣迭戈 2010 年 6 月 9 日电，美国科学家设计出一种新式男用内裤。与大多数内裤不同的是，这种新产品不仅舒适、耐用、时尚，而且还能检测人体健康指标，关键时刻甚至能救人一命。这种内裤的腰带与皮肤接触的部分"印制"有电子生物传感器，用于测量血压、心率等生命体征。加利福尼亚大学圣迭戈分校的纳米工程学教授约瑟夫·王及其团队研发了这款产品，它堪称智能纺织品领域的一大突破，也是一种将医疗服务重心从医院转向家庭的尝试。智能内裤技术与传统的丝网印刷术类似，但染料中含有碳电极。

（5）智能头盔和帽子

智能头盔多运用于航天航空及军事领域。据美军士兵系统研究中心官员透露，一种士兵所戴智能型保护头盔已被研制出来，并于 2010 年正式投入使用。这种头盔使用了激光技术，并采用纳米材料制成，配备了微型电脑显示器、昼夜激光瞄准感应仪、生化防护呼吸面罩、通话器等。另外用于侦察等特种兵的头盔，还装配了 GPS 定位系统、夜视目镜，头盔左侧上方还装有一个微型电视摄像机，在右眼前面固定有一个微型电脑屏幕，与系于腰带右侧的一个计算机键盘结合，侦察兵不需说话，通过键盘输入，即可利用导航卫星、通信卫星或战地监控系统网络将侦查到的情况以图像形式直接传送至指挥中心。

另据美国《洛杉矶时报》报道，美国和以色列联合研制出新型"攻击性"头盔，头盔内装置的原理与蝇眼相似。有了它，战斗机驾驶员在战场上只要转转眼球，就可以向敌方发起攻击。一些 F-16 战斗机的飞行员试戴了这种特制的头盔，通过头盔装置内的传感器，只需用眼看一下目标并加以锁定，便可在瞬间调动武器向目标发动攻击，使原本只在科幻片中看到的场景变为现实。这种"攻击性"头盔一旦进行批量化生产，并投入使用，今后空中作战成败的关键，不再只取决于飞行员驾驶飞机和操纵武器的技术，而是要看谁的眼力准，反应快。

鉴于老年人疾病缠身、反应能力下降、行动迟缓，稍有不慎容易跌倒受伤的情况，瑞士一家公司成功研制了一种称之为"SV"的安全帽。如果老人血压升高，头晕眼花、步态不稳，一旦摔倒，只要他带上这种帽子，就不会有受伤的危险。其原理是这种帽子内装有智能感应器和防撞装置，当人体的头部倾斜失衡时，感应器会立即通过电脑控制打开防撞器，调整倾斜度，佩戴者就会感到头部像是有人扶着一样，身体的姿势也会随着调整，纠正摔倒的倾向。即使因倾倒速度过快，防撞器来不及反应也不要紧，因为老人倒地时，头上所戴安全帽中的防撞弹簧张力，足以支撑倒地老人的头部，使其脑部免于受到危及生命的撞伤。

第四节　智能服装的发展趋势

本节从科技发展、社会进步及消费者需求等角度出发，对智能服装今后的发展趋势做一个展望。尽管目前智能服装已经成为服装研发领域的重点和热点之一，但是智能服装在设计、材料和电子元件的连接以及与服装结构的结合、提高穿着舒适性和安全性、具备可水洗性、尤其是用柔软的智能纤维等材料来代替某些电子元件等方面还有待于做进一步的深入研究。

一、智能化服装推广应用所面临的问题

（1）实用的有效性

区别于传统服装，智能服装的推出主要表现为将传统服装行业所表现的服装一般特性与高新技术行业领先技术的结合。通常表现为装有电子配件和微型电脑的服装，以及应用具有一些特殊功能的新型面料。厂家及商家寄希望于这种结合能打造出一种新的生活方式，进而寻求各自在市场上的突破。然而，这种看上去市场前景不错的结合，在理论上可行，却因其本身存在的一些不足，在某些时刻或某些场合被消费市场认为只是企业制造出来的营销噱头之一。从当前总的态势分析，智能服装还停留在"概念服装"的层面上，其实用的有效性并未放大。在一些非专业性的日常生活领域，一些智能服装所具有的特性只是满足极小部分拥有足够经济实力消费人群的好奇心，而对于大众消费市场而言，眼下智能服装概念的提出、应用更像是一个"科幻"故事。就像某公司宣布成功开发出一种能感知穿衣人情绪的服装

后，曾一度吸引了众多人的注意。而当人们惊叹于服装也能如此"高科技"时，服装行业的专业人员却发出疑问，究竟有多少人会买这样的衣服？谁需要把自己的情绪通过服装来展示？谁需要不间断地告诉周围的人此刻他的心情？它所演示的主要是"高科技"，而不是实用性服装本身。

目前，国内服装行业所推出的一些智能、功能化服装存在着实用性不强的问题，影响其进一步发展。一些企业"别具匠心"地开发了拥有许多功能的服装，然而，消费者购买后，却发现一些功能可能是他以后永远都不会使用的累赘。对此，北京纺织服装行业开发中心主任牛金镭曾指出，区别于国外智能服装领域先按需求进行设计研发，而后生产、销售跟进的普遍做法，国内服装行业往往是由生产厂家研发生产后，再去寻找市场，这就可能造成厂家预期与市场需求出现偏差。牛金镭主任认为，由生产厂家将智能或功能化新概念推向市场，其成功基础是产品应当具有对原有传统产品的可替代性，如果缺乏这一要素，便很难成功。

（2）品质和性能以及使用的可信度

智能化服装的产业化道路尚处于起步阶段，而产品自身的完善是一个必须重视的问题。在安全性方面，智能服装将面临考验，如装有电子配件和微型电脑的服装在雨天被淋湿时，是否会漏电或更容易遭受雷电的袭击等；而一些携带微电子设备或具有相应传输功能的智能服装使用时功能的即时有效性、有效期限以及日常洗涤和维护的便利性问题也尚未完全解决，一些智能服装只能在干爽的条件下使用，无法沾水，也经不起清洗剂的"折腾"，还有的智能服装由于使用了含有金属或光纤纤维的织物，它们柔软性不够，磨损很快，易脆，穿在身上不舒服，这些都是值得加以改进的地方。而要解除人们对此类问题的疑虑，实用性智能服装需要在设计、试用等环节上要做大量的分析、测试、验证工作。开发智能服装的企业对此也必须承担相应的社会与法律责任。

还有令人担忧的问题是，类似"隐身衣"之类的智能服装如果在日常生活中普及运用，会不会给某些罪犯以可乘之机，导致犯罪率上升，对社会的稳定性造成不利影响；一些具有信息传导功能的智能服装，会不会在使用过程中泄漏个人的隐私信息等等。如何对诸如此类问题实施有效控制，恐怕也是智能服装推广运用不可回避且亟待解决的问题。

（3）价格承受力

智能化服装在推广运用中，消费者的价格承受力也是不容忽视的问题。除了产品定位、功能设置契合市场需求外，智能服装眼下面临的难题还有终端产品销售价格过高。由于目前智能服装还未形成真正意义上的产业化发展，智能型服装的开发及大范围应用需要大量的研发投入，以及需要高新技术行业与传统服装行业实施有效整合才能顺利进行，因此，其中的投入花费巨大。面对智能概念大多处于原创阶段的现实，研发费用及相关人力成本的开支都将体现在智能服装的市场价格上，所以造成了一些已经实现小批量生产的智能服装价格居高不下，制约了销售面的进一步扩大。

瑞典时装零售 Hennas Maritza AB 就曾对外表示，智能服装的普及消费在当前还为时过早，主要就是因为价格超过绝大多数消费者的接受能力，不适合市场化运作。另一家全球服装巨头 KSI 公司的常务董事 Wolf Hartmann 也表示，各种智能服装的概念虽然吸引人，但是对于研发企业而言是否有利可图却是最大问题。服装面对的是大众市场，因此最终成品必须价钱合理，让消费者负担得起，才能形成健康的市场消费需求。

据不久前国外一项市场调查显示，目前普通消费者对智能化服装的认知度并不高。在被调查对象中，对智能化服装有一定了解并有意接触尝试的，青少年占到 10% 左右；中老年人仅为 3%，可见智能服装推广应用还有很长的路要走。只有解决好实用的有效性、品质和性能以及使用的可信度和价格承受力等方面问题，智能服装的推广应用才会有数量上和质量上的飞跃。当然，这并不影响智能服装在相关专业领域的发展与突破，毕竟高科技已成为推动社会进步的原动力，通过专业领域的成功运用并经过调整和完善，再逐步过渡到民用，可能是智能服装在日常生活领域中得到进一步推广应用的一条捷径。

二、解决问题的方案与手段

（1）提高对智能服装研发及推广应用重要性的认识，确定系统开发模式

通过对现有智能服装研发成果的介绍与分析，不难看出其对促进人类社会发展和提高生活质量水平有着十分积极的作用。现在，21世纪全球纺织服装行业发展的主题已明确是环保、生态、智能化、数字化等几方面，其中智能服装无疑将会成为本世纪服装行业竞争的焦点之一，中国要想完成从服装大国到服装强国的转变，一定要在智能服装研究开发上占有一席之地，并有所建树。服装行业的科技发展在今后若干年中最主要的任务就是利用高新技术和信息技术改变和提升传统服装的功能，这将主要体现在智能服装的研究和开发上，在这一过程中，必须先要抓住智能服装的特性，结合行业发展的实际需要，有的放矢地开展系统的研发工作。

当下智能服装的研发重点是：选用具有显著智能特性的基体材料、敏感材料、驱动材料和信息处理器，包括光导纤维、形状记忆合金、压电、电流变体和电（磁）致伸缩材料等，它们通常由金属系列智能材料、无机非金属系列智能材料和高分子系列智能材料构成。目前研究开发的金属系列智能材料主要有形状记忆合金和形状记忆复合材料两大类；无机非金属系列智能材料在电流变体、压电陶瓷、光致变色和电致变色材料等方面发展较快；高分子系列智能材料的范围很广泛，作为智能材料的刺激响应性高分子凝胶的研究和开发非常活跃，其次还有智能高分子膜材、智能高分子黏合剂、智能型药物释放体系和智能高分子基复合材料等。在这些智能材料的选用过程中，一定要结合纺织服装自身固有的用途以及亲肤性的要求，通过与其他天然、合成、人造等纺织纤维材料的组合，提高其搭配的合理性、使用的安全性、功能的长效性以及易维护保养性。同时必须凸显智能服装产品所必须具备的传感、反馈、信息识别与积累、响应、自动判断、自动修复、自动调节等功能。

所谓传感功能是指该种服装能够感知外界或自身所处的环境条件，如负载、应力、应变、振动、热、光、电、磁、化学、核辐射等的强度及其变化；所谓反馈功能是指该种服装可通过传感界面，对输入与输出信息进行对比，并将其结果提供给控制系统；所谓信息识别与积累功能是指该种服装能够识别和积累通过传感界面得到的各类信息；所谓响应功能是指该种服装能够根据外界环境和内部条件变化，适时动态地做出相应的反应与调节；所谓自动判断功能是指该种服装能通过分析比较目前所处的状况与过去的情况，对诸如影响维系现状的问题进行自我判别并予以校正；所谓自动修复功能是指该种服装具备原位复合等再生机制，来修补某些局部损伤或遭受的破坏；所谓自动调节功能是指该种服装对不断变化的外部环境和条件，能及时地自动调整自身结构和功能，并相应地改变自己的形态和作用，从而以一种始终的优化方式对外界变化做出恰如其分的响应。当然，并不是每一种智能服装都必须同时具备这些功能，要根据不同用途、领域、对象、环境需要有重点地筛选，以便能够突出主要的功能。

此外，智能服装自身以及在使用过程中的安全性问题、社会影响及个人隐私保护等问题，在研发过程中也是需要加以完善的。

（2）必须体现服装的基本性能和特殊功能需要

智能服装的设计依据是服装的基本性能以及最终用户潜在的特殊功能需要。一般，实用服装所具有的基本性能是影响服装消费和使用的重要因素，而特殊功能需要才是智能服装的主题。智能服装在研发过程中不能一味强调科技含量或另类用途，而忽视基本性能，而是应该在现有基础上，通过智能化手段，使其基本性能更加完善，并在此基础上添加特殊功能。重视服装基本性能对于在日常生活领域中普及智能服装，是十分重要的内容。

尽管不同的智能服装有不同的具体要求，但其基本性能是不可忽视的，概括起来有以下几方面的性能和需要必须考虑：

应激适应性能——包括反应时间、存储量的大小、处理速度、数据传递量、数据链接容量、电源维持时间、外围设备性能、价格、隐私保护和易加工装配性等。

可靠性和耐久性——服装和相关的电子设备的材质都需要有一定的拉伸强力、撕破、顶破、剪切性能和抗磨损性和抗弯曲性能。

应对不同环境条件的性能——包括防水和吸湿性能，尤其是在寒冷条件下不同温度的电学性能和服装的隔热性能等。

可维护性——包括可洗性能、面料尺寸稳定性、电子产品和软件产品的更新、电池寿命、充电和更换等。

可穿着性能——包括穿着舒适性、重量及其分布、造型的合理性、是否容易穿脱和进入用户界面，任务执行时的抗干扰性能等。

安全性——主要是智能服装在使用过程中，电子设备使用及服装原材料的可靠性，出现问题的频率和误差控制，用户界面是否合适以及整个系统的模块性能等。

美学方面——包括外观、服装结构的蔽体性和美观性、针对目标群的外部特征是否合适等。

（3）提高第三方鉴定能力和实验水平

从目前情况看，大多数研发成功的智能服装，其功能和特殊性能的推广应用宣传，均由研发单位或企业自身组织实施，并通过销售方加以渲染，这就给产品的可信度带来一定的制约和影响，因为没有一家企业会说自己的产品不好，而只会极力地夸耀自己产品的长处。因此，尽快完善智能服装的安全、环保以及特殊功能等方面的标准监控体系，并通过第三方公正及权威机构加强测试评定力度，出具规范、准确的检验报告，对智能服装的推广应用显得十分必要。所谓第三方鉴定能力是指独立运作性质的专业检验机构所具备的产品检验、鉴定、评估能力，它既与研发生产企业无利益联系，也与商业销售部门无切身的经济关联，完全自主地凭借自身实力开展产品鉴定工作，并在行业中具有不可替代的技术权威，能够接受来自企业、商业或消费者个人的委托、授权，承担相关检验判定业务。

目前针对一些功能性纺织纤维、织物以及部分功能性服装产品，我国已公布实施了一些检验方法标准和产品技术标准，对规范此类产品的质量和性能，起到很好的促进作用。特别是对有关纺织品服装的安全性问题，国家出台了《国家纺织品基本安全技术规范》强制性国家标准，对纺织品服装中出现的甲醛含量、色牢度、pH值、禁用偶氮染料及异味等危害人体健康的检验项目，设定了限制性指标，初步建立了基础性的安全性能控制体系。但是应该看到，在智能服装方面，无论是检验方法标准，还是产品技术标准的制定与实施方面都存在一定的滞后，近年来面临智能纺织品及服装开发力度进一步加大，不少新成果问世所带来的新情况，很需要在这方面进一步加以改善。纺织品服装行业的标准、检测专业工作者必须进一步转变和更新观念，要通过加大研究力度，制定出能够适应智能纺织品与服装特点的，能够更加全面维护人类安全健康和满足功能鉴定需要的专业控制标准，并通过加强监控，强化对智能纺织品服装的细致性、周全性检测，从第三方的角度出发，提供权威的、有说服力的检测报告，公布更加令人放心和信服的结论，在研发生产企业和消费者之间架起一座互信的桥梁，就一定会为智能纺织品和服装的推广应用，创造更为广阔的空间。

要与国际通行模式和先进水平接轨，加强智能纺织品及服装实验室建设。一般来讲，智能服装设计工作完成以后进行系统集成前，要先在实验室进行功能性测试。如果功能测试失败，有问题的部分就必须重新设计。为保证电子部分正确地与服装集成，必须进行初步的安全可靠性和用户舒适性测试。经过评估合格以后，才由服装专家把系统集成到服装里面。之后还要进行服装原型的实验室测试和真实环境下的基本功能试验，根据测试结果，可以知道智能服装系统是否满足最初设定的要求，如果达不到要求，就有必要修正设计，再进行测试，一直修改到符合预定的目标和要求为止，这样才算完成了智能服装原型的设计。

目前，包括美、日、澳、加及相关欧洲国家在内，十分重视智能纺织品的实验室建设。通过大学、专业研究机构，有的甚至通过与军方合作，不断完善硬件设施建设，提高课题的针对性和应用性，确保研发成果的实用性和可靠性。相关实验室都把安全性、功能的有效性作为智能纺织品研发的重点工作加以落实。比如 1993 年，智能服装最早在美国麻省理工学院（Massachusetts Institute of Technology）媒体实验室出现，当时 MIT 主要进行计算机系统的可穿着研究以及引入了智能背心的概念。随后卡耐基-梅隆大学（Carnegie Mellon University）进行了在服装中的合适位置加装硬的或者软的组件研究。佐治亚理工学院（Georgia Institute of Technology）在美国军方支持下建立了专业实验室，研发了可以应用在作战中的传感器 T 恤衫，它可以感知士兵是否受伤以及受伤的准确部位。从 1998 年开始，芬兰几所大学和相关的服装公司合作建立实验室，首先开始了在北极雪地环境中雪上汽车智能援救服装的研究，而后陆续研发了可以测量人体生理数据和救火用的智能服装。可见实验室建设对于智能服装的研发十分重要。现在国内一些测试服装某些物理性能的试验室在一些大学或专业机构中已经建立，但国内纺织品服装行业尚未建立专业的智能服装研发实验室。笔者认为从有利于智能服装专业试验和认证的角度考虑，纺织品服装行业有必要整合产、学、研等方面的资源，组建专业功能齐备、研发和实验手段先进的实验室，这样才能与国际通行模式和先进水平接轨，提升自身智能服装研制实验的水平和档次，以便能够承担起相应实验与认证职责，减少智能服装研发过程中出现的曲折。

（4）努力通过产业的批量化生产降低成本

目前除了某些具有文化娱乐性质的智能服装产品已经投放市场，大多数的智能服装仍属于少量试验性运用于一些专业或特殊行业领域，其优势并未在行业中凸显，也未在消费者当中形成大量选用购买的轰动效应，其中价格昂贵是一个无法回避的原因。因此，智能服装的必须提高设计研发的针对性，寻求合适的使用对象。可以通过开展市场访谈和问卷调查，并进行相关文献的检索等工作，明确用户特殊的用途，尤其是在服装的功能性和特殊需求方面，必须做出详细的分析，以提高产品的使用价值。随后则通过批量化生产降低成本，调动消费者的购买欲望，进而打开市场。

三、智能服装未来的发展方向

（1）适应"低碳经济"社会发展的需要

进入 21 世纪以来，随着工业化、城市化进程的扩张，二氧化碳、二氧化硫等化学物质的排放量日益增多，全球正在变暖。"温室效应"的出现和进一步加剧，导致地球生态平衡遭到破坏，人们面临着更多自然灾害的侵袭和资源枯竭的威胁，生存环境质量受到严重影响。由此,"低碳经济"社会发展的呼声越来越高。所谓"低碳经济"是指在发展经济的过程中,社会的方方面面增强主动意识,并采取切实可行的措施,努力减少二氧化碳等温室气体的排放量,显著改善由于经济发展而对环境所造成的不利影响,把"温室效应"带来的海平面上升的损害降低至最低限度,确保地球生态平衡、环境友好。

同样,纺织服装行业也面临着如何适应"低碳经济"发展要求的问题。据英国《新科学家》网站 2009 年 12 月 1 日刊载文章介绍,由于快速变换的流行趋势和生产工厂低廉的产品加工价格,全球纺织品服装的生产数量飙升。1990 年,全球纺织品产量仅为 4000 万吨,到 2005 年,这个数字已经跃升至约 6000 万吨,现在这一数字还在不断被放大。纺织品生产和消费的急剧增长结果是,人们购买的大量衣物在远没有穿坏之前就被抛弃、处理了,从而导致资源无谓的消耗,以及二氧化碳排放量的增加。据统计,近 5 年内,纺织品浪费的比率已从 7% 激增到 30%,而经过测算,每存留 1kg 纯棉可以节省 65 度电,相当于少排放约 32.5kg 二氧化碳。对涤纶类衣物来说,每公斤节省的能量可高达 90 度电,少排放的二氧化碳更多。还有就是衣物的日常清理维护也会造成资源浪费,排放增加。一项研究结果表明,一件涤纶上衣在生命周期中所产生的二氧化碳有 80% 以上来自清洗和干燥过程,棉质衣物的这个比例更高,因为它们干燥耗能更高。已经普及到家庭的洗衣机以及加温洗涤、烘干的方式所消耗的电能数量巨大,其结果是不但增加了二氧化碳气体的排放量,也令水资源更为紧张。

由此可见,提高衣物的使用效率和使用寿命,适当压缩过剩产能;改变当今衣物的维护保养方式,尽量减少能源消耗已经成为纺织品服装行业发展"低碳经济"的重要内容。而智能服装的今后的研发工作也应围绕这一主题来进行。如通过完善和普及会改变颜色和图案的智能服装,增强服装的变通性,可以提高服装的时尚性,延长使用周期;采用相变材料制成的服装可以在季节变化时不必频繁地增减衣物;从而减少人们对服装数量上的一味追求。通过积极开发和普及"自洁式"智能服装,可减少平时对服装的清洁维护,既能节约能源,又能减少排放。同时,还必须考虑废弃服装的处理方式更加环保,更符合循环经济的要求。

不久前,据英国《独立报》报道,英国著名设计师和科学家合作,研制出了一件遇水即会溶解的智能概念衣服,见图 9-16。发明者的初衷是想让人们更加关注环境,同时更好地利用服装来保护环境。该衣服是"美丽新世界"项目的成果。"美丽新世界"项目由英国设计师、伦敦时尚学院的教授海伦·斯道瑞和英国谢菲尔德大学交互研究中心的教授托尼·赖安合作完成,他们试图寻找一种方法以解决越来越多的废弃衣物被送往垃圾场所造成的污染和浪费。斯道瑞说:"我们正在考虑整合不同的方法来解决全球问题。"这个团队研制的这款概念衣服所用面料由可生物降解

图 9-16　水溶性智能服装

的聚乙烯醇制成,并使用不同重量的染色剂,质地如同胶囊一样——遇水即会自动消融。当这种面料浸入水中后会改变其外在模式,让衣服得以溶解,不需运用任何其他处理手段。

"美丽新世界"团队还正在着手进行另一个项目——设计"接触反应的衣服",他们期待利用服装的表面来治理污染物,最后再通过水洗进行中和。斯道瑞说:"衣服有很大的表面积,这个表面可以用来净化空气。"

据西班牙《世界报》2010年6月16日发表的文章称：英国研制出一种可降解婚纱。每个新娘都梦想拥有一件自己的婚纱，因为婚纱可以令人回忆起生命当中最美好的那一时刻。但是婚纱只能穿一次就被束之高阁未免有浪费之嫌，而最环保的处理方式也只是转送亲友或者用来参加化装舞会。为了解决这一问题，英国谢菲尔德哈勒姆大学研制出一种可溶解于水的婚纱。这种可溶解婚纱的秘密在于制造材料：婚纱部分使用含有聚乙烯醇的织物制成。聚乙烯醇是一种普遍用于洗涤剂的聚合物，能够溶解于水，并且不会造成环境污染。用于制作婚纱其余部分的材料虽然不是可溶解的，却是可生物降解的，例如有机棉和百分之百绿色环保的配饰。因此婚礼结束之后，新娘可以将婚纱的一部分，例如袖子浸在水中，等这部分消失之后就会得到一件不同的婚纱。参与此项研发工作的本·赫伯特是该校服装设计系的学生。他表示："随着不同部分溶解在水中，婚纱会变成另外一件服装。"学生们表示，此项发明的目的就是启发所有人思考时装工业给环境造成的影响。赫伯特说："我们之所以选择改良婚纱，是因为它也许是人们在生命中投资最大但只使用一次的服装。此外，制作婚纱需要耗费大量布料。多数人会将婚纱当作纪念品，但是它们也很可能逃不过被丢进垃圾箱的下场。"近年来，英国居民的服装购买量增加了40％，目前已经达到每年200万吨，而其中74％的服装最终变成了垃圾。赫伯特表示："时装工业应当对这种情况有所觉悟，并且应当对目前的发展方向进行调整。"该校时装设计系教授简·布洛姆对他的观点表示赞同。布罗姆说："为了降低时尚对环境的影响，时装工业必须改变一些传统的做法。此项发明是服装设计与科技创新携手合作的一个全新例证。"

毫无疑问，上述智能服装的研发，对于促进产业发展更加符合"低碳经济"要求，有着十分积极的作用。

（2）适应"物联网"和"云计算"的发展需要

在21世纪的头十年中，以互联网技术为代表的信息革命发展迅速并日趋壮大，计算机信息技术的应用已经渗透于人们日常生活中衣、食、住、行及学习、工作、娱乐、购买、消费等各个方面，E时代的到来，使人们与计算机和网络之间的关系更为密切。有专家预言，随着俗称"电子标签"的无线电射频识别技术（RFID）的日益完善，互联网将会进一步发展成为"物联网"。所谓"物联网"是指各类物品依托电子标签的基础构件（条形码或其他微型电子芯片形式），储存自身的各类信息资料，同时具备快速检索、识别、证明、交接与交易、计算与结算等功能，在互联网上建立供应、管理、交易系统的链接，并通过互联网实现即时动态沟通、联络。在"物联网"时代，物与物、人与物都可以实现沟通，如冰箱与食物"对话"——决定合适的温度与湿度；洗衣机能与衣服"对话"——设置合理的洗涤程序；医疗器械能与病人的生命体征"对话"——确立有效的治疗方案……这种沟通就像人的呼吸、行走、交谈一样，变得自然和方便。

电子标签的使用已经有了成功的范例。据2010年1月4日《新民晚报》报道，在上海，奶牛出生十几天后便被喂食电子标签，不但使奶牛具备了电子身份证，而且还发挥了"贴身健康顾问"的作用；采用无线电射频技术的2010年上海世博会门票，能够实现快速检票、场馆预约、客流统计等功能。在美国，电子标签是商场的好"管家"，顾客每每从货架上拿起一件商品，电脑系统就会自动将商品信息报告给整个供应链系统，结账时，顾客只需将购物车推过读取机，就能一次结清交易费用。在日本，电子标签不仅提高了书店的盘货效率，而且还能"洞察"顾客的阅读喜好，得知哪一类书籍比较受欢迎。

面对这种信息革命的发展趋势，纺织品服装行业应当迎头赶上，特别是在适合本行业柔性或隐性电子标签的开发应用上，要多加重视，及早研发并切实落实。在这方面，智能服装更应该具有代表性，今后可以列入智能服装范围的产品，首先应当植入电子芯片，具备电子标签功能，从纤维成分、织造、印染、整理、加工方法，到终端产品制造单位信息、单价，再到适用对象、场合、功能与作用以及维护保养注意事项等，一应俱全，便于适应"物联网"时代衣-人、衣-机即时对话的需要。

还有一个值得重视的问题是"云计算"时代的到来。美国英特尔公司创始人戈登·摩尔于 1965 年发现的有关电脑性能水平提高的"摩尔定律"，一直左右着以往 40 年的计算机领域。该定律认为：以 18 个月为一个周期，电脑集成电路上可容纳晶体管数目会增加一倍，性能也会提升一倍；与此同时每一美元所能买到的电脑性能却能翻两倍以上。也就是说电脑软件的发展速度，要快于电脑硬件的发展速度。只有更新 CPU，添加更大的硬盘和安装功能更丰富的操作系统，才能跟上日新月异的数字潮流。而专家预见"云计算"出现后，有可能颠覆"摩尔定律"。所谓"云计算"是指以公开的标准和服务为基础，以互联网为中心，提供安全、快速、便捷的数据存储和网络计算服务，让互联网这片"云"成为网络使用者的数据中心和计算中心，减少各终端用户在电脑上大量的硬件投资。

基于无所不在的互联网传输，在"云计算"时代，工作和生活所需要的计算能力及数据存储和调用，就可以成为一种商品流通形式，像煤气、水电资源一样，取用方便，费用低廉。今后的智能服装，尤其是那些具备信息数据采集、分析处理和远程传递功能的智能服装一定会与"云计算"这种最现代的信息化管理及运作模式相衔接，纺织服装行业智能服装的研发人员应有所准备。

（3）体现科技进步和满足人们进一步提高生活质量诸多需求

英国人雷蒙德·奥利弗在《未来时尚：科学家开创高技术纺织品新时代》一文中指出：长期以来，科学影响着我们的着装方式，从逐渐提高羊毛和棉花的产量到引入合成与人造纤维。如果你想知道 10 年后的时尚是什么，那么不要问设计师，请和科学家聊聊吧。有可能彻底改变我们着装的新想法正在产生。

① 设计合体的服装变得轻而易举。例如，马内尔·托雷斯等西班牙设计师正在研究是否有可能制作喷涂式的衣服，而且他们已经成功地研制出了原型。托雷斯发明的一种无纺布料，是通过把温和的化学配方直接喷到人体上制成，它可以让上千条纤维遍布穿着者全身的皮肤，然后把它们集合在一起，制成一次性衣服。如果衣服真的变成一个"喷上就行"的事情，那么这个制造布料的智能过程，将给"匆匆套上外衣"的说法赋予新的含义。

② 服装与人体和环境智能互动。因为对智能服装的研究已经开始涉及让织物有反应、有变化的阶段。设想一下，在你进入一个房间时，你的衣服可以改变这个房间的环境，使之更加完美地适合你的偏好，那该是多奇妙的事情。不久的将来，科学可以为人们提供既能和他们所处环境相互作用、又能控制这一环境的外套。在较低的程度上，这可以表现为根据气温变化加热或降温的衣服。英国巴斯大学和伦敦服装学院正在根据在自然界中发现的一些生物构造研究这类布料。从较长远的观点来看，布料中的纳米技术能够使室内装饰变成"智能"的东西，使房间改变气味、颜色、温度、结构、味道和声音，以适应居住者的心情。科学家和设计师正在研制能够检测人体呼吸系统、心跳和气温调节系统的衣服，然后随即做出反应，帮助你改变健康状况和心情。英国圣马丁中央艺术设计学院的设计师珍妮·蒂洛森一直在研制一种"智能"衣服，它永久植入了交互作用的芬芳技术。例如，能够散发薄荷味道的衣服和珠宝可以有助于减轻哮喘发作之类的病症。

③ 智能服装的创新还可以用于更加浪漫的目的。植入纳米技术的布料甚至可以帮助你获得约会的机会。将来，你的衣服可以提高你身体吸引力，并成为检测的指示器，比如能够

促进体温升高，心跳加快和排汗量增加等等，然后促使人体释放激素，增加吸引异性的魅力。

④ 获得能量。10 年内，我们会看到商店出售能把我们变成便携式发电机的智能衬衫。科学家已经在研制能获取能量的布料。它利用植入的纳米技术，把穿着者运动时产生的动能转化为电力，驱动电子装置，这类装置有可能挽救远足者和士兵的生命。实际上，这与目前出售的人体动能手表的原理相类似。在更广阔的市场里，还可以为手机、MP3 播放器和其他装置提供电力，在这方面已经有成果得以运用。除此之外，科学家还在研究如何用在布料纤维上缠绕纳米金属丝的方法，让能获取能量的布料把低频振动转化成电力。这种缠绕纳米金属丝的方法可以避免影响衣服的外观。

⑤ 更加生态环保。除了对消费者来说的种种好处，智能服装的研发还能帮助拯救地球，或者至少为当今社会中的一些生态和可持续性发展问题提供解决办法。在这方面的一个有趣例子是韩国苏珊娜·李品牌的"生物智能时装"项目。该项目研究用在实验室培育的细菌纤维素纤维制作衣服。他们不用植物或动物纤维，而是在装满液体的大桶里种植衣服。

所有这一切可能看起来都像是遥远的梦想，实际上这一梦想没有那么遥远。除了那些人体动力手表，可佩戴的技术（比如 iPod 夹克）和热敏衣服（可随温度变化颜色的 Global Hyper color T 恤衫）也开始风靡一时。而且随着计算机、纳米技术的不断发展，高科技的智能服装的品种及应用范围注定还会增多，无论是在专业领域，还是在日常生活领域，我们见到它的频率会越来越高。

总而言之，作为高科技与现代经济及社会生活发展需求相结合的智能服装的研发，在 21 世纪有着更加广阔的应用前景。无论是在日常生活领域，还是在医疗保健、专项高科技领域、文体娱乐等方面，乃至军事领域，都有发挥作用的需求，只要不断完善其功能，提高其使用的有效性，并更加注重贴近专业需求和市场需求，智能服装的普及应用指日可待。

参 考 文 献

[1] 上海科普创作协会编著. 2001～2002 科普演讲集. 上海：上海科学普及出版社，2003.
[2] 姜怀主编. 常用/特殊服装功能构成、评价与展望（下）. 上海：东华大学出版社，2007.
[3] 邹奉元. 智能服装的设计和研发. 装饰，2008（1）.
[4] 雷蒙德·奥利弗. 未来时尚：科学家开创高技术纺织品新时代. 英国每日电讯报，2009-9-29.

第十章
智能纺织品发展的现状与展望

第一节　智能纺织品的设计思路

一、智能材料的仿生构思

未来智能材料的开发与设计的出发点之一便是仿生技术，由于生物体具有环境感知性和响应性，是智能材料设计出发的蓝本。智能本是生物体所特有的现象，生物体的环境感知和响应性，启发人们从仿生科学与工程中能动的在学科交叉中探索材料系统和结构的适应性，深入研究自然界中具有特殊结构性能体系，特别是对其功能起关键作用的表面、界面结构与特性的内在联系进行研究，进而揭示自然材料的多尺度微观结构与结构性能之间的本质关系，向生物体的多重性功能逼近。

1. 含羞草与人工触觉

含羞草在受到刺激和震动后，会出现叶片闭合和叶柄下垂的现象，有效地避免了风雨的伤害，这是对外界不良环境的一种适应。含羞草的这种随外界刺激而做出响应的特征激发了人们设计能感受外界接触、声音或光刺激而自动收缩或舒展的智能服装。其中设计的兼有情感和物理接触疗法功能的触觉服装（TapTap）便是一个最典型的例子。TapTap智能服装通过装配驱动器和传感器件来实现智能的推拿和抚触功能，并能够记录和还原爱人、家庭成员或是医生的接触刺激（图10-1）。当妈妈上班工作时可以给小孩穿上这种服装，即使妈妈不在身边同样也能让孩子感受到母爱的温暖。第二代的 TapTap 服装除了具有记忆和还原接触刺激外，还采用更模拟真实接触感觉的驱动器和个性化的设计。

图 10-1　TapTap 服装能记录和还原
爱人、家庭成员或是医生的接触刺激

此外，许多生物体的传感系统（如人的皮肤表面、手指）是通过压电效应来实现传感响应的。如果将电解质凝胶在外加压力下产生的静电能取出来的话，凝胶就可以作为压力传感器使用。将两块由弱电解质构成的凝胶（例如丙烯酸和丙烯酰胺的共聚合凝胶）接触在一起，并使其中的一块产生变形。受变形的凝胶会形成新的电离平衡，从而导致两凝胶间出现离子浓度差而产生电位差。利用这个现象，可以实现像人的手指那样的人工触觉系统。

2. 荷叶与自清洁服装

具有特殊浸润性的仿生智能纳米界面材料正是基于仿生智能材料的设计思路进行的。自然界中的很多植物的叶子具有自清洁的现象，通过对荷叶和水稻叶片表面微观结构的观察表明，自清洁表面需要微米和纳米级的结构有机结合形成复合结构，而且表面微观结构的排列方式会影响水滴的运动趋势。受到以上研究结果的启发，仿生制备具有微/纳米结构的一维纳米材料，实现自清洁材料的构筑，研究其超疏水和超双疏的仿生性质；受荷叶微纳多级结构致自清洁的启发，人们设计了具有自清洁功能的聚乳酸织物，该设计方法不仅适用于聚乳酸织物，还可推广到其他不同织物的拒水拒污设计中。

亲疏水可逆开关的设计可通过在粗糙基底表面修饰对刺激响应的材料来实现。外界的刺激主要包括紫外光照射、电位差、温度、pH 值和机械力。其中温度变化很容易靠人工实现，所以迄今对温度响应型智能化亲疏水可逆开关材料的研究较多。温度响应性亲疏水开关材料是在粗糙基材上接枝感温性高分子材料开关，其中应用最广泛的感温性高分子材料是聚（N-异丙基丙烯酰胺）（PNIPAM）。

此外，亲/疏水或亲/疏油可控的特殊浸润性材料还可应用于光/电致印刷制版材料与技术，抗凝聚材料，智能淡水采集材料，智能相转移催化材料，智能响应高效节能储能材料，智能响应电池隔膜材料等领域。但我们也应清楚地看到，以上基于浸润性的仿生智能材料研究还处于初级阶段，还需要进一步深入的研究。

3. 分子马达值得期待

分子仿生是以人工合成分子或生物基元为研究对象，在分子水平上组装或制备结构与功能仿生的新材料与新系统，研究与模拟生物体中蛋白的结构与功能、生物膜的选择性、通透性、生物分子或其类似物的检测和合成等。分子仿生可以模拟生物体实现多功能的集成与关联，制备智能材料或分子机器，也可以仿生实现生物相容和生物功能，制备生物医用材料与器件，为现代材料科学特别是生物新材料的发展提供了无限的创新发展空间。

生物分子马达是将化学能转化为力学能的生物大分子。这些大分子广泛存在于细胞内，它们是蛋白质，也可以是 DNA，常处在纳米尺度，因此也称作"纳米机器"，分布在线粒体膜内的 ATP 合酶被认为是迄今为止最小的一种旋转分子马达。将从生物体中分离的 ATP 合酶重组到仿生微胶囊上，不仅能实现活性蛋白在体外的重组，再现生物体中 ATP 合成的生物过程，更好地理解活性蛋白功能，同时也有助于人们模仿生物体的自组装、识别及跨膜的物质传输等功能，开发出相应的功能材料和器件，如新的仿生材料、药物靶向输送和控制释放载体等。

二、分子组装结构开启全新智能材料大门

在生物体与生命过程中，生物分子通过不同层次的自组装，由微观到宏观，自发地形成了复杂且精确的多级结构体系，实现了各种特异性的生物功能。基于此，在分子水平上组装或制备具有特殊结构和功能的材料是制备新型智能材料的重要途径。

1. 发展中的智能分子膜材料

从分子水平设计能对刺激响应的薄膜材料为多功能智能材料的设计提供了一个良好的平台。智能膜材是近年来发展起来的一新兴领域。随着高新技术的发展，一些新型膜材料也不断涌现出来，例如，LB（Langmuir-Blodgett）膜、静电层层自组装（LBL）膜、聚合物刷等膜材料，并逐渐成为构成膜科学的重要组成部分。

（1）LB 膜

LB膜是一种超薄的有机薄膜，是通过在水和空气界面上将不溶解的分子加以紧密有序排列，形成单分子膜，然后再转移到基片上获得的薄膜材料。LB膜一般由两亲分子构成，一端是亲水性极性基团，另一端为疏水性非极性基团。在自然界中一个生物细胞膜是由两层磷脂膜构成，而两层LB膜恰好给出一个细胞膜的模型，并可以制备人造仿生膜。更有意义的是在这种膜内能够镶嵌、包埋固定化酶和蛋白质等生物分子，可以有效地约束特定的离子和小分子，具有极好的专一性，对研制高灵敏度、高选择性的生物传感器具有重大意义。仿生分子LB膜同基底元件相结合，可以构建多种生物传感器。如通过在石英晶体微天平电极上沉积多层磷脂酸、磷脂乙胆碱等LB膜，当LB传感膜对气体的选择性吸附时，由于吸附引起的晶片质量的增加会引起晶片振荡频率的下降，频率的改变量同质量的增加成正比，因此实现了通过频率信号变化来检测气体的目的，并最终制成了可识别多种气体的气体传感器。近年来有报道用合成仿生脂质LB膜与阵列传感器相结合，可制备感受不同味道，进行综合图像管理的"人工舌"味觉传感器。

（2）LBL膜

自组装是指复杂体系在无外界干扰的情况下，自发地将体系中的分子组装成具有特定物理和化学特性的高度有序介观结构的技术。LBL技术是自组装技术的特殊情况，通过此方法可使各层分子利用相互之间弱的作用力（如静电引力、氢键和配位键等）逐层相互沉积，使层与层自发地缔合，形成结构完整、性能稳定、具有某种特定功能的分子聚集体或超分子结构。

通过LBL制备的新型有机超薄膜在分子生物学、微电子学、传感器、分子器件等领域也有着巨大的应用潜力。近年来，通过LBL技术与静电纺丝技术相结合，将各种功能性分子有序组装到静电纺纳米纤维的表面，赋予纳米纤维新的功能，大大拓展了其应用范围，如电子器件、催化材料和传感器等。如将荧光探针通过LBL技术有序组装到静电纺醋酸纤维素（CA）纤维的表面，成功制备了高灵敏度的生物传感器。结果表明，由于静电纺纳米纤维高的比表面积和荧光共轭聚合物与分析物的相互作用，使该生物传感器可用于在水溶液中检测超低浓度（ppb级）的甲基紫精和细胞色素。此外，LBL技术能够使带电的蛋白质和DNA分子通过物理的方法组装到静电纺纤维的表面，比通过共价键的方法来固定生物大分子更为简便，可以实现生物大分子在纳米、亚微米尺度的有序结构设计。在制备自清洁材料领域，LBL技术也发挥着重要作用。如通过LBL技术将TiO_2纳米颗粒与聚丙烯酸（PAA）交替沉积在静电纺CA纳米纤维膜上。研究表明，当TiO_2/PAA双分子层逐渐增加到十层，且在纤维表面通过氟烷基硅表面修饰后将得到具有自清洁功能的纳米纺织品。

2. "雅努斯球"—— 新型超分子结构智能材料

伊利诺斯大学和西北大学的研究人员在2011年《科学》上发布了他们最新开发出的微型胶体小球（雅努斯球）的研究成果。如图10-2所示，在纯净的水中，这些球形颗粒完全分散，因为它们充电的一侧彼此排斥。然而，把盐添加到溶液中，盐离子就会弱化排斥力，这样，这些小球就可以变得足够靠近，使它们的疏水端能够吸引。这些疏水端之间的吸引力就把这些小球拉在一起，连成串。在低盐浓度，只有少数颗粒的小串会成形。在更高浓度，更大的串就会形成，最终会自我组装，形成螺旋状"超分子"结构就像原子会成长为分子，这些粒子能长成超胶体（supracolloids）。利用该技术可以制造全新的一类智能材料，这种新材料具有的功能也像复杂的胶体分子，这就会开启新功能的门，这些功能我们以前是无法想象的。

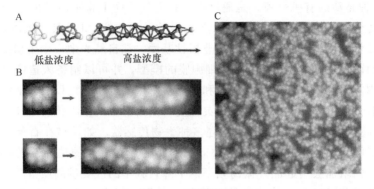

图 10-2　雅努斯球

三、多元复合技术的深度开发

智能材料大多是根据需要选择两种或多种不同的材料，按照一定的比例以某种特定的方式复合起来或是材料的集成，是一种多元的复合体系。在智能纤维的设计中便可轻易地发现复合技术的理念，通过对现有的智能物质或材料进行复合（包括共混、添加和杂化技术），均可以获得智能纤维。除了智能纤维的设计以外，其他智能材料的设计亦可遵循多元复合的思想来实现。

1. 智能电子纱线

电子纱线和纺织品的设想由来已久，但它们的性能总是不能符合预期的效果。除了具有化学/机械的耐久性和高电导率外，智能纱线和纺织品还必须具有可织性、耐穿性、轻质和智能等功能。研究者通过在棉纱线表面涂覆一层混有碳纳米管的聚电解质层，实现了纯棉纱线的电子智能化。借助碳纳米管高效的电荷传导速率和可能的隧道连接效应，使所制备的复合纱线在多种高科技含量的服装设计中的应用潜力巨大，并能有望取代导电金属线或其他坚硬纤维而应用于可服用的电子产品设计中。此外，通过在该复合电子纱线上结合抗白蛋白，便可制备能定量和选择性检测白蛋白的电子纺织品生物传感器。

2. 智能混凝土——桥梁工程的生命线

智能混凝土是在混凝土原有组分基础上复合智能型组分，使之成为具有自诊断、自调节、自修复等特性的多功能材料。这些特性可以有效地预报混凝土材料内部的损伤，满足结构自我安全检测需要，防止结构潜在的脆性破坏，并能根据检测结果自动进行修复，从而显著提高混凝土结构的安全性和耐久性。

自诊断混凝土具有压敏性和温敏性等自感应功能。这是在普通混凝土基材中复合了碳纤维或光纤传感器之后，使之具备了本征自感应功能。利用碳纤维智能混凝土不仅可以检测桥梁的结构损伤，监测桥梁的交通情况和车辆荷载，而且还可以进行桥面的温度调节。类似的，在混凝土结构的关键部位埋入了纤维传感器或其阵列，同样可以探测混凝土在碳化以及受载过程中内部应力、应变的变化，并可对由于外力、疲劳等原因产生的变形、裂纹及扩展等损伤进行实时监测。

自调节智能混凝土具有电力和电热效应等性能，是通过在混凝土中复合具有驱动功能的形状记忆合金材料而实现的。在混凝土中埋入形状记忆合金，可利用其对温度的敏感性和不同温度下恢复相应形状的功能，在混凝土结构受到异常荷载干扰时，通过记忆合金形状的变化，使混凝土结构内部应力重分布并产生一定的预应力，从而调整混凝土结构在台风、地震等自然灾害期间的承载力并减缓结构振动。

自修复混凝土是在混凝土传统组分中复合特性组分（如含有黏结剂的液芯纤维或胶囊），从而在混凝土内部形成智能型仿生自愈合神经网络系统，以模仿动物的骨组织结构及受创伤后的再生、恢复机理。采用黏结材料和基材相复合的方法，可使复合材料在遭到损伤或破坏后，具有自行愈合和再生的功能，从而达到恢复甚至提高材料性能的目的。

四、材料的多功能耦合

多种功能的融合，使材料智能化的实现成为可能。如设计的能随光线强度而自动调节的智能窗帘，就是首先利用传感器接收光信号后，然后转变为电信号驱动机械装置完成窗帘的自动开拉和闭合动作，最终实现了电学功能与力学功能的耦合。下面我们以具体实例来说明如何利用材料的多功能耦合来实现智能化设计。

1. 多功能复合材料结构状态感知系统

由于复合材料具有比强度和比刚度高、可设计性强等优点，大量使用复合材料是世界航空发展趋势已经成为行业内共识。先进的复合材料正在逐步成为新一代大型飞机的主要结构材料，如美国的波音公司和欧洲的空客公司在其最新型飞机中均大量使用了复合材料。我国自主研发的大型客机在已经确定的设计技术方案中，中央翼盒、机身尾段等都将采用复合材料结构。为了充分利用复合材料的优越性能，有必要研发一种与复合材料结构集成一体的多功能传感系统，以使复合材料结构可以"感觉"和"思考"自身状态。近来，有学者提出复合材料结构状态探测的概念，类似于人体神经系统的多功能传感器网络系统，将不同功能的传感器有机结合起来，并与复合材料结构永久集成于一体，构成一个具有多模式探测与感知功能的传感网络系统，用来全方位感知结构应变、温度、湿度、气动压力等参量，并监测发生在结构上的外界撞击及内部损伤。利用这一新概念设计和制造的未来复合材料结构可以提供多种模式的综合信息，从而使之具有智能传感、环境适应等多种功能。

2. 智能家具

智能家具是家具产业未来发展的方向。智能家具就是利用微电子、通信与网络、自动控制、IC卡技术、计算机等技术，通过适宜的结构和接口，可模拟人的智能活动过程以及自动实现特定功能，并与家居生活有关的各子系统有机地结合在一起的家具产品称为智能化家具，通过统筹管理让家居生活更加舒适、安全、有效。

户外智能座椅的开发也是通过多功能耦合来设计智能材料的一个重要例子。目前户外公共场所的座椅在天气寒冷或酷热的情况下，就不能舒服地就座休息。因此设计能在上述较恶劣环境下使用的智能座椅就具有了意义。目前，市场上虽没有成型的产品，但是使用智能材料的设计理念却涵盖在其中。该"聪明座椅"设计成三层，外层为透明的保护层，中间层为智能材料，内层为储热层。其中核心层智能材料的创意是：当规定数量级别的"临界力"（如28N）施加到材料表面，此材料有热传导功能，当外力小于设定的数值，材料没有热传导的功能（防止能源浪费）。因此，当人坐到覆有这种材料的椅子时，智能材料受到的力超过临界值，此时材料就具有热传导功能，冬季时可将内层储热层中的热量传输到表层，夏季时可将身体多余的热量传输到内层，并使表层温度控制在 22～28℃，不管是寒冬和酷夏，都感觉特别舒服。另外，这种智能材料也可以用到其他纺织和家具产品中。

3. 家居将进入"智能窗"时代

门窗对建筑、民居的重要性是生活在现代都市的人们早已意识到的问题。有时候我们出门忘了关窗户，遇上刮风下雨家里可就麻烦了；有时由于一时疏忽，屋内的煤气由于紧缩的门窗无法散发出去而酿成大错，有什么办法能让家里的窗户变得聪明起来，遇到特殊情况自动开关呢？目前市场上已有具有消防智能排烟、自动防风雨、智能防盗、远程控制等功能的智能窗产品。该智能窗的侧旁有一个传感器，用烟雾一熏，窗户就迅速打开排烟，并马上报警，把信号传递到小区、建筑的消防中心，为扑灭火灾赢得时间，里面的人将更加安全。如果室内的煤气、天然气等气体浓雾达到0.1%时，智能窗便会自动打开，让有毒气体散发到室外，同时发出响亮的报警声，有效防止中毒和火灾事故的发生。另外，当室外风力达到一定程度，或者有雨水打到窗外的传感器上，窗户便会自动关闭，解除了住户外出后突然刮风下雨打湿地板、衣服、沙发的后顾之忧。智能窗的高新技术设计可使用户消除安装防盗栅栏的烦恼，它装有传感器，具有灵敏度高、抗干扰性能强的优点。如发生强行突入行为，智能窗便会发出高分贝声音和闪光报警，同时将报警信息发送到主人手机或者小区保安处。

第二节　智能纺织品的制备技术

目前各国研究者均热衷于智能纺织品的研究开发，但仍处于探索阶段，技术尚未成熟，各种文献所报道的智能纺织品，在严格意义上，并没有达到智能纺织品的智慧水平，部分仍停留在功能纺织品阶段。就制备技术而言，智能纺织品的研发难度更大，成熟产品更少。

一、形状记忆纤维及纺织品

形状记忆纺织品是目前研究相对成熟的智能纺织品，从20世纪60年代起，以其独特的性能引起了世界的广泛关注，相关研究也得以迅速开展。迄今为止，研究和应用最普遍的形状记忆纤维是镍-钛合金纤维，形状记忆聚合物是新出现的一种活性聚合物，与镍-钛合金相比，这种聚合物具有质轻、成本低、易成形、易加工等优点。形状记忆高聚物有热致、电致、光致、化学感应型之分，虽然形状记忆纺织品的品种在不断增加，性能不断得到完善，但在某些方面还有待进一步改善。

改善形状记忆材料的机械性能。尤其是在建筑、航空航天领域，形状记忆材料的机械性能显得尤为重要。普通颗粒和纤维都可以作为增强材料添加到聚合物基体材料中以增强形状记忆材料的硬度。在基体材料中添加纳米颗粒也可提高其弹性模量和变形回复率。如在基体树脂中添加20%的SiC时，其变形回复率可增加50%；若增加SiC含量至40%时，其微观硬度和弹性模量可提高3倍。在聚氨酯纤维中添加3.3%的多壁碳纳米管，其回复应力可增加200%。纳米复合材料的添加也可提高形状记忆材料的变形回复率（几个回合以后，仍可达90%以上）。

发展多重变形材料。形状记忆材料一般都是在外界刺激下从一个临时的状态转变成一个永久的状态，称为双重变形材料。有时这种双重变形材料无法满足需要，尤其是在医学领域，制备多重变形材料是形状记忆材料的一个重要发展趋势。如一种聚合物材料先从第一形状（A）变成第二种形状（B），然后再变成第三种形状（C）。2010年，Behl等报道了一种热致型三重形变材料，这种三重变形材料同普通双重变形材料一样，具有合适的聚合物网络体系结构，具备两重连续形变的能力，其特别之处在于通过适当的热刺激可产生第三种变形。据称这种材料在医学领域具有广阔的应用前景。

在装饰领域，将形状记忆聚合物采用各种加捻方式制备成具有动态效果的纱线，再通过变换组织密度、编织方式等织成各种立体效果的纺织品。这种纺织品既美观，又具备特殊的功能。如制备成自动"开"或者"关"的遮挡物，可以根据需要保护人的隐私；若采用光致形状记忆聚合物制成窗帘，冬天受到阳光的刺激，组织结构就可以自动打开，允许阳光照进来，夏天阳光太强，则组织自动关闭，从而可以阻挡强光的照射。

多功能化。在形状记忆聚合物中加入光敏、热敏染料，制成装饰纺织品，当受到外界刺激，在形状变换的同时，颜色也在变化，可以调节人的情绪，使人身心愉悦，在紧张的工作之余感到放松。

二、智能变色纺织品

所谓变色纺织品是指随着外界环境条件（如热、光、电、压力等）的变化而可逆地改变颜色的纺织品。按照外界因素致材料变色类型有光敏变色、热敏变色、电敏变色、力敏变色和湿敏变色纺织品之分，目前研究和应用最多的是光敏变色纺织品和热敏变色纺织品。日本大日精化工业公司生产的 Seikaduel colour 在干燥时为白色，润湿后显色并具有可逆性；日本御国色素公司生产的 SA Medium 9208 在干燥时为白色，润湿后则显透明感而花形消失。如果将这两种变色涂料巧妙结合，用于毛巾、浴巾、手帕、泳装、沙滩服的印花，干燥时为白色，润湿后会显色，会获得别致的显露隐形花样。美国军方的研究机构正在探索采用电致变色材料作为印制迷彩织物的染料，通过控制开关人为控制织物的变色伪装。

变色纺织品在服用方面，首先应该与普通纺织品一样穿着舒适，可随意折叠、洗涤和进行各种整理，在此基础上植入其他特殊功能，同时各种电子产品直接嵌入面料中，使变色纺织品与普通纺织品看起来没什么两样。尤其是针对普通消费者的纺织品，不仅要有强大的功能性，还要符合美学的要求，符合时尚的要求。这就需要将时尚与科技结合到纺织品中。

从变色纺织品的发展上来看，21 世纪是信息时代，大量信息的存储和高速传输要求具有信息存储量大、响应时间快的存储材料。高性能的有机光致变色材料是能够满足这种要求的、极具潜力的存储材料之一。一旦实现化，将实现我们所期待的智能纺织品多功能化。未来的变色纺织品主题消费群是普通的老百姓，所以未来的发展方向之一就是具备低成本的组合技术，那样，智能纺织品的价格才能被普通消费者接受，才能有更广阔的市场。

三、智能调温和防水透湿纺织品

智能调温纺织品主要是在纤维内部或者纺织品表面添加相变材料，利用相变材料的吸热和放热效应达到智能调温的功能。早期的调温纤维通常是先制备出中空纤维，然后将相变材料填充其内。但由于中空纤维内部能添加的相变材料有限，致使调温效果不明显，同时这种添加相变材料的纤维直径较大，限制了其在工业中的应用。

在用纺丝法制备调温纤维时，将相变材料添加到纺丝聚合物的熔体或溶液中。用湿法纺丝制备调温纤维时，相变材料主要以微胶囊的形式添加到纺丝液中，优点是相变材料不易泄漏，纤维调温的耐久性好。但同时也有不足：相变材料添加量不宜过多，否则会影响纤维的机械性能；可利用湿法纺丝制得调温纤维品种有限，限制其应用；湿法纺丝工艺流程较长，同时污染也大。因此，开发新的可用于湿法纺丝的调温纤维材料，减小生产过程中的环境污染是制备调温纺织品的重要发展趋势。

大部分调温纤维是由熔融纺丝法制得。熔融纺丝法中，可添加较多的形变材料，调温效果显著，但由于相变材料胶囊在熔融纺丝过程中需要经受高温和较大的压力，会产生变性、失去调温功能等问题。开发可用于熔融纺丝的新相变材料是制备调温纺织品中的又一发展趋势。

在服用领域，将纺织品的调温功能和其他功能结合起来，赋予纺织品舒适性的同时，具有多重功能，提高纺织品的应用价值，是今后智能调温纺织品一个重要的发展方向。

目前生产防水透湿织物主要通过三种途径：增加织物密度、在织物表面涂层以及采用层压技术。其中高密织物轻薄，手感和透湿性好，并且生产工艺简单，但其生产成本较高，耐水压太低。涂层织物一般透湿性差，且生产过程中多用有机溶剂，污染环境，同时对人类的健康造成危害。层压织物因选材范围广、设计灵活、污染少而成为防水透湿织物发展的一个主要方向。随着高分子材料的发展，可以采用新型的互穿网络聚合物、离子型聚合物、高度支化聚合物、枝状聚合物等材料，研制各种类型的含有化学微孔的防水透湿薄膜。

四、智能凝胶纤维和纺织品

智能凝胶的自适应性源自高分子凝胶的体积相变。根据响应的刺激信号不同，智能凝胶有 pH 响应型、温敏型、光敏型、压敏型、电场响应型、磁场响应型、化学物质响应型、离子响应型之分。这些响应充分体现了凝胶的智能性，使其在生物医学、服用、化学等领域具有广泛的应用前景。

智能凝胶纤维和纺织品在纺织领域最大的应用是制备调温潜水服和运动纺织品。人穿在身上，当外部或者人体温度过高或过低，人体感到不适时，这种服装可以自动调温。但这种温度的变化只有穿着者才能感受得到，从外表看，几乎看不出什么变化，故制备可视化的智能凝胶纺织品是一个发展趋势。东南大学的钱卫平曾制备出一种可视化的智能弯曲双胶，这种双胶由具有特异性响应的水凝胶和非特异性响应的水凝胶组成，当响应水凝胶响应外界环境时，其体积会发生变化，而非特异性响应的水凝胶则不会发生体积变化，致使双胶产生形变，从而实现其可视化分析。

通过实现智能凝胶的多元化改善其性能是又一发展趋势。例如壳聚糖水凝胶，因其原料来源广泛、易降解、对环境友好而被广泛应用，但是其机械强度差，性能稳定性不好，并且环境敏感性不强。为改善壳聚糖智能水凝胶的这些不足，可以通过在原有壳聚糖和聚乙烯吡咯烷酮二元凝胶的基础上添加聚乙烯醇。黄首伟等通过在 P（NIPAAm-*co*-AAm）二元共聚水凝胶基础上，引入一种新的聚合物网络 PDMAA，提高这种热缩温敏性水凝胶的成型性和力学强度。王红飞等则通过在丙烯酸、丙烯酸羟丙酯、甲基丙烯酸缩水甘油酯凝胶体系中添加丙烯酰胺提高智能凝胶的溶胀度。

五、电子信息智能纺织品

电子信息智能纺织品，一般是将电子元件如导线、传感器、电池等直接植入织物中而制成的。但这类纺织品的可洗涤性成为难题，所以将电子元件制成纳米级元件植入纤维中，是未来电子智能纺织品发展的一个重要趋势。如将传感器、晶体管、连接线等电子元件都集成在直径为 $160\mu m$ 的可塑性纤维中，然后再编织成织物，电子元件之间的连接靠电导性纤维。这种织物可在温度低于 30℃的水里反复洗涤数次，其功能还可具有长期的稳定性。

将电子元件集成在纤维内部固然解决了一些问题，但将这些纤维编织成织物的过程中，由于受到多方面的拉力纤维容易破裂，从而丧失其电子信息功能。为解决这个问题，应该从织物组织的图案设计和封装连接线的方式入手。2011 年，瑞士苏黎世理工学院的 Kinkeldei 等通过将弯曲强度好的金属薄膜喷覆于连接线上，解决了电子纤维在编织过程中容易断裂的问题。Depla 等采用磁控溅射技术，在纤维表面喷覆一层金属或金属氧化物薄膜，既解决了断裂问题，又增强了薄膜和基体之间的黏附性，减小了阻抗。

开发具有特殊结构的纱线也是电子信息纺织品的一个发展方向。如开发具有核-壳结构的纱线，将具有良好导电功能的铜丝作为核，利用特殊的纺丝技术在外部包覆一层棉作为壳，这种纱线既具有棉的优良特性，又具有导电性，在制备具有电磁屏蔽功能的织物中具有广泛的应用前景。

通过在普通纱线中添加特殊组分编织成织物也可使其智能化。如将棉纱线浸入单壁碳纳米管胶体溶液内，因棉纱线的多孔结构，溶液很快会充涨整个纱线，待自然风干编织成织物后，织物表面就会有无规取向的单壁碳纳米管网络，利用单壁碳纳米管的导电性，通过控制这些网络，即可使织物智能化。

第三节　智能纺织品的应用领域

一、在生物医学领域的应用

智能材料的特点是能感知外界的刺激，对其做出某种响应并传递出去，当外界刺激消除后，又能迅速回到原始状态。智能材料的特点及其快速发展，使其在医用领域中已经有了一定的应用，尤其是在利用智能材料作为药物释放载体的研究已有了较大的进展。这些智能药物控制系统的主要原理是利用智能材料来感知病变部位各种环境信息的变化，使药物在预定的时间或地点释放出所需要的计量，实现药物的定点、定时、定量释放。目前，利用外界刺激的智能材料主要有物理、化学刺激敏感型材料（pH 敏感材料、温度敏感材料），生物化学敏感型材料（葡萄糖敏感型材料、酶敏感型材料、基于抗原抗体识别功能设计的材料）等。

纺织纤维材料及纺织品以其自身优势如良好的柔韧性、机械性以及整体性等，在未来智能材料及其组元材料开发中具有重要的地位和发展前景。首先，从纤维加工制备的角度考虑，可以通过纤维的功能化如内部包埋药物、纤维表面接枝改性引入特定功能性基团等，来构筑智能材料应用于医用领域。当这些具有特定功能的纤维材料或纺织品材料与病人或人体病变部位接触时，智能材料能够迅速检测中病变部位中释放出的物质，并作出响应如释放药物等，当病变部位好转到一定程度或治愈后，与其接触的智能纺织品停止释放药物。如将药物置于聚（N-异丙基酰胺）接枝的聚乙烯醇凝胶纤维中，能够通过外界温度的变化（变化范围 20～30℃）自动开启和闭合，从而实现自动控制药物的释放；pH 敏感型水凝胶纤维在载药后在人体肠道内部可以通过内部环境中酸碱性的改变，来实现选择性地释放所载的药物。今后，基于智能材料对外界刺激反馈的不同作用原理，可以着重研究温敏、光敏、电敏、磁敏等智能材料及组元，来开发具有多用途、特殊功能的智能纺织品。

由形状记忆功能的纤维织制的纺织品并包含药物，可以在医疗领域用作智能绷带。如经聚乙二醇处理过的棉、聚酯或尼龙/聚氨酯共聚纤维，含有交联的多元醇，这种编织或机织的纺织品遇到血液或酒精/水的混合物这样的极性消毒溶液时会收缩。用这种纺织品做绷带，它在血液中收缩时使伤口上所产生的压力可以止血，而绷带干燥时回复至其原始尺寸，压力去除。因此，它可以用于身体某些部位出血时的包扎。

在医学领域对患者的诊断需要大量的观测数据，而生物传感器可测定如温度、声音、超声波、运动、压力和辐射等参数，因此这些带有生物传感器的智能服装得到了应用。将塑料光纤传感器和电子传导纤维编织而成的"智能 T 恤"来探测心跳、体温、血压、呼吸等生理指标。它能将患者的流血或伤口愈合情况准确地告诉医生以协助治疗。

此外，近年来兴起的纳米纤维制备技术如静电纺丝等制备出具有良好生物相容性的无纺布纳米纤维膜以及载药介质，可以模拟天然的细胞外基质的结构和生物功能；人的大多数组织、器官在形式和结构上与纳米纤维类似，这为纳米纤维用于组织和器官的修复提供了可能；一些电纺原料具有很好的生物相容性及可降解性，可作为载体进入人体，并容易被吸收；加之纳米纤维还有大的比表面积、孔隙率等优良特性，因此，其在生物医学领域引起了研究者的持续关注，并已在人工肌肉、创伤修复、生物组织工程等方面得到了很好的应用。

二、在航空航天领域的应用

航空航天领域使用的材料需要经受恶劣环境，它需要对自身状况进行诊断，并能自动加固或自动修复材料中裂痕或裂纹，从而避免灾难事故的发生。随着航空科学技术的飞速发展，对飞行器的结构提出了轻质、高可靠性、高维护性、高生存能力的要求，为了适应这些要求，必须增加材料的智能性，使用智能材料结构。智能材料结构在航空飞行器上的应用主要有智能蒙皮、自适应机翼、振动噪声控制和结构健康监测等。

未来智能纤维及智能纺织品将会在航空航天领域发挥着越来越重要的作用。纺织纤维及其制品如各种结构的预制件应用于航空航天领域不仅可以大幅度减轻器材的质量，而且整个产品的抗震性等也会提高，更重要的是纺织纤维及其制品可以赋予相应的智能化应用。复合材料在生产过程中的工艺性不稳定，如何避免构件内部的缺陷，并且在使用过程中有效监测这些缺陷，对飞机的安全非常重要。智能复合材料结构就能有效解决这一问题，它能够快速超前地预报损伤地点和严重程度。光导纤维材料就可应用于对复合材料的状态进行监测与损伤评估，即在材料或结构的关键部位埋置光导纤维及其传感器制品，这些材料及其特殊结构能够对疲劳、腐蚀、冲击、磨损或是操作失误、温度等环境条件引起的结构损坏实现及时探测、定位并作出评价，并可在损坏到达临界状态之前发出警告，以便及时对构件进行修理或更换。

在航空领域，高性能纤维制品增强复合材料具有重要用途，未来在这些复合材料的设计和应用上，可以通过纤维的智能化或者植入具有智能功能的组元，来获得整体上具有智能作用的部件。通过在纤维中加入温敏物质来获得温敏纤维，并制造成发动机外罩，这样可以监控发动机的工作情况，同时还可以减轻发动机的震动。未来航空航天领域的需要智能材料发挥作用的部件和地方，可以尝试通过材料的智能化设计、智能组元的植入、结构的特殊化设计等来实现，例如航天员用的多功能宇航服等。

智能自修复纺织品能够感受外界环境的变化，集感知、驱动和信息处理于一体，形成类似于生物体的具感知、自诊断、自修复功能的材料。这种材料及纺织品自修复功能主要是将内含黏结剂的空心胶囊或玻璃纤维渗入材料中，一旦材料在外力作用下发生开裂，部分胶囊或纤维破裂，粘接液流出渗入裂纹，粘接液可使材料裂纹重新愈合。用这种材料作为预制件制备的增强复合材料，可作为飞机的机翼材料或者航天器的器件，当这种材料在使用过程中，如果出现部分损坏，就能够及时修复，使材料的整体功能不至于突然丧失，从而减少事故的发生。

三、在环境领域的应用

环保用智能纺织品在未来环境领域将会有重要的应用前景，比如具有自清洁功能的智能纺织品。它的开发可以沿着两条思路进行，一条是利用纺织品表面上特有的几何尺寸的形状界面结构，经过材料界面技术处理后，由于织物表面尺寸低凹的表面可使吸附气体原子稳定存在，所以在宏观表面上相当于有一层稳定的气体薄膜，使油和水无法与材料的表面直接接触，从而显示出卓越的拒水和拒油性能，而对纤维的原有理化性能如纤维强度、染料亲和力、透气性等没有影响，甚至还能增加杀菌、防辐射、防霉等特殊效果。当这类材料包面黏附灰尘后，在有水滴出现时，水滴就会将灰尘带走，还纺织品表面一个清洁的原貌。这就是所谓的抗灰尘、防水智能纺织品。另一条途径是通过纺织品后整理，通过在纤维表面改性整理，引入具有光催化降解功能的二氧化钛，纺织品在紫外光照射下，纺织表面的有机污染物就会被分解，进而被去除，恢复到原有的清洁表面。

今后，智能纤维及智能纺织品在环境领域的应用，在设计思路上可以以纺织纤维或纺织品为载体，通过功能化设计，针对外界变化场的作用，建立智能化感知功能体系来实现智能材料的应用。

四、在军事领域的领用

在军事应用方面，智能材料也可以发挥其自身优势。如智能材料应用于潜水艇上，能够改变形状，清除湍流，使流动的噪声减弱，隐蔽性更好，这些智能材料或其组元材料可以通过使用特种纺织纤维或纺织品织物来实现。

自然界中，蜘蛛丝具有很高的强度、很高的弹性和韧性，能够捕捉昆虫。通过模仿这种蜘蛛丝的特殊结构，研究人员利用嵌段的软段聚氨酯与硬段聚氨酯制成弹性纤维，用这些弹性纤维织成的纺织品在一定受力范围内具有良好的弹性恢复能力，也即是具有形状记忆功能。这种纺织品有望应用于水下潜艇表面或飞机机翼表面上智能系统的组元部件。当潜艇在水下航行时，由于水的阻力，其表面能够适应阻力而变形，这样能够减小潜艇的整个阻力，当潜艇停止航行时，其表面又恢复原样。

在战场上，作战情况十分复杂，士兵穿着的服装必须是一种高度智能化的作战服。它要求这种可穿着的服装能够感知可能来临的危险，避免生化武器和自然环境带来危害，具有隐蔽功能，此外还要轻便、易穿着。未来的这种智能作战服的设计思路，可以从自然界仿生学的角度出发来设计其功能。如自然界中，松果壳根据环境湿度能够自动开启和闭合；水藻的眼点对不同的光会呈现出不同的颜色；含羞草对外界的刺激会做出收缩曲张反应。根据这些自然界中奇特的现象，可以在通过士兵穿着服装上的传感器探测其周围的气体，当探测到某种毒气时，传感器发出信号使头盔中的透气孔自动关闭，避免士兵受毒气伤害；由对不同光照具有变色功能的纤维制成的作战服，在一定条件下，能够更好地隐蔽；嵌有生化感应器和超微感应器的军服，可监视士兵的心率、血压和体表温度等指标，辨别出受伤部位，并使该部位周围的军服收缩，并释放出军服自备的抗菌材料或血凝药物等，起到一定的治疗功能。

未来智能纺织品在作战军服上的应用是一个多学科交叉的问题，涉及的仿生学、材料学、化学、物理、机械和电子技术等领域，它的研发需要不同领域的科技人员通力合作，共同努力。随着纳米技术的兴起，它与智能纺织材料的结合，将为今后纳米智能纺织品的研究与开发提供了巨大的空间。

此外，指挥系统最好能够掌握每位士兵在战场上的情况，这就需要一种智能定位纺织品或者将此项功能加入到作战军服上。这种服装配有个人局域网、全球定位系统、电子指南针及速度检测器。衣服中的个人局域网有数据传输、功率和控制信号等功能，可以联入几个装置，它们通过一个配有小型显示器的遥控设备进行集中控制，小型显示器可以置于衣袖上或佩戴在头上。

五、在建筑领域的应用

利用智能材料的自诊断、自调节、自修复功能，可快速检测环境湿度、温度，取代温控线路和保护线路；利用热电效应和热记忆效应的聚合物材料可用于智能化多功能自动报警和智能红外摄像，取代检测线路；利用智能纤维制作的混凝土，可取代复杂的检测线路。未来智能纺织品在建筑领域的应用主要可以从材料本身的智能特性和具体使用环境角度考虑，利用智能纤维或纺织品的特性来构筑智能混凝土，使之成为具有自感知、记忆、自适应、自修复等特性的多功能材料。这些特性可以有效地预报混凝土材料内部的损伤，满足结构自我安全检测需要，防止结构潜在的脆性破坏，并能根据检测结果自动进行修复，从而显著提高混凝土结构的安全性和耐久性。

将碳纤维和玻璃纤维强化的树脂置于混凝土中，碳纤维是导体，假如碳纤维混凝土受压炸裂，切断碳纤维，整个建筑物的电阻增加，导电量改变，成为建筑物出现问题的信号，玻璃纤维却仍保持完好，使建筑物不至于突然坍塌。这种特殊的混凝土可以用于海底建筑物，也可以用于建筑高速公路和跨海大桥。随着自修复材料的发展，具有自修复功能的智能纤维及其制品也可以应用到这种混凝土中，当混凝土发生开裂时，随着纤维的断裂，会从纤维中释放出"黏结剂"把裂纹牢牢地焊接在一起，对混凝土的断裂起到一定的修复作用。

六、在日常生活领域的应用

随着高科技的发展和材料科学的进步，材料的加工技术日新月异，这给智能材料尤其是智能纺织品的发展带来了新的契机。智能纤维、智能纺织品以及由它们作为组元材料构建的智能系统，不但在生物医学、航空航天、环境卫生、军事、建筑领域发挥着重要作用，而且在人们的日常生活中应用也越来越广泛。

随着生活水平的提高，人们对服装的追求不再是简单的保暖御寒，越来越多的新颖的、特殊的且智能的功能被引入进去，不仅满足了人们的基本需求，而且实现了一些特殊的功能。如变色纺织品，与普通纺织品一样穿着舒适，可随意折叠、洗涤和进行各种整理，在此基础上植入其他特殊功能，同时各种电子产品直接嵌入面料中，使变色纺织品与普通纺织品看起来没什么两样。尤其是针对普通消费者的纺织品，不仅要有强大的功能性，还要符合美学的要求，符合时尚的要求，它需要将时尚与科技结合到纺织品中，越来越受到人们的喜爱。智能防水透湿纺织品是使水滴（或液滴）不能渗入织物，而人体散发的汗气能通过织物扩散传递到外界，不致在衣服和皮肤间积累或冷凝，感觉不到发闷现象的功能性织物。它是人类为抵御大自然的侵害，不断提高自我保护的情况下出现的，集防风、雨、雪、御寒保暖、美观舒适于一身的高技术纺织品。以蓄热调温纤维基元材料开发的智能保温纺织品，具有积极式的主动保温功能，穿着智能调温纺织品的人体与外界环境之间的热量流动减少或者被中断，从而在人体与外界环境之间建立一种相对的动态热平衡，对人体起到积极的温度调节作用。不仅能令人在严冬感到温暖如春，在酷暑也能感到丝丝凉意。形状记忆纤维可以制成不同的产品，如泳衣、紧身衣等。可以直接机织成针织品、袜口和其他衣物的领口、袖口。此外，通过在服装植入智能元件和电子产品，开发出了音乐服装、电子服装等，今后随着电子信息技术的发展和应用的深入，智能电子服装必将受到越来越多的关注，多功能与多智能化将成为主流趋势。

此外，一些特殊的智能材料如光致变色纤维、热致变色纤维和温敏变色纤维及它们的组元系统，也被逐渐地应用在床罩、灯罩、浴罩、窗帘、汽车内饰等装饰领域，并且显示出良好的前景。

随着社会的发展与进步，智能纺织品及其作为组原材料构筑的智能系统，已经在各个领域展开了应用，它涉及材料学、物理学、化学、机械、电子等众多领域。未来，智能纺织品的发展要着眼于其使用环境所需要的用途，结合材料的本身特点，在制备技术上可以从仿生原理、分子设计、复合技术等手段出发，来实现其在各自领域的应用。

参 考 文 献

[1] Singh A V，Rahman A，Sudhir Kumar N V G，et al. Bio-inspired approaches to design smart fabrics [J]. Materials & Design，2012. 36：829-839.

[2] Bonanni L，Vaucelle C，Lieberman J，et al. Tap Tap：a haptic wearable for asynchronous distributed touch therapy. CAM，2006：580-585.

[3] 庞世崇. 新型含功能基光致变色化合物和合成及其应用研究［D］. 保定：河北大学，2008.

[4] 李小静. 壳聚糖基智能水凝胶的制备及性能研究［D］. 大庆：东北石油大学，2011.